全国高职高专医药类规划教材

药用植物学

第二版

中国职业技术教育学会医药专业委员会　组织编写

徐世义　堐榜琴　主编

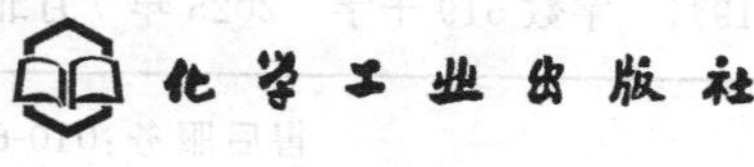

·北京·

内容提要

本书是全国高职高专医药类规划教材，由中国职业技术教育学会医药专业委员会组织编写。共分四篇十四章，第一篇介绍药用植物器官的形态；第二篇药用植物的显微结构；第三篇药用植物的分类；第四篇药用植物野外实习。前两篇主要介绍植物学的基本理论知识、名词术语；后两篇重点介绍被子植物门常见各科的主要特征、代表药用植物，详细描述药用植物的突出特征、分布、生境、入药部位、主要功效及如何采集制作药用植物标本。全书附插图 278 幅，书末附有被子植物门分科检索表。

本书结构清晰，图文并茂，简明实用。适合医药类高职高专院校学生使用。

图书在版编目（CIP）数据

药用植物学/徐世义，堐榜琴主编．—2 版．—北京：化学工业出版社，2013.1（2025.7重印）
全国高职高专医药类规划教材
ISBN 978-7-122-15992-2

Ⅰ.①药…　Ⅱ.①徐…②堐…　Ⅲ.①药用植物学-高等职业教育-教材　Ⅳ.①Q949.95

中国版本图书馆 CIP 数据核字（2012）第 296142 号

责任编辑：陈燕杰　　文字编辑：赵爱萍
责任校对：周梦华　　装帧设计：关　飞

出版发行：化学工业出版社（北京市东城区青年湖南街 13 号　邮政编码 100011）
印　　装：北京盛通数码印刷有限公司
787mm×1092mm　1/16　印张 19¾　字数 519 千字　2025 年 7 月北京第 2 版第12次印刷

购书咨询：010-64518888　　售后服务：010-64518899
网　　址：http://www.cip.com.cn
凡购买本书，如有缺损质量问题，本社销售中心负责调换。

定　　价：39.00 元

本书编写人员

主　　编　徐世义　堆榜琴

副 主 编　张　凯　天津生物工程职业技术学院

范令钢　山东医药技师学院

编写人员　（按姓氏笔画顺序排序）

马千里　长春医学高等专科学校

王　毅　天津医学高等专科学校

孔　青　山东医药技师学院

石　磊　沈阳药科大学

曲畅游　山东食品药品职业技术学院

李　华　辽宁卫生职业技术学院

张　凯　天津生物工程职业技术学院

范令钢　山东医药技师学院

徐世义　沈阳药科大学

堆榜琴　山西药科职业学院

魏汉莲　辽宁政法职业学院

中国职业技术教育学会医药专业委员会
第一届常务理事会名单

中国职业技术教育学会医药专业委员会
第一届常务理事会名单

主　　任　苏怀德　国家食品药品监督管理局

副 主 任　（按姓名笔画排列）

王书林　成都中医药大学峨眉学院

王吉东　江苏省徐州医药高等职业学校

严　振　广东食品药品职业学院

曹体和　山东医药技师学院

陆国民　上海市医药学校

李华荣　山西药科职业学院

缪立德　湖北省医药学校

常务理事　（按姓名笔画排列）

马孔琛　沈阳药科大学高等职业教育学院

王书林　成都中医药大学峨眉学院

王吉东　江苏省徐州医药高等职业学校

左淑芬　河南省医药学校

陈　明　广州市医药中等专业学校

李榆梅　天津生物工程职业技术学院

阳　欢　江西省医药学校

严　振　广东食品药品职业学院

曹体和　山东医药技师学院

陆国民　上海市医药学校

李华荣　山西药科职业学院

黄庶亮　福建生物工程职业学院

缪立德　湖北省医药学校

谭晓彧　湖南省医药学校

秘 书 长　陆国民　上海市医药学校（兼）

刘　佳　成都中医药大学峨眉学院

第二版前言

本套教材自2004年以来陆续出版了37种，经各校广泛使用已累积了较为丰富的经验。并且在此期间，本会持续推动各校大力开展国际交流和教学改革，使得我们对于职业教育的认识大大加深，对教学模式和教材改革又有了新认识，研究也有了新成果，因而推动本系列教材的修订。概括来说，这几年来我们取得的新共识主要有以下几点。

1. 明确了我们的目标。创建中国特色医药职教体系。党中央提出以科学发展观建设中国特色社会主义。我们身在医药职教战线的同仁，就有责任为了更好更快地发展我国的职业教育，为创建中国特色医药职教体系而奋斗。

2. 积极持续地开展国际交流。当今世界国际经济社会融为一体，彼此交流相互影响，教育也不例外。为了更快更好地发展我国的职业教育，创建中国特色医药职教体系，我们有必要学习国外已有的经验，规避国外已出现的种种教训、失误，从而使我们少走弯路，更科学地发展壮大我们自己。

3. 对准相应的职业资格要求。我们从事的职业技术教育既是为了满足医药经济发展之需，也是为了使学生具备相应职业准入要求，具有全面发展的综合素质，既能顺利就业，也能一展才华。作为个体，每个学校具有的教育资质有限，能提供的教育内容和年限也有限。为此，应首先对准相应的国家职业资格要求，对学生实施准确明晰而实用的教育，在有余力有可能的情况下才能谈及品牌、特色等更高的要求。

4. 教学模式要切实地转变为实践导向而非学科导向。职场的实际过程是学生毕业后就业所必须进入的过程，因此以职场实际过程的要求和过程来组织教学活动就能紧扣实际需要，便于学生掌握。

5. 贯彻和渗透全面素质教育思想与措施。多年来，各校都重视学生德育教育，重视学生全面素质的发展和提高，除了开设专门的德育课程、职业生涯课程和大量的课外教育活动之外，大家一致认为还必须采取切实措施，在一切业务教学过程中，点点滴滴地渗透德育内容，促使学生通过实际过程中的言谈举止，多次重复，逐渐养成良好规范的行为和思想道德品质。学生在校期间最长的时间及最大量的活动是参加各种业务学习、基础知识学习、技能学习、岗位实训等都包括在内。因此对这部分最大量的时间，不能只教业务技术。在学校工作的每个人都要视育人为己任。教师在每个教学环节中都要研究如何既传授知识技能又影响学生品德，使学生全面发展成为健全的有用之才。

6. 要深入研究当代学生情况和特点，努力开发适合学生特点的教学方式方法，激发学生学习积极性，以提高学习效率。操作领路、案例入门、师生互动、现场教学等都是有效的方式。教材编写上，也要尽快改变多年来黑字印刷，学科篇章，理论说教的老面孔，力求开发生动活泼，简明易懂，图文并茂，激发志向的好教材。根据上述共识，本次修订教材，按以下原则进行。

① 按实践导向型模式，以职场实际过程划分模块安排教材内容。

② 教学内容必须满足国家相应职业资格要求。

③ 所有教学活动中都应该融进全面素质教育内容。

④ 教材内容和写法必须适应青少年学生的特点，力求简明生动，图文并茂。

从已完成的新书稿来看，各位编写人员基本上都能按上述原则处理教材，书稿显示出鲜明的特色，使得修订教材已从原版的技术型提高到技能型教材的水平。当然当前仍然有诸多问题需要进一步探讨改革。但愿本次修订教材的出版使用，不但能有助于各校提高教学质量，而且能引发各校更深入的改革热潮。

八年来，各方面发展迅速，变化很大，第二版丛书根据实际需要增加了新的教材品种，同时更新了许多内容，而且编写人员也有若干变动。有的书稿为了更贴切反映教材内容甚至对名称也做了修改。但编写人员和编写思想都是前后相继、向前发展的。因此本会认为这些变动是反映与时俱进思想的，是应该大力支持的。此外，本会也因加入了中国职业技术教育学会而改用现名。原教材建设委员会也因此改为常务理事会。值本次教材修订出版之际，特此说明。

中国职业技术教育学会医药专业委员会

主任　苏怀德

2012 年 10 月 2 日

第一版前言

从 20 世纪 30 年代起，我国即开始了现代医药高等专科教育。1952 年全国高等院校调整后，为满足当时经济建设的需要，医药专科层次的教育得到进一步加强和发展。同时对这一层次教育的定位、作用和特点等问题的探讨也一直在进行当中。

鉴于几十年来医药专科层次的教育一直未形成自身的规范化教材，长期存在着借用本科教材的被动局面，原国家医药管理局科技教育司应各医药院校的要求，履行其指导全国药学教育为全国药学教育服务的职责，于 1993 年出面组织成立了全国药学高等专科教育教材建设委员会。经过几年的努力，截至 1999 年已组织编写出版系列教材 33 种，基本上满足了各校对医药专科教材的需求。同时还组织出版了全国医药中等职业技术教育系列教材 60 余种。至此基本上解决了全国医药专科、中职教育教材缺乏的问题。

为进一步推动全国教育管理体制和教学改革，使人才培养更加适应社会主义建设之需，自 20 世纪 90 年代以来，中央提倡大力发展职业技术教育，尤其是专科层次的职业技术教育即高等职业技术教育。据此，全国大多数医药本专科院校、一部分非医药院校甚至综合性大学均积极举办医药高职教育。全国原 17 所医药中等职业学校中，已有 13 所院校分别升格或改制为高等职业技术学院或二级学院。面对大量的有关高职教育的理论和实际问题，各校强烈要求进一步联合起来开展有组织的协作和研讨。于是在原有协作组织基础上，2000 年成立了全国医药高职高专教材建设委员会，专门研究解决最为急需的教材问题。2002 年更进一步扩大成全国医药职业技术教育研究会，将医药高职、高专、中专、技校等不同层次、不同类型、不同地区的医药院校组织起来以便更灵活、更全面地开展交流研讨活动。开展教材建设更是其中的重要活动内容之一。

几年来，在全国医药职业技术教育研究会的组织协调下，各医药职业技术院校齐心协力，认真学习党中央的方针政策，已取得丰硕的成果。各校一致认为，高等职业技术教育应定位于培养拥护党的基本路线，适应生产、管理、服务第一线需要的德、智、体、美各方面全面发展的技术应用型人才。专业设置上必须紧密结合地方经济和社会发展需要，根据市场对各类人才的需求和学校的办学条件，有针对性地调整和设置专业。在课程体系和教学内容方面则要突出职业技术特点，注意实践技能的培养，加强针对性和实用性，基础知识和基本理论以必需够用为度，以讲清概念，强化应用为教学重点。各校先后学习了“中华人民共和国职业分类大典”及医药行业工人技术等级标准等有关职业分类，岗位群及岗位要求的具体规定，并且组织师生深入实际，广泛调研市场的需求和有关职业岗位群对各类从业人员素质、技能、知识等方面的基本要求，针对特定的职业岗位群，设立专业，确定人才培养规格和素质、技能、知识结构，建立技术考核标准、课程标准和课程体系，最后具体编制为专业教学计划以开展教学活动。教材是教学活动中必须使用的基本材料，也是各校办学的必需材料。因此研究会及时开展了医药高职教材建设的研讨和有组织的编写活动。由于专业教学计划、技术考核标准和课程标准又是从现实职业岗位群的实际需要中归纳出来的，因而研究会组织的教材编写活动就形成了几大特点。

1. 教材内容的范围和深度与相应职业岗位群的要求紧密挂钩，以收录现行适用、成熟规范的现代技术和管理知识为主。因此其实践性、应用性较强，突破了传统教材以理论知识为主的局限，突出了职业技能特点。

2. 教材编写人员尽量以产、学、研结合的方式选聘，使其各展所长、互相学习，从而有效地克服了内容脱离实际工作的弊端。

3. 实行主审制，每种教材均邀请精通该专业业务的专家担任主审，以确保业务内容正确无误。

4. 按模块化组织教材体系，各教材之间相互衔接较好，且具有一定的可裁减性和可拼接性。一个专业的全套教材既可以圆满地完成专业教学任务，又可以根据不同的培养目标和地区特点，或市场需求变化供相近专业选用，甚至适应不同层次教学之需。因而，本套教材虽然主要是针对医药高职教育而组织编写的，但同类专业的中等职业教育也可以灵活的选用。因为中等职业教育主要培养技术操作型人才，而操作型人才必须具备的素质、技能和知识不但已经包含在对技术应用型人才的要求之中，而且还是其基础。其超过"操作型"要求的部分或体现高职之"高"的部分正可供学有余力，有志深造的中职学生学习之用。同时本套教材也适合于同一岗位群的在职员工培训之用。

现已编写出版的各种医药高职教材虽然由于种种主、客观因素的限制留有诸多遗憾，上述特点在各种教材中体现的程度也参差不齐，但与传统学科型教材相比毕竟前进了一步。紧扣社会职业需求，以实用技术为主，产、学、研结合，这是医药教材编写上的划时代的转变。因此本系列教材的编写和应用也将成为全国医药高职教育发展历史的一座里程碑。今后的任务是在使用中加以检验，听取各方面的意见及时修订并继续开发新教材以促进其与时俱进、臻于完善。

愿使用本系列教材的每位教师、学生、读者收获丰硕！愿全国医药事业不断发展！

全国医药职业技术教育研究会

2004年5月

编写说明

《药用植物学》是运用植物学的基本理论和方法来识别药用植物的技术性课程，在高职中药类专业人才培养体系中起着承前启后的重要作用，与《中医药基础》、《中药鉴定技术》、《中药材 GAP 技术》等相关课程的关系十分密切。本次教材再版根据中药质检工、中药购销员、中药调剂员等岗位高级工国家职业标准作为取舍教材内容的依据。教材内容安排为：第一篇药用植物器官的形态；第二篇药用植物的显微结构；第三篇药用植物的分类；第四篇药用植物野外实习。前两篇主要介绍植物学的基本理论和基本知识、名词术语，为后续内容的学习打下基础。后两篇重点介绍被子植物门常见各科的主要特征、代表药用植物，较为详细的描述药用植物的突出特征、分布、生境、入药部位及主要功效。全书附插图 278 幅。书末附有被子植物门分科检索表，供教学参考。

本教材打破原学科体系，建立理论与实践一体化的新型教学模式。教材编写体系为理论与实验课程有机结合，课堂与实验场所合二为一，避免理论课与实验课程内容的重复，减少时间、资源上的浪费。整个教学过程力争在实验室、药草园、野外进行，实现教、学、做一体化。让学生边观察药用植物边掌握有关概念，在学习中使学生的观察能力和动手能力得到加强，掌握识别药用植物的相关技能。另外，本教材首先从宏观的药用植物器官识别入手学习，这样学生从身边较熟悉的药用植物开始进入学习植物知识的大门，易于引起学生的学习兴趣，也易于掌握相关的概念和技能。与原教材从微观的植物显微结构入手学习相比，此方法更适合青少年学生的学习特点。

本书的编写分工是：绪论、第四章、第七章、第十章、第十二章的石竹科至木兰科、紫草科至天南星科及附录被子植物门分科检索表由沈阳药科大学徐世义编写；第一章、第十二章的豆科至冬青科由辽宁卫生职业技术学院李华编写；第二章、第十二章的卫矛科至杜鹃花科由天津医学高等专科学校王毅编写；第三章、第十二章的裸子植物门由辽宁政法职业学院魏汉莲编写；第五章由山东医药技师学院孔青编写；第六章、第十二章的百合科至兰科由长春医学高等专科学校马千里编写；第八章、第十二章的第四节及三白草科至苋科由山西药科职业学院堆榜琴编写；第九章由天津生物工程职业技术学院张凯编写；第十一章、第十二章的樟科至蔷薇科由山东医药技师学院范令钢编写；第十二章的第一节、第二节及报春花科至旋花科由沈阳药科大学石磊编写；第四篇由山东食品药品职业技术学院曲畅游编写。全书由徐世义统稿。

本书编写过程中始终得到各参编院校的大力支持，在此深表感谢；由于编者水平有限和时间仓促，本教材疏漏之处在所难免，敬请各校师生通过教学实践，提出宝贵意见，以便修订、再版时进一步完善。

编者

2013 年

目　录

第三篇　药用植物的分类

绪 论

从古至今中药对人们的医疗保健起着不可替代的作用。我国应用中药历史悠久，中药绝大部分来源于植物（约占总数的87%）。因此，在研究应用中药及学习有关课程时，必须首先掌握药用植物学的相关知识。

一、我国丰富的药用植物资源

我国幅员辽阔，地跨寒、温、热三带，地形错综复杂，气候多种多样，药用植物种类繁多，据全国第三次中药资源普查统计，我国已有记载的药用植物为11020种。其中有植物体构造比较简单的藻、菌、地衣类植物，如海带、灵芝、松萝等；也有苔藓植物、蕨类植物和裸子植物，如地钱、卷柏、银杏等；分布最为广泛，资源最为丰富的是被子植物，它是中药的主要来源，许多名贵中药都取自这些植物的野生品或栽培品。我国东北地区，气候寒冷，主要分布有人参，五味子，细辛；内蒙古气候干燥，分布有防风、黄芪、甘草等；河南的地黄、山药、牛膝、菊花质量为全国之冠，被称为“四大怀药”；四川不仅药用植物种类多，而且产量大，如黄连、川贝母、川芎等；我国广东、广西、海南、台湾、云南南部属热带、亚热带地区，气候温暖、雨量充沛，有利于植物生长繁殖。云南植物种类最多，素有“植物王国”之称，著名的药用植物有三七、木香、云南马钱等；广东有花植物就有千余种，许多重要药用植物都分布在这一地区，如广藿香、阳春砂、槟榔等。另外，浙江的浙贝母、安徽的芍药、福建的泽泻、甘肃的当归、山西的党参、宁夏的枸杞子、青海的大黄、西藏的冬虫夏草、山东的珊瑚菜、江西的酸橙、贵州的杜仲、江苏的薄荷等，都是全国著名的药用植物。

二、我国药用植物研究的发展概况

我国药用植物的应用已有悠久的历史，早在3000多年前的《诗经》和《尔雅》中，就分别记载过远志、菟丝子、益母草等药用植物。汉代的《神农本草经》为我国最早的本草著作，记载药物365种，其中药用植物237种，为后人用药及编写本草著作打下了基础；梁代陶弘景（公元456～536）的《本草经集注》载药730种，将药物按其自然属性分类，多数为植物。唐代（公元659年）李勣、苏敬等集体编写的《新修本草》载药844种，此书由国家颁行，被认为是世界上最早的一部药典。宋代（公元1082年）唐慎微的《经史证类备急本草》载药1746种，是宋代以前本草发展最完整的文献，成为今人考察、辑佚古医方、本草著作的重要文献。明朝李时珍的《本草纲目》载药1892种，详细记载的药用植物有1100余种，该书全面总结了16世纪以前我国劳动人民认、采、种、制、用药的经验，不仅大大地促进了我国医药的发展，同时也促进了日本和欧洲各国对药用植物的认识，至今仍具参考价值，是世界医药历史的一部经典巨著。清代（公元1765年）赵学敏的《本草纲目拾遗》收载药物921种，记载716种《本草纲目》中未有的种类；吴其濬的《植物名实图考》和《植物名实图考长编》（公元1848年）共载植物2552种，是专论植物的著作，其中很多为药用植物，对每种植物都有形态、产地、用途等详细记述，附有精美插图，并重视同名异物的考证和药用价值，为后代研究和鉴定药用植物提供了宝贵的资料。

20世纪初至40年代，胡先骕、钱崇澍、张景钺等植物学家，用近代植物学的理论和方法，发表了一些植物分类和植物形态解剖论著。1948年李承祜出版了我国第一部《药用植物学》。

近60年来，药用植物和中药工作者编写出版了《中药志》、《中国药用植物图鉴》、《中药大辞典》等举世瞩目的重要专著。此外，于1953年、1963年、1977年、1985年、1990年、1995年、2000年、2005年、2010年相继颁行了《中华人民共和国药典》。还出版了许多地方植物志、药用植物志，并创刊了《中国中药杂志》、《中草药》、《中药材》、《中成药》、《时珍国药研究》等专门刊登药用植物和中药研究论文的期刊。为药用植物的研究、开发、应用打下了坚实的基础。

三、学习药用植物学的目的

药用植物是指具有防病、治病、康复保健作用的植物，其植株的全部或一部分供药用或作为制药工业的原料。药用植物学是利用植物形态学、解剖学、分类学等知识和方法来研究药用植物的形态、构造、种群分类的学科。学习它的主要目的如下。

1. 准确鉴定中药原植物的种类，澄清混乱品种

药用植物种类繁多，为我们提供了丰富的中药材资源，但有些植物形态相似，不易分辨，有的因各地用药习惯不同，同一种植物名称各异。历代专籍对药用植物的描述又不尽详细，看法也不一致。因此在中药悠久的使用历史中，出现了同名异物，同物异名的混乱现象。混淆品、误用品屡见不鲜，严重地影响了药物疗效和用药安全。例如：中药"贯众"原植物有9科17属50种，"败酱草"仅菊科就有9种；"透骨草"有12科16种植物。此外，还有以羊角藤充巴戟天，紫茉莉根充天麻等伪品使用现象。这不仅造成"病准、方对、药不灵"的问题，还有可能发生严重的中毒事故，危及患者生命。所以，必须要加强对中药原植物的分类鉴定，澄清混乱品种，确保临床用药的安全有效。

2. 开展药用植物资源调查，合理开发利用现有资源

为了满足医疗保健事业用药的需要，必须积极开展对药用植物资源的调查，摸清它们的分布、生境、资源蕴藏量、濒危程度等，更好地保护野生资源或创造适宜条件引种栽培，以保证药源供应。

3. 利用药用植物间的亲缘关系，寻找新药源

根据植物化学分类学提示的药用植物亲缘关系越近，其体内所含的化学成分就越近似，甚至有相同的活性成分的原理。利用植物系统分类关系，就能较快地找到新药源或功效类似品。例如，我国植物学家在云南、广西、海南找到的取代印度产蛇根木的降血压资源植物萝芙木就是最典型的例子。

4. 为中药专业相关课程的学习打下坚实的基础

药用植物学是中药专业的一门重要专业基础课。它与中药鉴定技术、中药商品知识、中药化学应用技术、中医药基础知识、药用植物栽培技术等课程有着密切的关系。所以必须努力学好这门功课。

四、怎样才能学好药用植物学

药用植物学是一门理论性、实践性、直观性很强的课程，本书第一篇植物形态和第二篇显微构造是学习第三篇药用植物分类的基础。学好这门课程，需要做到以下几点。

1. 培养兴趣，多认识植物

兴趣是最好的老师，要想培养兴趣就必须多观察比较各种植物及器官形态特征，找出吸引人们的特殊点。例如：萝藦、杠柳等植物折断后冒白色汁液；白屈菜折断后则冒橘黄色浆汁；地榆的叶子揉后有一种黄瓜的香味；白鲜的根皮则有一种羊膻的气味等。掌握这些特殊点，我们就能很快地认识这些植物，日积月累，兴趣必然会产生，识别的植物也就会越来越多。

2. 准确掌握植物形态的名词术语

植物认识得越多，就越容易掌握和理解植物形态名词术语，就能准确地描述植物形态特征和按图索引，为下一步的植物分类学习打下坚实基础。例如：在查阅植物检索表时，必须理解许多植物器官形态学名词，否则就难以准确检索。

3. 重视实践技能操作，掌握植物显微构造特征

药用植物学的学习，离不开实践操作，课堂内的实验和野外采集植物实习都是非常重要的环节，我们只有做到边看（观察植物）边学；边做（解剖植物）边学，才能真正学好。尤其是植物的显微特征，必须要学会徒手切片的做法，熟练运用显微镜观察植物显微特征，准确理解掌握植物显微特征和显微构造，为今后顺利识别药材的显微特征打下基础。

4. 掌握“科”的主要特征

一种植物的形态与他种植物总有重要的相同点和区别点，前者决定了它们同归于一科或一属或为同一种，后者为分种的依据。如果抓得准则易于鉴别，否则形态特征很多，无所适从，仍然分不清。例如：槐与洋槐同为豆科植物而不同属，它们有荚果，有蝶形花冠，同属于豆科，但槐其雄蕊十个分离，果实念珠状，不开裂，为槐属。洋槐其雄蕊十个合生成两体，果实扁平，开裂，为洋槐属。另外，如果抓住科的要点，识别属、种就省劲了，因为识别科不准，就摸不清方向，所以科是识别属、种的引路者。我们必须要熟记科的特征。

5. 好好利用参考书

认识植物要好好利用参考书，掌握区分种类的规律，才能使水平提高，植物分类方面的书是帮助我们辨认植物的最好老师（各种参考书如前所述）。

总之，只要产生兴趣，多观察，多比较，多实践就能将本课程学好、记牢、用活。

第一篇　药用植物的形态器官

被子植物的器官按照其生理功能可分为营养器官和繁殖器官两大类。其中，营养器官包括根、茎、叶，具有吸收、制造和供给植物体所需营养物质的作用，使植物体得以生长、发育；繁殖器官包括花、果实和种子，使植物体得以繁衍后代。

第一章　根

学习目标

1. 理论知识目标　掌握根的类型、根系的类型及贮藏根的类型；了解根的来源、生理功能、根的变态类型和药用价值。
2. 技能知识目标　观察植物根的外部形态特征；能够识别根系的类型以及贮藏根的类型。

第一节　必备知识

根是植物体的营养器官，具有向地性、向湿性和背光性。主要功能是吸收、固着、输导、贮藏和繁殖作用。具有合成氨基酸、生物碱、激素等物质的能力。许多植物的根是重要的中药材，如人参、白芷、三七、黄芪等。

一、根的形态和类型

（一）根的形态

根通常呈长圆柱形，位于地表下面，越向下越细并向四周分枝，形成复杂的根系。根无节和节间之分，一般不生芽、叶和花。

（二）根的类型

1. 主根、侧根和纤维根

由种子的胚根直接发育而成的根称为主根；主根不断向下生长，当生长达到一定长度时，从其内部长出许多支根称为侧根；侧根上还能形成小的分枝称为纤维根。

2. 定根和不定根

定根具有一定的生长部位，直接或间接由胚根发育而成，分为主根、侧根和纤维根，如人参、当归、桔梗、党参的根。不定根不是直接或间接由胚根发育而成，而是从茎、叶或植物的其他部位生长出的根。这种根因其着生位置不固定，故称为不定根（图 1-1）。如人参的不定根（药材上称为“艼”）；秋海棠、落地生根的叶上生出的根以及桑、葡萄的枝条插入土壤中后生出的根都是不定根。在栽培上常利用此特性进行营养繁殖，如扦插繁殖、压条繁殖等。

（三）根系的类型

一株植物地下部分所有根的总和称为根系。按其形态的不同可分为直根系和须根系两类（图 1-2）。

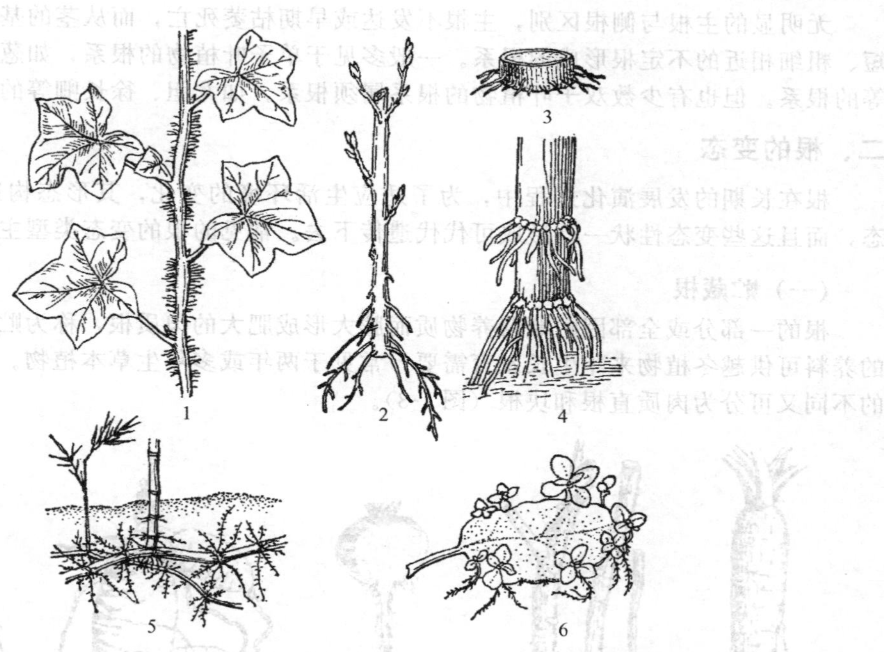

图 1-1　不定根

1—常春藤枝上的不定根；2—柳枝插条上的不定根；3—老茎上的不定根；4—玉米茎上的支柱根；5—竹根状茎上的不定根；6—落地生根叶上小植株的不定根

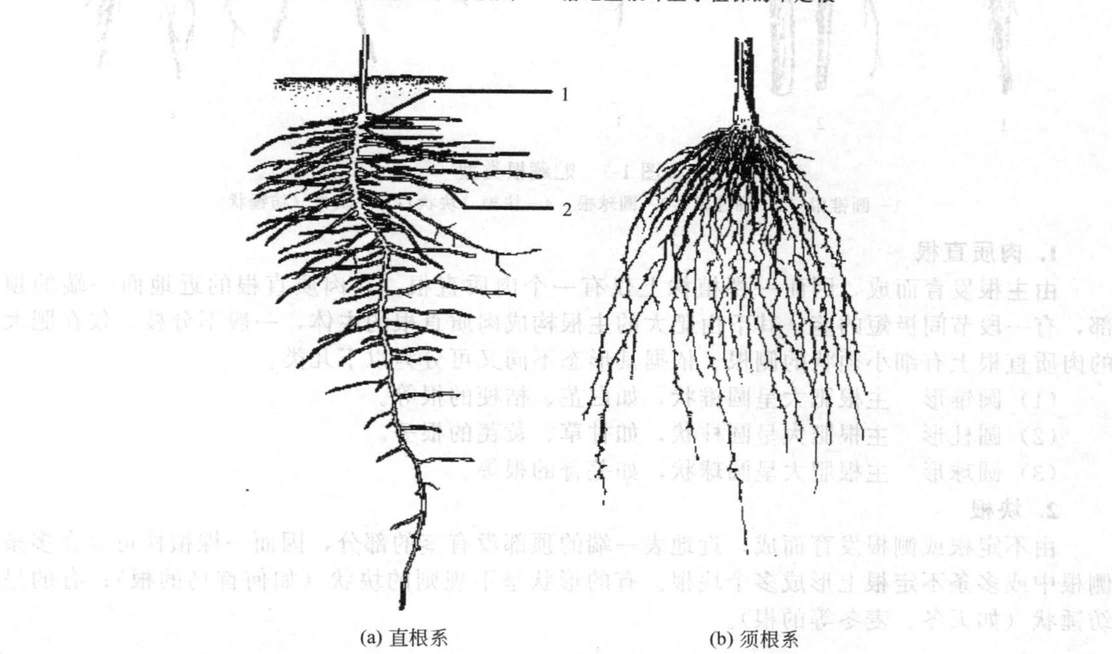

(a) 直根系　　(b) 须根系

图 1-2　植物的根系

1—主根；2—侧根

1. 直根系

由主根、侧根和纤维根组成，其主要特点是主根发达垂直向下，主根明显比侧根粗壮且长，主次分明，如人参、蒲公英、桔梗、油菜等的根系。为双子叶植物特征之一。

2. 须根系

无明显的主根与侧根区别，主根不发达或早期枯萎死亡，而从茎的基部节上生出许多长短、粗细相近的不定根形成的根系。一般多见于单子叶植物的根系，如葱、蒜、小麦、水稻等的根系。但也有少数双子叶植物的根系属须根系，如龙胆、徐长卿等的根系。

二、根的变态

根在长期的发展演化过程中，为了适应生活环境的变化，其形态构造产生了一定的变态，而且这些变态性状一旦形成可代代遗传下去。常见的根的变态类型主要有以下几种。

(一) 贮藏根

根的一部分或全部因贮藏营养物质而膨大形成肥大的肉质根，称为贮藏根。贮藏根贮藏的养料可供越冬植物来年生长发育需要，常见于两年或多年生草本植物。依据其来源及形态的不同又可分为肉质直根和块根（图 1-3）。

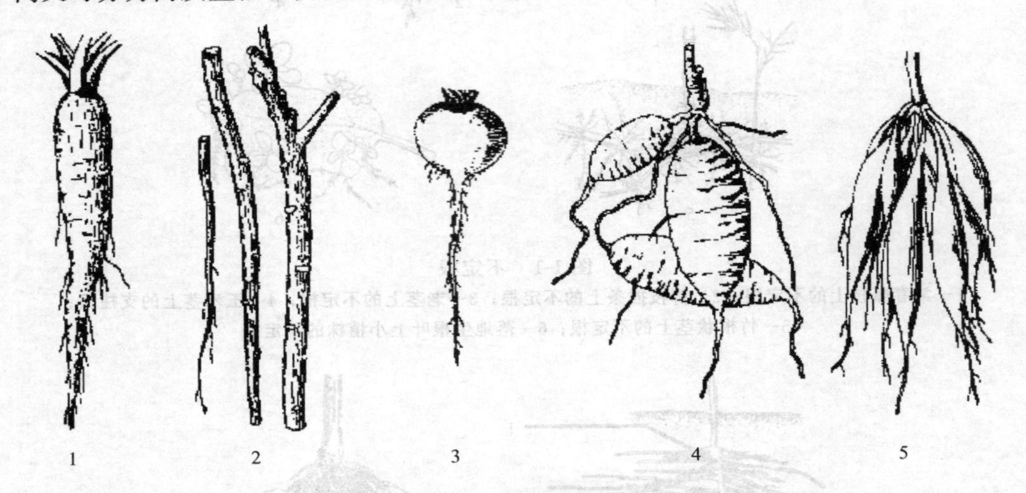

图 1-3 贮藏根类型

1—圆锥根；2—圆柱根；3—圆球根；4—块根（块状）；5—块根（纺锤状）

1. 肉质直根

由主根发育而成，因而一棵植株上仅有一个肉质直根，在肉质直根的近地面一端的顶部，有一段节间极短的茎，其下由肥大的主根构成肉质直根的主体，一般不分枝，仅在肥大的肉质直根上有细小须状的侧根。依据其形态不同又可分为以下几类。

（1）圆锥形　主根肥大呈圆锥状，如白芷、桔梗的根等。

（2）圆柱形　主根肥大呈圆柱状，如甘草、黄芪的根等。

（3）圆球形　主根肥大呈圆球状，如芜菁的根等。

2. 块根

由不定根或侧根发育而成，近地表一端的顶部没有茎的部分，因而一棵植株可以在多条侧根中或多条不定根上形成多个块根。有的形状呈不规则的块状（如何首乌的根）；有的呈纺锤状（如天冬、麦冬等的根）。

(二) 支持根

自茎基部节上生出的不定根，深入土中以增强支持茎干的力量，这种根称为支持根，如玉米、高粱、甘蔗等。

（三）气生根

自茎上产生，悬垂在空气中，具有在潮湿空气中吸收和贮蓄水分的不定根称为气生根，多见于热带植物，如石槲、吊兰、榕树等。

（四）攀援根

自茎上生出的具有攀附作用的不定根称为攀援根，可使植物体攀附于石壁、墙壁、树干等物体，如常春藤、络石、爬山虎等。

（五）呼吸根

某些生长于湖沼或热带海滩地带的植物具有的一种特殊的起呼吸作用的根结构。由于植物一部分被淤泥或水淹没，呼吸困难，因而部分根垂直向上生长，暴露于空气中帮助植物进行气体交换，如红树、水松等。

（六）水生根

水生植物的根呈须状，漂浮在水中称水生根，如浮萍等。此种根通常纤细柔软并常带绿色。

（七）寄生根

一些寄生植物产生的不定根伸入寄主体内，吸收寄主体内的水分和营养物质，以维持自身的生活，这种根称为寄生根，具有寄生根的植物称为寄生植物。其中有些寄生植物体内不含叶绿体，无法进行光合作用合成养分，只能完全依靠吸收寄主体内的养分维持生活，称为全寄生植物，如菟丝子等；有些寄生植物体内含叶绿体，能自制一部分养料，同时又能从寄主体内吸收养分，称为半寄生植物，如桑寄生、槲寄生等。

三、根的生理功能及药用价值

根是植物适应陆上生活在进化中逐渐形成的器官，它的生理功能主要体现在以下几个方面。

1. 吸收作用

根的最主要功能就是从土壤中吸收水分、二氧化碳和无机盐类（如硫酸盐、磷酸盐、硝酸盐以及钾、钙、镁等离子等）。植物体内所需要的物质，除一部分由叶和幼嫩的茎自空气中吸收外，大部分都是由根自土壤中取得。二氧化碳是光合作用的原料，除去叶从空气中吸收外，根也可以从土壤中吸收溶解状态的二氧化碳，以供植物光合作用的需要。

2. 固着和支持作用

植物体的根深入土壤且反复分支，形成庞大根系，与根内牢固的机械组织和维管组织共同构成了植物体的固着、支持部分，可将植物的地上部分牢固地固着在土壤中，并使其直立。

3. 输导作用

根不仅可以由根毛、表皮吸收水分和无机盐类，还要通过其中的输导组织将这些物质输送到茎枝，以满足植物体生长发育的需要。

4. 合成作用

在根中能合成一系列重要的有机化合物，其中包括组成蛋白质的氨基酸（如谷氨酸、天冬氨酸和脯氨酸等）、有机氮、生物碱、激素等。氨基酸在根中合成后能迅速地输送至生长部位，用来构成蛋白质，作为形成新细胞的原料。

5. 贮藏作用

根内的薄壁组织一般较发达，是贮藏营养物质的场所，其贮藏的物质包括糖类、淀粉、维生素等。

此外，根还有繁殖的功能，如扦插，利用有些植物的根能产生不定芽的特性，将植株粗壮的根用利刀切下，埋入土壤中，便能成功地长出新株。

根的用途有很多，它可以食用、药用和做工业原料，如胡萝卜、萝卜、甜菜等植物的根可食用；人参、黄芪、三七、甘草、乌头等植物的根可供药用；红薯除可供食用外，还可用作制糖和酿酒、制备酒精的原料。

第二节 实践技能

一、区分直根系与须根系

（1）观察人参、蒲公英等植物根的形态特征及根系，分辨出主根、侧根和纤维根。

（2）观察细辛、龙胆等植物根的形态特征及根系，注意有无主根、侧根的区别，有无不定根的产生。

二、区分块根、圆锥根、圆柱根、攀援根、气生根

（1）观察何首乌、麦冬、天冬的块根，可见何首乌的主根或侧根的一部分膨大成块根，麦冬、天冬的不定根形成一个至数十个不等纺锤形的块根。

（2）观察甘草、黄芪、板蓝根、防风等植物根的形态，细长圆柱形称圆柱根。

（3）观察白芷、黄芩等植物根的形态，圆锥形称圆锥根。

（4）观察常春藤的茎上产生的能攀附其他物体的不定根。

（5）观察吊兰在空气中形成的气生根。

知识点检测

题型说明

一、A 型题（最佳选择题），每题的备选答案中只有一个最佳答案。

二、B 型题（配伍选择题），备选答案在前，试题在后。每组若干题。每组题均对应同一组备选答案，每题只有一个正确答案。每个备选答案可重复选用，也可不选用。

三、X 型题（多项选择题），每题的备选答案中有 2 个或 2 个以上正确答案。少选或多选均不得分。

一、填空题

1. 根系即________。

2. 主根是由________发育而来。

3. 根的主要功能是________，根还有________、________、________、________和________的功能。

4. 直根系为有明显的________和________区别的根系。

5. 根的一部分或全部因贮藏营养物质而膨大形成肥大的肉质根，称为________。

二、选择题

（一）A 型题

1. 根有定根和不定根之分，定根中有主根，主根是从（　　）发育而来。

A. 直根系　B. 不定根　C. 定根　D. 胚根　E. 气生根

2. 扦插、压条是利用枝条、叶、地下茎等能产生（　　）的特性。

A. 主根　B. 不定根　C. 侧根　D. 呼吸根　E. 气生根

3. 玉米近地面的节上产生的根属于（　　）。

A. 主根　B. 侧根　C. 不定根　D. 气生根　E. 纤维根

（二）X 型题

4. 下列选项中，属于根的变态类型是（　　）。

　A. 不定根　　B. 支持根　　C. 寄生根　　D. 气生根　　E. 攀援根

5. 定根包括（　　）。

　A. 呼吸根　　B. 主根　　C. 侧根　　D. 纤维根　　E. 气生根

三、名词解释

1. 定根和不定根　　2. 直根系和须根系

四、是非题

1. 不定根是直接或间接由胚根发育而成。（　　）

2. 单子叶植物如葱、蒜、小麦、水稻的根系为须根系。（　　）

3. 菟丝子的不定根伸入寄主体内，只能完全依靠吸收寄主体内的养分维持生活，称为全寄生植物。（　　）

五、简答题

1. 什么是根系？根系的类型有哪几种？

2. 常见根的变态类型有哪几种？

3. 贮藏根有哪些类型？试举例说明。

第二章 茎

学习目标

1. 理论知识目标　掌握植物茎的外形特征、茎的类型及地下茎的变态类型；了解茎的生理功能、地上茎的变态类型。
2. 技能知识目标　观察茎的形态，识别各种茎及地下变态茎；学会区分根与茎。

茎是植物体的躯干，上面着生叶、花、果实和种子，是植物的营养器官。它具有输导营养物质和水分以及支持叶、花、果实和种子的作用。有的茎还具有光合作用、贮藏营养物质和繁殖的功能。如甘蔗茎能贮存蔗糖，半夏块茎能贮存淀粉，仙人掌的茎能贮存大量的水分和代替叶进行光合作用，马铃薯的块茎具有繁殖能力。

许多植物的茎可以作为药材，常见的有：桂枝、鸡血藤、桑寄生等。

第一节　必备知识

一、茎的外形

植物茎的外形为圆柱形，也有少数植物的茎有其他形状，如唇形科植物茎为方柱形，莎草科植物的茎呈三角柱形，有些仙人掌科植物的茎为扁圆形或多角柱形。茎的中心常为实心，也有一些植物的茎是空心的，如芹菜、胡萝卜等。在木本植物茎的外形上，可以看到顶芽、腋芽、节、节间、叶痕、托叶痕、芽鳞痕和皮孔（图 2-1）。

叶痕是叶子脱落后留下的痕迹；托叶痕是托叶脱落后留下的痕迹；芽鳞痕是包被芽的鳞片脱落后留下的疤痕，每年芽发展时芽鳞脱落，从而可以计算出树苗或枝条的年龄；皮孔是茎枝表面隆起呈裂隙状的小孔。这些痕迹可作为鉴定植物的依据。茎上着生叶和腋芽的位置叫节，两节之间的部分叫节间。这些茎的形态特征可与根相区别。

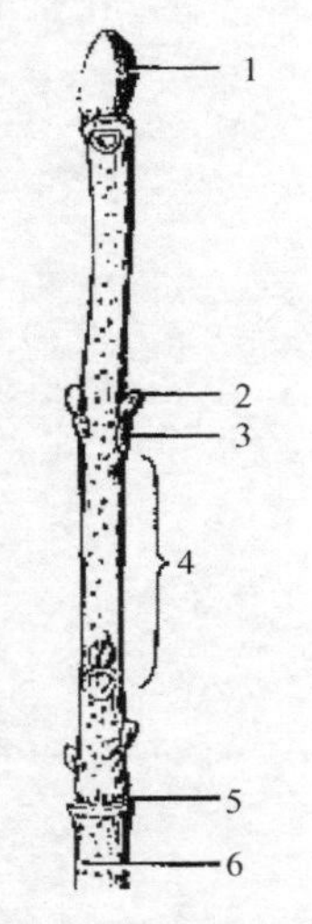

图 2-1　茎的外形

1—顶芽；2—叶芽；3—叶痕；4—节间；5—芽鳞痕；6—皮孔

二、茎的类型

（一）按照茎的生长习性分类

不同植物的茎在适应外界环境上，有各自的生长方式，使叶能在空间开展，获得充分阳光，制造营养物质，并完成繁殖后代的功能。按照茎的生长习性茎产生了以下 4 种主要类型（图 2-2）。

1. 直立茎

茎干垂直地面向上直立生长的称直立茎。大多数植物的茎是直立茎，在具有直立茎的植物中，可以是草质茎，也可以是木质茎，如红花就是草质直立茎，而白蜡树则是木质直立茎。

2. 缠绕茎

茎细长而柔软，不能直立，必须依靠其他物体才能向上生长，但它不具有特殊的攀援结构，而是以茎的本身缠绕于它物

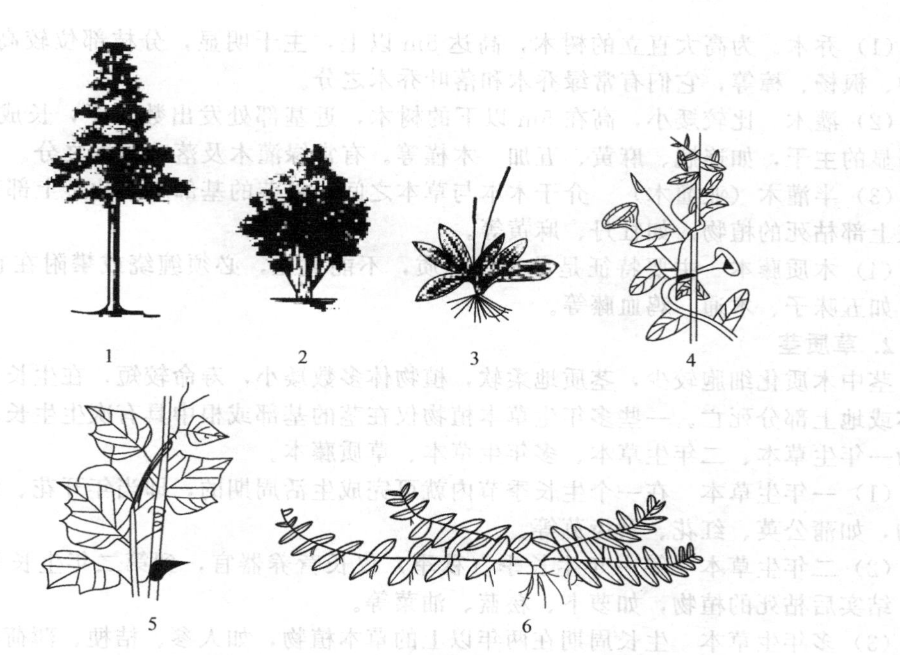

图 2-2 茎的类型

1—乔木；2—灌木；3—草质茎；4—缠绕茎；5—攀援茎；6—匍匐茎

上。缠绕茎的缠绕方向在每一种植物中是固定的，有些是向左旋转（即反时针方向），如牵牛、茑萝；有些是向右旋转（即顺时针方向），如金银花；也有些植物的缠绕方向可左可右，如何首乌的茎。

3. 攀援茎

茎细长柔软，不能直立，唯有依赖其他物体作为支柱，以特有的结构攀援其上才能生长。按攀援结构的性质，又可分为5种。

① 以卷须攀援，如丝瓜、豌豆、葡萄的茎。

② 以气生根攀援，如常春藤、络石、薜荔的茎。

③ 以叶柄的卷曲攀援，如威灵仙的茎。

④ 以钩刺攀援，如白藤、猪殃殃的茎。

⑤ 以吸盘攀援，如爬山虎的茎。

在少数植物中，茎既能缠绕，又具有攀援结构，如葎草。它的茎本身能向右缠绕于它物上，同时在茎上也生有能攀援的钩刺，帮助柔软的茎向上生长。有缠绕茎和攀援茎的植物统称藤本植物。藤本植物的茎有木本和草本之分，前者如葡萄、紫藤、忍冬等。

4. 匍匐茎

茎细长柔弱，平卧地面，蔓延生长，一般节间较长，节上能生不定根，这类茎称匍匐茎，如蛇莓、番薯等。有少数植物，在同一植株上直立茎和匍匐茎两者兼有，如虎耳草。在这种植物体上，通常主茎是直立茎，向上生长，而由主茎上的侧芽发育成的侧枝，就发育为匍匐茎。有些植物的茎本身就介于平卧和直立之间，植株矮小时，呈直立状态，植株长高大不能直立则呈斜升甚至平卧，如酢浆草。

（二）依茎的质地分类

1. 木质茎

茎中木质化细胞较多，质地坚硬，具木质茎的植物被称为木本植物。可分为乔木、灌木、半灌木（亚灌木）和木质藤本。

（1）乔木　为高大直立的树木，高达5m以上，主干明显，分枝部位较高，如松、杉、杜仲、枫杨、樟等，它们有常绿乔木和落叶乔木之分。

（2）灌木　比较矮小，高在5m以下的树木，近基部处发出数个干，长成矮小的枝干，无明显的主干，如连翘、麻黄、五加、木槿等。有常绿灌木及落叶灌木之分。

（3）半灌木（亚灌木）　介于木本与草本之间，仅茎的基部木质化，上部草质，每年冬季仅上部枯死的植物。如牡丹、麻黄等。

（4）木质藤本　主要特征是茎长，木质，不能直立，必须缠绕或攀附在它物而向上生长，如五味子、木通、鸡血藤等。

2. 草质茎

茎中木质化细胞较少，茎质地柔软，植物体多数矮小，寿命较短，在生长季终了时，其整体或地上部分死亡。一些多年生草本植物仅在茎的基部或根中具有次生生长，按生命周期分为一年生草本、二年生草本、多年生草本、草质藤本。

（1）一年生草本　在一个生长季节内就可完成生活周期的，即当年开花、结实后枯死的植物，如蒲公英、红花、马齿苋等。

（2）二年生草本　第一年生长季（秋季）仅长营养器官，到第二年生长季（春季）开花、结实后枯死的植物，如萝卜、菘蓝、油菜等。

（3）多年生草本　生长周期在两年以上的草本植物，如人参、桔梗、薄荷等。

（4）草质藤本　茎细长，缠绕或攀援它物向上生长的植物。如何首乌、牵牛、党参、扁豆等。

3. 肉质茎

茎质地柔软，肥厚多浆液。茎的形态有多种，如球状、圆柱状或饼状，如芦荟、仙人掌等。

三、茎的变态

植物在长期系统发育的过程中，由于环境变迁，引起茎形成某些特殊适应，导致形态结构发生改变，产生了变态。茎的变态种类很多，一般有两种发展趋向。变态部分，有的特别发达，有的却格外退化。不过无论发达或退化，变态部分都保存茎特有的形态特征。变态茎可分为两大类型。

（一）地下变态茎

变态茎生长在地下，总称地下茎。共有四种类型：根状茎、块茎、球茎、鳞茎（图2-3）。

1. 根状茎（又称根茎）

常横卧地下，肉质膨大呈根状，但有明显的节和节间。节上通常有退化的鳞片叶，先端有顶芽，节上有腋芽，常生有不定根。根茎的形态及节间长短因植物种类而异，有的细长，如白茅、芦苇；有的粗肥肉质，如姜、玉竹；有的短而直立，如人参、三七的“芦头”；有的呈团块状，如苍术、川芎；有的还具有明显的茎痕（地上茎死后留下的痕迹），如黄精、玉竹等。

2. 块茎

某些植物的地下茎的末端膨大，贮藏丰富的营养物质，形成一块状体，这种生长在地下呈块状的变态茎称为块茎，如马铃薯、菊芋（洋姜）、半夏、甘露子（草石蚕）等都有块茎。在块茎上同样可能看到茎的特点，如有节、节间、退化的小叶以及顶芽、侧芽等，如果我们在一块放置比较久的马铃薯块上仔细地观察，可以在它上面看到许多凹穴，在一侧许多凹穴的中心有一个芽，这就是顶芽，其周围许多凹穴中生有多个侧芽；在凹穴的稍下侧有一半圆

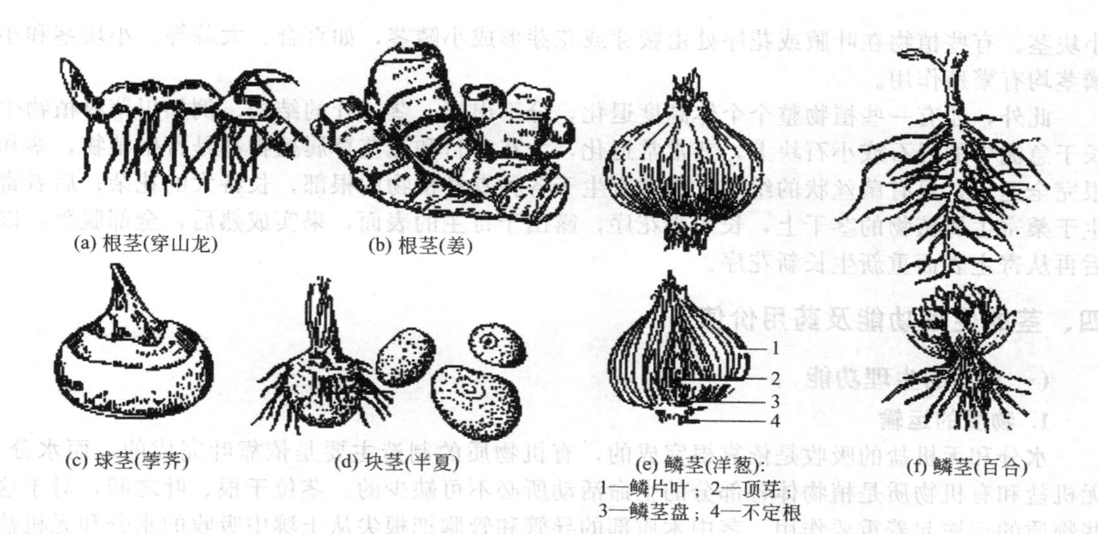

图 2-3　地下茎的变态

形横脊，这就是节，在新鲜的薯块上，横脊上可看到有一细小的鳞片状叶。

块茎与块根常常使初学者混淆不清，其实只要运用根和茎的区别，观察一下有没有节和侧芽，在节上有没有退化的叶，就可以很容易把两者区别开来。

3. 球茎

某些植物的地下茎先端膨大成球形、扁圆形或长圆形，有明显的节和节间，节上生有膜质鳞叶，顶芽发达，腋芽常生于上半部，基部具不定根。如慈姑、荸荠等。

4. 鳞茎

呈球状或扁球状，茎的节间极度缩短成盘状称鳞茎盘，盘上生有许多肉质肥厚的鳞片叶，顶端有顶芽，鳞片叶内生有腋芽，基部具不定根。鳞茎可分为无被鳞茎和有被鳞茎，前者鳞片狭，呈覆瓦状排列，外面无薄膜状干枯的鳞片覆盖，如百合、贝母等；后者鳞片阔，内层被几层薄膜状干枯的鳞片完全覆盖，如洋葱、大蒜等。

(二) 地上变态茎

地上变态茎多是茎的分支变态，有 4 种类型。

1. 茎卷须

茎卷须是地上枝的变态，多见于藤本植物，植物的茎节上不是长出正常的枝条，而是长出由枝条变化成可攀援的卷须，这种器官称为茎卷须。如葡萄茎茁壮成长的节上，即生有茎卷须。葡萄的卷须生在腋芽的对方，黄瓜的卷须生在腋芽处。常见的茎卷须中，有分枝和不分枝两种情况。有一种很特殊的形态，就是在卷须分枝的末端，膨大而成盘状，可分泌黏质，成为一个个吸盘，黏附于它物上，使植物体不断向上生长，如爬山虎。

2. 茎刺

在植物的茎节上长出的枝条发育成刺状，称为茎刺。茎刺来源于枝条，质地坚硬，呈木质，不易折断和剥落，着生位置始终在节上。同茎卷须一样，茎刺也有分枝和不分枝两种，前者如皂荚，后者如枸橘、山楂等。

3. 叶状茎

植物的一部分茎或枝变成绿色扁平叶状，但有明显的节和节间，代替叶的作用，而真正的叶则退化为膜质鳞片状、线状或刺状，如竹节蓼、天门冬、仙人掌等。

4. 小块茎和小鳞茎

有些植物地上茎的腋芽常形成小块茎，如山药的零余子，半夏叶柄上的不定芽也可形成小块茎。有些植物在叶腋或花序处由腋芽或花芽形成小鳞茎，如百合、大蒜等。小块茎和小鳞茎均有繁殖作用。

此外，还有一些植物整个个体高度退化，分不出根、茎、叶的结构。例如川草科植物生长于急流中的岩石或小石块上，茎常常退化，大花草目和无茎草属植物都是寄生植物，茎和根完全退化，只有菌丝状的组织。前者寄生于各种森林植物的根部，长特大的花朵；后者寄生于桑寄生属植物的茎干上，长短小花序，露出于寄主的表面，果实成熟后，全部脱落，以后再从寄主表面重新生长新花序。

四、茎的生理功能及药用价值

（一）茎的生理功能

1. 物质的运输

水分和无机盐的吸收是依靠根完成的，有机物质的制造主要是依靠叶完成的，而水分、无机盐和有机物质是植物体各部分的生命活动所必不可缺少的。茎位于根、叶之间，对于这些物质的运输起着重要作用。茎中木质部的导管和管胞把根尖从土壤中吸收的水分和无机盐运送到叶，茎、叶韧皮部的筛管或筛胞把叶制造的有机物质运送到根和其他需要它们的部位。

2. 支持作用

茎上着生许多叶、花和果实。叶依靠茎的支持，向各方有规律地生长，以充分接触阳光和空气。花和果实依靠茎的支持，使其处于适宜的位置，以适应于传粉和果实、种子的生长和传播。茎内的机械组织以及木质部中的导管、管胞等输导组织，它们分布在基本组织和维管组织中，犹如建筑物中的钢筋混凝土一样，起着巨大的支持作用。庞大的枝叶、大量的花果怎样抵御自然界中狂风、暴雨与冰雪，如果没有茎的支持，是无法在空中生长的。

除运输和支持作用外，茎尚有贮藏和繁殖作用。

（二）茎的药用价值

有很多药用植物以茎、枝入药，多数是木本植物的茎，如桑枝、桂枝、木通；以带叶茎枝入药的络石藤、忍冬藤、桑寄生；以带钩的茎刺入药的钩藤；以带茎生棘刺入药的皂角刺；以带翅状附属物入药的鬼箭羽；以茎髓部入药的通草；以木材入药的沉香、苏木；少数为草本植物的茎，如首乌藤、天仙藤等。以植物地下茎（变态茎）入药，包括根状茎（根茎）、块茎、鳞茎和球茎，如大黄、天麻、川贝母、半夏等。

第二节　实践技能

一、茎的外形观察

1. 茎生长方式的观察

（1）松树的观察　木本植物，多年生，直立茎，茎质地坚硬，木质部发达，支持力强。属单轴分枝。

（2）酢浆草的观察　多年生草本，全体有疏柔毛；茎匍匐或斜升，多分枝。

（3）蒺藜的观察　一年生或多年生草本，全株密被灰白色柔毛。茎匍匐，由基部生出多数分枝，枝长30～60cm，表面有纵纹。

（4）爬山虎的观察　多年生大型落叶木质藤本植物，树皮有皮孔，髓白色。枝条粗壮，老枝灰褐色，幼枝紫红色。枝上有卷须，卷须短，多分枝，卷须顶端及尖端有黏性吸盘。

（5）卷柏的观察　多年生草本植物，高5～18cm，主茎直立，常单一，茎部着生多数须根；上部轮状丛生，多数分枝，枝上再作数次两叉状分枝。

2. 地上变态茎的观察

（1）天门冬的叶状茎　叶完全退化，茎变为扁平，呈绿色，代替叶进行光合作用。

（2）山楂的茎刺　茎转变来的刺，也称枝刺。

（3）爬山虎的茎卷须　在卷须分枝的末端膨大而成盘状，可分泌黏液质，成为一个吸盘，能黏附于它物上。

（4）仙人掌肉质茎　茎肥厚多汁，贮藏大量水和养料。叶变化为刺。

二、地下变态茎的观察

1. 根茎的观察

（1）竹子　竹的地下茎（俗称竹鞭）是横着生长的，中间稍空，也有节并且多而密，在节上长着许多须根和芽。一些芽发育成为竹笋钻出地面长成竹子，另一些芽并不长出地面，而是横着生长，发育成新的地下茎。

（2）藕　又称莲藕，莲的根茎。肥大，有节，中间有一些管状小孔，折断后有丝相连。

2. 块茎的观察

（1）马铃薯　块茎上许多凹陷芽眼，在凹穴的稍下侧有一半圆形横脊，这就是节，在新鲜的薯块上，横脊上可看到有一细小的鳞片状叶。

（2）姜　根茎肉质，肥厚，扁平，节多而密，有芳香和辛辣味。

3. 球茎的观察

（1）芋　又称为“芋头”或“母芋”，具肥大肉质球茎，球形、卵形、椭圆形或块状等。球茎上有鳞片，是叶鞘的残迹。球茎节上有腋芽，能形成新的球茎。

（2）慈姑　球茎圆形或长圆形，表面淡灰黄色或淡灰棕色，有环状节，节上生易撕裂的鳞片，顶端为狭圆锥形的芽，基部具切断的纤匐枝的痕。

4. 鳞茎的观察

（1）百合　鳞茎由鳞片抱合而成。表面类白色、淡棕黄色或微带紫色，有数条纵直平行的白色维管束。顶端稍尖，基部较宽，边缘薄，微波状，略向内弯曲。

（2）大蒜　呈扁球形或短圆锥形，外面有灰白色或淡棕色膜质鳞皮，剥去鳞叶，内有6～10个蒜瓣，轮生于花茎的周围，茎基部盘状，生有多数须根。每一蒜瓣外包薄膜，剥去薄膜，即见白色、肥厚多汁的鳞片。有浓烈的蒜臭，味辛辣。

知识点检测

一、填空题

1. 根据植物茎的生长习性进行分类，可以分为________、________、________、________四类。

2. 茎上节和节之间的部分称为________。

3. 植物地上茎常见的变态类型有：________、________、________、________。

4. 植物茎的主要生理功能是________和________作用。

5. 地上茎变态有多种情况，有的植物茎变为茎卷须，如植物________等。

6. 地下茎变态常见的有________、________、________、________。

7. 鳞茎分为________和________两种。

二、选择题

（一）A 型题

1. 仙人掌的扁平绿色物是（　　）

A. 根的变态　B. 地上茎的变态　C. 地下茎的变态　D. 叶的变态　E. 托叶的变态

2. 草麻黄和牡丹为（　　）

A. 草本　　B. 乔木　　C. 灌木　　D. 亚灌木　　E. 草质藤本

3. 葡萄的茎卷须来源于（　　）

A. 侧枝　　B. 顶芽　　C. 腋芽　　D. 叶　　E. 不定根

4. 山楂、皂荚等植物的刺是（　　）

A. 不定根的变态　　B. 茎的变态　　C. 叶的变态　　D. 托叶的变态　　E. 花的变态

5. 半夏叶柄上的不定芽形成（　　）

A. 叶　　B. 花　　C. 花蕾　　D. 小块茎　　E. 小鳞茎

（二）B 型题

A. 节膨大　　B. 节细缩　　C. 节间极短　　D. 节间中空　　E. 具长短枝

6. 藕的茎（　　）

7. 蒲公英的茎（　　）

8. 竹的茎（　　）

9. 银杏的茎（　　）

A. 茎卷须　　B. 叶卷须　　C. 吸盘　　D. 钩刺　　E. 不定根

10. 栝楼的攀援结构是（　　）

11. 钩藤的攀援结构是（　　）

12. 爬山虎的攀援结构是（　　）

A. 根茎　　B. 块茎　　C. 球茎　　D. 有被鳞茎　　E. 无被鳞茎

13. 人参的芦头为（　　）

14. 半夏的地下部分为（　　）

15. 百合、贝母的地下部分为（　　）

16. 洋葱的地下部分为（　　）

（三）X 型题

17. 茎的主要功能有（　　）

A. 输导　　B. 支持　　C. 贮藏　　D. 吸收　　E. 繁殖

18. 茎在外形上区别于根的特征有（　　）

A. 具有节　　B. 具有节间　　C. 有芽　　D. 生叶　　E. 圆柱形

三、名词解释

1. 枝条　2. 节间　3. 叶痕　4. 根状茎　5. 鳞茎　6. 球茎　7. 块茎

四、是非题

1. 若植株高大，具明显主干，下部少分枝的称乔木；若主干不明显，植株矮小，在近基部处发生出数个丛生的植株称亚灌木。（　　）

2. 葡萄的攀援结构是茎卷须，属茎的变态中的攀援茎。（　　）

3. 爬山虎属攀援茎。（　　）

4. 刺状茎是指茎为刺状，常粗短、坚硬、不分枝，如仙人掌、山楂。（　　）

5. 地上茎的变态由叶状茎、刺状茎、钩状茎、鳞茎、块茎等组成。（　　）

6. 半夏的小块茎是由叶柄上的不定芽形成的。（　　）

7. 根状茎（根茎）是地下茎的变态，常横卧地下，节和节间明显，节上有鳞片，类似根，但是无顶芽和腋芽。（　　）

8. 球茎为球形或扁球形，节极度缩短，顶端有顶芽，叶腋有腋芽，基部生不定根。（　　）

9. 鳞茎具明显的节和缩短的节间，节上有膜质鳞片，顶芽发达。（　　）

10. 枝条分两种，即长枝和短枝，长枝称叶枝，短枝能开花结果，称果枝。（　　）

11. 茎有节和节间之分，能生叶、芽、花。（　　）

12. 根状茎的表面没有节和节间之分。（　　）

五、简答题

1. 茎的变态类型有哪些？

2. 如何从形态特征来辨别根与茎？

第三章 叶

学习目标

1. 理论知识目标　掌握叶的基本组成及其各组成部分的基本特征和类型；复叶的类型；叶序的概念及类型；变态叶的概念及形态和类型。了解叶的生理功能与药用价值。
2. 技能知识目标　能识别各种类型的叶；正确辨认复叶的类型和叶序的类型；准确区分复叶与小枝。

第一节　必备知识

叶是植物重要的营养器官，叶着生在茎节上，常为绿色扁平体，具有向光性。叶的主要生理功能是进行光合作用、气体交换、蒸腾作用、呼吸和吸收作用。此外有些植物的叶还具有贮藏和繁殖作用。

叶是药材的重要来源之一，如大青叶、桑叶、番泻叶等。

一、叶的组成和形态

(一) 叶的组成

一个典型的叶主要由叶片、叶柄和托叶三部分组成。同时具备此三个部分的叶称为完全叶，缺乏其中任意一或两个部分的叶则称为不完全叶。如桃、柳为完全叶。女贞有叶片、叶柄，无托叶，龙胆、石竹仅有叶片。

叶片为光合作用的主体；叶柄作为叶片的支持物连接叶片与茎节；托叶为叶柄基部两侧的附属物，在叶片幼小时，有保护叶片的作用，一般远较叶片为细小。有些单子叶植物的叶片基部扩大成叶鞘，并具有叶耳、叶舌等附属物，如禾本科植物的叶（图 3-1）。

1. 叶片

是叶的主体部分，通常为一很薄的扁平体，有利于光穿透叶的组织以及最大面积的吸收光、二氧化碳进行光合作用。叶片有上表面（腹面）和下表面（背面）之分。

2. 叶柄

叶片与茎的联系部分，支持叶片，常呈圆柱形、半圆柱形或稍扁平。不同的植物，其叶柄的形状、粗细、长短都有所不同。有的叶柄局部膨大成气囊，如水葫芦；有的叶柄基部形成膨大的关节，称为叶枕，如含羞草；有的叶柄基部或全部扩大成鞘状，称为叶鞘，如伞形

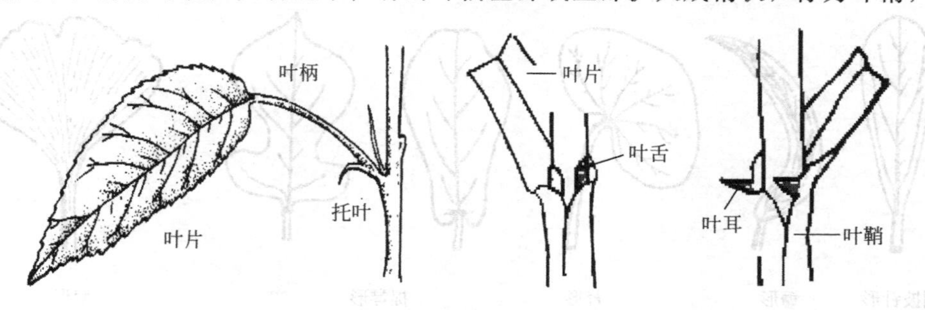

图 3-1　叶的组成部分

科植物叶的叶鞘；有些植物的叶没有叶柄，叶片直接着生在茎上，称为无柄叶。有些无柄叶植物的叶片基部包围在茎上，称为抱茎叶，如苦荬菜。如果无柄叶的基部或对生无柄叶的基部彼此愈合，似被茎所贯穿，则称为穿茎叶或贯穿叶，如元宝草。

3. 托叶

托叶是叶柄基部两侧或腋部所着生的细小绿色或膜质片状物。托叶一般较细小，形状、大小因植物种类不同差异甚大。托叶细小，成针刺状，如槐、六月雪；托叶叶片状，如豌豆、贴梗海棠等；托叶卷须，如菝葜；托叶鞘，如栀子、水蓼、何首乌等；具膜质托叶鞘是蓼科植物的特征。

（三）叶的形态

1. 叶片的全形

叶片通常扁平，呈绿色，其形状和大小随植物各类而异，甚至在同一植株上也不一样。但一般同一种植物上其叶片的形状和大小是比较稳定的，可作为识别植物或植物分类的依据。叶片的形状主要根据叶片的长度和宽度的比例以及最宽处的位置来确定。常见的叶片形状有针形、线形、披针形、椭圆形、卵形、心形、肾形、箭形、盾形、戟形等（图 3-2）。

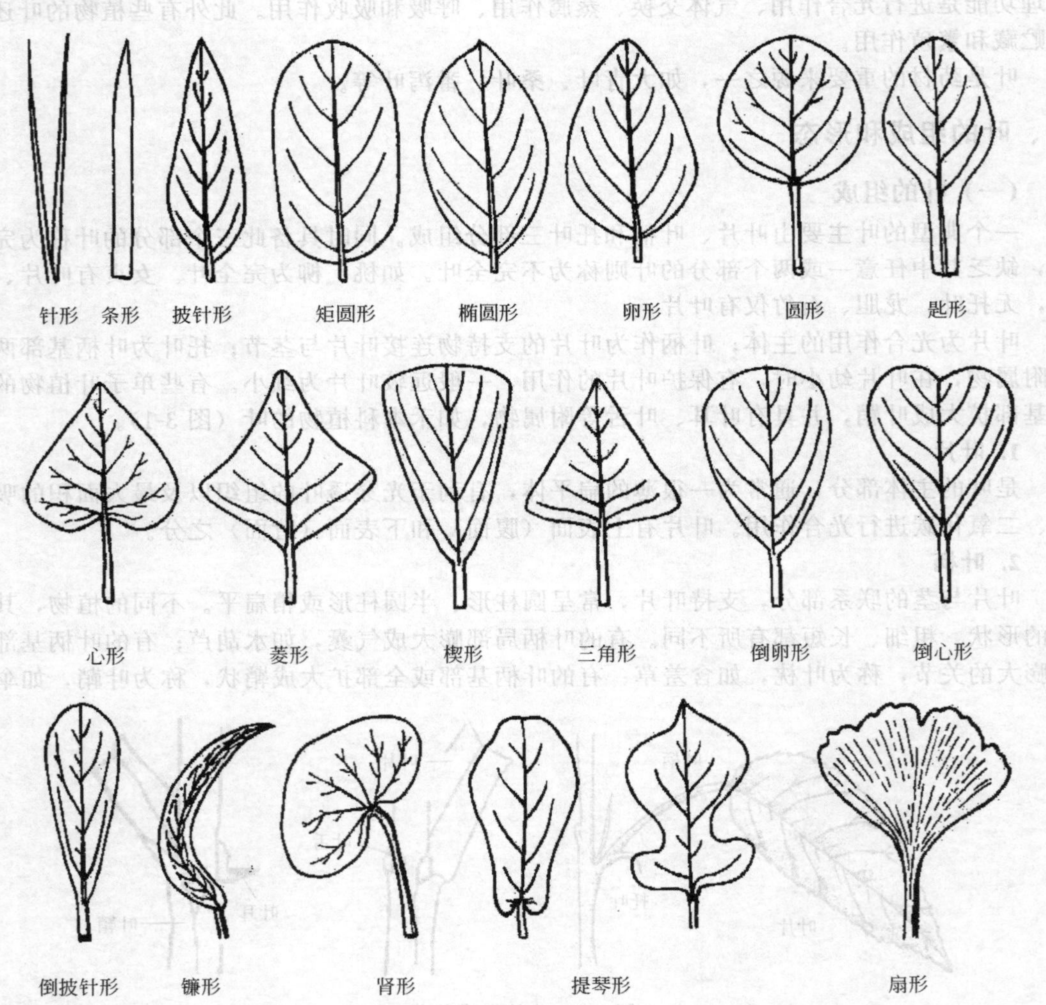

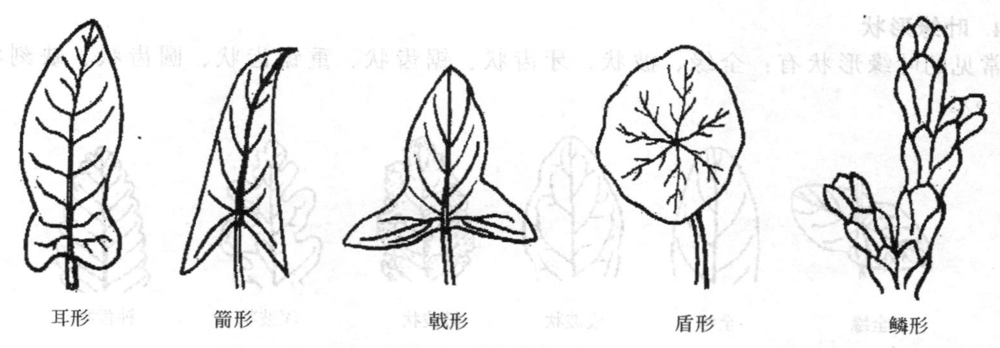

图 3-2　叶片的形状

另外尚有：镰刀形（蓝桉）、三角形（杠板归）、菱形（菱）、匙形（车前）、扇形（银杏）、管形（葱）、偏斜形（秋海棠）。

2. 叶端形状

叶端又称叶尖，常见的形状有以下几种：圆形、钝形、急尖、渐尖、微凹、微缺、倒心形、芒尖等（图 3-3）。

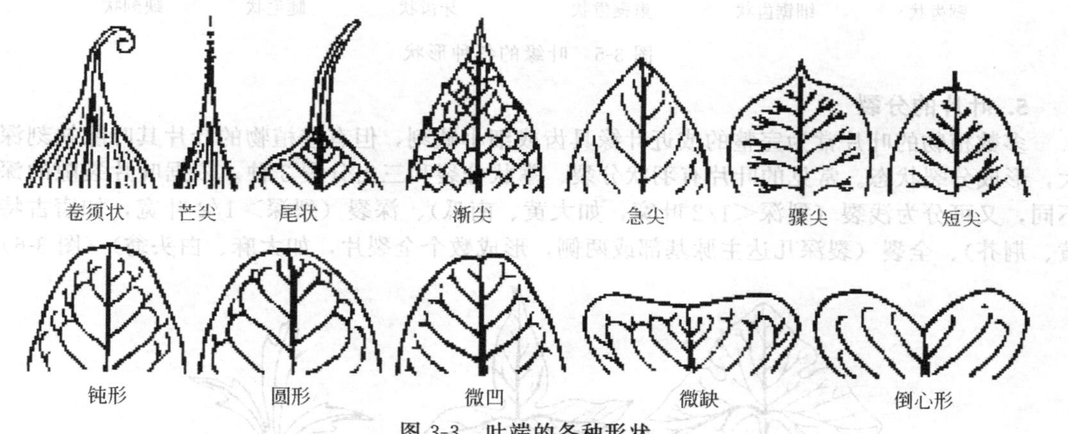

图 3-3　叶端的各种形状

3. 叶基形状

叶基的形状与叶尖相类似，其形状主要有以下几种：楔形、钝形、圆形、心形、耳形、渐狭、偏斜、盾形、抱茎、穿茎等（图 3-4）。

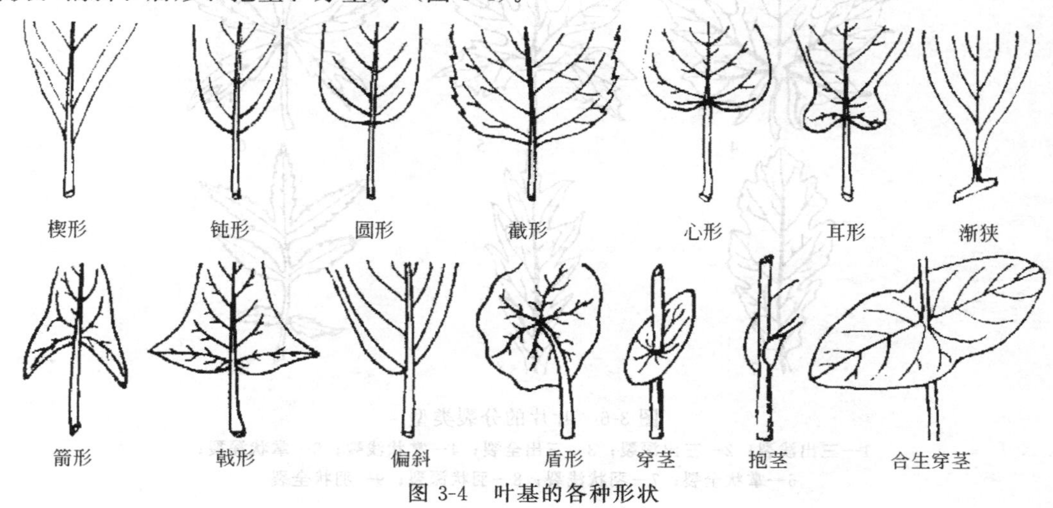

图 3-4　叶基的各种形状

4. 叶缘形状

常见的叶缘形状有：全缘、波状、牙齿状、锯齿状、重锯齿状、圆齿状、缺刻状等（图 3-5）。

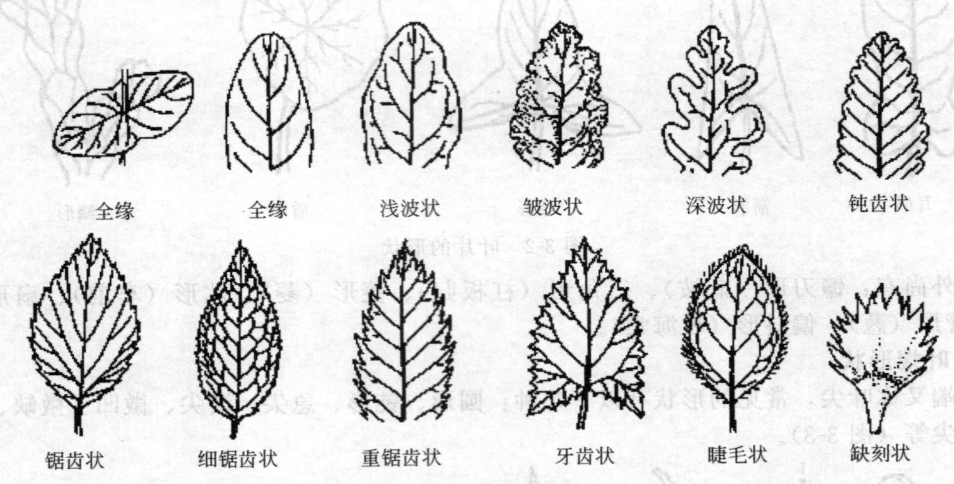

图 3-5 叶缘的各种形状

5. 叶片的分裂

多数植物的叶片常为完整的或近叶缘具齿或细小缺刻，但有些植物的叶片其叶缘缺刻深且大，形成分裂状态。常见的叶片有羽状分裂、掌状分裂和三出分裂 3 种。依据叶片裂隙的深浅不同，又可分为浅裂（裂深＜1/2 叶宽，如大黄、南瓜）、深裂（裂深＞1/2 叶宽，如唐古特大黄、荆芥）、全裂（裂深几达主脉基部或两侧，形成数个全裂片，如大麻、白头翁）（图 3-6）。

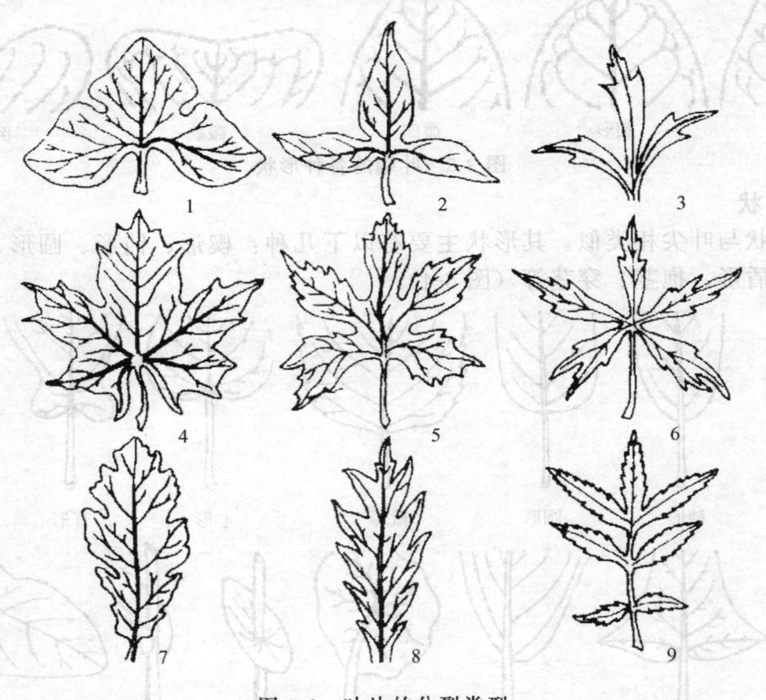

图 3-6 叶片的分裂类型

1—三出浅裂；2—三出深裂；3—三出全裂；4—掌状浅裂；5—掌状深裂；6—掌状全裂；7—羽状浅裂；8—羽状深裂；9—羽状全裂

6. 叶脉和脉序

叶脉是贯穿在叶肉内的维管束，是叶内的输导组织与支持结构。其中最粗大的称主脉。由主脉两侧第一次分出的许多较细的脉，称为侧脉。自侧脉发出的、比侧脉更细小的脉，称为细脉。细脉全体交错分布，将叶片分为无数小块。每一小块都有细脉脉梢伸入，形成叶片内的运输通道。

叶脉在叶片上分布的样式称为脉序，可划分为以下三种类型。

（1）网状脉序　具有明显的主脉，经过逐级的分枝，形成多数交错分布的细脉，由细脉互相联结形成网状。网状脉序为双子叶植物叶脉的主要特征。网状脉序又因从主脉分出的方式不同而有两种形式。

① 羽状网脉　叶具有一条明显的主脉，侧脉自主脉的两侧发出，呈羽毛状排列，并几达叶缘，称为羽状网脉，如桂花、茶、枇杷等。

② 掌状网脉　叶有数条主脉，由基部辐射状发出伸向叶缘，并由主脉上一再分枝，形成许多侧脉，从侧脉产生极多的细脉，并交织成网状，称为掌状网脉，如蓖麻、南瓜等。

（2）平行脉序　主要是单子叶植物所特有的脉序。叶片的中脉与侧脉、细脉均平行排列或侧脉与中脉近乎垂直，而侧脉之间近于平行，都属于平行脉。常见的平等脉分为四种形式。

① 直出平行脉　所有叶脉都从叶基平行发出，直达叶端，细脉也平行或近于平行生长，如麦冬、淡竹等。

② 横出平行脉　中央主脉明显，侧脉垂直或近于垂直主脉，彼此平行排列直达叶端，如芭蕉、美人蕉等。

③ 弧形平行脉　所有叶脉都从叶片基部平行生出，彼此之间的距离逐步增大，稍作弧状，最后距离又缩小，在叶尖汇合，如紫萼、玉簪等。

④ 射出平行脉　所有叶脉均从叶片基部辐射状分出，如棕榈、蒲葵等。

（3）二叉脉序　每条叶脉均呈多级二叉状分枝，这种脉序是比较原始的类型，在蕨类植物中较为常见，但在种子植物中极少见，如银杏（图 3-7）。

7. 叶片的质地

（1）膜质　叶片薄而呈半透明，如半夏叶。

（2）干膜质　叶片薄而干脆，不呈绿色，如麻黄的鳞片叶。

（3）纸质　叶片较薄而显柔韧性，似薄纸样，如糙苏叶。

（4）草质　叶片薄而柔软，如薄荷、商陆、藿香叶。

（5）革质　叶片较厚而坚韧，略似皮革，如枇杷、山茶叶。

（6）肉质　叶片肥厚多汁，如芦荟、马齿苋、景天叶等。

8. 叶片的表面特征

叶片的基本结构分为表皮、叶肉和叶脉三部分。叶与植物的其他器官一样，有的表面常有各种附属物，而呈现各种叶面特征。常见的有：光滑的，叶面无任何毛茸或凸起，而具有较厚的角质层，如冬青、枸骨；被粉的，叶表面有一层白粉霜，如芸香；粗糙的，叶表面具极小突起，用手触摸有粗糙感，如紫草、腊梅；被毛的，叶面具有各种毛茸，如薄荷、毛地黄等。

二、单叶与复叶

一个叶柄上所生叶片的数目，在各种植物中是不相同的，一般有下列两种情况。

（一）单叶

在一个叶柄上只生一个叶片的叶称为单叶，如厚朴、女贞、枇杷叶等。

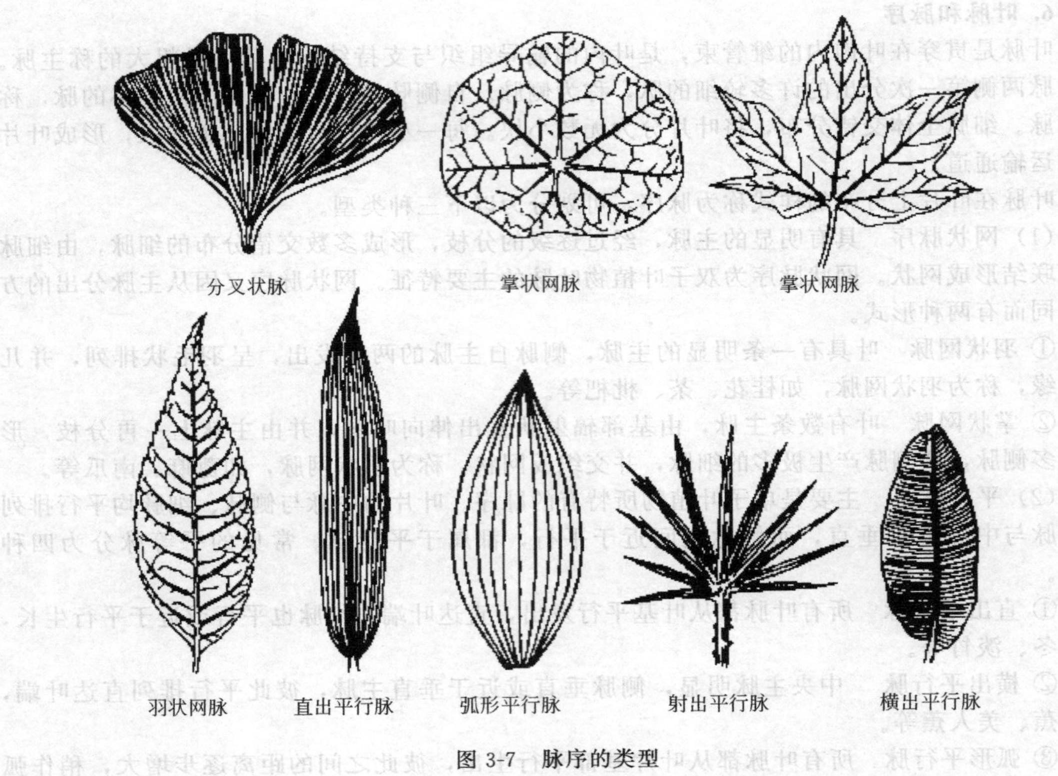

图 3-7　脉序的类型

（二）复叶

在一个叶柄上生有两个以上叶片的叶称为复叶。从来源上看，复叶是由单叶的叶片分裂而形成的。即当叶裂片深达主脉或叶基，并具有小叶柄时，便形成了复叶。复叶的叶柄称为总叶柄，总叶柄上着生叶片的轴状部分称为叶轴，复叶上的每片叶子称为小叶，小叶的柄称为小叶柄。根据小叶数目和在叶轴上排列的方式不同，又可将复叶分为三出复叶、掌状复叶、羽状复叶、单身复叶四种类型（图 3-8）。

1. 三出复叶

为叶轴上着生有三片小叶的复叶。如果顶生小叶具有柄，称羽状三出复叶，如大豆、胡枝子叶等；如果顶生小叶无柄，称掌状三出复叶，如半夏、酢浆草等。

2. 掌状复叶

叶轴缩短，在其顶端着生三片以上近等长呈掌状展开的小叶，如五加、人参、五叶木通等。

3. 羽状复叶

叶轴较长，小叶片在叶轴两侧呈左右排成，类似羽毛状。羽状复叶又分为以下几类。

（1）单（奇）数羽状复叶　羽状复叶上的小叶为单数，其叶轴顶端只具一片小叶，如苦参、槐树等。

（2）双（偶）数羽状复叶　羽状复叶上的小叶为双数，其叶轴顶端具有两片小叶，如决明、蚕豆等。

（3）二回羽状复叶　羽状复叶的叶轴作一次羽状分枝，在每一分枝上又形成羽状复叶，如合欢、云实等。

（4）三回羽状复叶　羽状复叶的叶轴作二次羽状分枝，最后一次的分枝上又形成羽状复叶，如南天竹、苦楝等。

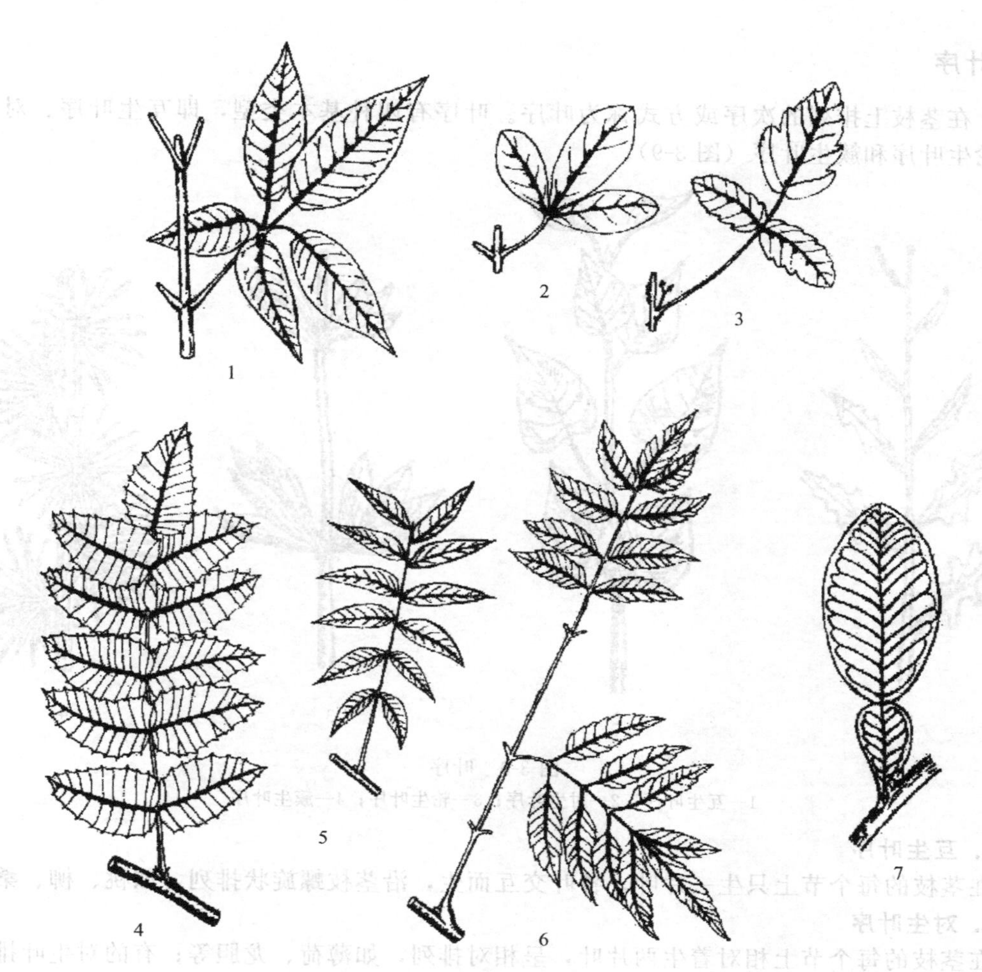

图 3-8 复叶的主要类型

1—掌状复叶；2—掌状三出复叶；3—羽状三出复叶；4—奇数羽状复叶；5—偶数羽状复叶；6—二回羽状复叶；7—单身复叶

4. 单身复叶

为一种特殊形态的复叶，单身复叶可能是三出复叶退化形成的，即叶轴具有一片发达的小叶，而两侧的小叶退化成翼状，其顶生小叶与叶轴连接处有一明显的关节，如柑桔、柚叶等。

注意羽状复叶与小枝的区别，对于初学者来说易于混淆。二者的区别见表 3-1。

表 3-1 复叶与小枝的区别

鉴别项	长单叶的小枝	复叶
组成	只有 1 枚叶片组成	由多枚小叶片组成
生长位置	叶片生长在叶柄上	叶片排列在伸长的叶轴上，叶轴生于总叶柄顶端，或直接集生于总叶柄顶端
腋芽位置	叶腋处有腋芽	总叶柄的叶腋处有腋芽，而小叶的叶腋处无腋芽
顶芽位置	单叶着生的小枝顶端有顶芽	叶轴的顶端无顶芽
脱落顺序	整个叶一次全部脱落，小枝不落	小叶连同叶轴一次全部脱落，或小叶先脱落，枝条上仅留叶轴和总叶柄，然后叶轴和总叶柄再脱落
排列情况	相邻的单叶一般不在一个平面上	复叶上所有小叶均在一个平面上

三、叶序

叶在茎枝上排列的次序或方式称为叶序。叶序有四种基本类型，即互生叶序、对生叶序、轮生叶序和簇生叶序（图 3-9）。

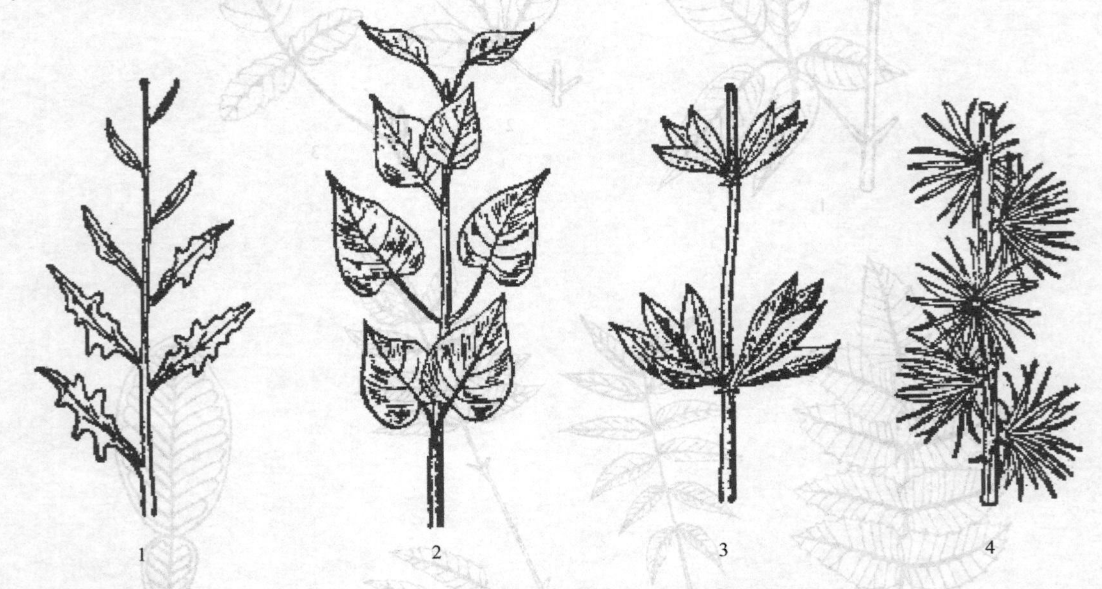

图 3-9　叶序

1—互生叶序；2—对生叶序；3—轮生叶序；4—簇生叶序

1. 互生叶序

在茎枝的每个节上只生一片叶，各叶交互而生，沿茎枝螺旋状排列，如桃、柳、桑等。

2. 对生叶序

在茎枝的每个节上相对着生两片叶，呈相对排列，如薄荷、龙胆等；有的对生叶排列于两侧，呈二列式对生，如女贞、水杉等。

3. 轮生叶序

在茎枝的每个节上轮生三片或三片以上的叶子，如夹竹桃、轮叶沙参等。

4. 簇生叶序

有一些植物的节间极度缩短，使叶在侧生短枝上成簇长出，称为簇生叶序，如银杏、枸杞、落叶松等。

此外，有些植物的茎极为短缩，节间不明显，其叶如同从根上生出一样，而呈莲座状，称基生叶，如蒲公英、车前等。

叶在茎枝上的排列，无论是哪一种叶序，相邻两节的叶子均不相互重叠，彼此呈相当的角度镶嵌着生，称为叶镶嵌。叶镶嵌现象比较明显的有常春藤、爬山虎、烟草等。叶镶嵌使茎枝上的叶片不至相互遮盖，有利于叶片充分接受阳光，进行光合作用。另外，叶在茎枝上的均匀排列也使茎枝的各侧受力均衡。

四、叶的变态

叶与根、茎一样，受各种环境条件的影响以及其生理功能的改变，而产生各种变态。常见的变态类型有以下几种。

1. 苞片

生于花或花序下面的变态叶，称为苞片，有保护花芽或果实的作用。其中生在花序外围或下面的苞片称总苞片；花序中每朵小花的花柄上或花萼下的苞片称小苞片。苞片的形状多与普通叶片不同，一般较小，绿色，亦有形大而呈各种颜色的。如向日葵等菊科植物花序下的总苞即为由多数绿色的总苞片组成；鱼腥草花序下的总苞是由四片花瓣状的总苞片组成；半夏、马蹄莲等天南星科植物的花序外面常有一片形态特异的大型总苞片，称为佛焰苞。

2. 鳞叶

叶特化或退化成鳞片状，称鳞叶。鳞叶有肉质和膜质两类。肉质鳞叶肥厚多汁，能贮藏营养物质，如百合、洋葱、贝母等鳞茎上的肥厚鳞叶；膜质鳞叶质地菲薄，常为干膜状而不呈绿色。如麻黄的叶、洋葱鳞茎外层包被以及慈菇、荸荠球茎上的鳞叶等。木本植物的冬芽外的褐色膜质鳞叶，亦称芽鳞，常具茸毛或有黏液，起保护芽的作用。

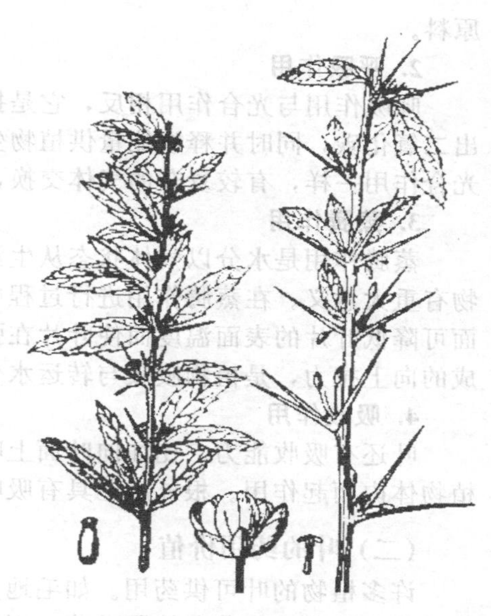

图 3-10　小檗的刺状叶

3. 刺状叶

叶片或托叶变态成坚硬的刺状，起保护作用或适应干旱的生态环境，如小檗（图 3-10）、仙人掌类植物的刺为叶退化而成（分别为三刺和针刺）；刺槐、酸枣的刺系由托叶变态而成（托叶刺）；红花、枸骨上的刺由叶尖、叶缘变化而成（缘刺）。根据植株上刺的来源和生长位置的不同，可区别为叶刺或茎刺。如月季、玫瑰等茎上的许多刺，则是由茎的表皮向外突起所形成，其位置不固定，常易脱落，称为皮刺。

4. 叶卷须

叶全部或部分变为卷须，借以攀援它物。如豌豆的卷须是由羽状复叶先端的小叶变成；菝葜的卷须系由托叶变成。根据植株上卷须的来源及生长位置，可将其与茎卷须相区别。

5. 根状叶

某些水生植物如槐叶萍、金鱼藻等，其沉浸于水中的叶常变态为丝状细裂，呈须根状，表皮上常无角质层，有吸收养料和通气的作用。

6. 捕虫叶

有些植物生有能捕食小虫的变态叶，称为捕虫叶。具有捕虫叶的植物称食虫植物或肉食植物。捕虫叶常呈盘状、瓶状或囊状，以利捕食昆虫。其叶的结构上有许多能分泌消化液的腺毛或腺体，并具有感应性，当昆虫触及时能立即自动闭合，将昆虫捕获而被消化液所消化，如茅膏菜、猪笼草等。

五、叶的生理功能及药用价值

（一）叶的生理功能

叶的主要生理功能为光合作用、呼吸作用和蒸腾作用，它们在植物的生活中有着很大的意义。此外，叶还具有吐水、吸收、贮藏、繁殖等功能。

1. 光合作用

绿色植物通过吸收太阳光的能量，利用 CO_2 和 H_2O（无机物质），合成有机物质（主要是葡萄糖），并释放氧气的过程，称为光合作用。可用简单公式表示，如下。

$$n\mathrm{H_2O} + n\mathrm{CO_2} \longrightarrow (\mathrm{CH_2O})_n + n\mathrm{O_2}\uparrow$$

光合作用所释放的氧气是生物生存的必需条件。所产生的糖是植物自身生长发育所必需的有机物质，也是进一步合成淀粉、蛋白质、脂肪、纤维素、内含物及其他有机物质的原料。

2. 呼吸作用

呼吸作用与光合作用相反，它是指植物细胞吸收氧气，使体内的有机物质氧化分解，排出二氧化碳，同时并释放能量供植物生理活动需要的过程。呼吸作用主要在叶中进行，它和光合作用一样，有较复杂的气体交换，其气体交换主要是通过叶表面的气孔来完成。

3. 蒸腾作用

蒸腾作用是水分以气体状态从生活的植物体表面散失到大气中去的过程。蒸腾作用对植物有重大意义。在蒸腾作用进行过程中，水分以气体的状态从植物体表散失到大气中，一方面可降低叶片的表面温度而使叶片在强烈的日光下不至于被灼伤；另一方面由于蒸腾作用形成的向上拉力，是植物吸收与转运水分的一个主要动力。

4. 吸收作用

叶还有吸收能力，比如向叶面上喷施农药和喷洒一定浓度的肥料，可通过叶表面吸收到植物体内而起作用。根外施肥具有吸收快、见效快的优点。

(二) 叶的药用价值

许多植物的叶可供药用。如毛地黄叶含强心苷，为著名强心药；颠茄叶含莨菪碱和东莨菪碱等生物碱，为著名抗胆碱药，用以解除平滑肌痉挛等；侧柏叶能凉血止血，化痰止咳，生发乌发；艾叶用于温经，止血，安胎；大青叶能清热，解毒，凉血，止血；桑叶疏散风热，清肺润燥，清肝明目等。

第二节 实践技能

一、叶的外部形态观察

1. 叶的组成

(1) 双子叶植物的叶　观察桑、桃叶（或其他植物完全叶）的形态，分辨出叶片、叶柄和托叶三个部分，并注意其叶端、叶基、叶缘的形状和脉序的类型。

(2) 单子叶植物的叶　观察淡竹叶、砂仁的叶，注意叶片和叶鞘；脉序的类型。

2. 叶片的形态

观察校园内和药草园内各种植物叶片的形态类型填入下表。

(1) 叶片的全形

叶片形状	植物名称
针形	
披针形	
卵形	
圆形	
肾形	
箭形	
条形	
椭圆形	
心形	
鳞形	
耳形	
戟形	

(2) 叶基的形状

叶基	植物名称
楔形	
耳形	
钝形	
圆形	
抱茎	
心形	
偏斜	
穿茎	
渐狭	
截形	

(3) 叶端的形状

叶端	植物名称
圆形	
钝形	
尾状	
急尖	
渐尖	
芒尖	
短尖	
微凹	
倒心形	
渐狭	

(4) 叶缘的形状

叶缘	植物名称
全缘	
波状	
锯齿状	
重锯齿状	
牙齿状	
睫毛状	
缺刻状	

(5) 叶片的分裂

叶片的分裂	植物名称
三出浅裂	
掌状深裂	
羽状全裂	
三出全裂	
掌状全裂	
羽状深裂	

（6）叶脉的类型

叶脉	植物名称
羽状网脉	
掌状网脉	
直出平行脉	
横出平行脉	
射出平行脉	
弧形平行脉	
二叉脉序	

二、复叶类型观察

观察校园内和药草园内各种植物复叶类型填入下表。

复叶类型	植物名称
掌状三出复叶	
羽状三出复叶	
掌状复叶	
单数羽状复叶	
双数羽状复叶	
二回羽状复叶	
三回羽状复叶	

三、叶序的观察

观察校园内和药草园内各种植物叶序填入下表。

叶序类型	植物名称
互生叶序	
对生叶序	
轮生叶序	
簇生叶序	
基生叶序	

四、叶的变态观察

观察校园内和药草园内各种植物叶的变态填入下表。

叶的变态类型	植物名称
苞片	
小苞片	
总苞片	
佛焰苞	

知识点检测

一、填空题

1. 叶的主要生理功能包括________、________和________三个方面。
2. 完全叶具有________、________和________三部分。
3. 被子植物叶片形态具有极大的多样性，植物学上一般从叶片的________、________、________和________加以区分。
4. 复叶依小叶排列的不同状态分为________、________和________。
5. 三回羽状复叶，即叶轴分枝________次，再生小叶。
6. 叶序的类型一般有________、________、________与________四种。
7. 对生叶序中，一节上的2叶，与上下相邻一节的2叶交叉成十字形排列，称________对生。
8. 叶片显微构造的组成包括________、________和________。
9. 依据叶片裂隙的深浅不同可分为________、________和________等类型。
10. 根据叶柄上叶片的数目可将叶分为________和________。

二、选择题

（一）A型题

1. 柑橘的叶是（　　）
   A. 单叶　B. 掌状复叶　C. 单身复叶　D. 羽状复叶　E. 奇数复叶
2. 叶片长宽比为4∶1，由下部至先端渐次狭窄，称为（　　）
   A. 针形　B. 披针形　C. 卵形　D. 心形　E. 线形
3. 凡叶柄着生在叶片背面的，称（　　）
   A. 肾形　B. 菱形　C. 盾形　D. 扇形　E. 心形
4. 叶尖较短而尖锐，称（　　）
   A. 渐尖　B. 急尖　C. 具骤尖　D. 具短尖　E. 锐形
5. 叶全形狭长，上端宽而圆，向下渐狭，形同汤勺，如茼蒿的叶，称（　　）
   A. 耳形　B. 箭形　C. 匙形　D. 戟形　E. 心形
6. 叶片深裂是指缺刻超越叶片宽度的（　　）
   A. 1/4　B. 1/3　C. 1/2　D. 1/5　E. 1/6
7. 禾谷类作物的叶包括（　　）
   A. 叶柄、叶鞘、叶片、托叶　B. 叶柄、叶舌、叶耳、叶片
   C. 叶鞘、叶舌、叶耳、叶片　D. 托叶、叶鞘、叶舌、叶耳、叶片
   E. 叶柄、叶舌、叶耳、叶鞘
8. 禾本科植物叶片与叶鞘相接处的腹面有一膜质向上突起的片状结构，称（　　）
   A. 叶舌　B. 叶耳　C. 叶枕　D. 叶环　E. 叶柄
9. 荞麦、何首乌的托叶鞘属（　　）
   A. 叶鞘　B. 托叶　C. 鞘状托叶　D. 托叶状的叶鞘　E. 叶刺
10. 银杏叶的脉序为（　　）
    A. 平行脉　B. 网状脉　C. 叉状脉　D. 掌状脉　E. 射出脉
11. 以下所列的结构，哪一项全是叶的变态（　　）
    A. 南瓜、葡萄、豌豆、菝葜等的卷须　B. 豌豆卷须、洋葱鳞叶、刺槐的刺、苞片
    C. 芽鳞、鳞叶、花柄、花托　D. 葱头、大蒜瓣、皮刺
    E. 苞片、小苞片、总苞片和叶状茎
12. 仙人掌上的刺是（　　）
    A. 茎刺　B. 皮刺　C. 叶刺　D. 枝刺　E. 托叶刺

（二）X型题

13. 叶的特征为（　　）
    A. 着生在茎节上　B. 绿色扁平体　C. 具叶绿体　D. 具向光性　E. 具光合作用
14. 叶的组成包括（　　）

A. 叶片　B. 叶柄　C. 托叶　D. 叶刺　E. 叶卷须

15. 叶序的类型有（　）

A. 对生　B. 互生　C. 轮生　D. 簇生　E. 螺旋生

16. 变态叶的类型有（　）

A. 苞片　B. 鳞叶　C. 叶卷须　D. 捕虫叶　E. 叶刺

17. 复叶与生有单叶的小枝的主要区别是（　）

A. 复叶的叶多　B. 叶轴顶端无顶芽

C. 小叶叶腋无腋芽　D. 复叶的小叶排在一平面上

E. 整个复叶一起脱落

三、名词解释

1. 完全叶　2. 叶枕　3. 复叶　4. 单身复叶　5. 叶序　6. 叶鞘

四、是非题

1. 不完全叶中有一类仅具叶柄。（　）
2. 羽状三出复叶的顶端小叶柄比侧生小叶柄长。（　）
3. 单叶的叶柄与复叶小叶柄基部均有腋芽。（　）
4. 观察气孔表面观，可用叶片做横切。（　）
5. 禾本科植物的叶片缺水分时可向上卷曲，其叶片上表皮具有运动细胞是原因之一。（　）
6. 会落叶的树叫落叶树，不会落叶的树叫常绿树。（　）
7. 落叶树于深秋或早夏落叶是对植物本身有利的一种正常生物学现象。（　）
8. 叶脱落后留在茎上的痕迹称叶痕。（　）
9. 双子叶植物中，有的植物具平行叶脉。（　）

五、简答题

1. 怎样区别单叶与复叶？
2. 何谓叶脉、脉序？常见的脉序有哪几种？
3. 羽状复叶分为哪种类型？各自有何不同？
4. 怎样区别叶卷须、茎卷须与托叶卷须？

第四章　花

学习目标

1. 理论知识目标　掌握花的组成及形态；花的类型；花程式；花序的类型。熟悉雄蕊、雌蕊的类型；了解花的生理功能与药用价值。
2. 技能知识目标　掌握双筒解剖镜的构造，并能熟练使用；学会花的组成及构造观察，尤其是子房的解剖观察；能熟练识别花及花序的类型；通过花的解剖观察能熟练写出其花程式。

第一节　必备知识

花为种子植物所特有的繁殖器官，植物通过开花、传粉、受精过程形成果实和种子，执行生殖功能，繁衍后代。种子植物包括裸子植物和被子植物，裸子植物的花较原始和简单，而被子植物的花高度进化，结构复杂，常有美丽的形态、鲜艳的颜色和芬芳的气味，通常所述的花，即是被子植物的花。花的各部分不易受外界环境的影响，形态结构变化较小，具有相对的稳定性。所以长期以来，人们都以花的形态结构作为被子植物分类鉴定和系统演化的主要依据，对研究植物分类、药材的原植物鉴别及花类药材的鉴定等均具有重要意义。

花由花芽发育而成，是节间极度缩短、适应生殖的一种变态短枝。在花的组成构造中，有相当于茎的部分（如花柄、花托），有相当于叶的部分（如花萼、花冠、雄蕊、雌蕊），但花的枝条不同于普通枝条。花的各部分（如花萼、花冠、雄蕊群和雌蕊群等）及花序在长期的进化过程中，产生了各式各样的适应性变异，因而形成了各种各样的类型。花的形状千姿百态，大约25万种被子植物中，就有25万种的花式样。

一、花的组成及形态

被子植物的花通常由花梗、花托、花萼、花冠、雄蕊群、雌蕊群六个部分组成，其中花萼与花冠合称花被（图4-1）。

（一）花梗

花梗又称花柄，是花朵与茎的连接部分，常呈绿色，圆柱形，花梗的粗细、长短因植物种类不同而异。

（二）花托

花托是花梗顶端稍膨大的部分，花的各部均着生其上。花托一般呈平坦或稍凸起的圆顶状，但也有呈其他形状的，如木兰、厚朴的花托呈圆柱状；草莓的花托膨大成圆锥状；桃花的花托呈杯状；金樱子、玫瑰的花托成瓶状；莲的花托膨大成倒圆锥状（莲蓬）；落花生的花托在雌蕊受精后延伸成为连接雌蕊的柱状体

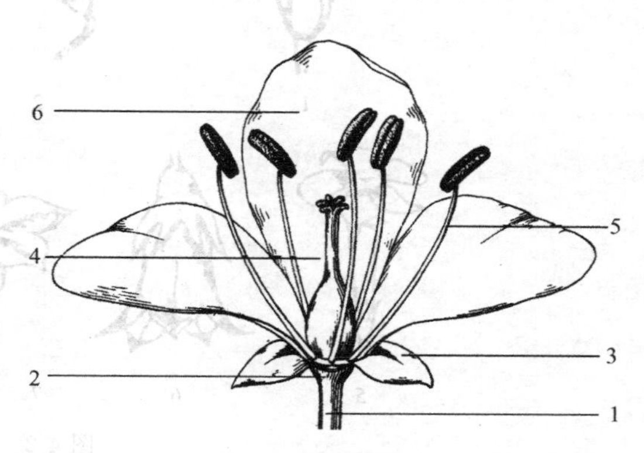

图4-1　花的组成
1—花梗；2—花托；3—花萼；4—雌蕊；5—雄蕊花药；6—花冠

(称雌蕊柄)；有的植物的花托顶部形成扁平状或垫状的盘状体，可分泌蜜汁，称花盘，如柑橘、卫矛、枣等。

(三) 花被

花被是花萼和花冠的总称，特别在花萼和花冠形态相似不易区分时，称为花被。如百合、麦冬。

1. 花萼

花萼是一朵花中所有萼片的总称，包被在花的最外层。萼片多为绿色而相对较厚的叶状体，内含稍分枝的维管组织与丰富的绿色薄壁细胞，但很少有栅栏组织与海绵组织的分化，所以萼片是一变态叶，它在花朵尚未开放时，起着保护花蕾的作用。花萼有多种形态，常见的有如下几种类型。

(1) 离生萼　一朵花的萼片彼此分离的称离生萼，如毛茛、油菜。

(2) 合生萼　萼片互相连合的称合生萼，如曼陀罗、地黄，其连合部分称萼筒或萼管，分离部分称萼齿或萼裂片。

(3) 距　有的萼筒一侧向外凸成一管状或囊状突起称为距，如凤仙花、旱金莲等。

(4) 落萼　果实形成前花萼脱落的称落萼，如虞美人、油菜。

(5) 宿存萼　果期花萼仍存在并随果实一起发育称宿存萼，如柿、茄等。

(6) 副萼　若花萼有两轮，则通常内轮称萼片，外轮叫副萼（亦叫苞片），如棉花、草莓等。

(7) 瓣状萼　若萼片大而鲜艳呈花瓣状称瓣状萼，如乌头、铁线莲。

(8) 冠毛　菊科植物花萼细裂成毛状称冠毛，如蒲公英、飞蓬等。

2. 花冠

花冠是一朵花中所有花瓣的总称。花冠位于花萼内侧，常见有各种鲜艳的颜色。花冠也有离瓣花冠（如桃、萝卜）与合瓣花冠（如牵牛、桔梗）之分。合瓣花冠的连合部分称花冠管或花冠筒，分离部分称花冠裂片。有的花瓣在基部延长成囊状或盲管状亦称距，如紫花地丁、延胡索。

花冠常有多种形态，常见的有如下几种类型（图 4-2）。

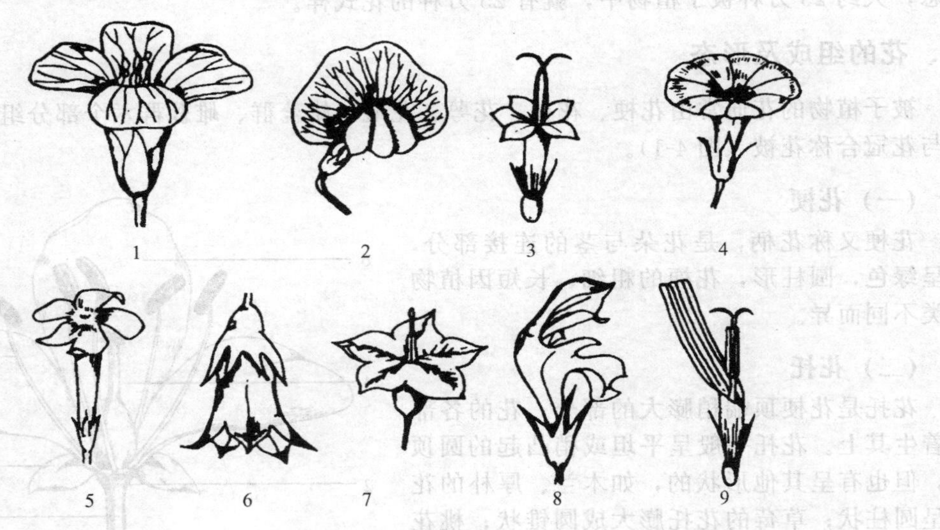

图 4-2　花冠的类型

1—十字花冠；2—蝶形花冠；3—管状花冠；4—漏斗状花冠；5—高脚碟状花冠；6—钟状花冠；7—辐状花冠；8—唇形花冠；9—舌状花冠

(1) 十字花冠　离瓣花冠，花瓣4片，呈十字形排列，如荠菜、萝卜等十字花科植物。

(2) 蝶形花冠　离瓣花冠，花瓣5片，排列成蝴蝶形，上面1片位于花的最外方且最大称旗瓣，侧面2片位于花的两翼较小称翼瓣，最下面的两片最小且顶部常靠合，并向上弯曲似龙骨称龙骨瓣，如甘草、黄芪等豆科植物。

(3) 管状花冠　合瓣花冠，花瓣绝大部分合生成管状（筒状），其余部分（花冠裂片）沿花冠管方向伸出，如红花、白术等菊科植物。

(4) 高脚碟状花冠　合瓣花冠，花冠下部合生成长管状，上部裂片成水平状扩展，形如高脚碟子，如迎春、水仙。

(5) 漏斗状花冠　合瓣花冠，花冠筒长，自下向上逐渐扩大，形似漏斗，如牵牛、旋花等旋花科和曼陀罗等部分茄科植物。

(6) 钟状花冠　合瓣花冠，花冠筒稍短而宽，上部扩大成古代铜钟形，如桔梗、党参等桔梗科植物。

(7) 辐状花冠　合瓣花冠，花冠筒短，花冠裂片向四周辐射状扩展，似车轮辐条，故又可称轮状花冠，如枸杞、茄等茄科植物。

(8) 唇形花冠　合瓣花冠，下部筒状，上部呈二唇形，通常上唇二裂，下唇三裂，如益母草、紫苏等唇形科植物。

(9) 舌状花冠　合瓣花冠，花冠基部连合成一短筒，上部裂片连合成舌状向一侧扩展，如向日葵、菊花等菊科植物。

3. 花被卷叠式

是指花被各片之间的排列方式。它在花蕾即将绽放时尤为明显，由于植物种类不同，其卷叠式也不一样，常见的有如下几种（图4-3）。

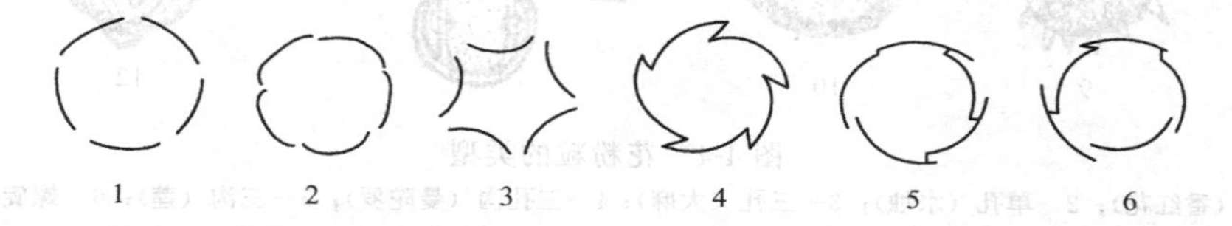

图4-3　花被卷迭式

1—镊合状；2—内向镊合状；3—外向镊合状；4—旋转状；5—覆瓦状；6—重覆瓦状

(1) 镊合状　花被各片的边缘互相靠近而不覆盖，如葡萄、桔梗的花冠。若各片的边缘微向内弯称内向镊合，如沙参的花冠；若各片的边缘微向外弯称外向镊合，如蜀葵的花萼。

(2) 旋转状　花被各片彼此一边重叠成回旋形式，如夹竹桃、黄栀子的花冠。

(3) 覆瓦状　花被片边缘彼此覆盖，但其中有1片两边完全在外面，1片完全在内面，如山茶的花萼，紫草的花冠。若在覆瓦状排列的花被片中，有2片全在内，2片全在外的，称重覆瓦状，如野蔷薇的花冠。

(四) 雄蕊群

雄蕊群是一朵花中所有雄蕊的总称。雄蕊位于花被的内方，通常着生在花托上，但有的雄蕊着生在花冠上，称贴生，如泡桐、益母草。雄蕊的数目随植物种类不同而异，一般与花瓣同数或为其倍数，雄蕊数在10枚以上称雄蕊多数或不定数。最少的一朵花仅一枚雄蕊，如京大戟、白及、姜等。

1. 雄蕊的组成

雄蕊由花丝和花药两部分组成。花丝为雄蕊下部细长的柄状部分，起连接和支持作用。花药为花丝顶端膨大的囊状体，通常由4个或2个花粉囊组成，分为两半，中间为药隔。花粉囊内产生许多花粉，花粉成熟时，花粉囊以各种方式自行裂开，散出花粉。

被子植物的花粉多为单粒，也有呈四分体的，如杜鹃花科植物的花粉；还有呈花粉块的，如兰科、萝摩科植物的花粉。花粉粒的形状有球形、椭圆形、三角形等；表面有各种饰纹，如刺状、瘤状、网状等；并具有一定数目的萌发孔或萌发沟，当花粉粒萌发时，花粉管就由孔或沟处向外突出生长。各类植物花粉粒所具有的萌发孔和萌发沟的数目及排列方式也不相同，如双子叶植物的花粉粒多为3孔沟，单子叶植物的花粉粒多为单孔沟。由于花粉粒的形态结构因植物种类不同而异，因此常用于鉴别植物种类和花类药材（图4-4）。

2. 雄蕊的类型

不同植物类群，其雄蕊群有不同特点，根据花中雄蕊数目、花丝长短、花丝或花药的离合情况，雄蕊群常有如下典型类型（图4-5）。

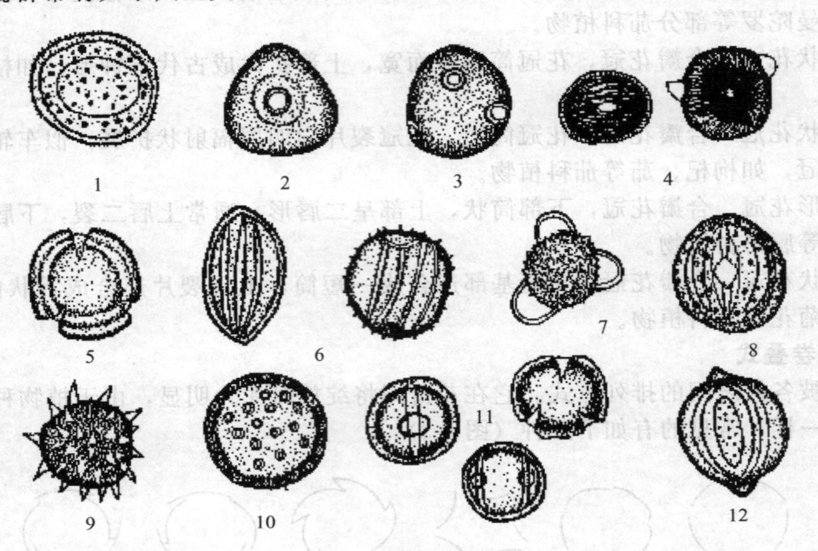

图4-4　花粉粒的类型

1—刺状雕纹（番红花）；2—单孔（水烛）；3—三孔（大麻）；4—三孔沟（曼陀罗）；5—三沟（莲）；6—螺旋孔（谷精草）；7—齿状雕纹（红花）；8—三孔沟；9—刺状雕纹（木槿）；10—散孔（芫花）；11—三孔沟（密蒙花）；12—三沟（乌头）

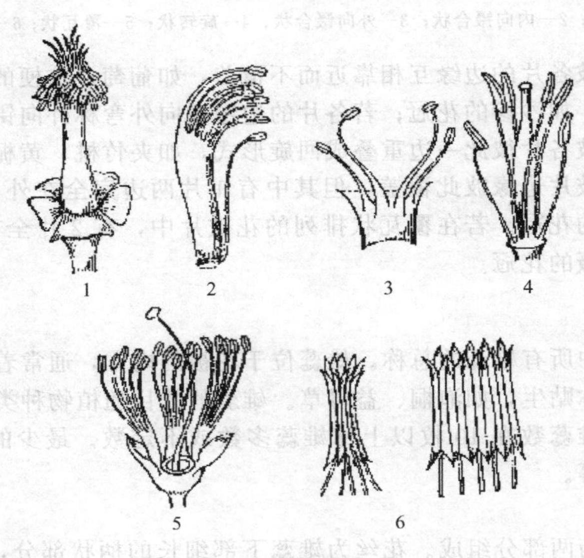

图4-5　雄蕊群类型

1—单体雄蕊；2—二体雄蕊；3—二强雄蕊；4—四强雄蕊；5—多体雄蕊；6—聚药雄蕊

(1) 二强雄蕊　花中雄蕊 4 枚，分离，其中 2 枚较长，2 枚较短，如紫苏、益母草等唇形植物或泡桐、地黄等玄参科植物。这是许多唇形花冠特有的雄蕊类型。

(2) 四强雄蕊　花中有雄蕊 6 枚，分离，其中 4 枚花丝（位于内轮）较长，另 2 枚花丝（位于外轮）较短，以十字花科植物为代表。如油菜、萝卜、菘蓝、芥菜等。

(3) 单体雄蕊　花中有雄蕊多枚，花药完全分离而花丝联合成一束呈圆筒状，包围在雌蕊外面。如蜀葵、木槿、棉花等锦葵科植物以及苦楝、远志、山茶等植物的雄蕊就是单体雄蕊。

(4) 二体雄蕊　花中雄蕊的花丝联合成 2 束，花药分离，如扁豆、甘草等豆科植物的雄蕊，常见的有雄蕊 10 枚，其中 9 枚联合，1 枚分离（少数每 5 枚的花丝联合而成 2 组，如紫穗槐）；另外，还有的植物雄蕊有 6 枚，每 3 枚联合成 2 组，如紫堇、延胡索等。

(5) 多体雄蕊　花中雄蕊多数，花丝分别连合成数束，花药分离，如金丝桃、元宝草、酸橙等。

(6) 聚药雄蕊　花中雄蕊的花药连合成筒状，花丝分离，如红花、蒲公英等菊科植物。

(五) 雌蕊群

雌蕊群位于花的中央是一朵花中所有雌蕊的总称。与花托相连。通常一朵花只有一个雌蕊，所以在这种情况下雌蕊群也就是雌蕊，不过也有的植物一朵花中有多数雌蕊，如莲花，这时就有必要称为雌蕊群了。

1. 雌蕊的形成

雌蕊是由心皮形成的（心皮是具有生殖作用的变态叶）。裸子植物的 1 个雌蕊就是 1 个敞开的心皮，故胚珠裸生于心皮上。被子植物的雌蕊则由 1 至多个心皮形成。被子植物在形成雌蕊时，心皮边缘向内卷曲，相邻两个边缘相互愈合（此愈合线称腹缝线，而心皮上本身存在的中脉线称背缝线）。故胚珠被封闭在雌蕊的子房内（图 4-6）。

2. 雌蕊的组成

雌蕊由子房、花柱、柱头三部分组成（图 4-6）。

(1) 子房　是被子植物花中雌蕊的主要组成部分，由子房壁和胚珠组成，为雌蕊基部膨大的囊状部分。常呈椭圆形、卵形或其他形状。子房的外壁为子房壁，子房壁内的空腔为子房室，子房室内着生胚珠。当传粉受精后，子房发育成果实。其中子房壁发育成果皮，胚珠发育成种子。

(2) 花柱　为柱头和子房之间的细长部分，通常呈圆柱形，起支持柱头的作用，为花粉管进入子房的通道。花柱长短因植物不同而异，如玉米的花柱细长如丝，莲的花柱很短，罂粟、木通则无花柱，柱头直接着生于子房的顶端。

(3) 柱头　为花柱的顶端部分，是承受花粉的部位，常膨大成头状、盘状、星状、羽毛状、分枝状等，也有的柱头不膨大而呈钝尖状，如木兰的柱头。柱头成熟时为花粉萌发提供必要的物质与识别信号。

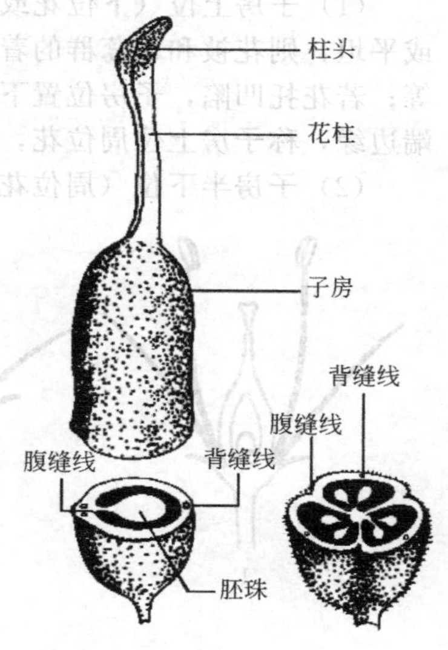

图 4-6　雌蕊的组成

3. 雌蕊群的类型

由于组成雌蕊的心皮数目和心皮间的分离与联合情况不同，雌蕊常分单雌蕊、离生心皮雌蕊（离生单雌蕊）和复雌蕊等类型（图 4-7）。

(1) 单雌蕊　花中仅有 1 枚由 1 个心皮构成的雌蕊，如桃、杏等。

(2) 复雌蕊　花中有由多个心皮连合形成的雌蕊，如南

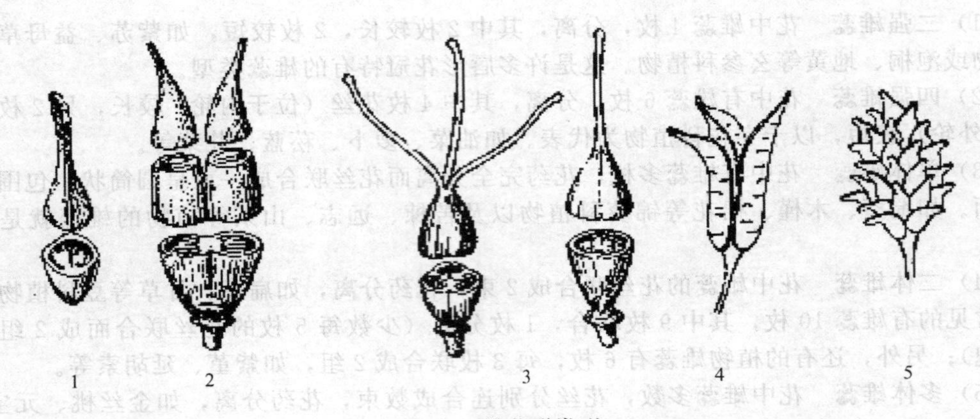

图 4-7　雌蕊群类型

1—单雌蕊；2，3—复雌蕊；4，5—离生心皮雌蕊

瓜、百合。

（3）离生心皮雌蕊　花中有1至多个心皮，彼此分离，每个心皮形成1个单雌蕊，如八角茴香和毛茛。

4. 如何判断复雌蕊的心皮数

多心皮合生成复雌蕊时，其连合程度常有不同，有的仅子房部分连合，花柱、柱头分离；有的子房和花柱两部分连合，仅柱头分离，有的子房、花柱、柱头全部连合成一体，成1个子房、1个花柱、1个柱头。雌蕊的心皮数主要从腹缝线或背缝线的条数来判断（柱头数、花柱数、子房室数可作参考）。因为形成雌蕊的心皮数与腹缝线或背缝线的条数是相同的（而柱头、花柱与子房室的数目则因心皮在形成雌蕊时愈合程度的不同不能严格反映心皮数）。

5. 子房的着生位置及花位

子房着生在花托上的位置以及与花的各部分关系往往在不同的植物种类中有所不同。子房的位置是根据子房与花托的位置关系及愈合程度来确定的，而花位则是指花被及雄蕊的着生位置，常以其着生点与子房的位置关系来确定（图 4-8）。

（1）子房上位（下位花或周位花）　子房仅在底部与花托相连称子房上位。若花托突起或平坦，则花被和雄蕊群的着生点位于子房下方，称子房上位下位花，如毛茛、油菜、百合等；若花托凹陷，子房位置下陷（但子房侧壁不与花托愈合），花被和雄蕊群着生于花托上端边缘，称子房上位周位花，如桃、杏。

（2）子房半下位（周位花）　子房的下半部与凹陷的花托愈合，上半部外露称子房半下

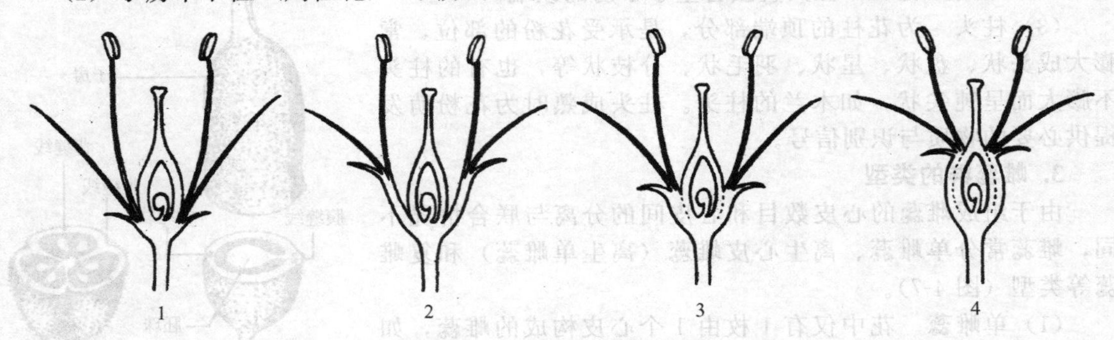

图 4-8　子房的位置及花位

1—子房上位（下位花）；2—子房上位（周位花）；3—子房半下位（周位花）；4—子房下位（上位花）

位。因花被、雄蕊群的着生点位于子房周围，故花位为周位花，如马齿苋、桔梗、党参。

(3) 子房下位（上位花） 子房全部生于凹陷的花托内，并与花托完全愈合称子房下位。花被与雄蕊群的着生点位于子房上方，故花位为上位花，如栀子、南瓜、梨。

6. 子房的室数

子房室的数目由心皮数和结合状态而定。单雌蕊的子房只有1室。复雌蕊的子房可以是1室（各个心皮彼此在边缘连合而不向子房室内伸展），也可以是多室（各个心皮向内卷入，在中心连合形成了与心皮数相等的子房室），还可以是假多室的（有的子房室可能被假隔膜完全或不完全地分隔，如十字花科植物、唇形科植物等）。

7. 胎座

胚珠在子房内着生的部位称为胎座。胎座一般位于心皮的腹缝线上，心皮数目与联合状况的不同产生了多种胎座类型，常见的有6种类型（图4-9）。

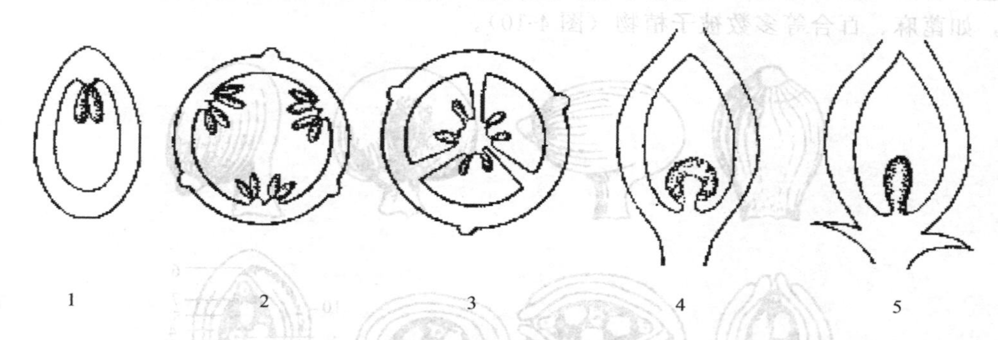

图4-9 胎座的类型

1—边缘胎座；2—侧膜胎座；3—中轴胎座；4—特立中央胎座；5—基生胎座

(1) 边缘胎座 胚珠着生于单雌蕊子房内的唯一1条腹缝线上，如大豆、豌豆等豆科植物。

(2) 侧膜胎座 胚珠着生于单室复雌蕊子房内的多条腹缝线上，如南瓜、栝楼等葫芦科植物；三色堇、紫花地丁等堇菜科植物。侧膜胎座的形成源于多个张开心皮的边缘彼此联合。

(3) 中轴胎座 胚珠着生于多室复雌蕊子房内的中轴上，如百合、桔梗等。中轴胎座的形成可能源于多个边缘愈合心皮在靠近子房中央位置的彼此联合。

(4) 特立中央胎座 胚珠着生于单室复雌蕊子房内的顶端游离的中轴上（此胎座系由中轴胎座特化而来，当中轴胎座的子房室隔膜及中轴顶端消失时则成为特立中央胎座），如石竹、马齿苋等。

(5) 基生胎座 胚珠直接着生于单雌蕊或单室复雌蕊的子房室底部，又叫底生胎座，如大黄、向日葵。

(6) 顶生胎座 胚珠直接着生（悬挂）于单雌蕊或单室复雌蕊的子房室顶部，又称悬垂胎座，如桑、樟等。

8. 胚珠

胚珠是将来发育成种子的部分，常为椭圆状或近球状，着生在子房室内的胎座上，其数目与植物种类有关。

(1) 胚珠的构造 胚珠通过珠柄与子房壁相连接，维管束即通过珠柄进入胚珠。胚珠最外面为珠被，多数被子植物的珠被分外珠被和内珠被两层，也有1层珠被或无珠被的（如禾本科植物的胚珠）。珠被在胚珠的顶端不完全连合而留下1小孔，称珠孔。珠被内方称珠心，由薄壁细胞组成，是胚珠的重要部分。珠心中央发育形成胚囊，被子植物的成熟胚囊一般有8个细胞，靠珠孔有1个卵细胞和2个助细胞，与珠孔相反的一端有3个反足细胞，中央有2个极核细胞（也称极核或原始胚乳细胞，或此二核融合而成中央细胞）。珠心基部和珠被、珠柄三者的汇合处称合点，是维管束进入胚囊的通道。

(2) 胚珠的类型　胚珠在生长时，由于珠柄、珠被和珠心各部分生长速度不同，使珠孔、合点与珠柄的相对位置各异，常形成下列类型。

① 直生胚珠　胚珠各部生长速度均一，胚珠直立，珠柄在下，珠孔在上，珠柄、合点和珠孔在一条直线上，如蓼科、胡椒科植物。

② 横生胚珠　胚珠因一侧生长较快，另一侧生长较慢，胚珠横向弯曲，合点、珠心的中点、珠孔成一直线并与珠柄垂直，如玄参科、茄科植物。

③ 弯生胚珠　胚珠下半部的生长比较均匀，但上半部一侧生长较快，另一侧生长较慢，生长快的一侧向慢的一侧弯曲，因此珠孔弯向珠柄，整个胚珠呈肾形，如十字花科、豆科中的某些植物。

④ 倒生胚珠　胚珠一侧生长快，另一侧生长慢，使胚珠向生长慢的一侧弯转 180°，胚珠倒置，合点在上，珠孔靠近珠柄，珠柄很长并与一侧的珠被愈合，形成一条明显的纵脊称珠脊，如蓖麻、百合等多数被子植物（图 4-10）。

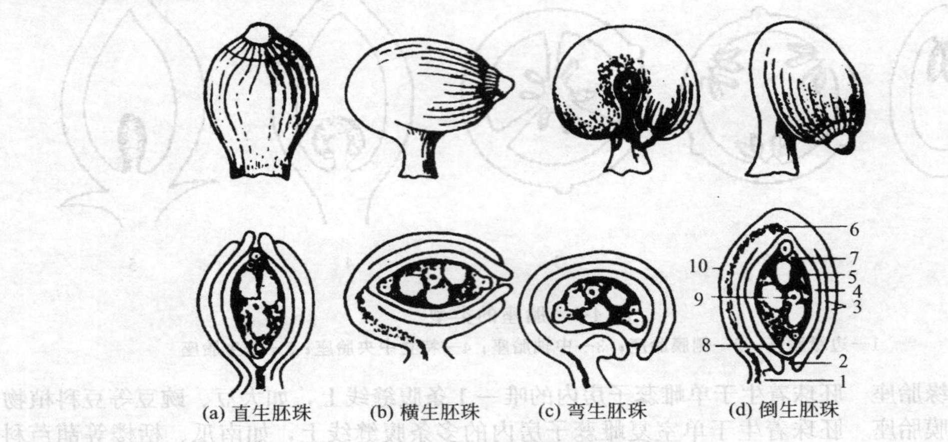

图 4-10　胚珠的类型及构造

1—珠柄；2—珠孔；3—珠被；4—珠心；5—胚囊；6—合点；7—反足细胞；8—卵细胞和助细胞；9—极核细胞；10—珠脊

二、花的类型

被子植物的花在长期的演化过程中，花的各部分发生了不同程度的变化，使花多姿多彩，形态多样，归纳起来，可划分为完全花和不完全花；重被花、单被花和无被花；两性花、单性花和无性花；辐射对称花、两侧对称花和不对称花。

(一) 依花的组成是否完整分类

1. 完全花

花中同时具有花萼、花冠、雄蕊群和雌蕊群四大组成的花称完全花，如桃、桔梗等。

2. 不完全花

不完全花是指缺少花萼、花冠、雄蕊群和雌蕊群的其中一部分或几部分的花。如南瓜、桑、柳。

(二) 依花中有无花萼与花冠分类

1. 重被花

花中同时具有花萼与花冠的花，如栝楼、党参。在重被花中，又可以区分为单瓣花（花冠只由 1 轮花瓣排列的花，如桃）和重瓣花（花冠由数轮花瓣形成，如月季等栽培植物）以及前述的离瓣花与合瓣花。

2. 单被花

单被花是指花萼和花冠不分化的花。不少单被花具鲜艳的颜色而呈花瓣状，如铁线莲、白头翁、百合、石蒜等。单被花的花被可为1轮也可为多轮。

3. 无被花

花被不存在的花，又叫裸花。这种花常具苞片，如杜仲、杨等（图4-11）。

（三）依花中有无雄蕊群和雌蕊群分类

1. 两性花

一朵花中同时具有正常发育的雄蕊群和雌蕊群，如牡丹、桔梗等。

2. 单性花

正常发育的雄蕊群和雌蕊群不能同时存在于一朵花。其中只有雄蕊群而无雌蕊群或雌蕊群不育的花，称雄花；只有雌蕊群而无雄蕊群或雄蕊群不育的花，称雌花，如桑、南瓜。

在具有单性花的植物种中，若雄花和雌花生在同一植株上，称雌雄同株，如南瓜、玉米；若雄花和雌花分别生在不同植株上，则称雌雄异株，如桑、栝楼。

有些物种中，同时存在有两性花与单性花的现象，此现象称花杂性。在具有花杂性现象的植物中，若单性花和两性花存在于同株植物上，叫杂性同株，如朴树；若单性花和两性花不能共存于同一植株上，则称杂性异株，如臭椿、葡萄。

3. 无性花

花中雄蕊群和雌蕊群均退化或发育不全称无性花，如绣球花序边缘的花。

（四）依花冠的对称方式分类

1. 整齐花

通过花的中心可作2个及2个以上对称面，花辐射对称（故又叫辐射对称花），如桃、桔梗等。

2. 不整齐花

通过花的中心不可能作2个及2个以上对称面的花。主要有两种。

（1）两侧对称花　通过花的中心只能作1个对称面，如益母草等唇形科植物的唇形花、豆科植物的蝶形花等。

（2）不对称花　通过花的中心（或根本就无花的中心）不能作对称面，如美人蕉、缬草。

三、花程式

（一）花程式的含义

用字母、符号和数字来表明花各部分的组成、排列、位置和彼此之间关系等所写成的式

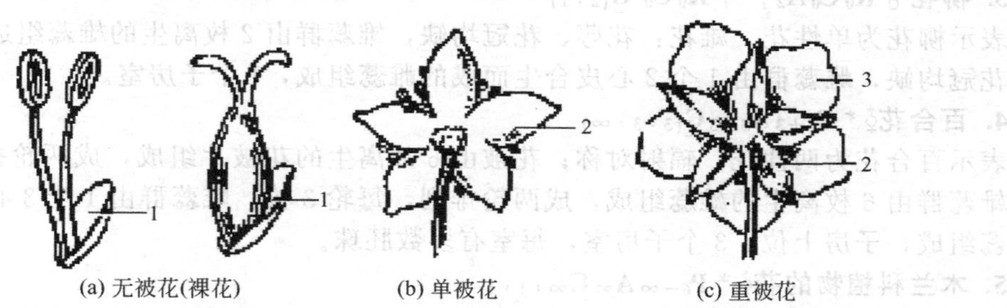

图4-11　花的类型

1—苞片；2—花萼；3—花瓣

子称花程式。

（二）花的各组成部分的字母表示法

一般采用花的各组成部分的拉丁名词的第 1 个字母表示，其简写如下。

P——表示花被（perianthium）。

K——表示花萼（来源于花萼德文 Kelch 一词，因拉丁词中花萼与花冠首字母均为 C）。

C——表示花冠（corolla）。

A——表示雄蕊群（androecium）。

G——表示雌蕊群（gynoecium）。

（三）以数字表示花各组成的数目或各轮数目

以“1、2、3、4…10”数字表示花各部或每轮的数目；以“∞”表示数目在 10 个以上或数目不定，以“0”表示该组成不具备或退化。各个数字均写在字母的右下方。在雌蕊群“G”的右下方由左至右第 1 个数字表示花中雌蕊群所包含的心皮数，第 2 个数字表示雌蕊群中每个雌蕊的子房室数，第 3 个数字表示每个子房室中的胚珠数（通常在花程式中只写前面第 1 或第 2 个数字），各数字之间以“:”隔开。

（四）以符号表示花的其他特征

（1）括弧“（ ）”表示连合。

（2）弯箭头“↙”表示贴生。如雄蕊贴生在花冠上。

（3）短横线“_”表示子房的位置。如“$\underline{G}$”表示子房上位，“$\overline{G}$”表示子房下位，“$\underline{\overline{G}}$”表示子房半下位。

（4）“↑”或“·|·”表示两侧对称花；“*”或“⊗”表示辐射对称花。

（5）加号“+”表示排列轮数的关系。

（6）“♂”表示雄花；“♀”表示雌花；“⚥”表示两性花。

（五）花程式举例

1. 桃花⚥ * $K_5 C_5 A_\infty \underline{G}_{(1:1:1)}$

表示桃花为两性花；辐射对称；花萼由 5 片离生的萼片组成；花冠由 5 片离生的花瓣组成；雄蕊群由多数离生的雄蕊组成；雌蕊群具有 1 个雌蕊，子房上位，1 心皮形成，1 子房室，1 个胚珠。

2. 桔梗花⚥ * $K_{(5)} \overleftarrow{C}_{(5)} A_5 \underline{\overline{G}}_{(5:5:\infty)}$

表示桔梗花为两性花；辐射对称；花萼由 5 个萼片合生而成；花冠由 5 个花瓣合生而成；雄蕊群由 5 枚离生的雄蕊组成，贴生在花冠上；雌蕊群具有 1 个 5 心皮结合而成的复雌蕊，子房半下位，5 个子房室，每室有多数胚珠。

3. 柳花♂ $K_0 C_0 A_2$；♀ $K_0 C_0 \underline{G}_{(2:1)}$

表示柳花为单性花。雄花：花萼、花冠均缺，雄蕊群由 2 枚离生的雄蕊组成。雌花：花萼、花冠均缺，雌蕊群由 1 个 2 心皮合生而成的雌蕊组成，1 个子房室。

4. 百合花⚥ * $P_{3+3} A_{3+3} \underline{G}_{(3:3:\infty)}$

表示百合花为两性花；辐射对称；花被由 6 片离生的花被片组成，成两轮排列，每轮 3 片；雄蕊群由 6 枚离生的雄蕊组成，成两轮排列，每轮 3 枚；雌蕊群由 1 个 3 心皮合生而成的雌蕊组成，子房上位，3 个子房室，每室有多数胚珠。

5. 木兰科植物的花⚥ * $P_{6-\infty} A_\infty \underline{G}_{\infty:1:1-2}$

表示木兰科植物的花为两性花；辐射对称；花被由 6 至多数离生的花被片组成；雄蕊群由多数离生的雄蕊组成；雌蕊群由多个 1 心皮形成的雌蕊组成，即离生心皮雌蕊，子房上位，子房 1 室，胚珠 1～2 个。

四、花序

（一）花序的概念

被子植物的花，有的是单独一朵生在茎枝顶上或叶腋部位，称单顶花或单生花，如玉兰、牡丹、芍药、莲、桃等。但大多数植物的花，密集或稀疏地按一定排列顺序，着生在特殊的总花柄上。这个总花柄称花轴，也称花序轴（rachis）。花在总花柄上有规律的排列方式称为花序。花序轴可以分枝（称分枝花序轴）或不分枝，花序上的花叫小花，小花的梗称小花梗。在花序上没有典型的叶，只有苞片，有的植物苞片多个密集成为总苞，如向日葵、菊花等。

（二）花序的类型

根据花在花序轴上的排列方式、小花开放顺序以及在开花期花序轴能否不断生长等，花序可以分为无限花序、有限花序和混合花序三大类。

1. 无限花序（总状花序类）

无限花序是在开花期内，花序的初生花轴可继续向上生长、延伸，不断生新的苞片，并在其腋中产生花朵。其中，花轴为长柱状的，各花开放顺序是花轴基部的花先开，然后向上方顺序推进；花轴缩短呈盘状，各花密集呈一平面或球面的，开花顺序则是先从边缘花开始，然后向中心依次开放（图 4-12）。

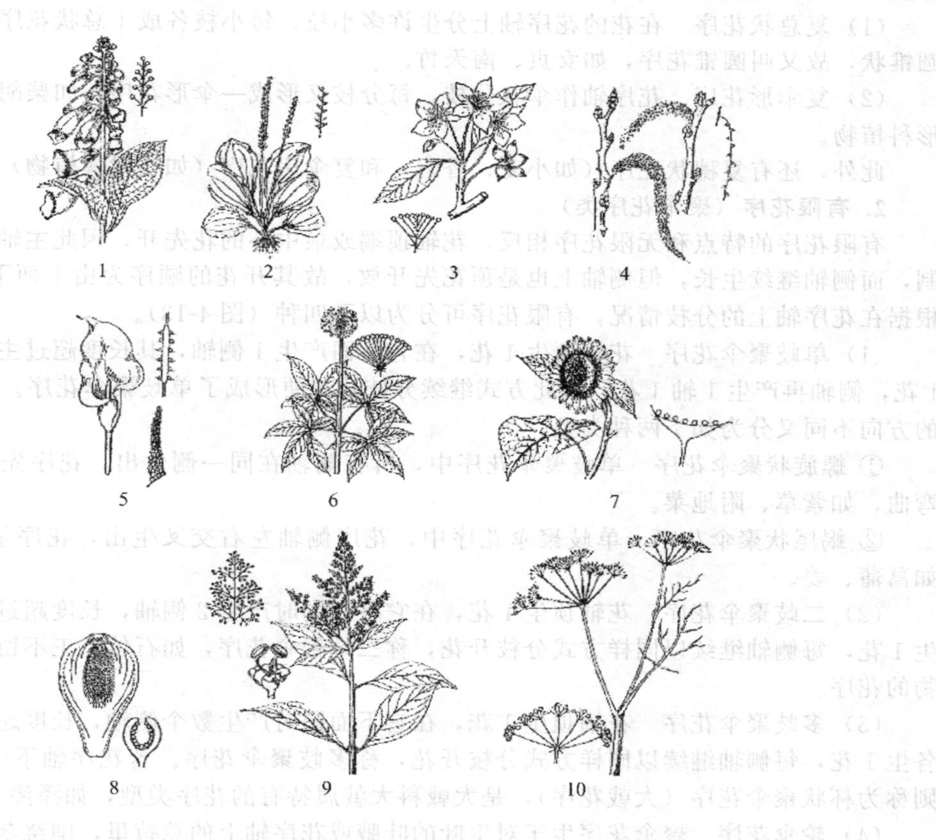

图 4-12　无限花序的类型

1—总状花序（洋地黄）；2—穗状花序（车前）；3—伞房花序（梨）；4—柔荑花序（杨）；5—肉穗花序（马蹄莲）；6—伞形花序（人参）；7—头状花序（向日葵）；8—隐头花序（无花果）；9—复总状花序（女贞）；10—复伞形花序（小茴香）

(1) 总状花序　花序轴细长，上面着生许多花柄近等长的小花，如油菜、荠菜。

(2) 穗状花序　似总状花序，但小花具短柄或无柄，如车前、知母。

(3) 柔荑花序　似穗状花序，但花序轴下垂，其上着生许多无柄的单性小花，花开放后整个花序脱落，如杨、柳。

(4) 肉穗花序　似穗状花序，但花序轴肉质肥大呈棒状，其上密生许多无柄的单性小花，在花序外面常具一大型苞片，称佛焰苞，故又称佛焰花序，是半夏、马蹄莲等天南星科植物的主要特征。

(5) 伞房花序　似总状花序，但花梗不等长，下部的长，向上逐渐缩短，整个花序的小花朵几乎排在同一平面上，如苹果、山楂等。

(6) 伞形花序　花序轴缩短，在总花梗顶端着生许多花柄近等长的小花，小花朵排列似张开的伞，如五加、人参等五加科植物。

(7) 头状花序　花序轴极缩短，呈盘状或头状，其上密生许多无梗小花，下面有由苞片组成的总苞，如菊、向日葵等菊科植物。

(8) 隐头花序　花序轴肉质膨大而下陷成囊状，凹陷的内壁上着生许多无柄的单性小花，仅留一小孔与外方相通，为昆虫进出腔内传播花粉的通道，如薜荔、无花果等桑科植物。

以上各种花序的花序轴均单一不分枝，故统称为无限单花序；但无限花序中也有花序轴分枝的，叫无限复花序，常见的有以下几种。

(1) 复总状花序　在花的花序轴上分生许多小枝，每小枝各成1总状花序，整个花序呈圆锥状，故又叫圆锥花序，如女贞、南天竹。

(2) 复伞形花序　花序轴作伞状分枝，每分枝又形成一伞形花序，如柴胡、胡萝卜等伞形科植物。

此外，还有复穗状花序（如小麦、香附）和复伞房花序（如花楸属植物）等。

2. 有限花序（聚伞花序类）

有限花序的特点和无限花序相反，花轴顶端或最中心的花先开，因此主轴的生长受到限制，而侧轴继续生长，但侧轴上也是顶花先开放，故其开花的顺序为由上而下或由内向外。根据在花序轴上的分枝情况，有限花序可分为以下四种（图4-13）。

(1) 单歧聚伞花序　花轴顶生1花，在它下面产生1侧轴，其长度超过主轴，顶端又生1花，侧轴再产生1轴1花，依此方式继续分枝开花便形成了单歧聚伞花序。由于侧轴产生的方向不同又分为如下两种类型。

① 螺旋状聚伞花序　单歧聚伞花序中，所有侧轴在同一侧生出，花序先端常呈螺旋状弯曲，如紫草、附地菜。

② 蝎尾状聚伞花序　单歧聚伞花序中，花序侧轴左右交叉生出，花序呈蝎尾状曲折，如菖蒲、姜。

(2) 二歧聚伞花序　花轴顶生1花，在它下面同时产生2侧轴，长度超过主轴，顶端各生1花，每侧轴继续以同样方式分枝开花，称二歧聚伞花序，如石竹、王不留行等石竹科植物的花序。

(3) 多歧聚伞花序　花轴顶生1花，在它下面同时产生数个侧轴，长度超过主轴，顶端各生1花，每侧轴继续以同样方式分枝开花，称多歧聚伞花序。若花序轴下生有杯状总苞，则称为杯状聚伞花序（大戟花序），是大戟科大戟属特有的花序类型，如泽漆、甘遂等。

(4) 轮伞花序　聚伞花序生于对生叶的叶腋或花序轴上的总苞里，围绕茎或花序轴排列成轮状，如薄荷、益母草等唇形科植物。

3. 混合花序

有的植物在花序轴上生有两种不同类型的花序称混合花序。如紫丁香、葡萄的花序，花

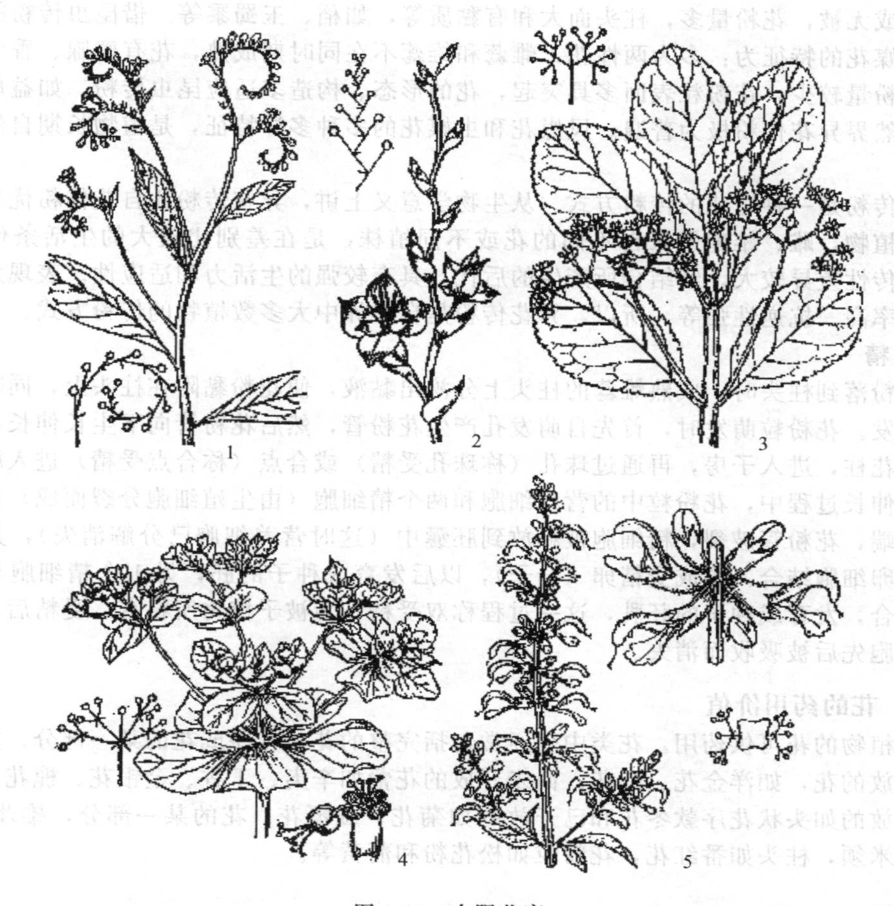

图 4-13　有限花序

1—螺旋状聚伞花序（琉璃草）；2—蝎尾状聚伞花序（唐菖蒲）；3—二歧聚伞花序（大叶黄杨）；4—多歧聚伞花序（泽漆）；5—轮伞花序（薄荷）

序的主轴无限生长，但第二次分轴和末轴则呈聚伞花序式，故又称聚伞圆锥花序。

五、花的生理功能及药用价值

（一）花的主要生理功能

花是种子植物的繁殖器官，其生理功能主要是生殖作用，花通过生殖作用产生果实和种子，延续种族。花的生殖作用的主要过程是传粉和受精。

1. 传粉

传粉是花朵开放，花药裂开，花粉粒散出，并以各种方式传送到雌蕊的柱头上的过程。根据花粉传递的对象不同，传粉又分为自花传粉与异花传粉两种。

（1）自花传粉　指一朵花中的花粉被传送到同一朵花雌蕊柱头上的过程。具自花传粉的植物称自花传粉植物，如小麦、大麦、棉花、大豆、番茄、桃、柑橘等。在生产上，把作物同株异花间的传粉，果树同品种间的传粉也称自花传粉。但自然界也有些植物，如豌豆、花生等是严格的自花传粉。它们在花未开放时，就完成了传粉、受精，称为闭花受精。它可避免花粉粒被昆虫采食，或被雨水冲淋而遭破坏，是保证繁殖成功的一种合理适应现象。

（2）异花传粉　是被子植物有性生殖中较为普遍的一种传粉方式，雄蕊的花粉借风或昆虫等媒介传送到另一朵花的雌蕊柱头上。借风传粉的称风媒花，风媒花的特征为：多为单性花，单被或无被，花粉量多，柱头面大和有黏质等，如稻、玉蜀黍等。借昆虫传粉的花称虫媒花。虫媒花的特征为：多为两性花，雌蕊和雄蕊不在同时期成熟，花有蜜腺、香气和鲜艳颜色，花粉量较少，花粉粒表面多具突起，花的形态、构造多适应昆虫传粉，如益母草、南瓜等。自然界异花传粉极为普遍。风媒花和虫媒花的多种多样特征，是植物长期自然选择的结果。

异花传粉是一种进化的传粉方式。从生物学意义上讲，异花传粉比自花传粉优越。因异花传粉的植物，雌、雄配子来自不同的花或不同植株，是在差别比较大的生活条件下形成的，其遗传性差异较大，经结合所产生的后代，具有较强的生活力和适应性。表现为植物健壮、结实率高、抗逆性强等。所以，异花传粉是自然界中大多数植物的传粉方式。

2. 受精

当花粉落到柱头时，成熟雌蕊的柱头上分泌出黏液，使花粉黏附在柱头上，同时又促使花粉粒萌发。花粉粒萌发时，首先自萌发孔产生花粉管，然后花粉管向下生长伸长，穿过柱头，经过花柱，进入子房，再通过珠孔（称珠孔受精）或合点（称合点受精）进入胚囊。在花粉管的伸长过程中，花粉粒中的营养细胞和两个精细胞（由生殖细胞分裂而成）进入花粉管的最前端，花粉管破裂，精细胞被释放到胚囊中（这时营养细胞已分解消失），其中1个精细胞与卵细胞结合，形成受精卵（合子），以后发育成种子的胚，另1个精细胞与2个极核细胞结合，发育成种子的胚乳，这一过程称双受精，为被子植物所特有。受精后，胚囊中的其他细胞先后被吸收而消失。

（二）花的药用价值

许多植物的花可供药用。花类中药通常包括完整的花、花序或花的某一部分。完整的花分为已开放的花，如洋金花、红花；尚未开放的花蕾如辛夷、丁香、金银花、槐花；花序亦有用未开放的如头状花序款冬花和已开放的如菊花、旋覆花；花的某一部分，雄蕊如莲须，花柱如玉米须，柱头如番红花，花粉粒如松花粉和蒲黄等。

第二节 实践技能

一、双筒解剖镜的构造与使用

双筒解剖镜的构造与普通光学显微镜相似，但它所形成的物像是正的立体像，使人在用它观察物体时，就像用双眼直接看物体一样，故又称之为体视显微镜。它的工作距离很长，且观察实物时不必制成玻片标本，因而很适合于边解剖边观察花等的组成结构。

（一）双筒解剖镜的结构

双筒解剖镜的构造分为机械装置和光学系统两部分，不过它的构造比较简单。机械装置有镜座、镜台、镜筒、支柱（立柱）和调节手轮等部分；光学系统有接目镜、接物镜和反光镜等部分（图4-14）。双筒解剖镜具有两个镜筒、两个目镜和物镜，因此，使用时两眼可以同时观察。在镜筒的其中一个附有调整目镜筒（目镜调节圈），用以校正观察者的两眼间距离。双筒解剖镜只设有一对粗调焦手轮，进行焦距调节。接目镜和接物镜也有各种不同的放大率，一般双筒解剖镜的放大倍数从几十倍至一百倍左右。在双筒解剖镜上有的有反光镜，有的缺反光镜；有的在镜身上附有照明灯。镜台上有一块厚玻璃板和一块一面白色一面黑色的瓷板，根据观察物的颜色和透明度可以调换使用。

（二）双筒解剖镜的使用方法

把解剖镜放在面向光源的位置，调节两镜筒间的距离，使两个目镜适合自己两眼间的宽

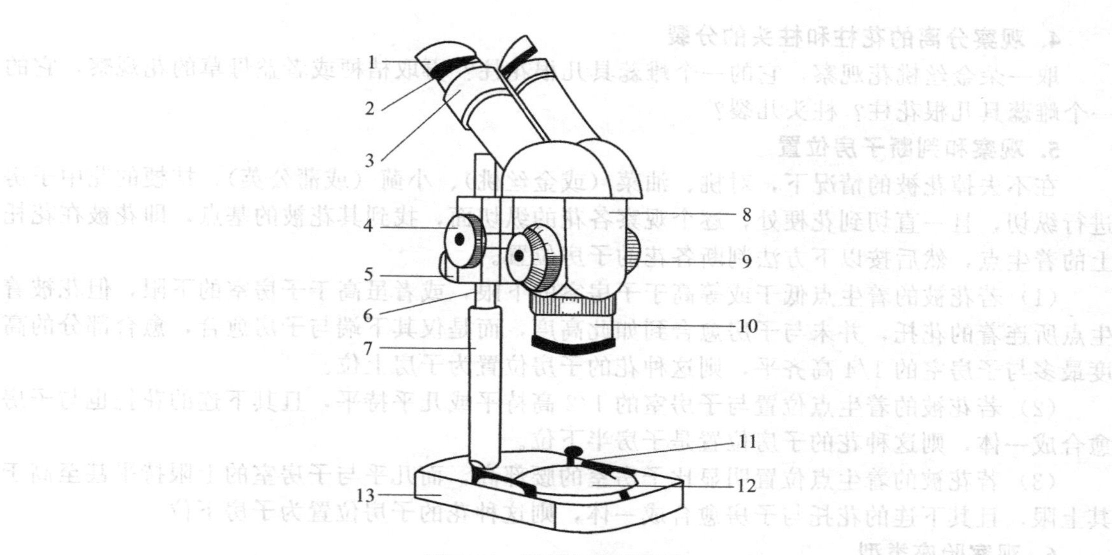

图 4-14　双筒解剖镜构造

1—镜护罩；2—目镜；3—目镜调焦环；4—升降手轮；5—锁紧螺钉；6—活动支柱；7—固定支柱；8—镜身；9—转盘；10—大物镜；11—压夹；12—工作台板；13—底座

度。如观察透明的标本，镜台选用玻璃板，光源由反光镜底下照射。如观察不透明的标本，镜台选用瓷板，深色标本用白色一面，浅色标本用黑色一面，光源以强光或灯光从上面直接照在标本上，标本要观察的部位应转向光源。在解剖镜下，观察到的物像为一正立像，而且标本移动方向和物像的移动方向完全一致。

二、花的组成及构造观察

1. 观察典型花的各组成部分

（1）花的各组成部分观察　先由下至上，然后从外向内依次观察一朵油菜（或菜苔、萝卜）花的各个组成部分。同时注意这样几个问题：其花萼与花冠是离生或合生？有几个雄蕊？长短一致吗？互相间有无发生花丝或花药的合生？与花瓣对生和与花瓣互生的雄蕊都有吗？有几个雌蕊？判断的依据是什么？何处是子房？花柱有几个？柱头有分裂或沟吗？

（2）子房室的观察　先横切 1 次子房，而后在距横切面 1～2mm 处再横切一次。这样切得一块厚 1～2mm 的子房横切片。将切片放于双筒解剖镜的工作台板上，左手用镊子将切片移进目镜的视野中，并轻轻按住或夹住，右手拿起解剖针，一边通过目镜观察切片，一边用针尖在切片上到处轻轻拨一拨，以试探哪些地方能活动。如发现能活动、类圆形、且与切片上的子房壁只有一点相连的就是胚珠。找出所有的胚珠并小心地除去（切勿弄断了切片中的非胚珠部分），从切片的剩余部分便可看出子房室的数目。

2. 观察花冠的常见类型

观察油菜、桔梗、蚕豆、益母草、龙葵、迎春、向日葵等植物的花，并参见图 4-2 及花冠类型的定义，回答以下问题：具有十字形花冠、钟状花冠、蝶形花冠、唇形花冠、辐状花冠、高脚碟状花冠、舌状花冠和管状花冠的各是所观察的哪种花？辐状花冠与钟状花冠的区别在哪里？高脚碟状花冠与辐状花冠的区别是什么？

3. 观察和判断雄蕊群类型

取前面观察过的分别具十字形花冠、蝶形花冠、唇形花冠、舌状（或管状）花冠的花，以及金丝桃花，观察其雄蕊群。通过分析其中花丝的离、合生，花药的离、合生，雄蕊的相对长短及数目等情况，并参阅图 4-5 对各花的雄蕊群作出类型判断。

4. 观察分离的花柱和柱头的分裂

取一朵金丝桃花观察，它的一个雌蕊具几根花柱？再取桔梗或者益母草的花观察，它的一个雌蕊具几根花柱？柱头几裂？

5. 观察和判断子房位置

在不去掉花被的情况下，对桃、油菜（或金丝桃）、小蓟（或蒲公英）、桔梗的花中子房进行纵切，且一直切到花梗处，逐个观察各花的纵切面，找到其花被的基点，即花被在花托上的着生点，然后按以下方法判断各花的子房位置。

（1）若花被的着生点低于或等高于子房室的下限，或者虽高于子房室的下限，但花被着生点所连着的花托，并未与子房愈合到如此高度，而是仅其下端与子房愈合，愈合部分的高度最多与子房室的1/4高齐平，则这种花的子房位置为子房上位。

（2）若花被的着生点位置与子房室的1/2高持平或几乎持平，且其下连的花托也与子房愈合成一体，则这种花的子房位置是子房半下位。

（3）若花被的着生点位置明显比子房室的腰部高，而几乎与子房室的上限持平甚至高于其上限，且其下连的花托与子房愈合成一体，则这种花的子房位置为子房下位。

6. 观察胎座类型

用刀片逐个横切蚕豆、黄瓜、辣椒、石竹的子房或果实，纵切菊芋（或百日菊）的子房，观察其胎座的类型。

三、花序的观察

仔细观察油菜、车前、柳、半夏、苹果、五加（或葱）、菊、无花果、女贞、附地菜、石竹（或繁缕）、泽漆、益母草等植物的花序标本，判断各属何种花序。

四、花程式书写方法

花程式的书写顺序是：花的性别（若为两性，也可以将符号省略不写），对称情况，花各部分从外部到内部依次记录P（K、C）、A、G等的情况。

取桃花或泡桐花仔细观察，注意每个部分的结构单位在数目、排列方式，是否合生等方面（雌蕊群还有子房位置方面）的情况，写出其花程式。

对于其中的雌蕊群心皮数目一项，先要明白雌蕊群在这里是指一朵花中的所有雌蕊，也就是说，即使花中只有一个雌蕊，也可算是个雌蕊群。其次要懂得判断雌蕊群心皮数目的方法，即：若见雌蕊群是多个离生或仅子房基部合生的雌蕊，则这些雌蕊的数目为雌蕊群的心皮数目；若见雌蕊群只是一个雌蕊，则看腹缝线（可通过胎座特征判断）或背缝线条数；若是边缘胎座，则心皮数为1；若是侧膜胎座，则其胎座点的数目为心皮的数目；若是不含假隔膜的中轴胎座，则子房室数为心皮数；若是其他类胎座，则看主脉（即背缝线）的数目，其数目与心皮数目相等。在观察过程中，可参考柱头、花柱的特征。

知识点检测

一、填空题

1. 花类药材中，玉米须是________，番红花是________，蒲黄是________，莲房是________。
2. 花通常由________、________、________、________、________、________六个部分组成。
3. 木兰的花托呈________状；莲的花托呈________状；金樱子的花托呈________状。
4. 根据花冠是否分离有________和________之分。
5. 花萼在开花前即脱落的称________，花后不脱落并随果实一起增大的称________。
6. 常见的花被卷叠式有________、________、________。
7. 常见的雄蕊类型有________、________、________、________、________等。

8. 雌蕊由________、________、________三部分组成。

9. 心皮卷合形成雌蕊时，其边缘的合缝线称________，相当于心皮中脉部分的缝线称________。

10. 常见的雌蕊类型有________、________、________。

11. 子房位置常见的有三种，即________、________、________。

12. 常见的胎座类型有________、________、________、________等。

13. 一朵花具花萼和花冠的称为________；仅有花萼而无花冠的称为________；不具花被的称为________。

14. 花程式中，P 表示________；K 表示________；C 表示________；A 表示________；G 表示________。

15. 花程式中，( ) 表示________；↑表示________；⚥表示________。

16. 有限花序常见的类型有________、________、________、________。

17. 无限花序开花的顺序为________或________。

18. 传粉有________和________两种方式。

二、选择题

(一) A 型题

1. 一般所述的花是指（　　）的花

A. 孢子植物　　B. 蕨类植物　　C. 裸子植物　　D. 被子植物　　E. 隐花植物

2. 花瓣边缘彼此覆盖，其中 1 枚完全在外，1 枚完全在内的花被卷叠式称（　　）

A. 旋转状　　B. 外向镊合状　　C. 覆瓦状　　D. 重覆瓦状　　E. 内向镊合状

3. 菊科植物的雄蕊类型为（　　）

A. 单体雄蕊　　B. 二体雄蕊　　C. 二强雄蕊　　D. 四强雄蕊　　E. 聚药雄蕊

4. 心皮是构成雌蕊的（　　）

A. 变态根　　B. 变态茎　　C. 变态托叶　　D. 变态叶　　E. 小孢子叶

5. 被子植物的胚珠常着生在（　　）

A. 中缝线上　　B. 腹缝线上　　C. 背缝线上　　D. 心皮边缘　　E. 花托上

6. 花程式中 $P_{3+3+3}A_{\infty}\underline{G}_{\infty:1}$ 可表示（　　）

A. 单性花　　B. 单瓣花　　C. 单被花　　D. 单雌蕊　　E. 单心皮

7. 花程式中 $K_{(5)}C_5A_{(9)+1}$ 可表示（　　）

A. 单体雄蕊　　B. 二体雄蕊　　C. 二强雄蕊　　D. 四强雄蕊　　E. 聚药雄蕊

8. 花程式中↑$K_{(4)}C_5$ 可表示（　　）

A. 整齐花　　B. 不整齐花　　C. 不对称花　　D. 单被花　　E. 重瓣花

9. 花程式中 $G_{(5:5:\infty)}$ 可表示（　　）

A. 边缘胎座　　B. 侧膜胎座　　C. 中轴胎座　　D. 顶生胎座　　E. 基生胎座

10. 柔荑花序上着生的小花常为（　　）

A. 有梗的两性花　　B. 无梗的两性花

C. 有梗的单性花　　D. 无梗的单性花

E. 无性花

11. 大戟、甘遂等植物的花序为（　　）

A. 伞形花序　　B. 伞房花序　　C. 轮伞花序　　D. 杯状聚伞花序　　E. 复伞形花序

12. 双受精是（　　）特有的现象

A. 低等植物　　B. 孢子植物　　C. 被子植物　　D. 裸子植物　　E. 隐花植物

13. 被子植物的胚乳是由 1 个精子与（　　）结合形成的

A. 助细胞　　B. 卵细胞　　C. 反足细胞　　D. 极核细胞　　E. 精子细胞

(二) B 型题

A. 花蕾　　B. 开放的花　　C. 雄蕊　　D. 花托　　E. 花序

14. 药材辛夷是植物的（　　）

15. 药材莲房是植物的（　　）

16. 药材红花是植物的（　　）

17. 药材菊花是植物的（　　）

A. 雌蕊柄　B. 雌雄蕊柄　C. 花盘　D. 合蕊柱　E. 距

18. 萼筒或花瓣基部延长成管状或囊状称（　）

A. 子房下位上位花　B. 子房下位周位花

C. 子房上位下位花　D. 子房半下位周位花

E. 子房上位周位花

19. 油菜、百合的花为（　）

20. 桔梗、党参等的花为（　）

A. 边缘胎座　B. 侧膜胎座　C. 中轴胎座　D. 特立中央胎座　E. 基生胎座

21. 由单心皮雌蕊形成，具1子房室的胎座是（　）

22. 由合生心皮雌蕊形成，具1子房室，胚珠着生在腹缝线上的胎座是（　）

23. 由合生心皮雌蕊形成，子房室数与心皮数相同的胎座是（　）

A. 单被花　B. 重被花　C. 重瓣花　D. 无被花　E. 裸花

24. 仅有花萼而无花冠的花称（　）

25. 花瓣呈多轮排列的花称（　）

A. $* ♂ P_4 A_4 ♀ P_4 G_{(2:1:1)}$　B. $\uparrow K_4 C_5 A_{2+2} G_{(2:4:1)}$

C. $* P_{3+3+3} A_{\infty} \underline{G}_{\infty:1}$　D. $\uparrow K_{(5)} C_5 A_{(9)+1} \underline{G}_{(1:1:\infty)}$

E. $♂ * K_{(5)} C_{(5)} A_5 ♀ * K_{(5)} C_{(5)} \underline{G}_{(3:1:\infty)}$

26. 表示不整齐花、重被花、二强雄蕊的花程式是（　）

27. 表示整齐花、重被花、侧膜胎座的花程式是（　）

28. 表示不整齐花、二体雄蕊、边缘胎座的花程式是（　）

29. 表示整齐花、单被花、离生心皮雌蕊的花程式是（　）

（三）X型题

30. 蝶形花冠的组成包括（　）

A. 1枚旗瓣　B. 2枚翼瓣　C. 1枚翼瓣　D. 2枚龙骨瓣　E. 1枚龙骨瓣

31. 具有二强雄蕊的科是（　）

A. 唇形科　B. 茄科　C. 马鞭草科　D. 玄参科　E. 伞形科

32. 雌蕊的组成部分是（　）

A. 花托　B. 子房　C. 花柱　D. 胚珠　E. 柱头

33. 判断组成子房的心皮数的依据有（　）

A. 柱头分裂数　B. 花柱分裂数　C. 子房室数　D. 胚珠数　E. 背缝线数

34. 肯定是合生心皮雌蕊形成的胎座有（　）

A. 边缘胎座　B. 侧膜胎座　C. 中轴胎座　D. 特立中央胎座　E. 基生胎座

35. 具有（　）的花称完全花

A. 花托　B. 雌蕊　C. 花萼　D. 花冠　E. 雄蕊

36. 属于辐射对称花的花冠类型是（　）

A. 十字形　B. 蝶形　C. 唇形　D. 钟形　E. 管状

37. 属于两侧对称花的花冠类型是（　）

A. 辐状　B. 蝶形　C. 唇形　D. 钟形　E. 舌状

38. 花程式 $* K_5 C_5 A_{(\infty)} \underline{G}_{(\infty:\infty)}$ 可表示（　）

A. 重被花　B. 重瓣花　C. 聚药雄蕊　D. 单体雄蕊　E. 中轴胎座

39. 属于无限花序的是（　）

A. 穗状花序　B. 肉穗花序　C. 轮伞花序　D. 伞房花序　E. 伞形花序

40. 花序下常有总苞的是（　）

A. 穗状花序　B. 复伞形花序　C. 肉穗花序　D. 杯状聚伞花序　E. 柔荑花序

三、名词解释

1. 单体雄蕊　2. 四强雄蕊　3. 聚药雄蕊　4. 子房上位　5. 子房下位　6. 边缘胎座　7. 侧膜胎座　8. 中轴胎座　9. 重被花　10. 花程式　11. 无限花序　12. 有限花序　13. 双受精

四、判断是非题

1. 裸子植物和被子植物的花高度进化，构造复杂。(　　)
2. 花是由花芽发育而来，是适应生殖的变态枝。(　　)
3. 花通常由花梗、花托、花瓣、雄蕊群、雌蕊群等部分组成。(　　)
4. 菊科植物的花萼变成毛状，称冠毛。(　　)
5. 花被各片的边缘彼此互相接触排成一圈，但互不重叠，称旋转状花被卷叠式。(　　)
6. 雌蕊是由心皮构成的，心皮是适应生殖的变态茎。(　　)
7. 裸子植物的心皮又称大孢子，展开成叶片状，胚珠包被在囊状的雌蕊内。(　　)
8. 被子植物心皮卷合形成雌蕊时，其边缘的合缝线称腹缝线。(　　)
9. 被子植物心皮卷合形成雌蕊时，其心皮中脉部分的缝线称背缝线。(　　)
10. 被子植物的雌蕊可由1至多个心皮组成，根据组成雌蕊的心皮数目不同，雌蕊可分为以下类型：单雌蕊、合生雌蕊、复雌蕊。(　　)
11. 花托扁平或隆起，子房仅底部与花托相连，花被、雄蕊均着生在子房下方的花托上，称子房上位，这种花称上位花。(　　)
12. 若花托下陷，子房着生于凹陷的花托中央而不与花托愈合，花被、雄蕊均着生于花托的上端边缘，称子房上位，这种花称下位花。(　　)
13. 子房下部着生于凹陷的花托中并与花托愈合，上半部外露，花被、雄蕊着生于花托的边缘，称子房下位，这种花称周位花。(　　)
14. 侧膜胎座由合生心皮雌蕊形成，子房一室，胚珠着生在腹缝线上。(　　)
15. 特立中央胎座由合生心皮雌蕊形成，子房多室，胚珠着生在各心皮边缘向内伸入于中央而愈合成的中轴上，其子房室数往往与心皮数目相等，如贝母等百合科植物的胎座。(　　)
16. 一朵具有花梗、花托、花被、雄蕊、雌蕊的花称完全花。(　　)
17. 桑花花程式：♂P_4A_4；♀$P_4\underline{G}_{(2:1:1)}$表示桑花为单性花，雄花花被片4枚，雄蕊4枚，分离；雌花花被片4枚，雌蕊子房上位，子房二室，每室一胚珠。(　　)
18. 伞房花序的花序轴细长，其上着生许多花梗近等长的小花。(　　)
19. 穗肉花序：花序轴肉质肥大成棒状，其上着生许多无梗的单性小花，花序外面常有一大型苞片，称佛焰苞。(　　)

五、简答题

1. 单体雄蕊和聚药雄蕊
2. 二体雄蕊和二强雄蕊
3. 离生雌蕊与复雌蕊
4. 上位花、下位花和周位花
5. 中轴胎座和特立中央胎座
6. 雌雄同株和雌雄异株

六、问答题

1. 何谓心皮？被子植物与裸子植物的心皮各有何特点？
2. 如何判断组成雌蕊的心皮数目？
3. 用文字说明花程式百合花⚥$*P_{3+3}A_{3+3}\underline{G}_{(3:3:\infty)}$所表示的含义。

第五章 果 实

学习目标

1. 理论知识目标　掌握果实的类型；熟悉果实的发育和组成；了解果实的生理功能及药用价值。
2. 技能知识目标　能准确识别单果的各种类型；熟练辨认聚合果的类型；准确区分聚合果、聚花果。

第一节　必备知识

一、果实的发育和组成

果实是被子植物所特有的繁殖器官，一般在被子植物开花以后，由受精后的子房或子房连同花（花序）的其他部分发育而成，内含种子。

（一）果实的发育

果实是由子房或连同花的其他部分发育而成的。当传粉受精以后，花的花萼、花瓣和雄蕊等各部分逐渐枯萎脱落时，雌蕊基部的子房中胚珠却一天天的发育长大，最终发育成为种子；子房壁里的细胞也在不断分裂和增大体积，形成了果皮部分，果实就是由果皮和种子共同构成的（图 5-1）。

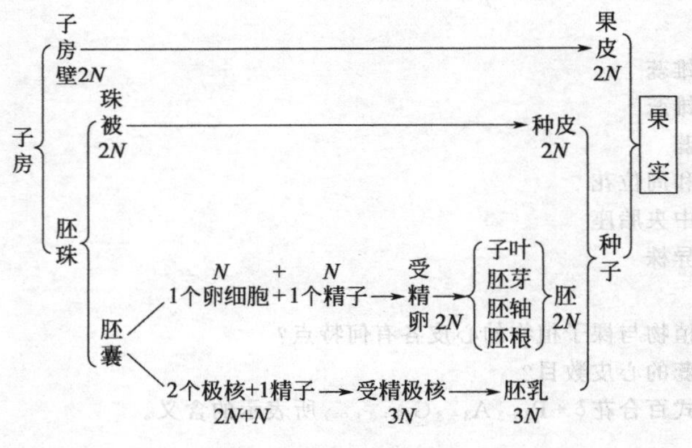

图 5-1　果实的发育

因此，果实的发育应从雌蕊形成开始，包括雌蕊的生长、受精后子房等部分的膨大、果实形成和成熟等过程。科学实验证明，雌蕊受精以后，在胚珠发育成种子的过程中，发育着的种子里合成了大量的生长素，在这些生长素的作用下，子房发育成果实。一般而言，果实的形成需要经过传粉和受精作用，但有的植物只经过传粉而未经受精作用也能发育成果实，这种果实无子，称单性结实，其形成的果实称无子果实。单性结实有自发形成的称为自发单性结实，如香蕉、柑橘、柿、瓜类及葡萄的某些品种等。还有的是通过某种诱导作用而引起的称诱导单性结实，例如马铃薯的花粉刺激番茄的柱头而形成无子番茄，或用化学处理方法如将某些生长素涂抹或喷洒在雌蕊柱头上也能得到无子果实。还有一些由四倍体和二倍体杂交形成不孕性的三倍体植物，同样会产生无子果实，如无子西瓜。

（二）果实的组成结构

果实由果皮和种子两部分组成。果皮由外向内可分为外果皮、中果皮和内果皮三层，因植物种类不同，果皮的构造、色泽以及各层果皮发达程度也不一样。

1. 外果皮

是果实的最外层，通常较薄而坚韧，一般由一层表皮细胞构成，有时在表皮细胞层里面还可有一层或几层厚角组织细胞（如桃、杏等），或厚壁组织细胞（如菜豆、大豆等）。表皮层上偶有气孔，并常具角质层、毛茸、蜡被、刺、瘤突、翅等，有的在表皮中尚含有色物质或色素，如花椒，或含有油细胞，如北五味子。

2. 中果皮

占果皮的大部分，其结构变化较大，肉质果实多肥厚，里面含有大量薄壁组织细胞；干果多为干燥膜质。维管束一般分布在中果皮内。有的中果皮中含有石细胞、纤维，如连翘、马兜铃；有的含油细胞及油管等，如胡椒、花椒、小茴香等。

3. 内果皮

为果皮的最内层，多由1层薄壁细胞组成而呈膜质，或由多层石细胞组成而为木质化的硬壳，如桃、李、杏等；少数植物的内果皮能生出充满汁液的肉质囊状毛，如柑橘。

二、果实的类型

果实的类型很多，依据参与果实形成的部分不同可分为真果和假果；根据果实的来源、结构和果皮性质的不同，可分为单果、聚合果和聚花果三大类。

（一）单果

由一朵花中一个成熟雌蕊（单雌蕊或复雌蕊）发育而成的果实称为单果。根据果皮及其附属部分成熟时的质地和结构不同，又可把单果分为肉果和干果两类。

1. 干果

果实成熟后，果皮干燥，依据果皮是否开裂，干果可以分为裂果和不裂果（闭果）。

（1）裂果　果实成熟后果皮开裂，果皮与种子分离，依据不同开裂方式可分为以下几种。

① 蓇葖果　由一朵花中的单心皮雌蕊发育而成，果实成熟后常在腹缝线（少数在背缝线）一侧开裂。如萝藦、徐长卿的果实。单心皮雌蕊发育成单独的蓇葖果，这种情况比较少见，更常见的是离生心皮雌蕊发育而成的聚合蓇葖果。

② 荚果　是一朵花中单雌蕊发育而成的果实，成熟后果皮沿背缝线和腹缝线两侧开裂，如大豆、豌豆、蚕豆等，是豆科植物的特有果实。有的荚果成熟后并不开裂，如落花生、合欢、皂荚等；也有的荚果呈分节状，成熟后也不开裂，而是节节脱落，每节含种子一粒，这类荚果，称为节荚，如决明、含羞草等。

③ 角果　由2心皮的复雌蕊发育而成，侧膜胎座，子房常因假隔膜分成2室，种子着生在假隔膜的两侧，果实成熟后多沿2条腹缝线自下而上地开裂，果皮成两片脱落，假隔膜仍然留在果柄上。角果有的细长，称长角果，如油菜、甘蓝、桂竹香等的果实；有的角果呈三角形，圆球形，称短角果，如荠菜、独行菜等的果实。但长角果有不开裂的，如萝卜的果实。角果为十字花科植物所特有。

④ 蒴果　由2至多个心皮的复雌蕊发育成的果实，子房1至多室，每室含种子多数。果实成熟时有多种开裂方式，常见的有以下几种。

a. 纵裂（瓣裂）　果实沿长轴方向纵裂成数个果瓣，其中沿腹缝线开裂的称室间开裂，如蓖麻、马兜铃等。沿背缝线开裂的称室背开裂，如百合、鸢尾等。沿腹缝线、背缝线同时开裂，但隔膜与中轴仍然相连的称室轴开裂，如牵牛、曼陀罗等。

b. 孔裂　果实的上部或顶端呈小孔状开裂，如罂粟、桔梗等。

c. 盖裂　果实从中部环状开裂，上部呈冒状脱落，如车前、马齿苋等。

d. 齿裂　果实顶端呈齿状开裂，如石竹、王不留行等。

(2) 不裂果（闭果）　果实成熟后，果皮不开裂，或分离成几部分，但种子仍包被在果实中，可分为以下几种（图 5-2）。

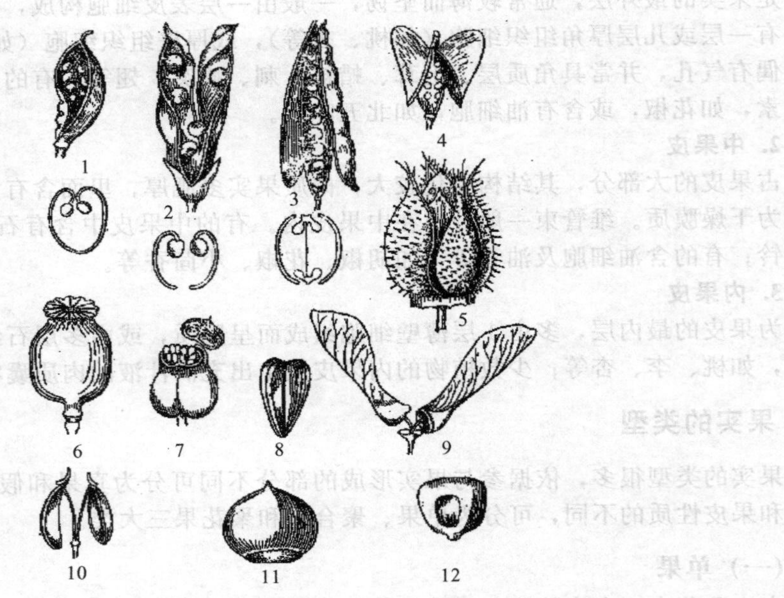

图 5-2　干果

1—蓇葖果；2—荚果；3，4—角果；5，6，7—蒴果；8—瘦果；
9—翅果；10—双悬果；11—坚果；12—颖果

① 瘦果　单粒种子的果实，成熟时果皮与种皮分离，如百头翁、向日葵等。

② 颖果　单粒种子的果实，成熟时果皮与种皮愈合，不易分离，如薏苡、小麦等，为禾本科特有的果实类型，见于除荞麦外的所有谷类植物。

③ 坚果　单粒种子的果实，成熟时外果皮坚硬，常有由总苞发育的壳斗包围或附着于基部，如板栗、栎等壳斗科植物的果实；有的坚果特别小，无壳斗包围称小坚果，如益母草、薄荷等唇形科植物的果实。

④ 翅果　单粒种子的果实，果皮一端或周边向外延伸成翅状，便于由风散播，如杜仲、榆、白蜡树等。

⑤ 胞果　成熟时，果皮薄且干燥不开裂，膨胀疏松地包围着种子，极易与种皮分离，如青葙、滨藜、地肤、鸡冠花等。

⑥ 双悬果　由 2 心皮合生雌蕊发育成的果实，成熟后心皮分离成 2 个分果，双双悬挂在心皮柄上端，果皮柄的基部与果梗相连，每个分果内含 1 粒种子，如当归、前胡、小茴香、蛇床子等，是伞形科植物特有的果实。

2. 肉果

果实成熟后，果皮肉质多浆，不开裂。可分为以下几种（图 5-3）。

(1) 浆果　由单心皮或合生心皮雌蕊发育而成，外果皮薄，中果皮和内果皮不易区分，肉质多汁，内含一至多枚种子。如枸杞、番茄、葡萄等。

(2) 核果　由单心皮雌蕊发育成的果实，外果皮薄，中果皮肉质，内果皮木质化成坚硬的果核，核内有 1 粒种子。如桃、李、梅、杏等。

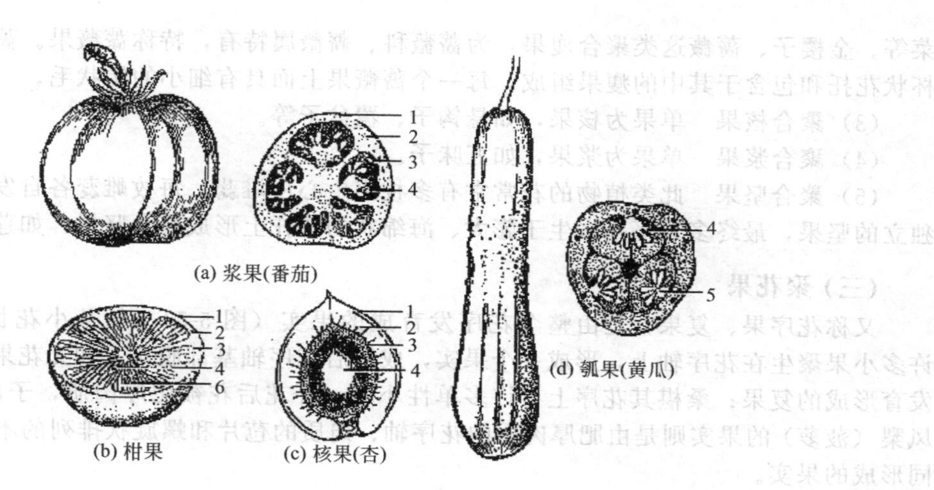

图 5-3　肉果

1—外果皮；2—中果皮；3—内果皮；4—种子；5—胎座；6—肉汁毛囊

(3) 柑果　由合生心皮具中轴胎座的子房发育成的果实，外果皮呈革质，软而厚，内有油室，中果皮与外果皮结合，呈白色海绵状，具有多分枝的维管束，内果皮膜质，分割成多室，内壁有许多肉质多汁的囊状毛。如酸橙、柑橘等。

(4) 瓠果　由3心皮合生雌蕊具侧膜胎座的下位子房连同花托发育而成的果实，是一种假果。花托与外果皮愈合，形成坚韧的果实外层，中果皮、内果皮及胎座均为肉质，内含种子多数，为葫芦科植物所特有，如南瓜、冬瓜、西瓜、栝楼等。

(5) 梨果　由5心皮合生的下位子房连同花托和萼筒发育而成的果实，是一种假果。常分隔为5室，每室种子2粒。其肉质可食部分主要来自花托和萼筒，外果皮和中果皮肉质，界限不清，内果皮坚韧膜状革质或木质，常见于蔷薇科苹果亚科，如苹果、梨、木瓜、枇杷等。

(二) 聚合果

是指一朵花中有多数离生心皮单雌蕊，每一离生雌蕊各发育成一个单果，这许多单果聚集生于同一花托上或与花托一起发育成果实。根据单果的类型不同，可分为以下几种（图 5-4）。

(1) 聚合蓇葖果　单果为蓇葖果，如厚朴、乌头、芍药、八角茴香等。

(2) 聚合瘦果　此类植物的花常常有多枚离生心皮雌蕊，每枚雌蕊各自发育成一个相对独立的瘦果，最终聚集在一个花托上形成聚合瘦果。如金樱子、蔷薇、毛茛、白头翁、委陵

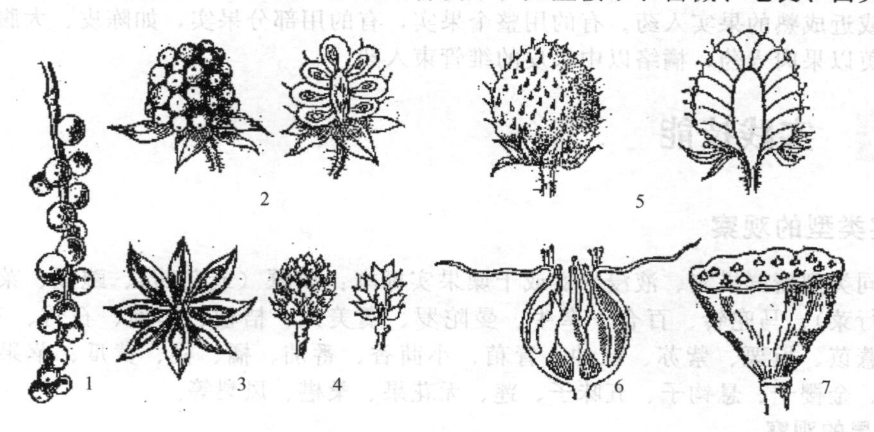

图 5-4　聚合果

1—聚合浆果；2—聚合核果；3—聚合蓇葖果；4，5—聚合瘦果；6—聚合瘦果（蔷薇果）；7—聚合坚果

菜等。金樱子、蔷薇这类聚合瘦果，为蔷薇科、蔷薇属特有，特称蔷薇果。蔷薇果由凹陷的杯状花托和包含于其中的瘦果组成，每一个蔷薇果上面具有细小的钩状毛。

（3）聚合核果　单果为核果，如悬钩子、覆盆子等。

（4）聚合浆果　单果为浆果，如五味子。

（5）聚合坚果　此类植物的花常常有多枚离生心皮雌蕊，每枚雌蕊各自发育成一个相对独立的坚果，最终多数坚果嵌生于膨大、海绵状的花托上形成聚合坚果，如莲。

（三）聚花果

又称花序果、复果，是由整个花序发育成的果实（图 5-5）。每朵小花长成一个小果，许多小果聚生在花序轴上，形成一个果实，成熟后花序轴基部脱落。如无花果是由隐头花序发育形成的复果；桑椹其花序上有许多单性小花，开花后花被肥厚肉质，子房成熟为瘦果；凤梨（菠萝）的果实则是由肥厚肉质的花序轴、肉质的苞片和螺旋状排列的不发育的子房共同形成的果实。

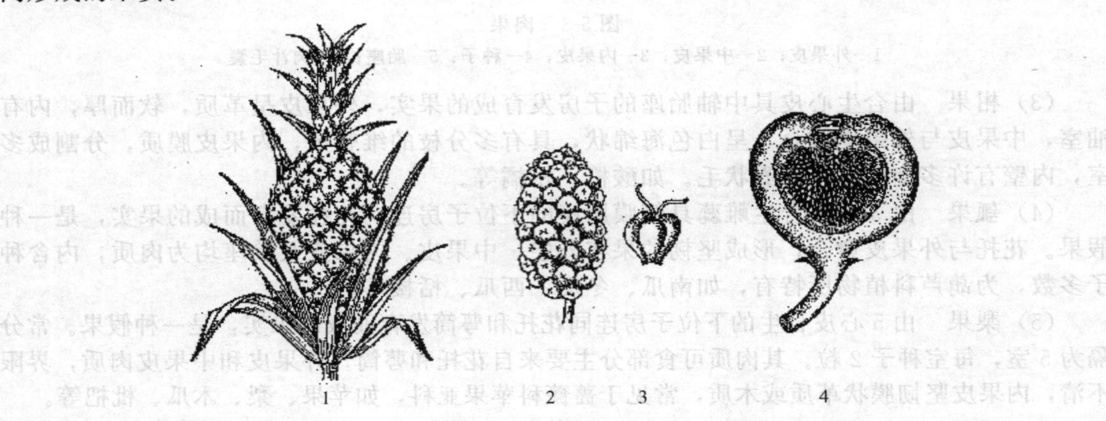

图 5-5　聚花果

1—凤梨；2—桑椹；3—桑椹的一个小果实；4—无花果

三、果实的生理功能和药用价值

果实的主要生理功能是保护和传播种子。

许多植物的果实可供药用，少数是以幼果或未成熟的果实入药，如青皮、枳实等，多数是以成熟或近成熟的果实入药。有的用整个果实，有的用部分果实，如陈皮、大腹皮以果皮入药，茱萸以果肉入药，橘络以中果皮的维管束入药。

第二节　实践技能

一、果实类型的观察

取不同类型新鲜果实、液浸果实或干燥果实标本：萝藦（或芍药）、豌豆、莱菔子、荠菜（或独行菜）、马兜铃、百合、牵牛、曼陀罗、虞美人、桔梗、车前、石竹、王不留行、向日葵、薏苡、板栗、紫苏、杜仲、青葙、小茴香、番茄、橘、桃、黄瓜、苹果（或梨）、八角茴香、金樱子、悬钩子、五味子、莲、无花果、桑椹、凤梨等。

1. 单果的观察

（1）干果

① 蓇葖果　观察萝藦（或芍药）的果实，成熟时沿腹缝线开裂，由一个心皮组成。

② 荚果　取豌豆果实，成熟时沿背缝线和腹缝线同时开裂，由一个心皮组成，种子着生在腹缝线上。

③ 角果　观察莱菔、荠菜（或独行菜）的果实，成熟时沿腹缝线开裂，由两个心皮组成，具有假隔膜，种子多数。

④ 蒴果　观察马兜铃、百合、牵牛、曼陀罗、虞美人、桔梗、车前、石竹的果实，判断果实开裂的方式和组成心皮数目。

⑤ 瘦果　观察向日葵的果实，剖开果实，内有一粒种子，内果皮与种皮易分离。

⑥ 颖果　取薏苡果实，果皮与种皮愈合在一起不易分离。

⑦ 坚果　取板栗观察果实，外果皮坚硬，内含一粒种子。紫苏果实很小，无壳斗包围，称小坚果。

⑧ 翅果　观察杜仲的果实，果皮的周边向外延伸成翅，果实内含一粒种子。

⑨ 胞果　观察青葙的果实，果皮薄，膨胀疏松地包围着种子，极易与种子分离。

⑩ 双悬果　观察小茴香果实，由两个心皮合生发育而成，果实成熟后心皮分离成两个分果，悬挂在心皮柄上端，基部与果柄相连，每个分果内含一粒种子。

（2）肉果

① 浆果　观察番茄果实，肉质多浆，将果实横切，注意各层果皮厚薄。

② 核果　取桃横切观察，外果皮薄，中果皮厚肉质，内果皮形成坚硬的果核，内含一粒种子。

③ 柑果　观察橘的果实，外果皮革质，对光可见多数油室，中果皮疏松，内具分支的维管束（橘络），内果皮膜质，分隔成多室，内壁生有许多肉质多汁的囊状毛。

④ 瓠果　将黄瓜横切，观察外果皮、中果皮、内果皮及胎座。为三心皮合生下位子房发育成的果实。

⑤ 梨果　将苹果横切，观察果实的构造，花筒与外、中果皮一起形成肉质可食用部分，内果皮坚韧，革质，分为5室，每室含2粒种子。为下位子房与花筒一起发育形成的果实。

2. 聚合果

观察八角茴香、金樱子、悬钩子、五味子、莲等果实，判断出属于何种类型聚合果。

3. 聚花果

无花果是隐头花序形成的果实，许多小果包藏在肉质内陷的囊状花轴内；桑椹瘦果包被在肥厚多汁的花被中；凤梨（菠萝）肥大多汁的花序轴成为果实的食用部分，花不孕。

二、如何区别聚合果、聚花果

通过上述聚合果、聚花果的观察，列表比较其主要区别。

分类	果实的来源	小果由什么发育而来	小果着生的部位	举例
聚合果				
聚花果				

知识点检测

一、填空题

1. 果实由________和________构成。
2. 果皮分为3层，由外向内为________、________、________。
3. 果实依据来源、结构和果皮性质不同，可分为________、________、________。

4. 单果是由________或________所形成的果实。
5. 核果由________个心皮构成，梨果由________个心皮构成，瓠果由________个心皮构成。
6. 肉质果可分为________、________、________。
7. 瓠果是由________心皮合生的具________胎座的________子房与花托一起发育形成的果。
8. 角果由________心皮合生的子房发育而成，种子着生在________两侧，是________科特有的果实。
9. 荚果由________个心皮发育而成，是________科植物所特有的果实。
10. 颖果是________科特有的果实，双悬果是________科特有的果实。
11. 聚合果由________发育而成，聚花果由________发育而成。

二、选择题

（一）A型题

1. 外果皮、中果皮、内果皮较易分离的果实是（　　）
   A. 浆果　B. 柑果　C. 核果　D. 瓠果　E. 梨果
2. 果皮单纯是由子房壁发育而来的果实是（　　）
   A. 桃　B. 梨　C. 苹果　D. 南瓜　E. 山楂
3. 蒴果沿腹缝线开裂的方式称（　　）
   A. 室间开裂　B. 室背开裂　C. 室轴开裂　D. 盖裂　E. 齿裂
4. 菊科植物的连萼瘦果由（　　）共同形成
   A. 上位子房与萼筒　B. 下位子房与萼筒
   C. 半下位子房与萼筒　D. 半上位子房与萼筒
   E. 花冠筒与萼筒
5. 具假隔膜的果实是（　　）
   A. 荚果　B. 骨突　C. 角果　D. 坚果　E. 翅果
6. 常有总苞形成的壳斗附着基部的果实是（　　）
   A. 瘦果　B. 翅果　C. 坚果　D. 颖果　E. 角果
7. “莲蓬”为植物的（　　）
   A. 聚合浆果　B. 聚合坚果　C. 聚合核果　D. 聚合瘦果　E. 聚合蓇葖果
8. 桑椹肥厚多汁的部分是（　　）
   A. 花托　B. 花序托　C. 花序轴　D. 花被　E. 果皮
9. 无花果的肉质化部分是（　　）
   A. 花托　B. 花序托　C. 花序轴　D. 花被　E. 果皮

（二）B型题

A. 荚果　B. 瘦果　C. 梨果　D. 瓠果　E. 角果

10. 5心皮5子房室的果实为（　　）
11. 2心皮1子房室的果实为（　　）
12. 3心皮1子房室的果实为（　　）
13. 2心皮具假隔膜的果实为（　　）
14. 1心皮1子房室的果实为（　　）

A. 花筒与外、中果皮一起发育而来　B. 胎座与中、内果皮发育而来
C. 内果皮内壁上的囊状毛　D. 中果皮和内果皮
E. 中果皮

15. 柑果的食用部位是（　　）
16. 梨果的食用部位是（　　）
17. 瓠果的食用部位是（　　）
18. 浆果的食用部位是（　　）
19. 核果的食用部位是（　　）

A. 沿一侧腹缝线开裂　B. 沿背缝线开裂
C. 沿腹缝线和背缝线开裂　D. 沿两侧腹缝线开裂
E. 沿腹缝线或背缝线侧开裂

20. 蓇葖果成熟时（　　）

21. 荚果成熟时（　　）

22. 角果成熟时（　　）

（三）X型题

23. 参与形成假果的部分有（　　）

A. 子房　　B. 花被　　C. 花梗　　D. 花柱　　E. 花序轴

24. 由下位子房发育而来的肉质果有（　　）

A. 枸杞　　B. 橘　　C. 山楂　　D. 杏　　E. 瓜蒌

25. 由单雌蕊发育形成的果实有（　　）

A. 核果　　B. 梨果　　C. 蓇葖果　　D. 荚果　　E. 蒴果

26. 仅含1粒种子的果实有（　　）

A. 瘦果　　B. 荚果　　C. 颖果　　D. 翅果　　E. 坚果

27. 纯由2心皮发育成的果实有（　　）

A. 角果　　B. 瘦果　　C. 荚果　　D. 双悬果　　E. 蓇葖果

28. 由整个花序发育而来的果实是（　　）

A. 葡萄　　B. 桑椹　　C. 菠萝　　D. 八角茴香　　E. 无花果

三、名词解释

1. 假果　2. 单果　3. 聚合果　4. 聚花果

四、判断是非题

1. 果实是种子植物发育成熟的标志。（　　）

2. 由子房发育形成的果实称真果，不是由子房发育形成的果实称假果。（　　）

3. 果实经过传粉和受精作用才能形成。（　　）

4. 由于果实的来源、结构和果皮性质的不同，果实类型可分为单果和聚合果两类。（　　）

5. 浆果为肉质果的一种，是由多心皮合生雌蕊、下位子房发育形成的果实，外果皮薄，中果皮和内果皮肉质多浆，内有多粒种子，如番茄。（　　）

6. 柑果为肉质果的一种，是由多心皮合生雌蕊上位子房发育形成的果实，外果皮较厚，革质，含多数油室。（　　）

7. 梨果为一种假果，是由5个合生心皮、下位子房与花筒一起发育形成，肉质可食部分是由原来的花被发育而成。（　　）

8. 肉质果中，梨果和瓠果为假果。（　　）

9. 瓠果是由5个合生心皮、具中央特立胎座的下位子房与花筒一起发育形成的假果。（　　）

10. 坚果、翅果、角果、蒴果属于裂果。（　　）

11. 翅果、瘦果、颖果属于不裂果。（　　）

12. 农业生产中常把瘦果称“种子”，是禾本科植物特有的果实。（　　）

13. 聚合果是由多个合生心皮雌蕊发育形成的果实。（　　）

14. 聚花果是由整个花序发育成的果实，如桑椹，开花后花被变得肥厚多汁，包被1个瘦果。（　　）

五、简答题

1. 真果和假果

2. 聚合果与聚花果

六、问答题

1. 双受精后一朵花发生哪些变化？

2. 如何区别蓇葖果、荚果、角果、蒴果？

第六章　种　子

学习目标

1. 理论知识目标　掌握种子的形态特征和组成；了解种子的类型。
2. 技能知识目标　识别种子的类型，解剖种子能准确找出胚乳、胚根、胚轴、胚芽、子叶等。

第一节　必备知识

种子是种子植物特有的繁殖器官，由胚珠受精后发育而成。

一、种子的形态特征

种子的形态主要包括种子的形状、大小、色泽、表面纹理等特征，因植物种类不同，其特征也不一样。形状多样，常见的有圆形、椭圆形、肾形、卵形、圆锥形、多角形等。大小差异悬殊，如一个带着内果皮的椰子种子，可以达几千克重，而药用植物马齿苋种子的千粒重只有0.13g，寄生的高等植物列当种子更小，千粒重仅为0.0029～0.0049g。种子的色泽丰富，龙眼、荔枝为红褐色；绿豆为绿色；扁豆为白色；相思子一端红色，另一端黑色。

种子的表面特征对于种子类药材的鉴别有一定意义，有的光滑，具光泽，如红蓼、决明子；有的粗糙，如长春花、天南星；有的具皱褶，如车前子、乌头；有的长有各种附属物，如木蝴蝶种子有翅；太子参种子表面密生瘤刺状突起；白前、萝藦、络石等种子顶端具有毛茸（称为种缨）。

二、种子的寿命

种子成熟离开母体后仍是生活的，但各类植物种子的寿命有很大差异。其寿命的长短除与遗传特性和是否健壮有关外，还受环境因素的影响。有些植物种子寿命很短，种子从完全成熟到丧失生活力所经历的时间，被称为种子的寿命。种子的寿命因植物种类的不同而不同。如巴西橡胶的种子生活仅一周左右，而莲的种子寿命很长，生活长达数百年以至千年。大致可分为：长寿种子，如古莲子的种子，寿命可达上千年；中寿种子，如黄芩、牛蒡子（大力子）、洋金花、板蓝根、甘草、扁豆、大黄、合欢、射干、红花、荞麦、薏苡仁等，种子的寿命在2～5年内；短寿种子，这类种子为数最多，如白芷、牛膝、沙参、白术、防风、桔梗、当归、荆芥等，种子的寿命在1年左右。药材种子寿命的长短，除了受自身遗传因素的影响，还受自然条件的影响，一般情况下，同一品种的药材种子，在低温下保存，可以延长其寿命，干度大种子的寿命可比湿度大种子的寿命长。因此在药材种植中，除应尽量选用当年的新种外，还要注意延长种子的寿命，注意其保管方法。

三、种子的组成

种子的组成通常包括种皮、胚、胚乳三部分。

（一）种皮

种皮位于种子的外层，由珠被发育而来，外珠被发育成外种皮，内珠被发育成内种皮。

有的种子在种皮外有假种皮，由珠柄或胎座部位的组织延伸而成，有的为肉质，如龙眼、荔枝、苦瓜等，有的呈菲薄的膜质，如豆蔻、益智、砂仁等。另外在种皮上常还可以看到以下结构。

1. 种脐

种子成熟后脱离种柄或胎座而在种皮上留下的疤痕，通常呈椭圆形或圆形。

2. 种孔

由胚珠上的珠孔发育形成的，种子萌发时通过种孔吸收水分，胚根从此孔伸出。

3. 合点

由胚珠上的合点发育形成，是种皮上维管束的汇集点。

4. 种脊

由珠脊发育而来，是种脐到合点之间隆起的脊棱线，内含维管束，倒生胚珠发育形成的种子，其种脊长而明显，如蓖麻、杏；弯生或横生胚珠发育形成的种子，种脊较短，如石竹；直生胚珠发育而成的种子，种脐和合点位于同一位置，因此没有种脊，如大黄。

5. 种阜

某些种子的种皮在珠孔处由外珠被扩展发育形成海绵状突起物称为种阜，种子萌发时种阜有助于吸水，如蓖麻、巴豆。

（二）胚

由受精卵发育而成，是种子内尚未发育的幼小植物体。种子成熟时由胚根、胚轴、胚芽和子叶四部分组成。胚根正对着种孔，种子萌发时，胚根从种孔伸出，发育成植物的主根。胚轴又称胚茎，为连接胚根与胚芽的部分。胚芽在种子萌发后，发育成植物地上茎、叶部分。子叶为种子萌发提供养料，占胚的较大部分，在种子萌发后可变绿进行光合作用，但通常在真叶长出后枯萎。单子叶植物一般具一枚子叶，双子叶植物具两枚子叶，裸子植物常具有 2 至多枚子叶。

（三）胚乳

由受精极核细胞发育而来，通常位于胚的周围，称为内胚乳，呈白色，细胞内含有淀粉、蛋白质、脂肪等丰富的营养物质，种子萌发时，可以提供所需的养料。一般种子在胚和胚乳发育过程中，将胚囊四周的珠心组织吸收后，珠心消失。也有少数植物在种子发育过程中珠心未被完全吸收，仍有部分营养组织包围在胚乳和胚的外围，称为外胚乳。有的植物种子其种皮内层和外胚乳插入内胚乳中形成错入组织，如槟榔；也有少数植物种子的外胚乳内层细胞向内伸入与内胚乳交错形成错入组织，如肉豆蔻。

四、种子的萌发

发育成熟的种子，在适宜的环境条件下开始萌发。经过一系列生长过程，种子的胚根首先突破种皮，向下生长，形成主根。与此同时，胚轴的细胞也相应生长和伸长，把胚芽或胚芽连同子叶一起推出土面，胚芽伸出土面，形成茎和叶。子叶随胚芽一起伸出土面，展开后转为绿色，进行光合作用，如棉花、油菜等。待胚芽的幼叶张开行使光合作用后，子叶也就枯萎脱落。至此，一株能独立生活的幼小植物体也就全部长成，这就是幼苗。

常见的幼苗主要有两种类型，即子叶出土幼苗和子叶留土幼苗。

五、种子的类型

根据被子植物种子中胚乳的有无，分为有胚乳种子和无胚乳种子。

1. 有胚乳种子

种子内有发达的胚乳，内含丰富的淀粉、蛋白质、脂肪等物质。胚相对较小，子叶很薄，根据子叶数目不同可分为：单子叶有胚乳种子，如水稻、玉米；双子叶有胚乳种子，如蓖麻、大黄（图 6-1）。

2. 无胚乳种子

种子在发育过程中，胚乳的营养被吸收并贮藏在子叶中，所以该类种子没有胚乳或仅有残留薄层，而子叶肥厚发达，称为无胚乳种子。无胚乳种子仅由种皮和胚构成，根据子叶数目不同可分为：单子叶植物无胚乳种子，如泽泻、慈姑；双子叶植物无胚乳种子，如大豆、杏仁（图 6-2）。

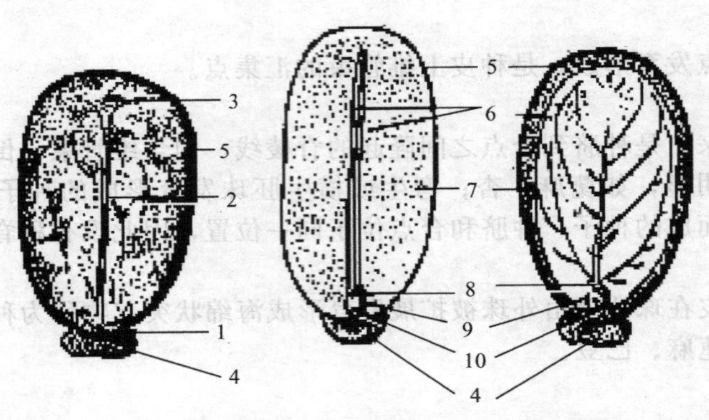

图 6-1　有胚乳种子

1—种脐；2—种脊；3—合点；4—种阜；5—种皮；6—子叶；7—胚乳；8—胚芽；9—胚茎；10—胚根

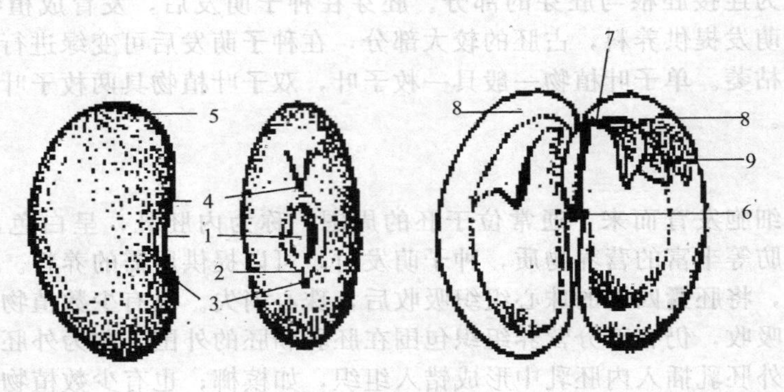

图 6-2　无胚乳种子

1—种脐；2—合点；3—种脊；4—种孔；5—种皮；6—胚根；7—胚芽；8—子叶；9—胚茎

六、种子的生理功能和药用价值

种子是植物的繁殖器官，其主要生理功能是繁衍后代，延续种族。在适宜的条件下，种子可以萌发形成植物的个体。许多种子可以入药，如杏仁、决明子、葶苈子等，也有以部分种子入药，如扁豆衣用种皮，桂圆用假种皮，肉豆蔻以种仁入药，莲子心以胚入药等。

第二节　实践技能

一、有胚乳种子的观察

取蓖麻种子仔细观察，可见为椭圆形或矩圆形，背腹略扁。其种皮坚硬、光滑，并具花纹，在种子较窄的一端有一海绵状的突起物，为种阜。注意表面特征，表面可见一条纵行隆起线为种脊，种子宽端处一点为合点。剥开种阜可见种脐（略呈扁三角形），放大镜观察更明显；砸破并剥去种皮可见种仁，主要由大量油性白色胚乳组成，用尖头镊子小心剥去胚乳，可见胚。胚根短小，胚芽小尖突状，子叶两片，对合，宽大薄片状，基部心形，先端圆钝。蓖麻种子为双子叶有胚乳种子。绘图指出上述各部特征。

二、无胚乳种子的观察

1. 取白扁豆种子仔细观察

外观形状为椭圆形或肾形，略侧扁，注意表面特征（放大镜观察更明显），表面可见种脊、合点、种阜、种孔、种脐；仔细剥去种皮，将其分成两半，可见2枚子叶肥厚、胚根、胚芽、胚轴。用放大镜观察胚芽处已有幼叶的分化，白扁豆为双子叶无胚乳种子。绘图指出上述各部特征。

2. 取杏仁仔细观察

注意表面特征（放大镜观察更明显），表面可见种脊、合点、种孔、种脐；仔细剥去种皮，将其分成两半，找出子叶、胚根、胚芽、胚轴。杏仁为双子叶无胚乳种子。绘图指出上述各部特征。

知识点检测

一、填空题

1. 被子植物的营养器官是________、________、________，繁殖器官是________、________和________。

2. 种子的结构一般包括胚、胚乳和种皮，有的还具外胚乳，这四部分分别由________、________和________发育而来。少数植物种子具有的假种皮由________发育而来。

3. 在种皮上常见________、________、________和________等构成。有时还可见到________。

4. 植物种子是由________、________和________三部分构成，但有些种子却只有________和________两部分，前者称________种子，后者称________种子。

二、选择题

（一）A型题

1. 双子叶植物种子的胚包括（　　）。
   A. 胚根、胚芽、子叶、胚乳　B. 胚根、胚轴、子叶、胚乳
   C. 胚根、胚芽、胚轴　D. 胚根、胚轴、胚芽、子叶
   E. 胚根、胚芽、子叶
2. 种子中最主要的部分是（　　）。
   A. 胚　B. 胚乳　C. 种皮　D. 子叶　E. 胚根
3. 所有植物的种子均具有（　　）。
   A. 相同的子叶数　B. 胚乳　C. 胚　D. 外胚乳　E. 内胚乳
4. 下列哪种植物的种子属于有胚乳种子（　　）。
   A. 大豆　B. 蚕豆　C. 花生　D. 蓖麻　E. 杏仁
5. 种子上维管束的汇合之处称（　　）。
   A. 合点　B. 种脊　C. 种阜　D. 种脐　E. 种孔
6. 种子萌发时首先突破种皮的是（　　）。
   A. 胚芽　B. 胚茎　C. 胚根　D. 子叶　E. 胚乳
7. 无胚乳种子在形成过程中，胚乳为（　　）所吸收。
   A. 胚　B. 胚芽　C. 子叶　D. 外胚乳　E. 胚轴
8. 种子内贮藏营养的结构是（　　）。
   A. 胚　B. 胚乳　C. 子叶　D. 胚乳或子叶　E. 胚轴
9. 蓖麻种子属于（　　）类型。

A. 单子叶有胚乳种子　　B. 双子叶有胚乳种子
C. 双子叶无胚乳种子　　D. 单子叶无胚乳种子
E. 以上均不是

（二）X 型题

10. 种子的基本结构包括（　　）。
A. 种皮　B. 种脐　C. 胚　D. 胚乳　E. 胚珠

11. 种子植物的胚是由（　　）组成的。
A. 胚乳　B. 胚根　C. 子叶　D. 胚轴　E. 胚芽

12. 被子植物种子的主要类型包括（　　）。
A. 双子叶植物有胚乳种子　　B. 双子叶植物无胚乳种子
C. 单子叶植物有胚乳种子　　D. 单子叶植物无胚乳种子
E. 多子叶植物有胚乳种子

13. 双子叶植物有胚乳种子有（　　）。
A. 大豆　B. 花生　C. 蓖麻　D. 番茄　E. 向日葵

14. 双子叶植物无胚乳种子有（　　）。
A. 菜豆　B. 棉花　C. 胡萝卜　D. 蓖麻　E. 花生

三、名词解释

1. 假种皮　2. 种阜　3. 无胚乳种子

四、是非题

1. 一粒玉米就是一粒种子。（　　）
2. 种子的基本结构包括胚芽、胚轴、胚和子叶四个部分。（　　）
3. 所有的种子都是由种皮、胚和胚乳这三部分组成。（　　）
4. 胚是由胚芽、胚根和胚轴三部分组成。（　　）
5. 双子叶植物的种子都没有胚乳，单子叶植物的种子都有胚乳。（　　）
6. 无胚乳种子的养料贮存在子叶中。（　　）
7. 多数裸子植物的种子内具有两枚以上的子叶。（　　）
8. 花生种子是由种皮、胚和胚乳三部分组成。（　　）
9. 食用的绿豆芽主要是由种子的胚根发育而来的。（　　）

五、简答题

简述种子的基本构造。

第二篇　药用植物的显微结构

第七章　植物的细胞

学习目标

1. 理论知识目标　掌握植物细胞的概念和基本构造；了解植物细胞的形状和大小。
2. 技能知识目标　掌握光学显微镜的构造与使用方法；学会徒手切片的制作方法；熟悉植物绘图方法；能在显微镜下熟练观察植物细胞基本构造、淀粉粒和草酸钙晶体。

第一节　必备知识

植物细胞是构成植物体的基本单位，也是植物生命活动的基本单位。单细胞植物其生长、发育和繁殖等生命活动都由这一个细胞完成。高等植物的个体由许多形态和功能不同的细胞组成，细胞间分工、协作，共同完成复杂的生命活动。现已证明高等植物的生活细胞具有发育成完整植株的潜在能力。

一、植物细胞的形状和大小

植物细胞的形状常随植物的种类、存在部位和所执行的机能不同而异。游离或排列疏松的多呈球状体；排列紧密的则呈多面体或其他形状；执行支持作用的细胞，细胞壁常增厚，呈圆柱形、纺锤形等；执行输导作用的则多为长管状。

多数植物细胞都很小，直径一般为10～50μm（细菌的细胞最小，直径在1～2μm），必须借助显微镜才能看到，少数植物的细胞肉眼可见，如苎麻纤维一般长达200mm，有的甚至可达550mm。用显微镜观察到的细胞构造，称为植物的显微构造。

二、植物细胞的基本构造

植物细胞的构造可通过典型植物细胞来掌握（图7-1）。

一个典型的植物细胞的结构，可见外面是一层比较坚韧的细胞壁，壁内为原生质体，主要包括细胞质、细胞核、质体等有生命的物质。此外，细胞中还含有许多原生质的代谢产物，这些物质是没有生命的，统称为后含物。另外，还存在少量生理活性物质。

（一）原生质体

原生质体是细胞内有生命物质的总称。包括细胞质、细胞核、质体、线粒体等部分。

1. 细胞质

细胞质充满在细胞壁和细胞核之间，是原生质体的基本组成成分，为半透明、半流动的基

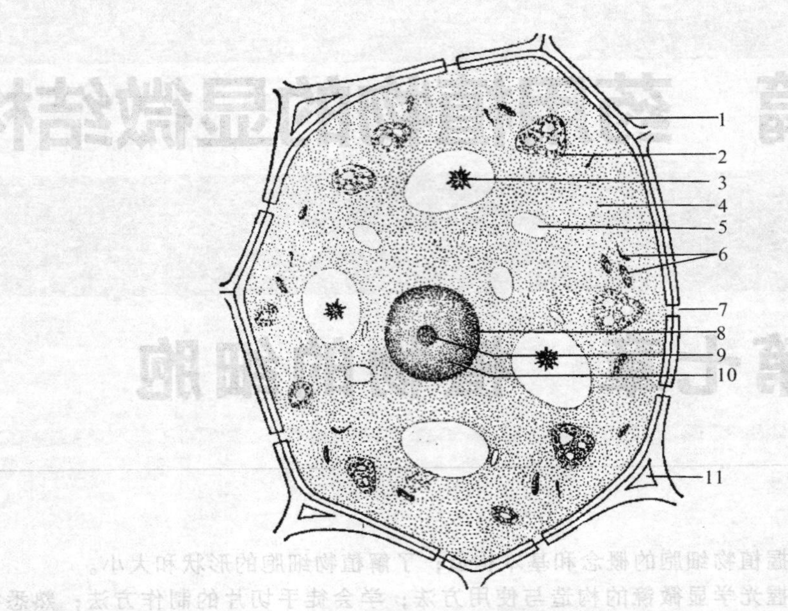

图 7-1　典型植物细胞构造

1—细胞壁；2—叶绿体；3—晶体；4—细胞质；5—液泡；6—线粒体；7—纹孔；8—细胞核；9—核仁；10—核质；11—细胞间隙

质。外面包被着质膜，为细胞质和细胞壁接触的界膜，质膜对各种物质的通过具有选择性，能阻止细胞内的有机物渗出，又能调节水和盐类及其他营养物质进入细胞，并使废物排出。

2. 细胞核

细胞核是细胞生命活动的控制中心。是被细胞质包围而折光性较强的球状结构。在高等植物中，通常一个细胞只具有一核，但在一些低等植物的细胞中，也具有双核或多核的。细胞核的形状、大小和位置随着细胞的生长而变化。幼小细胞的细胞核呈球形，位于细胞质中央，在细胞中所占体积较大；成熟的细胞，由于液泡的增大，细胞核被挤压到细胞的一侧，在细胞中所占体积较小，常呈扁圆形。

细胞核由核膜、核液、核仁及染色质四部分组成。

(1) 核膜　是分隔细胞质与细胞核的界膜，具有控制细胞核与细胞质之间的物质交换和调节代谢的重要作用。

(2) 核液　是细胞核膜内呈液体状态的物质，核仁和染色质就分散在其中。

(3) 核仁　是折光率很强的小球体，通常有一个或几个。主要由蛋白质和核糖核酸(RNA) 组成。它能产生核糖核蛋白体并转移到细胞质中，并能传递遗传信息。

(4) 染色质　散布在核液中，是易被碱性染料（如甲基绿）着色的物质。在不是分裂期的细胞核中，染色质是不明显的，细胞核行分裂时，染色质聚合成为一些螺旋状的染色质丝，进而形成棒状的染色体。各种植物的染色体的数目、形状和大小是各不相同的。但对某一种植物来说，则是相对稳定的，所以染色体的数目、形状和大小是植物分类鉴定的重要依据之一。染色质主要由去氧核糖核酸（DNA）和蛋白质组成，与植物的遗传有着重要的关系。

细胞核的主要功能是控制细胞的遗传特性，控制和调节细胞内物质的代谢途径，决定蛋白质的合成等。细胞失去细胞核就不能正常生长和分裂繁殖，一切生命活动都将停止；同样，细胞核也不能脱离细胞质而孤立地生存。

3. 质体

是植物细胞的特有结构之一。由蛋白质和类脂组成，含有色素。是分散在细胞质中的微小颗粒。根据其所含色素和生理机能不同可分为三类（图 7-2）。

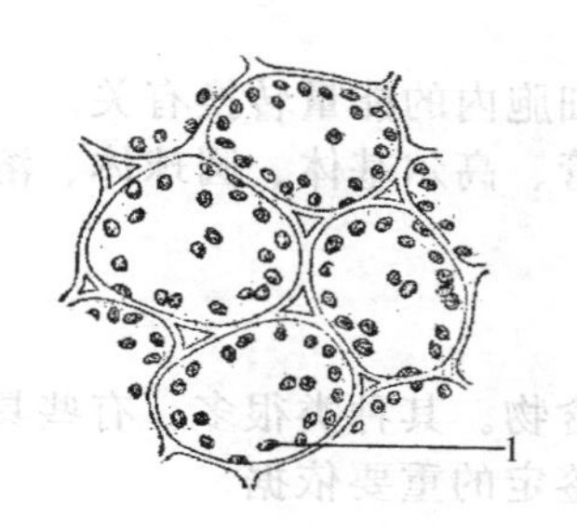

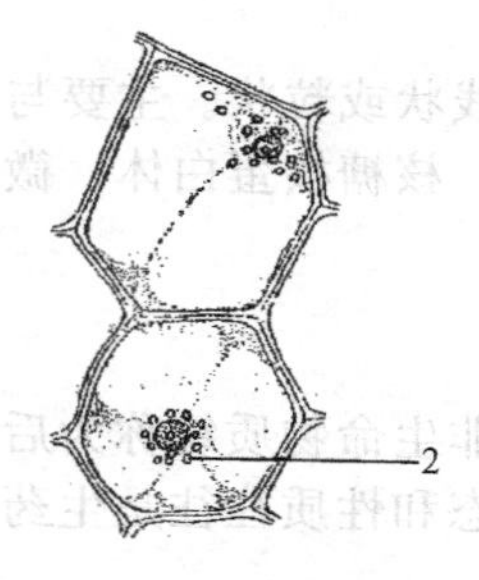

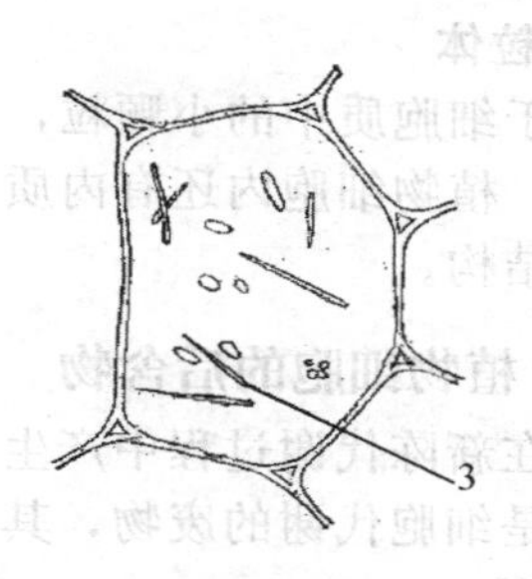

图 7-2　质体的种类

1—叶绿体；2—白色体；3—有色体

(1) 叶绿体　高等植物的叶绿体多是球形或扁球形颗粒。叶绿体含叶绿素，叶黄素和胡萝卜素，因含叶绿素较多，所以呈绿色。集中分布在绿色植物的叶和曝光的幼茎、幼果中。它是进行光合作用和合成淀粉的场所。近来研究认为：叶绿体中含有约 30 种酶，许多物质的合成和分解与叶绿体有密切关系。

(2) 有色体　在细胞中常呈杆状、针状、颗粒状或不规则形状。主要含有胡萝卜素和叶黄素，呈黄色、橙黄色或红色。常位于花、成熟的果实以及某些植物的根部。

(3) 白色体　是不含色素的微小质体，多呈球形。常位于高等植物的不曝光细胞中和某些植物的表皮细胞中，聚集在细胞核周围。白色体与物质的积累和贮藏有关，它包括合成淀粉的造粉体，合成蛋白质的蛋白质体和合成脂肪、脂肪油的造油体。

上述三种质体可以相互转化，如马铃薯的白色体经光照后变成叶绿体；胡萝卜的根露出地面后其有色体变成叶绿体；辣椒成熟后其叶绿体变成有色体。

4. 液泡

液泡亦是植物特有的结构之一，随着细胞的逐渐生长，细胞质的液体不断积聚而形成液泡。幼小的细胞中无液泡或液泡不明显，小而分散，随着细胞长大成熟，液泡逐渐合并增大成几个大液泡或一个中央大液泡，而将细胞质、细胞核等挤向细胞的周边（图 7-3）。液泡内的液体称细胞液，是细胞代谢过程中产生的多种物质的混合液，是无生命的。液泡外有液泡膜把细胞液与细胞质隔开。液泡膜有生命，是原生质体的组成部分之一。细胞液的主要成分除水分外，还有糖类、盐类、生物碱、苷类、单宁、有机酸、挥发油、色素、树脂、结晶等，其中不少化学成分具有强烈生理活性，往往是植物药的有效成分。

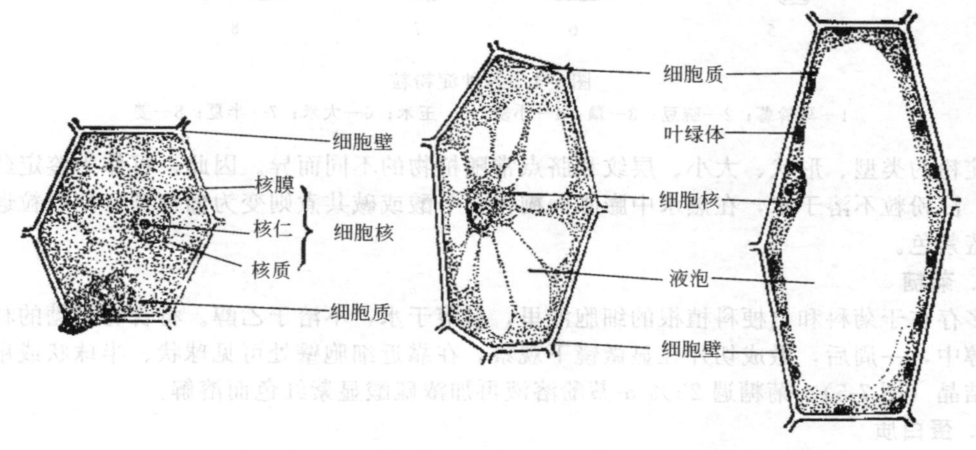

图 7-3　液泡形成的过程

5. 线粒体

存在于细胞质中的小颗粒，呈线状或粒状。主要与细胞内的能量转换有关。

此外，植物细胞内还有内质网、核糖核蛋白体、微管、高尔基体、圆球体、溶酶体、微体等超微结构。

（二）植物细胞的后含物

细胞在新陈代谢过程中产生的非生命物质统称为后含物。其种类很多，有些具有药用价值，有些是细胞代谢的废物，其形态和性质往往是生药鉴定的重要依据。

1. 淀粉

以淀粉粒的形式贮存在植物根、地下茎和种子的薄壁细胞中。淀粉在白色体中积累时，先形成淀粉粒的核心（脐点），再围绕核心由内向外沉积，由于组成淀粉粒的直链淀粉和支链淀粉交替排列，两种物质对水亲和性不同，遇水膨胀不一，从而显出折光性差异，因而在显微镜下可见亮暗交替的层纹。

淀粉粒多呈圆球形、卵球圆形或多面体等；脐点的形状有颗粒状、裂隙状、分叉状、星状等，有的在中心，有的偏于一端。淀粉粒有单粒、复粒、半复粒之分：一个淀粉只具有一个脐点的称为单淀粉；具有两或多个脐点，每个脐点有各自层纹的称为复粒淀粉；具有两个或多个脐点，每个脐点除有它各自的层纹外，在外面还有共同层纹的称为半复粒淀粉（图 7-4）。

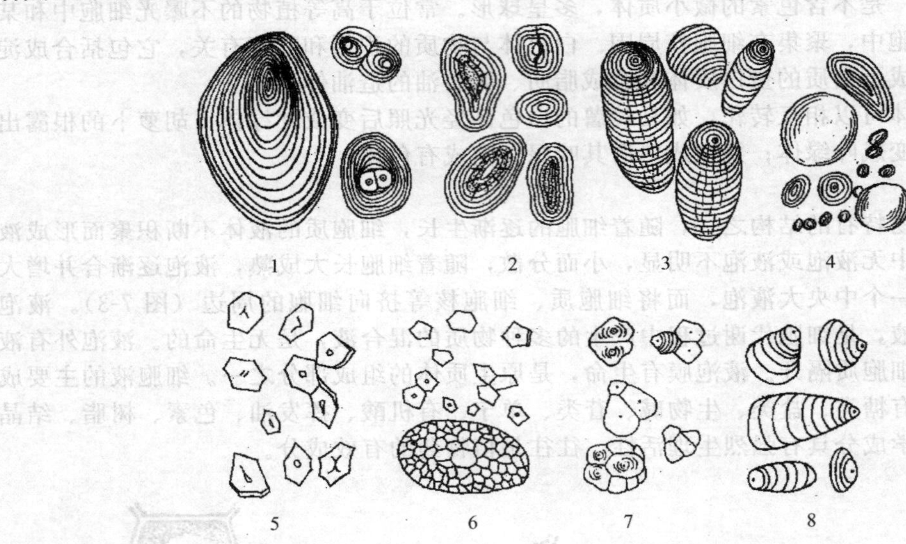

图 7-4　各种淀粉粒

1—马铃薯；2—豌豆；3—藕；4—小麦；5—玉米；6—大米；7—半夏；8—姜

淀粉的类型、形状、大小、层纹和脐点常随植物的不同而异。因此，可作为鉴定药材的依据。淀粉粒不溶于水，在热水中膨胀而糊化，与酸或碱共煮则变为葡萄糖，淀粉粒遇稀碘液显蓝紫色。

2. 菊糖

多存在于菊科和桔梗科植根的细胞液里，易溶于水，不溶于乙醇。将含有菊糖的材料浸入乙醇中，一周后，做成切片在显微镜下观察，在靠近细胞壁处可见球状、半球状或扇形的菊糖结晶（图 7-5）。菊糖遇 25% α-萘酚溶液再加浓硫酸显紫红色而溶解。

3. 蛋白质

贮藏蛋白质是化学性质稳定的无生命物质，它与构成原生质体的活性蛋白质完全不同。常存在于种子的胚乳和子叶的细胞中。当种子成熟后，液泡内水分减少，蛋白质变成无定形的小颗粒或结晶体——糊粉粒。例：蓖麻种子糊粉粒较大，外面有一层蛋白质膜，里面为多角形的蛋白质晶体和圆形的球晶；在茴香胚乳的糊粉粒中还含有细小的草酸钙簇晶；蛋白质遇稀碘液呈暗黄色；遇硫酸铜加苛性碱水溶液显紫红色。

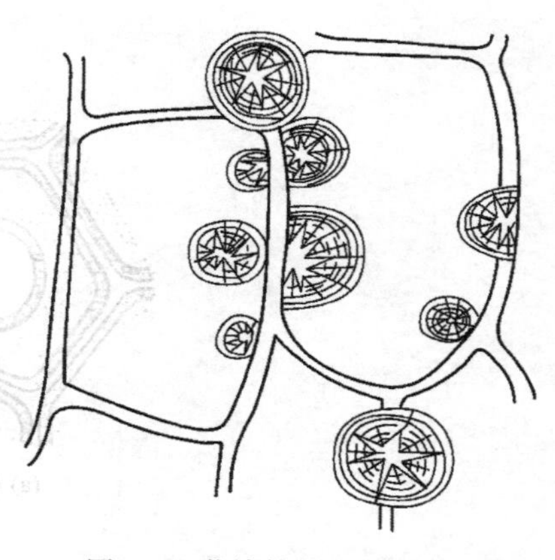

图 7-5　菊糖结晶（桔梗根）

4. 脂肪和脂肪油

它是由脂肪酸与甘油结合成的酯，常含于植物的种子中。在常温下呈固体和半固体的称脂肪；若呈液态的称脂肪油，呈小油滴状分布在细胞质里。遇苏丹Ⅲ溶液显橙红色。

5. 晶体

晶体是植物细胞的代谢产物，常见的晶体有以下两类。

（1）草酸钙结晶　是植物体中草酸与钙离子结合而成的晶体，无色透明或呈灰色。主要类型有：簇晶（由许多菱状晶聚集成多角星状）、针晶（为两端尖锐的针状晶体，大多成束存在，也有的分散在细胞中）、方晶（呈正方形、斜方形、菱形、长方形等）、砂晶（呈细小的三角形、箭头状或不规则形）（图 7-6）。

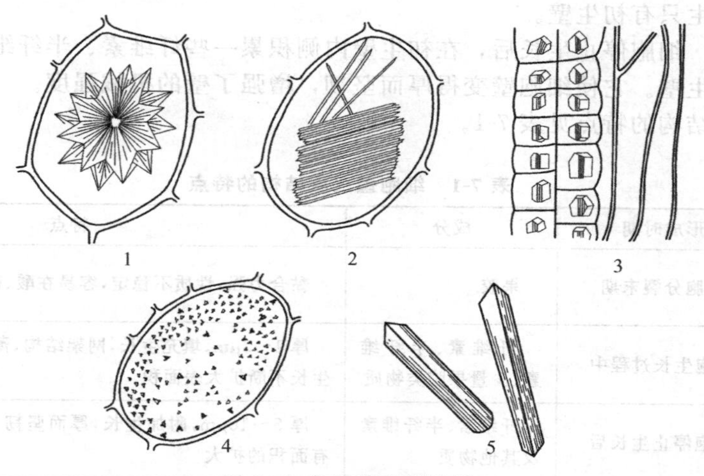

图 7-6　各种草酸钙结晶

1—簇晶（大黄根茎）；2—针晶束（半夏块茎）；3—方晶（甘草根）；4—砂晶（牛膝根）；5—柱晶（射干根茎）

并非所有植物都含有草酸钙晶体，且所含的草酸钙结晶又因植物种类不同而具有不同的形状和大小。因此，这些特征可作为鉴别生药的依据。它不溶于醋酸和水合氯醛，但遇硫酸便溶解并形成大型的硫酸钙针晶。

（2）碳酸钙结晶　常存在于桑科、荨麻科等植物体的细胞中，其一端与细胞壁连接，形状如一串悬垂的葡萄，故又常称为钟乳体。遇醋酸则溶解并放出 CO_2 气泡。

（三）细胞壁

细胞壁是植物细胞的特有结构。通常被认为是由原生质体分泌的非生命物质构成的。但现已证明，在细胞壁（主要是初生壁）中亦含有少量的生理活性物质，它们可能参与细胞壁的生长以及细胞分化时壁的分解过程。

1. 细胞壁的分层

细胞壁根据形成的先后和化学成分的不同分为三层：胞间层、初生壁和次生壁（图 7-7）。

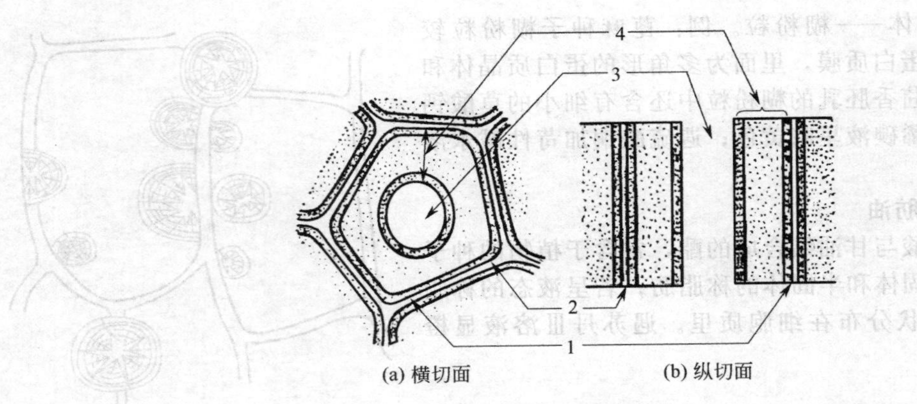

图 7-7 细胞壁的结构

1—初生壁；2—胞间层；3—细胞腔；4—三层次生壁

（1）胞间层　又称中层，是细胞分裂时最初形成的一薄层，为相邻两细胞共有，由果胶类物质组成。使相邻细胞粘连在一起。

（2）初生壁　在植物细胞生长期内，原生质体分泌的纤维素、半纤维素和果胶类物质堆加在胞间层的内侧，形成细胞的初生壁，初生壁一般较薄而有弹性，能随细胞的生长而延伸。多数细胞终生只有初生壁。

（3）次生壁　细胞停止生长后，在初生壁内侧积累一些纤维素、半纤维素、少量木质素等物质，形成次生壁。它使细胞壁变得厚而坚韧，增强了壁的机械强度。

细胞壁三层结构的特点见表 7-1。

表 7-1　细胞壁三层结构的特点

细胞壁	形成时期	成分	特点
胞间层	细胞分裂末期	果胶	黏合力强，性质不稳定，容易在酸、碱、酶的作用下破坏
初生壁	细胞生长过程中	纤维素、半纤维素、少量果胶类物质	厚 1～3μm，填充生长，网架结构，薄且可延伸，可随细胞生长不断扩大表面积
次生壁	细胞停止生长后	纤维素、半纤维素及其他物质	厚 5～10μm，附加生长，厚而坚韧，只有厚度的增加，没有面积的扩大

2. 纹孔和胞间连丝

（1）纹孔　次生壁在加厚过程中并不是均匀增厚的，在很多地方留下没有增厚的空隙，称为纹孔。纹孔的形成有利于细胞间的物质交换，相邻的细胞壁其纹孔常成对地相互衔接，称为纹孔对。常见的纹孔对有两种类型。

① 单纹孔　次生壁上未加厚的部分，呈圆形或扁圆形孔道，纹孔对中间由初生壁和胞间层所形成的纹孔膜隔开。多见于韧皮纤维，石细胞和薄壁细胞。

② 具缘纹孔　次生壁在纹孔周围呈架拱状隆起，形成扁圆形的纹孔腔，纹孔腔有一圆形或扁圆形的纹孔口。松科和柏科植物管胞的具缘纹孔，在纹孔膜中央厚成纹孔塞，显微镜下正面观呈现三个同心圆。部分裸子植物和被子植物的管胞、导管没有无纹孔塞，正面观是两个同心圆称单缘纹孔（图 7-8）。

（2）胞间连丝　许多纤细的原生质丝穿过初生壁上微细孔眼或从纹孔穿过纹孔膜，连接相邻细胞，这种原生质丝称为胞间连丝。主要作用是保持细胞间生理上的联系。如柿核、马钱子胚乳的细胞经染色处理可以在光学显微镜下看到胞间连丝（图 7-9）。

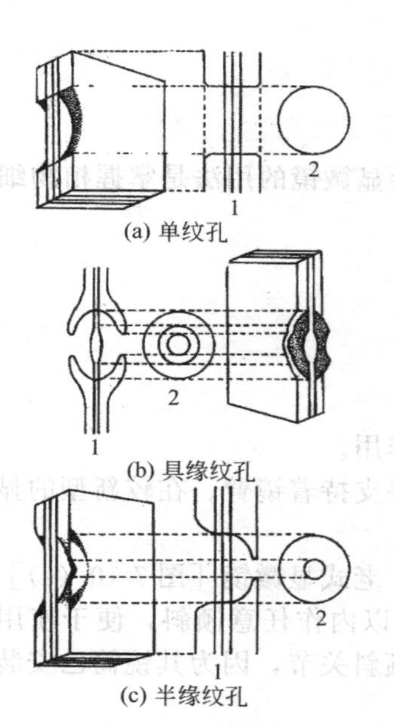

图 7-8 纹孔的图解
1—切面观；2—表面观

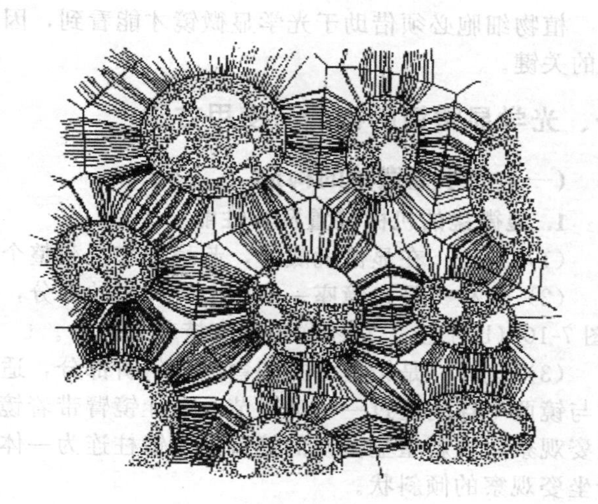

图 7-9 胞间连丝（柿核）

3. 细胞壁的特化

细胞壁主要由纤维素构成，由于环境的影响和生理机能的不同，其中可渗入其他物质，发生各种不同的特殊变化。常见细胞壁特化有木质化、木栓化、角质化、黏液化、矿质化五种类型。具体特征及鉴别见表 7-2。

表 7-2 细胞壁特化的类型及鉴别

细胞壁	木质化	木栓化	角质化	黏液化	矿质化
添加物质	木质素	木栓质(脂类)使细胞变为褐色或黄棕色	角质(脂类)常渗透聚于细胞壁外层成一层透明薄层(角质层)	细胞壁的果胶、纤维素变成黏液	细胞壁含有硅质、钙质等
作用	增强细胞壁的硬度,提高机械力	不透气,不透水,保护作用	防止水分过度蒸发和微生物侵害	在细胞表面呈固体状态或吸水膨胀成黏滞状态,利于种子萌发	使茎叶变硬,增强支持力
细胞情况	程度高时,细胞壁很厚,成为死细胞	死细胞	生活细胞	生活细胞	生活细胞
细胞类型	导管,管胞,木纤维,石细胞	木栓细胞	石斛的表皮细胞	车前子、亚麻子的表皮细胞	木贼茎及禾本科茎叶的表皮细胞
鉴别反应	① 加间苯三酚、浓盐酸,呈红色或紫红色 ② 加氯化锌碘液呈黄色、棕色	① 加苏丹Ⅲ呈红色或橘红色 ② 遇苛性钾加热,木栓质溶解成黄色油滴状	① 加苏丹Ⅲ呈红色或橘红色 ② 遇碱液能较持久地保持	① 加玫红酸钠酒精溶液染成玫瑰红色 ② 加钌红试液染成红色	加硫酸或醋酸无变化

第二节　实践技能

植物细胞必须借助于光学显微镜才能看到，因此，学会显微镜的用法是掌握植物细胞构造的关键。

一、光学显微镜的构造与使用方法

（一）光学显微镜的构造

1. 显微镜的机械装置及其性能

（1）镜座　在显微镜底部，起稳定和托载整个镜体的作用。

（2）镜柱　是自镜座一侧向上直伸出的部分，它联系并支持着镜臂。在较新型的显微镜[图 7-10（b）]上，它还联系并支持着载物台。

（3）镜臂　是镜柱上方的弯曲或斜折部分，适于手握。老式显微镜[图 7-10（a）]的镜臂与镜西半球间通过一可动关节，可让镜臂带着镜筒在 90°以内作任意倾斜，便于使用者取坐姿观察；较新型显微镜的镜臂则与镜柱连为一体，省去倾斜关节，因为其镜筒已安装成便于坐姿观察的倾斜状。

（4）镜筒　是连于镜臂前方的筒状部分，其上端可放置目镜，下端与转换器相连。老式光镜的镜筒为直立式，较新型光镜的镜筒为倾斜式。由于倾斜式镜筒在与转换器相连之前有一转折处，因此又称为弯把式镜筒。这种镜筒的转折处装有棱镜，用以在目镜的中轴线与垂直使用的物镜的中轴线不重合的情况下，让观察者仍能从目镜看到物镜下标本的放大像。

（5）转换器　装在镜下端，是一个可自由旋转的圆盘。其上一般有 4 个圆孔，用以安装不同放大倍数的物镜。转动此圆盘，可使其上任一物镜到达使用位置。

（6）调焦轮　位于老式显微镜的镜臂侧面、较新型显微镜的镜柱两侧。包括大、小两种，大的称粗调焦轮，小的称细调焦轮。转动调焦轮，可使镜筒或者载物台升或降，从而能使镜筒下的物镜与载物台上的标本互相背离或靠拢。粗调焦轮转动时，使物镜与标本间作较

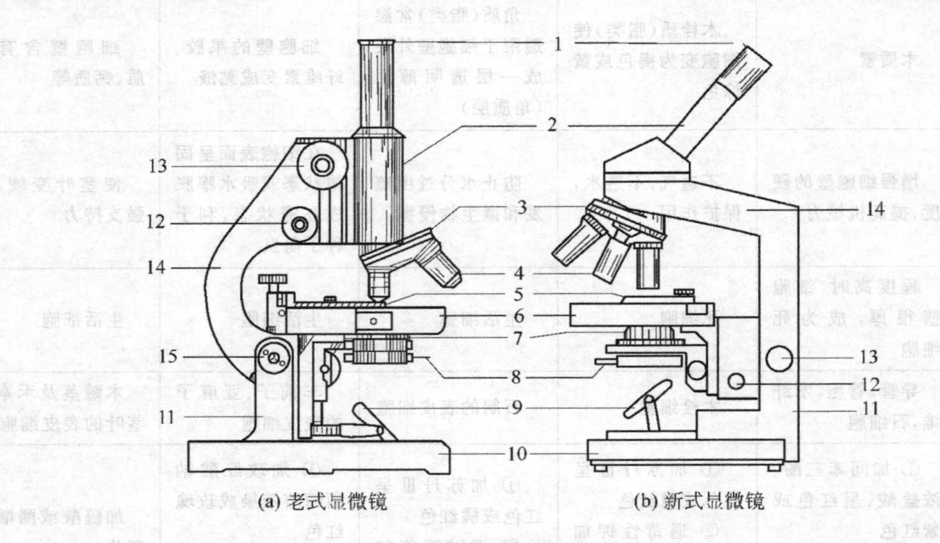

图 7-10　普通光学显微镜构造

1—目镜；2—镜筒；3—转换器；4—物镜；5—标本推动器；6—载物台；7—聚光镜；8—虹彩光圈；9—反光镜；10—镜座；11—镜柱；12—细调焦轮；13—粗调焦轮；14—镜臂；15—倾斜关节

大速度和距离的离或合；细调焦轮转动时，使物镜与标本间缓慢地离或合，且离或合的距离一时难为肉眼觉察。

（7）载物台　位于物镜下方。常为方形。用以放置玻片标本。台中央有一孔，称通光孔，用以让台下的照明光线射到玻片标本上。在载物台上，装有标本推动器，能固定玻片标本，在位于其上或镜台下面的两旋钮控制下，可使玻片标本作前后平移或左右平移。

2. 显微镜的光学系统及其性能

（1）目镜　套在镜筒的上端，用以将物镜放大的物像进一步放大。它是一个较短的圆筒状构造，其上下两端各镶有一块透镜。在这两透镜之间，或在下端那块透镜的下面，装有一金属板制的光阑，称视野光阑。此光阑上可放置目镜测微尺，以测量被观察物体的大小。目镜的放大倍数一般刻在目镜的外壳上，如5×、10×、15×或16×等。常用的是10倍目镜（10×）。

（2）物镜　装于转换器上。它能利用入射的照明光线，使被观察物体形成放大的实像。常见有4×、10×、40×、45×、90×、100×等放大倍数的物镜。一般，4×或10×的物镜称低倍镜；40×或45×的物镜称高倍镜；90×或100×的物镜放大倍数虽然也很高，但在使用时必须有香柏油充塞于物镜与玻片标本之间，称作油镜。物镜的侧面常标刻有4种参数。例如国产XSB—02型显微镜，其10×的物镜上就标刻有“10/0.25”和“160/0.17”两对共4种参数。其中的“10”指其放大倍数，“0.25”指其数值孔径，“160”指其所适合的光学筒长（mm），0.17为盖玻片的标准厚度（mm）。通常在一个物镜上标刻的4种参数中，最小的那个整数即为放大倍数。

数值孔径与物镜的分辨力有关。分辨力指辨别两个靠近点的能力，用所能辨别的两最近点之间的距离表示。在入射光的波长不变时，一个物镜的数值孔径越大，则分辨力越高。

（3）聚光镜　位于载物台下面，正对着通光孔。它能将反射镜反射来的较稀疏光线汇聚成束，使玻片标本被照明的光度加强，尤其是可使高倍镜得到所需的进光量。此外，聚光镜可被升降，用以调节照明强度。当它上升时，照明强度增大，当它下降时，照明强度减小。

（4）虹彩光圈　安装在聚光镜底部，由一圆环和镶嵌于环中的10余枚薄钢片组成。圆环外侧有一柄，向左或向右旋移小柄，可使薄钢片围成越来越小的圆孔或越来越大的圆孔。当孔径较大时，自反光镜反射来的光线便通过较多，经聚光镜汇聚后，其照明度便加强。所以调节光圈孔径的大小，能改变照明强度。若要让照明强度发生细腻的变化，用聚光镜调节比用光圈调节好得多；若要使无色标本显出尽量清晰的结构，则不但要用聚光镜而要用光圈进行调节。

（5）反光镜　是一圆形双面镜，装置在镜座上面。用以将外源光线反射入聚光镜。其一面为平面镜，另一面为凹面镜。镜面可被转朝任何方向。平面镜在光线较强时使用，凹面镜在光线较弱时使用。

3. 显微镜的使用方法

（1）显微镜的取拿和放置　用右手握住镜臂，将显微镜从镜箱中向外拿。当其整体快要被拿出箱时，立刻用左手托住镜座，并使镜身保持直立。将镜体轻轻放于桌面上，使之距离靠自己一侧的桌沿约5cm，且其镜臂与自己的左胸相对（这样能舒适地在镜右侧放上实验报告纸进行绘图）。

（2）对光　①转动粗调焦轮，使镜筒与载物台离开一定的距离。将转换器上的低倍镜旋至正对通光孔的地方（旋转至听到“咔嚓”一声响，即为对准）。②转动聚光镜的调节旋钮，使聚光镜升至其顶面比载物台平面稍低的高度，或者升至其底面不妨碍反光镜作各方向翻转的高度。再推移小柄使光圈的孔径扩至最大。③选好光源（最好是晴朗天空的散射光或日光灯的光）。然后左眼监视目镜，同时用手拨动反光镜的平面镜对准光源。当发现视野里出现了或多或少的亮光时，表明初步与光源对准。此时应小心地拨动反光镜，直到视野中呈现一个亮的正圆形。

(3) 低倍镜的观察　①安放和移动玻片标本。将欲观察的玻片标本置于载物台上用弹簧夹夹住。调节标本推动器（同时用肉眼从不同方向检查），直至使玻片中的待观察部位移至低倍镜的正下方（即低倍镜的轴心线下延时，能落到待观察部位的中心或近中心处）。②调节焦距。转动粗调焦轮，使低倍镜底面与玻片标本上表面靠拢至约相距 5mm。再用左眼观察镜内视野，同时逆着刚才的方向转动粗调焦轮，使低倍镜缓缓离开玻片标本。当看到视野中出现影像时，即改用细调焦轮进行微调，直至影像的清晰度达到最佳水平。此时的影像若正为待观察物像，则还可据其厚薄或透明程度，再试着调节聚光镜或光圈，以使物像更清晰，光照更适宜；若不是待观察物像，则再用左眼盯着镜内视野，同时转动粗调焦轮，使低倍镜继续离开玻片标本。若直到再也无法离开时，仍未见到待观察物像，则可能是并未将待观察部位真正移到低倍镜正下方。这时，应按前述的低倍镜观察的操作步骤重做，直至看到待观察物像。

(4) 高倍镜的观察　有时为了看清某个目标上的更细微的结构，需用高倍镜。在用高倍镜观察之前，必须先用低倍镜找到目标并移至视野中心，然后按以下步骤换上高倍镜，调节焦距，以便观察。①将高倍镜旋转至正对玻片标本处。此时应从显微镜的一侧盯着镜头，若发觉高倍镜头有可能与玻片相撞，则要赶紧停止转动，检查原因。一般有两种原因：一种是玻片有标本的面被朝下放置，另一种是从低倍镜中看到的目标并非标本，而是载玻片里的瑕疵或聚光镜上杂质的影像。查明原因并纠正后，再按上述要求转动高倍镜至正对玻片标本处。②观察视野内光线是否比用低倍镜时暗了许多。若是，则升高聚光镜，使亮度适宜。③观察视野中目标。若仅呈很模糊影像甚至看不出，则一般朝使高倍镜离开标本片的方向，转动细调焦轮一至两周，即可调出清晰物像。有的显微镜却需朝与此相反的方向转动细调焦轮才能调出。遇到这种情况，转动时必须格外小心，一般勿超过一周。

（二）显微镜使用时的注意事项

(1) 绝不可单手提着显微镜走，一定要一手握，一手托，否则易导致目镜或反光镜落地而受损。

(2) 载玻片上的标本未被盖玻片时，不能放上载物台供观察。不要用手指触摸镜头。镜上有灰尘可用镜头纸轻揩，切勿用纱布或吸水纸揩擦；若有油污，则用镜头纸蘸少许二甲苯擦拭。二甲苯不能用得过多，否则会溶解使透镜黏合着的树胶，导致透镜松脱。

(3) 使用镜头、聚光镜、虹彩光圈和反光镜等光学部件时，切勿用力过猛。若发现有不灵活处，应报告教师，勿随便拆卸摆弄。

(4) 从初次使用显微镜起，就要练习用左眼观察目镜的同时，右眼也要睁开，逐步养成习惯。若睁只眼闭只眼地观察，则由于两眼所受的光压不平衡，睁着的那只眼会很快疲劳，也不便于绘图。

(5) 盖玻片的表面若有液体，不能置物镜下观察；载玻片上的液体若未用吸水纸吸得低于盖玻片，也不能置物镜下观察。切不可将还淌着透化液的制片放上载物台，以免损坏载物台。

(6) 使用完高倍镜后若要取下玻片标本，必须先移开高倍镜。否则，取片时易触及其透镜表面，造成污染或损伤。

(7) 调节低倍镜焦距要先用粗调焦轮。调节高倍镜焦距只能用细调焦轮。

(8) 使用完显微镜后，取下玻片。如果转换器上连续装有三个物镜，则转到使每个物镜都不正对通光孔的位置；若见其上装有四个物镜，则转到其中最短的物镜正对通光孔时止，并用干净纱布垫于期间，以免物镜偶然下落，撞坏聚光镜。

（三）显微镜的操作练习

(1) 按前面所述的有关操作步骤和方法，分别用反光镜的平、凹面镜对光。努力使视野中呈现一个处处一样亮的正圆形。同时比较平面镜与凹面镜的反光能力的强弱。

（2）任选一种根或茎的切片标本，用钢笔在其盖玻片表面涂一直径约 1mm 的圆点。按前面所述的有关操作步骤安放和移动切片标本，使这一圆点正对低倍镜。然后用低倍镜检查。若发现视野中未见有圆点区域，则调整圆点的位置，直至它进入视野。这时总结经验教训，并随意移开圆点，重新使之正对低倍镜。争取一次对准。

（3）将聚光镜升至其顶面与载物台表面几乎齐平处停下，然后一面向左旋拨光圈的小柄，一面观察视野里照明度的变化，直至小柄到达终点；再一面向右旋拨光圈的上柄，一面观察视野里照明度的变化，直至小柄到达终点。

（4）将光圈扩至最大后停下，然后一面缓缓下降聚光镜，一面观察视野中照明度的变化，直至聚光镜降至其最低位。再一面缓缓上升聚光镜，一面观察视野中照明度变化，直至聚光镜升至与载物台几乎齐平为止。

（5）调出观察切片标本的焦距。调好后试探一下，将低倍物镜降至什么程度，才能使标本的影像消失。

二、植物学绘图方法

植物学绘图法，其表达方式要求规范，用以报告或记录被观察对象的形态或结构特征。一个正式的植物绘图报告，应做到以下几点。

（1）不将对象变形、夸张以满足个人的审美喜好；不随便删除、乱画，以图省事或速成。

（2）绘完图后，要注明其名称及图中有关部分。图的名称写在图的下方；对图中有关部分的注明写在图的右外方。注明与图中的相应部分间用标引线连接。标引线除了其靠近图及伸进图的线段可在必要时呈斜线外，其余线段应保持水平状（即与实验报告纸的上、下缘平行）。

（3）合理布局。使图和图标在报告纸上所占面积和位置恰当。一般说来图的面积应大于图标的面积；全部的图和图标的面积加起来，应大于无图和图标处的面积。

（4）图中的线条要粗细均匀、清楚有力；图中的点要小而圆。对于学生的实验报告，则还要求做到用铅笔表达所有内容，且图中笔迹的深浅度应一致。

植物绘图法分为详图法和简图法两种。

① 详图法　是一种用规定的表达手段逼真地描绘对象特征（色相特征除外）的方法。所谓“用规定的表达手段”，其含义是：第一，用符合要求的线条和点；第二，线条主要用于描摹对象的外形和构造，有时也可用于表达宏观对象色泽的深浅或受光照射时出现的明暗（即用排线的疏密来表达）；点只用于表达对象色泽的深浅或受光照射时出现的明暗（表达较深或较暗处时，铺上较密集的点；表达较浅或较明处时，铺上较稀疏的点）。注意，在表达微观对象色泽的深浅或受光照射出现的明暗时，只许用点，不许用排线。另外不许用完全涂黑的方式表达某个深色物。

实验报告中的绘图应准确、布局要合理。绘图时，一般按以下方式进行。

a. 准确地目测出待绘目标的垂直长度与水平长度间的比例关系，在符合合理布局要求的前提下，依此比例关系确定要绘的图在报告纸上的左、右限和上、下限。用水平线表示上、下限，用垂直线表示左、右限，并使这些水平线和垂直线延长，直至交接成一个矩形框。

b. 观察待绘目标的轮廓，将其形状绘于矩形框中。绘出的形状应是既准确又正好嵌在矩形框内。

c. 将待绘目标分析成不多的几个部分，观察其中每个部分的轮廓，比较其与待绘出各个部分的轮廓（两个相邻部分的轮廓会有线条重合处）。

d. 将上述每个部分再分析成几个较小的部分，按上述方式观察、比较后绘出各个较小部分的轮廓。不断地象这样进行下去，直至绘出最小而又必要的细节部分。

绘显微特征时，若待绘目标的范围大得超过了最低倍物镜的视野，则可将目标逐步移出视野，同时观察、比较各个部分的轮廓及其间的大小、位置关系；然后在草稿纸上记下观察、比较的结果，即绘出一个由若干部分的轮廓凑成的待绘目标的轮廓图。再根据合理布局的需要，将此图按比例放大或缩小于实验报告纸的某处。接着再按“d”所述的方式进行，直至绘出最小的细节部分。

绘图时先用硬铅笔（1H 或 2H）进行。绘出准确的图稿后，再用软铅笔（HB 或 2B）将图绘成清晰的正式图。这是由于硬铅笔的笔迹色泽浅，修改时易被橡皮擦掉。

按照详图法绘图，能逼真地反映植物的一些特征。但当只需反映植物体上某些基本结构的相对面积（或体积）以及相互间的结合情况时，按详图法绘图便会吃力不讨好。因为，详图法要求在表示这些基本结构间的相对面积及相互结合情况时，仍要逼真地绘出这些基本结构，而这种绘法，会干扰视线、弱化对比，不利于这些基本结构间的相对面积和相互结合情况得到突出的表现。鉴于此，常采用简图法绘图。

② 简图法　是将植物体上的一些结构，以人为规定的抽象符号代表，然后通过扩大或缩小这些符号的面积，以及安排这些符号间的相对位置，来模拟表示植物对象中某些基本结构的相对面积和相互结合情况。图 7-11 是绘简图时常用的符号，常用的符号分别列在各个长方形框内。

(a) 框中的符号是单线。可根据绘图的需要延伸或缩短，绘成平直或弯曲。用以表示内皮层、中柱鞘、形成层、表皮、一列细胞构成的射线、花序轴（肉穗花序的花序轴除外）等。也可用以表示简图内某个组织或部分的边界。

(b) 框中的符号就是空白。表示各种薄壁组织，如外皮层、中皮层、栓内层、髓、束间薄壁组织、基本组织、海绵组织、两列以上的细胞所构成的射线，还可用来表示某个部分中暂时不被强调的组织，例如韧皮部中除纤维外的其他组织，木质部中除导管外的其他组织。

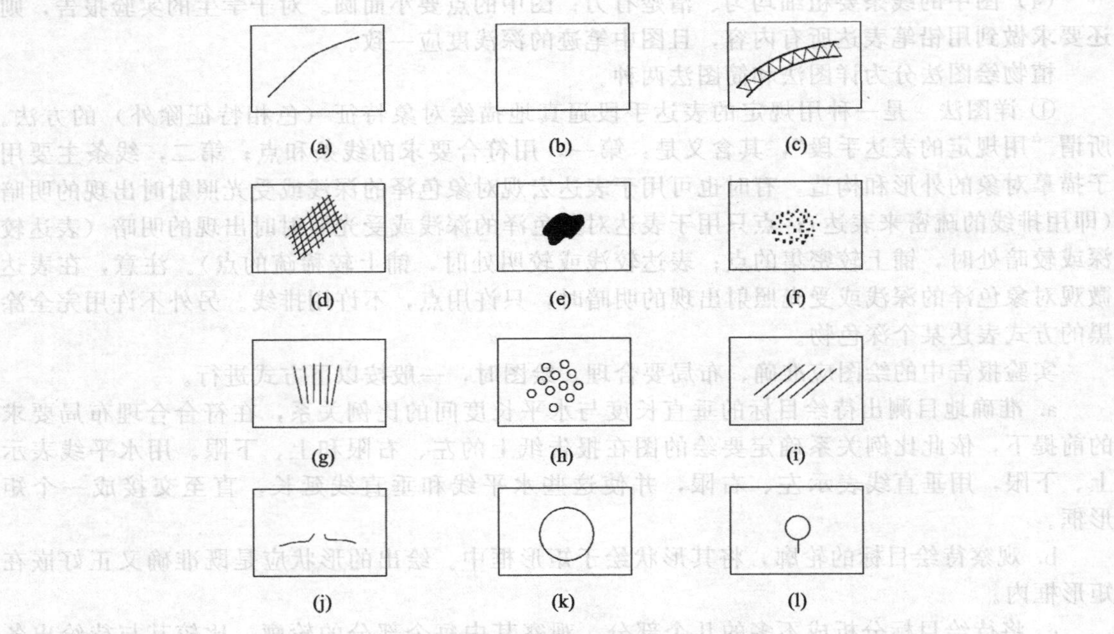

图 7-11　绘简图时常用的符号

(c) 框中的符号可根据需要延长。表示木栓层。有时，符号中位于内侧的弧（或环）形线代表木栓形成层。

(d) 框中的符号是一些交叉线。表示纤维（群）或厚角组织。

(e) 框中的符号是黑色团块，可随需要而呈不同形状。也用以表示纤维（群）或石细胞（群）。

(f) 框中的符号是一群小圆点。用以表示除韧皮射线外的韧皮部组织。有时可只表示韧皮部中的筛管及其伴胞。

(g) 框中的符号是一些与半径同向的直线。表示除木射线外的木质部区域。

(h) 框中的符号是一些小圆圈。用以表示木质部中的导管（群）。

(i) 框中的符号是一些平行的斜线，表示木质部；也可表示栅栏组织。

(j) 框中的符号表示叶片下表皮上的气孔。

(k) 框中的符号是单线构成的环，可随需要绘成圆形或其他形状的环。用以表示子房壁。

(l) 框中的符号表示有珠柄的胚珠、有种柄的种子或有花柄的花。若去掉符号中的直线，则剩下的部分（即小圆圈）代表无珠、无种柄的种子或无花柄的花。

三、徒手切片的制作方法

徒手切片法，狭义的说是指用手拿刀把新鲜材料切成薄片的方法。广义来讲，只要未经任何处理而直接用刀或用徒手切片器切新鲜的材料，都称为徒手切片法。徒手切片是观察植物内部结构的简易方法，不需要特殊的设备，操作过程简便迅速，能保证细胞仍处于生活状态，因而可满足观察细胞真实结构和色泽的需要，也有利于进行细胞的显微化学反应。徒手切片法的操作步骤如下。

1. 取材

用利刀取植物体的任何一部分，当厚度不小于1cm，就可以拿在手中切，如小于1cm或柔软的材料（如根尖、花瓣、叶片等），不能直接拿在手中切时，可夹在萝卜、胡萝卜、马铃薯切块或浸胖豆瓣中切。

2. 切片

为了得到成功的切片，必须正确地掌握用刀片的方法，否则不易切好。切片时，首先应该正确地拿住刀及材料（图7-12），用左手的拇指和食指捏住材料被削出横切面的一端，拇指略低于食指，横切面高出食指1～2mm，中指托住材料的底部。用右手的拇指和食指捏住刀片，刀口朝向怀里，刀片平行于材料的横切面，以求切出很薄的切片。切片时手腕不动而右臂移动，带动刀片从材料的左前方朝材料的右后方拉切过来，拉切速度要快。切下一横切片（切下的横切片一般会黏附于刀口的上表面），像这样拉切几次，直至材料的高出端被切得几乎与食指上表面齐平。然后将刀口浸入培养皿的水中荡一荡，使黏附于刀口上表面的数枚横切片落入水中。选择其中的最薄者备用。

四、植物细胞基本构造的观察

观察鳞叶等的表皮组织，通常采用撕取表皮的方法制成临时标本片。

1. 临时标本片的制作

取载玻片和盖玻片各一片，擦净。在载玻片的中央滴一滴蒸馏水，取一片洋葱鳞叶（或大蒜叶鞘），用刀片纵切成宽约4mm的条状，对此条状部分的内表面按约5mm的间隔横划

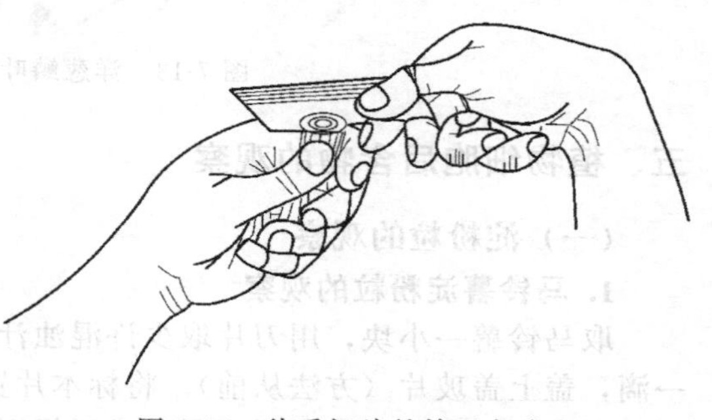

图7-12 徒手切片的持刀方式

两刀。用镊子夹住划口处的表皮，撕下一片内表皮。注意观察，若一面粗糙，则表明所撕下的表皮不纯粹，其上附有叶肉组织，就得弃之重撕。将撕下的表皮置于载玻片上的水滴中，用解剖针摊平。再用镊子夹住盖玻片的一边，或用拇指和食指拿住盖玻片的两边，使盖玻片一端接触载玻片上的水滴，待水充满盖玻片底部后，缓缓放下盖玻片。这样可避免产生气泡。如操作不当，会有少量气泡产生，这时可用铅笔的一端轻压盖玻片赶出气泡，或者撤下盖玻片重做。如果发现盖玻片边缘有水溢出，应使用吸水管将溢出的水吸去；如果盖玻片下的水未充满片下的某一空间，应使用蒸馏水的滴管给那一空间补充水。

2. 洋葱鳞叶表皮细胞的观察

将制作的临时切片置于显微镜下，调节低倍镜的焦距，直至看到众多整齐、排列紧密的条形细胞为止，这就是表皮细胞群（图 7-13）。由于表皮细胞是无色透明或半透明的，一般难以观察到。因此，只有那些垂直于视野平面透光性较差的细胞壁才能被看见。这些是细胞的侧壁，其正面壁因平行于视野平面，而看不到其存在。为证实细胞正面壁的存在和看到细胞内的其他基本构造，要对其细胞壁进行染色。方法是：将切片从载物台上取下，平放于桌面。在盖玻片左边或右边的部位，小心地滴 1 滴碘化钾碘液（不要漫过盖玻片表面），使之与盖玻片下面的水相接。然后在另一边，用一小片吸水纸与盖玻片下的水相接，随着水被吸水纸吸出，碘化钾碘液便进入盖玻片下面。再将该切片置于显微镜下观察，可见表皮细胞的正面呈现浅黄棕色，证明正面壁的存在（该试液仅能使细胞壁着色）。在被染色的细胞内，还能看到深黄棕色近卵圆形的细胞核。之所以呈黄棕色且色度较深，是因为我们隔着细胞壁这层被染为黄棕色的“玻璃”看它的缘故。细胞内颜色相对较浅，不含颗粒状物或其他有形物，看上去较稀淡、干净的部分为液泡。这两者之间没有截然的分界线，各自的位置也不绝对固定。细胞质常分布于紧贴细胞壁的地方，往内常为液泡占领；有的也可见细胞质往内分布，而将液泡划分成几个。

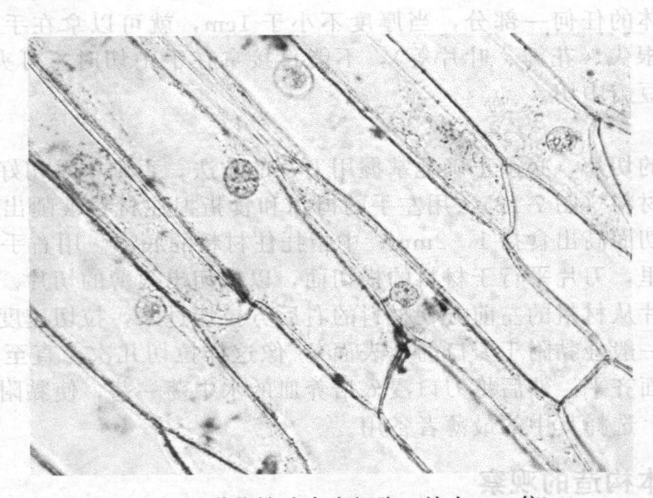

图 7-13　洋葱鳞叶表皮细胞（放大 400 倍）

五、植物细胞后含物的观察

（一）淀粉粒的观察

1. 马铃薯淀粉粒的观察

取马铃薯一小块，用刀片取少许混浊汁液，置于载玻片上，加甘油醋酸液（或蒸馏水）一滴，盖上盖玻片（方法从前）。将标本片置已对好光的低倍镜下观察淀粉粒。调焦中当发觉视野中出现多数近卵圆形、圆形或不规则形的无色颗粒时，立即调准焦距，然后将光圈由原来的最大逐渐缩小（此时聚光镜处于其位置的最高限），同时注意观察视野中的颗粒。当看到其中有些颗粒上或多或少呈现有一圈套一圈的环状纹理时，停止调节光圈。这时可以肯定，这些颗粒就是淀粉粒，其环状纹理即是层纹。在层纹环绕的核心处，应该有脐点（图 7-14）。不过马铃薯淀粉粒的脐点很少像书上绘的那样呈黑色且很显眼，倒往往因是整个淀粉粒中较浅的部位而隐隐约约。与这些淀粉粒在同一层面上，且与其形状和折光性相似的那些未显出层纹的颗粒，也是淀粉粒。将一个显出层纹的淀粉粒移至视野中心，换上高倍镜仔细观察其层纹和脐点（注意调光和调焦）。所看的淀粉粒属何种类型？若认为属单粒淀粉，则再用低倍镜找一找，看还有没有复粒。复粒的特点是：层纹不明显，但中部有一条较直的缝线，其两端与淀粉粒的边缘线相接。

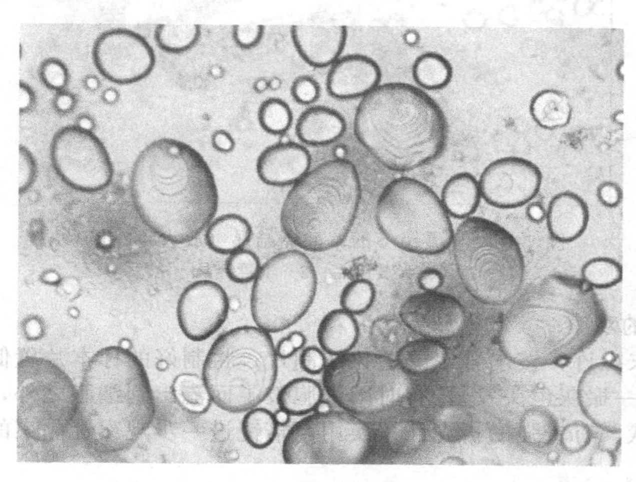

图 7-14　马铃薯的淀粉粒（放大 400 倍）

2. 半夏淀粉粒的观察

取少许半夏粉末，置于载玻片中央，制片方法同上。观察方法同马铃薯淀粉粒，在显微镜下可见众多的复粒，常由 2～8 个单粒组成，少数为单粒。淀粉粒呈圆球形、半圆形至多角形，通常较小，脐点呈点状、裂隙状。

（二）草酸钙晶体的观察

1. 大黄簇晶的观察

取大黄粉末少许，置载玻片中央，滴 2～3 滴水合氯醛液于粉末上。用解剖针将粉末和水合氯醛液大致混匀。点燃酒精灯，用大拇指和食指拿住载玻片的两条长边，保持玻片水平，在酒精灯火焰的上方烘烤并来回移动。加热到刚一冒出气泡时，立刻将载玻片移离火焰，可随时补加水合氯醛液，反复几次，直至透化清晰（制片过程中，加热水合氯醛导致了植物细胞中有形的营养贮藏物，如淀粉粒、脂肪等溶解，草酸钙结晶的周围因此而变得透明无遮，此过程称为水合氯醛透化）。平放于桌上稍放冷。再加 1～2 滴稀甘油，保证盖上盖玻片后，其下面充满混合液（在气温低时，补加稀甘油还能防止原来的水合氯醛液凝结）。接着盖上盖玻片。也可以并排盖上两块盖玻片（盖上两块，可让混合液中的粉末更充分地被用于从中寻找欲观察的目标）。盖好后，用吸水纸吸去盖玻片周围多余的试液。

制成的水合氯醛透化片，置低倍镜下寻找簇晶。大黄的草酸钙簇晶在低倍镜下的特点是：形似一个小小的重瓣花；其中央向四周有一些或隐或现、或长或短的辐射纹；整个晶体因折光复杂而常呈浅灰色，其局部位置有时可见明亮无色的玻璃样反光或折光。用低倍镜找到簇晶并观察后，再用高倍镜观察其结构、层次等（图 7-15）。

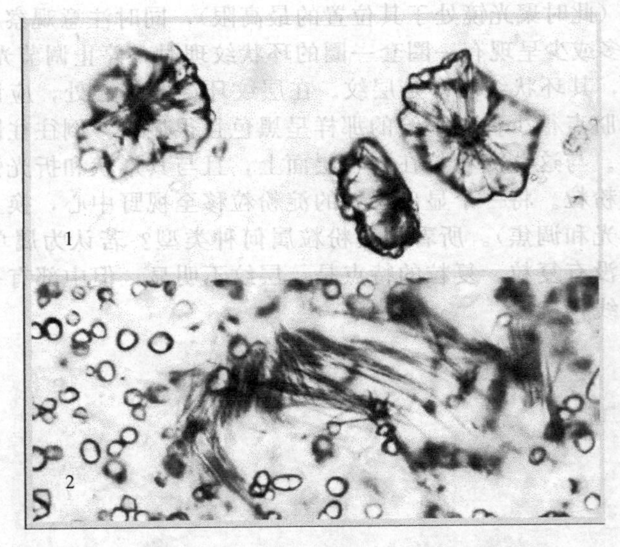

图 7-15　显微镜下的草酸钙结晶（放大 400 倍）

1—大黄簇晶；2—半夏针晶

2. 半夏针晶束的观察

取半夏块茎粉末少许，按水合氯醛透化法制片；将制好的标本片置低倍镜下寻找针晶束（略似被剪下的很小一撮灰色头发），有时因细胞破了而流出到细胞之外，成束或散在，散在的针晶呈无色透明状，有较强的折光性。换用高倍镜进一步观察针晶束的排列情况和单个针晶的形态（图 7-15）。

六、细胞壁性质鉴定的观察

用桔梗根（或樟树幼茎等）按照上面介绍的步骤和方法做徒手横切片。从中选出 3 片基本完整透明的薄片，分别放在 3 块编号为 1、2、3 的干净载玻片上。1 号片用蒸馏水装片。2 号片滴 1 滴间苯三酚试液，并加浓盐酸 1 滴，盖上盖玻片。3 号片滴 2 滴苏丹Ⅲ试液并盖上盖玻片。制片后，首先用低倍镜观察 1 号片的各部位细胞的大小、形状及细胞壁的颜色（重点是外层排列整齐扁平的数层木栓细胞和中央大小不一的导管），然后按顺序观察 2 号、3 号片，并与 1 号片比较，可观察到 2 号片中央的导管细胞壁被染成红色，此现象为细胞壁的木化反应，3 号片外层的木栓细胞壁被染成红色，说明此细胞壁木栓化。

知识点检测

一、填空题

1. 植物细胞外面包围着________，其内的生活物质总称为________，非生命物质称为________。另外，还存在一些________。

2. 能在光学显微镜下观察到的细胞器有________、________、________。

3. 细胞核包括________、________、________、________四部分。

4. 核仁的主要成分为________、________。

5. 质体根据所含色素的不同，分为________、________、________。

6. 叶绿体含有________、________、________等色素。

7. 有色体是一种细胞器，存在于细胞质中，在细胞中常呈________、________、________状；色素溶解在细胞液中，主要显________。

8. 白色体与积累贮藏物质有关，包括________、________、________。

9. 淀粉粒在形态上有________、________、________三种类型。

10. 菊糖加10% α-萘酚的乙醇溶液，再加浓硫酸，显________，并很快________。

11. 晶体常见的有两种类型：________、________。

12. 常见的草酸钙结晶形状有________、________、________、________等。

13. 植物细胞区别于动物细胞的三大结构特征为________、________、________。

14. 细胞壁分为________、________和________三层。

15. 细胞壁中的主要物质为________和________。

16. 细胞壁由于环境和生理机能的不同，常有特化现象，常见的有：________、________、________、________、________等。

17. 木质化细胞壁加入间苯三酚和浓盐酸，显________；加入氯化锌碘液显________。

18. 木栓化细胞壁加入苏丹Ⅲ试剂显________；遇苛性钾加热，则木栓质溶解成________油滴状。

二、选择题

（一）A型题

1. 光学显微镜的有效放大倍数一般不超过（　　）
   A. 100倍　B. 500倍　C. 1000倍　D. 1200倍　E. 1600倍

2. 不属于原生质体组成部分的是（　　）
   A. 叶绿体　B. 线粒体　C. 内质网　D. 细胞液　E. 质膜

3. 不属于细胞器的是（　　）
   A. 叶绿体　B. 质体　C. 结晶体　D. 线粒体　E. 高尔基体

4. 一般不含叶绿体的器官是（　　）
   A. 根　B. 茎　C. 叶　D. 花　E. 果实

5. 被称为细胞的"动力工厂"的是（　　）
   A. 细胞核　B. 质膜　C. 叶绿体　D. 线粒体　E. 有色体

6. 能积累淀粉而形成淀粉粒的是（　　）
   A. 白色体　B. 叶绿体　C. 有色体　D. 溶酶体　E. 细胞核

7. 观察菊糖，应将材料浸入（　　）中再做成切片
   A. 乙醇　B. 水合氯醛　C. 甘油　D. 乙醚　E. 稀盐酸

8. 糊粉粒多分布于植物的（　　）
   A. 根中　B. 茎中　C. 叶中　D. 果实中　E. 种子中

9. 液泡内含有新陈代谢过程中产生的各种物质的混合液称（　　）
   A. 原生质　B. 细胞质　C. 细胞浆　D. 细胞液　E. 原生质体

10. 草酸钙结晶一般以不同的形状分布在（　　）
    A. 细胞核中　B. 质体中　C. 细胞液中　D. 细胞质中　E. 线粒体中

11. 碳酸钙结晶多存在于植物叶表层细胞的（　　）
    A. 细胞核上　B. 质体上　C. 细胞壁上　D. 细胞质中　E. 胞间隙中

12. 加入间苯三酚和浓盐酸显红色反应的是（　　）
    A. 纤维素细胞壁　B. 木质化细胞壁
    C. 角质化细胞壁　D. 矿质化细胞壁
    E. 黏液化细胞壁

13. 穿过细胞壁上微细孔隙的原生质丝称（　　）
    A. 细胞质丝　B. 染色丝　C. 大纤丝　D. 胞间连丝　E. 微纤丝

（二）X型题

14. 细胞核的主要功能是（　　）
    A. 控制细胞的遗传　B. 细胞内物质进行氧化的场所
    C. 遗传物质复制的场所　D. 控制细胞的生长发育
    E. 控制质体和线粒体中主要酶的形成

15. 叶绿体可存在于植物的（　　）
    A. 花萼中　B. 叶中　C. 幼茎中　D. 根中　E. 幼果中

16. 草酸钙结晶的鉴定方法有（　　）

A. 不溶于稀醋酸　　B. 溶于稀盐酸而有气泡产生
C. 溶于稀盐酸而无气泡产生　　D. 溶于10%～20%的硫酸
E. 溶于稀醋酸

17. 属于细胞后含物的有（　　）
A. 淀粉　B. 活性蛋白质　C. 结晶　D. 植物激素　E. 菊糖

18. 贮藏蛋白质可存在于细胞的（　　）
A. 细胞壁中　B. 细胞核中　C. 质体中　D. 液泡中　E. 细胞质中

19. 组成细胞初生壁的物质有（　　）
A. 果胶质　B. 木质素　C. 纤维素　D. 半纤维素　E. 木栓质

20. 具有次生壁的细胞有（　　）
A. 薄壁细胞　B. 石细胞　C. 纤维细胞　D. 厚角细胞　E. 导管细胞

三、名词解释

1. 原生质体　2. 细胞器　3. 质体　4. 后含物　5. 纹孔　6. 胞间连丝

四、是非题

1. 细胞核、质体、线粒体、液泡系可以在光学显微镜下观察到。（　）
2. 淀粉粒在形态上有三种：单粒淀粉、复粒淀粉、半复粒淀粉。（　）
3. 淀粉粒只分布于种子的胚乳和子叶中。（　）
4. 观察菊糖时，可将具有菊糖的药材浸入水中，1周后做成切片在显微镜下观察，可见球状、半球状或扇状的菊糖结晶。（　）
5. 在半夏块茎中存在许多草酸钙针晶。（　）
6. 液泡、叶绿体、质体是植物细胞与动物细胞不同的三大结构特征。（　）
7. 细胞壁形成时，次生壁在初生壁上不是均匀增厚，在很多地方留有一些未增厚的部分呈凹陷的孔状结构，称纹孔。纹孔处有胞间层、初生壁和次生壁。（　）
8. 木栓化是指细胞壁内增加了木质素，它是芳香族化合物，可使细胞壁的硬度增加，细胞群的机械力增加。（　）
9. 角质化细胞壁或角质层加入苏丹Ⅲ试剂显橘红色或红色；遇碱液溶解成黄色油滴状（　）

五、简答题

1. 什么是模式植物细胞？一个模式植物细胞由哪几部分组成？
2. 简述细胞核的构造。
3. 淀粉粒有哪几种主要的类型？如何检识淀粉粒？

六、问答题

1. 什么是模式植物细胞？一个模式植物细胞由哪几部分组成？
2. 简述细胞核的构造。
3. 什么是细胞的后含物？植物细胞的后含物有哪几种？
4. 淀粉粒有哪几种主要的类型？如何检识淀粉粒？
5. 常见的晶体有哪些？怎样区别草酸钙晶体与碳酸钙晶体？
6. 细胞壁分为哪几层？各层的主要组成物质是什么？
7. 何谓胞间连丝？它有何作用？
8. 细胞壁的特化常见的有哪几种类型？如何检识？

第八章　植物的组织

学习目标

1. 理论知识目标　掌握分生组织、保护组织、机械组织、输导组织；熟悉分泌组织；了解薄壁组织。
2. 技能知识目标　能在显微镜下熟练观察、识别保护组织、机械组织、输导组织及分泌组织细胞，并进行显微描绘。

第一节　必备知识

植物组织是具有相同来源、形态结构相似、生理功能相同而又紧密联系的细胞群。植物的根、茎、叶、花、果实和种子等各种器官都是由多种植物组织构成的。

一、植物组织的分类

植物组织按其来源、形态结构和生理功能的不同分为：分生组织、薄壁组织、保护组织、输导组织、机械组织、分泌组织六类。

（一）分生组织

分生组织（meristem）是具有分生能力的细胞组成的细胞群。其特点是细胞较小，排列紧密，无细胞间隙，细胞壁薄，细胞核大，细胞质浓，无明显的液泡和质体的分化。

1. 按分生组织的来源分类

（1）原生分生组织　来源于种子的胚，由一群原始细胞组成，位于根和茎的最先端，具有持久而强烈的分裂能力，其分裂的结果，使根、茎和枝不断地伸长和长高。

（2）初生分生组织　由原生分生组织衍生出来的细胞所组成，位于根尖及茎的生长锥。这些细胞在形态上已出现了最初的分化，但细胞仍具有很强的分裂能力，因此，它是一种边分裂、边分化的组织，也可看作是由分生组织向成熟组织过渡的组织。它已分化成三种不同的组织：原表皮层、基本分生组织和原形成层。原表皮层以后分化为表皮，基本分生组织以后分化为皮层及髓等基本组织，形成层以后分化发展为初生维管组织。

（3）次生分生组织　由已分化成熟的薄壁细胞，经历生理和形态上的变化，重新恢复分裂能力的组织。如木栓形成层、维管形成层（简称形成层）等。一般存在于双子叶植物和裸子植物的根、茎四周，并与轴向平行，其分裂的结果，使根和茎不断增粗并重新形成保护组织。

2. 按分生组织所处位置分类

（1）顶端分生组织　位于根与茎的顶端。细胞能持久地保持旺盛的分裂机能，顶端分生组织细胞分裂的结果，使根和茎不断地伸长和长高（图 8-1）。

（2）侧生分生组织　位于裸子植物和双子叶植物根和茎的侧方周围，并与轴向平行，包括形成层和木栓形成层。形成层的活动能使根和茎不断增粗，以适应植物营养面积的扩大。木栓形成层的活动使长粗的根、茎表面或受伤的器官表面形成新的保护组织。单子叶植物中无侧生分生组织，因此没有加粗生长。

（3）居间分生组织　是顶端分生组织遗留下来的或是由已经分化的薄壁组织重新恢复分

裂能力而形成的分生组织，分裂能力较弱，其分裂的结果产生居间生长。典型的居间分生组织存在于许多单子叶植物的茎和叶中，在茎的节间基部保留居间分生组织，所以当顶端分化成幼穗后，仍能借助于居间分生组织的活动，进行拔节和抽穗，使茎急剧长高。葱、蒜、韭菜的叶子割去上部还能继续伸长，也是因为叶基部的居间分生组织活动的结果。

将上述划分法联系起来看：顶端分生组织包括原生分生组织和初生分生组织；侧生分生组织相当于次生分生组织；居间分生组织相当于初生分生组织。

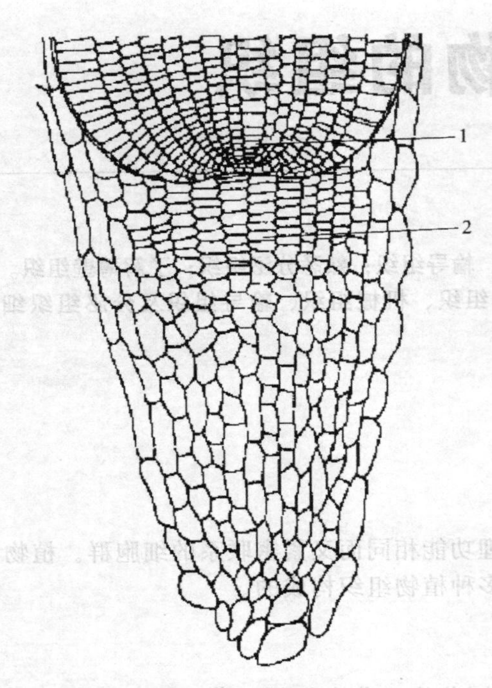

图 8-1　根尖顶端分生组织
1—根尖生长点；2—根冠

（二）薄壁组织

薄壁组织（parenchyma）在植物体内分布最广，填充于各个组织之间，占有很大的体积，是构成植物体的基础，所以又称为基本组织。它们担负着吸收、同化、贮藏、通气和传递等营养功能，因此，又称为营养组织。基本组织虽有多种形态，但皆由薄壁细胞所组成，因此称为薄壁组织。

薄壁组织特点是细胞壁薄，由纤维素和果胶组成，是一种生活细胞；形态呈圆球形、椭圆形、多面体形等多种形状；排列疏松，有明显胞间隙；细胞质稀，液泡较大。

薄壁组织是进行各种代谢活动的主要组织，光合作用、呼吸作用、贮藏作用及各类代谢物的合成和转化均在此进行。

基本组织分化程度较浅，具有潜在的分裂能力，在一定条件下可经脱分化转变为次生分生组织。了解基本组织的这些特性，对于扦插、嫁接以及组织培养等工作均有实际意义。

根据薄壁组织的结构和生理功能的不同，将其分为五类。

1. 基本薄壁组织

基本薄壁组织常存在于根、茎的皮层和髓部，细胞呈圆球形、圆柱形、多面体形等。细胞质较稀薄，液泡较大，细胞排列疏松，有明显的细胞间隙。主要起填充和联系其他组织的作用，并具有转化为次生分生组织的机能。

2. 吸收薄壁组织

吸收薄壁组织位于根尖稍后方的根毛区，它的部分表皮细胞外壁向外突出形成根毛，细胞壁薄，由纤维素组成，主要生理功能是从土壤中吸收水分和营养物质，并将吸收的物质运输到输导组织中。

3. 同化薄壁组织

同化薄壁组织又称为绿色薄壁组织，位于植物体的绿色部位，尤其是叶片中，细胞内含有叶绿体，能进行光合作用，制造有机物质。

4. 贮藏薄壁组织

贮藏薄壁组织是积聚营养物质的薄壁细胞群。主要分布于块根、块茎、果实、种子以及根茎中，细胞内含有大量淀粉、蛋白质、脂肪油以及某些特殊物质如单宁、橡胶等物质。贮藏有丰富水分的细胞，称为储水组织，它的细胞较大，液泡中含有大量的黏性汁液，一般存在于旱生的肉质植物中。

5. 通气薄壁组织

通气薄壁组织存在于水生植物和湿生植物体内，其特点是细胞间隙特别发达，形成较大的空隙和通道，能贮藏空气，而且具有漂浮和支持作用。如水稻的根、莲的叶柄和根状茎、菱的叶柄等。

（三）保护组织

保护组织（protective tissue）是覆盖于植物体表面起保护作用的组织。它具有保护植物体内部组织、减少体内的水分蒸腾、控制植物与环境的气体交换、防止病虫害侵袭和机械损伤等作用。保护组织分为表皮组织和周皮。

1. 表皮组织

表皮组织分布于幼嫩的根、茎、叶、花和果实等器官的表面，由初生分生组织的原表皮分化而来，为初生保护组织。表皮组织通常只有一层细胞，其中表皮细胞是最基本的成分，其他细胞分散于表皮细胞之间。表皮细胞呈扁平的长方形、多边形或波状不规则形，排列紧密，无细胞间隙。表皮细胞是生活细胞，细胞质较稀薄，液泡大，一般不具叶绿体，细胞外壁不仅增厚，且常角质化，或在细胞外壁的表面沉积一层明显的角质层，有些植物在角质层外还具有一层蜡质的“霜”（图 8-2）。其作用是防止病菌的侵入和病菌孢子在表面萌发。在生产实践中，植物体表面这种结构情况是选育抗病品种，使用农药或除草剂时必须考虑的因素。有些表皮细胞分化成气孔或毛茸，是生药鉴别的重要依据之一。

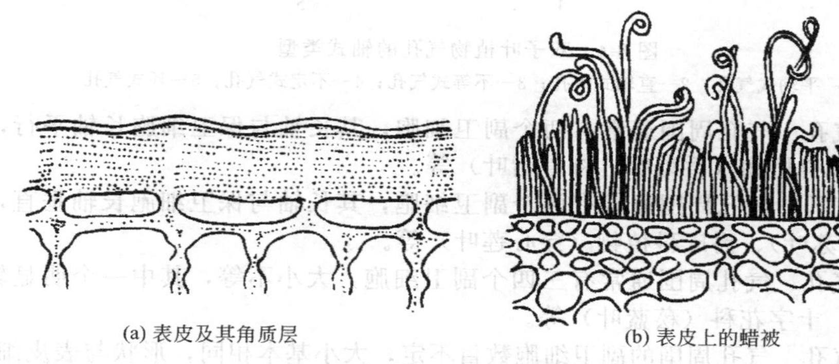

图 8-2　角质层与蜡被

（1）气孔　植物的体表不是全部被表皮细胞所密封的，在表皮上还具有许多气孔，是植物进行气体交换的通道。双子叶植物的气孔是由两个半月形的保卫细胞对合而成，中间的孔隙即为气孔，人们常把气孔和两个保卫细胞合称为气孔器（图 8-3）。保卫细胞比周围的表皮细胞小，是生活细胞，细胞质浓，细胞核明显，并含有叶绿体；保卫细胞不仅在形状上与表皮细胞不同，而且细胞壁厚薄不均匀，一般与表皮细胞（副卫细胞）相连的细胞壁较薄，紧靠气孔处的细胞壁较厚，因此，当保卫细胞充水膨胀时，较薄的细胞壁易伸长向表皮细胞弯曲呈弓形，使气孔口拉大；当保卫细胞失水细胞壁恢复原状时，气孔口关小或闭合。因此气孔能调节植物体水分蒸腾和气体进出的速度。气孔的张开和关闭都受外界环境条件，如光线、温度、湿度、CO_2 浓度的影响。气孔的数量和大小常随器官和所处环境条件的不同而异，如叶片中气孔较多，而且在叶片下表皮中较多，上表皮中相对较少；茎表皮中气孔较少。

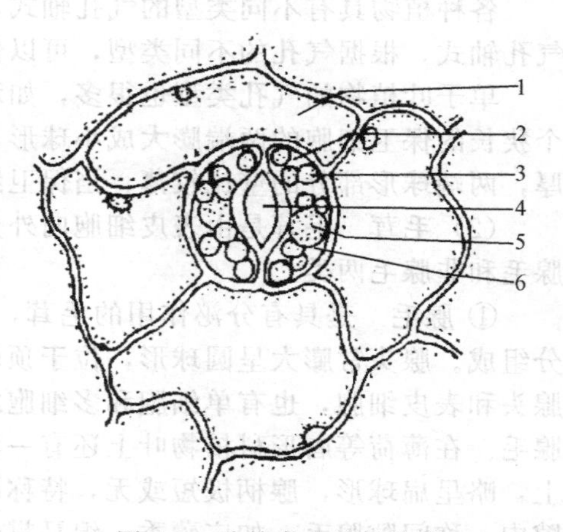

图 8-3　叶的表皮及气孔器

1—副卫细胞；2—保卫细胞；3—叶绿体；4—气孔；5—细胞核；6—细胞质

保卫细胞与其周围的副卫细胞排列方式称为气孔轴式或气孔类型。双子叶植物气孔轴式常见的有五种类型（图 8-4）。

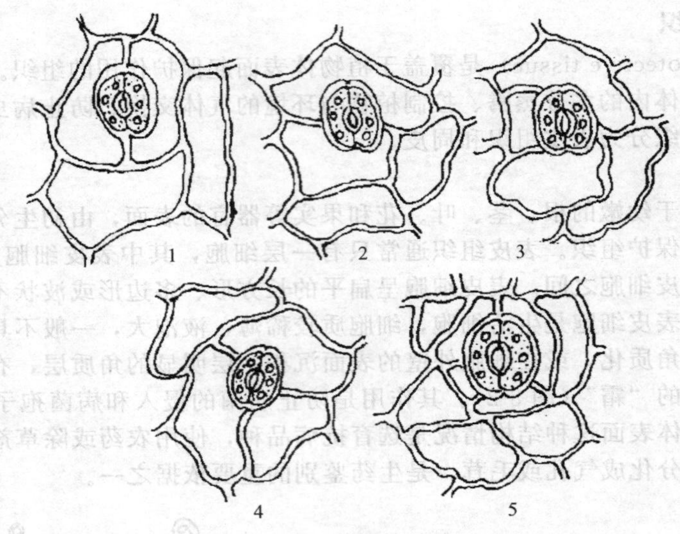

图 8-4 双子叶植物气孔的轴式类型

1—平轴式气孔；2—直轴式气孔；3—不等式气孔；4—不定式气孔；5—环式气孔

① 平轴式气孔　气孔周围通常有两个副卫细胞，其长轴与保卫细胞长轴平行，如茜草科（茜草叶）、豆科植物（番泻叶、补骨脂叶）等。

② 直轴式气孔　气孔周围通常有两个副卫细胞，其长轴与保卫细胞长轴垂直，如唇形科（薄荷叶、紫苏叶）、爵床科植物（穿心莲叶）等。

③ 不等式气孔　气孔周围通常有三四个副卫细胞，大小不等，其中一个明显较小，如茄科（烟草叶）、十字花科（菘蓝叶）等。

④ 不定式气孔　气孔周围的副卫细胞数目不定，大小基本相同，形状与表皮细胞相似。如桑科（桑叶）、毛茛科（毛茛叶、乌头叶）等。

⑤ 环式气孔　气孔周围的副卫细胞数目不定，其形状比其他表皮细胞狭窄，围绕气孔排列成环状，如茶叶、桉叶等。

各种植物具有不同类型的气孔轴式，在同一植物的同一器官上也常有两种或两种以上的气孔轴式，根据气孔的不同类型，可以作为药材鉴定的依据。

单子叶植物的气孔类型也很多，如禾本科和莎草科植物均有其特殊的气孔类型。它的两个狭长的保卫细胞的两端膨大成小球形，好像一对并排的哑铃，中间窄的部分的细胞壁特别厚，两端球形部分的壁比较薄，当保卫细胞充水膨大或水分减少时，气孔则张开或关闭。

(2) 毛茸　毛茸是由表皮细胞向外分化形成的突起物，具有分泌和保护等作用。可分为腺毛和非腺毛两类。

① 腺毛　是具有分泌作用的毛茸，能分泌树脂、黏液、挥发油等。由腺头和腺柄两部分组成。腺头常膨大呈圆球形，位于顶端，有分泌作用，由单细胞或多细胞组成；腺柄连接腺头和表皮细胞，也有单细胞和多细胞之分，无分泌能力。如薄荷、莨菪、曼陀罗等叶上的腺毛。在薄荷等唇形科植物叶上还有一种腺毛，腺头由 6～8 个细胞组成，排列在一个平面上，略呈扁球形，腺柄极短或无，特称腺鳞。有的植物的腺毛存在于植物组织内部的细胞间隙中，称间隙腺毛。如广藿香、绵马贯众等（图 8-5）。

② 非腺毛　是不具分泌作用的毛茸。由单细胞或多细胞组成，无头、柄之分，顶端狭尖，只具保护作用，形态多样。常见的种类有：线状毛（呈线形）、分枝毛（呈分枝状）、丁

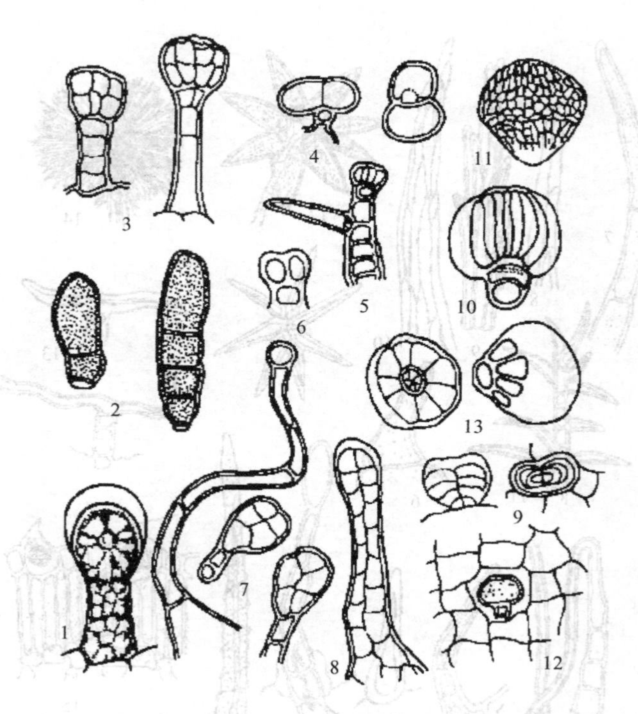

图 8-5 腺毛和腺鳞

1—生活状态的腺毛；2—谷精草；3—金银花；4—密蒙花；5—白泡桐花；6—洋地黄叶；7—洋金花；8—款冬花；9—石斛叶；10—凌霄花；11—啤酒花；12—广藿香茎；13—薄荷叶的腺鳞（左为顶面观，右为侧面观）

字毛（呈丁字形）、星状毛（毛茸分枝似星）、鳞毛（呈鳞片状或圆形平顶状）、棘毛（细胞壁厚木化，细胞内有结晶体沉淀）等（图 8-6）。

不同植物具有不同类型非腺毛，在同一植物的同一器官上也存在不同类型的毛茸。如薄荷叶既有非腺毛又有腺毛。根据毛茸的不同类型，可作为药材鉴定的依据。

2. 周皮

大多数草本植物的器官表面终生为表皮组织，木本植物随着茎和根不断地加粗生长表皮组织被破坏，这时由侧生分生组织——木栓形成层平周分裂，向外分化木栓层细胞，向内分化栓内层细胞。由木栓层、木栓形成层和栓内层构成周皮，代替表皮起保护作用。

木栓层横切面观是由多层径向成行的木栓细胞组成，细胞扁平，排列紧密整齐，由于细胞壁较厚，并且强烈木栓化，细胞成熟时原生质体解体而成为死细胞；表面观为多角形，侧面观为长方形，由壁厚薄不一的细胞构成。木栓化的细胞壁不易透水、不易透气，并有抗压、隔热、绝缘、质地轻、具弹性、抗有机溶剂和耐多种化学药品的特性，同时在商业上可作轻质绝缘材料和救生设备等。栓内层是由多层排列疏松的薄壁细胞组成。木栓形成层是产生周皮的次生分生组织。在根的初生构造向次生构造转化过程中，由中柱鞘细胞恢复分生能力形成；在茎的转化过程中，由表皮、皮层或韧皮部细胞形成［图 8-7(a)］。

在周皮形成过程中，木栓形成层细胞在某些部位向外分裂出一种与木栓层细胞不同的补充细胞，其细胞为圆形或椭圆形，排列疏松，有发达的细胞间隙。由于补充细胞逐渐增多，它们突破周皮，在树皮表面形成各种形状的小突起，称为皮孔。皮孔是周皮上的通气结构，位于周皮内的生活细胞能通过它们与外界进行气体交换。在木本植物茎枝表面常见有横向、纵向或点状的突起就是皮孔［图 8-7(b)］。皮孔的形状、颜色和分布的疏密可作为皮类、茎类药材的鉴别依据。

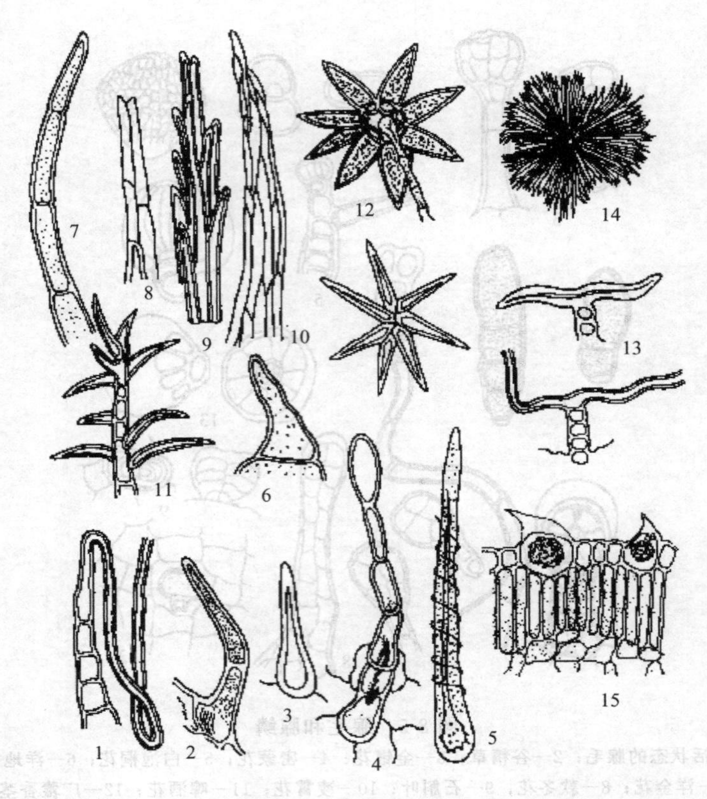

图 8-6 各种非腺毛

1—刺儿菜叶；2—薄荷叶；3—益母草叶；4—蒲公英叶；5—金银花；6—白花曼陀罗花；7—洋地黄叶；8—旋覆花；9—款冬花冠毛；10—蓼蓝叶；11—分枝毛；12—星状毛（上为石韦叶，下为芙蓉叶）；13—丁字毛（艾叶）；14—鳞毛（胡颓子叶）；15—棘毛（大麻叶）

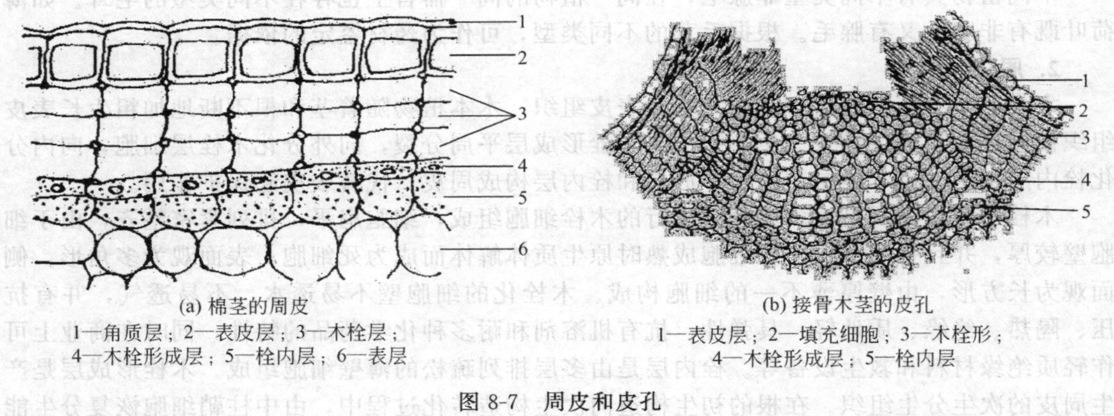

(a) 棉茎的周皮

1—角质层；2—表皮层；3—木栓层；4—木栓形成层；5—栓内层；6—表层

(b) 接骨木茎的皮孔

1—表皮层；2—填充细胞；3—木栓形；4—木栓形成层；5—栓内层

图 8-7 周皮和皮孔

周皮和树皮是两个不同的概念，它们有各自的组成成分。周皮通常由木栓层、木栓形成层和栓内层组成；树皮通常指伐木时从树干上剥下来的皮，它包含韧皮部、皮层、周皮以及周皮外方破毁的一些组织。

(四) 机械组织

机械组织（mechanical tissue）是对植物体起支持和巩固作用的组织。它有很强的抗压和抗曲的能力，植物体能有一定的硬度，树干能挺立，叶片能平展，都与这种组织有关。机械组织主要特征是细胞壁增厚，根据细胞的形态和细胞壁增厚的方式，可分为厚角组织和厚壁组织两类。

1. 厚角组织

厚角组织细胞最明显的特征是细胞壁不均匀增厚，而且增厚的部分是初生壁的性质，增厚的部位通常在相邻细胞的角隅处，故称厚角组织。厚角组织是生活细胞，常含有叶绿体，细胞壁由纤维素、果胶和半纤维素组成，不含木质素。厚角组织较柔韧，既具有一定坚韧性，又有一定的可塑性和延伸性，可以支持植物器官直立，也适应植物器官的迅速生长（图 8-8）。

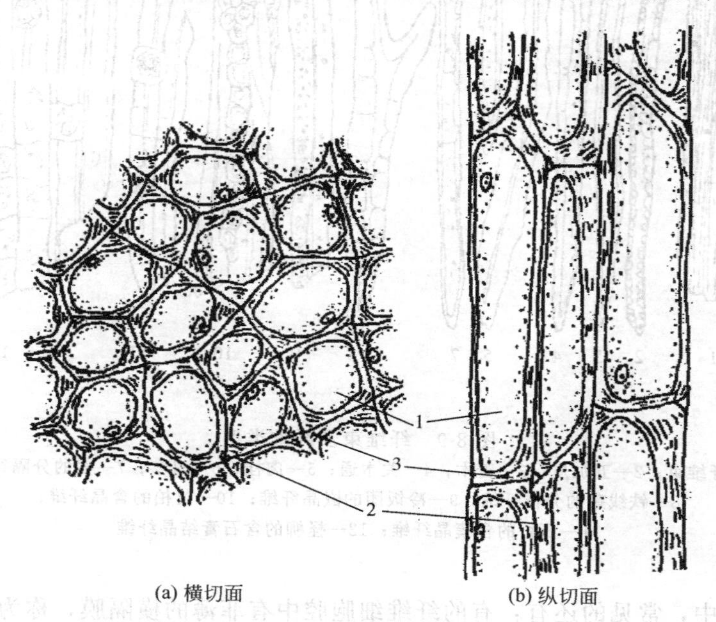

图 8-8　厚角组织

1—细胞腔；2—胞间层；3—增厚的壁

厚角组织常分布于草质茎和尚未进行次生生长的木质茎、叶柄、叶片、花柄等部位。一般总是分布于植物器官的外围，或直接在表皮下，成环或成束分布。如薄荷、益母草、芹菜、南瓜等植物茎的棱角处就是厚角组织集中分布的地方。

2. 厚壁组织

厚壁组织的细胞具有全面增厚的次生壁，常具纹孔和层纹，大都木质化，细胞腔很小，成熟后原生质体通常死亡分解，成为只留有细胞壁的死细胞。厚壁组织根据细胞形状的不同，分为石细胞和纤维两类。

（1）纤维　是两端尖细的长梭形细胞，长度一般比宽度大许多倍。其细胞壁极厚，常木质化而坚硬，细胞腔极小，一般没有原生质体。细胞壁上有少数纹孔。纤维末端彼此嵌插成束，形成植物体内的坚强支柱。由于植物种类的不同，所含纤维的类型也不同，不同类型的纤维壁厚度不一，木质化程度从不木质化到强烈木质化。根据纤维存在的部位，分为韧皮纤维和木纤维（图 8-9）。

① 韧皮纤维　分布在韧皮部中，常聚合成束，细胞呈长梭形，壁厚，横切面观呈现出同心环层纹，细胞壁的成分主要为纤维素，因此韧性较大，拉力较强，如麻、亚麻等，可做优质纺织原料；而有些植物的韧皮纤维在生长过程中逐渐木质化，如洋麻、椴树等。

② 木纤维　分布于被子植物的木质部中，也是长梭形细胞，但较韧皮纤维短，长度约为 1mm，细胞壁厚，常木质化，细胞腔小，壁上有裂缝状的单文孔或具缘纹孔，其硬度大而韧性差，主要是抵抗重力和牵引力。细胞壁增厚的程度随植物种类和生长时期不同而异。

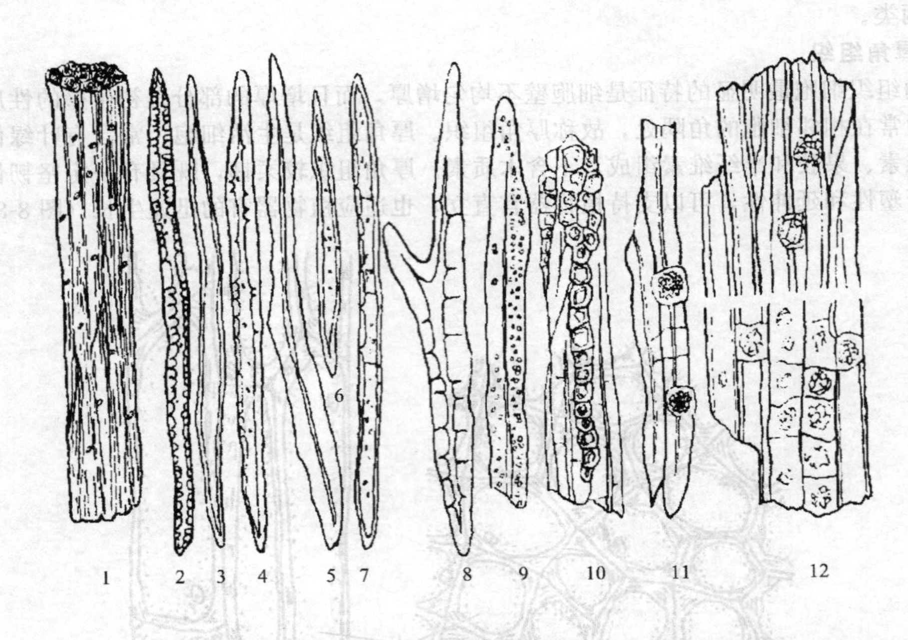

图 8-9　纤维束及纤维类型

1—纤维束；2—五加皮；3—苦木；4—关木通；5—肉桂；6—丹参；7—姜的分隔纤维；8—铁线莲的分枝纤维；9—冷饭团的嵌晶纤维；10—黄柏的含晶纤维；11—石竹的含簇晶纤维；12—柽柳的含石膏结晶纤维

在药材鉴定中，常见的还有：有的纤维细胞腔中有菲薄的横隔膜，称为分隔纤维；有的植物在纤维的次生壁上镶嵌草酸钙砂晶，称为嵌晶纤维，如麻黄；有的植物在纤维束周围的薄壁细胞中含有草酸钙方晶，称为晶鞘纤维，如黄柏等。

(2) 石细胞　多为等径或略为伸长的细胞，有些呈不规则的分枝状，通常具有很厚的木质化的次生壁，壁上有许多圆形的单纹孔，由于壁特别厚，而形成同心层纹、分枝或不分枝的管状纹孔道，细胞腔很小，原生质体消失，故具有坚强的支持作用。石细胞常见于茎、叶、果实和种子等器官中，单个或成群分布在薄壁组织中，也可连续成环分布，所以一般认为，石细胞是由薄壁细胞分化而成或维管形成层分化而成。如梨的果肉细胞中存在石细胞；桃、杏、核桃坚硬的内果皮；五味子的种皮均为石细胞所组成；肉桂、杜仲的韧皮部中；黄柏、厚朴的皮层中；三角叶黄连的髓部；五味子、蚕豆等的种皮中、茶树的叶片中都分布有石细胞。有的石细胞在次生壁外层嵌有非常小的草酸钙方晶，且突出于表面，称为嵌晶石细胞，如南五味子根皮；有的石细胞的胞腔内含有草酸钙方晶，如栀子果皮石细胞。

在药材鉴定中，应注意石细胞的类型、数量、形状、大小、直径、壁厚、纹孔及木质化的程度等（图 8-10）。

（五）输导组织

输导组织（conducting tissue）是植物体内运输水分和有机营养物质的组织。其细胞一般呈管状，上下相接，贯穿于整个植物体内。根据输导组织的构造和运输物质的不同，可分为两类：一类是木质部中的导管和管胞，主要运输水分和溶解于其中的无机盐；另一类是韧皮部中的筛管、伴胞和筛胞，主要运输有机营养物质。

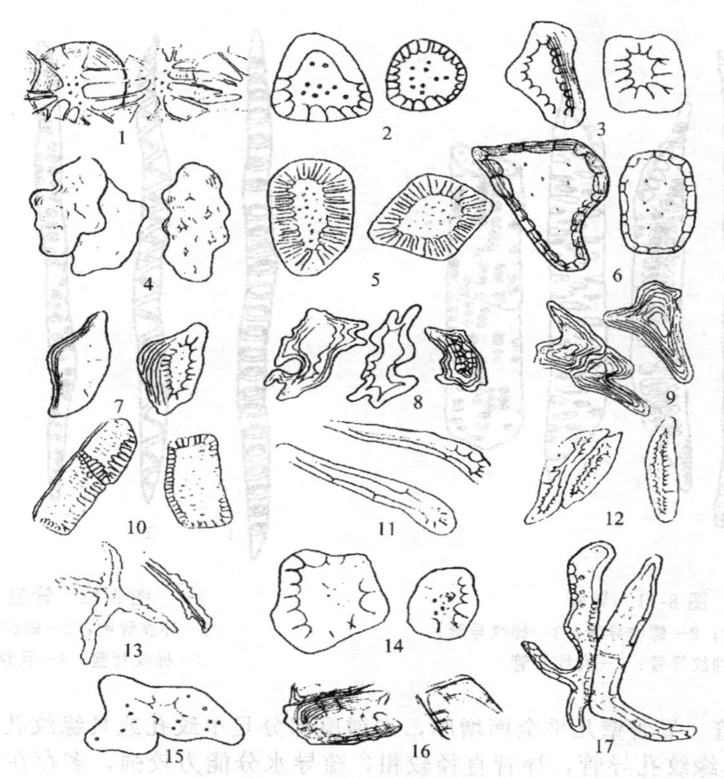

图 8-10　石细胞类型

1—梨（果肉）；2—杏（种皮）；3—土茯苓；4—川楝；5—五味子；6—川乌；7—梅（果实）；8—厚朴；9—黄柏；10—麦冬；11—山桃（种子）；12—泰国大风子；13—茶（叶柄）；14—侧柏（种子）；15—南五味子（根皮）；16—栀子（种皮）；17—虎杖（分隔石细胞）

1. 导管和管胞

存在于木质部中，是自下而上运输水分和无机盐的组织。管胞和导管都有较厚的次生壁，次生壁形成各式各样的增厚纹理，常木质化，成熟后原生质体解体，成为只有细胞壁的死细胞。

（1）导管　导管是被子植物主要的输水组织，少数裸子植物（如麻黄）也有导管。导管是由许多长管状或筒状的导管分子纵向连接而成，端壁在发育过程中溶解，形成不同形式的穿孔，具有穿孔的端壁称为穿孔板。如椴树等多数双子叶植物的导管端壁为梯状穿孔板；紫葳科的一些植物为网状穿孔板；有些植物具有一个大的单穿孔板。穿孔的形成及原生质体消失使导管成为中空的连续长管，有利于水分及无机盐的纵向运输。导管分子的管径一般也比管胞粗大，因此，导管比管胞具有较高的输水效率。

导管在形成过程中，其木质化的次生壁并非均匀增厚，根据导管侧壁增厚所形成纹理的不同，可分为下列几种类型（图 8-11）。

① 环纹导管　在导管壁上呈一环一环的增厚，这种增厚的环纹间仍为薄壁，有利于生长而伸长，环纹导管直径较小，常见于幼嫩器官，如凤仙花的幼茎中。

② 螺纹导管　在导管壁上有一条或数条螺旋带状增厚。螺旋带状增厚不妨碍导管的生长，螺纹导管直径较小，多存在于器官的幼嫩部分，其增厚部分容易同初生壁分离。如“藕断丝连”的“丝”就是从螺纹导管上脱落的增厚部分。

③ 梯纹导管　在导管壁上增厚部分与未增厚部分间隔呈梯状。这种导管分化程度较深，而不易再伸长，多存在于器官的成熟部分。如葡萄、白及的导管。

④ 网纹导管　导管壁增厚的次生壁交织呈网状，网孔是未增厚的部分。导管直径较粗，疏导水分能力较强，多存在于器官的成熟部分。如大黄、桔梗的导管。

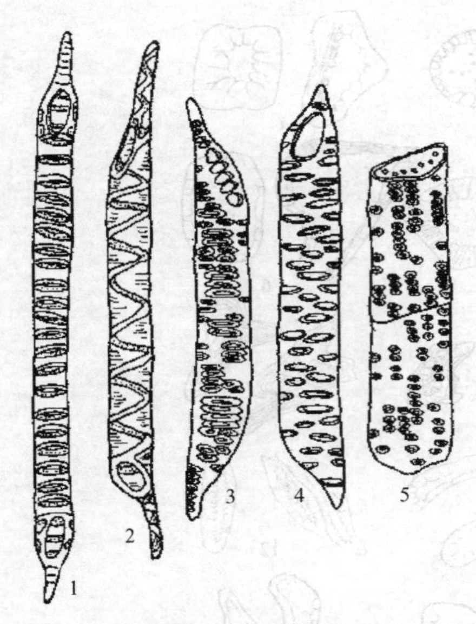

图 8-11 导管
1—环纹导管；2—螺纹导管；3—梯纹导管；
4—网纹导管；5—孔纹导管

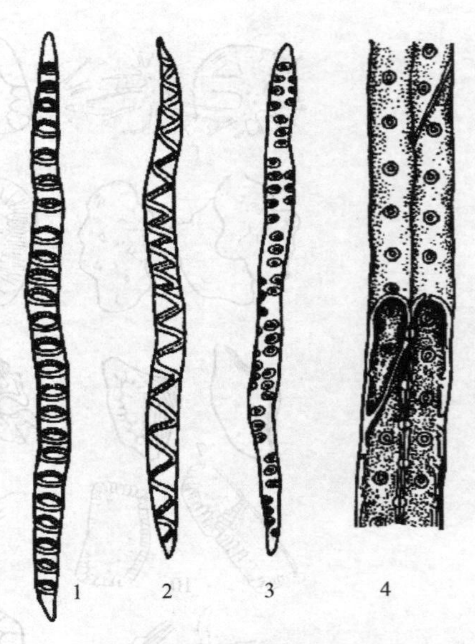

图 8-12 管胞
1—环纹管胞；2—螺纹管胞；
3—梯纹管胞；4—孔纹管胞

⑤ 孔纹导管　导管壁几乎全面增厚，未增厚部分是单纹孔或具缘纹孔，前者是单纹孔导管，后者是具缘纹孔导管，导管直径较粗，疏导水分能力较强，多存在于器官的成熟部分。如甘草、黄芪、苍术的导管。

以上所述只是几种典型的导管类型，但在实际观察时，常有一些过渡类型或中间形式，如同一导管分子可以同时有环纹与螺纹、螺纹与梯纹、梯纹与网纹、网纹与具缘纹孔导管。在药材鉴定中应注意类型、形状、长度、直径、木质化程度等。

(2) 管胞　管胞是绝大多数蕨类植物和裸子植物的输水组织，同时还兼有支持的作用。在被子植物的叶柄、叶脉中也可见到，木质部少见。每个管胞是一个细胞，呈长管状，直径较细，两端斜尖，不形成穿孔，上、下二相邻管胞通过侧壁上的纹孔运输水分，所以管胞运输水分的能力较导管低，是一类较原始的输导组织。管胞次生壁的木质化和增厚也常形成环纹、螺纹、梯纹和孔纹等类型（图 8-12)。

2. 筛管与筛胞

存在于韧皮部中，是自上而下运输有机养料的组织，筛管与筛胞均为管状生活细胞。

(1) 筛管　筛管存在于被子植物的韧皮部中，是由多数管状细胞（即筛管分子）纵向连接而成。筛管分子的端壁特化成筛板，在筛板上有许多小孔称为筛孔，相邻两个筛管分子的原生质通过筛孔彼此相连着，使纵向连接的筛管分子相互贯通，形成运输同化产物的通道。侧壁上也有筛孔，筛孔集中分布的区域称为筛域。筛管分子是生活细胞，只具初生壁，壁的主要成分是果胶和纤维素。

在筛管分子的旁边常有一个或数个小型的薄壁细胞，和筛管相伴存在着，称为伴胞。伴胞与筛管在发育上具有同源性（由同一母细胞分裂而来），在功能上伴胞从属于筛管，协助和保证筛管的活性与运输功能（图 8-13)。

(2) 筛胞　筛胞是蕨类植物和裸子植物运输有机养料的细胞。筛胞是单个狭长的细胞，直径较小，端壁尖斜，没有特化成筛板，只在侧壁上有筛域，也无伴胞。许多筛胞的斜壁或侧壁相接而纵向叠生，运输有机物质的效率比筛管差，是比较原始的运输有机物质的组织。

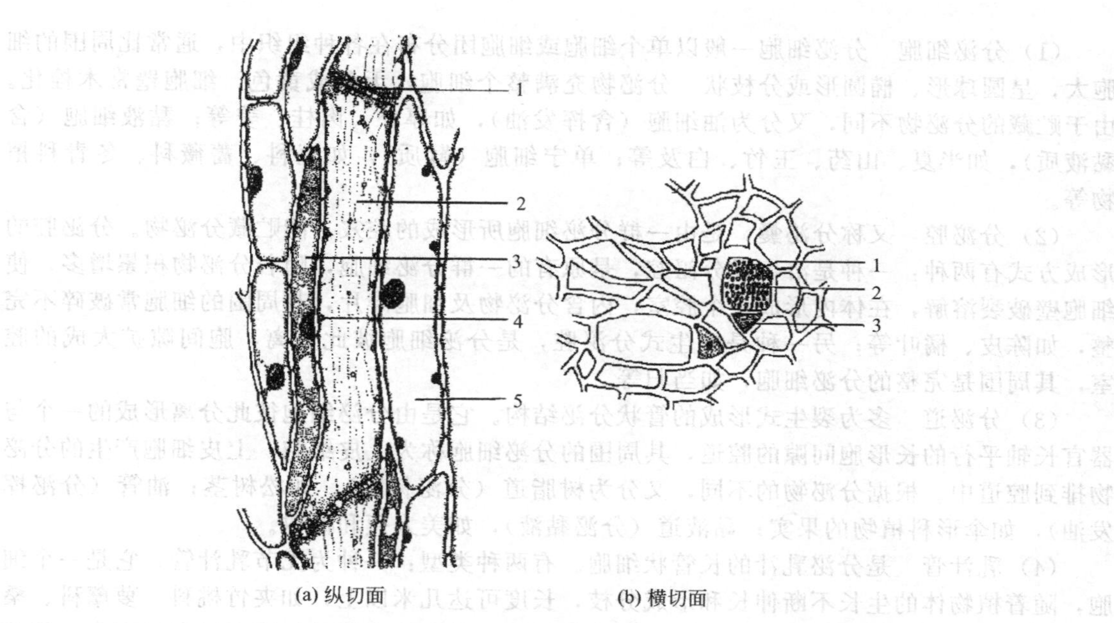

(a) 纵切面　　(b) 横切面

图 8-13　筛管与伴胞

1—筛板；2—筛管；3—伴胞；4—白色体；5—韧皮薄壁细胞

（六）分泌组织

植物体上的某些细胞能分泌一些特殊物质，如挥发油、乳汁、树脂、黏液、蜜汁等，这些细胞称为分泌细胞，由分泌细胞构成的组织称为分泌组织（secretory tissue）。根据分泌细胞所排出的分泌物是积累在植物体内还是排出体外，把分泌组织分为外分泌组织和内分泌组织两大类。

1. 外分泌组织

外分泌组织分布在植物的体表部分，其分泌物排出体外。如腺毛、腺鳞、蜜腺等。腺毛和腺鳞一般具有头部和柄部两部分，头部由单个或多个能产生分泌物的细胞组成，柄部是由不具分泌功能的细胞组成，着生于表皮上。蜜腺是一种分泌糖液的外部的分泌结构，存在于许多虫媒花植物的花部，它是由表皮或表皮及其内层细胞共同形成，根据蜜腺在植物体上的分布位置，可将蜜腺分为花内蜜腺和花外蜜腺两类。

2. 内分泌组织

内分泌组织分布在植物体内，分泌物也积存在体内。根据它们的形态结构和分泌物的不同，分为分泌细胞、分泌腔、分泌道和乳汁管（图 8-14）。

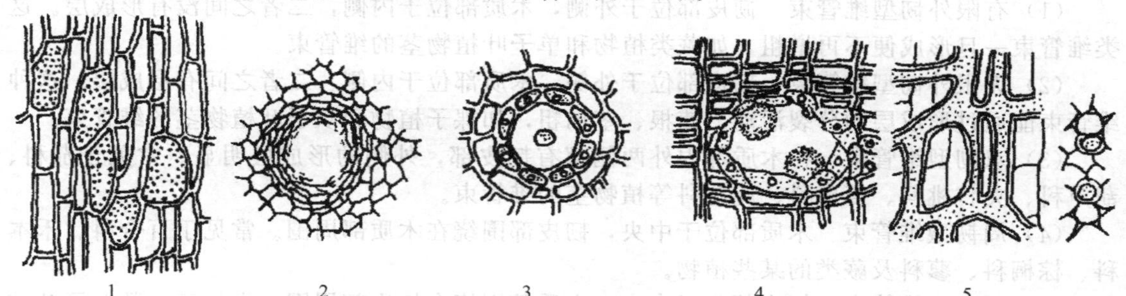

图 8-14　内分泌组织

1—分泌细胞（油细胞）；2—溶生性分泌腔（橘皮）；3—离生性分泌腔（当归）；
4—树脂道（松属木材横切面）；5—乳汁管（蒲公英根，左为纵切面，右为横切面）

（1）分泌细胞　分泌细胞一般以单个细胞或细胞团分布在各种组织中，通常比周围的细胞大，呈圆球形、椭圆形或分枝状，分泌物充满整个细胞，无色或黄色，细胞壁常木栓化。由于贮藏的分泌物不同，又分为油细胞（含挥发油），如厚朴、肉桂、姜等；黏液细胞（含黏液质），如半夏、山药、玉竹、白及等；单宁细胞（鞣质），如豆科、蔷薇科、冬青科植物等。

（2）分泌腔　又称分泌囊，是由一群分泌细胞所形成的腔穴，能贮藏分泌物。分泌腔的形成方式有两种：一种是溶生式分泌腔，是原有的一群分泌细胞，随着分泌物积累增多，使细胞壁破裂溶解，在体内形成一个腔室，内含分泌物及细胞碎片，其周围的细胞常破碎不完整，如陈皮、橘叶等；另一种是裂生式分泌腔，是分泌细胞彼此分离，胞间隙扩大成的腔室，其周围是完整的分泌细胞，如当归等。

（3）分泌道　多为裂生式形成的管状分泌结构。它是由分泌细胞彼此分离形成的一个与器官长轴平行的长形胞间隙的腔道，其周围的分泌细胞称为上皮细胞，上皮细胞产生的分泌物排到腔道中。根据分泌物的不同，又分为树脂道（分泌树脂），如松树茎；油管（分泌挥发油），如伞形科植物的果实；黏液道（分泌黏液），如美人蕉和椴树。

（4）乳汁管　是分泌乳汁的长管状细胞。有两种类型：一种为无节乳汁管，它是一个细胞，随着植物体的生长不断伸长和形成分枝，长度可达几米以上，如夹竹桃科、萝藦科、桑科以及大戟属植物的乳汁管；另一种为有节乳汁管，是由许多管状细胞在发育过程中，彼此相连而成的，连接处的细胞壁融化消失，成为多核巨大的分枝或不分枝的管道系统，如菊科、桔梗科、罂粟科植物的乳汁管。

乳汁管是生活细胞，乳汁的成分十分复杂，主要有糖类、蛋白质、橡胶、生物碱、苷类、酶、单宁、树脂等物质，分布于液泡和细胞质中，具有黏滞性，常呈乳白色、黄色或橙色。

二、维管束及其类型

1. 维管束

从蕨类植物开始，在植物体内出现了维管束（vascular bundle），在分类上把蕨类植物和种子植物总称为维管植物。维管束的出现使植物从水生走向陆地。维管束是由木质部和韧皮部组成的束状结构，贯穿在植物体的各种器官内，彼此相连形成一个输导系统，同时对植物体起着支持作用。韧皮部主要由筛管、伴胞、筛胞、韧皮薄壁细胞、韧皮纤维等构成；木质部主要由导管、管胞、木薄壁细胞和木纤维等构成。

2. 维管束的类型

根据维管束中木质部与韧皮部的排列方式的不同以及形成层的有无，将维管束分为下列几种类型（图 8-15、图 8-16）。

（1）有限外韧型维管束　韧皮部位于外侧，木质部位于内侧，二者之间没有形成层。这类维管束一旦形成便不再增粗，如蕨类植物和单子叶植物茎的维管束。

（2）无限外韧型维管束　韧皮部位于外侧，木质部位于内侧，二者之间有形成层。这种维管束能通过形成层的分裂活动，使根、茎加粗，如裸子植物和双子叶植物茎的维管束。

（3）双韧型维管束　在木质部内外两侧都有韧皮部，外侧的形成层明显。常见于茄科、葫芦科、夹竹桃科、萝藦科、旋花科等植物茎的维管束。

（4）周韧型维管束　木质部位于中央，韧皮部围绕在木质部周围。常见于百合科、禾本科、棕榈科、蓼科及蕨类的某些植物。

（5）周木型维管束　韧皮部位于中央，木质部围绕在韧皮部周围。常见于少数单子叶植物的根茎，如菖蒲、石菖蒲、铃兰等。

（6）辐射型维管束　韧皮部与木质部相间隔呈辐射状排列，并形成一圈，称为辐射型维管束。常见于单子叶植物根和双子叶植物根的初生构造中。

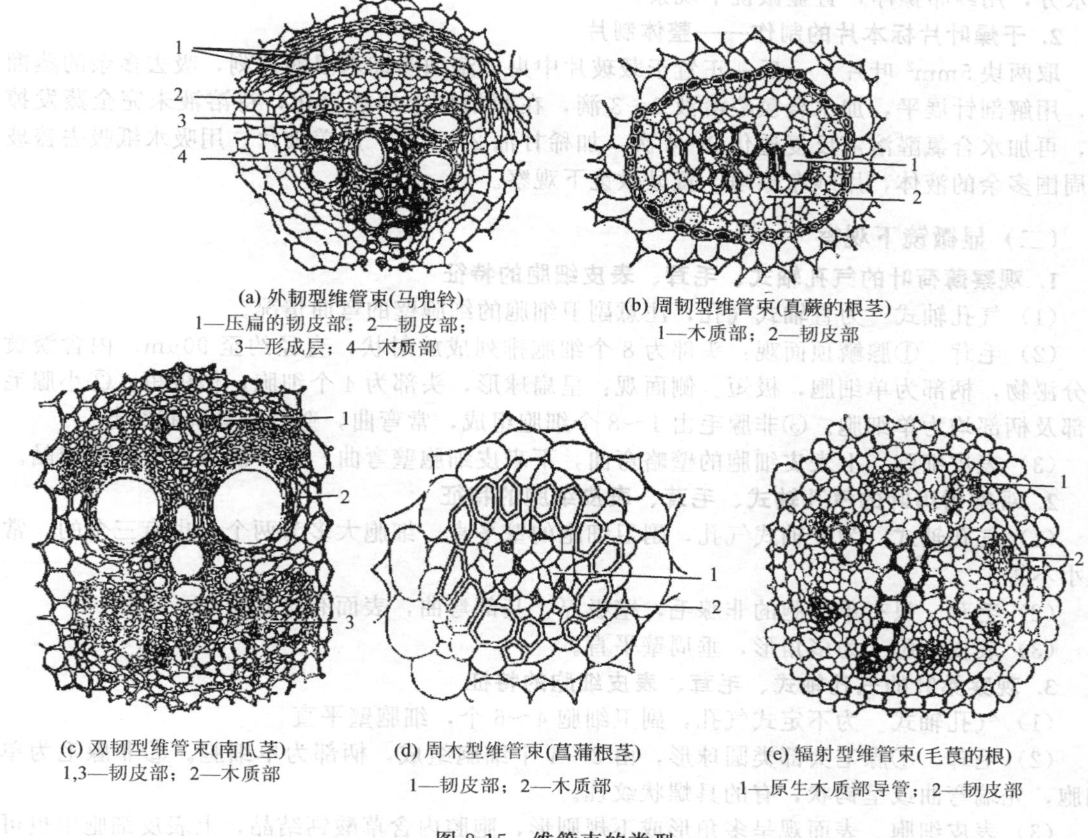

(a) 外韧型维管束(马兜铃)
1—压扁的韧皮部；2—韧皮部；
3—形成层；4—木质部

(b) 周韧型维管束(真蕨的根茎)
1—木质部；2—韧皮部

(c) 双韧型维管束(南瓜茎)
1,3—韧皮部；2—木质部

(d) 周木型维管束(菖蒲根茎)
1—韧皮部；2—木质部

(e) 辐射型维管束(毛茛的根)
1—原生木质部导管；2—韧皮部

图 8-15　维管束的类型

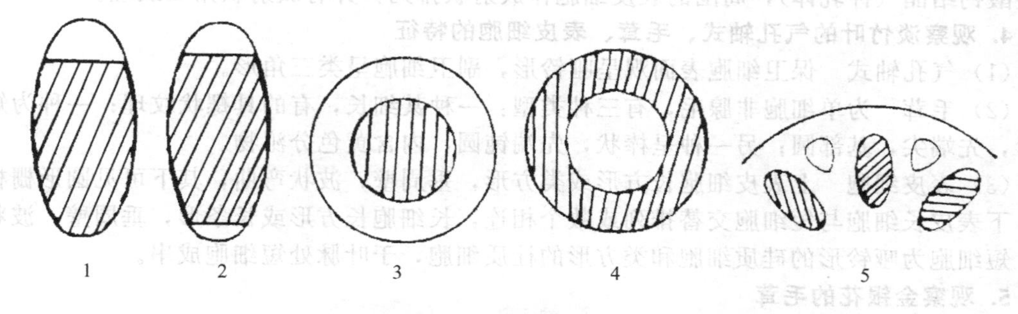

图 8-16　维管束类型图解
1—外韧型维管束；2—双韧型维管束；3—周韧型维管束；4—周木型维管束；5—辐射型维管束

第二节　实践技能

一、腺毛、非腺毛和气孔的观察

(一) 临时标本片的制作方法

1. 新鲜叶片表皮标本片的制作——表皮制片

用刀片在叶片上、下表皮各划一个 5mm^2 的小块，再用镊子撕下表皮，表面向上置于载玻片中央，滴加蒸馏水 2～3 滴，用解剖针展平，加盖玻片，用吸水纸吸去盖玻片周围多余的水分，用纱布擦净，置显微镜下观察。

2. 干燥叶片标本片的制作——整体制片

取两块 $5mm^2$ 叶片，一反一正置于载玻片中央，滴加蒸馏水浸润片刻，吸去多余的蒸馏水，用解剖针展平，加水合氯醛溶液 2～3 滴，在酒精灯上加热透化，待溶液未完全蒸发掉时，再加水合氯醛溶液反复透化 3～4 次，加稀甘油 2～3 滴，加盖玻片，用吸水纸吸去盖玻片周围多余的液体，用纱布擦净，置显微镜下观察。

（二）显微镜下观察

1. 观察薄荷叶的气孔轴式、毛茸、表皮细胞的特征

（1）气孔轴式　为直轴式气孔，注意副卫细胞的细胞壁的弯曲情况。

（2）毛茸　①腺鳞顶面观：头部为 8 个细胞排列成放射状，直径约至 90μm，内含淡黄色分泌物，柄部为单细胞，极短。侧面观：呈扁球形，头部为 4 个细胞，柄极短。②小腺毛头部及柄部均为单细胞。③非腺毛由 1～8 个细胞组成，常弯曲，壁厚，具疣状突起。

（3）表皮细胞　上表皮细胞的壁略弯曲，下表皮细胞壁弯曲，内含淡黄色橙皮苷结晶。

2. 观察番泻叶的气孔轴式、毛茸、表皮细胞的特征

（1）气孔轴式　为平轴式气孔，副卫细胞的壁平直，细胞大多为两个，也有三个的，常大小不等。

（2）毛茸　只有单细胞的非腺毛，壁极厚，基部弯曲，表面有疣状突起。

（3）表皮细胞　为多角形，垂周壁平直。

3. 观察桑叶的气孔轴式、毛茸、表皮细胞的特征

（1）气孔轴式　为不定式气孔，副卫细胞 4～6 个，细胞壁平直。

（2）毛茸　①腺毛头部类圆球形，由 2～4 个细胞组成，柄部为单细胞。②非腺毛为单细胞，先端弯曲或呈钩状，有的具螺状纹理。

（3）表皮细胞　表面观呈多角形或不规则形，胞腔内含草酸钙结晶，上表皮细胞中也可见碳酸钙结晶（钟乳体），周围的表皮细胞作放射状排列，并有放射状角质纹理。

4. 观察淡竹叶的气孔轴式、毛茸、表皮细胞的特征

（1）气孔轴式　保卫细胞表面观呈哑铃形，副卫细胞呈类三角形。

（2）毛茸　为单细胞非腺毛，有三种类型：一种甚细长，有的具螺状纹理；一种为短圆锥形，先端尖，基部圆；另一种呈棒状，先端钝圆，内含黄色分泌物。

（3）表皮细胞　上表皮细胞长方形或类方形，垂周壁，波状弯曲，其下可见圆形栅栏细胞。下表皮长细胞与短细胞交替排列或数个相连，长细胞长方形或长条形，垂周壁，波状弯曲；短细胞为哑铃形的硅质细胞和类方形的栓质细胞，于叶脉处短细胞成串。

5. 观察金银花的毛茸

（1）腺毛　有两种类型：一种是头部呈倒圆锥形，顶端平坦，侧面观有 10～33 个细胞，排成 2～4 层，含淡黄色物，柄部由 2～5 个细胞组成；另一种是头部类圆形，侧面观有 4～20 个细胞，排成 2～3 层，柄部由 2～4 个细胞组成。

（2）非腺毛　为单细胞，也有两种类型：一种厚壁性非腺毛，较短，直立或稍弯曲，有疣状突起，有的具螺状纹理；另一种是薄壁性非腺毛，细长而弯曲，有微细疣状突起。

二、厚角组织、纤维、石细胞的观察

（一）粉末标本片的制作方法

用解剖针挑取样品粉末少许，置载玻片的中央，加甘油醋酸液 1～2 滴，用针搅匀，加盖玻片即可；或加水合氯醛溶液 2～3 滴，用针搅匀，在酒精灯上加热透化，再加稀甘油2～3 滴，用针搅匀，加盖玻片，置显微镜下观察。

（二）显微镜下观察

1. 取赤芍粉末标本片观察纤维

纤维长梭形，末端较尖，具有大的圆形纹孔，纹孔腔呈圆形，纹孔口呈斜裂缝状或十字形。

2. 取黄芩粉末标本片观察纤维和石细胞

①韧皮纤维较多，单个或成束，梭形，壁厚，木化，孔沟细、密集，具圆形的单纹孔。②木纤维呈梭形，壁较薄，胞腔较大，多碎断，有稀疏单斜纹孔或具缘纹孔。③石细胞较多，单个或2～3个成群，淡黄色，呈类圆形、类方形、长方形或不规则形，壁较厚或甚厚，孔沟明显，具圆形单纹孔。

3. 取甘草粉末标本片观察纤维与晶纤维

纤维细长稍弯曲，末端镶嵌，壁极厚，微木化，孔沟不明显，纤维束周围有许多方形的薄壁细胞，内含草酸钙方晶形成晶鞘纤维，也称晶纤维。

4. 取沉香粉末标本片观察木纤维

①纤维状管胞极易察见，长梭形，多成束，壁较薄，径向壁上有具缘纹孔。②韧型纤维较少见，多散离，径向壁上有单斜纹孔。

5. 取槟榔粉末标本片观察石细胞

种皮石细胞呈鞋底形、纺锤形、多角形、长条形，壁为黄棕色，纹孔少，裂缝状，胞腔内充满淡黄色物质。

6. 取栀子粉末标本片观察石细胞

①种皮石细胞呈长多角形、长方形或形状不规则，壁厚，纹孔甚大，孔沟腔呈囊状，胞腔及孔沟内充满棕红色物。②内果皮石细胞成群，呈类方形、类圆形、类三角形，壁较厚，孔沟较明显，胞腔内含草酸钙方晶，又称含晶石细胞。

7. 取薄荷或益母草茎的石蜡切片观察厚角组织

在四棱脊处表皮下有数层相邻细胞角隅处增厚或切向壁增厚的细胞，即厚角组织。

三、导管、管胞、筛管及伴胞的观察

1. 取天花粉粉末标本片观察导管

具缘纹孔导管淡黄绿色，直径大，多破碎，具缘纹孔呈六角形或方形，排列紧密，纹孔口呈裂缝状。网纹导管的次生壁增厚留下的网孔狭长，交互排列。

2. 取大黄粉末标本片观察导管

网纹导管次生壁增厚呈带状，较宽，交织呈网状，网孔是未增厚的部分，网孔狭长，交互排列，非木化。具缘纹孔导管、螺纹导管及环纹导管较少。

3. 取半夏粉末标本片观察导管

螺纹导管的次生壁增厚呈螺旋状，木化或非木化。环纹导管的次生壁增厚呈环纹状，环与环之间为初生壁，木化或非木化。

4. 取沉香粉末标本片观察导管

具缘纹孔导管多见，直径粗，具缘纹孔排列紧密，内含黄棕色树脂块，常破碎脱出。

5. 取松木茎纵切片观察管胞

管胞呈梭形且两端偏斜，侧壁纹孔形成纹孔对，为具缘纹孔，表面观为三个同心环，是松柏类植物特有的结构，外环为纹孔腔的投影（为虚像），中环为纹孔塞的投影（为虚像），内环为纹孔口的实像。侧面观次生壁向纹孔腔拱起形成纹孔“缘”，上、下两个半圆对合交于纹孔口，中间形成椭圆形的纹孔塞。

6. 取南瓜茎横切片、纵切片观察筛管与伴胞

在韧皮部中可见筛管与伴胞，筛管横切面观可见筛板上的筛孔，旁侧有一个或数个直径较小的梭形伴胞；纵切面观可见筛管分子端壁的筛板，细胞内没有细胞核，细胞质浓。

四、油细胞、油室、分泌道、树脂道的观察

（一）临时标本片的制作——徒手切片法

取8mm见方，长20～30mm的鲜姜块、半夏块茎或浸软的小茴香、吴茱萸、陈皮等材料，也可用8mm见方，长20～30mm的马铃薯块夹持材料，一手持材料，一手持刀片，刀口向内并使刀刃自左前向右后切削，即可切得薄片（10～20μm）。取切片置于载玻片中央，滴加蒸馏水或稀甘油2～3滴，加盖玻片，用吸水纸吸去盖玻片周围多余的水分，用纱布擦净，置显微镜下观察。

（二）显微镜下观察

1. 取鲜姜标本片观察油细胞

在薄壁细胞之间夹杂着的类圆形、黄色的细胞，即为油细胞。油细胞比周围的薄壁细胞大，内含淡黄色油滴。

2. 取半夏标本片观察黏液细胞

黏液细胞较大，椭圆形，无色，其内常含草酸钙针晶束。

3. 取陈皮标本片观察分泌腔（油室）

油室分布在中果皮薄壁组织中，椭圆形，有时可见分泌腔内含黄色油状物和细胞碎片，周围细胞扁而弯曲，界限不清。

4. 取小茴香标本片观察分泌道

在中果皮背面纵棱间各有大的椭圆形、棕色油管1个，接合面有油管2个，共6个，周围有多数红棕色的多角形分泌细胞（上皮细胞），界限清晰，内含深色分泌物。

5. 取松叶标本片观察分泌道

叶横切面：呈半圆形。表皮为1列纤维状的厚壁细胞，外被厚角质层，气孔下陷至表皮下的厚壁组织中。表皮内方有1～3列厚壁细胞断续排列。栅状细胞1～2列，几成环状排列，具4～7个树脂道分布。内皮层环明显，内有2个维管束，中间有薄壁细胞。

6. 取桔梗标本片观察乳汁管

乳汁管为有节乳汁管，纵切面观呈长管状，横切面观由短的乳汁管连接成网状，内含淡黄色油滴及细小的颗粒状物质。

五、维管束类型的观察

（一）临时标本片的制作——徒手切片法

分别取金钗石斛茎、绵马贯众的叶柄、南瓜茎、石菖蒲、麦冬切成长2～3cm的段，取每一种材料作徒手切片。切下的薄片用毛笔刷入盛水的培养皿中，选择最薄的轴向垂直的材料，置于载玻片中央，加水合氯醛溶液2～3滴，用针搅匀，在酒精灯上加热透化，反复2～4次，待组织透明为止。加间苯三酚1～2滴，片刻后再加浓盐酸，观察切片被染成红色时，立刻用吸水纸把浓盐酸吸掉，加稀甘油封藏，加盖玻片，用吸水纸吸去盖玻片周围多余的水分，用纱布擦净，置显微镜下观察。

（二）显微镜下观察（先用低倍镜观察，再用高倍镜观察）

1. 取金钗石斛标本片观察

横切面观可见基本组织细胞中散在多数维管束，排成7～8圈。维管束外侧纤维束呈半环状，细胞壁为红色；韧皮部为数个细胞组成，主要是筛管和伴胞，细胞壁无色；内侧木质部有1～3个导管直径较大，导管、木纤维细胞壁为红色，有时木质部内侧也有纤维束。此

种维管束为有限外韧型，散生，是单子叶植物茎的结构特征。

2. 取双子叶植物根（黄芪或甘草）或茎永久切片观察

横切面观可见数个维管束排列成环状，由放射状的射线细胞分隔，内侧木质部细胞壁为红色，主要由导管、木纤维、木薄壁细胞组成；形成区明显，为一至数层扁平细胞，无色；外侧为韧皮部，主要由筛管、伴胞、韧皮薄壁细胞，细胞壁无色，韧皮部外侧有纤维束，细胞壁为红色。此种维管束为无限外韧型，环列，是双子叶植物根或茎的结构特征。

3. 取南瓜茎标本片观察

横切面观可见数个维管束排列成环状，每个维管束的内外两侧都有韧皮部，外侧韧皮部与木质部间的形成层明显，内侧的形成层不明显，韧皮部细胞壁无色，木质部细胞壁为红色。此种维管束为双韧型。

4. 取绵马贯众标本片观察

横切面观可见5～13个维管束（分体中柱），环状排列，分布在基本组织中，每个分体中柱为周韧型维管束，外有一圈内皮层。木质部由管胞组成，韧皮部由筛胞组成。

5. 取石菖蒲标本片观察

横切面观可见一个类圆形环为内皮层环，环内主要为周木型维管束，散生。靠近内皮层处有少数为有限外韧型维管束。

6. 取麦冬标本片观察

横切面观可见一个较小的圆环为内皮层环，外侧为一列石细胞。中柱较小，木质部连接成环状，似齿轮状，由导管、管胞、木纤维以及内侧的木化细胞联结成环层；韧皮部束16～22个，位于相邻木质部的凹陷处，此种维管束为辐射型，在单子叶植物根和双子叶植物根的初生构造中可见。

知识点检测

一、填空题

1. 植物组织可分________、________、________、________、________六类。

2. 依分生组织所处位置的不同，可分为________、________和________三类。

3. 依分生组织的来源可分为________、________和________三类。

4. 根据导管侧壁增厚所形成纹理的不同，可分成________、________、________和________。

5. 保护组织按其来源和形态结构的不同分为________和________。

6. 周皮是________生保护组织，来源于________分生组织，其组成包括________、________和________。

7. 管胞除具有________功能外，还兼有________功能。

8. 石细胞属于________组织，叶肉细胞属于________组织，腺毛属于________组织。

9. 双子叶植物常见的气孔类型或气孔轴式有________、________、________、________、________五种。

10. 植物的输导系统，木质部为____________，韧皮部为____________。

11. 厚壁组织根据细胞形状的不同，可分为________和________。

12. 侧生分生组织包括________和________。

13. 表皮组织通常由________层排列紧密的生活细胞构成，表皮组织最基本的细胞是________，有些表皮细胞分化成________和________。

14. 根据维管束中韧皮部和木质部排列方式以及形成层的有无，可分为________、________、________、________、________、________六种类型。

15. 单子叶植物茎的维管束为________，裸子植物和双子叶植物茎的维管束为________，双子叶植物根初生构造的维管束为________。

16. 导管细胞壁遇________和________试液，显红色或紫红色。

17. 无限外韧型维管束包括________、________和________三部分。

二、选择题

（一）A 型题

1. 导管分子端壁上具有（　　）
A. 穿孔　B. 纹孔　C. 气孔　D. 筛孔　E. 纹孔对

2. 周皮上的通气结构是（　　）
A. 皮孔　B. 纹孔　C. 气孔　D. 筛孔　E. 均不是

3. 单子叶植物根的维管束属于（　　）
A. 无限外韧型　B. 辐射型　C. 有限外韧型
D. 双韧型　E. 周木型

4. 以下各项中，具有直轴式气孔的植物是（　　）
A. 薄荷叶　B. 大青叶　C. 乌头叶　D. 决明　E. 均不是

5. 以下各项中，具有平轴式气孔的植物是（　　）
A. 薄荷叶　B. 大青叶　C. 乌头叶　D. 决明　E. 均不是

6. 被子植物中，具有功能的死细胞是（　　）
A. 导管分子和筛管分子　B. 筛管分子和纤维　C. 导管分子和纤维
D. 管胞和筛胞　E. 均不是

（二）X 型题

7.（　　）相同或相近的细胞的组合称为植物的组织
A. 来源　B. 形态　C. 结构　D. 功能　E. 位置

8. 起填充和联系作用的基本薄壁组织主要存在于（　　）
A. 根、茎的表皮　B. 根、茎的髓　C. 根、茎的木质部
D. 根、茎的皮层　E. 根、茎的韧皮部

9. 属于成熟组织的是（　　）
A. 形成层　B. 表皮　C. 髓　D. 筛管　E. 中柱鞘

10. 茎的初生分生组织可分化为（　　）
A. 原表皮层　B. 居间分生组织　C. 原形成层
D. 基本分生组织　E. 维管形成层

11. 构成叶表皮的细胞类型有（　　）
A. 表皮细胞　B. 保卫细胞　C. 副卫细胞
D. 泡状细胞　E. 毛茸

12. 保卫细胞一般的特点是（　　）
A. 细胞含有叶绿体　B. 比周围的表皮细胞小　C. 细胞壁不均匀加厚
D. 细胞较周围细胞大　E. 有明显的细胞核

13. 木栓层细胞的特点主要有（　　）
A. 无细胞间隙　B. 细胞壁很厚　C. 细胞壁木栓化
D. 具原生质体　E. 不易透水透气

14. 分生组织细胞的特点是（　　）
A. 体积较小　B. 细胞质浓　C. 具单纹孔
D. 无明显液泡　E. 含叶绿体

15. 次生分生组织包括（　　）
A. 形成层　B. 束中形成层　C. 束间形成层
D. 维管形成层　E. 木栓形成层

16. 居间分生组织可存在于（　　）
A. 根的顶部　B. 节间基部　C. 叶的基部
D. 子房顶部　E. 总花柄顶部

三、名词解释

1. 植物组织　2. 维管束　3. 有限外韧型维管束　4. 无限外韧型维管束

四、是非题

1. 单子叶植物的气孔是由两个月牙形保卫细胞构成。(　　)
2. 皮孔是表皮上的通气组织。(　　)
3. 成熟的导管分子和筛管分子都是死细胞。(　　)
4. 活的植物体并非每一个细胞都是有生命的。(　　)
5. 花生的子房柄伸长入土结实，是由居间分生组织活动的结果。(　　)
6. 单子叶植物的维管束属于无限外韧型维管束。(　　)
7. 保护组织分为初生保护组织和次生保护组织。(　　)
8. 管胞是被子植物的主要输水组织。(　　)
9. 细胞壁显著加厚部分是在相邻细胞角隅上，称厚角组织。(　　)
10. 纤维和石细胞一般是死细胞。(　　)

五、简答题

1. 比较有限外韧型维管束与无限外韧型维管束的异同。
2. 根表皮属于保护组织还是吸收组织，为什么？
3. 厚角组织与厚壁组织如何区别？
4. 筛管与筛胞在结构上有何不同？
5. 管胞与导管有何区别？
6. 植物的维管束有哪些类型？

六、绘图题（简图）

1. 绘出黄芩石细胞及纤维图。
2. 绘出平轴式、直轴式、不等式、不定式气孔图，并标明各部分名称。
3. 绘出金银花、薄荷的腺毛与非腺毛图。

第九章　根、茎、叶的显微结构

学习目标

1. 理论知识目标　掌握根、茎的初生构造、次生构造、异常构造和叶的显微构造；熟悉根尖的构造、单子叶植物茎的构造；了解真蕨类植物叶柄基部的构造。
2. 技能知识目标　能在显微镜下熟练观察根、茎、叶的显微构造，准确找到寻找的目标特征。

第一节　根的显微结构

一、根尖的构造

根尖是指根的顶端到生有根毛的部分。不论主根、侧根或不定根都具有根尖，长度为4～6mm。是根的生命活动最旺盛的部分，根的伸长生长、对水分和养料的吸收以及根内部组织的分化发育，都是在根尖内进行的。根尖损伤后，会直接影响根的生长、发育和吸收作用的进行。

根据根尖细胞的生长、形态、结构特点和分化程度的不同，可将其分为根冠、分生区、伸长区和成熟区（图9-1）。

（一）根冠

根冠位于根的先端，是根特有的一种构造，纵切面观一般呈圆锥形，由许多排列不规则的薄壁细胞组成，它像一顶帽子套在分生区的外方，保护着根冠内侧的幼嫩生长点。当根不断生长，向前延伸时，根冠外层细胞与土粒发生摩擦，常受破坏不断解体，死亡和脱落，但由于分生区的细胞不断地分裂产生新细胞，因此，根冠细胞可以陆续从内侧得到补充，始终保持一定的形状和厚度。同时，通过其细胞内高尔基体的作用，将多糖黏液分泌至细胞的外表，使根冠表面黏滑，有利于根尖在土壤中向前推进。同时对促进物质的溶解和离子交换也有一定的作用。绝大多数植物的根尖都有根冠，但寄生植物和有菌根共生的植物通常无根冠。此外，根冠细胞内常含有淀粉粒（图9-2）。

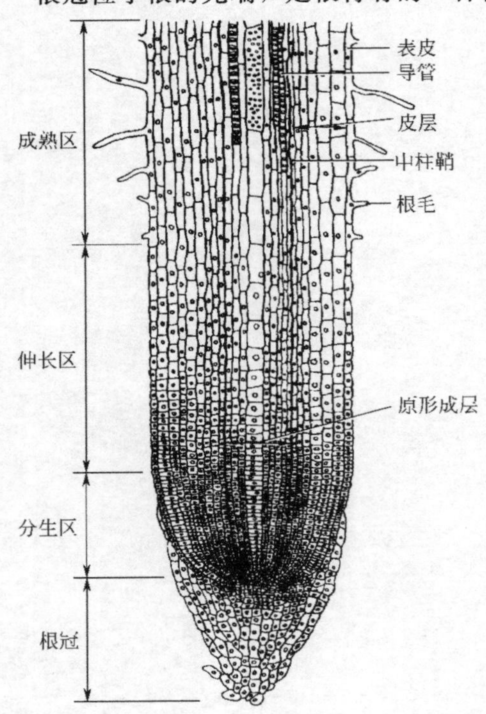

图9-1　根尖构造

（二）分生区

分生区也叫生长点或生长锥，位于根冠的内侧，长1～2mm，为顶端分生组织所在部位，是细胞分裂最旺盛的部分，分生区最先端的一群原始细胞来源于种子的胚，属于原分生组织。纵切面观细胞为方形，排列紧密，细胞壁薄，细胞质浓，细胞核大，这些分生组织细胞不断地进

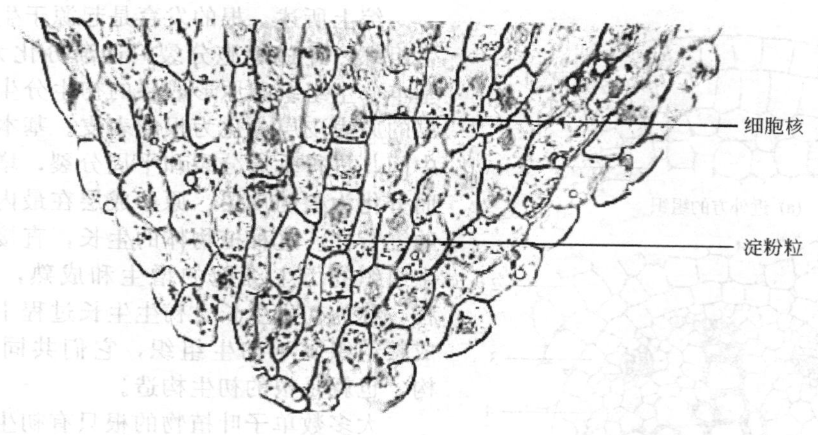

图 9-2　根冠纵切

行细胞分裂增加细胞数目。分生区是分生新细胞的主要场所，是根内一切组织的“发源地”。

（三）伸长区

伸长区位于分生区的上方，至有根毛的地方止。一般长 2～5mm，主要特点为多数细胞已逐渐停止分裂，细胞中液泡大量出现，细胞纵向沿根的长轴方向显著延伸，成为根尖在土壤颗粒间向前生长的主要动力。同时，伸长区也是吸收无机盐的主要区域。在内部结构上，除了清楚地分化出原表皮、基本分生组织和原形成层外，原形成层细胞已开始分化形成维管组织，最早分化出原生韧皮部的筛管，随后分化出原生木质部的导管。

（四）成熟区

成熟区紧接于伸长区，细胞分化形成了初生组织。成熟区最大特点是表皮上密生根毛，故也称根毛区。根毛是表皮细胞的外壁向外突出形成的、顶端密闭的管状结构（图 9-3），细胞壁薄软而胶黏，成熟的根毛直径 5～17μm，长度 80～1500μm，因种而异。每平方毫米的表皮上可产生数十至数百条根毛，一般可使根接触面积增加 3～10 倍。成熟区是根部行使吸收作用的主要区域，根毛的生长速度较快，但寿命较短，一般生活 10～20 天即死亡，老的根毛陆续死亡，由新形成的成熟区继续产生根毛，以维持根毛区的一定长度。

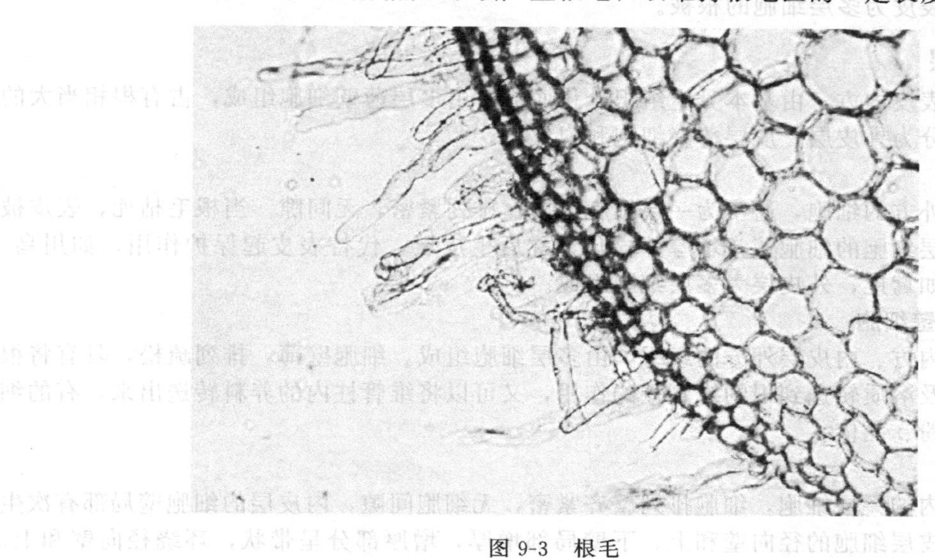

图 9-3　根毛

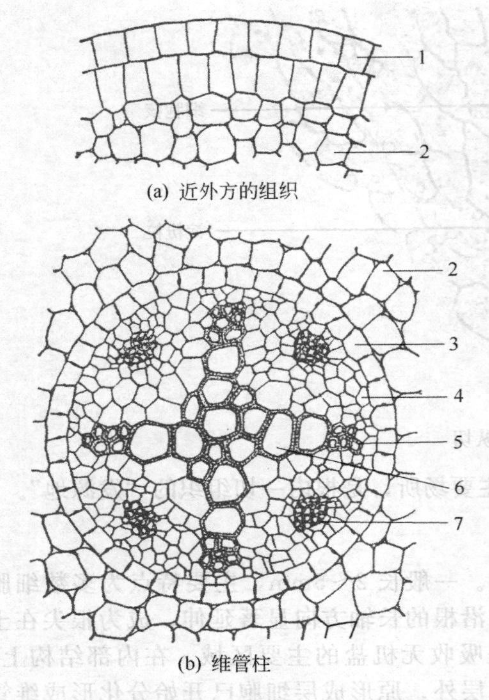

图 9-4　根横切面的一部分（示初生结构）
1—表皮；2—皮层；3—内皮层；4—中柱鞘；
5—原生木质部；6—后生木质部；7—初生韧皮部

综上所述，根的发育是起源于生长点的原分生组织，经过细胞分裂，逐渐分化为原表皮层、基本分生组织和原形成层的初生分生组织。最外层的原表皮层分化为根的表皮。基本分生组织在中间，进行垂周分裂和平周分裂，增大体积，进而分化为根的皮层。原形成层在最内，分化为根的维管柱。这种植物体的生长，直接来自顶端分生组织的衍生细胞的增生和成熟，整个生长过程，称为初生生长。初生生长过程中产生的各种成熟组织属于初生组织，它们共同组成根的结构，也就是根的初生构造。

大多数单子叶植物的根只有初生构造，双子叶植物的根在生长过程中进行次生生长，形成次生构造。少数双子叶植物的根在生长过程中还形成异常构造。

二、根的初生构造

通过根尖的成熟区做横切面，能看到根的初生构造，从外向内分为表皮、皮层、维管柱三部分（图 9-4）。

（一）表皮

表皮位于根的最外围，是由原表皮发育而成的单层生活细胞组成，表皮细胞近似长方体，排列整齐、紧密，无细胞间隙，细胞壁薄没有角质化，不具气孔，一部分细胞外壁向外突出形成根毛。这些特征与根的吸收功能密切相适应，所以有吸收表皮之称。在热带的兰科植物和一些腐生的天南星科植物的气生根中，表皮是多层的，形成根被。根被是由排列紧密的死细胞构成，常木化和栓化。当空气干燥时，根被充满着空气，当降雨时又充满了水，当根的水汽饱和时，根被也有气体交换的作用。如麦冬、百部的根表皮为多层细胞的根被。

（二）皮层

皮层位于表皮内方，由基本分生组织分化而成，由多层薄壁细胞组成，占有根相当大的部分。通常可分为外皮层、皮层薄壁细胞和内皮层。

1. 外皮层

为皮层最外方的细胞，通常为一层细胞组成，排列紧密，无间隙。当根毛枯死，表皮被破坏后，外皮层细胞的细胞壁常增厚并栓化，称后生皮层，代替表皮起保护作用，如川乌。有些植物的根如鸢尾，外皮层为多层细胞组成。

2. 皮层薄壁细胞

为外皮层内方、内皮层外方的组织，由多层细胞组成，细胞壁薄，排列疏松，具有将根毛吸收的水分及溶质转送到根的维管柱的作用，又可以将维管柱内的养料转送出来，有的细胞中贮藏有淀粉、晶体。

3. 内皮层

为皮层最内的一层细胞，细胞排列整齐紧密，无细胞间隙，内皮层的细胞壁局部有次生增厚，通常内皮层细胞的径向壁和上、下壁局部增厚，增厚部分呈带状，环绕径向壁和上、下壁而成一整圈，称为凯氏带（图 9-5）。若从横切面观察，径向壁增厚成点状，则称凯氏

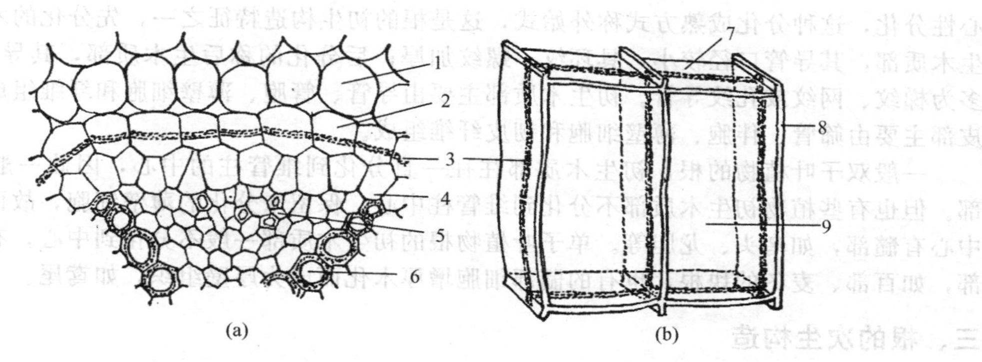

图 9-5 内皮层的结构

(a) 田旋花根的部分横切面，示内皮层的位置；(b) 两个内皮层细胞的立体图解，示凯氏带的位置

1—皮层；2—内皮层；3—凯氏带；4—中柱鞘；5—初生韧皮部；
6—初生木质部；7—横向壁；8—径向壁；9—切向壁

点。增厚的次生壁常木化或栓化。凯氏带在根内是一个对水分和溶质有着障碍或限制作用的结构，在内皮层细胞壁增厚的过程中，有少数正对着初生木质部顶端的内皮层细胞的壁不增厚，仍保持着薄壁状态，这种细胞称为通道细胞，起着皮层与维管柱间物质交流的作用。

在单子叶植物根中，随着内皮层的进一步发展，细胞在径向壁、上壁、下壁和内切向壁（向维管柱的一面）显著增厚，只有外切向壁仍保持薄壁，因此细胞横切面呈马蹄形增厚（图 9-6）。

（三）维管柱

是指内皮层以内的所有组织，由原形成层发展而来，结构较复杂，包括中柱鞘、初生维管束（即初生木质部、初生韧皮部）和薄壁组织四部分，占根的较小面积。通常单子叶植物有髓部。

1. 中柱鞘

是维管柱最外方组织，向外紧贴着内皮层。通常由一层薄壁细胞组成，如多数双子叶植物；少数有两层或多层，如桃、桑以及裸子植物等；也有的为厚壁组织，如竹类、菝葜等。根的中柱鞘细胞排列整齐，具有潜在的分生能力，在一定时期可以产生侧根、不定根、不定芽、一部分维管形成层和木栓形成层等。

2. 初生维管束

位于根的最内方，是根的输导系统。常分为几束，横断面呈星芒状，初生韧皮部位于两个木质部束之间，二者相间排列成辐射状，故称为辐射维管束，初生木质部和初生韧皮部相间排列是根的初生构造特点。

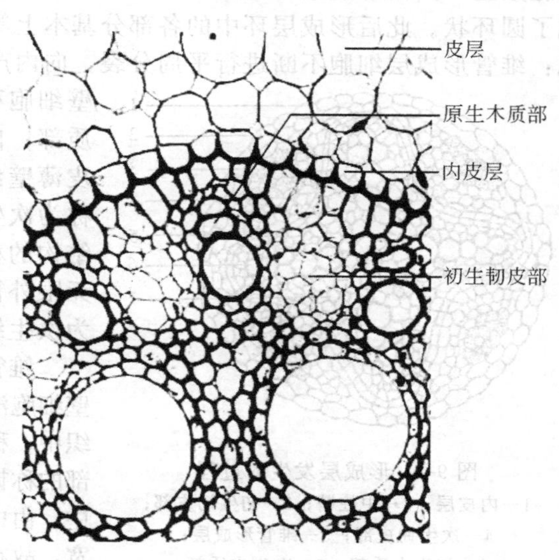

图 9-6 单子叶植物（玉米根）的内皮层

根的初生木质部束的数目随植物种类而异，只有两束（角）的初生木质部，叫二原型（如十字花科、伞形科的一些植物）；毛茛科的唐松草属有三束（角），叫三原型；葫芦科、杨柳科、毛茛科的毛茛属的一些植物有四束（角），叫四原型；如束（角）的数目在 6 束以上，则叫多原型。一般单子叶植物的根有 8～30 束（角），个别达数百个。初生木质部的分化成熟顺序是由外向内的向

心性分化，这种分化成熟方式称外始式，这是根的初生构造特征之一，先分化的木质部称原生木质部，其导管口径较小，具环纹、螺纹加厚；后分化的称后生木质部，其导管口径大，多为梯纹、网纹或孔纹导管。初生木质部主要由导管、管胞、薄壁细胞和纤维组成，初生韧皮部主要由筛管、伴胞、薄壁细胞和韧皮纤维组成。

一般双子叶植物的根，初生木质部往往一直分化到维管柱的中心，因此一般根不具髓部。但也有些植物初生木质部不分化到维管柱中心，保留未分化的薄壁细胞，故而这些根的中心有髓部，如乌头、龙胆等。单子叶植物根的初生木质部一般不分化到中心，有发达的髓部，如百部、麦冬的块根，也有的髓部细胞增厚木化而成为厚壁组织，如鸢尾。

三、根的次生构造

在植物中绝大多数蕨类植物和单子叶植物的根，在整个生活期中，一直保存着初生构造。而一般双子叶植物和裸子植物的根，则可以进行次生生长，形成次生构造。次生构造是由次生分生组织（维管形成层和木栓形成层）经过细胞的分裂、分化产生的。

（一）维管形成层的发生及其活动

1. 维管形成层的发生

当根次生生长开始时，位于初生木质部和初生韧皮部之间的由原形成层遗留下来的一层薄壁细胞恢复分裂能力，成为维管形成层的一部分。在根的横切面上，这部分细胞主要进行切向分裂，产生一段段的弧形狭条，这就是最早产生的维管形成层片段。以后各片段的细胞进行径向分裂，扩大维管形成层的弧长，直到与初生木质部辐射角处的中柱鞘细胞相接。这时，此处的中柱鞘细胞也恢复分裂能力，并分别与形成层段相连接，成为完整的、连续的、呈波浪状的形成层环，包围着初生木质部（图 9-7）。

2. 维管形成层的活动

维管形成层的原始细胞只有一层，但在生长季节，由于刚分裂出来的尚未分化的衍生细胞与原始细胞相似，而成为多层细胞，合称为维管形成层区，简称形成层区。通常看到的维管形成层就是指形成层区。维管形成层发生之后，就向内、外分裂产生新细胞，由于形成层环的不同部位发生的先后不同，向内、外分裂产生新细胞的速度存在着差别，原来形成层环的内凹处形成较早，其分裂活动亦开始较早，同时向内分裂增加的细胞数量多于向外分裂的细胞数量，因而形成层环中内凹的这部分向外推移，结果原来波浪状的维管形成层就逐渐变成了圆环状。此后形成层环中的各部分基本上等速地进行分裂，形成新的次生组织。横切面观：维管形成层细胞不断进行平周分裂，向内产生新的木质部细胞，包括导管、管胞、木薄壁细胞和木纤维，加于木质部的外方，称为次生木质部；向外产生新的韧皮部，包括筛管、伴胞、韧皮薄壁细胞和韧皮纤维，加于初生韧皮部的内方，称为次生韧皮部。此时，木质部和韧皮部已由初生结构的相间排列的辐射型维管束转变为内外排列的无限外韧型维管束。次生木质部和次生韧皮部合称为次生维管组织，是次生构造的主要部分（图 9-8）。

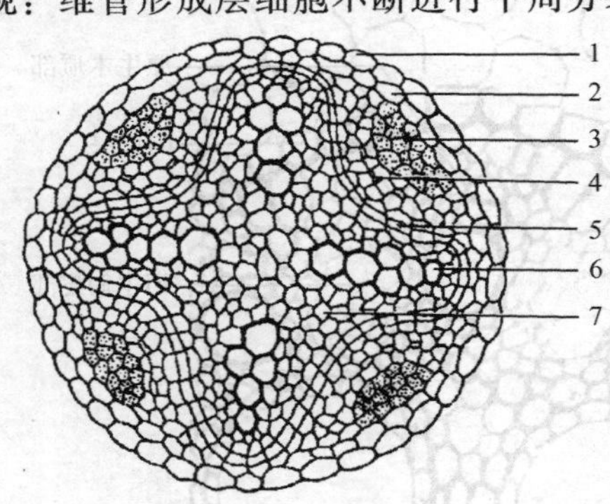

图 9-7　形成层发生的过程

1—内皮层；2—中柱鞘；3—初生韧皮部；
4—次生韧皮部；5—维管形成层；
6—初生木质部；7—次生木质部

维管形成层细胞活动时，在一定部分也分生一些薄壁细胞沿径向延长，呈辐射状排列，贯穿在次生维管组织中，称次生射线，位于木质部的称木射线，位于韧皮部的称韧皮射线，两合称为维管射线。在有些植物的根中，由中柱鞘部分细胞转化的形成层所产生维管射线较宽，故在横切面上，可见数条较宽的维管射线，将次生

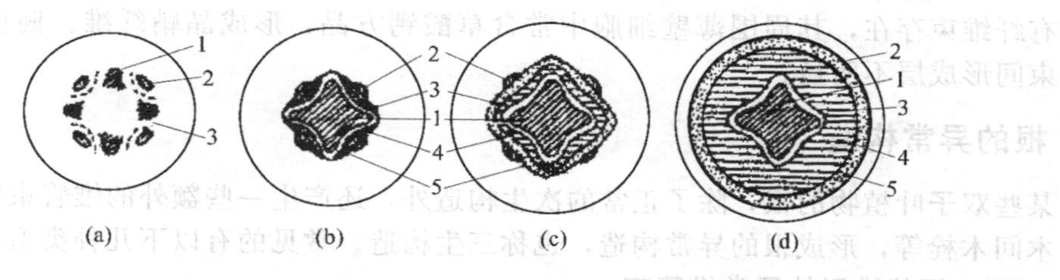

图 9-8 维管形成层的发生及根的次生生长图解

(a) 幼根的情况；(b) 形成层已成连续组织，初生的部分已产生次生构造；

(c) 形成层全部产生次生构造，形成层环凹凸状；(d) 形成层已经形成完整的圆环

1—初生木质部；2—初生韧皮部；3—维管形成层；4—初生木质部；5—初生韧皮部

维管组织分割成若干束。这种射线均具有横向运输水分和养料的能力。

在次生生长的同时，初生构造也起了一些变化，因新生的次生维管组织总是添加在初生韧皮部的内方，初生韧皮部遭受积压而被破坏，成为没有细胞形态的颓废组织。由于维管形成层产生的次生木质部的数量较多，并添加在初生木质部之外，因此，粗大的树根主要是次生木质部，非常坚固（图 9-9）。

在根的次生韧皮部中，常有各种分泌组织分布，如马兜铃根（青木香）有油细胞，人参的根中有树脂道，当归的根有油室，蒲公英的根有乳汁管。有的薄壁细胞（包括射线薄壁细胞）中常含有结晶体并贮藏多种营养，如糖类、生物碱等，多与药用有关。

（二）木栓形成层的发生及其活动

1. 木栓形成层的发生

由于维管形成层的活动，根不断加粗，外方的表皮及部分皮层因不能适应维管柱的加粗遭到破坏。与此同时，根的部分中柱鞘细胞恢复分裂机能形成木栓形成层。

2. 木栓形成层的活动

木栓形成层向外分生木栓层，向内分生栓内层，栓内层为数层薄壁细胞，排列较疏松。有的栓内层比较发达，成为次生皮层。但是，通常仍然称为皮层。木栓层细胞在横切面上多呈扁平状，排列整齐，往往数层叠加，细胞壁木栓化，呈褐色，因此，根在外形上由白色逐渐转变为褐色，由较柔软、较细小而逐渐转变为较粗硬，这就是次生生长的体现。木栓层、木栓形成层和栓内层三者合成周皮。在周皮外方的各种组织（表皮和皮层）由于和内部失去水分和营养的关系而全部枯死。所以，一般根的次生结构中没有表皮和皮层，而为周皮所代替。

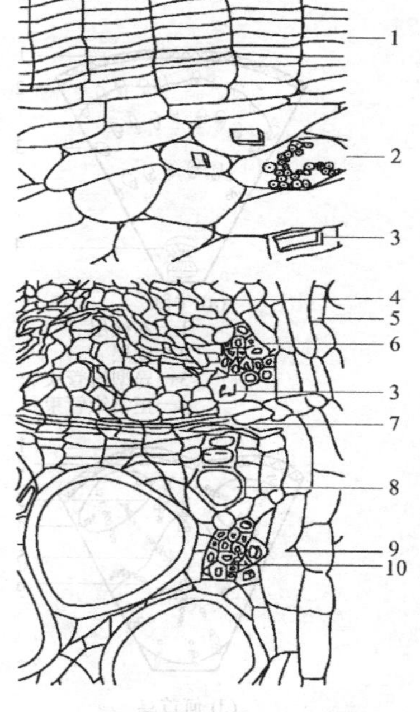

图 9-9 甘草根的横切面（部分）

1—木栓层；2—皮层；3—方晶；4—韧皮部；5—韧皮射线；6—韧皮纤维；7—维管形成层；8—木质部；9—木射线；10—木纤维

最初的木栓形成层通常是由中柱鞘分化而成。随着根的增粗，到一定时候，木栓形成层便终止了活动，其内方的薄壁细胞（皮层或次生韧皮部），又能恢复分生能力产生新的木栓形成层，而形成新的周皮。

植物学上的根皮是指周皮这部分，而药材中的根皮类药材，如香加皮、地骨皮、牡丹皮等，却是指维管形成层以外的部分，主要包括韧皮部和周皮。

单子叶植物的根没有维管形成层，不能加粗，没有木栓形成层，也不能形成周皮，而由表皮或外皮层行使保护机能。

中药甘草根的次生构造中（图 9-9），木栓层为数列整齐的木栓细胞。韧皮部及木质部

中均有纤维束存在，其周围薄壁细胞中常含草酸钙方晶，形成晶鞘纤维。韧皮部射线常弯曲，束间形成层不明显。

四、根的异常构造

某些双子叶植物的根，除了正常的次生构造外，还产生一些额外的维管束以及附加维管束、木间木栓等，形成根的异常构造，也称三生构造。常见的有以下几种类型。

1. 同心环状排列的异常维管束

在一些双子叶植物根中，初生生长和早期的次生生长都是正常的。当正常的次生生长发育到一定阶段，次生维管柱的外围又形成多轮呈同心环状排列的异常维管束。如商陆、牛膝和川牛膝的根。它们是由初生韧皮部束外缘的韧皮薄壁细胞和韧皮射线细胞共同形成的维管形成层。向内分生次生木质部细胞，向外分生次生韧皮部细胞，部分维管形成层细胞向内、外分生次生射线细胞。

此类异常维管束的轮数因植物种类而异。在怀牛膝根中，异常维管束仅排成 2～4 轮，川牛膝的异常维管束排成 3～8 轮。美商陆根中可形成 6 轮。每轮异常维管束的数目与该轮异常维管束所在的位置有关。在同一种植物中，根的直径愈粗，异常维管束的厚度（细胞层数）愈厚［图 9-10(a)、(b)、(c)］。

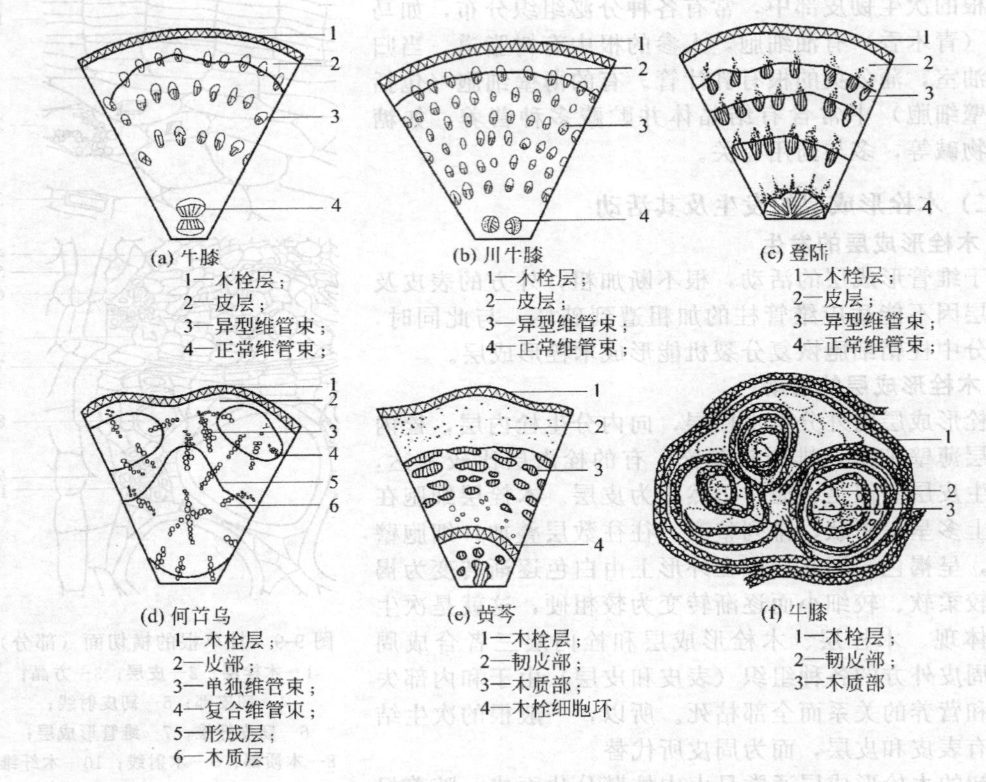

图 9-10　根的异常构造

2. 附加维管束

有些双子叶植物的根，在维管柱外围的薄壁组织中能产生新的附加维管柱，形成异常构造。如何首乌块根在正常次生结构的发育中，次生韧皮部外缘薄壁细胞脱分化从而形成多个环状的异常形成层环，它向内产生木质部，向外产生韧皮部，形成异常维管束，异常维管束有单独的和复合的，其结构与中央维管柱很相似。故在何首乌块根的横切面上可以看到一些大小不等的圆圈状花纹，药材鉴别上称为“云锦花纹”［图 9-10(d)、图 9-11］。

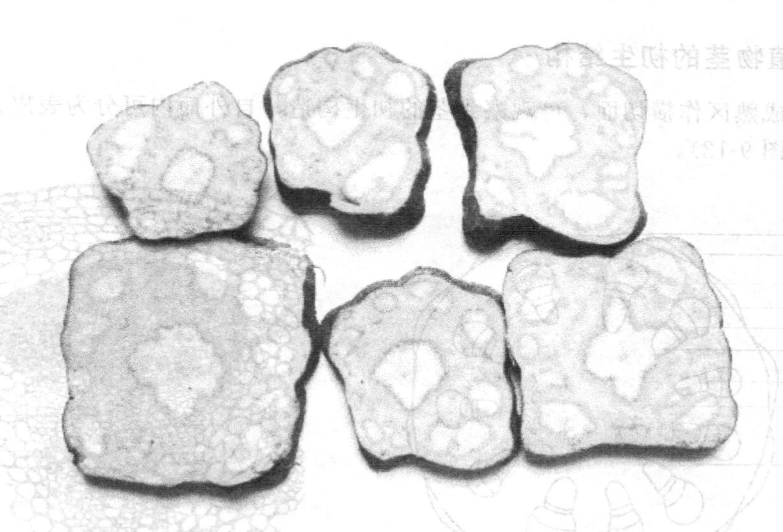

图 9-11 何首乌块根的附加维管束（云锦花纹）

3. 木间木栓

有些双子叶植物的根，在次生木质部内也形成木栓带，称为木间木栓或内涵周皮。木间木栓通常由次生木质部薄壁组织细胞分化形成。如黄芩的老根中央可见木栓环［图 9-10(e)］；新疆紫草根中央也有木栓带；甘松根的异常维管束外周有数个同心的木栓组织形成环围绕［图 9-10(f)］。

第二节 茎的显微结构

一、茎尖的构造

茎尖是指茎或枝的顶端，为顶端分生组织所在部位。它的结构与根尖基本相似，即由分生区（生长锥）、伸长区和成熟区三部分组成。但茎尖顶端没有类似根冠的构造，而是由幼小的叶片包围着。

1. 分生区

茎尖顶端一般为半球形的结构，由一团原分生组织所构成。在茎尖顶端以下的四周，有叶原基和腋芽原基。茎尖顶端有原套、原体的分层结构。原套由表面一至数层细胞组成，它们进行垂周分裂，扩大生长锥表面的面积而不增加细胞的层次。原体是原套包围着的一团不规则排列的细胞，它们可进行垂周、平周分裂，增大体积。原套和原体稍后由其原始细胞向外侧下方衍生的细胞分化成周缘分生组织（肋状分生组织），向原体下部衍生的细胞构成髓分生组织，它们都属于原分生组织。髓分生组织然后再向下分化形成基本分生组织；周缘分生组织将来分化形成原表皮、基本分生组织和原形成层三种初生分生组织。

2. 伸长区

位于分生区之后，其主要特点和根的伸长区相似，细胞亦迅速沿纵轴延伸，在外观上表现为茎、枝很快伸长。在本区内，节与节间已明显可见，而且开始出现少量导管和厚角组织分化。

3. 成熟区

位于伸长区后方，细胞明显分化，表面不形成根毛，但常有气孔和毛茸。成熟区内部的解剖特点是细胞的有丝分裂和伸长生长都趋于停止，各种成熟组织的分化基本完成，已具备幼茎的初生结构。

二、双子叶植物茎的初生结构

通过茎尖成熟区作横切面，可观察到茎的初生构造，自外而内可分为表皮、皮层和维管柱三个部分（图 9-12）。

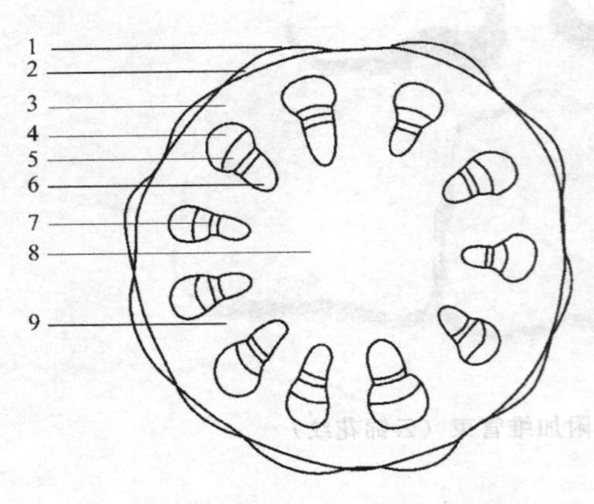

(a) 双子叶植物茎的初生构造简图

1—表皮；2—皮层厚角组织；3—皮层；4—初生韧皮纤维；5—韧皮部；6—木质部；7—形成层；8—髓；9—髓射线

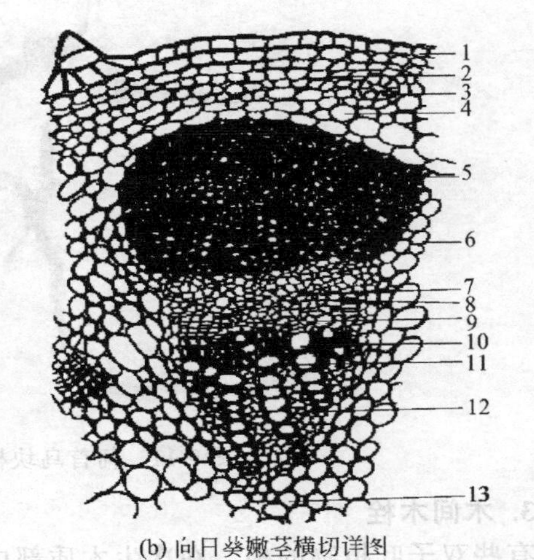

(b) 向日葵嫩茎横切详图

1—表皮；2—厚角组织；3—分泌道；4—皮层；5—初生韧皮纤维；6—髓射线；7—纤维；8—筛管；9—形成层；10—导管；11—木纤维；12—木薄壁细胞；13—髓

图 9-12 双子叶植物的初生构造图

（一）表皮

位于幼茎最外的一层生活细胞，是由原表皮发育而成，一般不具叶绿体，分布在整个茎的最外面，起着保护内部组织的作用，因而是茎的初生保护组织。有些植物茎的表皮细胞含花青素，因此茎有红、紫等色，如蓖麻、甘蔗等的茎。表皮细胞形状规则，近于长方形，细胞排列紧密，无胞间隙。细胞的外壁常较厚，角质化，并形成角质层，具有少数气孔、毛茸或其他附属物。

（二）皮层

皮层位于表皮内方，是表皮和维管柱之间的部分，由多层细胞组成，由基本分生组织分化而成。

在皮层中，包含多种组织，但薄壁组织是主要的组成部分。薄壁组织细胞是活细胞，细胞壁薄，具胞间隙，横切面上细胞一般呈等径形。幼嫩茎中近表皮部分的薄壁组织，细胞具叶绿体，能进行光合作用。通常细胞内还贮藏有营养物质。水生植物茎皮层的薄壁组织具发达的胞间隙，构成通气组织。

紧贴表皮内方一至数层的皮层细胞，常分化成厚角组织，连续成层或为分散的束。在方形（薄荷、紫苏）或多棱形（伞形科植物的茎、叶柄，如芹菜、白芷、当归等）的茎中，厚角组织常分布在四角或棱角部分。厚角组织细胞是活细胞，有时还具有叶绿体，一般呈狭长形，两端钝或尖锐，细胞壁角隅或切向壁部分特别加厚，能继续生长，对茎有支持作用。有些植物茎的皮层还存在纤维或石细胞，如南瓜的皮层中纤维与厚角组织同时存在。

皮层最内一层，有时有内皮层，在多数植物茎内不甚显著或不存在，但在水生植物茎中，或一些植物的地下茎中却普遍存在。有些植物如旱金莲、南瓜、蚕豆等茎的皮层最内层，即相当于内皮层处的细胞，富含淀粉粒称淀粉鞘。

（三）维管柱

维管柱是皮层以内的中轴部分，由初生维管束、髓和髓射线组成。大部分植物幼茎内没有中柱鞘或中柱鞘不明显，而且维管组织与皮层细胞之间的界限不明。

1. 初生维管束

初生维管束由原形成层细胞分化而来，由初生韧皮部、束中形成层和初生木质部三部分组成，数个成环状排列。

（1）初生韧皮部　初生韧皮部位于维管束的外方，由筛管、伴胞、韧皮纤维和韧皮薄壁细胞组成，初生韧皮部中，最早分化出来的部分叫原生韧皮部，位于外方，主要由韧皮薄壁细胞组成。后分化出来的部分叫后生韧皮部，靠近中心的一方，由筛管、伴胞、韧皮纤维和韧皮薄壁细胞组成。

（2）初生木质部　初生木质部位于维管束的内方，由导管、管胞、木薄壁细胞和木纤维组成，其中最早分化出来的叫原生木质部，位于近中心的一方由木薄壁细胞和几个环纹、螺纹导管及管胞组成，无木纤维。后分化出来的部分叫后生木质部，由导管、伴胞、木薄壁细胞和木纤维组成。原生木质部居内方，由管径较小的环纹或螺纹导管组成，后生木质部居外方，由管径较大的梯纹、网纹或孔纹导管组成。茎的初生木质部的发育顺序是内始式。

（3）束中形成层　位于初生韧皮部和初生木质部之间，是原形成层在初生维管束的分化过程中留下的潜在的分生组织，在以后茎的生长，特别是木质茎的增粗中，将起主要作用。

2. 髓射线

髓射线是维管束间的薄壁组织，也称初生射线，是由基本分生组织产生。髓射线位于皮层和髓之间，在横切面上呈放射形，与髓和皮层相通，有横向运输的作用。

3. 髓

位于茎中央部分的薄壁细胞称为髓，由原形成层以内的基本分生组织分化而来，所占比例很大，细胞中常含淀粉粒，有时也可发现含晶体和含单宁的异细胞。髓主要起贮藏作用。

三、双子叶植物茎的次生结构

双子叶植物茎初生结构形成后，由于形成层和木栓形成层的分裂活动，使茎不断加粗，从而形成次生生长，产生次生结构。

1. 双子叶植物木质茎的次生构造

木本双子叶植物茎的次生生长可以持续多年，因此，次生构造特别发达（图 9-13）。

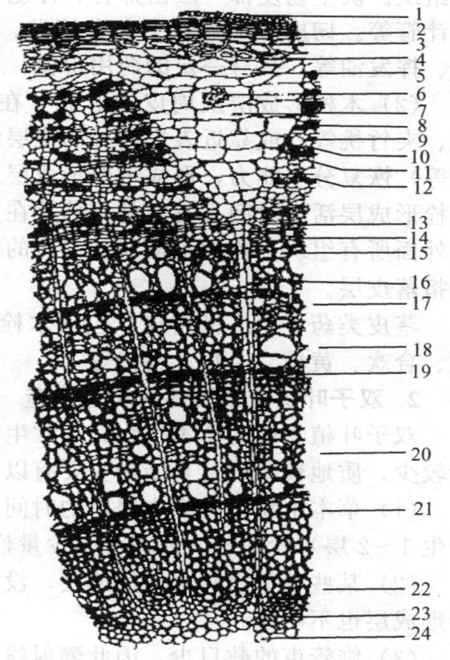

图 9-13　双子叶植物茎（椴）的次生构造图

1—枯萎的表皮；2—木栓层；3—木栓形成层；4—厚角组织；5—薄壁细胞；6—草酸钙结晶；7—髓射线；8—韧皮纤维；9—伴胞；10—筛管；11—淀粉细胞；12—结晶细胞；13—形成层；14—薄壁组织；15—导管；16—早材（第四年木材）；17—晚材（第三年木材）；18—早材（第三年木材）；19—晚材；20—早材（第二年木材）；21,22—次生木质部（第一年木材部）；23—初生木质部（第一年木材）；24—髓

（1）形成层及次生构造的形成　当茎进行次生生长时，邻接束中形成层的髓射线薄壁细胞恢复分生能力，逐渐转变为束间形成层，并与束中形成层相连接，成为一圈连续的形成层环。

形成层成为一圈后，随即开始切向分裂，向内分裂产生次生木质部，添加在初生木质部的外方；向外分裂产生次生韧皮部，添加在初生韧皮部的内方，并将初生韧皮部推向外方。在形成次生构造的同时，形成层也进行径向分裂，扩大本身的圆周，以适应次生木质部的增大，使形成层的位置也渐次向外推移。同时一部分形成层细胞不断分裂产生薄壁细胞，贯穿于次生木质部和次生韧皮部中，形成次生射线，前者称木射线，后者称韧皮射线，统称维管射线，形成横向的联系组织。形成层的束间部分，或产生维管组织，或继续产生薄壁组织，添加在髓射线细胞上，保持髓射线的延伸。

① 次生木质部　由形成层产生的次生木质部比次生韧皮部的量多，因此木本植物茎的绝大部分是木质部。次生木质部由梯纹、网纹、孔纹导管和管胞、木薄壁细胞、木纤维、木射线等组成。

形成层的活动，因受四季气候变迁的影响，发生有规律的变化。春季气候温和，雨量充足，形成层活动旺盛，产生的次生木质部细胞体积大，细胞壁薄，质地疏松，色泽较浅，称为春材。秋季形成层活动逐渐减弱，所形成的细胞体积小，壁厚，质地紧密，色泽较深，称为秋材。当年的秋材与第二年的春材界限分明，形成一环，称为年轮。根据年轮的数目可计算树龄。

在木质茎的横切面上，次生木质部的外侧颜色较浅，质地较松，称为边材，边材有良好的输导作用。而中心部分颜色较深，质地坚硬，称为心材。心材中导管和管胞常积累树脂、单宁、油类、色素等，形成侵填体，使导管失去输导能力。因此，心材较坚硬，木类中药多采用心材，如沉香、降香、苏木等。

② 次生韧皮部　次生韧皮部形成时，初生韧皮部被推向外方，并被挤压破裂，成为颓废组织。次生韧皮部一般由筛管、伴胞、韧皮薄壁细胞和韧皮纤维组成。有的还有石细胞、乳汁管等。韧皮薄壁细胞中含有糖类、油脂类等营养物质，有的还含有鞣质、生物碱、苷类、挥发油等，具有一定的药用价值。

(2) 木栓形成层及周皮的形成　在形成层活动产生次生构造的同时，茎的表皮（如杜仲、夹竹桃等）或靠近表皮内方的皮层组织（如橘、玉兰等），或韧皮部薄壁细胞（如杜鹃、茶等）恢复分生能力，形成木栓形成层。由于木栓形成层的活动产生周皮。多数木本植物的木栓形成层活动时间只有数月，然后在周皮内方又形成新周皮，这些新周皮及其被隔离死亡的外面所有组织，称为落皮层。但有的植物周皮常年积累而不脱落，如黄柏等。狭义的树皮即指落皮层。

茎皮类药材指广义树皮，包括木栓形成层、栓内层和最内具功能的韧皮部部分。如杜仲、合欢、黄柏、厚朴、肉桂等。

2. 双子叶植物草质茎的次生构造

双子叶植物中的草本植物，通常生长期短，次生生长有限，次生构造不发达，木质部的量较少，质地较柔软。其结构主要有以下几个特点。

(1) 草本植物茎的表皮保留的时间比较长。少数植物表皮下方有木栓形成层分化，向外产生1～2层木栓细胞，向内产生少量栓内层，但表皮未被破坏仍存在。

(2) 某些种类仅具束中形成层，没有束间形成层。还有些种类不仅没有束间形成层，束中形成层也不明显。

(3) 维管束的数目少，因此髓射线一般较宽。

(4) 髓部发达，有的种类的髓部中央破裂成空洞状。

四、双子叶植物根茎的构造

双子叶植物的根茎一般只存在于草本双子叶植物中，其构造与地上茎相似。特点为：表面存在木栓组织，皮层中存在根迹维管束和叶迹维管束，皮层内侧偶尔出现厚壁组织，维管束为无限外韧型，有些种类植物束间形成层明显。中央髓明显，髓射线宽窄不一，随物种不同而变化，有贮藏营养物质的作用。

五、双子叶植物茎及根茎的异常构造

有些植物的茎和根茎除了形成一般的正常构造外，常有部分薄壁细胞，能恢复分生能力，转化成新的形成层，产生多数异常维管束，形成异常构造。

1. 双子叶植物茎的异常构造

（1）在正常维管束外方的皮层散生许多细小的异常维管束，如光叶丁公藤的茎（图 9-14）。

（2）正常维管束形成后，在内方的髓部有多个异常维管束排列成环状，如海风藤的茎（图 9-15）。

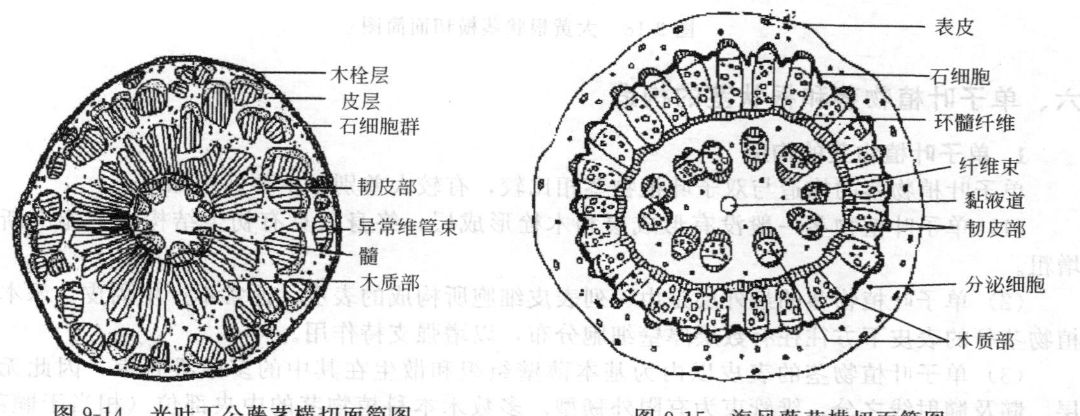

图 9-14　光叶丁公藤茎横切面简图　　图 9-15　海风藤茎横切面简图

（3）在正常维管束外方的皮层部位，异常维管束排列成数个同心环，如常春油麻藤（图 9-16）。

2. 双子叶植物根状茎的异常构造

（1）根茎中薄壁组织细胞恢复分生能力形成新的木栓形成层，并呈一个个的环包围一部分韧皮部和木质部，将维管束分隔成数束。如甘松的根茎（图 9-17）。

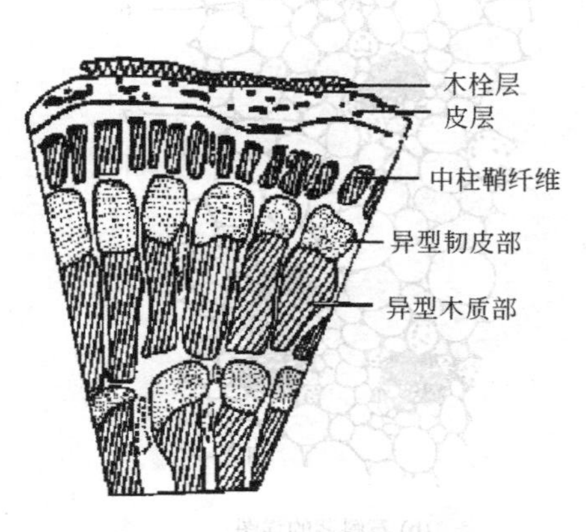

图 9-16　常春油麻藤横切面简图

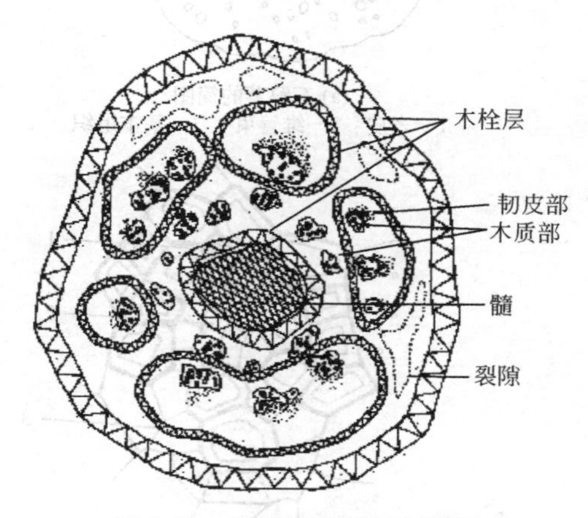

图 9-17　甘松根茎横切面简图

（2）在髓部形成多数点状的异常维管束，它们是特殊的周木式维管束，内方为韧皮部，其中常可见黏液腔，外方为木质部，形成层环状，射线呈星芒状射出，习称星点。如大黄的根状茎（图 9-18）。

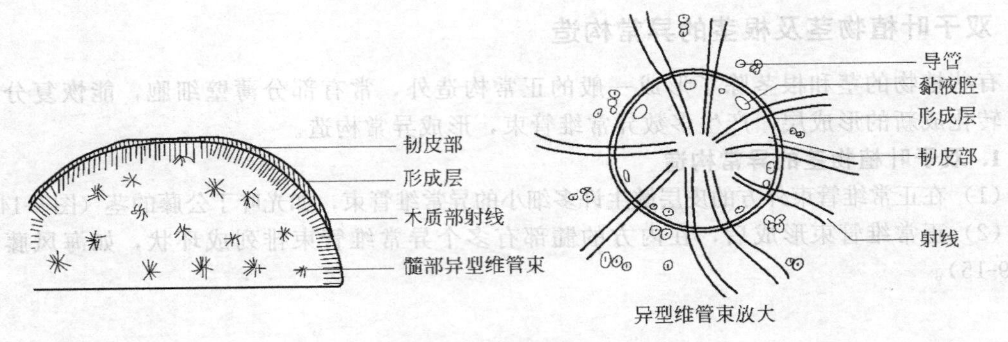

图 9-18　大黄根状茎横切面简图

六、单子叶植物茎和根状茎的构造

1. 单子叶植物茎的构造

单子叶植物茎的构造与双子叶植物茎相比较，有较大差别，主要区别如下。

（1）单子叶植物茎一般没有形成层和木栓形成层，终身只具有初生结构，不能不断的增粗。

（2）单子叶植物茎的最外层是由一列表皮细胞所构成的表皮，通常不产生周皮。禾本科植物茎秆的表皮下方往往有数层厚壁细胞分布，以增强支持作用。

（3）单子叶植物茎的表皮以内为基本薄壁组织和散生在其中的多数维管束，因此无皮层、髓及髓射线之分。维管束为有限外韧型。多数禾本科植物茎的中央部位（相当于髓部）萎缩破坏，形成中空的茎秆（图 9-19）。

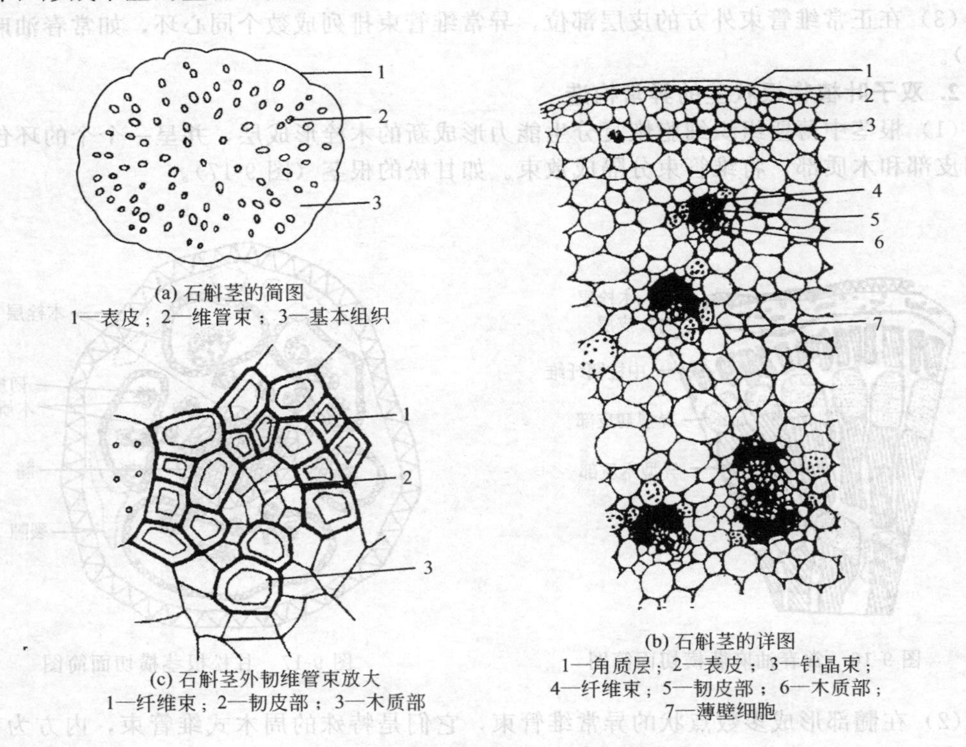

(a) 石斛茎的简图
1—表皮；2—维管束；3—基本组织

(b) 石斛茎的详图
1—角质层；2—表皮；3—针晶束；4—纤维束；5—韧皮部；6—木质部；7—薄壁细胞

(c) 石斛茎外韧维管束放大
1—纤维束；2—韧皮部；3—木质部

图 9-19　单子叶植物（石斛）茎的构造

2. 单子叶植物根状茎的构造

(1) 通常不形成周皮，故根状茎表面仍为表皮或木栓化的皮层细胞。

(2) 皮层常占较大体积，细胞内含有大量营养物质。常散生细小的叶迹维管束。

(3) 内皮层大多明显，具凯氏带，因而皮层和维管组织区域可明显区分。

(4) 维管束多为有限外韧型，少数为周木型，如莎草、鸢尾等。有的植物兼有此两种类型维管束，如石菖蒲等。

第三节 叶的显微构造

一、双子叶植物叶的构造

(一) 叶柄的构造

一般叶柄的横切面常呈半月形、圆形或三角形。叶柄的构造和茎的构造大致相似，由表皮、皮层和维管组织三部分组成。

(二) 叶片的构造

双子叶植物叶片虽然大小、形状不同，但其构造都可分为表皮、叶肉、叶脉三部分（图 9-20）。

1. 表皮

覆盖于整个叶片的最外层。通常由一层生活细胞组成，但也有少数植物叶片表皮是由多层细胞组成，称为复表皮，如夹竹桃具有 2～3 层细胞组成的复表皮（图 9-21）。

表皮细胞一般不具叶绿体。横切面观呈方形或长方形，外壁较厚，常角质化并具有角质层，有些植物还具有不同厚度的蜡质层。叶片表面有许多气孔和毛茸，气孔的轴式和毛茸的类型是叶类生药鉴别的重要依据。大多数种类上、下表皮都有气孔分布，但一般下表皮的气孔较上表皮为多，这是与叶光合作用时气体交换和进行蒸腾作用相适应的。气孔的数目、形状、位置分布因植物种类不同而异。

同一植物的叶片，其单位面积（mm^2）上的气孔数目，称为气数。而其单位面积上气孔数与表皮细胞的比例较为恒定，这种比例关系称为气孔指数。测定叶类的气孔指数常可用来作为区别不同种的植物和中药的参考依据。

气孔指数＝单位面积上的气孔数×100/（单位面积上的气孔数＋单位面积上的表皮细胞数）

2. 叶肉

位于叶上下表皮之间，由含有叶绿体的薄壁细胞组成，是绿色植物进行光合作用的主要场所。叶肉通常分化为栅栏组织和海绵组织。

(1) 栅栏组织　位于靠近上表皮处，细胞呈圆柱形，排列整齐紧密，其细胞的长轴与上表皮垂直，整齐如栅栏状。细胞内含有大量叶绿体，因而叶片上表皮绿色较深，光合作用效能也较强。栅栏组织在叶片内通常排成一层，如棉花；也有排列成两层或两层以上的，如冬青叶、枇杷叶；茶叶随品种不同栅栏组织有一到四层。各种植物

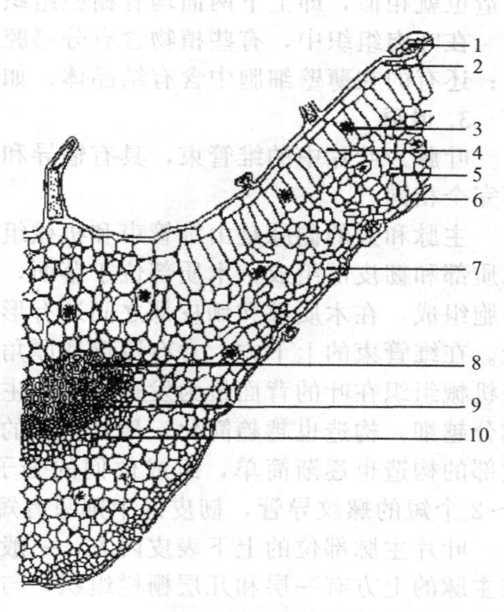

图 9-20　薄荷叶的横切面简图及详图
1—腺毛；2—上表皮；3—橙皮苷结晶；4—栅栏组织；5—海绵组织；6—下表皮；7—气孔；8—木质部；9—韧皮部；10—厚角组织

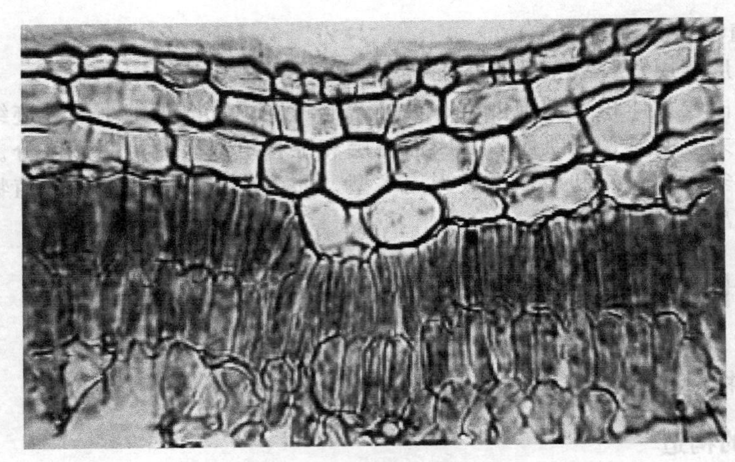

图 9-21　夹竹桃叶的复表皮

叶肉的栅栏组织排列的层数不一样，可作为叶类药材鉴别的特征。

叶肉中栅栏细胞与表皮细胞之间有一定的关系，一个表皮细胞下的平均栅栏细胞数目称为“栅表比”。栅表比是相当恒定的，可用来区别不同种的植物叶。如尖叶番泻叶叶片的栅表比为1：(18～45)；狭叶番泻叶叶片的栅表比为1：(40～120)。

(2) 海绵组织　位于栅栏组织下方，与下表皮相接，由一些近圆形或不规则形的薄壁细胞构成，细胞间隙较大，排列疏松如海绵；细胞中所含的叶绿体较栅栏组织为少，所以叶下面的颜色常较浅。

根据栅栏组织和海绵组织的分布情况将叶分为异面叶（两面叶）和等面叶。①异面叶：叶片在枝上的着生位置通常是横向的，即叶片近于和枝的长轴相垂直，使叶片两面受光的情况不同，因而两面的内部结构也有较大的变化。②等面叶：叶在枝上着生时，近于和枝的长轴平行，或大致与地面相垂直，叶片两面的受光情况差异不大，因而两面的外部形态和内部构造也就相似，即上下两面均有栅栏组织，如桉叶、番泻叶等。

在叶肉组织中，有些植物含有分泌腔，如桉叶；有的含有各种单个分布的石细胞，如茶叶；还有的在薄壁细胞中含有结晶体，如曼陀罗叶肉中含有砂晶。

3. 叶脉

叶脉为叶片中的维管束，具有输导和支持叶片的作用，叶脉分主脉和侧脉，他们的构造不完全相同。

主脉和大的侧脉是由维管束和机械组织组成。维管束的构造和茎的维管束大致相同，由木质部和韧皮部组成，木质部位于茎面，由导管、管胞组成，韧皮部位于背茎面，由筛管、伴胞组成，在木质部和韧皮部之间还有形成层，但其活动时间很短，只产生很少量的次生构造。在维管束的上下方，常有厚壁和厚角组织包围，在表皮下常有厚角组织起支持作用，这些机械组织在叶的背面最为发达，因此主脉和大的侧脉在叶片背面常形成显著的突起。侧脉越分越细，构造也越趋简化，最初消失的是形成层和机械组织，其次是韧皮部组成分子，木质部的构造也逐渐简单，组成他们的分子数目也减少。到了叶脉的末端，木质部中只留下1～2个短的螺纹导管，韧皮部中则只有短而狭的筛管分子和增大的伴胞。

叶片主脉部位的上下表皮内方，一般为厚角组织和薄壁组织，无叶肉组织。但有些植物在主脉的上方有一层和几层栅栏组织，与叶肉中的栅栏组织相连接，如番泻叶、石楠叶，是叶类药材的鉴别特征。

二、单子叶植物叶片的构造

单子叶植物叶片的形态构造比较复杂，但其叶片同样由表皮、叶肉和叶脉三部分组成。

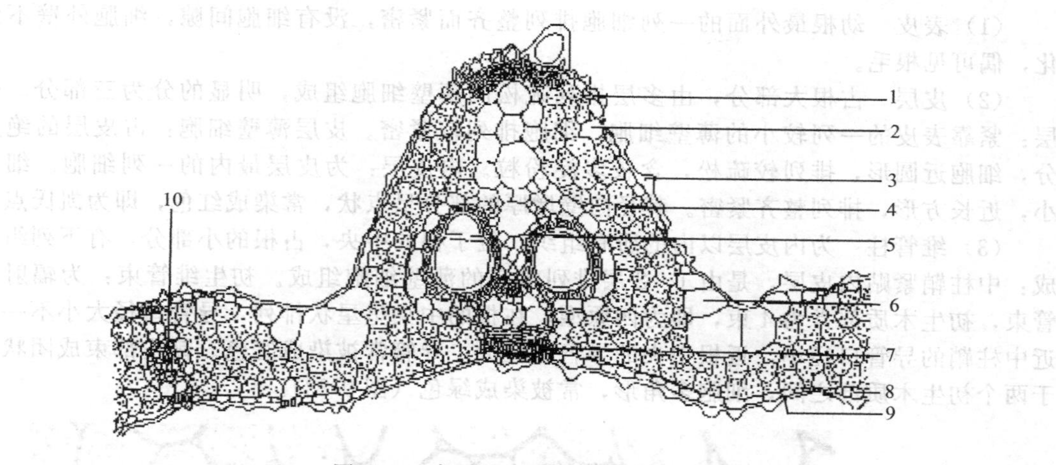

图 9-22　水稻叶片的横切面详图

1—上表皮；2—气孔；3—表皮毛；4—薄壁细胞；5—主脉维管束；6—泡状细胞；7—厚角组织；8—下表皮；9—角质层；10—侧脉维管束

现以禾本科植物的叶片为例加以说明（图 9-22）。

禾本科植物叶片的一般特征为：表皮细胞的形状比较规则，常为长方形和方形，长方形细胞排列成行，长径沿叶的纵轴方向排列，因而易于纵裂。细胞外壁不仅角质化，并含有硅质，在表皮上常有乳头状突起、刺或毛茸，因此叶片表面比较粗糙。在上表皮中有一些特殊大型的薄壁细胞，叫泡状细胞，这些细胞具有大型液泡，在横切面上排列略呈扇形，干旱时由于这些细胞失水收缩，使叶子卷曲成筒，可减少水分蒸发，这种细胞与叶片的卷曲和张开有关，因此也叫做运动细胞。表皮上下两面都分布有气孔。

禾本科植物的叶片多呈直立状态，叶片两面受光近似，因此，叶肉没有栅栏组织和海绵组织的明显分化，属于等面叶类型。

禾本科植物叶脉内的维管束为有限外韧型维管束，在维管束与上下表皮之间有发达的厚壁组织。在维管束外围常有一二层或多层细胞，这些细胞是薄壁组织或厚壁组织，这一结构叫维管束鞘，维管束鞘可以作为禾本科植物分类上的特征。

三、真蕨类植物叶柄基部的构造

很多真蕨类植物是以根茎入药，而根茎上常带有叶柄残基，其叶柄中的维管束的数目、类型和排列方式都有明显的不同。

叶柄的外表通常为一列表皮，表皮下方有皮层，由数列厚壁细胞组成，内部为基本组织，基本组织间生有网状中柱。网状中柱的每一个维管束又称为分体中柱，横断面可见续断状排列的周韧型维管束。分体中柱的数目、类型和排列方式是鉴定品种的重要依据。如贯众类生药中绵马贯众的叶柄横切面有维管束 5～13 个，大小相似，排列成环状；紫萁贯众叶柄横切面维管束一个呈 U 字形；狗脊贯众叶柄横切面有维管束 2～4 个，呈肾形，排成半圆形；荚果蕨贯众叶柄横切面有维管束 2 个，呈条形、八字形排列。上述可作为鉴定中药贯众的依据。

第四节　实践技能

一、根的显微构造观察

1. 双子叶植物根的初生构造

取毛茛根的初生构造横切片，置显微镜下观察，自外向内可见下列构造。

（1）表皮　幼根最外面的一列细胞排列整齐而紧密，没有细胞间隙，细胞外壁不角质化，偶可见根毛。

（2）皮层　占根大部分，由多层排列疏松的薄壁细胞组成，明显的分为三部分。外皮层：紧靠表皮的一列较小的薄壁细胞，细胞排列较紧密。皮层薄壁细胞：占皮层的绝大部分，细胞近圆形，排列较疏松，含较多淀粉粒。内皮层：为皮层最内的一列细胞。细胞较小，近长方形，排列整齐紧密。其径向壁增厚的部分呈点状，常染成红色，即为凯氏点。

（3）维管柱　为内皮层以内的所有组织，位于根的中央，占根的小部分，有下列组织组成：中柱鞘紧贴内皮层，是由1～2层排列整齐的薄壁细胞组成。初生维管束：为辐射型维管束，初生木质部常为4束，即为四原型，在根的中央呈星状排列，导管口径大小不一，靠近中柱鞘的导管口径小，近根中央的导管口径大。导管常被染成红色。韧皮部束成团状，位于两个初生木质部之间，细胞多角形，常被染成绿色（图9-23）。

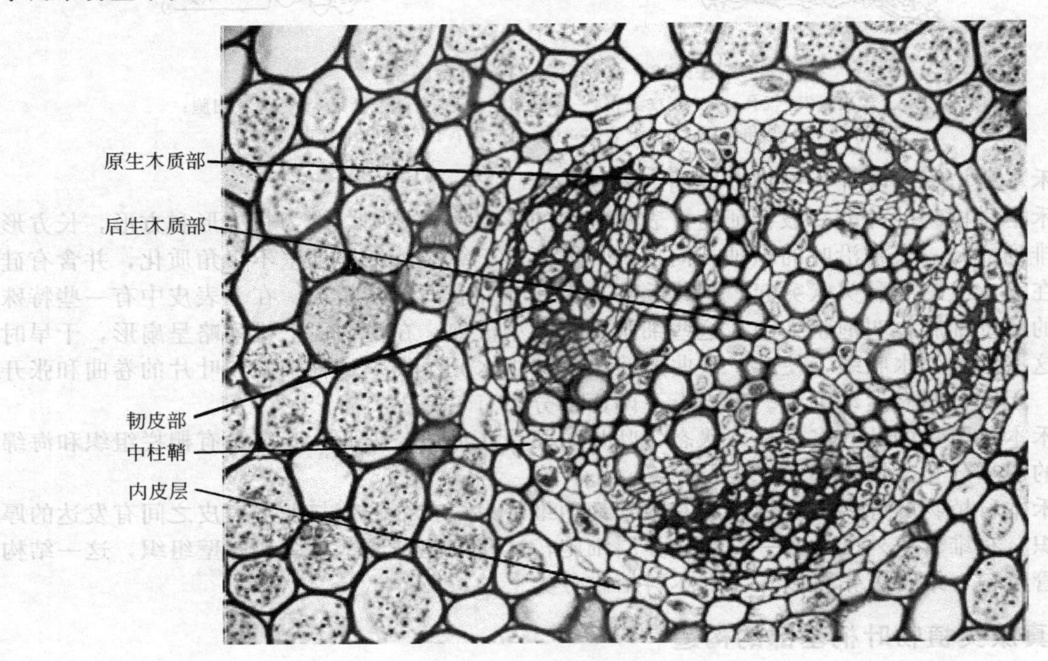

图9-23　北细辛根的维管柱

如果没有毛茛根的横切片，可取毛茛初生根，用刀片切一小段，用萝卜块夹紧，徒手切片法切取薄片，用水合氯醛透化后，加间苯三酚、浓盐酸各1滴，盖上盖玻片，于显微镜下观察，也可见上述组织。

2. 双子叶植物根的次生构造

取甘草根的横切片，置显微镜下观察，可见木栓层为数列红棕色细胞，韧皮部及木质部中均有纤维束分布，其周围薄壁细胞中常含草酸钙方晶，形成晶鞘纤维。维管束中的维管形成层明显，次生射线中的维管形成层不明显。木质部中的导管常单个或2～3个成群分布。射线明显，韧皮部射线常弯曲或有裂隙。薄壁细胞中常含有淀粉粒，少数细胞含棕色块状物（图9-24）。

3. 单子叶植物根的构造

取麦冬块根横切片：于显微镜下观察，表皮为一列薄壁细胞；根被细胞3～5列，壁木质化。皮层占根的大部分，约20余列薄壁细胞，有的细胞中含有黏液质及针晶束，针晶长20～88μm；内皮层外侧为一列石细胞，其内壁及侧壁增厚，外壁薄，纹孔细密，内皮层细胞的壁均匀增厚、木化，部分细胞为通道细胞。维管柱较小，中柱鞘由1～2列薄壁细胞组成。维管束为辐射型，韧皮部束16～22个，各位于木质部束的凹陷处；木质部束下部连接

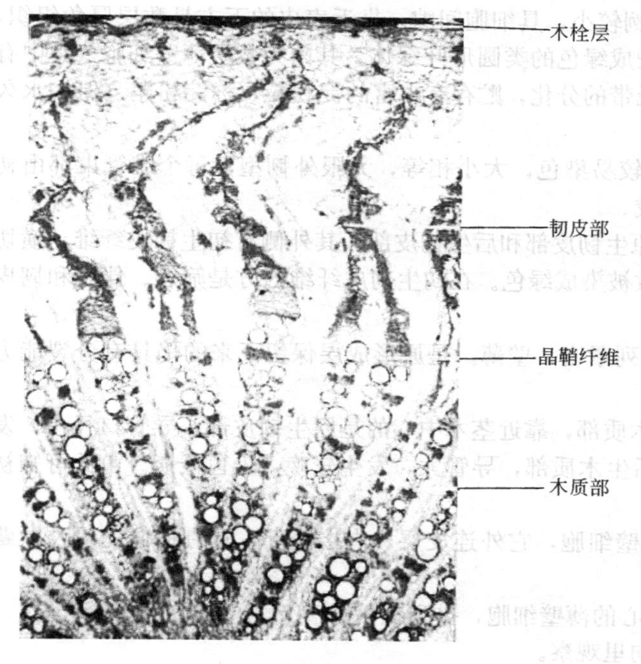

图 9-24　甘草根的次生构造

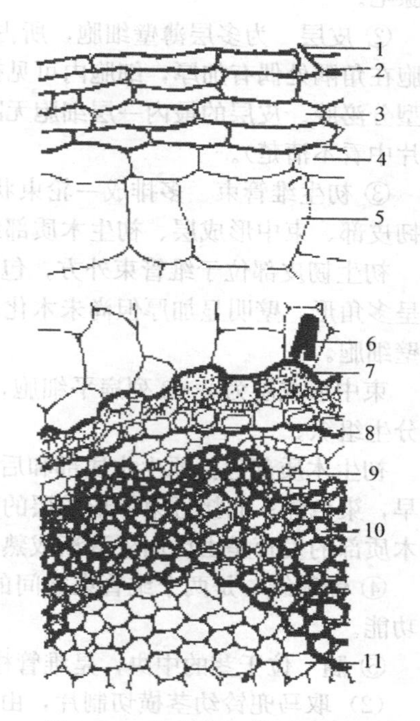

图 9-25　麦冬块根横切面详图

1—根皮毛；2—表皮；3—根被；4—外皮层；5—皮层；6—草酸钙针晶；7—石细胞；8—内皮层；9—韧皮部；10—木质部；11—髓

成环状，髓小（图 9-25）。

4. 根的异常构造

（1）取牛膝根横切片，置显微镜下观察，木栓层为数列细胞。栓内层较窄。维管柱占根的大部分，有多数维管束，断续排列成 2～4 轮，为异常维管束，最外轮的维管束较小，有的仅 1 至数个导管，以内三轮的维管束较大，木质部主要由导管及木纤维组成，导管木化或微木化。中央有正常维管束，初生木质部二原型。少数薄壁细胞中含有砂晶。

（2）取川牛膝根横切片，置显微镜下观察，木栓层为 15～20 列。栓内层细胞数列。维管柱大，有多数维管束，断续排列成 3～8 轮，为异常维管束，外轮的维管束较小，愈近中心的维管束愈大，木质部由导管及木纤维组成，强烈木质化。中央有正常维管束，初生木质部二原型，薄壁细胞中含有草酸钙砂晶。

（3）取何首乌根横切片，置显微镜下观察，木栓层为数列细胞，充满红棕色物质。韧皮部较宽，散有异常维管束，即复合维管束，另一种是单个的维管束，均为外韧型。形成层环明显。木质部导管较少，周围有管胞及少数木纤维。根的中心为初生木质部。薄壁细胞中含有淀粉粒及草酸钙簇晶。

二、茎的显微构造观察

（一）双子叶植物茎初生构造的观察

（1）取向日葵、葡萄或菊芋幼茎横切制片，先在低倍镜下观察，区分出表皮、皮层、初生维管束、髓射线、髓。然后转换高倍镜下详细观察（图 9-12）。

① 表皮　由一层排列整齐、紧密的扁长方形的薄壁细胞组成，其外壁角质加厚，有时可见非腺毛。

② 皮层　为多层薄壁细胞，所占比例较小，具细胞间隙。靠近表皮的下方具数层厚角组织，细胞在角隅处偶有加厚，细胞内可见被染成绿色的类圆形叶绿体。其内为数层薄壁细胞，其中有小型分泌腔。皮层的最内一层细胞无凯氏带的分化，贮存有丰富的淀粉粒，称淀粉鞘（但在永久制片中看不清楚）。

③ 初生维管束　多排成一轮束状，较易染色，大小相等，无限外韧型，每个维管束都由初生韧皮部、束中形成层、初生木质部组成。

初生韧皮部位于维管束外方，包括原生韧皮部和后生韧皮部。其外侧有初生韧皮纤维，横切面呈多角形，壁明显加厚但尚未木化，故被染成绿色。在初生韧皮纤维内方是筛管、伴胞和韧皮薄壁细胞。

束中形成层为2～3列扁平细胞，排列紧密，壁薄。是原形成层保留下来的仍具有分裂能力的分生组织。

初生木质部包括原生木质部和后生木质部，靠近茎木中心的是原生韧皮部，导管口径小，发生早，染色深；而接近束中形成层的为后生木质部，导管大，发生较晚，染色浅淡。由此可知初生木质部的发育是由内向外逐渐成熟的。

④ 髓射线　是两个维管束之间的薄壁细胞，它外连皮层，内接髓部。具有横向运输及贮藏的功能。

⑤ 髓　位于茎的中央，是维管柱中心的薄壁细胞，排列疏松。

(2) 取马兜铃幼茎横切制片，由外向里观察。

① 表皮　由一层扁平薄壁细胞组成，外壁稍厚，角质化。

② 皮层　较窄，由数层薄壁细胞组成，细胞内常含有叶绿体。皮层最内层细胞含有淀粉粒，称为淀粉鞘。在切片中淀粉粒被染成浅红色。

③ 维管柱　由于淀粉鞘的存在，皮层与维管柱分界明显。淀粉鞘以内为维管柱，包括中柱鞘纤维、维管束、髓及髓射线。

在皮层与维管束之间有由4～6层纤维构成的完整的环带，因尚未木化，故被染成绿色，常称为中柱鞘纤维，因其位于维管区外围，是在初生韧皮部外产生的一种纤维，又称为周维管纤维（环管纤维），以区别于初生韧皮纤维。

纤维环带的内方有5～7个无限外韧型维管束排成环状，其中3个特别发达。韧皮部在外方，由筛管、伴胞及韧皮薄壁细胞等组成；束中形成层明显，为数层扁方形细胞，排列紧密，细胞较小；木质部在内方，导管呈类圆形，内侧的口径小，外侧的口径大，而且接近束中形成层的导管还没有木化，从而看出木质部分化成熟的方向是由内向外的。维管束间的髓射线宽窄不一，髓部较小。

(二) 双子叶植物木质茎的次生构造观察

(1) 观察3～4年生椴树茎的横切制片，由外向内观察（图9-13）。

① 周皮　明显，已替代脱落的表皮行使保护功能。周皮由木栓层、木栓形成层和栓内层组成。

② 皮层　较窄，由多层细胞组成，皮层外方有数层厚角组织，易被染成紫红色，向内为薄壁组织，细胞内常含有大型草酸钙簇晶。

③ 韧皮部　在皮层和形成层之间，细胞排列成梯形，与排列成喇叭形的髓射线薄壁细胞相间分布。在切片中，明显可见被染成红色的韧皮纤维与被染成绿色的韧皮薄壁细胞、筛管和伴胞呈横条状相间排列。初生韧皮部已破坏。

④ 形成层　为形成层区，呈环状，由4～5层排列整齐的扁长细胞组成，有分生能力。

⑤ 木质部　形成层以内，在横切面上占有最大面积。在次生木质部内，细胞壁较薄，染色较浅的细胞部分为早材；细胞较小，细胞壁较厚，染色较深的为晚材。由于第一年晚材和第二年早材有明显的界限，从而形成年轮。紧靠髓部周围的一群小型导管即为初生木质部。

⑥ 髓　位于茎的中央，多由薄壁细胞组成，靠近初生木质部处的一层薄壁细胞略木化，呈环排列，称为环髓带（亦称髓鞘）。有的含草酸钙簇晶，有的含黏液和单宁，所以部分细胞染色较深。

⑦ 髓射线　位于维管束之间，由髓部薄壁细胞向外辐射状发出，直达皮层。经木质部时，为1～2列细胞，至韧皮部时则扩大成喇叭状。

⑧ 维管射线　在每个维管束之内，由横向运输的薄壁细胞组成，一般短于髓射线。位于木质部的称木射线，位于韧皮部的称韧皮射线。

(2) 观察枫香茎的横切制片，可见与椴树茎构造相似，亦分下列构造。

① 周皮　次生保护组织，外方数层染成浅棕色，细胞扁平，呈辐射状排列。它包括木栓层、木栓形成层和栓内层。有时可见皮孔。

② 皮层　其外层为4～5层在细胞的切向壁加厚的板状厚角组织，内层为薄壁细胞，有的细胞含草酸钙簇晶。

③ 韧皮部　由韧皮薄壁细胞、筛管、伴胞、韧皮纤维和石细胞组成。初生韧皮部已破坏。

④ 形成层　呈环状，由数层排列整齐的扁平细胞组成。

⑤ 木质部　由导管、木纤维、木薄壁细胞组成。初生木质部位于次生木质部内方，量小，呈束状，每束有一分泌道。

⑥ 髓　位于茎中央，由薄壁细胞组成。

⑦ 髓射线　由髓部发出，与皮层连接。

⑧ 维管射线　在每个维管束内，包括在木质部的木射线和在韧皮部的韧皮射线。

（三）双子叶植物草质茎的次生构造

(1) 取薄荷茎横切制片，可见茎呈四方形，在显微镜下由外到里仔细观察以下部分（图9-26，图9-27）。

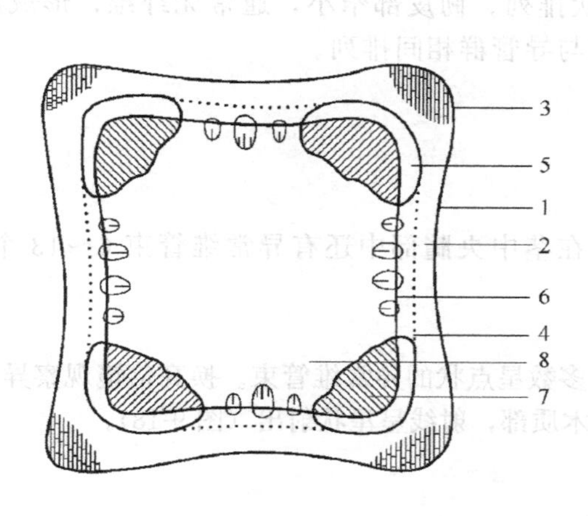

图 9-26　薄荷茎横切简图

1—表皮；2—皮层；3—厚角组织；4—内皮层；5—韧皮部；6—形成层；7—木质部；8—髓

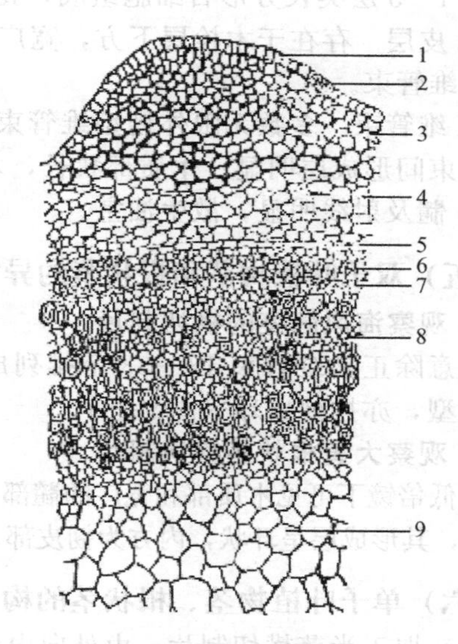

图 9-27　薄荷茎横切详图

1—表皮；2—橙皮苷结晶；3—厚角组织；4—皮层；5—韧皮部；6—形成层；7—木质部；8—木质部；9—髓

① 表皮　由一层长方形表皮细胞组成，外被角质层，有时具毛（腺毛、非腺毛或腺鳞）。

② 皮层　较窄，为数层排列疏松的薄壁细胞组成。在四个棱角处有厚角组织分布，其细胞角隅处加厚明显，切片中被染成绿色。内皮层明显。在径向壁上可见被染成红色的凯氏点。

③ 维管束　由 4 个大的维管束（正对棱角）和其间较小的维管束环状排列而成，为无限外韧型维管束。束间形成层明显，束中形成层与束间形成层连成一环。次生组织不发达，木质部在棱角处较发达，导管单列，数行，纵向排列，在导管列之间为薄壁细胞组成的维管射线。

④ 髓射线　由维管束间的薄壁细胞组成，宽窄不一。

⑤ 髓　发达，由大型薄壁细胞组成。

此外，在茎的各部薄壁细胞内，有时还可见到扇形、具放射状纹理的橙皮苷结晶。

(2) 观察益母草茎横切制片，其构造与薄荷茎近似，但皮层细胞含草酸针晶。内皮层内侧有中柱鞘纤维束散在，内有间隙腺毛，髓部细胞内含草酸晶和针晶。

双子叶植物茎、根状茎的异常构造

（四）双子叶植物根状茎的构造

(1) 取黄连根状茎横切制片，由外向内仔细观察（图 9-28）。

① 木栓层　根茎的最外层，数列木栓细胞，为后生保护组织。有的外侧附有鳞叶组织。

② 皮层　宽广，石细胞单个或成群散在。有的可见根迹维管束斜向通过。

③ 维管束　为无限外韧型，环列，束间形成层不明显。韧皮部外侧有初生韧皮纤维束，其间有石细胞存在，切片染成鲜红色。木质部细胞均木化，包括导管、木纤维和木薄壁细胞。

④ 髓　位于根茎横切面的中央，由类圆形薄壁细胞组成。薄壁细胞中含有细小淀粉粒。

(2) 取茅苍术根状茎制片，由外向内观察。

① 木栓层　在根茎的最外层，有 10～40 层木栓细胞，其间夹有数层石细胞环带，每一环带由 1～3 层类长方形石细胞组成，孔沟多分枝，胞腔狭小。

② 皮层　存在于木栓层下方，宽广，其间散在大型油室。有时可见自髓射线细胞发出的根迹维管束。

③ 维管束　多数无限外韧型维管束，呈环状排列。韧皮部窄小，通常无纤维，形成层呈环，束间形成层明显；木质部狭长，木纤维束与导管群相间排列。

④ 髓及射线明显，散生油室。

（五）双子叶植物茎和根状茎的异常构造

1. 观察海风藤茎的横切制片

注意除正常维管束 18～33 个排列成环外，在茎中央髓部中还有异常维管束 6～13 个，为外韧型，亦排列成环（图 9-29）。

2. 观察大黄根状茎横切制片

在低倍镜下可见木质部和宽广的髓部，髓部有多数星点状的异常维管束。换高倍镜观察异常维管束，其形成层呈环状，内方为韧皮部，外方为木质部，射线呈星状射出（图 9-18）。

（六）单子叶植物茎、根状茎的构造

(1) 取玉米茎横切制片，由外向内观察（图 9-30）。

① 表皮　为茎的最外层细胞，细胞排列整齐紧密，呈扁方形，外壁有较厚的角质层。

② 基本组织　靠近表皮的数层细胞较小，排列紧密，胞壁增厚而木质化，形成厚壁组织（内为薄壁组织，是基本组织系统的主要部分）。

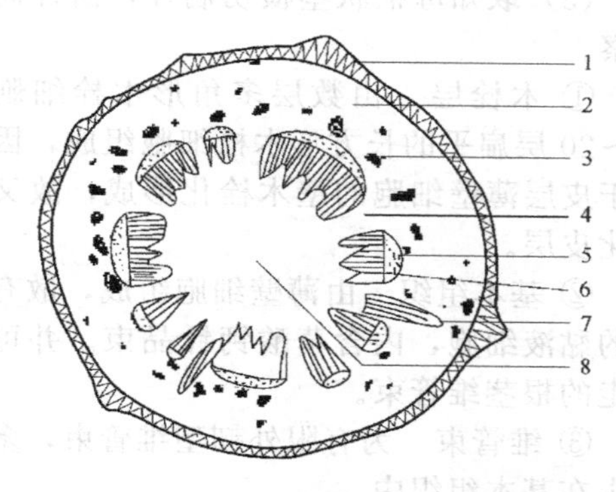

图 9-28　黄连根状茎横切面简图

1—木栓层；2—皮层；3—石细胞群；4—射线；5—韧皮部；6—木质部；7—根迹维管束；8—髓

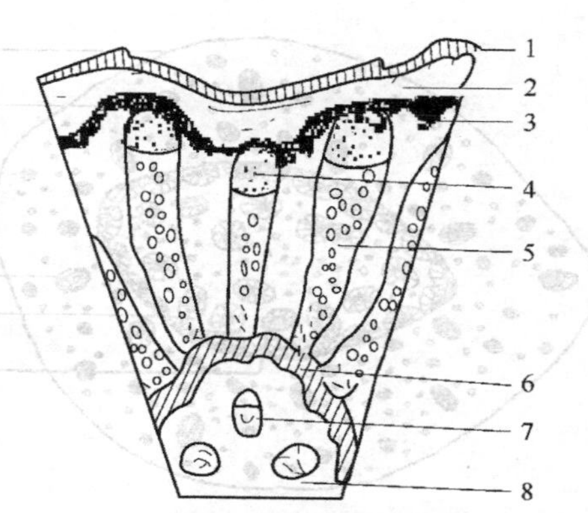

图 9-29　海风藤茎的横切面简图

1—木栓层；2—皮层；3—柱鞘纤维；4—韧皮部；5—木质部；6—纤维束环；7—异常维管束；8—髓

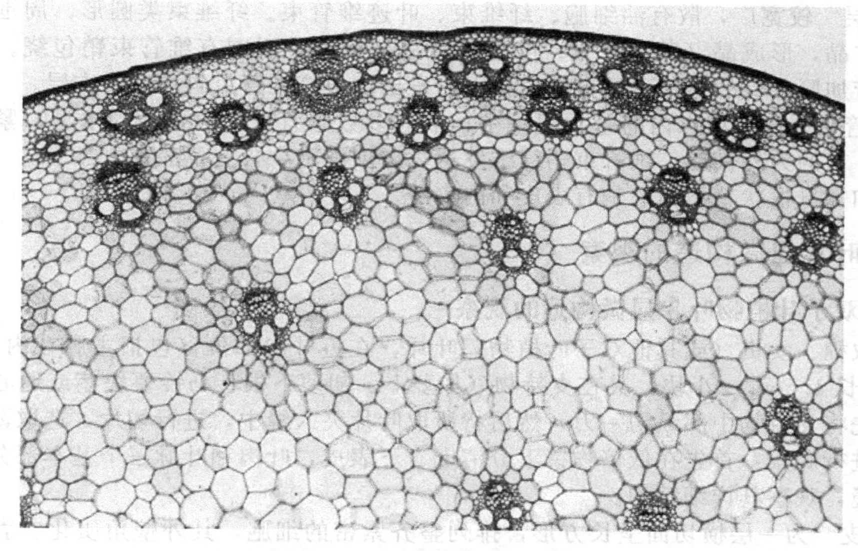

图 9-30　玉米茎横切面详图

③ 维管束　分散在基本组织中，靠外方的维管束小，内方的渐大，没有皮层和髓的界限，也没有维管柱的界限。换高倍镜仔细观察一个维管束的结构，可见每个维管束外围有一圈由纤维组成的维管束鞘，里面只有初生木质部和初生韧皮部两部分，其间没有形成层，是有限外韧型维管束。初生木质部中的导管在横切面上排成 V 字形，上半部是后生木质部，含有一对并列的大导管，下半部为原生木质部，有 1～2 个纵向排列的小导管、少量薄壁细胞和一个大空腔，大空腔是由于茎的伸长而将环纹或螺纹导管扯破形成的。初生木质部外方是初生韧皮部，其中原生韧皮部已被挤压破坏，后生韧皮部明显，通常只含有筛管和伴胞。

(2) 取石斛茎的横切制片，由外向内观察（图 9-19）。

① 表皮　由一层细小扁平细胞组成，位于茎的最外层，外壁角质增厚。

② 基本组织　由大量薄壁细胞组成，其中散有维管束，有的细胞含有草酸钙针晶束。

③ 维管束　分散在基本组织中，为有限外韧型，略排成 7～8 圈。韧皮部由数个细胞组成，外侧有纤维束，呈半杯状，壁甚厚，木质部中有导管 1～3 个，通常其中一个较大，内侧无纤维或有 1～2 列纤维。

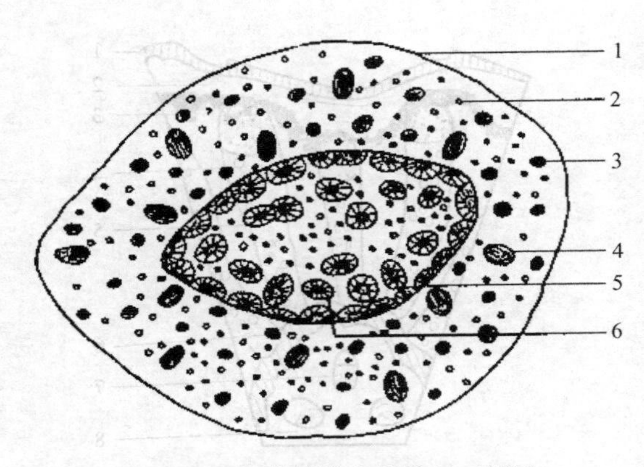

图 9-31 石菖蒲根状茎横切面简图
1—表皮；2—油细胞；3—纤维束；
4—叶迹维管束；5—内皮层；6—维管束

(3) 取知母根状茎横切制片，由外向内观察。

① 木栓层　由数层多角形木栓细胞和10～20层扁平的长方形木栓细胞组成，因来源于皮层薄壁细胞的壁木栓化形成，故又称栓化皮层。

② 基本组织　由薄壁细胞组成，散有较大的黏液细胞，内含草酸钙针晶束。并可见横走的根茎维管束。

③ 维管束　为有限外韧型维管束，多数散生在基本组织中。

(4) 观察石菖蒲根状茎横切制片，由外向内观察（图 9-31）。

① 表皮　为一层类方形表皮细胞，外壁增厚，角质化。

② 皮层　较宽广，散有油细胞、纤维束、叶迹维管束。纤维束类圆形，周围细胞中含有草酸钙方晶，形成晶（鞘）纤维；叶迹维管束外韧型，周围有维管束鞘包绕。内皮层显著，凯氏带加厚。有的切片可见自内皮层以内发出的根迹维管束斜向通过皮层。

③ 维管束　内皮层以内的基本组织中，散有多数维管束，主要为周木型，紧靠内皮层排列较密，有的为外韧型。维管束鞘纤维发达，周围细胞中含有草酸钙方晶。

注意和知母根状茎不同的是有表皮和内皮层。

三、植物叶片显微构造的观察

（一）双子叶植物叶片显微构造的观察

(1) 取棉、女贞（或其他双子叶植物）叶片，在近叶尖部位（包括主脉在内），切取宽5～6mm，长1.5cm一小块，夹在支持物（如萝卜、胡萝卜根、马铃薯块茎或通心草茎）中切片。首先将支持物中部纵切一刀，然后将所取叶片夹入缝中，进行切片，选取薄片，用蒸馏水装片进行观察：首先在低倍物镜下分清上、下表皮，叶肉和叶脉三个基本部分。然后再换高倍物镜，观察其详细结构。

① 表皮　为一层横切面呈长方形，排列整齐紧密的细胞，其外壁角质化。表皮细胞无叶绿体，但细胞核明显。在表皮细胞之间可以看到保卫细胞（颜色较深的小细胞），其间的窄缝即气孔，气孔下面的空腔即为气孔下室。保卫细胞内侧壁增厚，其中也含叶绿体。比较上、下表皮细胞角化程度、细胞垂周壁弯曲程度和气孔数目。观察表皮细胞的附属物，如单细胞或多细胞的非腺毛和顶端膨大的多细胞腺毛。

② 叶肉　位于表皮内方，是薄壁组织，内含叶绿体，其细胞有栅栏组织和海绵组织的分化，所以是异面叶（两面叶）。

a. 栅栏组织　紧靠上表皮的柱状细胞是栅栏组织，以其长轴与表皮垂直，呈栅栏状，排列紧密，细胞内含叶绿体较多，因此叶片上面绿色较深，是光合作用的主要场所。

b. 海绵组织　靠近下表皮的是形状不规则、胞间隙大的海绵组织，含叶绿体较少，故绿色较浅，是既行光合作用又有通气功能的结构。

③ 叶脉　是叶肉中的维管组织和机械组织，一般主脉比较粗大并向下突出，两侧的为侧脉和细脉。由于女贞叶是网状脉，故在切片上既能看到维管组织的横切面，偶尔也能看到纵切面。叶脉的近轴面（近上表皮）是木质部，远轴面（近下表皮）是韧皮部。在主脉内，木质部和韧皮部之间可见到几层扁平细胞，是形成层（其中只有一层细胞是真正的形成层），

其活动能力有限，所以叶脉的增粗生长不明显。维管束的上、下端有数层厚壁组织或厚角组织。

叶脉愈细，结构愈简单，木质部和韧皮部逐渐简化，有时只剩下1～2个管胞，但一般都被没有叶绿体的薄壁细胞所包围，称维管束鞘。

（2）观察薄荷叶的横切制片

① 表皮　为保护组织，上表皮细胞长方形，下表皮细胞较小，均扁平，被角质层，具气孔；表皮有腺鳞，头为多细胞，柄为单细胞，并有单细胞头的腺毛和多细胞的非腺毛。

② 叶肉　栅栏组织为1～2列薄壁细胞，海绵组织由4～5列不规则且排列疏松的薄壁细胞组成。

③ 主脉　维管束外韧型，木质部位于主脉的近轴面（靠近上表皮），导管常2～6个纵列成数行，韧皮部位于木质部下方，较窄，细胞小，细胞呈多角形，形成层明显。主脉上、下表皮内侧有若干列厚角细胞。另外，表皮细胞、薄壁细胞和少数导管内有针簇状橙皮苷结晶。

（二）单子叶植物（禾本科）叶片构造的观察

1. 观察淡竹叶横切制片（图 9-32）

（1）表皮　上表皮主要由大型的运动细胞（泡状细胞）组成，呈扇形，细胞长方形，壁薄，径向延长；下表皮细胞较小，椭圆形，排列整齐，切向延长。上、下表皮均有角质层、气孔及长形和短形两种单细胞非腺毛，以下表皮气孔较多。

（2）叶肉　栅栏组织为一列短圆柱形的细胞，内含叶绿体并通过主脉；海绵组织由1～3列（多2列）排列较疏松的不规则圆形细胞组成。

（3）主脉　中脉有一个较大型圆盾状禾本科型的外韧型维管束，无形成层，四周由1～2列纤维包成维管束鞘，木质部导管稀少、排列成V形，其下部为韧皮部，韧皮部与木质部之间有1～3层纤维间隔，纤维壁木化，在维管束的上、下方与表皮相接处，有多列小型厚壁纤维，其余均为大型薄壁细胞。

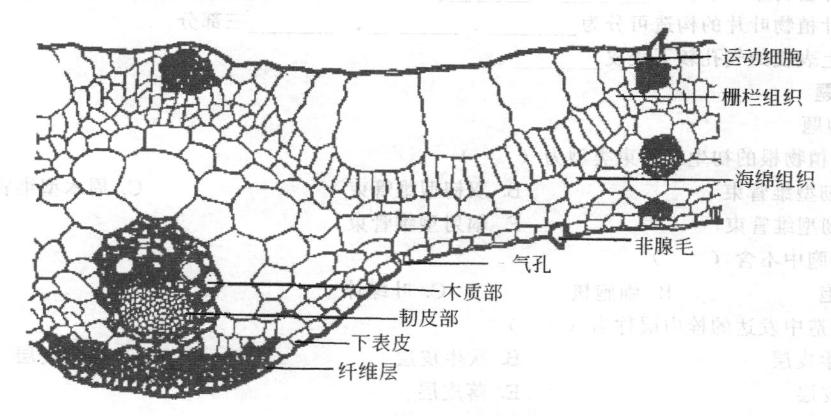

图 9-32　淡竹叶的横切面详图

2. 观察小麦叶片横切片

先在低倍镜下观察，可区分为表皮、叶肉和叶脉三部分，然后换高倍镜观察。

（1）表皮　为一层细胞，在多数表皮细胞中夹着成对、较小、染色深的气孔保卫细胞，其两侧为略大些的副卫细胞。位于两个叶脉之间的上表皮常为几个较大的连在一起的泡状细胞，在横切面上略呈扇形，也叫运动细胞。表皮细胞的外壁上有连续的角质层和表皮毛。

（2）叶肉　细胞比较均一，没有栅栏组织和海绵组织之分，都是富含叶绿体的同化组织。

（3）叶脉　为平行叶脉，所以横切面上维管组织多呈横切状态。维管束为有限型维管束，叶脉内靠上表皮的为木质部，近下表皮的是韧皮部。维管束外有两层维管束鞘：外层细胞大而壁薄，含有叶绿体，但比叶肉细胞内含的叶绿体小而少；内层细胞小而壁厚，没有“花环型”结构，称为 C_3 植物。在维管束上、下两面的表皮内方，常见到成束的厚壁组织，以中脉最明显，有机械支持作用。

3. 观察玉米叶片结构

取玉米叶片横切永存片观察：上表皮的泡状细胞比小麦的明显；另外，它突出的特点是维管束鞘只有一层大的薄壁细胞，内含较多的叶绿体，与外侧紧邻的一圈叶肉细胞共同组成“花环型”结构，这是 C_4 植物典型的结构特征，属高光效植物。

知识点检测

一、填空题

1. 根尖可划分为________、________、________、________四个部分。
2. 根的初生构造从外到内可分为________、________、________三部分。
3. 在根的初生构造中，维管柱包括________、________、________。
4. 在根的初生构造中，维管束类型为________，初生木质部和初生韧皮部分化成熟的顺序为________。
5. 在根的次生构造中，次生射线位于木质部的称________，位于韧皮部的称________，两者合称为________。
6. 茎尖可分为________、________、________三部分。
7. 茎尖成熟区的表皮不形成________，但常有________和________。
8. 茎的初生构造从外到内分为________、________、________、________和________五部分。
9. 在木质茎横切面上，靠近形成层的部分颜色较浅，质地较疏松，称________，中心部分颜色较深，质地较坚固，称________。
10. 单子叶植物茎一般没有________和________，终生只具初生构造，维管束为________型。
11. 双子叶植物叶片的构造可分为________、________、________三部分。
12. 叶片上表皮的气孔较下表皮________。

二、选择题

（一）A 型题

1. 双子叶植物根的初生维管束类型为（　　）
   A. 外韧型维管束　　B. 双韧型维管束　　C. 周木型维管束
   D. 周韧型维管束　　E. 辐射型维管束
2. 根的细胞中不含（　　）
   A. 液泡　　B. 细胞核　　C. 叶绿体　　D. 有色体　　E. 白色体
3. 次生构造中发达的栓内层称为（　　）
   A. 初生皮层　　B. 次生皮层　　C. 后生皮层
   D. 绿皮层　　E. 落皮层
4. 单子叶植物茎的维管束属（　　）
   A. 无限外韧型　　B. 周木型　　C. 双韧型
   D. 辐射型　　E. 有限外韧型
5. 大黄断面上的放射状星点为（　　）
   A. 初生维管束　　B. 次生维管束　　C. 异常维管束
   D. 髓射线　　E. 辐射维管束
6. 双子叶植物茎的初生构造维管束类型常为（　　）
   A. 无限外韧型　　B. 有限外韧型　　C. 周韧型
   D. 辐射型　　E. 周木型

7. 双子叶植物茎初生构造中，通常不明显的是（　　）
A. 表皮　　B. 髓　　C. 髓射线　　D. 木质部　　E. 内皮层
8. 单子叶植物茎通常有（　　）
A. 表皮　　B. 皮层　　C. 周皮　　D. 形成层　　E. 髓
9. 不属于双子叶植物草质茎特点的是（　　）
A. 最外面由表皮起保护作用　　B. 最外面由周皮起保护作用
C. 多为无限外韧型维管束　　D. 少为双韧型维管束
E. 髓部发达
10. 束中形成层是由（　　）保留下来的
A. 原形成层　　B. 基本分生组织　　C. 原表皮层
D. 木栓形成层　　E. 异常形成层
11. 双子叶植物草质茎次生构造维管束类型常为（　　）
A. 无限外韧型　　B. 有限外韧型　　C. 周韧型
D. 辐射型　　E. 双韧型
12. 以下哪项为异面叶（　　）
A. 叶上、下表皮色泽不同　　B. 叶上、下表皮气孔分布不同
C. 叶上、下表皮分别为单层和多层细胞　　D. 叶肉分化为栅栏组织和海绵组织
E. 叶肉上、下两面都同样具有栅栏组织
13. 叶片中可进行光合作用的结构是（　　）
A. 表皮　　B. 栅栏组织　　C. 海绵组织
D. 栅栏组织和海绵组织　　E. 栅栏组织、海绵组织和保卫细胞
14. 栅栏组织属于（　　）
A. 薄壁组织　　B. 分生组织　　C. 保护组织
D. 机械组织　　E. 都不是
15. 叶片横切面上有许多排列疏松的细胞，间隙较多，细胞内含叶绿体，这些细胞属（　　）
A. 皮层　　B. 叶肉　　C. 海绵组织
D. 栅栏组织　　E. 分生组织

（二）B 型题

A. 无限外韧型　　B. 有限外韧型　　C. 周韧型
D. 周木型　　E. 辐射型
16. 双子叶植物茎的初生构造中维管束为（　　）
17. 单子叶植物茎中的维管束为（　　）
18. 双子叶植物根茎的构造中维管束为（　　）
A. 凯氏带　　B. 凯氏点　　C. 通道细胞
D. 石细胞　　E. 填充细胞
19. 细胞壁的径向壁（侧壁）和上下壁（横壁）局部增厚，增厚部分呈带状，称为（　　）
20. 横切面观察，凯氏带呈点状，称为（　　）
21. 位于木质部束顶端的少数细胞壁未增厚，称为（　　）
A. 初生组织　　B. 初生构造　　C. 次生组织
D. 次生构造　　E. 次生生长
22. 由初生组织形成的构造，称为（　　）
23. 由次生组织形成的构造，称为（　　）
24. 使植物体增粗的生长称为（　　）

（三）X 型题

25. 与根的伸长生长有直接关系的是（　　）
A. 根冠　　B. 分生区　　C. 伸长区　　D. 成熟区　　E. 根毛区
26. 根的中柱鞘细胞具有潜在的分生能力，可产生（　　）
A. 侧根　　B. 部分形成层　　C. 木栓层

D. 不定芽　　E. 不定根

27. 维管射线包括（　　）

A. 髓射线　　B. 木射线　　C. 韧皮射线

D. 导管群　　E. 纤维束

28. 药材中的“根皮”包括（　　）

A. 皮层　　B. 表皮　　C. 韧皮部　　D. 木质部　　E. 周皮

29. 根的次生构造包括（　　）

A. 周皮　　B. 皮层　　C. 次生韧皮部

D. 形成层　　E. 次生木质部

30. 异常维管束主要分布于（　　）

A. 表皮　　B. 皮层　　C. 中柱鞘

D. 髓部　　E. 叶肉组织

31. 根的次生木质部包括（　　）

A. 导管　　B. 管胞　　C. 筛管

D. 伴胞　　E. 木薄壁细胞

32. 木质茎次生木质部中的春材特征为（　　）

A. 细胞直径大　　B. 色泽淡　　C. 质地疏松

D. 质地紧密　　E. 细胞壁厚

33. 单子叶植物茎通常没有（　　）

A. 表皮　　B. 皮层　　C. 周皮　　D. 形成层　　E. 髓

34. 构造上通常具有髓的器官有（　　）

A. 双子叶植物初生茎　　B. 双子叶植物初生根

C. 双子叶植物次生根　　D. 双子叶植物草质茎

E. 双子叶植物根茎

35. 心材与边材的区别为（　　）

A. 颜色较深　　B. 颜色较浅　　C. 质地坚硬

D. 质地松软　　E. 导管失去输导能力

36. 年轮通常包括一个生长季内形成的（　　）

A. 早材　　B. 心材　　C. 秋材　　D. 晚材　　E. 春材

37. 双子叶植物根茎的构造特点为（　　）

A. 表面通常为木栓组织　　B. 皮层中有根迹维管束　　C. 皮层中有叶迹维管束

D. 贮藏薄壁组织发达　　E. 机械组织发达

38. 裸子植物茎的次生构造中没有（　　）

A. 管胞　　B. 木纤维　　C. 韧皮纤维

D. 筛管　　E. 筛胞

39. 顶面观叶表皮细胞的特征为（　　）

A. 侧壁平滑　　B. 侧壁波浪状　　C. 不规则形

D. 彼此互相嵌合　　E. 无细胞间隙

40. 属于等面叶的有（　　）

A. 番泻叶　　B. 薄荷叶　　C. 桉叶　　D. 淡竹叶　　E. 桑叶

三、名词解释

1. 髓射线　2. 中柱鞘　3. 运动细胞　4. 次生射线　5. 异常维管束

6. 周皮　7. 根被　8. 年轮　9. 通道细胞　10. 等面叶

四、判断是非题

1. 根的皮层细胞在增厚的过程中，有少数正对着初生木质部角的皮层细胞的胞壁不增厚，这些细胞称为凯氏带。（　　）

2. 通道细胞是指在植物体的茎的组织构造中有一些薄壁细胞排列疏松，细胞间隙大，有利于水分和养料的内外流通，故称为通道细胞。（　　）

3. 在根的皮层以内的所有组织构造统称为维管柱，包括初生木质部、初生韧皮部和髓部。(　)

4. 中柱鞘也称维管柱鞘，在皮层以内，是维管柱最外方的组织，由厚壁细胞组成。细胞个体较大，不具有分生能力。(　)

5. 根的初生构造的特点是：其初生韧皮部排列在初生木质部外侧，中间有一层薄壁细胞保持分裂分生能力。(　)

6. 在植物茎中，初生木质部分化成熟的顺序是自外向内的向心分化，称为外始式，与根的相同。(　)

7. 根的初生构造中，先分化的初生木质部称为原生木质部，其导管直径小，多呈网纹或孔纹，位于木质部的角隅处。(　)

8. 根的次生构造是次生分生组织细胞分裂分化产生的。(　)

9. 根进行次生生长时，其中柱鞘的薄壁细胞恢复分裂功能，转变成形成层，再由形成层细胞分生次生木质部和次生韧皮部。(　)

10. 根的初、次生结构中，术质部和韧皮部内外排列。(　)

11. 维管射线来源于中柱鞘的薄壁细胞或形成层细胞。(　)

12. 木栓形成层来源于初生木质部和初生韧皮部之间的薄壁细胞。(　)

13. 形成层向内分化成次生木质部，向外分化成次生韧皮部。形成层为数层薄壁细胞。有的形成层比较发达，称为“次生皮层”。(　)

14. 根的次生构造中，由外向内可见表皮、皮层、栓内层、木栓形成层和木栓层等。(　)

15. 根的次生构造中表皮和皮层组织受内部组织挤压，变成无细胞形态的周皮，保护植物体。(　)

16. 植物学上的根皮是指周皮这部分，药材中的根皮类药材是指形成层以外部分，主要包括韧皮部和周皮。(　)

17. 商陆的块根在横切面上可见大小不等的圆圈状花纹，药材鉴别上称“云锦花纹”，是指其同心环状维管束。(　)

18. 根据根尖细胞生长和分化的程度不同。根尖可划分为根冠、生长锥、分生区、成熟区四部分。(　)

19. 根冠位于根的最顶端，像帽子一样包被在生长锥的外围，为顶端分生组织所在部位，是细胞分裂最旺盛的部分。(　)

20. 分生区最先端的一群细胞来源于种子的胚，属于原分生组织。(　)

21. 伸长区的细胞排列紧密，细胞壁薄，细胞质浓，属于原分生组织，细胞可不断进行细胞分裂而增加细胞数目，逐步形成根的各种组织。(　)

22. 根的表皮由单层细胞组成，细胞排列不整齐，细胞壁薄，不角质化，富有通透性，所以称为吸收表皮。(　)

23. 双子叶植物木质茎在进行次生生长时，束中形成层的薄壁细胞转变为束间形成层，形成一个圆筒，横切面上看形成一个完整的形成层环。(　)

24. 双子叶植物木质茎次生构造中的维管射线是由射线原始细胞进行分裂产生的，与形成层细胞无关。(　)

25. “树皮”有两种概念，狭义的树皮指落皮层，广义的指形成层以外的所有组织，包括落皮层和木栓形成层及其以内的次生韧皮部。(　)

26. 双子叶植物根状茎皮层中的叶迹维管束是指主茎与侧枝维管束相连的维管束。(　)

27. 单子叶植物与双子叶植物茎的区别在于单子叶植物无形成层和木栓形成层。(　)

28. 裸子植物次生木质部由导管、木薄壁细胞、木射线组成。(　)

29. 裸子植物韧皮部由筛管、伴胞组成。(　)

30. 海绵组织在叶片内通常为一些圆形或不规则的薄壁细胞，含大量叶绿体，是植物进行光合作用的主要场所，位于叶片的下表皮之上。(　)

31. 一般双子叶植物叶片的构造可分为表皮、栅栏组织和海绵组织三部分。(　)

32. 有些植物的叶在上、下表皮内侧均有栅栏组织，称等面叶。(　)

33. 有的植物没有栅栏组织和海绵组织的分化，称等面叶。(　)

34. 禾本科植物的叶片中，上、下表皮内侧均有栅栏组织，称等面叶。(　)

五、简答题

1. 根尖和茎尖在构造上有何不同?
2. 双子叶植物草质茎的次生构造有哪些特点?
3. 单子叶植物茎的构造特点有哪些?
4. 两面叶和等面叶有何区别?

六、论述题

1. 什么是初生构造? 回答根的初生构造特点。
2. 试从形成层和木栓形成层的来源及活动阐明双子叶植物根由初生构造向次生构造转化的过程。
3. 单子叶植物叶片的构造与双子叶植物叶片的构造有何不同?

第三篇　药用植物的分类

第十章　植物分类学概述

学习目标

1. 理论知识目标　掌握植物分类的等级、植物的命名、植物分类检索表的编制原则及应用；熟悉植物分类的目的和任务；了解植物的分类方法、系统及分类学发展。
2. 技能知识目标　学会植物分类检索表的使用方法。

一、植物分类的目的和任务

植物分类学是研究植物界不同类群的起源、亲缘关系以及进化发展规律的一门基础学科，也就是把极其繁杂的各种各样的植物按其演化趋向进行鉴定分群归类、命名并按系统排列起来，便于认识、研究和利用的科学。

植物分类学是一门历史较长的学科。药学、中药各专业，学习植物分类学的目的是应用植物分类学的知识和方法，正确识别药用植物，进而达到对中药原植物进行准确鉴定，分清真伪，解决同名异物或异名同物的混乱现象，以保证临床用药安全、有效；进行民间药和民族药的调查，以供研究和推广。同时依据植物类群间的亲缘关系，有目的地寻找和选择新的药用植物资源，来满足人民防病治病的用药需求。

二、植物分类的等级

为了建立分类系统，植物分类学上建立了各种分类等级，用以表示在这个系统中各植物类群间亲缘关系的远近。把各个分类等级按照其高低和从属亲缘关系，有顺序地排列起来。

分类时先将整个植物界的各种类别按其大同之点归为若干门，各门中就其不同点分别设若干纲，在纲中分目，目中分科，科中再分属，属下分种，即界、门、纲、目、科、属、种。在各单位之间，有时因范围过大，不能完全包括其特征或亲缘关系，而有必要再增设一级时，在各级前加亚（Sub.）字，如亚门、亚纲、亚目、亚科、亚属等。

种（Species）：是生物分类的基本单位。种是具有一定的自然分布区和形态特征及生理特性的生物类群。在同一种中的各个个体具有相同的遗传性状，彼此交配（传粉授精）可以产生能育的后代。种是生物进化和自然选择的产物。

种以下除亚种（subspecies）外，还有变种（varietas），变型（forma）的等级。

亚种：一般认为是一个种内的类群，在形态上多少有变异，并具有地理分布上、生态上或季节上的隔离，这样的类群即为亚种。属于同种内的两个亚种，不分布在同一地理分布区。

变种：是一个种在形态上多少有变异，而变异比较稳定，它的分布范围比亚种小得多，并与种内其他变种有共同的分布区。

变型：是一个种内有细小变异，如花冠或果的颜色，被毛情况等，且无一定分布区的个体。

品种：只用于栽培植物的分类上，在野生植物中不使用这一名词，因为品种是人类在生产实践中定向培育出来的产物，具有区域性，并具有经济意义。如药用植物地黄的品种有金状元、小黑英、北京一号、北京二号等。药材中称的品种，实际上既指分类学上的“种”，有时又指栽培的药用植物的品种而言。

现以乌头为例示其分类等级如下。

界 …………………………………………………………… 植物界 Regnum vegetabile
门 ………………………………………………………… 被子植物门 Angiospermae
纲 …………………………………………………… 双子叶植物纲 Dicotyledoneae
目 ……………………………………………………………………… 毛茛目 Ranales
科 ……………………………………………………………… 毛茛科 Ranunculaceae
属 ……………………………………………………………… 乌头属 *Aconitum* L.
种 ……………………………………………… 乌头 *Aconitum carmichaeli* Debx.

三、植物的命名

植物的种类繁多，名称亦十分繁杂，不仅因各国语言、文字不同而异，就是一国之内的不同地区也往往不一致，因此同物异名或同名异物的现象普遍存在，这给植物分类和开发利用造成混乱，而且也不利于科学普及与学术交流。

为了使植物的名称得到统一，国际植物学会议规定了植物的统一科学名称，简称“学名”。学名是用拉丁文来命名的，如采用其他文字语言时也必须用拉丁字母拼音，即所谓的拉丁化。

国际通用的学名，基本采用了1753年瑞典植物学家林奈（Carolus Linnaeus）所倡用的“双名法”作为统一的植物命名法。

双名法规定，每种植物的名称由两个拉丁词组成。第一个词为该植物所隶属的属名，是学名的主体，必须是名词，用单数第一格，第一个字母大写。第二个词是种加词，过去称“种”名，是形容词或名词的第二格。如形容词作种加词时必须与属名（名词）同性同数同格。最后还要附定名人的姓名缩写。如：

荔枝　*Litchi*　*chinensis*　Sonn.

“属名”“种加词”“定名人”

另外，如乌头 *Aconitum carmichaeli* Debx.、细辛 *Asarum sieboldii* Miq.、浙贝母 *Fritillaria thunbergii* Miq. 等，种加词分别由人名 *Carmichael*、*Siebold* 和 *Thunberg* 加词尾 *i* 或 *ii* 而成。

使用同位名词作种加词时，应与属名相同用单数、主格，但性可以不同，

如人参 *Panax ginseng* C. A. Meyer，樟 *Cinnamomum camphora*（Linn.）Presl.，Panax 为阳性，*ginseng* 为中性；*Cinnamomum* 为中性，*camphora* 为阴性。

种以下的分类单位，在学名中通常用缩写（如亚种 subsp. 或 ssp.；变种 var.；变型 f. 等）表示。其学名由属名＋种加词＋亚种（变种或变型）加词组成，称为三名法。例如：

（1）鹿蹄草 *Pyrola rotundifolia*　L.　ssp.　*chinensis*　H. Andres

亚种缩写　亚种加词　亚种命名人

（2）胡萝卜 *Daucus carota*　L. var.　*sativa*　DC.

变种缩写　变种加词　变种命名人

（3）钝齿红紫珠 *Callicarpa rubella* Lindl. f.　　*crenata*　　Pei

变型缩写　变型加词　变型命名人

另外，有些植物的学名，在定名人之后用 ex，再加上另外的定名人，如：白亮独活 *Heracleum candicans* Wall. ex DC. 这是由于前者命名未正式发表，后者作整理工作时，同意这个命名并正式发表。还有些植物的学名，定名人是两个人，在两个定名人之间加 et，如：紫草 *Lithospermum erythrorhizon* Sieb. et Zucc. 这是表示 2 个人合作，共同命名。

四、植物的分类方法、系统及分类学发展

早期的植物分类法是根据植物的用途、习性、环境或植物器官的某些形态特征（如花的颜色、雄蕊的数目、叶的形状等）作为标准进行分类的，这种分类方法称为人为分类法，用人为分类法编制的系统称为人为分类系统。由于这种系统不能反映植物间的亲缘关系，现已不采用。但有时亦有特殊情况，为了某种应用上的需要，各种人为分类系统仍然在使用，如经济植物学中往往以油料、纤维、香料、药用植物进行分类。

自达尔文《物种起源》发表后，植物分类工作者认识到自然界的植物之间有一定的亲缘关系，并开始依据植物进化趋向和彼此间的亲缘关系来分类，这种分类法称为自然分类法，用自然分类法编制的系统称自然分类系统。

近几十年来，植物分类学运用现代科学技术得到了较大的发展，出现了许多新的研究方向和新的分类方法，推动了经典分类学不再停留在描述阶段而是向着客观的实验科学方向发展。

实验分类学，由于经典分类学对种的划分，常不能准确地反映客观实际，也常忽视生态条件对一个物种形态习性的影响，以致使有些类型表现出许多形态变化，难以划分，须从实验分类学的研究去解决。

细胞分类学，是利用染色体资料探讨分类学问题的学科。从 20 世纪 30 年代初期，就开始了细胞分裂时染色体数目和形态的比较研究，到目前为止，大部分植物的科、属进行了染色体数目的普查，发现同一科染色体数目既有差别又有一致。如木兰目里多数科的染色体基数为：X=19，非常一致。蔷薇科的苹果亚科，1000 种的染色体基数全部为 17，而其他几个亚科则分别为 7、8、9 等。

化学分类学，是利用植物的化学组成所表现出来的特征来研究植物各类群间的亲缘关系。过去对植物化学成分的研究偏重于从植物体内代谢产物的小分子化合物如生物碱、黄酮类、苷类等次生化合物的研究，对于扩大开发利用植物资源起到重要作用。随着科学的发展，对大分子化合物蛋白质、酶和核苷酸的研究，为探索植物分类和亲缘关系提供了极为有利的条件。

数值分类学，是由于近代科学技术发展，电子计算机在分类学中的应用而建立起来的一门新兴的边缘学科。数值分类学以表型特征为基础，利用有机体大量性状（包括形态学的、细胞学的和生物化学等的各种性状）、数据，按一定的数学模型，应用计算机算出结果，从而作出有机体的定量比较，客观地反映出分类群之间的关系。如根据选取人参属（*Panax*）52 个形态性状、细胞学性状和化学性状，对中国人参属 10 个种和变种进行数值分类学研究，进一步证明化学分类研究把人参属分为两个类群基本上是合理的。研究表明达玛烷型皂苷的含量与根、种子和叶片的锯齿性状有密切关系。种子大、根肉质肥壮、叶片锯齿较稀疏，达玛烷四环三萜含量就高。齐墩果酸型皂苷的含量与熟果具黑斑点这一性状十分一致，与根状茎节间宽窄、花序梗长短（花序梗长与叶柄长之比）也有关。

以上这些新兴分类学的形成和发展，被越来越多的植物分类学家所重视和应用，它对植物分类工作和药用植物的开发利用将起着重要作用。

五、植物界的分门

通常将整个植物界分成若干个大类群，如分成许多“门”。每个门可视为一个大类群。

藻类、菌类、地衣、苔藓、蕨类用孢子进行繁殖所以叫孢子植物，由于不开花、不结果，所以又叫隐花植物，而裸子植物、被子植物生长到一定阶段就要开花结果、产生种子，并用种子繁殖，所以叫种子植物或显花植物。藻类、菌类、地衣合称为低等植物，苔藓、蕨类、种子植物合称为高等植物。低等植物在形态上无根、茎、叶分化，构造上一般无组织分化，生殖器官是单细胞，合子发育时离开母体，不形成胚，故又叫无胚植物。高等植物形态上有根、茎、叶的分化，生殖器官是多细胞，合子在母体内发育形成胚，故又称有胚植物。其中苔藓植物、蕨类植物和裸子植物有颈卵器构造，合称颈卵器植物。从蕨类植物起，到被子植物都有维管系统，其他植物全无。故植物界又可分成维管植物和无维管植物两大类。目前植物分类学常用的分类方法，列表如下。

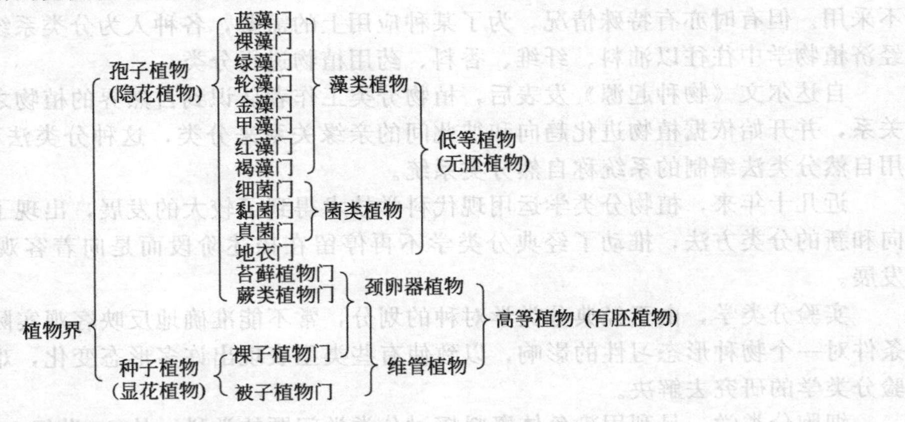

六、植物分类检索表的编制原则和应用

植物分类检索表是鉴别植物种类的一种工具，通常植物态、植物分类手册都有检索表，以便校对和鉴别原植物的科、属、种时应用。

检索表的编制是采取“由一般到特殊”和“由特殊到一般”的二歧归类原则编制。首先必须将所采到的地区植物标本进行有关习性、形态上的记载，将根、茎、叶、花、果实和种子的各种特征的异同进行汇同辨异，找出互相矛盾和互相显著对立的主要特征，依主、次特征进行排列，将全部植物分成不同的门、纲、目、科、属、种等分类单位的检索表。其中主要是分科、分属、分种三种检索表。

检索表的式样一般有三种，现以植物界分门的分类为例列检索表如下。

（1）定距检索表　将每一对互相矛盾的特征分开间隔在一定的距离处，而注明同样号码如1～1、2～2、3～3 等依次检索到所要鉴定的对象（科、属、种)。

1. 植物体无根、茎、叶的分化，没有胚胎 …………………………………… 低等植物
　2. 植物体不为藻类和菌类所组成的共生复合体。
　　3. 植物体内有叶绿素或其他光合色素，为自养生活方式 ………………… 藻类植物
　　3. 植物体内无叶绿素或其他光合色素，为异养生活方式 ………………… 菌类植物
　2. 植物体为藻类和菌类所组成的共生复合体 ………………………………… 地衣植物
1. 植物体有根、茎、叶的分化，有胚胎 ……………………………………… 高等植物
　　4. 植物体有茎、叶而无真根 ………………………………………………… 苔藓植物
　　4. 植物体有茎、叶，也有真根。
　　　5. 不产生种子，用孢子繁殖 ……………………………………………… 蕨类植物
　　　5. 产生种子，用种子繁殖 ………………………………………………… 种子植物

(2) 平行检索表　将每一对互相矛盾的特征紧紧并列，在相邻的两行中也给予一个号码，而每一项条文之后还注明下一步依次查阅的号码或所需要查到的对象。

1. 植物体无根、茎、叶的分化，无胚胎 ……………………………………（低等植物）(2)
1. 植物体有根、茎、叶的分化，有胚胎 ……………………………………（高等植物）(4)
2. 植物体为菌类和藻类所组成的共生复合体 ……………………………………地衣植物
2. 植物体不为菌类和藻类所组成的共生复合体 ……………………………………(3)
3. 植物体内含有叶绿素或其他光合色素，为自养生活方式 ……………………藻类植物
3. 植物体内不含有叶绿素或其他光合色素，为异养生活方式 …………………菌类植物
4. 植物体有茎、叶，而无真根 ……………………………………………………苔藓植物
4. 植物体有茎、叶，也有真根 ……………………………………………………(5)
5. 不产生种子，用孢子繁殖 ……………………………………………………蕨类植物
5. 产生种子，以种子繁殖 ………………………………………………………种子植物

(3) 连续平行检索表　从头到尾，每项特征连续编号。将每一对相互矛盾的特征用两个号码表示，如1 (6) 和6 (1)，当查对时，若所要查对的植物性状符合1时，就向下查2，若不符合时，就查6，如此类推向下查对一直查到所需要的对象。

1. (6) 植物体无根、茎、叶的分化，无胚胎 ……………………………………低等植物
2. (5) 植物体不为藻类和菌类所组成的共生复合体。
3. (4) 植物体内有叶绿素或其他光合色素，为自养生活方式 ……………………藻类植物
4. (3) 植物体内无叶绿素或其他光合色素，为异养生活方式 ……………………菌类植物
5. (2) 植物体为藻类和菌类所组成的共生复合体 ……………………………地衣植物
6. (1) 植物体有根、茎、叶的分化，有胚胎 ……………………………………高等植物
7. (8) 植物体有茎、叶，而无真根 ……………………………………………苔藓植物
8. (7) 植物体有茎、叶，有真根。
9. (10) 不产生种子，用孢子繁殖 ……………………………………………蕨类植物
10. (9) 产生种子，用种子繁殖 ………………………………………………种子植物

在应用检索表鉴定植物时，必须首先将所要鉴定的植物各部分形状特征，尤其是花的构造进行仔细的解剖和观察，掌握所要鉴定的植物特征，然后沿着纲、目、科、属、种的顺序进行检索。初步确定植物的所属科、属、种。用植物志、图鉴、分类手册等工具书，进一步核对已查到的植物生态习性、形态特征，以达到正确鉴定的目的。

知识点检测

一、填空题

1. 植物界分类单位（等级）是_______、_______、_______、_______、_______、_______、_______。
2. 种是生物分类的基本单位，种以下还有_______、_______、_______三个等级。
3. 一种植物完整的学名是由_______、_______和_______三部分组成。
4. 高等植物常包括_______、_______、_______。
5. 低等植物常包括_______、_______、_______。
6. 孢子植物包括_______、_______、_______、_______、_______等。
7. 植物体内具有维管系统的植物称为维管植物，它包括_______、_______、_______。

二、选择题

（一）A 型题

1. 植物分类的基本单位是（　）

A. 科　　B. 纲　　C. 目　　D. 属　　E. 种

2. 具有形态的变异、地理分布和生态上隔离的植物类群是（　）

A. 种　　B. 亚种　　C. 变种　　D. 变型　　E. 品种

3. 变种的拉丁学名的缩写是（　）

A. subsp.　　B. ssp.　　C. var.　　D. f.　　E. sp.

4. 裸子植物属于（　　）
A. 低等植物　　B. 隐花植物　　C. 无胚植物
D. 显花植物　　E. 孢子植物

（二）B型题

A. 藻类植物　　B. 菌类植物　　C. 地衣植物　　D. 苔藓植物　　E. 蕨类植物

5. 属于异养性植物的是（　　）
6. 属于共生性植物的是（　　）
7. 具有维管系统的植物是（　　）

（三）X型题

8. 近代分类学的目的是（　　）
A. 命名并记述“种”　　B. 命名并记述“品种”　　C. 建立自然分类系统
D. 分门别类　　E. 探索“种”的起源
9. 自然分类系统力求客观反映出自然界生物的（　　）
A. 形态特征　　B. 亲缘关系　　C. 主要功效
D. 主要性状　　E. 演化发展
10. 孢子植物包括（　　）
A. 菌类植物　　B. 蕨类植物　　C. 苔藓植物
D. 裸子植物　　E. 地衣植物

三、名词解释

1. 种　　2. 低等植物　　3. 高等植物　　4. 维管植物　　5. 自然分类系统

四、判断是非题

1. 植物鉴定和植物分类的概念是相同的。（　　）
2. 植物的分类单位只有界、门、纲、目、科、属和种7个单位。（　　）
3. 种是植物分类的基本单位，种是由个体组成的。（　　）

五、问答题

1. 何谓高等植物、低等植物？各包括哪些类群？
2. 何谓孢子植物、种子植物？各包括哪些类群？

第十一章 低等植物

学习目标

1. 理论知识目标　掌握藻类、菌类、地衣类植物的主要特征及常用药用植物。了解藻类、菌类、地衣类植物的分类概况。
2. 技能知识目标　能识别常用的药用藻类、菌类、地衣类植物。

低等植物包括藻类植物、菌类植物、地衣类植物。它们的共同特征是：植物体简单，绝大多数为单细胞群体和多细胞个体；植物体无根、茎、叶等器官的分化；生殖器官常为单细胞结构；有性生殖为配子结合成合子，合子不经过胚的阶段直接发育成新植物体。

第一节　藻类植物

一、藻类植物的主要特征

藻类植物是一群比较原始的低等植物。藻类植物体类型多种多样，但它们具有许多共同特征。

藻类植物体构造简单，没有真正的根、茎、叶的分化。有单细胞的如小球藻、衣藻、原球藻等；有多细胞呈丝状的如水绵、刚毛藻等；有多细胞呈叶状的如海带、昆布等；有呈树枝状的如马尾藻、海蒿子、石花菜等。藻类的植物体通常较小，小者只有几个微米，在显微镜下方可看出它们的形态结构，但也有较大的，如生长在太平洋中的巨藻，长可达 60m 以上。

藻类植物的细胞内具有和高等植物一样的叶绿素、胡萝卜素、叶黄素，能进行光合作用，属自养性植物。各种藻类通过光合作用制造的养分以及所贮藏的营养物质是不相同的，如蓝藻贮存蓝藻淀粉、蛋白质粒；绿藻贮存淀粉、脂肪；褐藻贮存的是褐藻淀粉、甘露醇；红藻贮存的是红藻淀粉等。此外，藻类植物还含有其他的色素如藻蓝素、藻红素、藻褐素等，因此，不同种类的藻体呈现不同的颜色。

藻类植物的生殖一般分为无性生殖和有性生殖两种。无性生殖产生孢子，产生孢子的一种囊状结构细胞叫孢子囊。孢子不需要结合，一个孢子可长成一个新个体。孢子主要有游动孢子、不动孢子（又叫静孢子）和厚壁孢子 3 种。有性生殖产生配子，产生配子的一种囊状结构细胞叫配子囊。在一般情况下，配子必须两两相结合成为合子，由合子萌发长成新个体，或由合子产生孢子长成新个体。根据相结合的两个配子的大小、形状、行为又分为同配、异配和卵配。同配指相结合的两个配子的大小、形状、行为完全一样；异配指相结合的两个配子的形状一样，但大小和行为有些不同，大的不太活泼，叫雌配子，小的比较活泼，叫雄配子；卵配指相结合的两个配子的大小、形状、行为都不相同，大的呈圆球形，不能游动，特称为卵，小的具鞭毛，很活泼，特称为精子。卵和精子的结合叫受精，受精卵即形成合子。合子不在性器官内发育为多细胞的胚，而是直接形成新个体，故藻类植物是无胚植物。

藻类植物约有 3 万种，广布于全世界。大多数生活于淡水或海水中，少数生活于潮湿的土壤、树皮和石头上。有的浮游在水中，有的固着在水中岩石上或附着于其他植物体上。有些类群能在零下数十度的南、北极或终年积雪的高山上生活；有的可在100m深的海底生活；有的（如蓝藻）能在高达85℃的温泉中生活；有的藻类能与真菌共生，形成共生复合体，如地衣。

二、藻类植物的分类概述及药用植物

藻类植物的分类依据：光合色素、光合产物、植物体的形态构造、繁殖方式、鞭毛特征（有无、数目、产生位置）、细胞壁成分等方面的差异。藻类通常分为八个门：蓝藻门、裸藻门、绿藻门、轮藻门、金藻门、甲藻门、红藻门、褐藻门。本书中重点介绍四个药用植物较多的门及其代表药用植物。

（一）蓝藻门 Cyanophyta

蓝藻门是一类原始的低等植物，是由单细胞或多细胞组成的群体或丝状体，细胞内无真正的核或没有定形的核，在细胞原生质中央含有核质，叫中央质，此类细胞叫原核细胞，在进化上比具有真核的细胞低等，因此蓝藻在植物进化系统研究上有其重要的地位。蓝藻细胞无质体（如叶绿体），色素分散在中央质周围的原生质中，叫周质，又叫色素质。蓝藻的色素主要是叶绿素和藻蓝素，此外还含有藻黄素和藻红素，因此，蓝藻呈现蓝绿到红紫等各种颜色。光合作用贮藏的物质是多聚葡萄糖苷、蓝藻淀粉和蛋白质粒。细胞壁有两层，内层主要含纤维素，外层是胶质衣鞘，以果胶质为主。繁殖主要靠细胞分裂，丝状体种类能分裂成若干小段，各长大成为新个体。以休眠的厚壁孢子渡过不良环境。

本门150属，1500种，分布于水中、土表、岩石、沙漠和温泉中。

【代表药用植物】

葛仙米（念珠藻）*Nostoc commune* Vauch.（图11-1）属于念珠藻科。植物体由许多圆球形细胞组成不分枝的单列丝状体，形如念珠状。丝状体外面有一个共同的胶质鞘，形成片状或团块状的胶质体。在丝状体上相隔一定距离产生一个异形胞，异形胞壁厚，与营养细胞相连的内壁为球状加厚，叫做节球。在两个异形胞之间，或由于丝状体中某些细胞的死亡，将丝状体分成许多小段，每小段即形成藻殖段（连锁体）。异形胞和藻殖段的产生，有利于丝状体的断裂和繁殖。生于湿地或地下水较高的草地上，全国分布。可供食用和药用，又名“地木耳”。能清热收敛、益气明目。

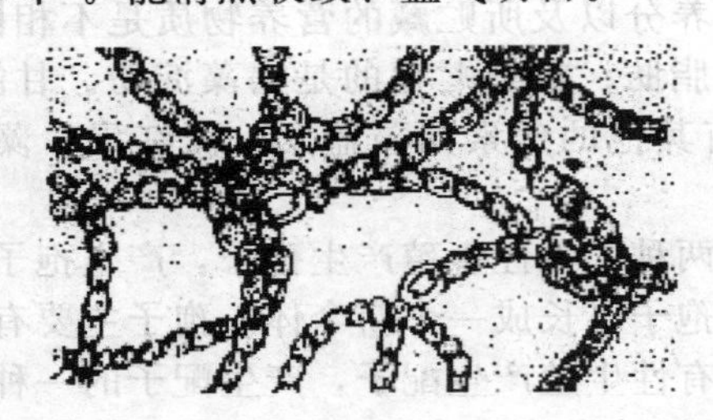

(a) 植物体的一部分

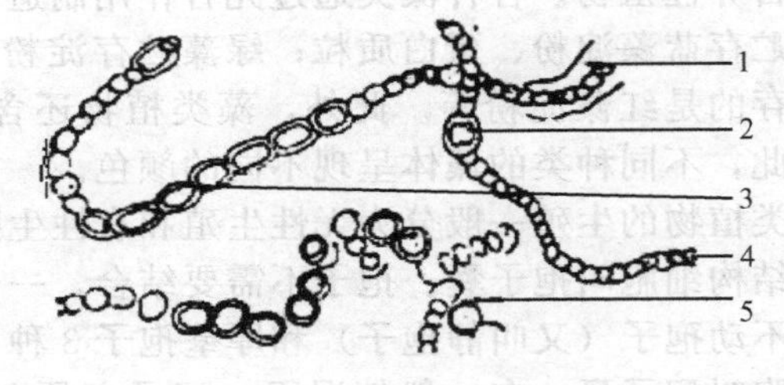

(b) 藻丝

图11-1　念珠藻

1—胶质鞘；2—异形胞；3—厚垣孢子；4—营养细胞；5—厚垣孢子萌发

发菜 *Nostoc commune var. flagelliforme.* 属于念珠藻科。藻体毛发状，平直或弯曲，棕色，干后呈棕黑色。主产于我国西北地区，可供食用。

（二）绿藻门 Chlorophyta

绿藻门植物有单细胞体、群体、多细胞丝状体、多细胞片状体等类型。绿藻的细胞内，具有一定形态的叶绿体（有杯状、环带状、星状、网状等）；叶绿体内含有和高等绿色植物一样的光合作用色素（叶绿素a、叶绿素b、胡萝卜素等）；贮藏的营养物质主要是淀粉，淀粉在细胞内往往聚集在淀粉核周围，淀粉核的主体是一个蛋白质颗粒，包埋在叶绿体中，有一个至多个淀粉核；细胞壁内层主要成分为纤维素，外层为果胶质，少数有膜质鞘。

绿藻的繁殖方式多种多样，其单细胞藻类依靠细胞分裂产生各种孢子，多细胞丝状体靠断裂下来的片段再长成独立的个体；很多种类在生活史中有明显的世代交替现象；有些种类还具有特殊的有性生殖——接合生殖。

绿藻是藻类植物中最大一门，约有350属，5000～8000种。多分布于淡水中，有些分布于陆地阴湿处，有些生于海水中，有些浮游生长，也有固着生长的，附于其他物体上，有的与真菌共生为地衣。

【代表药用植物】

蛋白核小球藻 *Chlorella pyrenoidosa* Chick. 属于绿藻门，色球藻目，小球藻属，是本属植物中唯一具有蛋白核的种类。因其具有蛋白核，故营养和经济价值较高。药用能治疗水肿、贫血、肝炎、神经衰弱等。

石莼 *Ulva lactuca* L. 属石莼科。藻体是由两层细胞构成的膜状体，黄绿色，边缘波状，基部有多细胞的固着器。分布于浙江至海南岛沿海。供食用，叫海白菜。药用能软坚散结，清热祛痰，利水解毒。

光洁水绵 *Spirogyra nitida*（Dillw.）Link 属水绵科。植物体是由一列细胞构成的不分枝的丝状体，手摸有滑腻感。分布于全国各地小河、池塘或水田、沟渠。药用能治疮及烫伤。

（三）红藻门 Rhodophyta

红藻门植物体绝大多数是多细胞的丝状体、片状体、树枝状体等。细胞壁有两层，内层由纤维素构成，外层由果胶质构成。光合作用色素有藻红素、叶绿素和叶黄素、藻蓝素等，由于藻红素占优势，故藻体呈紫色或玫瑰红色。贮藏营养物质为红藻淀粉和红藻糖。红藻的无性繁殖产生不动孢子；有性生殖产生卵和精子，精子无鞭毛，靠水流传布，到达雌器，精卵结合后形成合子，合子不离开母体，通过减数分裂产生果孢子，萌发成配子体；有的不经减数分裂，即发育成果孢子体，果孢子体不能独立生活，寄生在雌配子体上，以后果孢子体产生二倍体的果孢子，又发育成二倍体的四分孢子体。由四分孢子体发育成四分孢子囊，每个孢子囊经减数分裂，产生四分孢子，再形成新的配子。

红藻约有558属，3740余种，绝大多数分布于海水中，固着于岩石等物体上。

【代表药用植物】

石花菜 *Gelidium amansii* Lamouroux（图11-2）属石花菜科。藻体扁平直立，丛生，四至五次羽状分枝，小枝对生或互生。藻体紫红色或棕红色。分布于渤海、黄海、台湾北部。可供提取琼胶（琼脂）用于医药、食品和作细菌培养基。可食用。药用能清热解毒、缓泻。

鹧鸪菜 *Caloglossa leprieurii*（Mont.）J. Ag. 属红叶藻科，藻体暗紫色，干燥后变黑，丛生，高1～4cm，叶状，扁平而窄细，宽约1mm，不规则的叉状分枝。生于温暖地区河口附近的中、高潮带的岩石上，防波堤上以及红树皮的阴面，产于长江口以南的浙江、福建和广东等省沿岸。药用能驱蛔，化痰，消食。

甘紫菜 *Porphyra tenera* Kjellm.（图11-3）属红毛菜科。藻体薄叶片状，卵形或不规则圆形，通常高20～30cm，宽10～18cm，基部楔形、圆形或心形，边缘多少具皱褶，紫红色或微带蓝色。分布于辽东半岛至福建沿海，并有大量栽培。可供食用。药用能清热利尿，软坚散结，消痰。

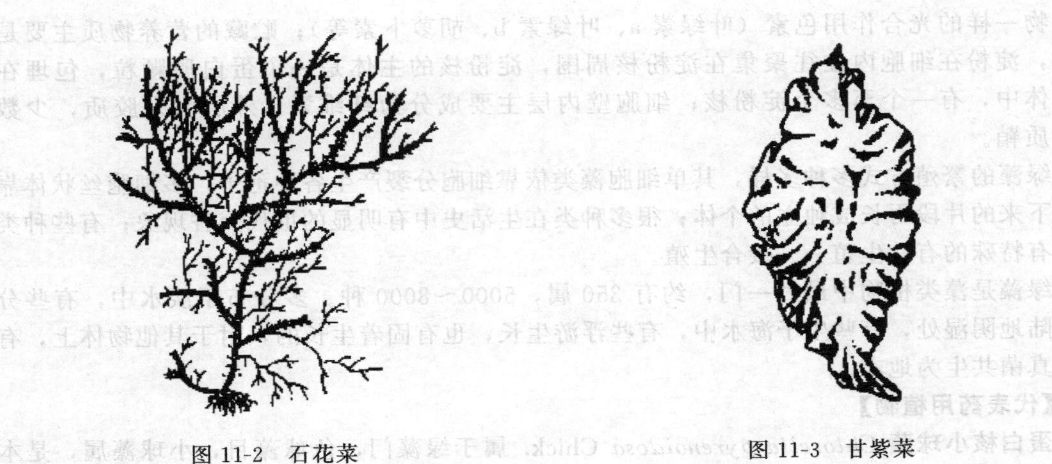

图 11-2　石花菜

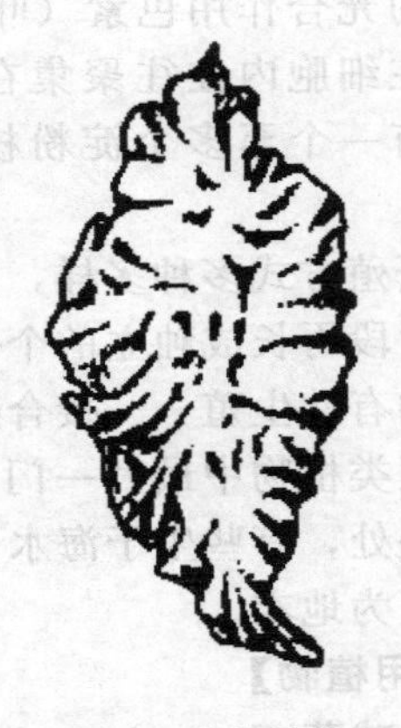

图 11-3　甘紫菜

（四）褐藻门 Phaeophyta

褐藻门是多细胞植物体，是藻类植物中形态构造分化最高级的一类，在外形上有分枝或不分枝的丝状体；有的呈片状体或膜状体。内部构造有的比较复杂，组织已分化成表皮、皮层和髓部；褐藻细胞内有细胞核和形态不一的载色体，载色体内有叶绿素，但常被黄色的色素如胡萝卜素和六种叶黄素所掩盖，叶黄素中有一种叫墨角藻黄素，含量最大，因此，植物体常呈褐色。贮藏营养物质为褐藻淀粉、甘露醇、油类等。细胞壁外层为褐藻胶，内层为纤维素。生殖方式与绿藻基本相似。

褐藻大约有 250 属，1500 种，绝大部分生活在海水中。褐藻是构成“海底森林”的主要类群。

【代表药用植物】

海带 *Laminaria japonica* Aresch（图 11-4）属海带科。植物体分为三部分：固着器，叉状分枝；柄，短粗，圆柱形；柄上方为带片，呈叶状，中部较厚，边缘皱波状。带片和柄部连接处的细胞具有分生能力，能产生新细胞使带片不断延长。分布于辽宁、河北、山东及浙江、福建、广东等省沿海。供食用。干燥叶状体药用（昆布），能消痰软坚散结，利水消肿。

昆布 *Ecklonia kurome* Okam.（图 11-5）属翅藻科。植物体明显区分为固着器、柄和带片三部分。带片为单条或羽状，边缘有粗锯齿。分布于辽宁、浙江、福建、台湾海域。药用部位和功效同海带。

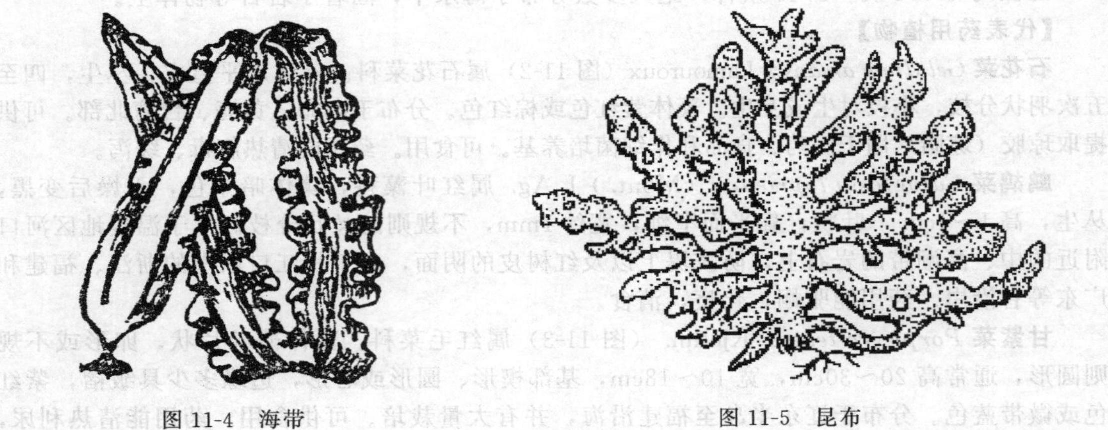

图 11-4　海带

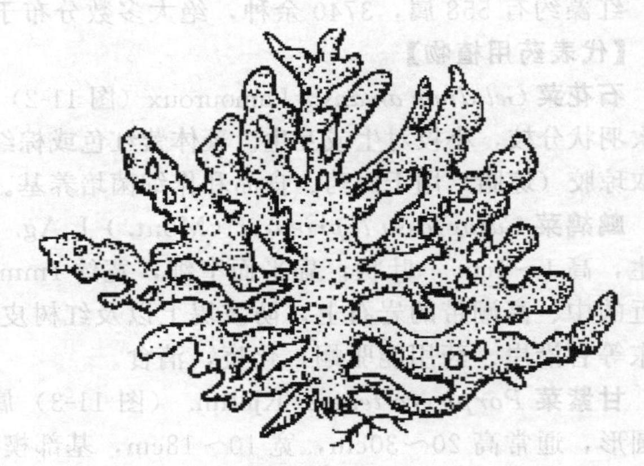

图 11-5　昆布

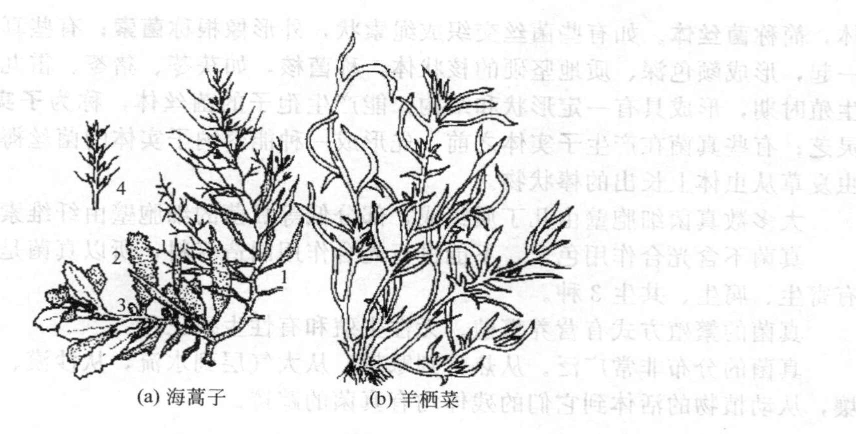

图 11-6 常见的药用海藻

1—初生叶；2—次生叶；3—气囊；4—生殖小枝和生殖托

海蒿子 *Sargassum pallidum*（Turn.）C. Ag.［图 11-6(a)］属马尾藻科。藻体直立，高 30～60cm，褐色。固着器盘状，主轴单生，圆柱形，两侧有羽状分枝。藻“叶”形态变化很大。分布于我国黄海、渤海沿岸。生于浅潮下 1～4m 的海水激荡处的岩石上。干燥藻体（海藻）（习称大叶海藻），能消痰软坚散结，利水消肿。

羊栖菜 *S. fusiforme*（Harv.）Setch.［图 11-6(b)］属马尾藻科。藻体固着器假须根状；主轴周围有短的分枝及叶状突起，叶状突起棒状；其腋部有球形或纺锤形气囊和圆柱形的生殖托。分布于辽宁至海南，长江口以南较多。干燥藻体（海藻）（习称小叶海藻），功效与海蒿子相同。

第二节 菌类植物

一、菌类植物的主要特征

菌类植物与藻类植物一样结构简单，没有根、茎、叶的分化；植物体内不含光合作用色素，不能进行光合作用，属异养植物；菌类异养方式有腐生、寄生、共生等；菌类的分布非常广泛，在土壤、水、空气、人和动植物体都有它们的踪迹。

目前，已知的菌类植物约有 10 多万种。在分类上，早在 18 世纪，瑞典分类学家林奈把生物界划分成植物界和动物界两界。1969 年魏泰克根据细胞结构和营养类型将生物界划分为五界，即原核生物界、原生生物界、真菌界、植物界与动物界。“五界系统”目前在国内外许多教科书被采用。因二界系统建立最早，沿用最广，本章仍按二界分类。在二界系统中，菌类包括细菌门、黏菌门和真菌门。细菌门主要在微生物学中介绍，黏菌门一般无药用价值，真菌门药用种类最多、应用价值最大，故本章只介绍真菌门。

二、真菌门

（一）真菌的主要特征

植物体除少数种类是单细胞外，绝大多数是由分枝或不分枝、分隔或不分隔的菌丝交织在一起组成的菌丝体。

每一条丝状体叫菌丝。大多数菌丝都有隔膜将菌丝分隔成许多细胞，称为有隔菌丝；有些低等真菌的菌丝通常不具隔膜，称无隔菌丝。菌丝在正常生活条件下，一般都是很疏松的，但在环境条件不良或繁殖的时候，菌丝相互紧密交织在一起形成各种不同的菌丝组织体，简称**菌丝体**。如有些菌丝交织成绳索状，外形像根称**菌索**；有些真菌的菌丝纵横交织在一起，形成颜色深、质地坚硬的核状体，称**菌核**，如茯苓、猪苓、雷丸等；很多高等真菌在生殖时期，形成具有一定形状和结构，能产生孢子的菌丝体，称为**子实体**，如香菇、马勃、灵芝；有些真菌在产生子实体之前，先形成一种能容纳子实体的菌丝褥座，称为**子座**，如冬虫夏草从虫体上长出的棒状物。

大多数真菌细胞壁由几丁质组成，部分低等真菌的细胞壁由纤维素组成。

真菌不含光合作用色素，不能进行光合作用制造养料，所以真菌是异养的，其营养方式有寄生、腐生、共生 3 种。

真菌的繁殖方式有营养繁殖、无性生殖和有性生殖三种。

真菌的分布非常广泛。从热带到寒带，从大气层到水流，从沙漠、淤泥到冰川地带的土壤，从动植物的活体到它们的残体均有真菌的踪迹。

(二) 真菌的分类及药用真菌

目前已知的真菌有 5950 属，64200 种，我国已知的约有 8000 种。本教材采用安斯沃思系统，将真菌分为五个亚门，即鞭毛菌亚门、接合菌亚门、子囊菌亚门、担子菌亚门和半知菌亚门。

亚门检索表

1. 有能动细胞（游动孢子）；有性阶段的孢子典型地为卵孢子 …………………… 鞭毛菌亚门
1. 无能动细胞
  2. 具有性阶段
    3. 有性阶段孢子为接合孢子 …………………… 接合菌亚门
    3. 无接合孢子
      4. 有性阶段孢子为子囊孢子 …………………… 子囊菌亚门
      4. 有性阶段孢子为担孢子 …………………… 担子菌亚门
  2. 缺有性阶段 …………………… 半知菌亚门

药用真菌以子囊菌亚门和担子菌亚门为多见。

1. 子囊菌亚门 (Ascomycotina)

子囊菌亚门是真菌中种类最多的一个亚门，全世界有 2720 属，28650 多种，除少数低等子囊菌为单细胞（如酵母菌）外，绝大多数有发达的菌丝，菌丝具有横隔，并且紧密结合成一定的形状。

子囊菌的无性繁殖特别发达，有裂殖、芽殖或形成各种孢子。有性生殖产生子囊，内生子囊孢子，这是子囊菌亚门的最主要特征。

【代表药用植物】

麦角菌 *Claviceps purpurea* (Fr.) Tul. 属麦角菌科。寄生在禾本科麦类植物的子房内，菌核形成时露出子房外，呈紫黑色，质地坚硬，形状像动物的角，故叫麦角。麦角落地过冬，春季寄主开花时，菌核萌发生成红头紫柄的子座，产生子囊孢子。孢子散出后，借助于气流、雨水或昆虫传播到麦穗上，萌发成芽管，侵入子房，长出菌丝，菌丝充满子房而发出极多的分生孢子，同时分泌蜜汁，昆虫采蜜时，遂将分生孢子再传播到其他麦穗上。菌丝体继续生长，最后不再产生分生孢子，形成紧密坚硬紫黑色的菌核即麦角。

麦角主产于俄罗斯南部和西班牙西北部等地区。我国曾在 19 个省发现过，寄生于禾本科 35 属约 70 种植物上，以及莎草科、石竹科、灯心草科等植物上。麦角含有麦角胺、麦角毒碱、麦角新碱等活性成分，其制剂常用作子宫出血或内脏器官出血的止血剂。麦角胺可治疗偏头痛和放射病。

冬虫夏草 *Cordyceps sinensis* (Berk.) Sacc.（图 11-7）属麦角菌科。是一种寄生于蝙蝠蛾昆虫幼体上的子囊菌。夏秋季子囊孢子萌发成菌丝侵入虫体，吸收养分，发育成菌丝体。幼虫染病后钻入土中越冬，菌丝蔓延，把虫体变成充满菌丝的僵虫，菌丝体变为菌核。翌年夏季自幼虫头部长出棒状子座，故称冬虫夏草，子座上端膨大，近表面生有许多子囊壳，壳内生有许多长形的子囊，每个子囊具 2～8 个子囊孢子，通常只有 2 个成熟，子囊孢子细长、有多数横隔，它从子囊壳孔口散射出去，又继续侵害幼虫。主产于我国西南、西北。分布在海拔 3000m 以上的高山草甸上。冬虫夏草能补肾益肺，止血化痰。

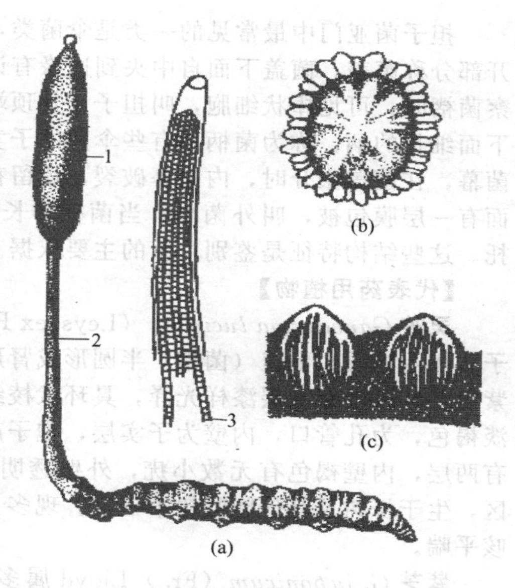

图 11-7　冬虫夏草

(a) 植物体的全形，上部为子座，下部为已死的幼虫；(b) 子座的横切面观；(c) 子囊壳（子实体）

1—子座上部；2—子座柄；3—子囊及子囊孢子

啤酒酵母菌 *Saccharomyces cerevisiae* Hansen 属于酵母菌科。形态较简单，单细胞呈卵圆形或球形。在医药上，因其富含 B 族维生素、蛋白质和多种酶，菌体可制成酵母片，治疗消化不良。并可从酵母菌中提取生产核酸类衍生物、辅酶 A、细胞色素 C、谷胱甘肽和多种氨基酸的原料。

2. 担子菌亚门（Basidiomycotina）

担子菌亚门是真菌中等级最高等的一个亚门，全世界已知有 1100 属，16000 余种。均是由多细胞的菌丝体组成的有机体，菌丝具横隔膜。多数担子菌的菌丝体可分为两种类型，由担孢子萌发形成具有单核的菌丝，叫初生菌丝；初生菌丝接合进行质配，核不结合，而保持双核状态，叫次生菌丝，次生菌丝双核时期相当长，这是担子菌的特点之一。担子菌最大特点是形成担子、担孢子。在形成担子和担孢子的过程中，菌丝顶端细胞壁上伸出一个喙状突起，向下弯曲，形成一种特殊的结构，叫做锁状连合，在此过程中，细胞内二核经过一系列变化由分裂到融合，形成一个二倍体的核，此核经减数分裂，形成了 4 个单倍体子核。这时顶端细胞膨大成为担子，担子上生出 4 个小梗，4 个小核分别移入小梗内，发育成 4 个担孢子（图 11-8）。产生担孢子的复杂结构的菌丝体叫担子果，就是担子菌的子实体。其形态、大小、颜色各不相同，有伞状、耳状、菊花状、笋状、头状等。

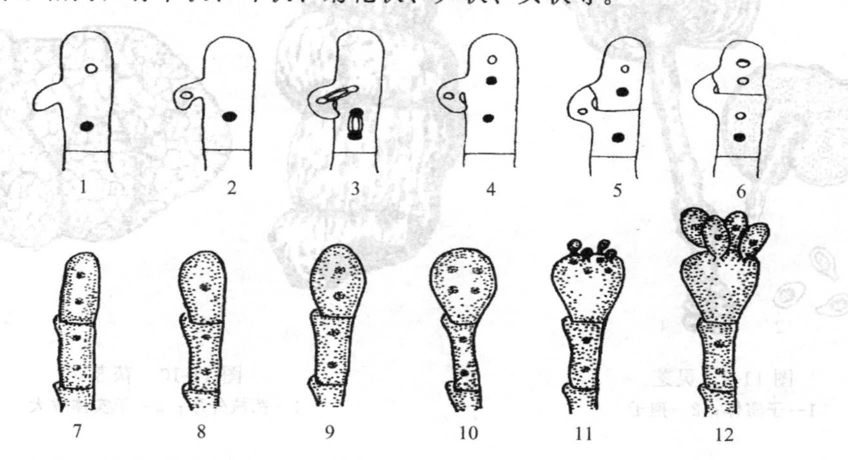

图 11-8　锁状连合、担子、担孢子的形成

1～6—锁状连合；7～12—担子、担孢子的形成

担子菌亚门中最常见的一类是伞菌类，这一类担子菌具有伞状或帽状的子实体，上面展开部分称菌盖。菌盖下面自中央到边缘有许多呈辐射状排列的片状物，称菌褶。用显微镜观察菌褶时，可见棒状细胞，叫担子，其顶端有四个小梗，每个小梗上生有一个担孢子。菌盖下面细长的柄，称为菌柄。有些伞菌的子实体幼小时，在菌盖边缘和菌柄间有一层膜，叫内菌幕，在菌盖张开时，内菌幕破裂，遗留在菌柄上的部分构成菌环。有些子实体幼小时，外面有一层膜包被，叫外菌幕；当菌柄伸长时，包被破裂，残留在菌柄的基部的一部分成菌托。这些结构特征是鉴别伞菌的主要依据。

【代表药用植物】

灵芝 *Ganoderma lucidum*（Leys. ex Fr.）Karst.（图 11-9）属多孔菌科。为腐生真菌。子实体木栓质。菌盖（菌帽）半圆形或肾形，初生为淡黄色后逐渐变成红褐色、红紫色或暗紫色，外表具有一层漆样光泽，具环状棱纹及辐射状皱纹，菌盖下面有许多小孔，呈白色或淡褐色，为孔管口，内壁为子实层，孢子产生于担子顶端。显微镜下观察，孢子呈卵形，壁有两层，内壁褐色有无数小疣，外壁透明无色。菌柄生于菌盖的侧方。分布于全国许多省区，生于栎树及其他阔叶树木桩上。现多人工栽培。干燥子实体（灵芝），能补气安神，止咳平喘。

紫芝 *G. japonicum*（Fr.）Lloyd 属多孔菌科。菌盖及菌柄黑色，表面光泽如漆。孢子内壁有显著的小疣。分布于浙江、江西、福建、广东、广西等省区。药用部位和功效同灵芝。

茯苓 *Poria cocos*（Fries.）Wolf.（图 11-10）属多孔菌科。菌核球形，或不规则块状，大小不一，小的如拳头，大的可达数十斤，新鲜时较软，干燥后坚硬，表面粗糙，呈瘤状皱缩，灰棕色或黑褐色，内部白色或淡棕色，粉粒状，由无数菌丝及贮藏物质聚集而成。子实体无柄，平伏于菌核表面，呈蜂窝状，厚 3～10mm，幼时白色，成熟后变为浅褐色；孔管单层，管口多角形至不规则，孔管内壁着生棍棒状的担子，担孢子长椭圆形到近圆柱形，壁表平滑，透明无色。全国大部分地区均有分布，现多栽培。茯苓属腐生菌，常寄生于赤松、马尾松、黄山松、云南松等松属植物的根上。干燥菌核（茯苓）入药，能利水渗湿，健脾，宁心。菌核的干燥外皮（茯苓皮），能利水消肿。

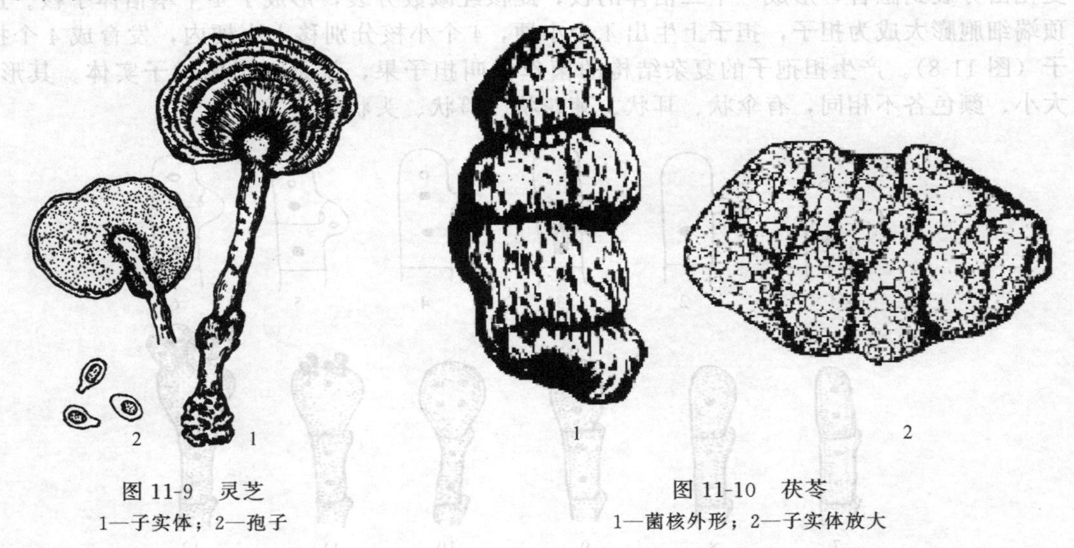

图 11-9 灵芝
1—子实体；2—孢子

图 11-10 茯苓
1—菌核外形；2—子实体放大

猪苓 *Polyporus umbellatus*（Pers.）Fries（图 11-11）属多孔菌科。菌核呈长块状或扁块状，有的有分枝，表面凹凸不平，皱缩或有瘤状突起。由于不同的生长发育阶段，表面有白色、灰色和黑色三种颜色，称白苓、灰苓和黑苓。子实体自地下菌核内生长，伸出地面，菌柄往往与基部相连，上部多分枝，形成一丛菌盖。菌盖肉质，伞形或伞状半圆形，干后坚硬而脆，中央呈脐状，表面近白色至淡褐色，边缘薄而锐，且常常内卷；菌肉薄，白色；菌管与菌肉同色，与菌柄呈延生；管口圆形至多角形。显微镜下观察，担孢子卵圆形，透明无色，壁表平滑。我国许多省区有分布，主产山西及陕西。常寄生于枫、槭、柞、桦、柳及山毛榉等树木的根上。干燥菌核（猪苓）入药，能利水渗湿。

脱皮马勃 *Lasiosphaera fenzlii* Reich.（图 11-12）属马勃科。子实体近球形至长圆形，直径 15～30cm，幼时白色，成熟时渐变浅褐色，外包被薄，成熟时成碎片状剥落；内包被纸质，浅烟色，成熟后全部破碎消失，仅留一团孢体。其中孢丝长，有分枝，多数结合成紧密团块。孢子球形，外具小刺，褐色。分布于西北、华北、华中西南等地区。脱皮马勃属腐生菌，生于山地腐殖质丰富的草地上。干燥子实体（马勃）入药，能清肺利咽、止血；外用可消炎止血。

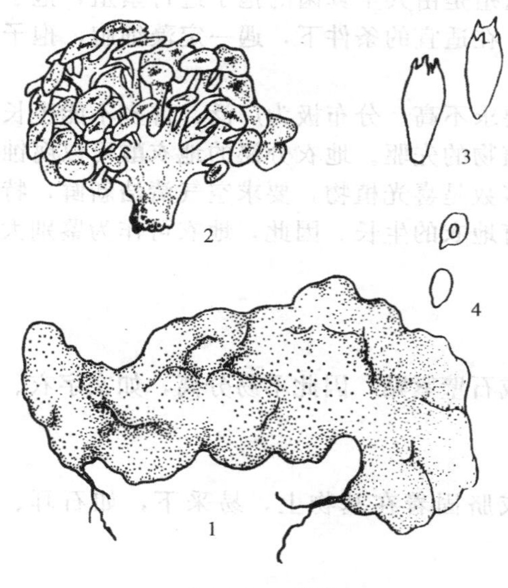

图 11-11　猪苓

1—菌核；2—子实体；3—担子；4—担孢子

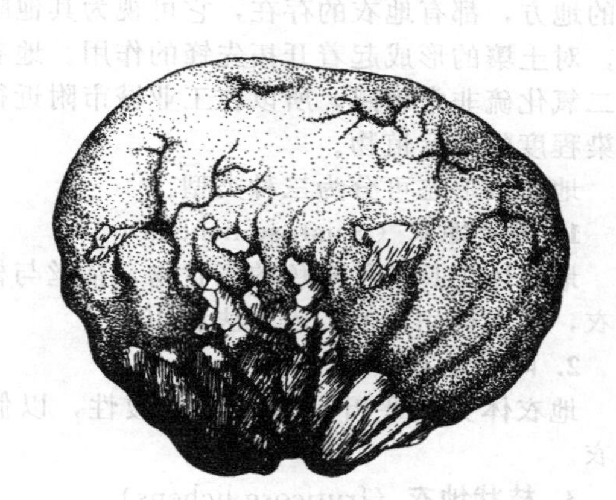

图 11-12　脱皮马勃外形

大马勃 *Calvatia gigantea*（Batsch ex Pers.）Lloyd. 子实体近球形或长圆形，几无不育柄。由膜状外包被和较厚内包被所组成，初有绒毛，渐变光滑，成熟后成块状脱落，露出青褐色孢体。药用部位和功效同脱皮马勃。

紫色马勃 *C. lilacina*（Mont. et Berk.）Lloyd. 子实体陀螺形，具长圆柱状不育柄，包被两层，薄而平滑，成熟后片状破裂，露出内部紫褐色的孢体。药用部位和功效同脱皮马勃。

雷丸 *Omphalia lapidescens* sehroet. Cook. et Mass. 属白蘑科。菌核呈不规则球状或块状，大小不一，直径 1～3.5cm，表面呈褐色、紫褐色至暗黑色，稍平滑或有细皱纹，干燥后坚硬；断面呈白色至灰白色，有时橙褐色，薄切片呈半透明状。分布于安徽、浙江、福建、河南、湖北、湖南、广西、陕西、甘肃、四川、云南、贵州等省。生长在发黄且开花的竹根下。菌核（雷丸）能消积、杀虫，除热。

担子菌亚门入药的还有：**黑木耳** *Auricularia auricula*（L. ex Hook.）Underw.，子实体（木耳）入药，补气益血，润肺止血；**银耳** *Tremella fuciformis* Berk.，子实体（银耳）入药，滋阴、养胃、润肺、生津、益气和血、补脑强心；**猴头菌** *Hericium erinaceus*（Bull.）Pers.，子实体（猴头菌）能利五脏、助消化、滋补、抗癌。

第三节 地衣植物门

一、地衣植物的主要特征

地衣是一类特殊的植物，它不是单一的植物体，而是由真菌和藻类高度结合的共生复合体。组成地衣的真菌绝大多数为子囊菌亚门的真菌，少数为担子菌亚门的真菌。组成地衣的藻类是蓝藻和绿藻。参与地衣的真菌是地衣的主导部分，地衣原植物体的形态几乎完全由真菌决定。藻类分布于地衣植物体的内部，藻细胞进行光合作用为整个地衣制造有机养分，真菌则吸收水分和无机盐，为藻类提供进行光合作用的原料，并保持藻细胞一定湿度，不致干死。

地衣的繁殖分营养繁殖和有性繁殖两种。营养繁殖是原植物体断裂，借风、流水和动物等传播，在适宜的环境下发展成新植物体。有性繁殖是由共生真菌的孢子进行繁殖，孢子成熟后从子实体散出，随风、水流及动物到处传播，在适宜的条件下，遇一定藻细胞，孢子萌发，并发展成新的地衣植物体。

地衣适应性很强，特别能耐寒耐旱，对养分要求不高。分布极为广泛，许多不能生长植物的地方，都有地衣的存在，它可视为其他陆生植物的先驱。地衣分泌的地衣酸可以腐蚀岩石，对土壤的形成起着开拓先锋的作用。地衣大多数是喜光植物，要求空气清洁新鲜，特别对二氧化硫非常敏感，所以在工业城市附近很少有地衣的生长。因此，地衣可作为鉴别大气污染程度的指示植物。

地衣按形态可分为三种类型。

1. 壳状地衣（crustose lichens）

地衣体为具各种颜色的壳状物，菌丝与树干或石壁紧贴，因此不易分离，如文字衣、茶渍衣，几无药用价值，因无法利用。

2. 叶状地衣（foliose lichens）

地衣体为扁平叶状体，有背腹性，以假根或脐固着在基物上，易采下，如石耳、梅花衣。

3. 枝状地衣（fruticose lichens）

地衣体为树枝状、丝状，直立或悬垂，仅基部附着在基物上，如松萝、雪茶、石蕊等。

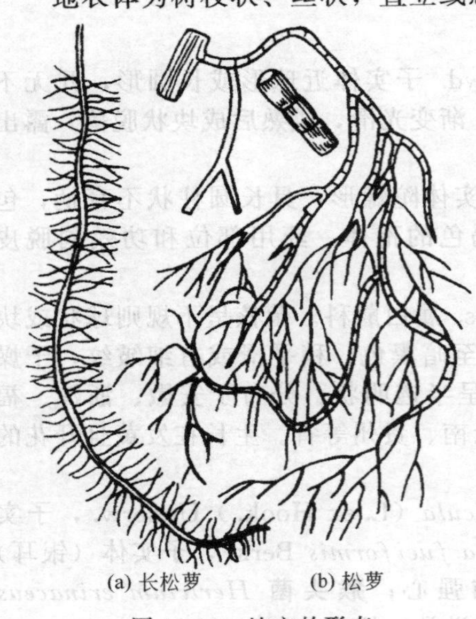

图 11-13 地衣的形态

二、地衣植物的分类及药用植物

地衣约有 500 余属，2600 多种。地衣的分类，主要是根据地衣体中共生的真菌类型，通常将其分为 3 纲：子囊衣纲，共生的真菌为子囊菌，本纲占地衣种类的 99%以上，分为核果衣亚纲和裸果衣亚纲；担子衣纲，共生的真菌为担子菌，主要分布于热带，仅 1 目 3 科 6 属；藻状衣纲，共生真菌为藻状菌，已知仅 1 属，1 种，产于中欧。

【代表药用植物】

松萝（节松萝、破茎松萝）*Usnea diffracta* Vain. [图 11-13(b)] 属松萝科。植物体丝状，长 15～30cm，下垂，成二叉式分枝，基部较粗，分枝少，先端分枝多。表面灰黄绿色，具光泽，有多数明显的环状裂沟，横断面中央有韧性丝状的中轴，具弹性，可拉长，由菌丝组成，易与皮部分离；其外为藻环，常由环状沟纹分离或成短筒状。菌层产生少数子囊果，子囊果盘状，褐色，子囊棒状，内生 8 个椭圆形子囊孢子。分布全国大部分省区，生于深山老林树干上或岩石上。全草入药，有小毒，能止咳平喘、活血通络、清热解毒。在西北、华中、西南地区常作"海风藤"入药。

同属长松萝（老君须）*U. longissima* Ach. [图 11-13(a)] 全株细长不分枝，两侧密生细长而短的侧枝，形似蜈蚣。分布和功效同松萝。地衣植物门其他药用植物见表 11-1。

表 11-1　地衣植物门其他药用植物

植物名	科属	分布	入药部位	药名	功效
石耳 *Umbilicaria esculenta* (Miyoshi) Minks	石耳科	中部、南部各省	地上部分	石耳	清热解毒，止咳祛痰，利尿
石蕊 *Cladonia rangiferina* (L.) Web.	石蕊科	广布于全国各地	地上部分	石蕊	祛风，镇痛，凉血止血
雀石蕊 *Cladonia stellaris* (Opiz) Pouzor. et Vezdr.	石蕊科	广布于全国各地	地上部分	太白花	平肝和胃，调经止血
金黄发树 *Alectoria jubata* Ach.	松萝科	陕西、四川	地上部分	头发七	利水消肿，收敛止汗

知识点检测

一、填空题

1. 藻类植物可进行光合作用，是________养植物。
2. 中药海藻的原植物即________、________。
3. 藻类植物的生殖一般分为________和________。
4. 藻类大多数生活于____________中，少数生活于潮湿的环境。
5. 蓝藻的色素主要是________，此外还含有________。
6. 地衣植物按形态可分为________地衣、________地衣和________地衣三种类型。
7. 真菌门生物没有叶绿素，不能进行光合作用，因此它们营养方式是异养，而异养的方式多样，在菌类生物中主要有寄生、________和________等。
8. 菌类植物的种类繁多，在分类上常分为三个门，即________、________和________。

二、选择题

（一）A 型题

1. 绿藻门含有叶绿素（　）光合作用色素。
   A. a，b　　B. a，d　　C. a，c　　D. a，e
2. 海带的近缘植物是（　）
   A. 石蕊　　B. 猪苓　　C. 松萝　　D. 昆布
3. 属于蓝藻的植物有（　）
   A. 海带　　B. 小球藻　　C. 葛仙米　　D. 石莼
4. 下列属于伞菌的药用植物是（　）
   A. 麦角菌　　B. 冬虫夏草　　C. 酵母菌　　D. 灵芝
5. 下列植物中，属于异养的是（　）
   A. 蕨类　　B. 苔类　　C. 菌类　　D. 藻类
6. 可产生子囊壳及子囊孢子的是（　）
   A. 冬虫夏草　　B. 灵芝　　C. 雷丸　　D. 水绵
7. 麦角、冬虫夏草为（　）植物。
   A. 担子菌亚门　　B. 半知菌亚门　　C. 子囊菌亚门　　D. 藻状菌亚门
8. 地衣植物是藻菌（　）
   A. 共生复合体　　B. 寄生体　　C. 附属体　　D. 腐生复合体
9. 构成地衣体的真菌绝大部分属于（　）

A. 子囊菌亚门　　B. 接合菌亚门　　C. 担子菌亚门　　D. 鞭毛菌亚门

（二）X 型题

10. 属于药用藻类植物的有（　　）

A. 螺旋藻　　B. 海带　　C. 紫菜　　D. 发菜　　E. 海金沙

11. 药用真菌多见于（　　）

A. 鞭毛菌亚门　　B. 接合菌亚门　　C. 子囊菌亚门

D. 担子菌亚门　　E. 半知菌亚门

12. 担子菌纲中，常见的菌类药用植物有（　　）

A. 灵芝　　B. 茯苓　　C. 猪苓

D. 马勃　　E. 冬虫夏草

三、名词解释

1. 寄生　　2. 子实体　　3. 地衣植物

四、是非题

1. 藻类植物体构造简单，没有真正的根、茎、叶的分化。（　　）
2. 菌类植物都是异养植物。（　　）
3. 有些低等真菌的菌丝通常不具隔膜，称无隔菌丝。（　　）
4. 部分低等真菌的细胞壁是由纤维素组成。（　　）
5. 地衣原植物体的形态几乎完全由藻类决定。（　　）

五、简答题

1. 低等植物包括哪几类植物？其共同的特征是什么？
2. 何谓真菌？它与藻类有什么不同？
3. 试述地衣植物门的主要特征。

第十二章 高等植物

学习目标

1. 理论知识目标　掌握苔藓植物、蕨类植物、裸子植物和被子植物四类高等植物的主要特征；掌握被子植物主要科的特征及代表药用植物；了解四类高等植物代表药用植物的生物学特性。
2. 技能知识目标　掌握常见各科植物的科属特征；学会辨别各科的代表药用植物；熟悉代表药用植物的生境及分布。

高等植物包括苔藓植物、蕨类植物和种子植物。它们与低等植物的区别是：植物体有根、茎、叶等器官的分化；内部构造逐渐完善，从蕨类植物开始出现维管组织，增强了支持和输导作用；生殖器官为多细胞的结构；有性生殖形成的合子在母体中发育成胚。

第一节　苔藓植物门 Bryophyta

一、苔藓植物的主要特征

苔藓植物是一群构造简单的绿色自养性陆生植物。是高等植物中唯一没有维管束的一类，因此植物体都很矮小，一般不超过 10cm。主要特征如下。

（1）植物体结构比较简单　虽有根、茎、叶的分化，但没有真正的根，只有假根（是表皮细胞向外突出丝状分枝构成）起固定作用，不具有吸收作用；植物体内部构造简单，组织分化水平不高，仅有皮部和中轴的分化，没有真正的维管束构造。叶常由一层细胞组成，不仅能进行光合作用，还能吸收水分和养料。

（2）配子体占优势，孢子体不能独立生活，必须寄生在配子体上　其孢子体通常分为三部分：孢蒴、蒴柄、基足，上端为孢子囊（孢蒴），其下有柄，称蒴柄，蒴柄最下部有基足，基足伸入配子体的组织中吸收养料。孢蒴内生有孢子，孢子成熟后从孢蒴内散出，在适当环

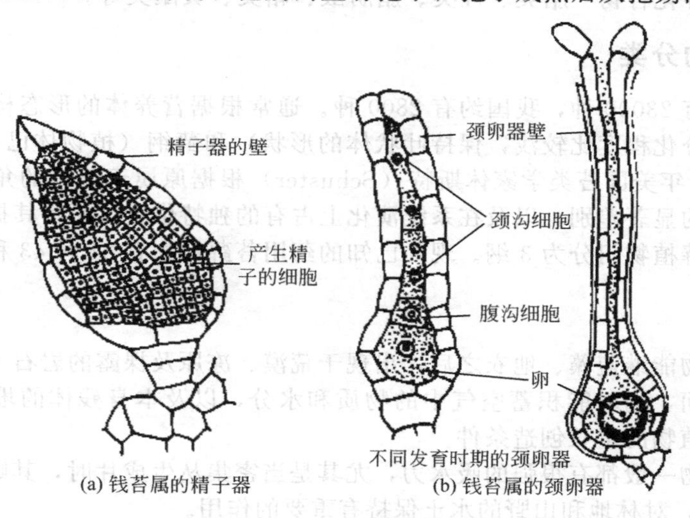

(a) 钱苔属的精子器　　(b) 钱苔属的颈卵器

图 12-1　钱苔属的精子器和颈卵器

境中孢子萌发成原丝体，原丝体发展成配子体，配子体有假根、茎、叶的分化，其上长出颈卵器和精子器（图 12-1），分别产生一个卵细胞和多数具有两条鞭毛的精子，精子借助于水进入颈卵器与卵细胞结合，卵细胞受精后发育成胚，胚再发育成新的孢子体。配子体能进行光合作用，制造有机物质，生活期长，在生活史中处于主导地位。而孢子体不能独立生活，只能寄生在配子体上，生活期也短。这一点是与其他陆生高等植物的最大区别。

（3）有明显的世代交替　在其生活史中，从孢子萌发到形成配子体，配子体产生雌、雄配子，这一阶段为有性世代；从受精卵发育成胚，到孢子体产生孢子的阶段称为无性世代。有性世代和无性世代互相交替形成了世代交替（图 12-2）。

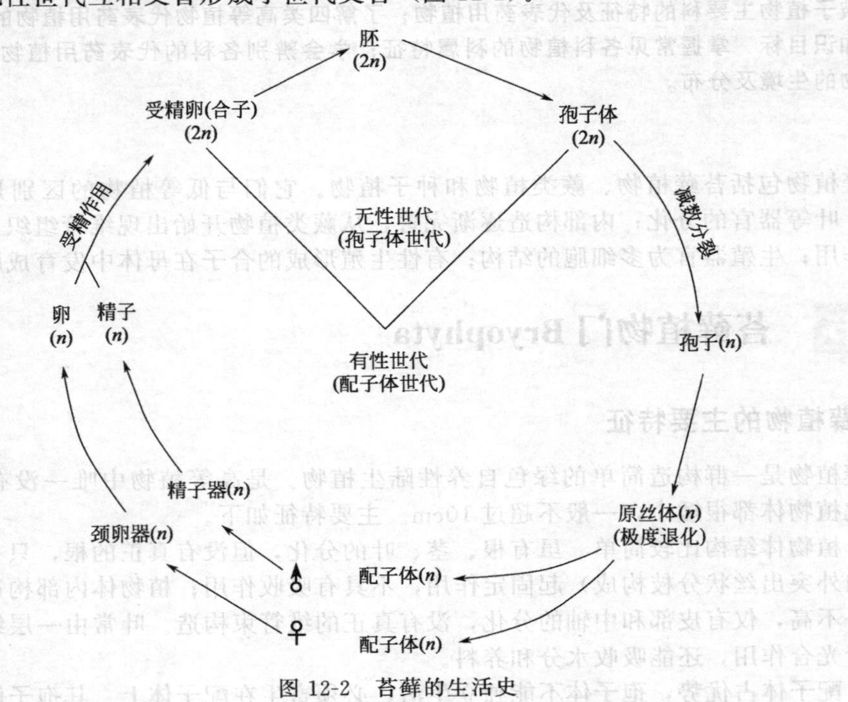

图 12-2　苔藓的生活史

（4）多生长于阴湿的环境里　常生于潮湿的石面、泥土表面、树干或枝条上。

（5）含有多种化合物　脂类、烃类、脂肪酸、萜类、黄酮类等。

二、苔藓植物的分类

苔藓植物约有 23000 种，我国约有 2800 种。通常根据营养体的形态构造不同，把苔藓植物分为苔纲（分化程度比较浅，保持叶状体的形状）和藓纲（植物体已有假根和类似茎、叶的分化）。1953 年美国苔类学家休斯特（Schuster）根据原属于苔纲的角苔目在形态构造上与苔纲和藓纲的显著差别，以及在系统演化上占有的独特位置，而将其提升为纲，称为角苔纲，从而把苔藓植物门分为 3 纲。现在已知的药用苔藓植物有 21 科 43 种。

三、应用价值

（1）苔藓植物能继蓝藻、地衣之后，出现于荒漠、冻原及裸露的岩石上，能分泌一些酸性物质，溶解岩面，同时能积蓄空气中的物质和水分，以及本身残体的堆积，逐渐形成土壤，为其他高等植物的生长创造条件。

（2）苔藓植物一般都有很强的吸水力，尤其是当密集丛生成片时，其贮水量可达体重的 10～20 倍。因此，对林地和山野的水土保持有重要的作用。

（3）藓类植物遗体的沉积，能使湖泊、沼泽逐渐陆化，为相继出现的陆生草本、灌木和乔木提供了基础，从而使湖泊、沼泽演替为森林。

(4) 苔藓植物对空气中的SO_2和HF等有毒气体很敏感，故可作为监测大气污染的指示植物。

(5) 除多种可供药用外，还可作燃料和肥料，以及运用于苗木栽培。

【代表药用植物】

地钱 *Marchantia polymorpha* L. 属地钱科，植物体（配子体）绿色叶状，扁平，呈叉状分枝；分枝阔带状，边缘波曲状，上面通常有孢芽杯，下面具紫色鳞片和假根，雌雄异株。配子器托有柄，生于分叉处；雄器托盘状，7～8波状浅裂，精子器生于托上面的孔穴内；雌器托9～11深裂，裂片条形，下垂，颈卵器生于托下面，倒置。地钱的繁殖主要是通过胞芽杯完成的，胞芽杯边缘有毛，整体呈火山口状，内生胞芽。待胞芽成熟后，可借助风力、雨水溅蚀等外力作用传播，在适宜的新环境中便可萌发出新的地钱个体。广布于全国各地，生于林内，阴湿的土坡及岩石上，亦常见于井边、墙隅等阴湿处。全草能解毒，祛瘀，生肌。可治黄疸性肝炎（图12-3）。

(a) 雄性

(b) 雌性

图12-3　地钱

大金发藓（土马骔）*Polytrichum commune* L. 属金发藓科。植物体（配子体）深绿色，老时呈黄褐色，常聚生成大片群落。茎直立，不分枝，高10～30cm，叶多数密集在茎的中上部，向下逐渐稀疏且变小，基部叶鳞片状；上部叶片长披针形，边缘密生锐齿，叶尖卷曲，叶基部鞘状；中肋突出。雌雄异株。孢子体生于雌株顶端；蒴柄长，棕红色；蒴帽被棕红色毛，覆盖全蒴；孢蒴四棱柱形，棕红色，内具大量孢子。广布全国各地。生于山野阴湿土坡，森林沼泽，酸性土壤上。全草能清热解毒，凉血止血（图12-4）。

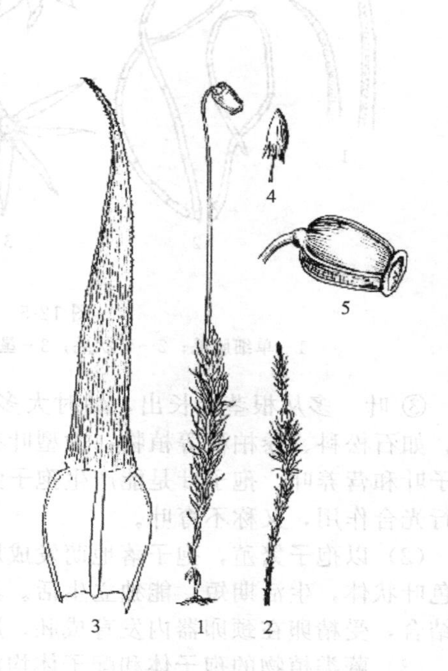

图12-4　大金发藓

1—雌株，其上具孢子体；2—雄株，其上生有新枝；3—叶腹面观；4—具蒴帽的孢蒴；5—孢蒴

葫芦藓 *Funaria hygrometrica Hedw*. 属苔藓植物门葫芦藓科植物。植物体（配子体）高4～7mm，黄绿色。有茎和叶的分化，茎单生，直立，下有短而细的假根。叶小而薄，多集生于茎先端，呈卵形或舌形，全缘，无叶脉，中肋粗壮，长达叶尖。雌雄同株，雌、雄生殖器官分别生于不同的枝端。雄枝端的叶较大，开展，聚生成花朵状。雌枝端叶片紧包成芽状。孢子体分为孢蒴、蒴柄、基足三部分。孢蒴梨形，蒴帽兜状，孢蒴顶部有蒴盖，蒴盖呈圆盘状，顶部微

凸。分布全国，多生于林地上，林缘或路边土壁上，岩面薄土上，或洞边，墙边土地上。全草入药，性平，味辛、涩。

第二节 蕨类植物门 Pteridophyta

一、蕨类植物的主要特征

蕨类植物是一群既古老而又庞杂的植物，过去又叫羊齿植物，维管隐花植物，是高等植物中具有维管组织，但比较低级的一类植物。属高等的孢子植物，原始的维管植物。主要特征如下。

(1) 蕨类植物的孢子体（就是它的植物体）发达，多为草本植物，具有根、茎、叶的分化。

① 根　通常为不定根，着生在根状茎上。

② 茎　通常为根状茎，少数具地上茎，直立成乔木状（如桫椤）。茎上常具有毛茸和鳞片，毛茸有单细胞毛、腺毛、节状毛、星状毛等（图 12-5）；鳞片膜质，形态多种，鳞片上常有粗或细的筛孔。茎内有由木质部和韧皮部组成的维管组织，木质部中有管胞，韧皮部中有筛胞，较苔藓植物进化。

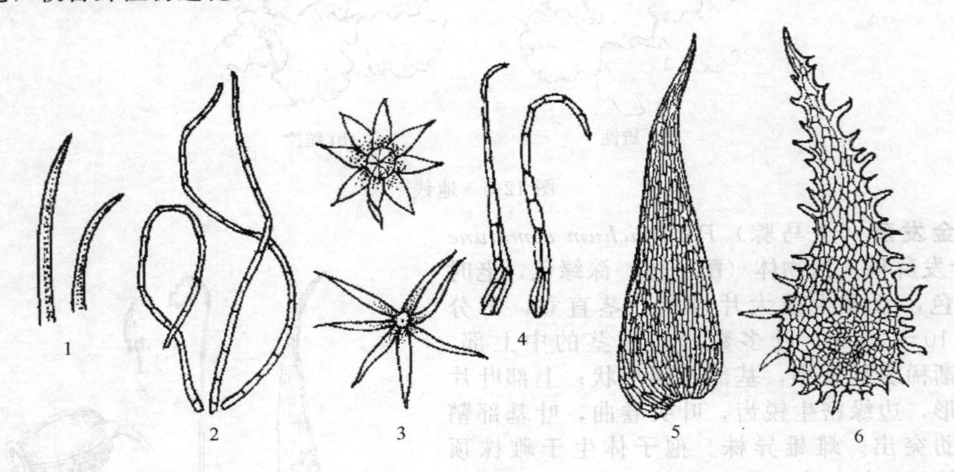

图 12-5　蕨类植物的毛茸和鳞片

1—单细胞毛；2—节状毛；3—星状毛；4—鳞毛；5—细筛孔鳞片；6—粗筛孔鳞片

③ 叶　多从根茎上长出，幼时大多呈拳曲状。分为小型叶和大型叶两类。小型叶较原始，如石松科、卷柏科等植物；大型叶有柄，叶脉多分枝，如真蕨类植物。叶根据功能又分孢子叶和营养叶。孢子叶是能产生孢子囊和孢子的叶，也称能育叶（图 12-6）；营养叶仅能进行光合作用，又称不育叶。

(2) 以孢子繁殖，孢子落地萌发成原叶体（配子体）。蕨类植物的配子体结构简单，为绿色叶状体，生活期短，能独立生活。其上产生颈卵器，精子具多数鞭毛，需借助水与卵细胞结合，受精卵在颈卵器内发育成胚，胚发育成孢子体（即常见的植物体）。

(3) 蕨类植物的孢子体和配子体均能独立生活（区别于苔藓植物和种子植物），具有明显的世代交替（图 12-7）。

(4) 蕨类植物的有性生殖过程离不开水，通常生长在森林下层的阴暗而潮湿的环境里，少数耐旱的种类能生长于干旱荒坡、路旁及房前屋后。

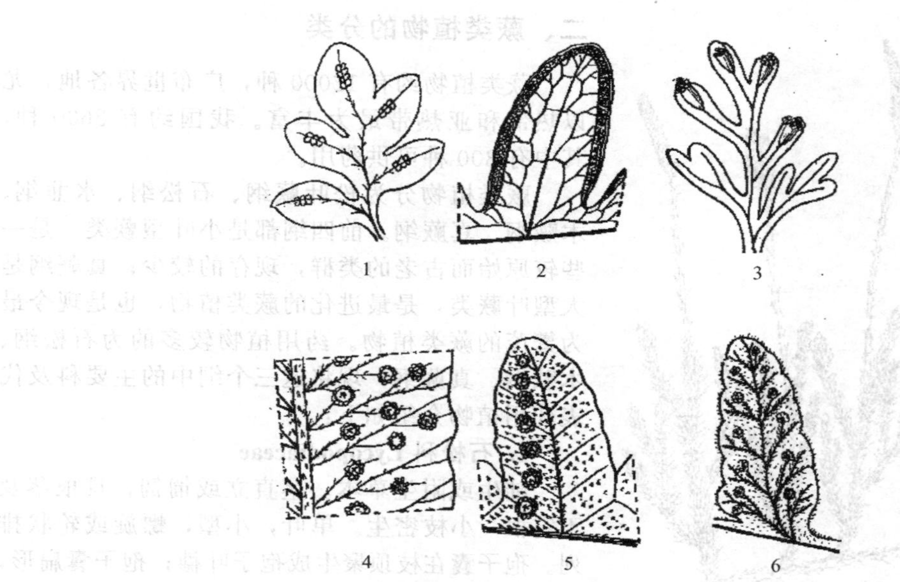

图 12-6　蕨类植物孢子囊群的类型

1—无盖孢子囊群；2—边生孢子囊群；3—顶生孢子囊群；4—有盖孢子囊群；
5—脉背生孢子囊群；6—脉端生孢子囊群

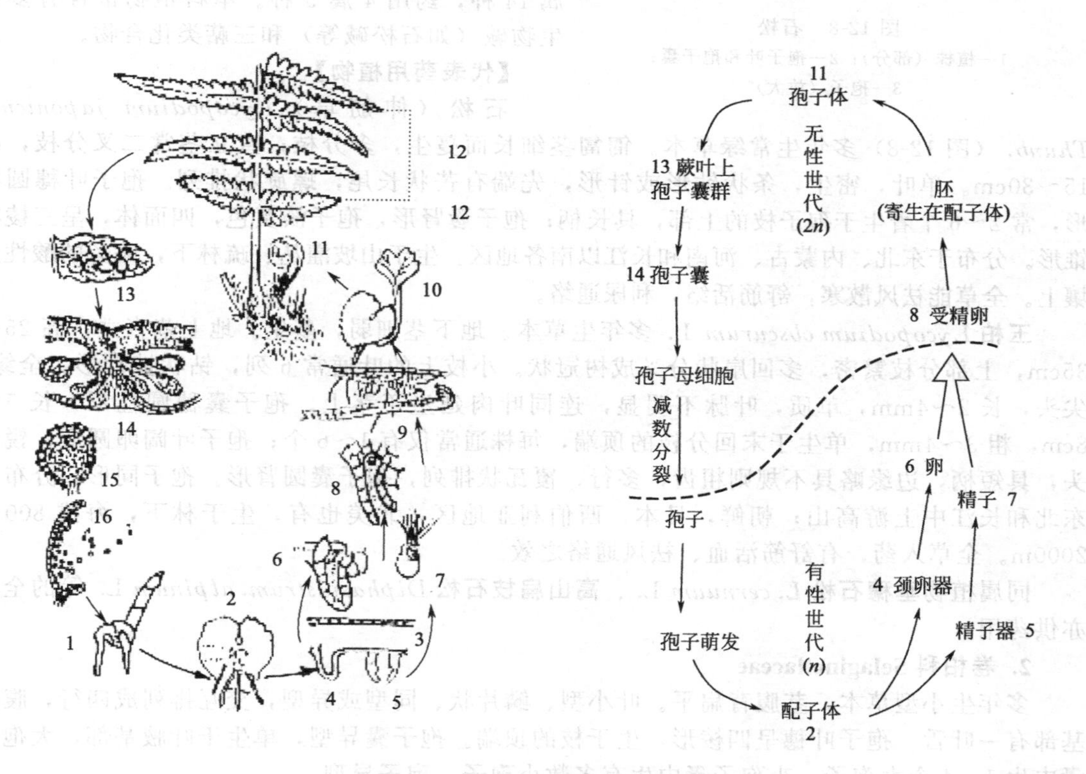

图 12-7　蕨类植物的生活史

1—孢子的萌发；2—配子体；3—配子体切面；4—颈卵器；5—精子器；6—雌配子（卵）；
7—雄配子（精子）；8—受精作用；9—合子发育成幼孢子体；10—新孢子体；
11—孢子体；12—蕨叶（部分）；13—蕨叶上孢子囊群；14—孢子囊群切面；
15—孢子囊；16—孢子囊开裂及孢子散出

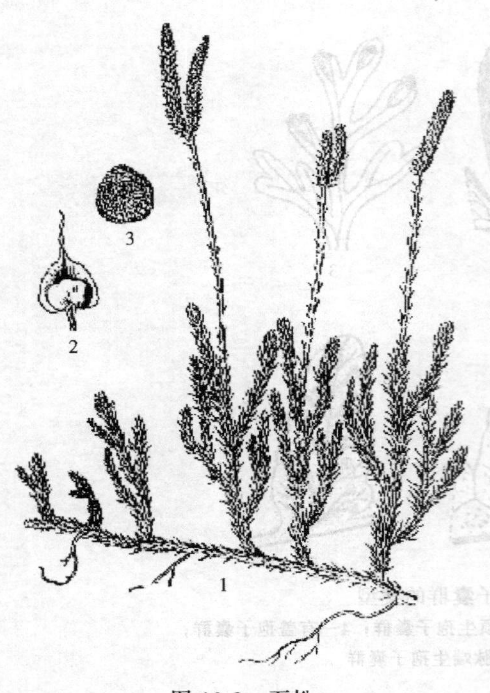

图 12-8　石松
1—植株（部分）；2—孢子叶和孢子囊；
3—孢子（放大）

二、蕨类植物的分类

蕨类植物约有12000种，广布世界各地，尤以热带和亚热带最为丰富。我国约有2600种，其中有300种可供药用。

蕨类植物分为松叶蕨纲、石松纲、水韭纲、木贼纲、真蕨纲。前四纲都是小叶型蕨类，是一些较原始而古老的类群，现存的较少；真蕨纲是大型叶蕨类，是最进化的蕨类植物，也是现今最为繁茂的蕨类植物。药用植物较多的为石松纲、木贼纲、真蕨纲，现将这三个纲中的主要科及代表药用植物介绍如下：

1. 石松科 Lycopodiaceae

陆生或附生草本。茎直立或匍匐，具根茎及不定根，小枝密生。单叶，小型，螺旋或轮状排列。孢子囊在枝顶聚生成孢子叶穗；孢子囊扁形，孢子为球状四面体，外壁具网状纹理。

本科有9属60余种，分布甚广。我国有5属14种，药用4属9种。本科植物常含有多种生物碱（如石松碱等）和三萜类化合物。

【代表药用植物】

石松（伸筋草）*Lycopodium japonicum* *Thunb*.（图12-8）多年生常绿草本。匍匐茎细长而蔓生，多分枝；直立茎常二叉分枝，高15～30cm。单叶，密生，条状钻形或针形，先端有芒状长尾，螺旋状排列。孢子叶穗圆柱形，常2～6个着生于孢子枝的上部，具长柄；孢子囊肾形，孢子淡黄色，四面体，呈三棱状锥形。分布于东北、内蒙古、河南和长江以南各地区。生于山坡灌丛、疏林下，路旁的酸性土壤上。全草能祛风散寒，舒筋活络，利尿通络。

玉柏 *Lycopodium obscurum* L. 多年生草本。地下茎细弱，蔓生。地上茎直立，高25～35cm，上部分枝繁密，多回扇状分叉成树冠状。小枝上的叶通常6列，钻状披针形，全缘，尖头，长2～4mm，革质，叶脉不明显，连同叶肉延生于茎上。孢子囊穗圆柱形，长5～8cm，粗3～4mm，单生于末回分枝的顶端，每株通常仅有1～6个；孢子叶阔卵圆形，锐尖头，具短柄，边缘略具不规则粗齿，多行，覆瓦状排列，孢子囊圆肾形。孢子同形。分布于东北和长江中上游高山；朝鲜，日本，西伯利亚地区，北美也有。生于林下，海拔800～2000m。全草入药，有舒筋活血、祛风通络之效。

同属植物**垂穗石松** *L. cernuum* L.、**高山扁枝石松** *Diphasiastrum. alpinum* L. 等的全草亦供药用。

2. 卷柏科 Selaginellaceae

多年生小型草本，茎腹背扁平。叶小型、鳞片状、同型或异型，交互排列成四行，腹面基部有一叶舌。孢子叶穗呈四棱形，生于枝的顶端。孢子囊异型，单生于叶腋基部，大孢子囊内生1～4个大孢子，小孢子囊内生有多数小孢子。孢子异型。

本科仅有1属，约700种，主要分布于热带、亚热带。我国约有50余种，药用25种。本科植物体内大多含有双黄酮类化合物。

【代表药用植物】

卷柏 *Selaginella tamariscina*（Beauv.）Spring（图12-9）多年生常绿旱生草本，植物

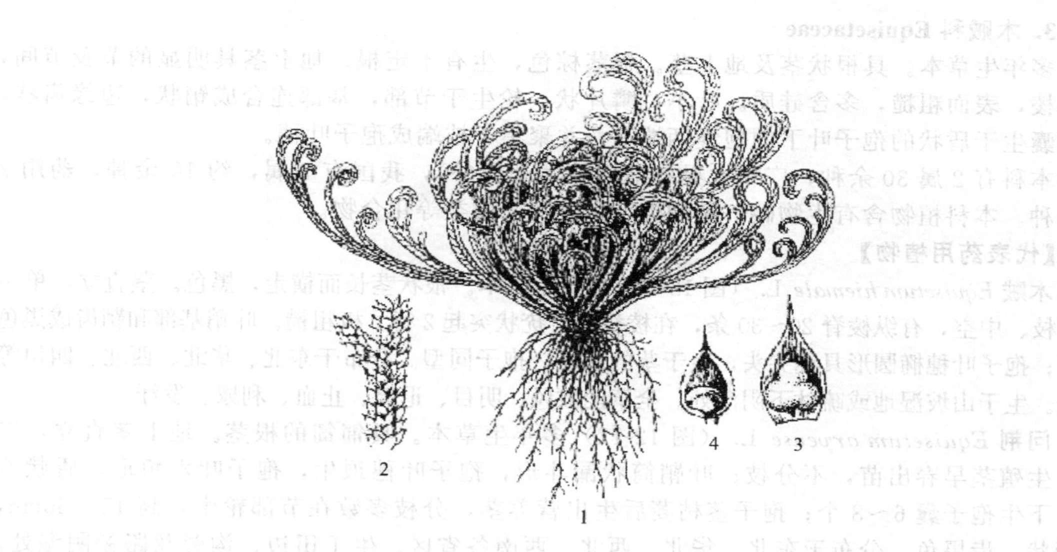

图 12-9 卷柏

1—植株全形；2—分枝一段，示中叶及侧叶；3—大孢子叶和大孢子囊；4—小孢子叶和小孢子囊

体呈莲座状，高 15～30cm。主茎短，直立，小枝生于茎的顶端，枝扁平，干旱时向内缩卷成拳状。叶鳞片状，排成四行，边缘两行较大，称侧叶（背叶），中央两行较小，称中叶（腹叶）。孢子叶穗生于枝顶，四棱形、孢子囊圆肾形。二型，孢子有大小之分。分布于全国各地。生于干旱的岩石上及石缝中。全草生用活血通经；炒碳用化瘀止血。

翠云草（蓝地柏、绿绒草、龙须）*S. uncinata*（Desv.）Spring（图 12-10）主茎伏地蔓生，长 30～60cm，禾秆色，有棱，分枝处常生不定根，叶卵形，短尖头，二列疏生；侧枝通常疏生，多回分叉，基部有不定根；营养叶二型，背腹各二列，腹叶（中叶）长卵形，渐尖头，全缘，交互疏生，背叶矩圆形，短尖头，全缘，向两侧平展。孢子囊穗四棱形；孢子叶卵状三角形，龙骨状，长渐尖头，全缘，四列，覆瓦状排列，孢子囊卵形。孢子二型。分布于浙江、福建、台湾、广东、广西、贵州、云南、四川和湖南。生于林下湿石上或石洞内，海拔 40～1000m。全草入药，有清热解毒、去湿、利尿、消炎、止血之效。

同属药用植物还有：垫状卷柏 *Selaginella puluinata*（Hook. et Grev.）Maxim 主茎有的从基部分枝，基部簇生须根，不呈棒状。小枝上腹叶并行，指向上方。全缘。

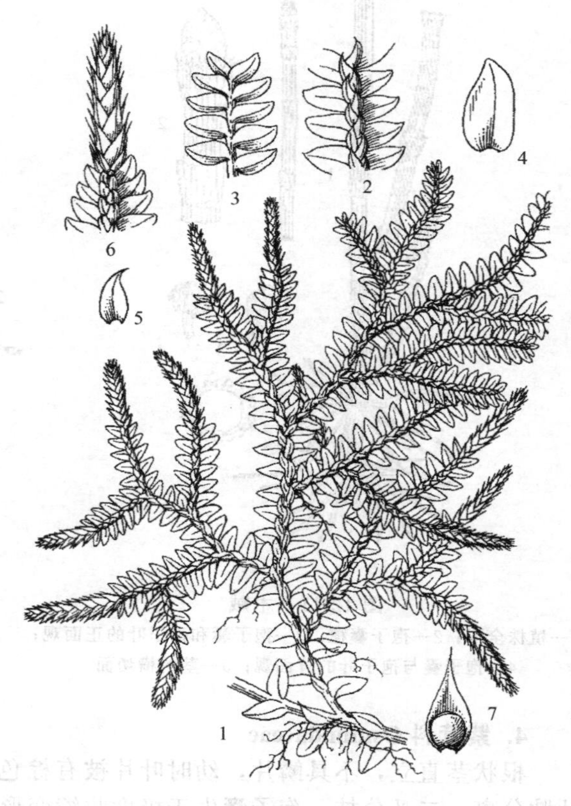

图 12-10 翠云草

1—植株；2—小枝一段（背面）；3—小枝一段（腹面）；4—侧叶；5—中叶；6—能育叶；7—孢子叶

3. 木贼科 Equisetaceae

多年生草本。具根状茎及地上茎。根茎棕色，生有不定根。地上茎具明显的节及节间，有纵棱，表面粗糙，多含硅质。叶小，鳞片状，轮生于节部，基部连合成鞘状，边缘齿状。孢子囊生于盾状的孢子叶下的孢囊柄端上，并聚集于枝端成孢子叶穗。

本科有 2 属 30 余种，广布世界各地（除大洋洲外），我国有 2 属，约 10 余种，药用 2 属 8 种。本科植物含有生物碱、黄酮类、皂苷、酚酸类等化合物。

【代表药用植物】

木贼 *Equisetum hiemale* L.（图 12-11）多年生草本。根状茎长而横走，黑色。茎直立，单一不分枝、中空，有纵棱脊 20～30 条，在棱脊上有疣状突起 2 行，极粗糙。叶鞘基部和鞘齿成黑色两圈；孢子叶穗椭圆形具钝尖头，生于茎的顶端；孢子同型。分布于东北、华北、西北、四川等省区。生于山坡湿地或疏林下阴湿处。全草能散风、明目、退翳、止血、利尿、发汗。

问荆 *Equisetum arvense* L.（图 12-12）多年生草本。具匍匐的根茎。地上茎直立，二型。生殖茎早春出苗，不分枝；叶鞘筒状漏斗形，孢子叶穗顶生，孢子叶六角形，盾状着生，下生孢子囊 6～8 个；孢子茎枯萎后生出营养茎，分枝多数在节部轮生，高 15～60cm，叶鞘状，齿黑色。分布于东北、华北、西北、西南各省区。生于田边、沟旁及路旁阴湿处。全草能利尿、止血、清热、止咳。

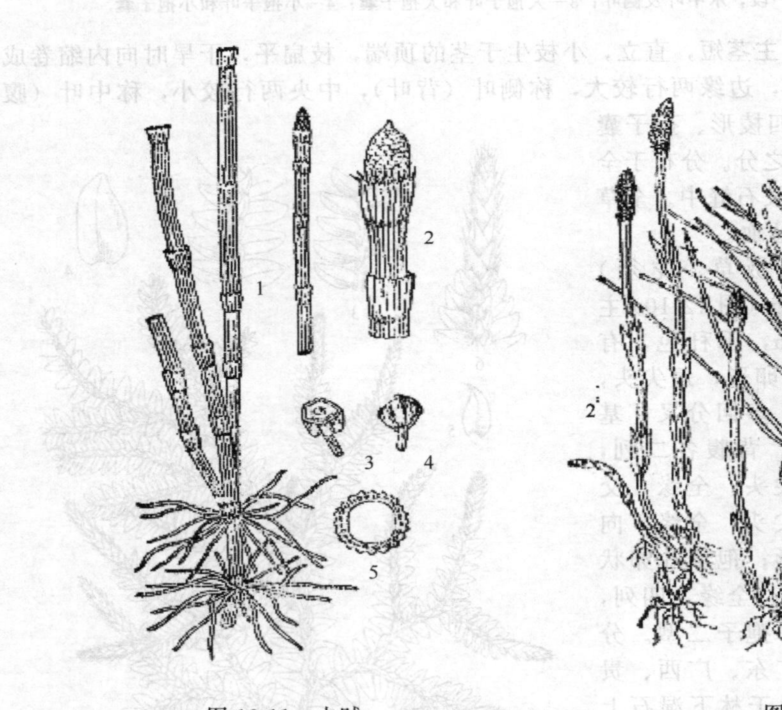

图 12-11 木贼

1—植株全形；2—孢子囊穗；3—孢子囊和孢子叶的正面观；4—孢子囊与孢子叶的背面观；5—茎的横切面

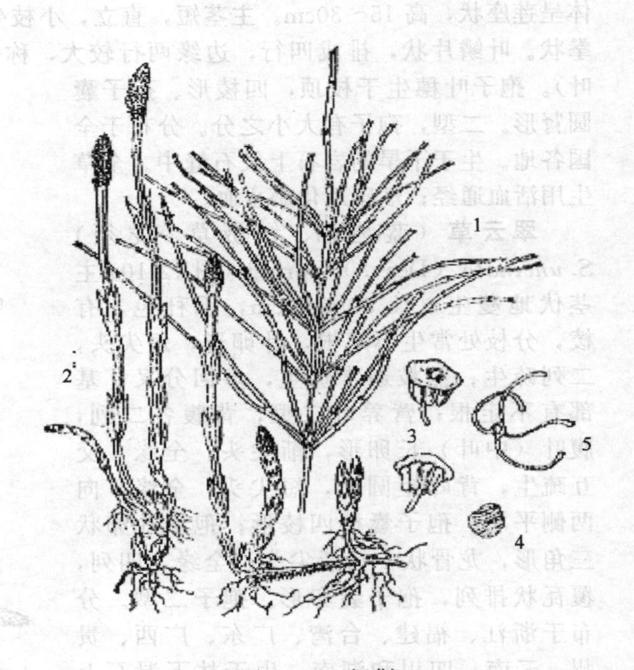

图 12-12 问荆

1—营养茎；2—孢子茎；3—孢子囊托；4—孢子，示弹丝收卷；5—孢子，示弹丝松展

4. 紫萁科 Osmundaceae

根状茎直立，不具鳞片，幼时叶片被有棕色腺状绒毛，老时脱落，叶簇生，羽状复叶，叶脉分离，二叉分枝。孢子囊生于极度收缩变形的孢子叶羽片边缘，孢子囊顶端有几个增厚的细胞，为未发育的环带，纵裂，无囊群盖。孢子圆球状四面形。

本科有 5 属 22 种，分布于温带、热带，我国有 1 属约 9 种，药用 1 属 6 种。

【代表药用植物】

紫萁 *Osmunda japonica* Thunb. 多年生草本。植株高50～100cm。根茎短，块状，有残存叶柄，无鳞片。叶簇生，二型，幼时密被绒毛，营养叶三角状阔卵形，顶部以下二回羽状，小羽片披针形至三角状披针形，先端稍钝，基部圆楔形，边缘具细锯齿，叶脉叉状分离。孢子叶的小羽片极狭，卷缩成线形，沿主脉两侧密生孢子囊，成熟后枯死。有时在同一叶上生有营养羽片和孢子羽片。根茎入药作"贯众"用，具清热解毒，祛瘀杀虫，止血作用。

5. 海金沙科 Lygodiaceae

多年生攀援植物。根茎匍匐或上升，叶轴细长，缠绕攀援，羽片一至二回二叉状或一至二回羽状复叶，生于上部。孢子囊生于能育叶羽片边缘的小脉顶端，孢子囊有纵向开裂的顶生环带。孢子四面形。

本科有1属45种。分布于热带和亚热带。我国约有10种，药用5种。

【代表药用植物】

海金沙 *Lygodium japonicum* (Thunb.) Sw.（图12-13）攀援草质藤本。根茎横走，生有黑褐色节毛。叶对生于茎上的短枝两侧，二型，连同叶轴和羽轴均有疏短毛，孢子囊穗生于孢子叶羽片的边缘，暗褐色；孢子三角状圆锥形，表面有疣状突起。分布于长江流域及南方各省区。多生于山坡林边、溪边、路旁灌丛中。孢子能清利湿热、通淋止痛，全草能清热解毒。

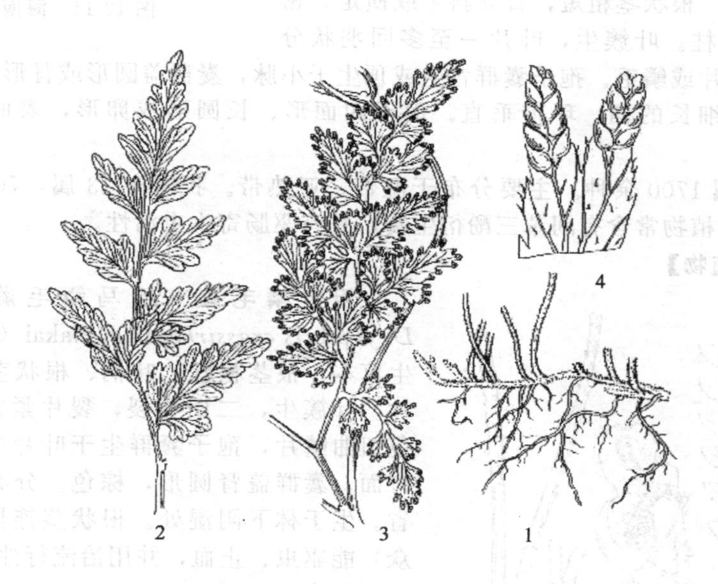

图12-13　海金沙

1—地下茎；2—不育叶（营养叶）；3—地上茎及孢子叶；4—孢子叶囊穗（放大）

海南海金沙 *L. comforme* C. Chr.（图12-14）多年生攀援草质藤木，高5～6m。茎粗3mm，有短距，相距约26cm。叶二型，厚纸质，无毛；不育叶生于茎的下部，掌状深裂，裂片披针形，长17～22cm，宽1.8～2.5cm，叶边全缘，有软骨质狭边，干后向下面反卷。能育叶生于茎的上部，通常二叉掌状深裂，裂片同形，长20～30cm，宽2～2.6cm，孢子囊穗排列紧密，长2～5mm，成熟时褐棕色。分布于广东、广西、贵州和云南南部；越南也有。全草能清热利尿。

同属植物**掌叶海金沙** *L. digitatum* Presl 及**小叶海金沙** *L. scandens* (L.) Sw. 等亦供药用。

6. 蚌壳蕨科 Dicksoniaceae

大型树状蕨类。常有粗壮的主干，或主干短而平卧，密被金黄色长柔毛，无鳞片。叶丛生，有粗长的柄，叶片大，三至四回羽状，革质；叶脉分离。孢子囊群生于叶背边缘，囊群盖两瓣开裂形如蚌壳状，革质。孢子囊梨形，有柄，环带稍斜生。孢子四面形。

本科有5属40余种，分布于热带及南半球，我国仅1属2种。

【代表药用植物】

金毛狗脊 *Cibotium barometz*（L.）J. Sm.（图12-15）植株呈树状，高达2～3m；根状茎粗壮，木质，密生金黄色具光泽的长柔毛。叶簇生，叶柄长，叶片三回羽状分裂，末回小羽片狭披针形，革质；孢子囊群生于小脉顶端，每裂片1～5对，囊群盖两瓣，成熟时似蚌壳。分布于我国南方及西南省区。生于山脚沟边及林下阴湿处酸性土壤中。根茎（狗脊）能补肝肾，强腰脊，祛风湿。

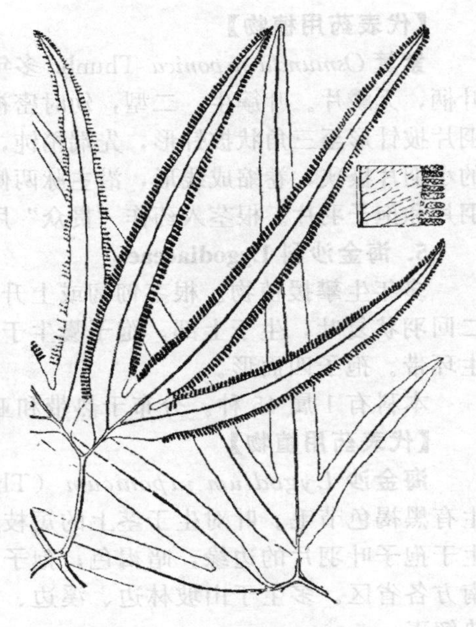

图12-14 海南海金沙

7. 鳞毛蕨科 Dryopteridaceae

多年生草本。根状茎粗短，直立斜生或横走，密被鳞片，网状中柱。叶簇生，叶片一至多回羽状分裂，叶柄多被鳞片或鳞毛。孢子囊群背生或顶生于小脉，囊群盖圆形或肾形，有时无盖。孢子囊扁圆形，具细长的柄，环带垂直。孢子四面形、长圆形或卵形，表面有疣状突起或具刺。

本科有20属1700余种。主要分布于温带、亚热带。我国有13属，700余种，药用5属，59种。本科植物常含有间苯三酚衍生物，具有驱肠寄生虫活性。

【代表药用植物】

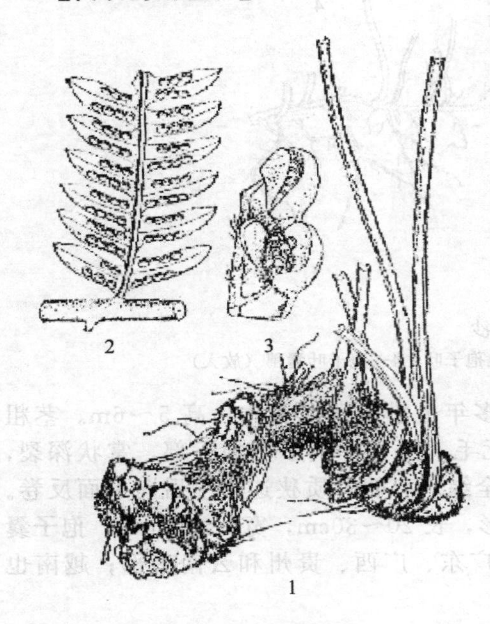

图12-15 金毛狗脊

1—根茎及叶柄的一部分；2—羽片的一部分，示孢子囊群着生部位；3—囊群及盖

粗茎鳞毛蕨（绵马鳞毛蕨，东北贯众）*Dryopteris crassirhizoma* Nakai（图12-16）多年生草本，根茎粗壮。叶柄、根状茎密生棕色大鳞片。叶簇生，二回羽裂，裂片紧密。叶轴具黄褐色扭曲鳞片，孢子囊群生于叶片中部以上的羽片背面，囊群盖肾圆形，棕色。分布于东北及河北省。生于林下阴湿处。根状茎连同叶柄残基（贯众）能驱虫、止血，并用治流行性感冒。

贯众 *Cyrtomium fortunei* J. Sm.（图12-17）多年生草本，高30～70cm。根状茎短。叶柄基部密生阔卵状披针形黑褐色大鳞片；叶一回羽状，簇生，羽片镰状披针形，基部上侧稍呈耳状突起，下部圆楔形；叶脉网状，有内藏小脉1～2条，沿叶轴及羽轴有少数纤维状鳞片。孢子囊群生于羽片下面，位于主脉两侧，各排成不整齐的3～4行；囊群盖大，圆盾形。根茎入药，含黄绵马酸。可驱虫，清热解毒，治感冒。

8. 水龙骨科 Polypodiaceae

附生或陆生。根状茎长而横走，被鳞片，常

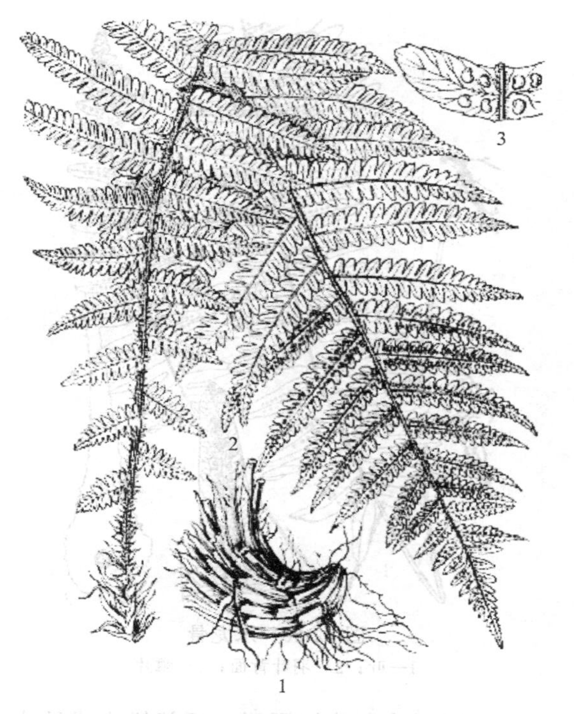

图 12-16 粗茎鳞毛蕨

1—根状茎；2—叶；3—羽片一部分，示孢子囊群

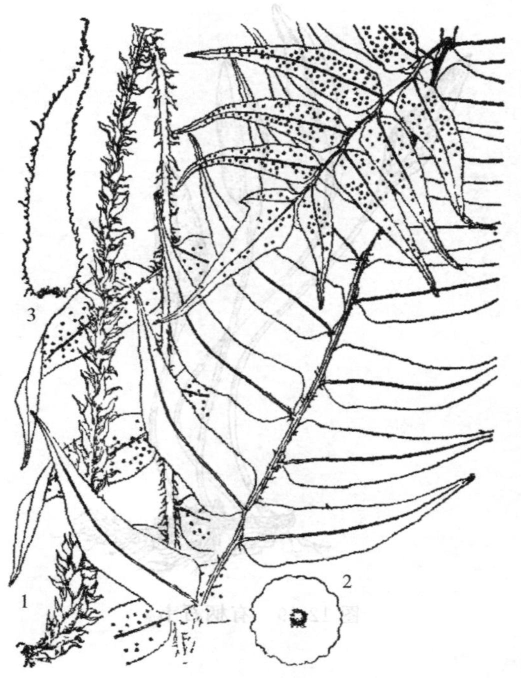

图 12-17 贯众

1—叶；2—囊群盖；3—鳞片

具粗筛孔。网状中柱。叶同型或二型；叶柄基部常具关节；单叶，全缘或分裂，或为一回羽裂；叶脉网状。孢子囊群圆形或线形，或有时布满叶背；无囊群盖；孢子囊梨形或球状梨形。孢子两面形，平滑或具小突起。

本科有 50 属 600 余种，主要分布于热带、亚热带，我国有 27 属，约 150 种，药用 18 属 86 种。

【代表药用植物】

石韦 *Pyrrosia lingua*（Thunb.）Farwell（图 12-18）多年生常绿草本。高 10～30cm。根状茎长而横走，密生褐色针形鳞片。叶远生，营养叶与孢子叶同形或略短而阔；叶片披针形至长圆状披针形，上面绿色，有凹点，下面密被灰棕色星状毛。孢子囊群在侧脉间紧密而整齐地排列，幼时为星状毛包被，成熟时露出。无囊群盖。分布于长江以南各省区，常附生于岩石或树干上。地上部分能利尿，通淋，清热止血。

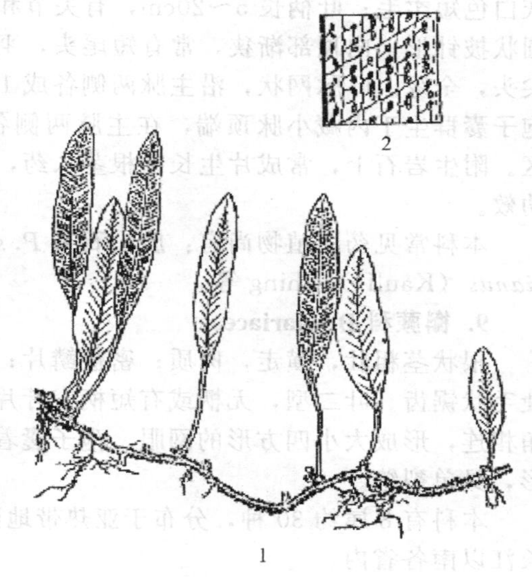

图 12-18 石韦

1—植株全形；2—叶片的一部分（放大），示孢子囊群托

有柄石韦 *P. petiolosa*（Christ.）Ching（图 12-19）多年生小草本，植株高 5～20cm。根状茎如粗铁丝，长而横走，密生鳞片，鳞片卵状披针形，边缘有锯齿。叶远生，二型，厚革质，上面无毛，有排列整齐的小凹点，下面密覆灰棕色星状毛，干后通常向上内卷几成筒状；不育叶长为能育叶的 1/2～2/3，同形，具短柄（和叶片等

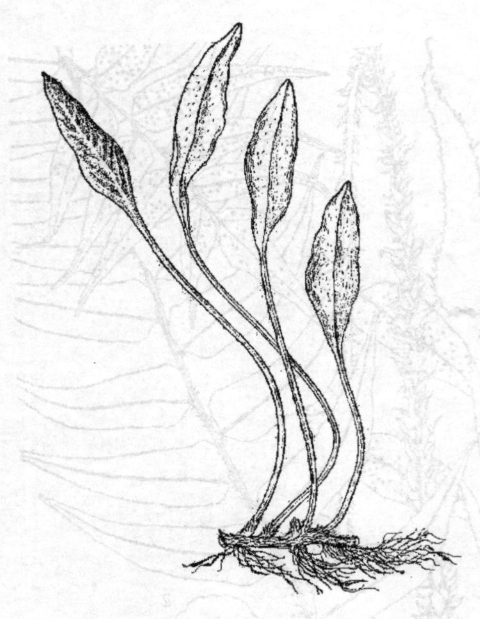

图 12-19　有柄石韦

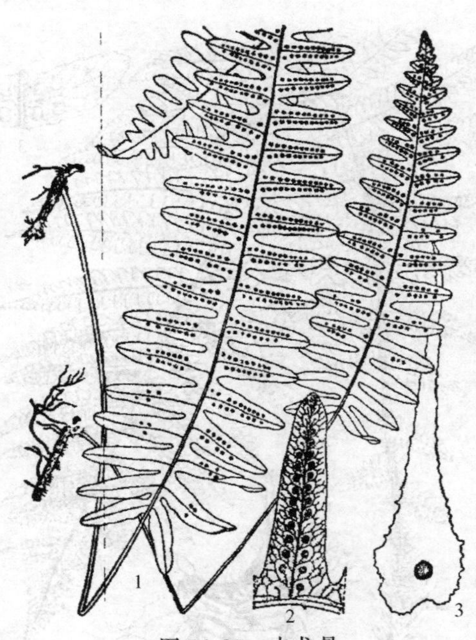

图 12-20　水龙骨

1—叶；2—羽叶背面；3—鳞片

长)；能育叶叶柄远长于叶片（长 3～12cm），叶片矩圆形或卵状矩圆形，顶部锐尖或钝头，基部略下延。叶脉不明显。孢子囊群成熟时满布叶片下面。广布于东北、华北、西北、西南和长江中下游各省。生于裸露干旱岩石上，海拔 250～2200m。全草有利尿、通淋、清湿热之效。

水龙骨（石蚕、石豇豆、青石莲）*Polypodium niponicum* Mett.（图 12-20）多年生草本，植株高 15～40cm。根状茎长而横走，黑褐色，通常光秃而带白粉，但顶部有鳞片，鳞片卵圆状披针形，长渐尖头，边缘有细锯齿，以基部盾状着生。叶远生，薄纸质，两面密生灰白色短柔毛；叶柄长 5～20cm，有关节和根状茎相连；叶片长 10～20cm，宽 4～8cm，矩圆状披针形，向顶部渐狭，常有短尾头，羽状深裂几达叶轴；裂片长 2～3.5cm，钝头或短尖头，全缘。叶脉网状，沿主脉两侧各成 1 行网眼，有内藏小脉 1 条，网眼外的小脉分离。孢子囊群生于内藏小脉顶端，在主脉两侧各排成整齐的 1 行，无盖。广布于长江以南各省区。附生岩石上，常成片生长。根茎入药，具清热解毒，平肝明目，祛风利湿，止咳止痛的功效。

本科常见药用植物尚有：**庐山石韦** *P. sheareri*（Bak.）Ching、**瓦韦** *Lepisorus thunbergianus*（Kaulf.）Ching 等。

9. 槲蕨科 Drynariaceae

根状茎粗壮，横走，肉质；密被鳞片；鳞片棕褐色，大而狭长，基部盾状着生，边缘有睫毛状锯齿。叶二型，无柄或有短柄，叶片大，深羽裂；叶脉粗而明显，一至三回彼此以直角相连，形成大小四方形的网眼。孢子囊着生于小网眼内，无囊群盖。孢子两侧对称，椭圆形，具单裂缝。

本科有 8 属约 30 种，分布于亚热带地区。我国有 3 属约 14 种，药用 2 属 7 中，分布于长江以南各省内。

【代表药用植物】

槲蕨 *Drynaria fortunei*（Kze.）J. Sm.（图 12-21）常绿多年生草本，高 20～40cm，附生于岩石或树干上。根状茎粗壮，肉质，长而横走，密生钻状披针形鳞片，边缘睫毛状。

叶二型；营养叶短小，无柄，黄绿色或枯黄色，卵形或卵圆形，边缘粗浅裂，似槲树叶。孢子叶绿色，长椭圆形，羽状深裂，基部裂片缩短成耳状；叶柄短，有翅。孢子囊群圆形，生于叶背主脉两侧，各排 2～4 行，无囊群盖。分布于西南、中南地区及江西、浙江、福建、台湾等省。根状茎（骨碎补）能补肾强骨，续伤止痛。

中华槲蕨 *D. baronii* (Christ) Diels（图 12-22）多年生草本，植株高 15～50cm。根状茎肉质，粗肥，横走，密生钻状披针形有睫毛的鳞片。叶二型，纸质，沿叶轴和叶脉多少有短毛；不育叶稀少，淡棕色或绿棕色，无柄，矩圆披针形，深羽裂；能育叶具有狭翅的柄，基部有关节，叶片阔披针形，长 18～40cm，中部宽 6～10cm，深羽裂几达叶轴；裂片宽5～15mm，钝尖头，边缘有缺刻状锯齿。叶脉明显，网眼不规则。孢子囊群在主脉两侧各有 1 行，无盖。分布于陕西、甘肃、四川、云南西北部和西藏东部。生于高山地带的石上或树上。根状茎入药，补肾坚骨，活血止痛。

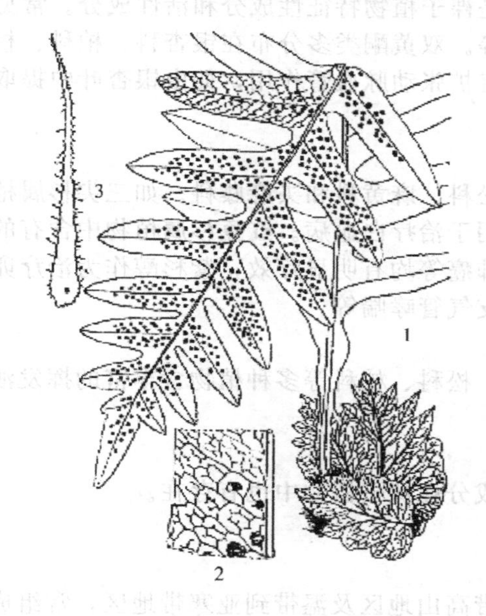

图 12-21 槲蕨

1—植株全形；2—叶片的一部分，示叶脉及孢子囊群位置；3—地上茎的鳞片

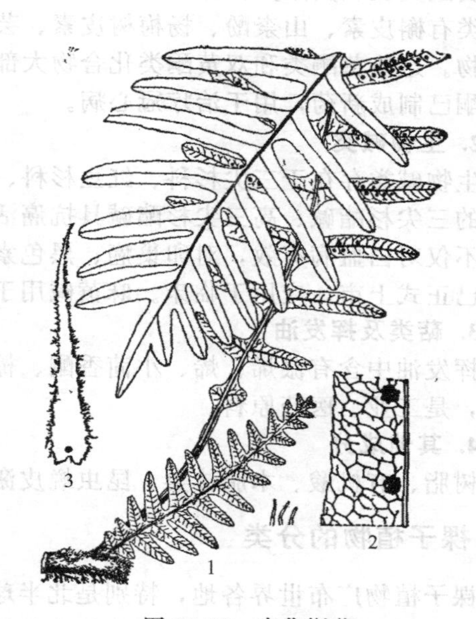

图 12-22 中华槲蕨

1—叶；2—羽叶背面；3—鳞片

第三节 裸子植物门 Gymnospermae

裸子植物门是一类保留着颈卵器，又能产生种子的维管植物。是介于蕨类植物和被子植物之间的一类维管植物。裸子植物广布全世界，在北半球，常组成大面积原始森林。大多数是林业生产的主要用材树种，也有很多种可以入药和食用。如苏铁叶和种子，银杏叶和种子，松的花粉、叶、节，麻黄的茎和叶，侧柏嫩枝叶及种仁等。

一、裸子植物的主要特征

（一）形态特征

（1）植物体（孢子体）发达。乔木、灌木或亚灌木及藤本，大多数常绿（仅银杏、金钱松少数种落叶）；茎内维管束环状排列，有形成层及次生生长，但木质部仅有管胞（麻黄科、买麻藤科有导管），韧皮部有筛胞而无伴胞。叶常为针形、条形、鳞片形，极少呈阔叶。

（2）胚珠裸露，产生种子。花被常缺少（买麻藤纲有假花被）；雄蕊聚生成小孢子叶球

(雄球花)；雌蕊的心皮不包卷形成子房，丛生或聚生成大孢子叶球（雌球花）。

(3) 配子体非常退化，完全寄生在孢子体上。萌发后的花粉粒为雄配子体，胚囊及胚乳为雌配子体。

(4) 花粉粒产生花粉管，受精作用彻底摆脱了水的束缚。

(5) 具多胚现象。一个雌配子体上的几个或多个颈卵器的卵细胞同时受精，形成多胚（简单多胚），或由一个受精卵在发育过程中，发育成原胚，再由原胚组织分裂为几个胚而形成多胚（裂生多胚）。子叶 2 至多枚。

(二) 裸子植物的化学成分

裸子植物的化学成分较多，主要有以下几类。

1. 黄酮类

黄酮类及双黄酮类在裸子植物中普遍存在，是裸子植物特征性成分和活性成分。常见的黄酮类有槲皮素、山柰酚、杨梅树皮素、芸香苷等。双黄酮类多分布在银杏科、柏科、杉科等植物。这些黄酮类和双黄酮类化合物大部分具有扩张动脉血管作用，如由银杏叶中提取的总黄酮已制成新药，用于治疗冠心病。

2. 生物碱类

生物碱类存在于三尖杉科、红豆杉科、罗汉松科、麻黄科和买麻藤科。如三尖杉属植物含有的三尖杉酯碱、高三尖杉酯碱具抗癌活性，用于治疗白血病。红豆杉属植物中含有的紫杉醇不仅对白血病有效，对卵巢癌、黑色素瘤、肺癌等均有明显疗效，紫杉醇作为治疗卵巢癌药已正式上市，应用于临床。麻黄碱用于治疗支气管哮喘等。

3. 萜类及挥发油

挥发油中含有蒎烯、烯、小茴香酮、樟脑等。松科、柏科等多种植物含丰富的挥发油及树脂，是工业、医药原料。

4. 其他成分

树脂、有机酸、木脂体类、昆虫蜕皮激素等成分在裸子植物中也有存在。

二、裸子植物的分类

裸子植物广布世界各地，特别是北半球亚热带高山地区及温带到亚寒带地区，常组成大面积的森林，原始森林多由裸子植物中的松、杉、柏类树种所组成，因此裸子植物有“原始森林之母”的称号。现代生存的裸子植物有 5 纲 9 目 12 科 71 属，约 800 种。其中中国占 300 多种，共 5 纲，8 目，11 科，41 属（其中有 1 科，7 属，51 种为引种栽培种）。我国裸子植物资源丰富，其中有许多种类是中国特产种或称第三纪孑遗植物，或称“活化石”植物，如银杏、金钱松、侧柏、水杉、银杉、水松等。

裸子植物分纲检索表

1. 花无假花被；茎的次生木质部无导管；乔木和灌木。
  2. 叶为大型羽状复叶，聚生于茎顶；茎不分枝 ………………………………… 苏铁纲
  2. 叶为单叶，不聚生于茎顶端；茎有分枝。
    3. 叶扇形，有二叉状脉序；精子多纤毛 ………………………………… 银杏纲
    3. 叶针状或鳞片状，无二叉状脉序，精子无纤毛。
      4. 大孢子叶两侧对称，常集成球果状；种子有翅或无翅 ……………………… 松柏纲
      4. 大孢子叶特化为鳞片的珠托或套被，不形成球果；种子有肉质的假种皮 ……… 红豆杉纲
1. 花有假花被；茎的次生木质部有导管；亚灌木或木质藤本 ………………………… 买麻藤纲

现将裸子植物中药用植物较多的科和代表药用植物介绍如下。

1. 苏铁科 Cycadaceae

常绿木本植物，茎单一，粗壮，常不分枝。叶大，多为羽状复叶，革质，集生于树干上

部，呈棕榈状。雌雄异株。小孢子叶球（雄球花）为一木质化的长形球花，由无数小孢子叶（雄蕊）组成。小孢子叶鳞片状或盾状，下面生无数小孢子囊（花药），小孢子（花粉粒）发育所产生的精子先端具多数纤毛。大孢子叶球由许多大孢子叶组成，丛生茎顶。大孢子叶中上部扁平羽状，中下部柄状，边缘生2～8个胚珠，或大孢子叶呈盾状而下面生一对向下的胚珠。种子核果状，有三层种皮：外层肉质甚厚，中层木质，内层薄纸质。种子“胚乳”丰富，胚具2枚。染色体：X=11。

本科现有9属110余种。我国已知苏铁属，8种，药用4种，分布于西南、东南、华东等地区。

【代表药用植物】

图12-23　苏铁
1—植株全形；2—小孢子叶；3—花药；4—大孢子叶

苏铁 *Cycas revoluta* Thunb.（图12-23）也称铁树，常绿乔木。树干圆柱形；羽状复叶螺旋状排列，聚生于茎顶；小叶片100对左右，条形，革质。雌雄异株。雄球花圆柱形，花药通常3～5个聚生；大孢子叶密被淡黄色绒毛，丛生于茎顶，上部羽状分裂，每一大孢子叶下部两侧各生1～5枚近球形的胚珠。种子核果状，成熟时橙红色。产于台湾、福建、广东、云南及四川等省区。各地多做观赏树种栽培。茎髓富含淀粉，可供食用，种子含油和丰富淀粉，供食用和药用。种子能理气止痛，益肾固精；叶收敛止血、止痢；根祛风活络，补肾。

2. 银杏科 Ginkgoaceae

落叶大乔木。树干端直，有长、短枝之分。单叶，扇形，有长柄，顶端2浅裂；叶脉二叉状分枝；长枝上的叶螺旋状排列，短枝上的叶簇生。球花单性异株，分别生于短枝上；雄球花成柔荑花序状，雄蕊多数，具短柄，花药2室；球花具长梗，顶端二叉状，大孢叶特化成一环状突起，称珠领，也叫珠座，在珠领上生一对裸露的直立胚珠。种子核果状，椭圆形或近球形；外种皮肉质，成熟时橙黄色，外被白粉，味臭；“胚乳”丰富，胚具2枚子叶。染色体：X=12。仅1属1种和多个变种。我国特产，现普遍栽培。主产于四川、河南、湖北、山东、辽宁等省。

【代表药用植物】

银杏 *Ginkgo biloba* L.（图12-24）又称公孙树、白果树，形态特征与科的特征相同。银杏为我国特产的中生代孑遗植物。种子（白果）有敛肺、定喘、止带、涩精功能。银杏叶中含多种黄酮及双黄酮，有扩张动脉血管的作用，用于治疗冠心病、脉管炎、高血压等，对老年痴呆也有较好疗效。根益气补虚，治白带、遗精。

3. 松科 Pinaceae

常绿或落叶乔木，稀灌木，多含树脂。叶针形或条形，在长枝上螺旋状散生，在短枝上簇生，基部有叶鞘包被。花单性，雌雄同株；雄球花穗状，雄蕊多数，各具2药室，花粉粒多数，有气囊；雌球花由多数螺旋状排列的珠鳞与苞鳞（苞片）组成，珠鳞与苞鳞分离，在珠鳞上面基部有两枚胚珠。花后珠鳞增大称为种鳞，球果直立或下垂，成熟时种鳞成木质或革质，每个种鳞上有种子2粒。种子多具单翅，稀无翅，有胚乳，胚具子叶2～16枚。染色体：X=12、13、22。

共10属230余种。广泛分布于世界各地，多产于北半球。我国有10属约113种，药用

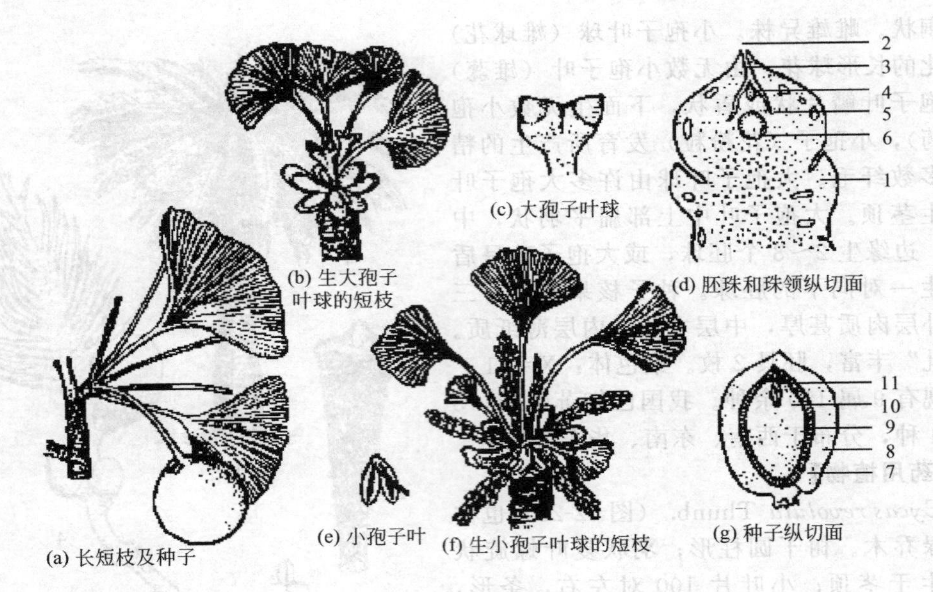

图 12-24 银杏

1—珠领；2—珠被；3—珠孔；4—花粉室；5—珠心；6—雌配子体；7—外种皮；8—中种皮；9—内种皮；10—胚乳；11—胚

8 属 48 种。分布于全国各地。绝大多数种类是森林和用材树种。本科植物多含树脂及挥发油，尚含双黄酮类、生物碱、多元醇和鞣质等。

【代表药用植物】

马尾松 *Pinus massoniana* Lamb. 常绿乔木。树皮上部红褐色，下部灰褐色，一年生小枝淡黄褐色，无毛。叶二针一束，细柔，长 12～20cm。花单性同株。雄球花淡红褐色，聚生于新枝下部；雌球花淡紫红色，常 2 个生于新枝顶端。球果卵圆形或圆锥状卵形。分布于长江流域各省区。生于阳光充足的丘陵山地酸性土壤。花粉能燥湿、收敛、止血；松香（树干的油树脂除去挥发油后留存的固体树脂）能燥湿祛风、生肌止痛；松节（松树的瘤状节）能祛风燥湿、活络止痛；树皮能收敛生肌；松叶能明目安神、解毒。

图 12-25 油松

1—球果枝；2,3—种鳞背腹面

油松 *Pinus tabulaeformis* Carr.（图 12-25）常绿乔木，枝条平展或向下伸，树冠近平顶状。叶二针一束，粗硬，长 10～15cm，叶鞘宿存。球果卵圆形，熟时不脱落，在枝上宿存，暗褐色，种鳞的鳞盾肥厚，鳞脐凸起有尖刺。种子具单翅。分布于辽宁、内蒙古（阴山和大青山）、河北、山东、河南、山西、陕西、甘肃、青海（祁连山）和四川北部，为荒山造林树种。枝干的结节称松节，有祛风、燥湿、舒筋、活络功能；树皮能收敛生肌；叶能祛风、活血、明目安神、解毒止痒；松球（成熟的松球果）治风痹、肠燥便秘、痔疾；花粉（松花粉）能收敛、止血；松香能燥湿、祛风、排脓、生肌止痛。

同属植物入药的还有：**红松** *P. koraiensis* Sieb. et Zucc. 叶 5 针一束，树脂道 3 个，中生。球果很大，种鳞先端反卷。种子（松子）可食用。分布于我国东北小兴安岭及长白山地区。**云南松** *P. yun-nan ensis* Franch. 叶3针一束，柔软下垂，树脂道4～6个，中生或边生。分布于我国西南地区。

金钱松 *Pseudolarix kaemoferi* Gord. 落叶乔木。叶条形，柔软。在长枝上螺旋状散生，短枝上簇生，秋后叶金黄色。雌雄同株，球花生于短枝顶端，苞鳞较珠鳞大，球果当年成熟，熟时种子与种鳞一同脱落，种子具宽翅。我国特有种。分布于长江中下游各省温暖地带。生于温暖、土层深厚的酸性土山区。树皮或根皮入药，称土槿皮，治顽癣和食积等症。

4. 柏科 Cupressaceae

常绿乔木或灌木。叶交互对生或3～4片轮生，鳞片状或针形，或同一树上兼有两型叶。球花小，单性，同株或异株；雄球花单生于枝顶，椭圆状卵形，有3～8对交互对生的雄蕊，每雄蕊有2～6花药；雌球花球形，由3～16枚交互对生或3～4枚轮生的珠鳞。珠鳞与下面的苞鳞合生，每珠鳞有1至数枚胚珠。球果圆球形、卵圆形或长圆形、熟时种鳞木质或革质，开展或有时为浆果状不开展，每个种鳞内面基部有种子1至多粒。种子有翅或无翅，具“胚乳”。胚有子叶2枚，稀为多枚。染色体：X=11。

本科有22属，约150种。分布于南北两半球。我国有8属近29种，分布于全国各地，药用6属20种。多为优良木材树种，庭园观赏树木。本科植物含有挥发油、树脂，也含有双黄酮类化合物。

【代表药用植物】

侧柏 *Platycladus orientalis* (L.) Franco（图12-26）常绿乔木，小枝扁平，排成一平面，直展。叶鳞形，交互对生，贴伏于小枝上。球花单性，同株。雄球花黄绿色，具6对交互对生雄蕊；雌球花近球形，蓝绿色，有白粉，具4对交互对生的珠鳞，仅中间2对各生1～12枚胚珠。球果成熟时开裂；种鳞木质、红褐色、扁平，背部近顶端具反曲的钩状尖头。种子无翅或有极窄翅。我国特产，除新疆、青海外，分布遍及全国，为常见的园林、造

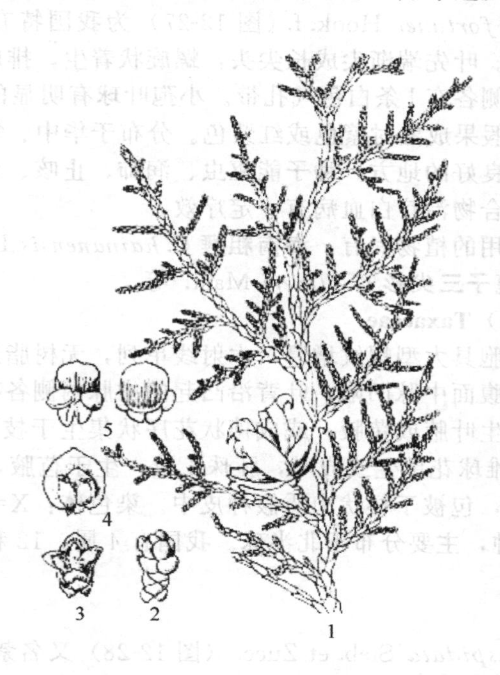

图12-26 侧柏

1—着果的枝；2—雄球花；3—雌球花；4—雄蕊的内面；5—雄蕊的内面及外面

林树种，枝叶入药称侧柏叶，能收敛、止血、利尿、健胃、解毒、散瘀；种仁入药称柏子仁，有滋补、强壮、安神、润肠之效。

图 12-27 三尖杉

1—着生种子的枝；2—雌球花；3—雄蕊；4—幼枝及雌球花

5. 三尖杉科（粗榧科）Cephalotaxaceae

常绿乔木或灌木，髓心中部具树脂道。小枝对生，叶条形或披针状条形，交互对生或近对生，在侧枝上基部扭转排成二列，叶上面中脉隆起，下面有两条宽气孔带。球花单性，雌雄异株，少同株。雄球花有雄花 6～11，聚生成头状，生腋生，基部有多数苞片，每一雄球花基部有一卵圆形或三角形的苞片；雄蕊 4～16，花丝短，花粉粒无气囊；雌球花有长柄，生于小枝基部苞片的腋部，花轴上有数对交互对生的苞片，每苞片腋生胚珠 2 枚，仅 1 枚发育，胚珠生于珠托上。种子核果状，全部包于珠托发育成的肉质假种皮中，基部具宿存的苞片。外种皮坚硬，内种皮薄膜质，有“胚乳”，子叶 2 枚。染色体：X=12。

本科仅有 1 属。分布于亚洲东部与南部。我国产 7 种 3 变种，主要分布于秦岭以南及海南岛，药用 5 种。为庭园观赏树，种子油可供工业用，自其枝叶提取的粗榧碱有抗癌作用，已用于临床治疗淋巴系统恶性肿瘤。

【代表药用植物】

三尖杉 *Cephalotaxus fortunei* Hook. f.（图 12-27）为我国特有树种，常绿乔木，树皮褐色或红褐色，片状脱落。叶先端渐尖成长尖头，螺旋状着生，排成两行，线形，稍镰状弯曲，深绿色，叶背中脉两侧各有 1 条白色气孔带。小孢叶球有明显的总梗。种子核果状，椭圆状卵形，长约 2.5cm。假果成熟时紫色或红紫色。分布于华中、华南及西南地区。生于山坡疏林、溪谷湿润而排水良好的地方。种子能驱虫、润肺，止咳、消食。从本科提取的三尖杉碱与高三尖杉酯碱的混合物治疗白血病有一定疗效。

三尖杉属具有抗癌作用的植物尚有：**海南粗榧** *C. hainanensis* Li.、**中国粗榧** *C. sinensis* (Rehd. et Wils.) Li. 及**篦子三尖杉** *C. oliveri* Mast. 等。

6. 红豆杉科（紫杉科）Taxaceae

常绿乔木或灌木。管胞具大型螺纹增厚，木射线单列，无树脂道。叶条形或披针形，螺旋状排列或交互对生，叶腹面中脉凹陷，叶背沿凸起的中脉两侧各有 1 条气孔带。球花单性异株，稀同株；雄球花单生叶腋或苞腋，或成穗状花序状集生于枝顶，雄蕊多数，各具 3～9 个花药，花粉粒球形。雌球花单生或成对，胚珠 1 枚，生于苞腋，基部具盘状或漏斗状珠托。种子浆果状或核果状，包被于杯状肉质假种皮中。染色体：X=11，12。

本科有 5 属，约 23 种，主要分布于北半球。我国有 4 属，12 种及 1 栽培种，药用 3 属 10 种。

【代表药用植物】

东北红豆杉 *Taxus cuspidata* Sieb. et Zucc.（图 12-28）又名紫杉。乔木，高可达 20m，树皮红褐色。叶排成不规则的两列，常呈“V”字形开展，条形，通常直，下面有两条气孔带。雄球花有雄花 9～14，各具 5～8 个花药。种子卵圆形，紫红色，外覆有上部开口的假种皮，假种皮成熟时肉质，鲜红色。产于我国东北地区的小兴安岭（南部）和长白山区。生于湿润、疏松、肥沃、排水良好的地方。种子可榨油；树皮、枝叶、根皮可提取紫杉醇（taxol)，具抗癌作用，亦可治糖尿病；叶有利尿、通经之效。

该属植物大多含有紫杉醇而受到重视。全世界约有 11 种分布于北半球，我国有 4 种 1 变种，**西藏红豆杉** *Taxus wallichian* a Zucc.、**东北红豆杉** *T. cuspidat* a zucc.、**云南红豆杉** *T. yunnanensis* Cheng et L. K. Fu、**红豆杉** *T. chinensis*（Pilger）Rehd.、**南方红豆杉**(美丽红豆杉) *T. chinensis* var. *mairei* 均供药用。

图 12-28 东北红豆杉

1—部分枝条；2—叶；3—种子及假果皮；4—种子；5—种子基部

榧树 *Torreya grandis* Fort. ex Lindl 常绿乔木，高达 2m，树皮浅黄色、灰褐色，不规则纵裂。叶条形，交互对生或近对生，基部扭转排成两列；坚硬，先端有凸起的刺状短尖头，基部圆或微圆，长 1.1～2.5cm，上面绿色，无隆起的中脉，背面浅绿色，气孔带常与中脉带等宽。雌椎异株，雄球花圆柱状，雄蕊多数，各有 4 个药室；雌球花无柄，两个成对生于叶腋。种子椭圆形、卵圆形，熟时由珠托发育成的假种皮包被，淡紫褐色，有白粉。为我国特有树种，分布于华东、湖南及贵州等地。种子（香榧子）为著名的干果，具杀虫消积、润燥通便功效。

7. 麻黄科 Ephedraceae

小灌木或亚灌木。小枝对生或轮生，节明显，茎的木质部具导管。叶呈鳞片状，于节部对生或轮生，基部多少连合，常退化成膜质鞘。雌雄异株，少数同株。雄球花由数对苞片组合而成，每苞有 1 雄花，每花有 2～8 雄蕊，花丝合成束，雄花外包有膜质假花被，2～4 裂；雌球花由多数苞片组成，仅顶端 1～3 片苞片生有雌花，雌花具有顶端开口的囊状假花被，包于胚珠外，胚珠 1，具一层珠被，珠被上部延长成珠被（孔）管，自假花被开口处伸出。种子浆果状，成熟时，假花被发育成革质假种皮，外层苞片发育而增厚成肉质、红色，富含黏液和糖质，俗称“麻黄果”。胚乳丰富，胚具子叶 2 枚。染色体：X=7。

本科 1 属约 40 种。主要分布于亚洲、美洲、欧洲东南部及非洲北部等干旱、荒漠地区。我国有 12 种及 4 变种，药用 15 种，分布较广，以西北各省区及云南、四川、内蒙古等地种类较多。生于荒漠及土壤瘠薄处，有固沙保土作用；由于滥采滥挖，野生资源破坏严重，现已受国家保护。

本属植物，多数种类含有生物碱，为重要的药用植物；“麻黄果”可供食用。本科植物的化学特点是含有麻黄碱等成分。

【代表药用植物】

草麻黄 *Ephedra sinica* Stapf（图 12-29）亚灌木，常呈草本状。植株高 30～60cm，木质茎短，有时横卧，小枝对生或轮生，直伸或微曲，革质，具明显的节和节间。叶鳞片状，膜质，基部鞘状，下部 1/3～2/3 合生，上部 2 裂，裂片锐三角形，常向外反曲。雌雄异株，雄球花多成复穗状，苞片通常 4 对，雄蕊 7～8，雄蕊花丝合生或先端微分离；雌球花单生于枝顶，苞片 4 对，仅先端 1 对苞片有 2～3 雌花；雌花有厚壳状假花被，包围胚珠之外，胚珠的珠被先端延长成细长筒状直立的珠被管。雌球花熟时苞片肉质，红色。种子通常 2，包藏于肉质的苞片内，不外露，黑红色或灰棕色。分布于河北、山西、河南西北部、陕西、内蒙古及辽宁、吉林的小部分地区。生于山坡，平原干燥荒地及河床、草原等地，常组成大面积单纯群落。茎入药，含生物碱1.3%，主要为左旋麻黄碱，能发汗、平喘、利尿，并为提取麻黄碱的主要原料；根能止汗、降压。

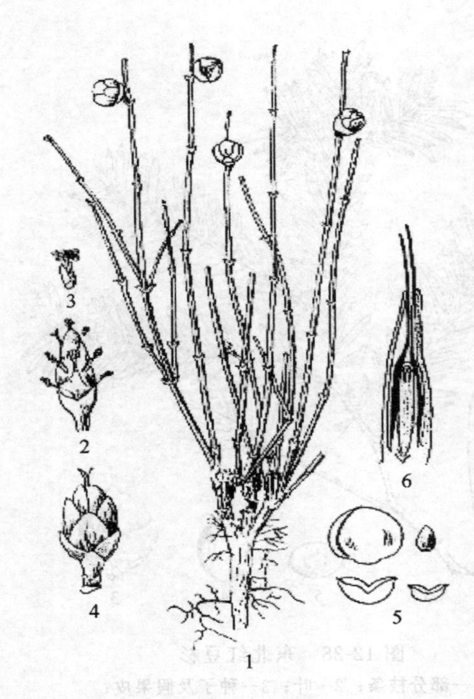

图 12-29 草麻黄

1—雌株；2—壁球花；3—雄花；4—雌球花；5—种子及苞片；6—胚珠纵切

麻黄属植物供药用的还有：**木贼麻黄** *E. equisetina* Bunge，木质茎直立，呈灌木状，节间细而较短，小孢子叶球有苞片3～4对；大孢子叶球成熟时卵圆形或卵圆形。种子通常1粒。产于内蒙古、河北、陕西、甘肃及新疆等地，生于干旱地区的山脊、山顶或石壁等处。其麻黄碱含量最高，1.02%～3.33%。**中麻黄** *E. intermedia* Schrenket C.A. Mey. 小枝多分枝，直径1.5～3mm，棱线18～28条，节间长2～6cm；膜质鳞叶3，上部约1/3分离，先端锐尖。断面髓部呈三角状圆形。其麻黄碱含量较前两种低，约1.1%。分布于东北、华北、河北大部分地区。

此外，尚有**丽江麻黄** *E. likiangensis* Florin. 也供药用，多自产自销。分布于云南、贵州、四川、西藏等地；**膜果麻黄** *E. przewalskii*. Stapf 分布较广，甘肃部分地区作麻黄入药，质量较次。

第四节　被子植物门 Angiospermae

一、被子植物的主要特征

被子植物是植物界进化最高级、种类最多、分布最广的类群。现知被子植物有1万多属，24万多种，占植物界的一半。我国有2700多属，约3万种，是药用植物最多的类群。被子植物的种类如此众多，适应性如此广泛，和它的结构复杂化、完善化是分不开的，特别是繁殖器官的结构和生殖过程的特点，给予了它适应、抵御各种不良环境的内在条件，使它在生存竞争、自然选择的矛盾斗争过程中不断产生新的变异，产生新的物种，而在地球上占绝对优势。被子植物的主要特征归纳如下。

1. 有真正的花

和裸子植物相比，被子植物通常具有由花被（花萼和花冠）、雄蕊群和雌蕊群组成的真正的花，故又叫有花植物。

2. 胚珠和种子外面有包被

胚珠包藏在子房内得到良好的保护，子房在受精后形成的果实既能保护种子，又以各种方式帮助种子散布。

3. 具有双受精现象

双受精现象为被子植物所特有，胚珠在受精过程中，一个精子与卵细胞结合形成受精卵，另一个精子与两个极核细胞结合发育成三倍体的胚乳，此种胚乳不是单纯的雌配子体，而具有双亲的特性，使新植物体有更强的生活力。

4. 孢子体高度发达并进一步分化

被子植物的孢子体高度发达，配子体极度退化，除乔木和灌木外，更多是草本；在解剖构造上，木质部中有导管，韧皮部中有筛管与伴胞，使输导组织的结构和生理功能更加完善。在化学成分上，随着被子植物的演化而不断发展和复杂化，被子植物包含了所有天然化合物的各种类型，具有多种生理活性。

5. 最进化、种类最多、分布最广

由于被子植物的营养器官和繁殖器官更加复杂，使其具有更强的适应性，从而成为植物界最进化、种类最多、分布最广的类群。

二、被子植物分类的原则

传统或经典的植物分类法是以植物的形态特征，特别是花和果实的形态特征为主要分类依据。由于被子植物几乎是在距今 1.3 亿年的白垩纪同时兴盛起来的，所以就难以根据化石的年龄去论断谁比谁更原始，特别是几乎找不到有关花的化石，而花部的特点又是被子植物演化分类的重要方面，这就使得研究被子植物的演化和亲缘关系相当困难。一般公认的被子植物形态构造的主要演化规律如下（表 12-1）。

表 12-1　被子植物形态构造的主要演化规律

植物部位	初生的、原始的性状	次生的、进化的性状
根	主根发达(直根系)	主根不发达(须根系)
茎	乔木、灌木 直立 无导管,有管胞	多年生或一、二年生草本 藤本 有导管
叶	单叶 互生或螺旋排列 常绿 有叶绿素,自养	复叶 对生或轮生 落叶 无叶绿素,腐生,寄生
花	花单生 花的各部螺旋排列 重被花 花的各部离生 花的各部多数而不固定 辐射对称 子房上位 两性花 花粉粒具单沟 虫媒花	花形成花序 花的各部轮生 单被花或无被花 花的各部合生 花的各部有定数(3、4 或 5) 两侧对称或不对称 子房下位 单性花 花粉粒具 3 沟或多孔 风媒花
果实	单果、聚合果 蓇葖果、蒴果、瘦果	聚花果 核果、浆果、梨果
种子	胚小、有发达胚乳 子叶两片	胚大、无胚乳 子叶一片

应该注意的是不能孤立地只根据某一条规律来判定一个植物是进化还是原始，因为同一植物形态特征的演化不是同步的，同一性状在不同植物的进化意义也不是绝对的，而应该综合分析，如唇形科植物的花冠不整齐，合瓣，雄蕊 2～4，都表现出高级虫媒植物的进化特征，但它仍具上位子位，又是原始性状。

三、被子植物分类系统简介

19 世纪以来，植物分类工作者为建立一个“自然”的分类系统作出了巨大努力。他们根据各自的系统发育理论，提出的分类系统已有数十个。但由于有关被子植物起源、演化的知识，特别是化石证据不足，直到现在还没有一个比较完善的分类系统。目前世界上运用比较广泛的仍是恩格勒系统和哈钦松系统。在各级分类系统的安排上，克朗奎斯特系统和塔赫他间系统被认为更为合理。

1. 恩格勒系统

这是德国植物分类学家恩格勒（A. Engler）和勃兰特（K. Prantl）于1897年在其《植物自然分科志》巨著中所使用的系统，它是分类学史上第一个比较完整的系统，它将植物界分13门，第13门为种子植物门，再分为裸子植物和被子植物两个亚门，被子植物亚门包括单子叶植物纲和双子叶植物纲，并将双子叶植物纲分为离瓣花亚纲（古生花被亚纲）和合瓣花亚纲（后生花被亚纲）。

恩格勒系统将单子叶植物放在双子叶植物之前，将合瓣花植物归并一类，认为是进化的一群植物，将柔荑花序植物作为双子叶植物中最原始的类群，而把木兰目、毛茛目等认为是较为进化的类群，这些观点被现代许多分类学家所否定。

恩格勒系统几经修订，在1964年出版的《植物分科志要》第12版中，已把双子叶植物放在单子叶植物之前。共有62目，344科，其中双子叶植物48目，290科，单子叶植物14目，54科。本教材被子植物分类部分采用修订的恩格勒系统。

2. 哈钦松系统

这是英国植物学家哈钦松（J. Hutchinson）于1926年和1934年在其《有花植物科志》第一版和第二版中所建立的系统。在1973年修订的第三版中，共有111目，411科，其中双子叶植物82目，342科，单子叶植物29目，69科。

哈钦松系统认为多心皮的木兰目、毛茛目是被子植物的原始类群，但过分强调了木本和草本两个来源，认为木本植物均由木兰目演化而来，草本植物均由毛茛目演化而来，结果使得亲缘关系很近的一些科在系统位置上都相隔很远，如草本的伞形科和木本的山茱萸科、五加科；草本的唇形科和木本的马鞭草科等，这种观点亦受到现代多数分类学家所反对。我国的广西、广东两省植物标本馆采用哈钦松系统。

3. 塔赫他间系统

这是前苏联植物学家塔赫他间（A. Takhtajan）于1954年在其《被子植物起源》一书中公布的系统，他首先打破了传统把双子叶植物分为离瓣花亚纲和合瓣花亚纲的分类；在分类等级上增设了“超目”一级分类单元。他将原属毛茛科的芍药属独立成芍药科等，都和当今植物解剖学、孢粉学、植物细胞分类学和化学分类学的发展相吻合，在国际上得到共识。该系统经过多次修订，在1980年修订版中，共有28超目，92目，416科，其中双子叶植物（木兰纲）20超目，71目333科，单子叶植物（百合纲）8超目，21目，77科，显得较烦琐。

4. 克朗奎斯特系统

这是美国植物学家克朗奎斯特（A. Cronquist）于1968年在其《有花植物的分类和演化》一书中发表的系统。在1981年修订版中，共有83目，388科，其中双子叶植物（木兰纲）64目，318科，单子叶植物（百合纲）19目，65科。

克朗奎斯特系统接近于塔赫他间系统，把被子植物门（称木兰植物门）分成木兰纲和百合纲，但取消了“超目”一级分类单元，科的划分也少于塔赫他间系统。现我国有的教科书采用这一系统。

四、被子植物的分类及代表药用植物

被子植物分为两个纲，即双子叶植物纲（Dicotyledoneae）和单子叶植物纲（Monocotyledoneae），它们的基本区别如下（表12-2）。

表 12-2 双子叶植物纲与单子叶植物纲的区别

植物部位	双子叶植物纲	单子叶植物纲
根	直根系	须根系
茎	维管束呈环状排列，有形成层	维管束呈星散排列，无形成层
叶	具网状脉	具平形脉或弧形脉
花	各部分基数为 4 或 5	各部分基数为 3
	花粉粒具 3 个萌发孔	花粉粒具单个萌发孔
胚	具 2 枚子叶	具 1 枚子叶

以上区别点不是绝对的，实际上有交错现象，如双子叶植物纲中的车前科、毛茛科、菊科等有须根系植物；睡莲科、胡椒科、毛茛科、石竹科等有维管束呈星散排列的植物；木兰科、樟科、小檗科、毛茛科有 3 基数的花；小檗科、睡莲科、毛茛科、罂粟科、伞形科等有 1 片子叶的现象。单子叶植物纲中的百合科、天南星科、薯蓣科等有网状脉；百合科、眼子菜科、百部科等有 4 基数的花。

（一）双子叶植物纲

双子叶植物纲分为原始花被亚纲和后生花被亚纲。

原始花被亚纲（Archichlamydeae）

原始花被亚纲又称离瓣花亚纲，是比较原始的被子植物。花无花被、单被或重被。花瓣通常分离为离瓣花亚纲的主要特征。雄蕊与花冠离生。胚珠一般有一层珠被。

1. 三白草科 Sanruraceae ⚥ * $P_0A_{3\sim8}\underline{G}_{3\sim4:1:2\sim4,(3\sim4:1:\infty)}$

三白草科植物为**多年生草本**。茎常具明显的节。**单叶互生**，托叶与叶柄常合生或缺。花小，两性，**无花被**；**穗状或总状花序**，**花序基部常有总苞片**；雄蕊 3～8；子房上位，心皮 3～4，离生或合生，若为合生，则子房 1 室而成侧膜胎座。胚珠多数。**蒴果或浆果**。种子胚乳丰富。

三白草科 5 属，10 种，分布于东亚及北美。我国有 4 属，5 种，药用 4 种。分布于长江以南各省及台湾，**多生长于水沟或湿地**。本科植物多含挥发油和黄酮类化合物，具有清热解毒、利水消肿功效。

【代表药用植物】

蕺菜（鱼腥草）*Houttuynia cordata* Thunb.（图 12-30）多年生草本。植物体有鱼腥气，茎下部伏地。叶互生，心形，有细腺点，下面带紫色；托叶膜质条形，下部与叶柄合生成鞘。穗状花序顶生，总苞片 4，白色，花瓣状；花小，两性，无花被；雄蕊 3，花丝下部与子房合生；雌蕊由 3 枚下部合生的心皮组成，子房上位。蒴果卵形，顶端开裂。分布于长江以南地区。生于阴湿地、沟边、塘边或林下湿地。全草能清热解毒，消肿排脓，利尿通淋。

三白草（白节藕）*Sanrurus chinensis*（Lour.）Baill.（图 12-31）多年生草本。根状茎较粗，白色多节。茎直立，下部匍匐状。叶互生，长卵形，基部心形或耳形。总状花序顶生，花序下具 2～3 片乳白色叶状总苞；雄蕊 6，花丝与花药等长；雌蕊由 4 枚心皮合生，子房上位。蒴果分裂为 3～4 个分果瓣。分布于长江以南地区。生于溪边及沼泽湿地。根状茎或全草能清热解毒，利尿消肿。

2. 桑科 Moraceae ♂ $P_{4\sim5}A_{4\sim5}$；♀ $P_{4\sim5}\underline{G}_{(2:1:1)}$

桑科植物多为**木本**，稀草本和藤本，**常有乳汁**。叶常互生，稀对生，托叶早落。**花小，单性，雌雄异株或同株，常集成柔荑、穗状、头状或隐头花序**；**单被花**，花被片 4～5；**雄蕊与花被片同数且对生**；**子房上位**，2 心皮，合生，1 室，1 胚珠。果为**小瘦果、小坚果，**

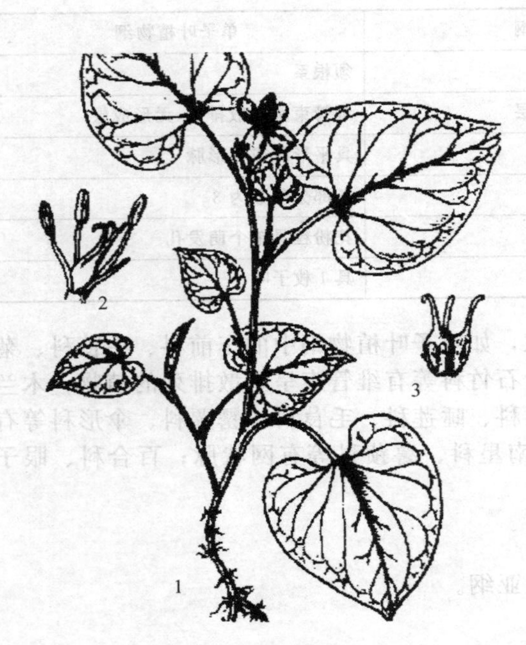

图 12-30　蕺菜

1—植株全形；2—花；3—果实

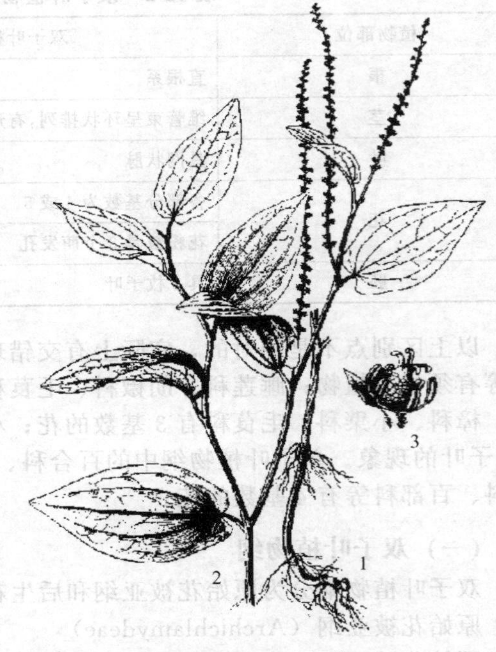

图 12-31　三白草

1～2—植株全形；3—花

多为聚花果。

桑科与荨麻科亲缘关系极为密切，两者最大区别是本科植物的胚珠悬垂倒生，而荨麻科植物的胚珠基生。另外本科草本、无乳汁的大麻属（*Cannabis*）和葎草属（*Humulus*）在哈钦松系统中常被独立为大麻科（Cannabidaceae）。

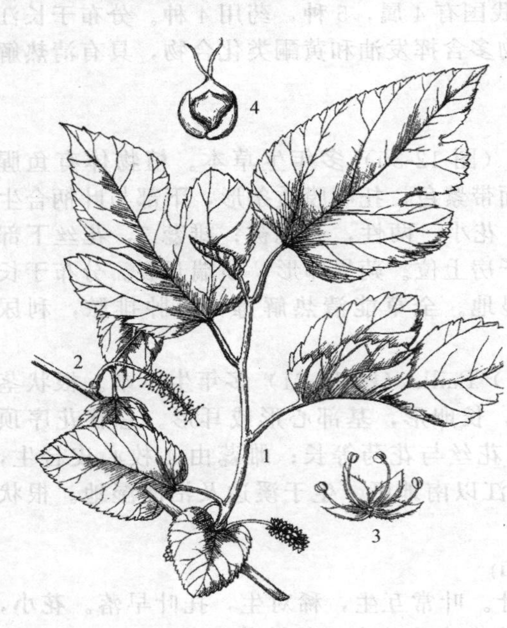

图 12-32　桑

1—雌株一部分；2—雄花；3—雌花；4—果实

桑科53属，约1400余种，主要分布于热带和亚热带。我国约有12属153种和亚种，并有变种及变型59个。药用约55种。全国各地均有分布，以长江以南地区较多。本科植物含多种特有成分，强心苷（如见血封喉苷）、生物碱（如榕碱）、酚类（如大麻酚、大麻酚酸、四氢大麻酚有致幻作用，为毒品）、昆虫变态激素（如牛膝甾酮）等。

【代表药用植物】

桑 *Morus alba* L.（图 12-32）落叶乔木或灌木，有乳汁。树皮黄褐色，常有条状裂隙。单叶互生，卵形或宽卵形，有时分裂，托叶早落。柔荑花序；花单性，雌雄异株；雄花花被片4，雄蕊4，与花被片对生，中央有退化雌蕊；雌花花被片4，无花柱，柱头2裂，子房上位，2心皮合生，1室，1胚珠。瘦果包于肉质花被片内密集成聚花果，成熟时紫黑色。全国分布，多为栽培。聚花果（桑椹）能补血滋阴，生津润燥；叶能疏散风热，清肝明目；嫩枝（桑枝）能祛风湿，利关节；根皮（桑白皮）能泻肺平喘，利水消肿。

大麻 *Cannabis sativa* L.　一年生高大草本。茎直立，具纵沟，皮层富含纤维。叶互生或下部对生，掌状全裂，裂片披针形。花单性，雌雄异株；雄花黄绿色，排成圆锥花序，花被片和雄蕊各5；雌花序短穗状，生于叶腋，绿色，每花外具1卵形苞片，花被片1，膜质，紧包子房，雌蕊1，子房上位，花柱2。瘦果扁卵圆形，光滑而有细网纹，为宿存苞片所包裹。原产亚洲西部，我国各地均有栽培。果实（火麻仁）能润燥通便；雌花能止咳定喘，解痉止痛；叶能定喘。雌株的幼嫩果穗有致幻作用，为毒品之一。

薜荔 *Ficus pumila* L. 攀援或匍匐灌木；含乳汁；小枝有棕色绒毛。叶互生，二型，营养枝上的叶小而薄，生殖枝上的叶较大而厚，革质，卵状椭圆形，背面叶脉网状凸起呈蜂窝状。隐头花序单生于叶腋，花序托肉质，口部为覆瓦状排列的苞片所封闭。花极小，隐生于肉质囊状花序托内，分雄花、瘿花和雌花三种，雄花和瘿花同生于一花序托中，雌花生于另一花序托中；雄花有雄蕊2，瘿花为不结实的雌花，花柱较短，常有瘿蜂产卵于其子房内，在其寻找瘿花过程中进行传粉。分布于华东、华南和西南。生于丘陵地区。隐花果（鬼馒头）具有壮阳固精、止血、下乳的功效。成熟果可制凉粉，能解暑。茎常作络石藤入药，能祛风通络，清热消肿，利尿，止血。

本科常见的药用植物尚有：**无花果** *Ficus carica* L. 原产地中海和西南亚，我国有栽培。果实能润肺止咳，清热润肠。**构树** *Broussonetia papyrifera*（L.）Vent. 分布于我国大部分地区，果（楮实子）能补肾，利水，清肝明目。**啤酒花** *Humulus lupulus* L. 在新疆有野生，我国长江以北有栽培。未成熟的果穗能健胃消食，安神，止咳化痰。**葎草** *Humulus scandens*（Lour.）Merr. 除新疆、青海外，全国各地均有分布。全草能清热解毒，利尿消肿。**榕树** *Ficus microcarpa* L. 在我国华南地区常有分布，并有栽培。其气生根、叶在民间作药用。**粗叶榕**（五指毛桃）*F. simplicissima* L. 分布于福建、广东、海南、广西、贵州、云南等地。生于山谷、溪旁。根能健脾化湿，行气化痰，舒筋活络。**小叶榕** *F. microcarpa* var. *pusillifolia* 叶和气根（榕树须）晒干后可入药，叶能清热祛湿，止咳化痰，活血祛瘀。气根能发汗，清热，透疹。**对叶榕** *F. hispida* L.f. 以根、叶、果、皮入药，能清热利湿，消积化痰。

3. 马兜铃科 Aristolochiaceae　$⚥\ *\ P_{(3)}\ A_{6\sim12}\ \bar{G}_{(4\sim6:4\sim6:\infty)}\ \underline{\bar{G}}_{(4\sim6:4\sim6)}$

马兜铃科植物为**多年生草本或藤本**。**单叶互生**；**叶多为心形或肾形**，**全缘**，稀3～5裂；无托叶，**花两性**；**单被**，辐射对称或左右对称，**花被下部合生成管状**，**顶端3裂或向一侧扩大**；雄蕊6～12；雌蕊心皮4～6，合生，**子房下位或半下位**，4～6室；中轴胎座，胚珠多数。**蒴果**，背缝开裂或腹缝开裂，少数不开裂。种子多数，有胚乳。

马兜铃科约8属，600种，分布于热带和温带，南美洲最多。我国有4属，70余种，药用约65种，分布于全国，以西南及南部为主。本科植物含有挥发油、异喹啉类生物碱（木兰花碱）及硝基菲类化合物，如马兜铃酸，是马兜铃科植物的特有成分。

【代表药用植物】

北细辛（辽细辛）*Asarum. heterotropoides* Fr. Schmidt var. *mandshuricum*（Maxim.）Kitag.（图12-33）多年生草本。根茎横生，下部有多数细长须根，有浓烈辛香气味。叶基生，常2片，心形或肾状心形，柄长，全缘，表面绿色，背面灰绿色。花单生叶腋，5～6月间开烟袋锅状红紫色花，花被顶端3裂，裂片向下反卷，雄蕊12，着生子房中下部，花丝与花药等长；子房半下位，花柱6，柱头着生于顶端外侧；蒴果半球形。分布于东北、山西、陕西、河南、山东等地。生于林下沟旁阴湿处。根能散风祛寒，止咳，镇痛。

同属多种植物均供药用：如**细辛**（华细辛）*A. sieboldii* Miq. 花被裂片直立或平展，不反折。分布于陕西、湖北、湖南及华东各省。功效同北细辛。

马兜铃 *Aristolochia debilis* Sieb. et Zucc.（图12-34）缠绕性草本，茎绿色有纵棱线，全

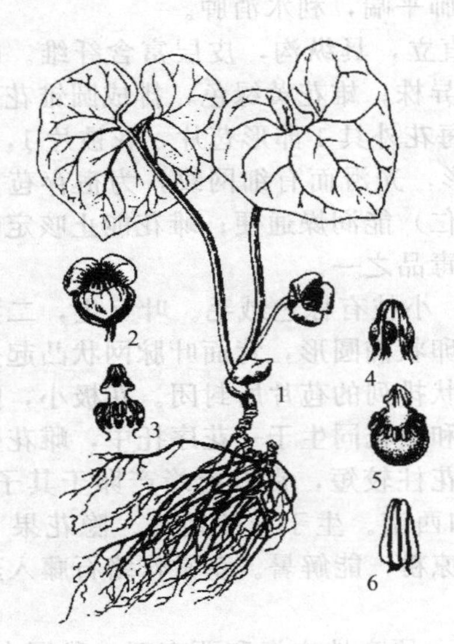

图 12-33　北细辛

1—全株；2—花；3—雄蕊及雌蕊；4—柱头；
5—去花被的花；6—雄蕊

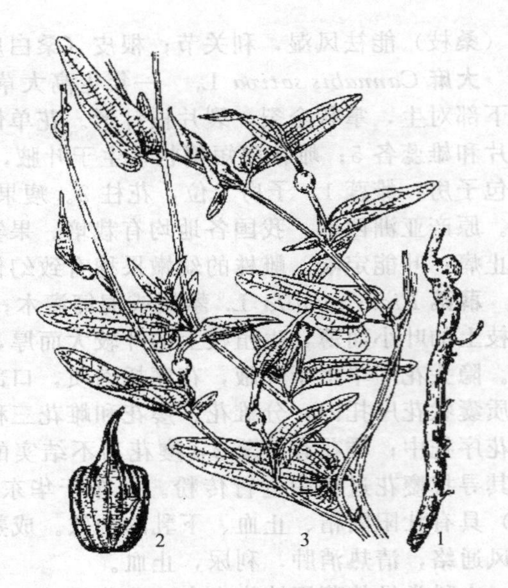

图 12-34　马兜铃

1—根；2—果实；3—花枝

株无毛。叶互生，三角状狭卵形，基部心形。花单生叶腋，花被基部膨大呈球形，中部管状，上部逐渐扩大成一偏斜的侧片；蒴果下垂像马脖下挂的铃铛；种子三角形，有宽翅。分布于黄河以南各省，生于阴湿处及山坡灌丛中。根（青木香）理气止痛，解毒消肿；茎（天仙藤）疏风活络；果实（马兜铃）清肺降气，止咳平喘，祛痰。

同属植物**北马兜铃** *A. contorta* Bge. 叶呈宽卵状心形，花 2～8 朵簇生叶腋，蒴果呈倒卵形或倒卵状椭圆形。分布于东北、华北及西北等地。生长环境及功效同马兜铃。**异叶马兜铃** *A. heterophylla* Hemsl. 分布于甘肃、陕西、四川、湖北等地。根（汉中防己）能祛风，利湿，镇痛。

4. 蓼科 Polygonaceae $⚥ * P_{3\sim6,(3\sim6)} A_{3\sim9} \underline{G}_{(2\sim3:1:1)}$

蓼科植物多为草本。**茎节常膨大**。单叶互生，**托叶膜质，包围茎节基部成托叶鞘**。花多两性，辐射对称，排成穗状、圆锥状或头状花序，**花被片 3～6，常花瓣状**，分离或基部合生，**宿存**；雄蕊多 3～9；子房上位，心皮 2～3，合生成 1 室，1 胚珠，基生胎座。**瘦果或小坚果**，凸镜形、三棱形或近圆形，**包于宿存花被内**，常具翅。种子有胚乳。

蓼科约 30 属，800 余种，主要分布于北温带。我国 15 属，200 多种，药用约 123 种。全国均有分布。本科植物体内常含草酸钙簇晶。根状茎的髓部及根中有异型维管束。如大黄、何首乌。本科植物含有蒽醌类、黄酮类和鞣质。蒽醌类主要分布于大黄属和酸模属，如大黄素、大黄素甲醚及大黄酚。大黄酸的苷类是主要的泻下成分。

【代表药用植物】

大黄属 *Rheum*

多年生粗壮草本。根及根状茎肥厚。叶较大，基生叶有长柄，托叶鞘长筒状。圆锥花序；花被片 6，排成 2 轮，淡绿色或稍白色；雄蕊 9，花柱 3，柱头头状。瘦果具 3 棱，沿棱生翅。本属国产约 30 种，药用 15 种。

药用**大黄** *R. officinalis* Baill. ［图 12-35（c）］根及根茎肥厚，断面黄色，叶片近圆形，掌状浅裂，浅裂片呈大齿形或宽三角形；花较大，黄白色。主要分布于陕西、四川西部、湖北、云南等地。野生或栽培。

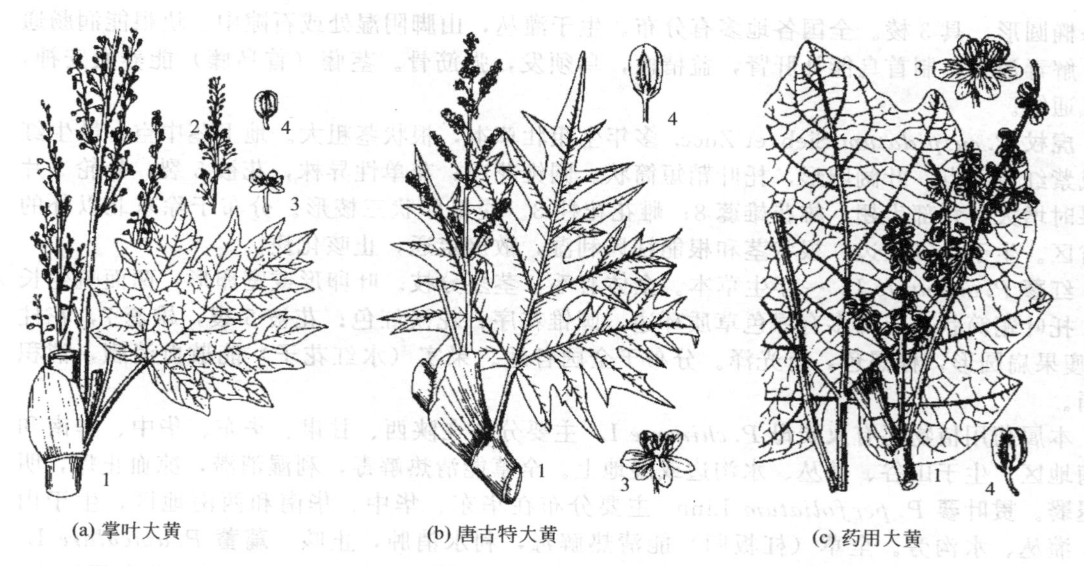

图 12-35　三种大黄原植物

1—带花或果序的部分茎；2—花序；3—花；4—果实

掌叶大黄 *R. palmatum* L.［图 12-35（a）］与药用大黄不同点为叶片宽卵形或近圆形，掌状 5～7 深裂，裂片多呈窄三角形，花小，紫红色。分布于甘肃、陕西、青海、四川西部和西藏东部等地。生于山地林缘或草坡，亦有栽培。

唐古特大黄 *R. tanguticum* Maxim. ex Balf.［图 12-35（b）］与上种相似，主要区别是本种叶片常羽状深裂，裂片再作二回羽状深裂；裂片呈三角状披针形或窄条形。分布于甘肃、青海、四川西部、西藏等地。

上述三种大黄属植物的根和根状茎均为中药正品大黄。能泄热通便，凉血解毒，逐瘀通经。

同属波叶组多种植物，叶缘具不同程度的皱波，叶片完整不裂，其根和根状茎称山大黄或土大黄，因不含番泻苷故泻下作用很差，一般外用止血、消炎或作兽药或作工业染料的原料，如**华北大黄** *R. franzenbachii* Münt.、**河套大黄** *R. hotaoense* C. Y. Cheng et C. T. Kao、**藏边大黄** *R. emodi* Wall.、**天山大黄** *R. wittrochii* Lundstr. 等。

蓼属 *Polygonum*

草本或藤本。节常膨大。单叶互生，托叶鞘多筒状，膜质或上部有草质环边。花被常 5 裂，花瓣状；雄蕊 3～9，通常 8 枚；花柱 2～3。瘦果三棱形或两面凸起。本属 300 余种，我国 120 余种，药用 80 种。

何首乌 *P. multiflorum* Thunb.（图 12-36）多年生缠绕草本。块根表面红褐色至暗褐色。叶卵状心形，有长柄，托叶鞘短筒状。圆锥花序，分枝极多；花小，白色；花被 5 裂，外侧 3 片背部有翅。

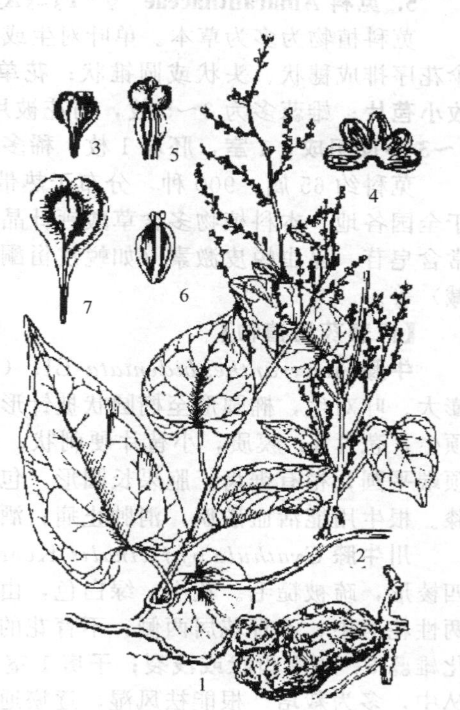

图 12-36　何首乌

1—块根；2—花枝；3—花；4—花被展开示雄蕊；5—雌蕊；6—果实；7—包被在花被内的果实

瘦果椭圆形，具3棱。全国各地多有分布。生于灌丛，山脚阴湿处或石隙中。块根能润肠通便，解毒消痈；制首乌能补肝肾，益精血，乌须发，强筋骨。茎藤（首乌藤）能养血安神，祛风通络。

虎杖 *P. cuspidatum* Sieb. et Zucc. 多年生粗壮草本，根状茎粗大。地上茎中空，散生红色或紫红色斑点。叶阔卵形，托叶鞘短筒状。圆锥花序；花单性异株，花被5裂，外轮3片在果时增大，背部生翅；雄花雄蕊8；雌花花柱3。瘦果卵状三棱形。分布于除东北以外的各省区。生于山谷溪边。根状茎和根能祛风利湿，散瘀定通，止咳化痰。

红蓼 *P. orientale* L. 一年生草本。全体有毛，茎多分枝。叶卵形或宽卵形，两面疏生长毛；托叶鞘筒状，上部多有绿色草质环边。圆锥花序；花淡红色；花被5裂，雄蕊7，花柱2。瘦果扁圆形，棕黑色，有光泽。分布于全国各地。果实（水红花子）能散血消癥，消积止痛。

本属药用植物还有**火炭母** *P. chinense* L. 主要分布在陕西、甘肃、华东、华中、华南和西南地区，生于山谷、灌丛、水沟边或湿地上。全草能清热解毒，利湿消滞，凉血止痒，明目退翳。**贯叶蓼** *P. perfoliatum* Linn. 主要分布在华东、华中、华南和西南地区，生于山谷、灌丛、水沟旁。全草（杠板归）能清热解毒，利水消肿，止咳。**萹蓄** *P. aviculare* L. 分布于全国各地。地上部分能利尿通淋，杀虫，止痒。**蓼蓝** *P. tinctorium* Ait. 分布于辽宁、黄河流域及以南地区。多为栽培。叶（大青叶）能清热解毒，凉血消斑。叶可加工制青黛。**水蓼** *P. hydropiper* L. 分布于全国各地。全草能清热解毒，利尿，止痢。**拳参** *P. bistorta* L. 分布于吉林、华北、西北、华东等地。根状茎能清热解毒，消肿，止血。

本科植物**金荞麦**（野荞麦）*Fagopyrum cymosum*（Trev.）Meisn. 根能清热解毒、排脓祛瘀。

5. 苋科 Amaranthaceae ⚥ $* P_{3\sim5} A_{3\sim5} \underline{G}_{(2\sim3:1:\infty)}$

苋科植物为多为草本。单叶对生或互生，无托叶。**花小**，两性，稀单性，辐射对称，聚伞花序排成穗状、头状或圆锥状；**花单被，花被片3～5，每花下常有1枚干膜质苞片和2枚小苞片**；雄蕊多为3～5枚，与花被片对生，花丝分离或基部连合成杯状；子房上位，**由2～3心皮组成，1室**，胚珠1枚，稀多数。**胞果**，稀浆果或坚果，种子具胚乳。

苋科约65属，900种，分布于热带和亚热带。我国有13属，50种，药用28种。分布于全国各地。本科植物多含草酸钙针晶，根中常有异型维管束，排列成同心环状。本科植物常含皂苷、昆虫蜕皮激素（如蜕皮甾酮、牛膝甾酮、杯苋甾酮）、生物碱（甜菜黄素和甜菜碱）等。

【代表药用植物】

牛膝 *Achyranthes bidentata* Bl.（图12-37）多年生草本。根长圆柱形。茎四棱形，节膨大。叶对生，椭圆形至椭圆状披针形，全缘，长5～12cm，两面具柔毛。穗状花序腋生或顶生，苞片1，膜质，小苞片硬刺状；花被片5，膜质；雄蕊5，花丝下部合生，退化雄蕊顶端平圆，稍有锯齿。胞果长圆形，包于宿萼内。全国均有分布，主要栽培于河南，称怀牛膝。根生用能活血散瘀，消肿止痛；酒制后能补肝肾，强筋骨。

川牛膝 *Cyathula officinalis* Kuan（图12-38）多年生草本。根圆柱形。茎中部以上近四棱形，疏被糙毛。花小，绿白色，由多数聚伞花序密集成头状；苞片干膜质，顶端刺状；两性花居中，不育花居两侧，不育花的花被片多变为钩状芒刺；雄蕊5，与花被片对生，退化雄蕊5，顶端齿状或浅裂；子房1室，胚珠1枚。胞果。分布于西南。生于林缘或山坡草丛中，多为栽培。根能祛风湿，逐瘀通经，利尿通淋。

土牛膝 *A. aspera* L. 为1～2年生草本。叶倒卵形或长椭圆形。退化雄蕊顶端呈纤毛状。分布于西南、华南。根入药称“土牛膝”，能清热解毒、利尿。

青葙 *Celosia argentea* L. 一年生草本。全体无毛，叶互生，叶片椭圆状披针形，长5～

图 12-37　牛膝

1—花枝；2—根；3—花

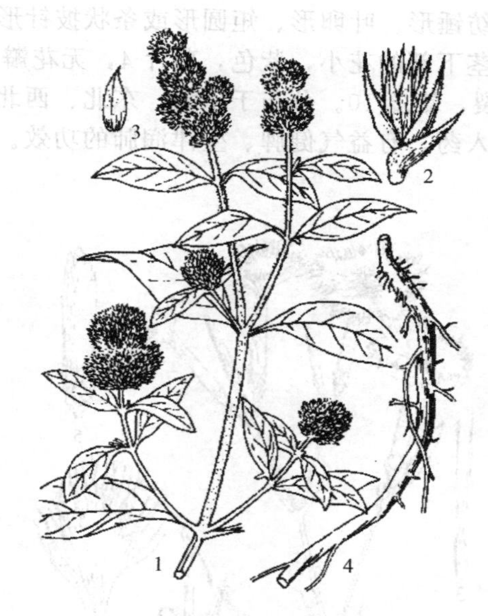

图 12-38　川牛膝

1—花枝；2—花；3—苞片；4—根

8cm。穗状花序圆柱状或塔状；苞片、小苞片及花被片均干膜质，淡红色。各地野生或栽培。种子（青葙子）能清肝，明目，降压，退翳。

同属**鸡冠花** *C. cristata* L. 一年生草本。穗状花序扁平肉质，鸡冠状。全国各地有栽培。花序能收涩止血，止痢。

苋科常见药用植物还有：**千日红** *Gomphrena globosa* L. 花序入药，能清肝、散结、止咳定喘。**刺苋** *Amaranthus spinosus* L. 全草、花药用，有清热解毒、散血消肿的功效。**野苋**（皱果苋）*Amaranthus viridis* L. 全草入药，有清热解毒、利尿止痛和治痢疾的功效。**血苋**（红叶苋）*Iresine herbstii* Hook. f. 全草入药，有清热解毒、调经止血的功效。

6. 石竹科 Caryophyllaceae　$\text{⚥} * K_{4\sim5}C_{4\sim5}A_{8\sim10}\underline{G}_{(2\sim5:1:\infty)}$

草本，茎节常膨大。单叶对生，全缘。**花两性**，辐射对称，多排成**聚伞花序**；萼片4～5，分离或连合，宿存；**花瓣4～5，分离，常具爪**；雄蕊为花瓣的倍数，8～10枚；子房上位，心皮2～5，合生，1室，**特立中央胎座**，胚珠多数。**蒴果**，齿裂或瓣裂。种子多数，有胚乳。

本科约80属，2000种，广布世界各地。我国31属，370余种，其中药用植物100余种，广布全国。本科植物普遍含有皂苷，如三萜皂苷类的丝石竹皂苷元、麦仙翁皂角毒苷、肥皂草苷等。另含黄酮类化合物及花色苷。

【代表药用植物】

瞿麦 *Dianthus superbus* L.（图12-39）多年生草本。叶对生，线形或披针形。顶生聚伞花序。花萼下有小苞片4～6，卵形。萼筒5裂，花瓣5，淡红色，顶端裂成细条，基部具长爪。雄蕊10。蒴果先端4齿裂，外被宿存萼。全国各地均有分布。野生或栽培。生于山野、草丛中。全草能清热利尿。

麦蓝菜（王不留行）*Vaccaria segetalis*（Neck.）Garcke 一年生草本。叶对生，萼筒呈壶状，花瓣淡红色。主产华北、西北。种子（王不留行）球形，黑色，入药能活血调经、下乳消肿。

孩儿参 *Pseudostellaria heterophylla*（Miq.）Pax ex Hoffm.（图 12-40）多年生草本。块根纺锤形。叶卵形、矩圆形或条状披针形，具短柄，顶生的两对较大，排成十字形。花二型：茎下部的花小，紫色，萼片 4，无花瓣，雄蕊常 2；顶生花白色，萼片 5，花瓣 5，顶端 2 齿裂，雄蕊 10。分布于华北、东北、西北、华中。生于山坡阴湿处或石缝中。块根（太子参）入药，有益气健脾、生津润肺的功效。

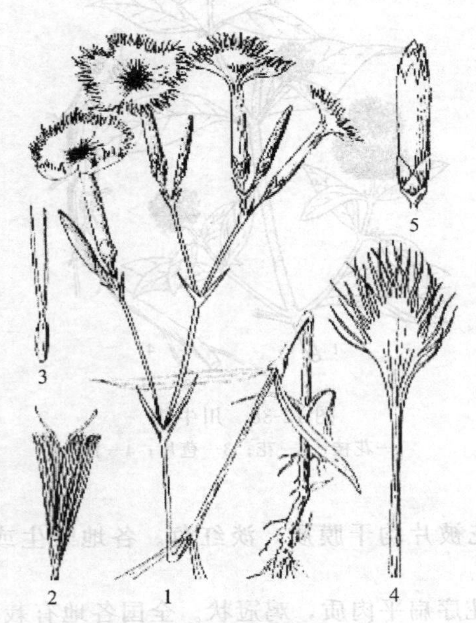

图 12-39 瞿麦

1—植株全形；2—雄蕊和雌蕊；3—雌蕊；4—花瓣；5—蒴果及宿萼和苞片

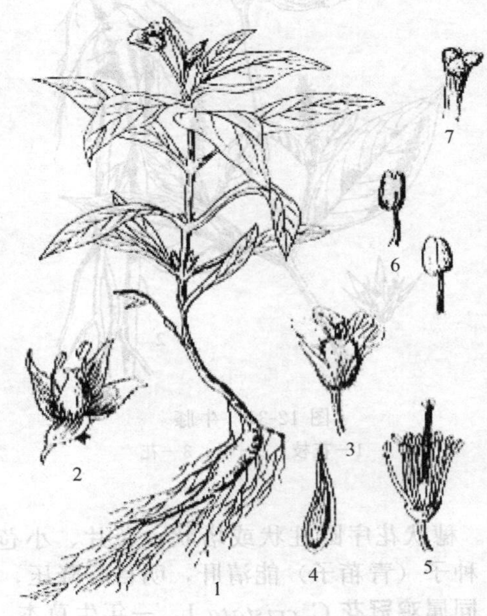

图 12-40 孩儿参

1—植株全形；2—茎下部；3—茎顶的花；4—萼片；5—雄蕊和雌蕊；6—花药；7—柱头

银柴胡 *Stellaria dichotoma* L. var. *lanceolata* Bange 多年生草本。根圆柱形，表面淡黄色；茎节略膨大，上部作二歧状分支；叶对生，无柄，叶片披针形；二歧聚伞花序；萼平 5，花瓣 5，白色，先端 2 深裂；雄蕊 10；子房上位，花柱 3。蒴果近球形。分布于甘肃、宁夏、陕西和内蒙古等省区。生长于干燥草原、石缝中。根能清虚热，除疳热。

本科药用植物尚有：**石竹** *D. chinensis* L. 分布于长江流域及长江以北地区。功效同瞿麦。

7. 毛茛科 Ranunculaceae ⚥ * , $\uparrow K_{3\sim\infty} C_{3\sim\infty,0} A_{\infty} \underline{G}_{(1\sim\infty:1\sim\infty)}$

草本，稀灌木或藤本。单叶或复叶，多互生或基生，少对生；**叶片多缺刻或分裂**，稀全缘；常无托叶。**花多两性**；辐射对称或两侧对称；重被或单被；萼片 3 至多数，常呈花瓣状；花瓣 3 至多数或缺；**雄蕊和心皮多数，分离，常螺旋状排列在多少隆起的花托上，子房上位，1 室**，稀定数。**聚合瘦果或蓇葖果**，稀为浆果。种子具胚乳。

毛茛科约 50 属，2000 种，广布世界各地，主产北半球温带及寒温带。我国有 43 属，约 750 种，已知药用植物 400 余种，分布全国。本科植物多含生物碱和苷类。如乌头属含有乌头碱，黄连属含有小檗碱，唐松草属含有唐松草碱等。毛茛苷是一种仅存于毛茛科植物中的特殊成分。它分布在毛茛属、银莲花属和铁线莲属中。此外，侧金盏花属和铁筷子属含有强心苷。芍药属植物普遍含有芍药苷、牡丹酚及微量生物碱，但不含毛茛科的两种特有成分：毛茛苷及木兰花碱。加上形态学上存在较大差异，亦有人将其另立为芍药科（牡丹科）Paeoniaceae。

【代表药用植物】

黄连 *Coptis chinensis* Franch.（图12-41）多年生草本。根状茎黄色，味苦。叶基生，3全裂。聚伞花序有花3～8朵，黄绿色；萼片5，花瓣线形；雄蕊多数；心皮8～12，离生；蓇葖果具柄。分布于西南、华南、华中地区，生于高山林下阴湿处，多有栽培。根茎（味连）能泻火解毒，清热燥湿。

白头翁 *Pulsatilla chinensis*（Bunge）Regel（图12-42）多年生草本，全株密被白色绒毛。花被紫色。瘦果聚成头状，宿存；花柱羽毛状。分布于东北、华北、江苏、安徽、湖北、陕西、四川等地。生于山坡草地或平原。根能清热解毒，凉血止痢。

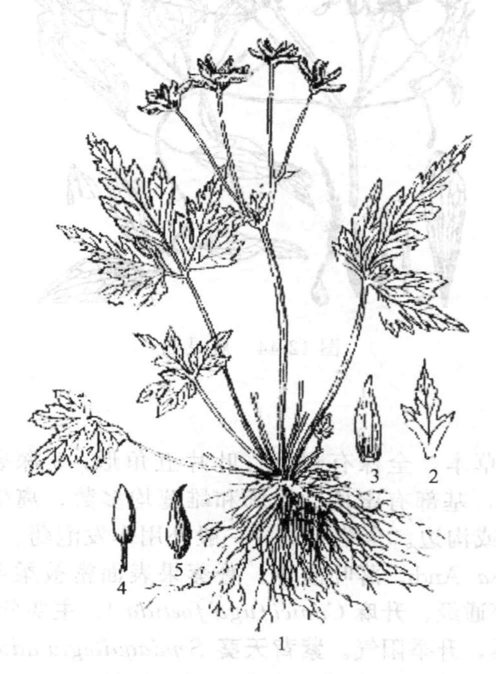

图12-41　黄连

1—植株全形；2—苞片；3—萼片；4—花瓣；5—雌蕊

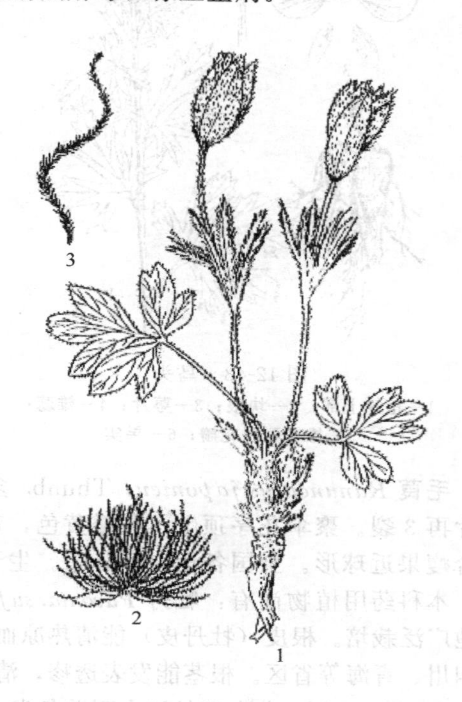

图12-42　白头翁

1—植株全形；2—聚合瘦果；3—瘦果

芍药 *Paeonia lactiflora* Pall. 多年生草本。根粗壮，圆柱形。叶互生，常二回三出复叶；花大而艳丽，白色或粉红色，单生于茎的顶端。分布于我国东北、华北、陕西、甘肃等北方地区，各地有栽培。栽培种的根去栓皮干燥后作“白芍”入药，能养血敛阴，柔肝止痛。野生种的根不去栓皮者作“赤芍”入药，能活血散瘀，止痛，泻肝火。

乌头（川乌）*Aconitum carmichaeli* Debx.（图12-43）多年生草本。块根倒圆锥形，棕黑色，有母根、子根之分。叶互生，3深裂。总状花序。萼片5，蓝紫色，上萼片盔帽状；花瓣2，有长爪；雄蕊多数；心皮3～5，离生。聚合蓇葖果。分布于长江中下游、华北、西南等地区。生于山坡、灌丛中。根有大毒，一般经炮制后入药。栽培种母根入称药“川乌”，能祛风燥湿，散寒止痛。子根称“附子”，能回阳救逆，温中散寒，止痛。野生种块根作“草乌”入药。

威灵仙 *Clematis chinensis* Osbeck（图12-44）藤本。根须状；茎具条纹；茎、叶干后变黑色；羽状复叶，对生，小叶常5片。花序圆锥状；萼片4，白色；无花瓣；雄蕊多数，心皮多数，离生。聚合瘦果，具羽毛状宿存的花柱。分布于我国南北各地。生于山坡林边或草丛中。根入药能祛风活络，活血止痛。

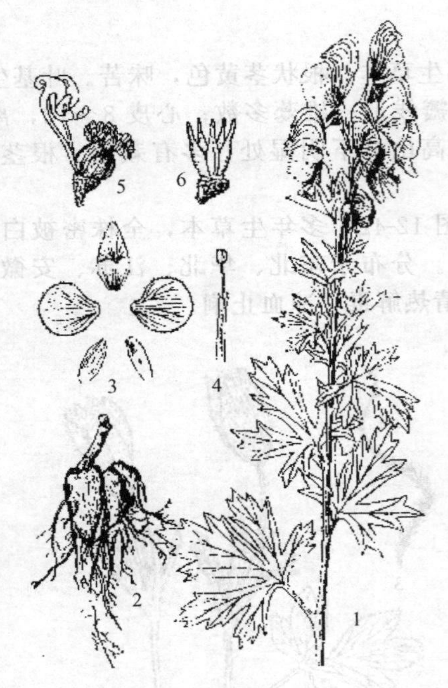

图 12-43　乌头

1—植株上部；2—块根；3—萼片；4—雄蕊；
5—雄蕊群及花瓣；6—果实

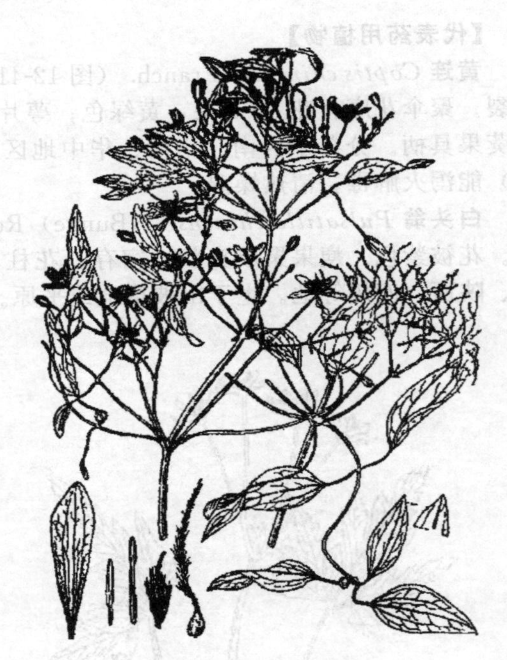

图 12-44　威灵仙

毛茛 *Ranunculus japonicus* Thunb. 多年生草本，全株有粗毛。叶片五角形，3 深裂，裂片再 3 裂。聚伞花序顶生；花瓣黄色，带光泽，基部有蜜槽；雄蕊和雌蕊均多数，离生。聚合瘦果近球形。全国各地均有分布。生于田地或沟边。全草有毒，一般外用作发泡药。

本科药用植物尚有：**牡丹** *Paeonia. suffruticosa* Andr. 落叶灌木，蓇葖果表面密被柔毛。各地广泛栽培。根皮（牡丹皮）能清热凉血、散瘀通经。**升麻** *Cimicifuga foetida* L. 主要分布于四川、青海等省区。根茎能发表透疹，清热解毒，升举阳气。**紫背天葵** *Semiaquilegia adoxoides*（DC.）Mak. 分布于长江中下游各省，块根（天葵子）能清热解毒，消肿散结。

8. 小檗科 Berberidaceae ⚥ $* K_{3+3} C_{3+3} A_{3\sim9} \underline{G}_{(1:1:1\sim\infty)}$

多年生**草本或小灌木**。草本植物常具根状茎或块茎。单叶或复叶，互生，常无托叶。**花两性，辐射对称**，单生或排成总状、穗状及圆锥花序；**萼片与花瓣相似，2～4 轮，每轮常 3 片**，有或无蜜腺；**雄蕊 3～9，与花瓣对生**；**子房上位**，**常 1 心皮**，1 室，胚珠 1 至多数。**浆果或蒴果**。种子具胚乳。

约 14 属 650 种，多分布于北温带。我国有 11 属，280 多种，其中药用植物 140 余种，分布全国各地。本科植物多含异喹啉类生物碱及苷类，如小檗属、十大功劳属、鲜黄连属等均含小檗碱。此外，八角莲属植物含木脂素类成分——鬼臼毒素，其具有抗癌活性。某些属的植物含有三萜皂苷和淫羊藿苷。

【代表药用植物】

箭叶淫羊藿（三枝九叶草）*Epimedium sagittatum*（Sieb. et Zucc.）Maxim.（图 12-45）多年生常绿草本。根茎结节状，质硬。茎生叶 1～3 片，三出复叶，小叶长卵形，两侧小叶基部呈显著不对称的箭状心形；圆锥花序或总状花序；萼片 8，2 轮，外轮早落，内轮花瓣状，白色；花瓣 4，黄色，有短距；雄蕊 4，心皮 1；蓇葖果有喙。分布于长江以南地区。生于竹林下及路旁石缝中。全草（淫羊藿）能补肾壮阳，强筋骨，祛风湿。

阔叶十大功劳 *Mahonia bealei*（Fort.）Carr. 常绿灌木，奇数羽状复叶，小叶 7～15

片，小叶片每边有2～8硬刺状齿；总状花序顶生；花黄褐色。浆果熟时暗蓝色，有白粉。分布于陕西、河南、四川、湖北、湖南、贵州、甘肃和华东等省，生于山坡及灌丛中。常有栽培。根茎（功劳木）和叶能清热解毒，燥湿消肿。根、茎可用作提取小檗碱的原料。

本科常见药用植物尚有：**阿穆尔小檗** *Berberis amurensis* Rupr. 分布于东北、华北等地。根、茎入药，能清热燥湿、泻火解毒。**六角莲** *Dysosma pleiantha*（Hance）Woodson 分布于华东、广西、湖北等地。根茎能清热解毒，活血化瘀。**南天竹** *Nandina domestica* Thunb. 各地均有栽培。茎入药能清热除湿，通经活络。果（天竹子）能止咳平喘。

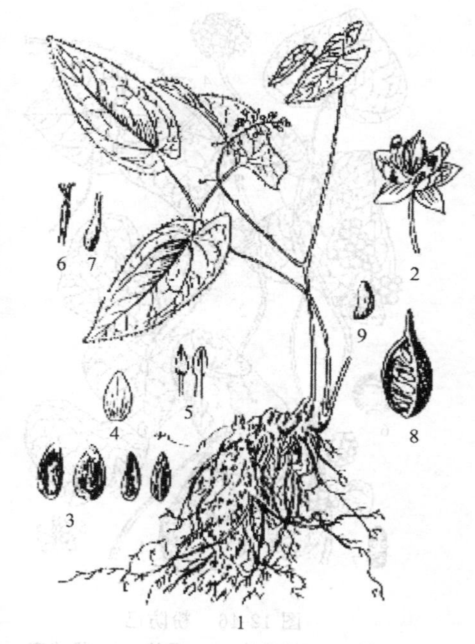

图12-45 箭叶淫羊藿

1—植株全形；2—花；3—外轮萼片（背、侧面观）；4—内轮萼片；5—雄蕊；6—雄蕊（示瓣裂）；7—雌蕊；8—果实；9—种子

9. 防己科 Menispermaceae ♂ $* K_{3+3} C_{3+3} A_{3\sim6}$；♀ $* K_{3+3} C_{3+3} A_{3\sim6} \underline{G}_{(3\sim6:1:1)}$

防己科植物为多年生**草质或木质藤本**。单叶互生，无托叶。花小，单性异株，辐射对称，多排列成聚伞花序或圆锥花序；**萼片、花瓣常各6枚，各成2轮，每轮3片**；雄蕊多为6枚，稀3或多数；子房上位，心皮3～6，离生，1室，1胚珠。**核果，果核常呈马蹄形或肾形**。

防己科约70属，400种，分布于热带及亚热带。我国有20属，约70种，南北均有分布，其中有15属60多种可供药用。本科植物普遍含有生物碱。多含异喹啉类生物碱，如粉防己碱（汉防己甲素）、防己诺林碱（汉防己乙素）等。尚含阿朴啡型、吗啡烷型和原小檗碱型生物碱。

【代表药用植物】

粉防己（石蟾蜍）*Stephania tetrandra* S. Moore（图12-46）多年生缠绕藤本。根圆柱形，粗壮，弯曲呈猪大肠状；叶阔三角状卵形，全缘，掌状脉序，叶柄盾状着生；雌雄异株；雄花为头状聚伞花序，萼片、花瓣、雄蕊均为4；雌花萼片4、花瓣4、心皮1、子房上位；核果球形，红色。分布于华南及华东地区。生于山坡、丘陵地带的草丛、灌木林边。根（粉防己、汉防己）能祛风除湿，行气止痛，利水消肿。

蝙蝠葛 *Menispermum dauricum* DC.（图12-47）多年生缠绕藤本。根茎细长圆柱形，黄色，断面有放射状纹理；叶圆肾形，全缘或5～7浅裂，叶柄盾状着生；雌雄异株；圆锥花序，花小，淡黄绿色；核果，熟时黑紫色。分布于东北、华北、华东及陕西、甘肃等省区。生于沟谷、灌木丛中。根状茎（北豆根）能清热解毒，利水消肿，祛风止痛。

木防己 *Cocculus orbiculatus*.（L.）DC. 缠绕性藤本。根弯曲圆柱形；叶心形或卵状心形。聚伞花序排成圆锥状；雌雄花各部均为6。核果球形，熟时蓝黑色。全国多数地区有分布。生于山地、丘陵、路旁。根能清热解毒，祛风止痛，利水消肿。

本科药用植物尚有：**千金藤** *Stephania japonica*（Thunb.）Miers 分布于长江以南各省区。根及茎能祛风活络、利水消肿。**金果榄** *Tinospora capillipes* Gagnep 分布于华中、华南、西南。根能清热解毒，利咽，止痛。

10. 木兰科 Magnoliaceae ⚥ $* P_{6\sim12} A_{\infty} \underline{G}_{(\infty:1:1\sim2)}$

木本，稀藤本，体内**常具油细胞**。**单叶互生**，**常全缘**，托叶大而早落，**托叶环（痕）明**

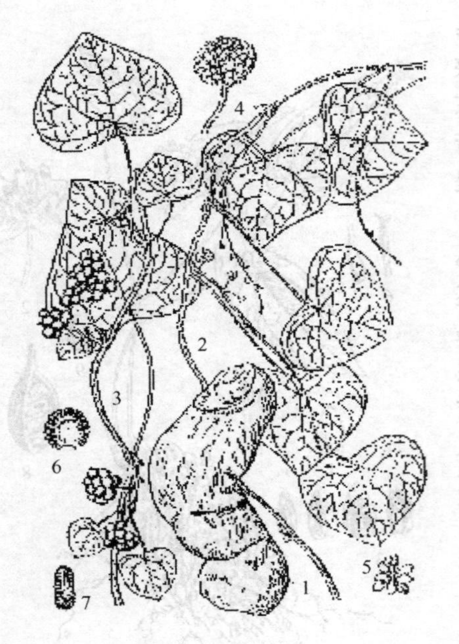

图 12-46　粉防己

1—根；2—雄花枝；3—果枝；4—雄花序；
5—雄花；6—果核，示正面；
7—果核，示侧面

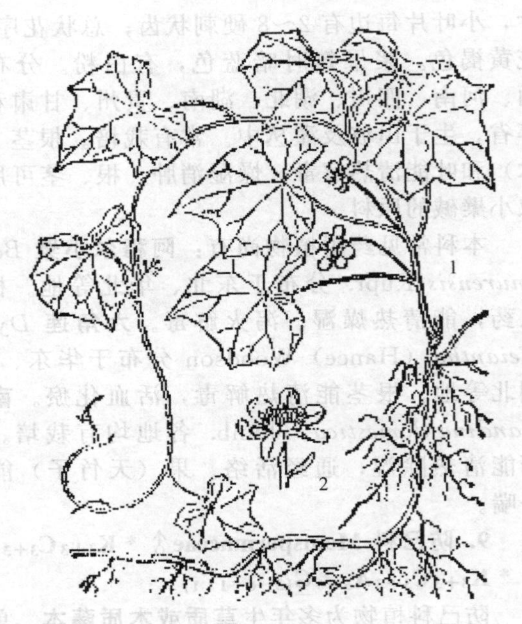

图 12-47　蝙蝠葛

1—植物全形；2—花

显。花单生，多两性，稀单性，辐射对称；花被常 6～12，排成数轮，每轮 3 片；雄蕊和雌蕊多数，分离，螺旋状排列在延长的花托上；子房上位。聚合蓇葖果或聚合浆果。种子具胚乳。

木兰科约 20 属，300 种，主要分布在亚洲和北美洲热带、亚热带或温带地区。我国有 14 属，160 余种，已知药用植物约 90 种，主要分布于长江流域及以南地区。本科植物均含挥发油，据此可与毛茛科植物相区别。此外尚含异喹啉类生物碱，如木兰箭毒碱、木兰花碱等。五味子属含木脂素类成分五味子素；八角属含有毒的倍半萜内酯。

【代表药用植物】

厚朴 *Magnolia officinalis* Rehd. et Wils.（图 12-48）落叶乔木。叶大，革质，倒卵形。花大，白色。聚合蓇葖果。分布于长江流域各省区山地，亦有人工栽培。树皮和根皮能燥湿健脾，温中下气，化食消积；厚朴花有宽中理气、开郁化湿的功能。

望春花 *Magnolia biondii* Pamp. 落叶乔木。单叶互生，叶片长圆状或卵状披针形，全缘，无毛；花先叶开放，单生枝顶；萼片 3，近线形；花瓣 6，2 轮，匙形，白色，花瓣外方基部常紫红色；雄蕊、心皮均多数，离生。聚合果圆柱形；种子深红色。分布于安徽、甘肃、河南、陕西、四川等省区。生长在山坡、路旁。花蕾（辛夷）能散风寒、通鼻窍。

北五味子 *Schisandra chinensis*（Turcz.）Baill.（图 12-49）落叶木质藤本。叶纸质或膜质，叶阔椭圆形或倒卵形；花单性，雌雄异株；花被片 6～9，乳白色至粉红色；雄蕊 5；雌蕊 17～40；聚合浆果排成长穗状，熟时红色。分布于东北、华北。生于山林中。果实（五味子）能敛肺，滋肾，生津，止泻。并用于治肝炎。

八角茴香（八角）*Illicium verum* Hook. f. 常绿乔木。叶椭圆形或长椭圆状披针形，有透明油点；花单生于叶腋；花被片 7～12，内轮粉红色至深红色；雄蕊 10～12；心皮 8～9。聚合果由 8～9 个蓇葖果组成。分布于台湾、福建、广东、广西、云南、贵州等省区。生长于温暖湿润的山谷中。果实能温中理气、健胃止呕。

图 12-48 厚朴
1—花枝；2—果实

图 12-49 北五味子
1—果枝；2—雌花

本科药用植物尚有：**凹叶厚朴**（庐山厚朴）*Magnolia biloba*（Rehd. et Wils.）Cheng 分布于江西、福建、浙江、安徽和湖南等省区。多有栽培。功效同厚朴。**玉兰** *Magnolia denudata* Desr. 分布于河南、河北、江西、浙江、湖南、云南等省区。花蕾也作"辛夷"入药。

11. 樟科 Lauraceae ⚥⚦/♀ * $P_{(6\sim9)}A_{3\sim12}\underline{G}_{(3\sim4:1:1)}$

樟科植物为**木本**，罕寄生藤本。**具油细胞，有香气。单叶，常互生，全缘**，羽状脉或三出脉，无托叶。花常两性，少单性，辐射对称，总状花序、圆锥花序或丛生成束。**花单被，3 基数，排成 2 轮，基部合生；雄蕊** 3～12，常 9，排成 3～4 轮，**花药 2～4 室，瓣裂**，外面两轮内向，第三轮外向，花丝基部常具腺体，第四轮常退化；**子房上位**，1 室，**1 顶生胚珠。核果或呈浆果状**，有时宿存花被形成果托包围果基部。**种子 1 枚**。

樟科约有 45 属，2000 余种，分布于热带、亚热带地区。我国 20 属，400 余种，主要分布于长江以南各省区。已知 13 属，113 种入药。

【代表药用植物】

肉桂 *Cinnamomum cassia* Presl（图 12-50）常绿乔木。树皮外面灰褐色，内面红棕色，香味浓。幼枝、芽、花序及叶柄均被褐色柔毛。叶互生，革质，长椭圆形，具离基三出脉。圆锥花序腋生或近顶生；花小，黄绿色，花被片 6，雄蕊 9，排成 3 轮，花药 4 室，瓣裂，第三轮外向，花丝基部具 2 腺体，最内的 1 轮退化；子房上位，1 室，1 胚珠。核果浆果状，长圆形或椭圆形，成熟时紫黑色，基部果托浅杯状。分布于云南、广西、广东、福建。多栽培。干燥树皮（肉桂），能补火助阳，引火归元，散寒止痛，温通经脉。干燥嫩枝（桂枝），能发汗解肌，温通经脉，助阳化气，平冲降气。

樟 *Cinnamomum camphora*（L.）Presl（图 12-51）常绿乔木。全株具樟脑气味。叶互生，近革质，卵状椭圆形，离基三出脉，脉腋有腺体。圆锥花序腋生；花被片 6；能育雄蕊 9。核果浆果状，近球形，紫黑色，果托杯状。分布于长江以南及西南。全株能祛风散寒，镇痉止痛，杀虫；新鲜枝、叶经提取加工制成天然冰片（右旋龙脑），能开窍醒神，清热止痛。

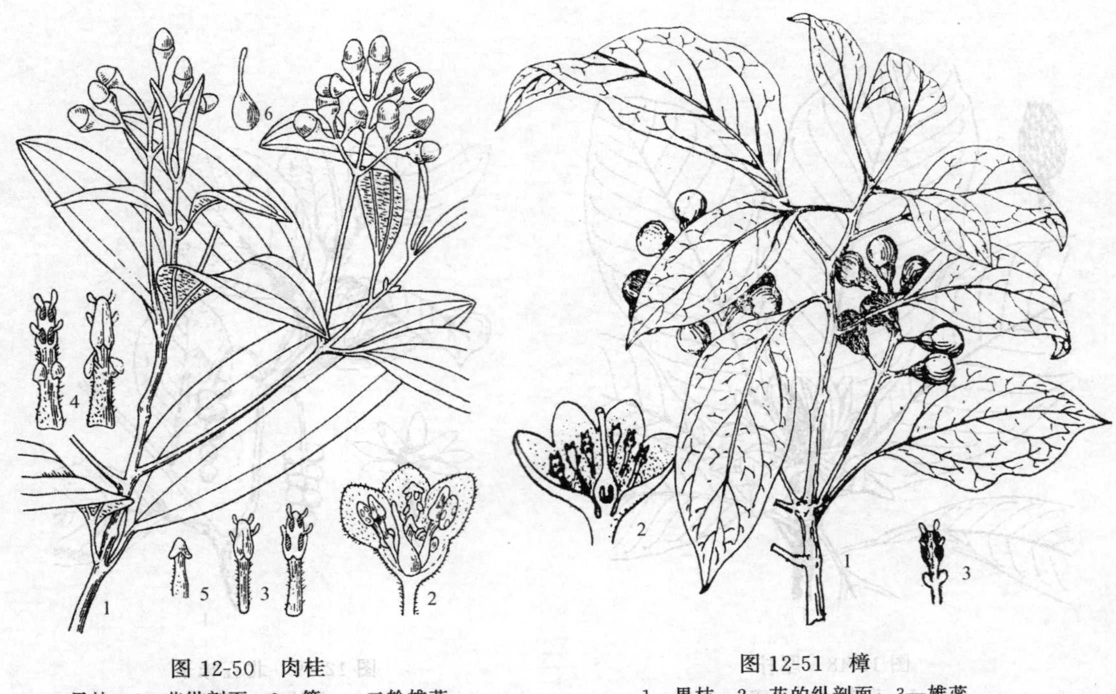

图 12-50 肉桂

1—果枝；2—花纵剖面；3—第一、二轮雄蕊；4—第三轮雄蕊；5—第四轮退化雄蕊；6—雌蕊

图 12-51 樟

1—果枝；2—花的纵剖面；3—雄蕊

乌药 *Lindera aggregata*（Sims.）Kosterm. 为常绿灌木或小乔木。树皮外表灰绿色。根膨大呈纺锤形或结节块状，淡紫红色。叶互生，革质，呈宽椭圆形或近圆形，先端渐尖或短尾尖，全缘，主脉3出，极为明显，上面绿色光滑，有光泽，下面粉绿色，有细毛。花小，雌雄异株，黄绿色，聚伞形花序，腋生；花被6枚，雄蕊9枚。核果近球形，熟时黑色，基部有浅齿状宿存花被。主要分布于长江以南和西南各省区。生于向阳丘陵及山地灌丛中。根（乌药、台乌）能理气止痛，温中散寒。

山苍子 *Litsea cubeba*（Lour.）Pers. 落叶灌木或小乔木。全株无毛，有强烈的姜香。根圆锥形，灰白色。茎皮灰褐色，小枝细长。叶互生，叶片长圆状披针形或长椭圆形，全缘，上面亮绿色，下面灰绿色，幼时被毛，后无毛。春季开淡黄色小花，雌雄异株，小球状伞形花序。果球形如黄豆大，香辣，成熟时黑色，基部有6齿状宿存花被。生于向阳山坡林缘、灌丛或杂木林中。亦有栽种，广布于我国南部各省区。果（荜澄茄）入药：祛风散寒，理气止痛；其根、叶亦可入药。

潺槁树 *Litsea glutinosa*（Lour.）C.B. Rob. 常绿阔叶乔木，高可达15m，常见于疏林、灌木丛及海边地带。潺槁树树皮光滑，呈灰色。叶互生，椭圆形，革质，叶面深绿色，有光泽，叶背淡绿色，全缘。初夏时花繁满树，花细小，腋生，淡黄色；果实为球形浆果，成熟时深褐色至黑色，直径7mm。分布于云南、广西、广东、福建等地。根、皮、叶入药：清湿热，消肿毒，止血，止痛。

阴香 *Cinnamomum burmannii*（C.G.et Th.Ness）Bl. 常绿乔木，树皮光滑，灰褐色至黑褐色，内皮红色，味似肉桂。叶互生或近对生，卵圆形、长圆形至披针形，革质，上面绿色，光亮，叶有离基三出脉，但脉腋无腺点，以此与香樟区别。圆锥花序腋生或近顶生，少花，疏散，密被灰白微柔毛，最末分枝为3花的聚伞花序。花绿白色，密被灰白微柔毛；柱头盘状。果卵球形。分布于广东、广西、江西、福建、浙江、湖北和贵州。常生于肥沃、疏松、湿润而不积水的地方。树皮入药：温中，散寒，祛风除湿，解毒消肿。

12. 罂粟科 Papaveraceae $⚥ *, \uparrow K_{2\sim3} C_{4\sim6,\infty} A_{\infty,4\sim6} \underline{G}_{(2\sim\infty:1:\infty)}$

罂粟科植物为草本。**常具白色乳汁或黄色、红色的汁液**。叶基生或互生，无托叶。花两性，辐射对称或两侧对称，单生或排成总状、圆锥状、聚伞花序。**萼片 2，早落；花瓣 4～6；雄蕊多数**，离生，或 6，合生成 2 束，稀 4，分离；子房上位，由 2 至多心皮合生，**1 室，侧膜胎座，胚珠多数。蒴果孔裂或瓣裂，种子多数，细小**。

本科植物约有 42 属，700 余种，主要分布于北温带地区。我国 19 属，300 余种，分布于南北各省区。已知 15 属，136 种入药。

【代表药用植物】

罂粟 *Papaver somniferum* L.（图 12-52）二年生草本，全株粉绿色，具白色乳汁。叶互生，长椭圆形，基部抱茎，边缘有不规则粗齿或缺刻。花大，单生枝顶，花梗细长，蕾时弯曲，开花时向上；萼片 2，早落；花瓣 4，白、红、淡紫等色；雄蕊多数，离生；子房上位，由多心皮组成 1 室，侧膜胎座；胚珠多数，花柱不明显，柱头具 8～12 辐射状分枝。蒴果近球形，孔裂。原产南欧。干燥成熟果壳（罂粟壳）能敛肺，涩肠，止痛。有毒。

延胡索 *Corydalis yanhusuo* W. T. Wang（图 12-53）多年生草本。块茎扁球形。叶二回三出全裂，二回裂片近无柄或具短柄，常 2～3 深裂，末回裂片披针形。总状花序顶生，苞片全缘或有少数牙齿；萼片 2，早落；花冠两侧对称，花瓣 4，紫红色，上面一瓣基部具长距；雄蕊 6，花丝联合成 2 束；子房由 2 心皮组成，侧膜胎座。蒴果条形。分布于浙江和江苏。生于丘陵草地。多栽培。干燥块茎（延胡索）(元胡) 能活血，行气，止痛。

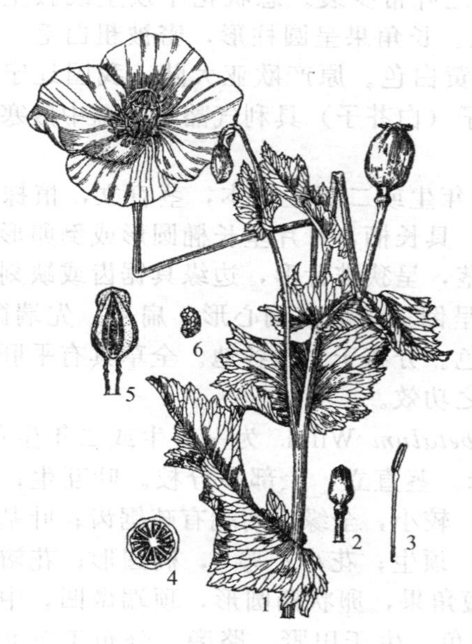

图 12-52　罂粟

1—着花及果的植株；2—雌蕊；3—雄蕊；4—果实横切面；5—果实纵切面；6—种子

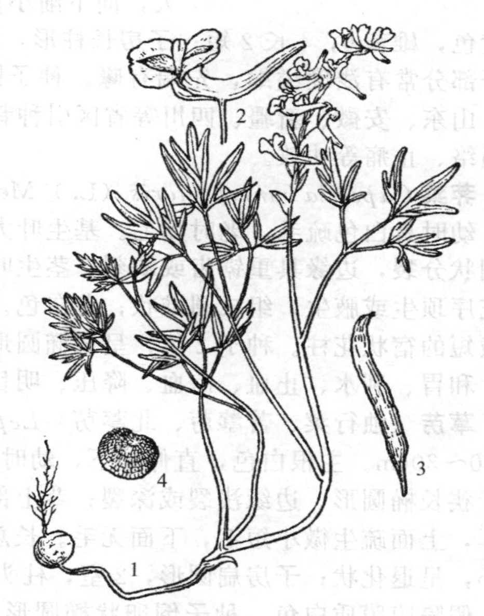

图 12-53　延胡索

1—植株全形；2—花；3—果实；4—种子

白屈菜 *Chelidonium majus* L. 为多年生草本，具黄色液汁。叶互生，羽状全裂，被白粉。花黄色，萼片 2，早落；花瓣 4，雄蕊多数。蒴果呈条状圆筒形。分布于四川、新疆、华北、东北。全草能清热解毒，镇痛，止咳；有毒。

13. 十字花科 Cruciferae $⚥ * K_{2+2} C_{4,0} A_{2+4} \underline{G}_{(2:1\sim2:1\sim\infty)}$

十字花科植物为草本。常具有一种含黑芥子硫苷酸的细胞而产生一种特殊的辛辣气味。**单叶互生**，无托叶。**花两性**，辐射对称，多成**总状或圆锥花序**。**萼片 4，分离，2 轮；花瓣**

4，具爪，排成十字形；雄蕊6，**四强雄蕊**，雄蕊基部通常具4个蜜腺；**子房上位**，由**2心皮合生**，**侧膜胎座**，中央具由心皮边缘延伸的隔膜（假隔膜）分成2室。**长角果或短角果**。

十字花科植物约有300多属，3200余种，广布于世界各地，尤其北温带产得多。我国96属，433种，全国各地均有分布。已知26属，78种入药。

图12-54 菘蓝

1—根；2—花果枝；3—花；4—果实

【代表药用植物】

菘蓝 *Isatis indigotica* Fort.（图12-54）一至二年生草本。主根长圆柱形，淡黄色或黄白色。叶互生，基生叶有长柄，长圆状椭圆形；茎生叶长圆状披针形，基部垂耳圆形，半抱茎。圆锥花序；花黄色，花萼4；花瓣4，基部具爪，四强雄蕊。长角果扁平，边缘具翅，先端平截。各地栽培。干燥叶（大青叶）能清热解毒，凉血消斑。叶或茎叶经加工制得的干燥粉末、团块或颗粒（青黛）能清热解毒，凉血消斑，泻火定惊。干燥根（板蓝根）能清热解毒，凉血利咽。

白芥 *Sinapis alba* L. 为一年或二年生草本。茎直立，较粗壮，上部分枝，全体被白色疏粗毛。叶互生；茎基部的叶具长柄，叶片宽大，倒卵形，琴状深裂或近全裂，裂片5～7，先端大，向下渐小；近花序之叶常少裂。总状花序顶生或腋生；花冠黄色，雄蕊6，4长2短；子房长柱形，密被白毛。长角果呈圆柱形，密被粗白毛，着生种子部分常有浅度缢缩，先端有喙。种子圆形，淡黄白色。原产欧亚大陆。我国辽宁、山西、山东、安徽、新疆、四川等省区引种栽培。种子（白芥子）具利气豁痰、温中散寒、散结通络、止痛等功效。

荠菜 *Capsella bursapastoris*（L.）Medic. 为一年生或二年生草本，茎直立，植株有分枝，幼时具白色疏毛，老时无毛。基生叶大，丛生，具长柄，叶片呈长椭圆形或倒卵形，大头羽状分裂，边缘具重锯齿或缺刻；茎生叶基部抱茎，呈狭披针形，边缘具锯齿或缺刻。总状花序顶生或腋生，组成圆锥状；花白色。短角果呈倒三角形或倒心形，扁平，先端微凹，有极短的宿状花柱。种子2行，呈长椭圆形，淡褐色。分布于全国各地。全草具有平肝、健脾、和胃、利水、止血、凉血、降压、明目、解毒之功效。

葶苈（独行菜、苦葶苈、北葶苈）*Lepidium apetalum* Willd. 为一年生或二年生草本，高10～30cm。主根白色，直伸地下，幼时有辛辣味。茎直立，上部多分枝。叶互生；茎下部叶狭长椭圆形，边缘浅裂或深裂；茎上部叶线形，较小，全缘或前端有疏锯齿；叶基部均有耳，上面疏生微小短毛，下面无毛。长总状花序，顶生；花小；萼4，椭圆形；花瓣通常很小，呈退化状；子房扁圆形，2室，柱头头状。短角果，卵状椭圆形，顶端微凹，中央开裂，假隔膜膜质白色。种子倒卵状椭圆形，淡红棕色。生于田野、路旁。分布于东北、华北、西北等地。种子（北葶苈子）入药，泻肺平喘，行水消肿。

同科播娘蒿属植物**播娘蒿** *Descurainia sophia*（L.）Webb. ex Prantl. 一年生草本，茎直立，较柔细。叶互生，较密；2～3回羽状分裂，最终裂片狭线形。总状花序顶生，果序时特别伸长；花小，黄色。长角果，线形。种子卵状扁平，褐色。种子亦作葶苈子（南葶苈子）入药，功效同北葶苈子。

14. 景天科 Crassulaceae $⚥ * K_{4\sim5}C_{4\sim5,(4\sim5)}A_{8\sim10}\underline{G}_{4\sim5}$

景天科植物为**多年生肉质草本**。单叶互生、对生或轮生。花两性，单生，呈**聚伞或总状花序**；**萼片与花瓣均为4～5，雄蕊为花瓣两倍**；**子房上位，离生心皮4～5个**，每个基部有**一小鳞片**，胚珠数枚至多枚。**蓇葖果**。

本科约 35 属，1600 种，广布全球，多为耐旱植物。我国有 10 属，近 250 种，已知药用 70 种。本科植物含有多种苷类，如红景天苷、垂盆草苷。前者能提高机体抵抗力，后者有降低谷丙转氨酶作用。其他尚含黄酮类、香豆素类、有机酸等。

【代表药用植物】

土三七 *Sedum aizoon* L.（图 12-55）为多年生肉质草本。叶互生或近对生，呈广卵形至倒披针形，顶端渐尖，基部楔形，边缘有不整齐的锯齿，几无柄。聚伞花序，花黄色，密生，萼片 5，花瓣 5。蓇葖果呈星状排列。种子平滑。分布于西北、华北、东北方及长江流域。生于山坡岩石上或草丛中，有栽培。全草能止血、散瘀、安神。

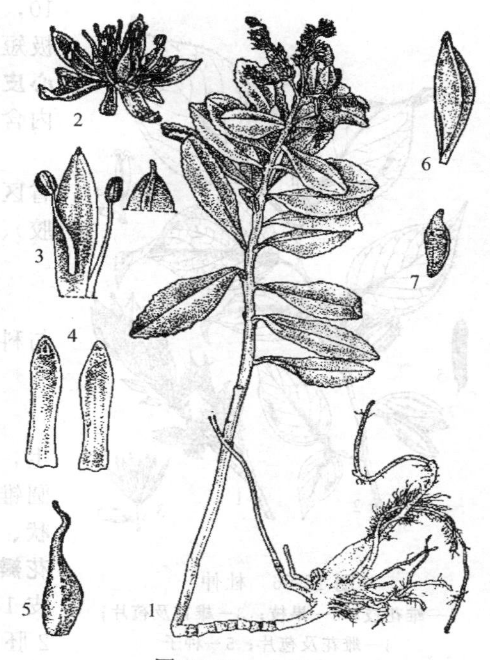

图 12-55　土三七

1—植株全形；2—花；3—花瓣及雌蕊；4—花萼；5—心皮；6—果实；7—种子

垂盆草 *Sedum sarmentosum* Bunge 为多年生肉质草本。茎平卧或上部直立，不育枝和花枝细弱，匍匐生根。叶 3 片轮生，无柄，叶片呈倒披针形至矩圆形，顶端急尖，基部有矩，全缘，肉质。花序聚伞状，常 3～5 分枝；花少数，无梗；萼片 5，呈披针形至矩圆形，顶端稍钝；花瓣 5，淡黄色，呈披针形至矩圆形，顶端外侧有长尖头；雄蕊 10，较花瓣短；心皮 5，稍开展，蓇葖果，花期 5～6 月，果期 7～8 月。分布于全国各地。生于山坡岩石上，山谷阴湿处，也有栽培。全草能清热解毒、利尿消肿。

红景天 *Rhodiola rosea* L. 为多年生草本。高 10～20cm，根粗壮，直立，圆锥形，肉质，褐黄色，根颈部具多数须根。根茎短，粗壮，圆柱形，被多数覆瓦状排列的鳞片状的叶。从茎顶端之叶腋抽出数条花茎，花茎上下部均有肉质叶，叶片椭圆形，边缘具锯齿，先端尖锐，基部楔形，几无柄。聚伞花序顶生，花红色。7～9 月采收。大多分布在北半球的高寒地带，大多数都生长在海拔 3500～5000m 的高山流石或灌木丛林下。红景天主要以根和根茎入药，全株也可入药。用于抗脑缺氧、抗疲劳、活血止血、清肺止咳、化瘀消肿、解热、滋补元气等；外用治疗跌打损伤和烧烫伤。

瓦松 *Orostachys fimbriatus*（Turcz.）Berger. 多年生肉质草本，高 10～40cm。茎略斜伸，全体粉绿色。基部叶成紧密的莲座状，线形至倒披针形，长 2～3cm，绿色带紫，或具白粉。茎上叶线形至倒卵形，长尖。花梗分枝，侧生于茎上，密被线形或为长倒披针形苞叶，花呈顶生肥大穗状的圆锥花序，花萼与花瓣通常均为 5 片，罕为 4 片；萼片卵圆形或长圆形，基部稍合生；花瓣淡红色，膜质，长卵状披针形或长椭圆形；雄蕊 10，几与花瓣等长；雌蕊为离生的 5 心皮组成，花柱与雄蕊等长。蓇葖果。花期 7～9 月。果期 8～10 月。生于屋顶、墙头及石上。全国各地均有分布。全草入药，具备清热解毒，止血，利湿，消肿，治吐血、鼻衄、血痢、肝炎、疟疾、热淋、痔疮、湿疹、痈毒、疔疮、汤火灼伤等功效。

15. 杜仲科 Eucommiaceae $♂P_0A_{8,5\sim10}$　$♀P_0\underline{G}_{(2:1:1)}$

落叶乔木。树皮、枝叶折断后有银白色胶丝。树皮外表面淡棕色或灰褐色，具明显皱纹或纵裂槽纹；内表面干后紫褐色，光滑。**单叶互生**，椭圆形或椭圆状卵形，边缘具锯齿，两面脉网突起，皱缩不平，无托叶。**花单性异株；无花被**，先叶开放或与叶同放；雄蕊 5～

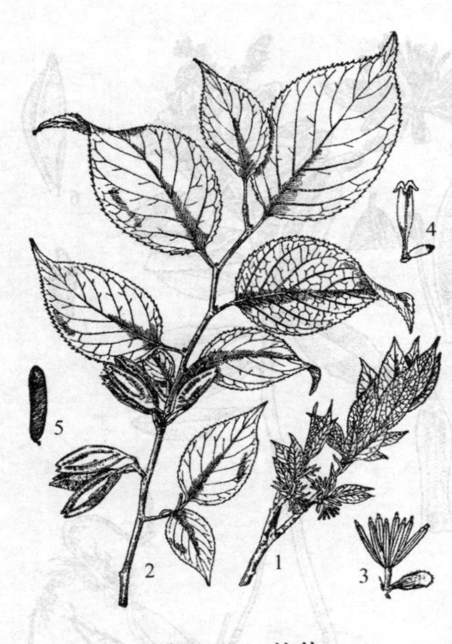

图 12-56　杜仲

1—雄花枝；2—果枝；3—雄花及苞片；4—雌花及苞片；5—种子

10，常为 8，**雄花常簇生于新枝基部**，花药条形，花丝极短；有花梗，**雌花单生于小枝下部**；**子房上位**，由 **2 心皮生成 1 室**，柱头 2 叉状。**翅果扁平**，长椭圆形，内含种子 1 粒。

本科为我国特产的单种科。分布于长江中下游各省区。植物体具有乳汁细胞，含有杜仲胶（为硬质橡胶）、杜仲苷和杜仲醇。

【代表药用植物】

杜仲 *Eucommia ulmoides* Oliv.（图 12-56）特征与科同。树皮、叶能补肝肾、强筋骨、安胎、降压。

16. 蔷薇科 Rosaceae ⚥ $* \ K_5C_5A_\infty\underline{G}_{1\sim\infty}\overline{G}_{(2\sim5)}$

草本、灌木、乔木，常有刺。单叶或复叶，多互生，**有托叶**，**花两性**，辐射对称，单生或排成伞房状、圆锥状花序；花托凹凸多变；**花萼与花托常合生成碟状、杯状、坛状、钟状、壶状或筒状的花筒**，**萼片、花瓣常 5**，**雄蕊常多数**，**均分离着生在花筒的边缘**；心皮 1 至多数，分离或合生，子房上位或下位，每室 1～2 胚珠。**蓇葖果、瘦果、核果或梨果**，稀蒴果。种子常无胚乳。

本科约 124 属，3300 种余种，分布于世界各地，以北温带较多。我国有 51 属，1000 余种，全国各地均有分布。本科植物含有苦杏仁苷、皂苷、鹤草酚、鞣质、黄酮类化合物及有机酸等多种有效化学成分。是多种花卉、果树、药材较为集中的科，已知药用约 43 属，360 多种。分属四个亚科。

蔷薇科四个亚科检索表

1. 果实多为开裂的果；心皮 1～5，分离或稍连合 ………………………… 绣线菊亚科

1. 果实不开裂。

　2. 子房上位，稀下位

　　3. 心皮多数，聚合瘦果或聚合核果；萼宿存，多复叶 …………………… 蔷薇亚科

　　3. 心皮 1；核果；萼常脱落 ………………………………………………… 梅亚科

　2. 子房下位，心皮 2～5 常与杯状花托愈合，梨果 ……………………………… 梨亚科

【代表药用植物】

蔷薇亚科　Rosoideae

龙牙草 *Agrimonia pilosa* Ledeb.（图 12-57）多年生草本。根茎短，常着生一或数个根芽（越冬芽）。茎直立，全体密长柔毛。叶为奇数羽状复叶，互生；托叶大，镰形，边缘通常有锐锯齿；叶柄短；小叶无柄，5～7 片在叶轴上对生或近于对生；各对小叶间常杂有成对或单生的小型叶，相间排列，小叶倒卵形至倒卵状披针形，先端尖或长渐尖，边缘有锯齿，基部楔形，总状花序单生于茎顶；花小，黄色，有短梗；苞片 2，基部合生，先端 3 齿裂；花萼基部合生，裂片 5 枚，花瓣 5，长圆形，雄蕊 10；心皮 2，柱头 2 裂。瘦果倒卵状圆锥形。分布于全国大部分地区。生于溪边、路旁、草地、灌丛、林缘及疏林下等地。全草（仙鹤草）能收敛止血、截疟、止痢、解毒。

金樱子 *Rosa laevigata* Michx.（图 12-58）常绿蔓性灌木，无毛；小枝除有钩状皮刺外，密生细刺。小叶 3，少数 5，椭圆状卵形或披针状卵形，边缘有细锯齿，两面无毛，背面沿中脉有细刺；叶柄、叶轴有小皮刺或细刺；托叶线形，和叶柄分离，早落。花单生侧枝

图 12-57　龙牙草
1—植株；2—花枝；3—花果枝

图 12-58　金樱子
1—果枝；2—花枝；3—花的纵剖面；4—雄蕊；5—雌蕊

顶端，白色，花柄和萼筒外面密生细刺。蔷薇果近球形或倒卵形，有细刺，顶端有长而外反的宿存萼片。生于向阳山坡；分布于华中、华东、华南、西南。果实入药，有利尿、补肾作用；叶有解毒消肿作用；根能活血散瘀、拔毒收敛、祛风驱湿。

地榆 *Sanguisorba officinalis* L.（图 12-59）多年生草本，根粗壮，多呈纺锤形，表面棕褐色或紫褐色，横切面黄白色或紫红色。茎直立，有棱。基生叶为奇数羽状复叶，小叶 4～6 对，小叶片卵形或长圆状卵形，边缘有多数粗大圆钝稀急尖的锯齿（因为叶子外貌很像榆树叶子，所以称之为地榆）；小叶片有短柄，基部常有小托叶，茎生叶较少，托叶大，草质，半卵形，外侧边缘有尖锐锯齿。穗状花序椭圆形、圆柱形或卵球形，从花序顶端向下开放，萼片 4 枚，紫红色，椭圆形至宽卵形，背面被疏柔毛，中央微有纵棱脊，顶端常具短尖头；雄蕊 4，花丝丝状，柱头顶端扩大，盘形，边缘具流苏状乳头。果实包藏在宿存萼筒内，外面有 4 棱。花果期 7～10 月。分布于全国大部分地区。根能清热凉血，收敛止血。

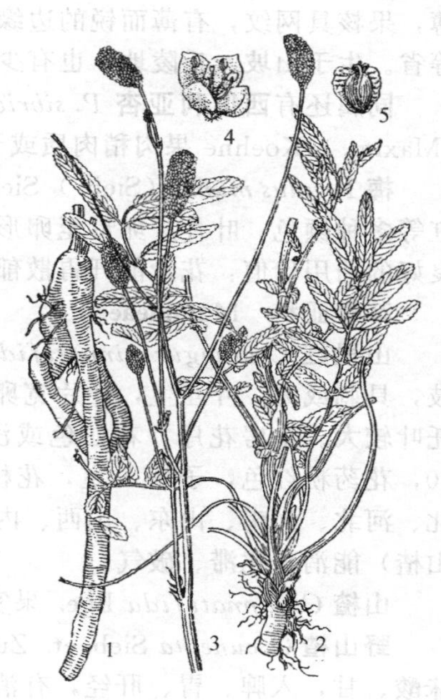

图 12-59　地榆
1—根；2—植株的一部分；3—花枝；4—花；5—果实

梅亚科　Prunoideae

杏 *Prunus armeniaca* L.（图 12-60）落叶乔木，叶互生，具长柄，基部具有 1～6 个腺点，叶片宽卵圆形或近圆形，边缘具细锯齿。花先叶开放，单生于小枝顶端，无柄或具极短的柄；花萼圆筒状，基部疏被短柔毛，萼片 5，卵圆形或椭圆形；花瓣 5，白色或粉红色，具 3～5

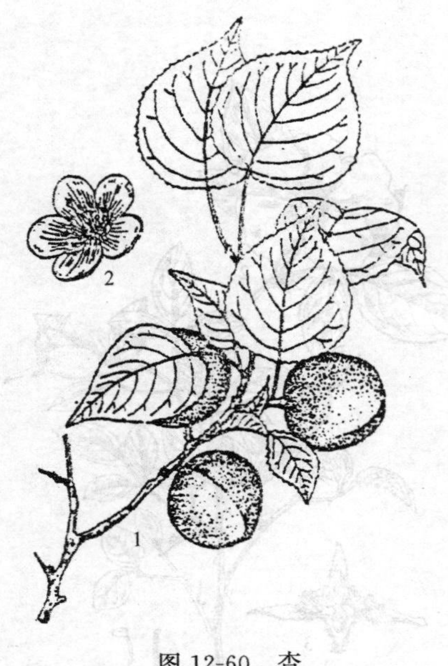

图 12-60　杏
1—果枝；2—花

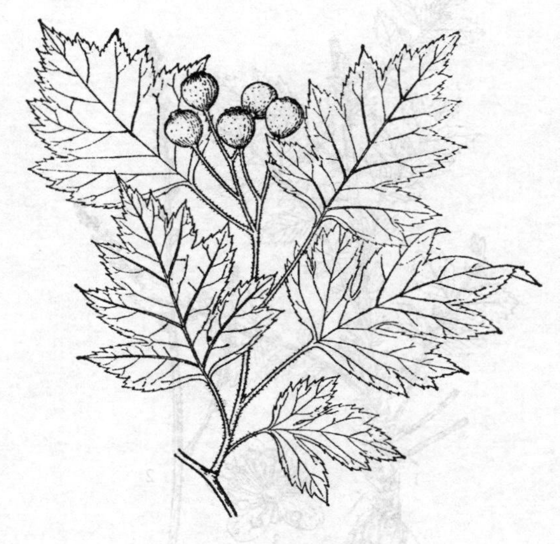

图 12-61　山里红

条紫红色的脉纹；雄蕊多数；子房密被短柔毛，柱头头状。核果心状卵圆形。分布于东北、华北、华中、华东及西北。多栽培于低山地或丘陵山地。果供食用，种子（苦杏仁）有止咳、平喘、宣肺润肠作用。

山杏 *P. armeniaca* L. var. *ansu* Maxim. 与杏相似，主要区别为本种植物的叶较小，叶片宽椭圆形至宽卵形，花常2朵，粉红色；果实较小，近球形，红色，外被短柔毛，果肉较薄，果核具网纹，有薄而锐的边缘。分布于辽宁、河北、山东、山西、内蒙古、宁夏、甘肃等省。生于山坡、丘陵地，也有少数栽培。

同属还有**西伯利亚杏** *P. sibrica* L. 小乔木；果实成熟时开裂。**东北杏** *P. mandshurica* (Maxim.) Koehne 果肉稍肉质或干燥，味酸或苦涩。

梅 *Prunus mume* (Sieb.) Sieb. et Zucc. 寒冬先叶开放，花瓣5片，有白色、红色、粉红等多种颜色。叶片广卵形至卵形，是著名的观赏植物。主要分为花梅和果梅两类。其具有良好的药用价值：花蕾能开胃散郁，生津化痰，活血解毒；根研末可治黄疸。

苹果亚科　Maloideae

山里红 *Crataegus pinnatifida* Bge. var. *major* N. E. Br.（图 12-61）落叶乔木，多分枝，具刺或无。叶互生，叶片宽卵形或三角状卵形，有2～4对羽状裂片，上表面有光泽，托叶较大。伞房花序，花白色或浅红色，萼片5齿裂；花瓣5，倒卵形或近圆形，雄蕊约20，花药粉红色，子房5室，花柱5。梨果近球形，深红色，密被白色小斑点。分布于东北、河北、河南、山东、山西、内蒙古、陕西等地。生于山坡砂地，河边杂木林。果实（北山楂）能消食化滞、破气。

山楂 *C. pinnatifida* Bge. 果实较大，也作北山楂用。

野山楂 *C. cuneata* Sieb. et. Zucc. 果实较小，果皮薄。果实（南山楂）作药用，性微温，味酸、甘，入脾、胃、肝经，有消食健胃、活血化瘀、收敛止痢之功能。

贴梗海棠 *Chaenomeles speciosa* (Sweet) Nakai（图 12-62）落叶灌木，具枝刺；小枝嫩时紫褐色，老时暗褐色。叶片卵形至椭圆形，边缘具尖锐细锯齿，表面微光亮，深绿色，背面淡绿色，托叶大，叶状，卵形或肾形，边缘具尖锐重锯齿。花2～6朵簇生于二年生枝上，叶前或与叶同时开放；花瓣近圆形或倒卵形，具短爪，猩红色或淡红色；雄蕊 35～50 枚，直立，花丝微带红色；花柱中部以下合生，与雄蕊近等长，柱头头状。梨果球形至卵形，黄色或黄绿色，有不明显的稀疏斑点，芳香。

同属**木瓜** *C. sinensis*（Thouin）Koehne 落叶灌木或小乔木，枝无刺，幼时被毛，后脱落。单叶互生；托叶膜质，叶片椭圆形或长椭圆形，花单生于叶腋，花梗短粗，萼筒钟状，花瓣 5，倒卵形，淡粉红色；雄蕊多数；花柱 3～5，基部合生。梨果，长椭圆形，暗黄色，木质，果梗短，果实干燥后果皮不皱缩，故入药称光皮木瓜。分布于长江流域以南及陕西等地。常栽培。

图 12-62　贴梗海棠

1—花枝；2—果实

枇杷 *Eriobotrya japonica*（Thunb.）Lindl. 常绿小乔木，小枝密生锈色或灰棕色绒毛。叶片革质，披针形、长倒卵形或长椭圆形，基部楔形或渐狭成叶柄，边缘有疏锯齿，表面皱，背面及叶柄密生锈色绒毛。圆锥花序，花多而紧密；花梗、萼筒密生锈色绒毛；花白色，芳香，花瓣内面有绒毛，基部有爪。梨果近球形或长圆形，黄色或橘黄色，外有锈色柔毛，后脱落。我国四川、江苏（大丰枇杷基地）、湖北、福建有野生，现全国各地都有栽培。叶和果实入药，有清热、润肺、止咳化痰等功效；又蒸制其叶取露，取名“枇杷叶露”，有清热、解暑热、和胃等作用。

17. 豆科 Leguminosae ⚥ $*$，$\uparrow K_{5,(5)} C_5 A_{10,(9)+1,\infty} G_{(1:1:\infty)}$

豆科植物为乔木、灌木或草本，**常具能固氮的根瘤**。叶常互生，**多为复叶，具托叶**。花两性，萼片和花瓣均为 5 枚，多为**蝶形花冠**，少数假蝶形花冠或辐射对称；**雄蕊 10 枚，常为二体**，少数下部合生或全部分离；**子房上位，单心皮**，1 室，胚珠 1 至多数。**荚果**。

本科为种子植物的第三大科，仅次于菊科和兰科，约 700 余属，18000 余种，分布于世界各地。我国有 172 属，约 1539 种，分布于全国各地。

本科植物含有黄酮、蒽醌、三萜皂苷及生物碱等成分；种子富含脂肪油、蛋白质等多种有效成分。另在显微结构中常含草酸钙方晶。

本科分为三个亚科：含羞草亚科、云实亚科和蝶形花亚科，详见下表。

亚科检索表

1. 花辐射对称，花瓣镊合状排列，分离或连合，雄蕊多数或定数（4～10）…… 含羞草亚科 Mimosoideae
1. 花两侧对称，花瓣覆瓦状排列，雄蕊一般 10 枚。
  2. 花冠假蝶形，旗瓣小，位于最内方，雄蕊分离，不为二体雄蕊……………… 云实亚科 Caesalpinoideae
  2. 花冠蝶形，旗瓣大，位于最外方，通常为二体雄蕊 …… 蝶形花亚科 Papilionoideae

【代表药用植物】

含羞草亚科 Mimosoideae

合欢 *Albizia julibrissin* Durazz. 落叶乔木（图 12-63），高达 10m 以上。二回偶数羽状复叶互生，羽片 4～15 对，小叶 10～30 对，镰状长圆形，主脉偏向一侧。头状花序集生成伞房状，腋生或顶生；花冠淡红色，漏斗状；花萼筒状，均疏生短柔毛；雄蕊多数，花丝细长，基部连合。荚果扁平长条形。全国均有分布，多为栽培。树皮（合欢皮）能解郁安神，

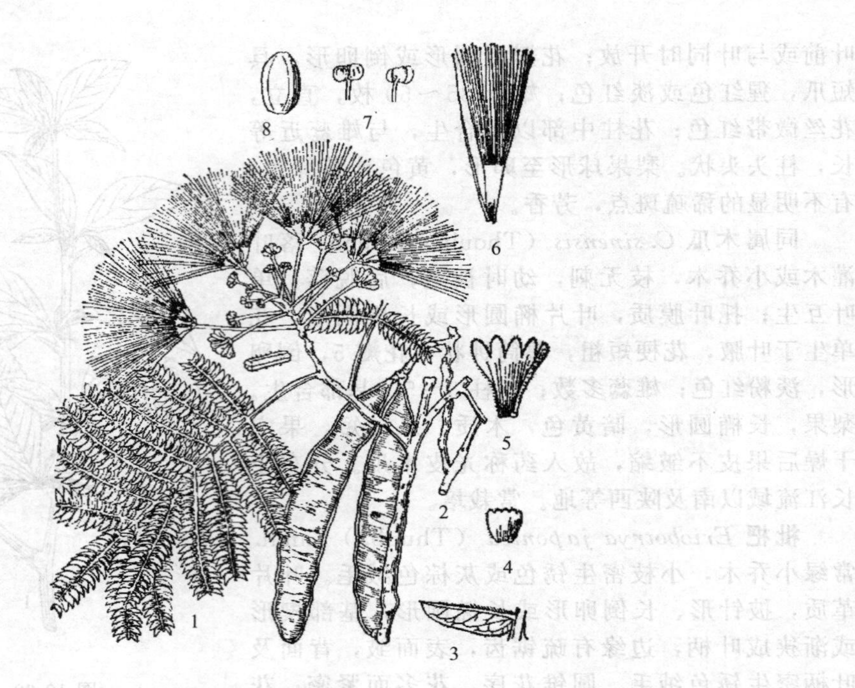

图 12-63　合欢

1—花枝；2—果枝；3—小叶下表面；4—花萼；5—花冠；6—雄蕊与雌蕊；7—花药；8—种子

活血消肿；花序或花蕾（合欢花）能解郁安神。

本亚科常见的药用植物还有：**儿茶** *Acacia catechu*（L. f.）Willd.，其去皮枝、干的干燥煎膏（儿茶）能活血止痛，止血生肌，收湿敛疮，清肺化痰。

云实亚科 Caesalpinoideae

决明 *Cassia obtusifolia* L. 一年生半灌木状草本（图 12-64）。偶数羽状复叶互生；小叶 3 对，叶片倒卵形或倒卵状长圆形。花成对腋生；萼片 5，分离，卵圆形；花冠黄色，花瓣 5，最下面两瓣较长；雄蕊 10，不等长，发育雄蕊 7。荚果细长，近四棱形。种子多数，棱柱形，淡褐色或绿棕色，光亮，两侧各有 1 条斜向对称而色浅的凹纹。全国各地均有分布，多栽培。生于村边、路旁、山坡等地。成熟种子（决明子）能清热解毒、润肠通便。

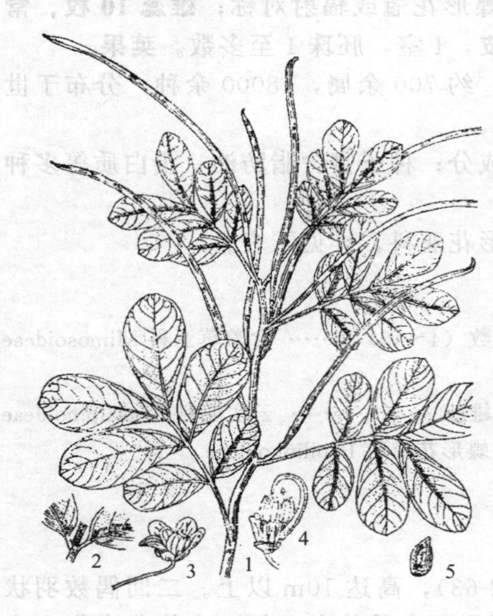

图 12-64　决明

1—果枝；2—小叶基部及腺体；3—花；4—雄蕊与雌蕊；5—种子

皂荚 *Gleditsia sinensis* Lam. 落叶乔木。树干有刺，粗壮，通常有分枝。一回偶数羽状复叶簇生，具小叶 6～14 枚，长卵形、长椭圆形至卵状披针形。总状花序腋生，花杂性；花萼 4 枚，钟状；花冠白色；雄蕊 6～8。正常荚果条形；不育荚果不扭转，微弯作镰形，成熟后红棕色至黑棕色，被白色粉霜。分布于东北、华北、华东、华南以及四川、贵州等省。生于路旁、沟旁、宅旁或向阳处。果实（大皂角）能祛痰开窍，散结消肿；棘刺（皂角刺）能消肿托毒，排脓，杀虫；畸形果实（猪牙皂）能祛痰开窍，散结消肿。

紫荆 *Cercis chinensis* Bge. 常为灌木。叶互生，近圆形。花 4～10 朵簇生于老枝上；花冠紫红色，假蝶形；雄蕊 10，分离，花梗细。荚果条形。分布于华北、华东、中南、西南及陕西、甘肃等地。生于山坡、溪旁、灌丛中，或栽培于庭园中。树皮（紫荆皮）能活血行气，消肿止痛、祛瘀解毒；花（紫荆花）能清热凉血，通淋解毒；果实（紫荆果）能止咳平喘，行气止痛。

苏木 *Caesalpinia sappan* L. 落叶小乔木或灌木。树干有刺，幼枝被细柔毛。二回偶数羽状复叶，羽片 9～12 对，小叶 10～15 对，长圆形，先端圆或钝形微凹，基部偏斜，全缘。圆锥花序顶生或腋生。花冠黄色，花瓣 5，4 片圆形等大，最下面一片较小；雄蕊 10，离生。荚果厚革质，偏斜扁平，顶端有尖喙，红棕色。分布在我国广西、广东、台湾、贵州、云南、四川等地，野生或栽培。心材（苏木）能活血祛瘀，消肿止痛。

蝶形花亚科 Papilionoideae

图 12-65　膜荚黄芪
1—根；2—花枝；3—花；4—展开的花瓣；5—雄蕊；6—雌蕊；7—果实；8—种子

膜荚黄芪 *Astragalus membranaceus*（Fisch.）Bge. 多年生草本（图 12-65），主根长圆柱形，粗壮或有少数分枝。奇数羽状复叶互生，小叶 6～13 对，椭圆形或长卵形。总状花序腋生；花萼具 5 裂齿；蝶形花冠，黄白色；雄蕊 10，二体。荚果膜质，膨胀，卵状长圆形，被黑色或黑白相间的短柔毛。分布于东北、河北、山东、山西、内蒙古、陕西等省。生于林缘、灌木丛、林间草地或疏林下。根（黄芪）补气升阳，固表止汗，利水消肿，生津养血，行滞通痹，托毒排脓，敛疮生肌。

甘草 *Glycyrrhiza uralensis* Fisch. 多年生草本（图 12-66）。根及根状茎粗壮，外皮红棕色至暗棕色或暗褐色。茎直立，稍带木质，被白色短毛及腺状毛。奇数羽状复叶互生；小叶 5～7 对，狭长卵形，倒卵形或阔椭圆形至近圆形。总状花序腋生；蝶形花冠，蓝紫色；雄蕊 10，二体。荚果呈镰刀状弯曲，密被刺状腺毛及短毛。分布于我国华北、东北、西北等地。生于荒漠、半荒漠或带盐碱草原、撂荒地。根及根状茎（甘草）能补脾益气，清热解毒，祛痰止咳，缓急止痛，调和诸药。

同属植物**光果甘草** *Glycyrrhiza glabra* L. 和**胀果甘草** *Glycyrrhiza inflata* Bat. 的根及根状茎亦作药材甘草入药。

野葛 *Pueraria lobata*（Willd）Ohwi 多年生落叶藤本（图 12-67）。全株被黄褐色长硬毛。块根肥大。三出复叶互生，具长柄；顶生小叶片菱状卵形，侧生小叶较小，斜卵形，基部斜形，两面被粗毛，背面较密；托叶披针状长椭圆形。花萼钟状，5 齿裂；花冠蓝紫色或紫色；雄蕊 10，二体。荚果线形，密被黄褐色长硬毛。种子卵圆形，赤褐色，有光泽。全国大部分地区均有分布。生于山坡草丛路旁及疏林中较阴湿的地方。块根（葛根）解肌退热，生津止渴，透疹，升阳止泻，通经活络，解酒毒；花（葛花）能解酒毒。

槐 *Sophora japonica* L. 落叶乔木。奇数羽状复叶互生，小叶片 7～15，卵状披针形或卵状长圆形。圆锥花序顶生；花萼钟形，先端 5 浅裂；蝶形花冠，黄白色；雄蕊 10，不等长，离生或基部稍连合。荚果肉质，串珠状，绿色，无毛，果先端有细尖喙状物。种子 1～6 枚，棕黑色，肾形，极细缩。我国南、北各地均有分布，多栽培，野生者极少。花蕾及花（槐花）能凉血止血，清肝泻火；成熟果实（槐角）能清热泻火，凉血止血。

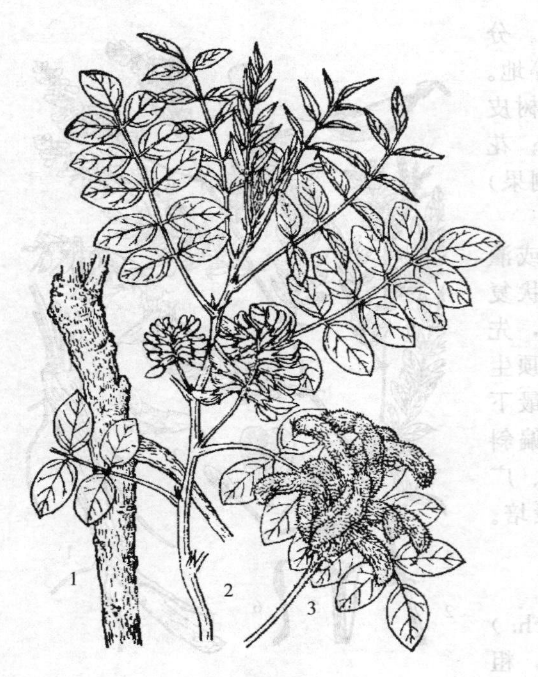

图 12-66　甘草
1—根；2—花枝；3—果枝

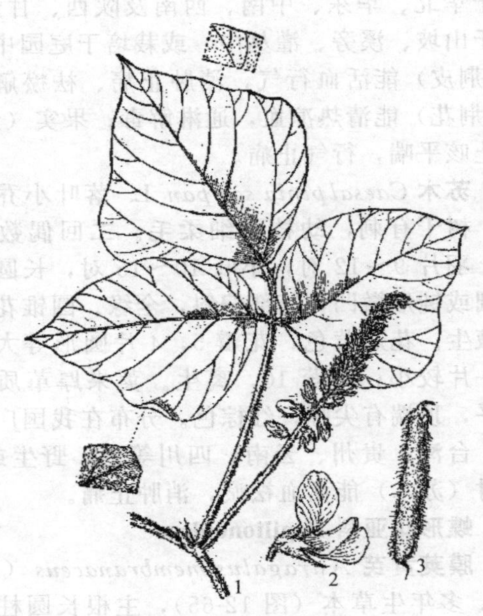

图 12-67　野葛
1—花枝；2—花；3—果

苦参 *Sophora flavescens* Ait.（图 12-68）落叶半灌木。根圆柱形，外皮黄白色。奇数羽状复叶，小叶 11～25，披针形至线状披针形，全缘；托叶线形。总状花序顶生；蝶形花冠，淡黄白色；雄蕊 10，花丝分离。荚果线形，呈不明显的串珠状，先端具长喙，成熟时不开裂，疏生短柔毛。种子近球形，黑色。根（苦参）能清热燥湿，杀虫，利尿。

图 12-68　苦参
1—花枝；2—果

甘葛藤 *Pueraria thomsonnii* Benmp. 藤本，茎枝被黄褐色短毛或杂有长硬毛。块根肥大。三出复叶互生，具长柄；小叶片菱状卵形至宽卵形；托叶披针状长椭圆形。总状花序腋生；花萼钟状，萼齿 5，披针形，较萼筒长，被黄色长硬毛；花冠紫色。荚果长椭圆形，扁平，密被黄褐色长硬毛。种子肾形或圆形。分布于广东、广西、四川、云南、江西等省。栽培或野生于山野灌丛和疏林中。块根习称“粉葛”，能解肌退热，生津止渴，升阳透疹，止泻，通经活络，解酒毒。

刺桐 *Erythrina variegata* L. 落叶大乔木，高可达 20m。干皮灰色，具黑色圆锥形皮刺，二三年后即脱落。三出复叶互生，或簇生于枝项；小叶菱形或菱状卵形。总状花序；花萼佛焰苞状；花冠蝶形，鲜红色；雄蕊 10，二体。荚果呈念珠状，种子红色。分布于湖北、福建、台湾、广东、广西、贵州、云南等地。生于山地、村旁，或有栽培。其干皮（海桐皮）能祛风湿，通经络，杀虫。其叶（刺桐叶）能消积驱蛔。此外，其花和树根均可入药。

此外，本亚科常见的药用植物还有：**广金钱草** *Desmodium styracifolium*（Osb.）Merr. 其地上部分习称广金钱草，能利湿退黄，利尿通淋；**大叶千斤拔** *Flemingia macrophylla*（Willd.）prain.，其根能祛风活血，强筋骨。

18. 芸香科 Rutaceae ⚥ $* \uparrow K_{(4\sim5)} C_{4\sim5} A_{4\sim5,8\sim10,\infty} \underline{G}_{(4\sim15)}$

芸香科植物**多为木本。叶、花、果实常有透明的油腺点，揉之有芳香辛辣气味**。叶常互生，多为**羽状复叶或单身复叶。花常为两性，多辐射对称**，单生或排成圆锥、聚伞花序；萼片4～5；花瓣4～5；**雄蕊常与花瓣同数或为其倍数，着生于花盘基部；子房上位**，心皮4～15，离生或合生。**柑果**、蒴果、蓇葖果或核果。

芸香科约150属，1700种，分布于世界各地，主产热带和亚热带。我国有29属，约150种，分布于全国各地，主产于西南和南部各省。常含挥发油、生物碱、黄酮、有机酸、苷类等多种有效成分。

本科显微结构含油室，果皮中常有橙皮苷结晶、草酸钙结晶，其中多为草酸钙方晶、簇晶、棱晶。

【代表药用植物】

橘 *Citrus reticulata* Blanco 常绿小乔木或灌木，通常有刺。叶互生，单身复叶，革质；叶翼不明显。花萼杯状，5裂；花瓣5，黄白色或带淡红色；雄蕊15～30，长短不一，花丝常3～5个连合。柑果扁球形，红色或橙黄色。种子卵圆形。长江以南各省广泛分布。通常栽培于丘陵、低山地带、湖泊沿岸或平原。成熟果皮（陈皮）能理气健脾，燥湿化痰；未成熟果皮或幼果（青皮）能疏肝破气，消积化滞；外层果皮（橘红）能理气宽中，燥湿化痰；果皮内的筋络（橘核）能通络，化痰；核（橘核）能理气，散结，止痛。

黄檗 *Phellodendron amurense* Rupr. 落叶乔木（图12-69）。树皮外层灰色或灰褐色，有很厚的木栓层，具弹性，表面常具纵向深沟裂，内层鲜黄色。奇数羽状复叶对生；小叶通常5～13对，长圆状披针形、卵状披针形或近卵形，上表面暗绿色，幼时沿脉被柔毛，老时则仅中脉基部有白色长柔毛。花序圆锥状；花单性，雌雄异株；花萼5，卵形；雄花的花丝线形，雌花的雄蕊退化成鳞片状，雌蕊1。浆果状核果，圆球形，成熟时紫黑色。分布于黑龙江、吉林、辽宁、河北、山西、内蒙古等省。生于山地杂木林中或山谷洪流附近。有栽培。树皮（关黄柏）清热燥湿，泻火除蒸，解毒疗疮。

吴茱萸 *Evodia rutaecarpa*（Juss.）Benth. 常绿小乔木或灌木，幼枝、叶轴及花轴均被黄褐色长绒毛。奇数羽状复叶对生；小叶5～9，椭圆形至卵形，两面均被淡黄褐色长柔毛，并有粗大透明腺点，揉之有强烈辛香气。圆锥状聚伞花序顶生；花萼5；花瓣5，甚小，黄白色，单性，雌雄异株。蒴果紫红色，扁球形，成熟时开裂成5个果瓣。分布于湖北、广西、贵州、四川、浙江、江西、湖南等省。生于山坡草丛中，亦有种植于庭园。近成熟果实（吴茱萸）能散寒止痛，降逆止呕，助阳止泻。

白鲜 *Dictamnus dasycarpus* Turcz. 多年生草本（图12-70），全株具特异的香味。根肉质，多侧根，具较强烈的羊膻样气味，外皮黄白色至黄褐色。奇数羽状复叶互生，小叶通常9片，卵形至椭圆形，边缘具细锯齿，叶片及叶翼密布腺点。总状花序顶生；花轴、花梗、苞片及萼片均密被细柔毛和腺体；萼片5；花瓣5，长圆形，淡红色或白色，带淡红紫色的脉纹；雄蕊10。蒴果密被柔毛及棕黑色腺毛，成熟时5裂。分布于东北至西北。生于山阳坡疏林或灌木丛中，开阔的多石山坡及平原草地。根皮（白鲜皮）能清热燥湿、祛风解毒。

佛手 *Citrus medica* L. var. *sarcodactylis* Swingle 常绿小乔木或灌木。老枝灰绿色，幼枝略带紫红色，有短硬刺。单叶互生；叶柄短，无叶翼，无关节；叶片革质，长椭圆形或倒卵状长圆形，先端钝，有时微凹，基部近圆形或楔形，边缘有浅波状钝锯齿。花单生，簇生或为总状花序；花萼杯状，5浅裂，裂片三角形；花瓣5，内面白色，外面紫色；雄蕊多数。

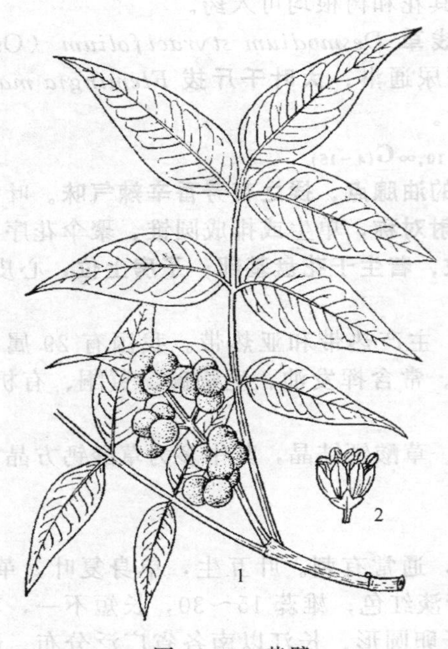

图 12-69　黄檗

1—果枝；2—雄花

图 12-70　白鲜

1—根；2—果实；3—花枝

柑果卵形或长圆形，先端分裂如拳状，或张开似指尖，表面粗糙，橙黄色，果肉淡黄色。我国浙江、江西、福建、广东、广西、四川、云南等地有栽培，其中以浙江金华最为著名。其果实（佛手）能疏肝理气，和胃止痛，燥湿化痰。

化州柚 *Citrus grandis* Tomentosa 常绿小乔木。幼枝密被细茸毛，有刺。叶互生，全缘或微有小齿，宽卵形至椭圆状卵形，有柔毛和透明腺点，叶柄具关节，叶翼倒心形。花萼杯状，4 浅裂；花瓣 4，白色；雄蕊 20～25。柑果近球形，幼果密被厚绒毛，成熟时则较少；中果皮较厚。未成熟或近成熟的外层果皮（化橘红），能理气宽中，燥湿化痰。

降真香 *Acronychia pedunculata*（L.）Miq. 常绿乔木。单叶对生；矩圆形至长椭圆形，全缘。聚伞花序常生于枝的近顶部；萼片 4；花瓣 4；雄蕊 8。核果黄色。分布于广东、广西、云南、中南半岛。生常绿阔叶林中。树皮、叶和果实均可入药，能行气活血、健脾止咳。

本科常见的药用植物还有：**黄皮** *Clausena lansium*（Lour.）Skeels 原产我国南部。台湾、福建、广东、海南、广西、贵州南部、云南及四川金沙江河谷均有栽培。果皮及果核皆可入药，果皮味苦，有利尿和消肿的功效；果核能行气、止痛、健胃消肿。**两面针** *Zanthoxylum nitidum*（Roxb.）DC. 分布于广东、广西、福建、湖南、云南、台湾等省，生于山野，其根（两面针）能活血化瘀，行气止痛，祛风通络，解毒消肿；茎、叶能散瘀活络、祛风解毒；**三桠苦** *Evodia lepta*（Spreng.）Merr.，分布于福建、广东、广西、海南和云南等省区。生于丘陵、平原、溪边，林缘的灌木丛中。其根、叶均可入药，能清热解毒、祛风除湿。

19. 远志科 Polygalaceae ☿ $\uparrow K_5 C_{3,5} A_{(4\sim8)} \underline{G}_{(1\sim3:1\sim3:1\sim\infty)}$

远志科植物为草本、灌木或乔木。单叶互生，全缘。**花两性，两侧对称**，**穗状或圆锥花序；萼片 5，不等长，内面 2 片常呈花瓣状；花瓣 3 或 5，不等长，下面一片常为龙骨状，其顶端常具鸡冠状附属物**；雄蕊 4～8，**花丝合生成鞘**，花药顶端开裂；子房上位，1～3 心皮合生。**蒴果、坚果或翅果**。

远志科约13属，近1000种，分布于世界各地。我国有4属，51种，分布于全国各地，主产于西南和南部各省。常含皂苷类、生物碱类等有效成分。

【代表药用植物】

远志 *Polygala tenuifolia* Willd.（图12-71）为多年生草本。根圆柱形，弯曲。单叶互生；叶线形至狭线形，全缘。总状花序；花萼5；花冠蓝紫色，花瓣3，下部合生，中央为龙骨状花瓣，顶端有流苏状附属物；雄蕊8，花丝基部合生。蒴果扁卵形，边缘具狭翅。种子密被白色细绒毛。分布于我国南北各省。生于向阳山坡、路旁或河岸各地。有栽培。根（远志）能安神益智，交通心肾，祛痰，消肿。

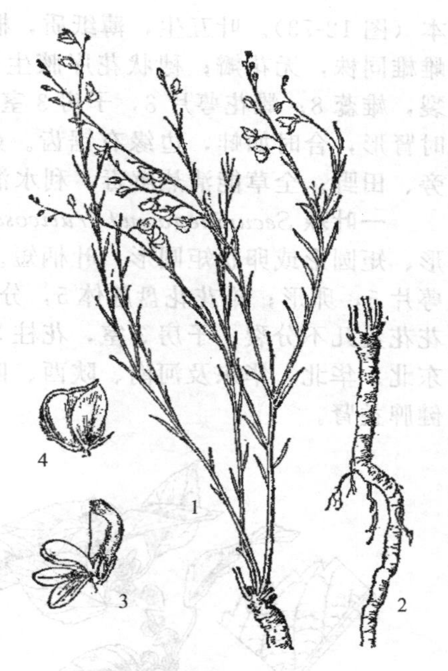

图12-71　远志

1—全株；2—根；3—花；4—果实

本科常见的药用植物还有：**瓜子金** *Polygala japonica* Houtt. 分布于东北、华北、西北、华东、中南、西南等地，生于山坡草丛中，路旁。全草（瓜子金）能祛痰止咳，活血消肿，解毒止痛

20. 大戟科 Euphorbiaceae ♂ $* K_{0\sim5} C_{0\sim5} \underline{A}_{1\sim\infty,(\infty)}$ ♀ $* K_{0\sim5} \underline{C}_{0\sim5} G_{(3:3:1\sim2)}$

大戟科植物为草本或木本。**常含乳汁**。多为单叶互生，叶基部常具腺体。穗状、总状、聚伞或**杯状聚伞花序**；花辐射对称；**花通常单性，同株或异株**；多为单层花被，**萼状，有时缺**，或花萼与花瓣具存，有时**具花盘或退化为腺体**；雄蕊1至多数；子房上位，**3心皮合生成3室**，每室含胚珠1～2；中轴胎座。**蒴果**，稀为浆果或核果。

大戟科约300属，8000种，广泛分布于世界各地，主产于热带和亚热带地区。我国约70多属，460种，分布于全国各地，主产于西南、台湾等地。本科植物多有不同程度的毒性，所含化学成分较复杂，多含生物碱类，此外亦含萜类、脂肪油、蛋白质、氰苷、硫苷等有效成分。其中有的具有强烈的生理活性，能兴奋中枢神经、抗癌、降压等，种子富含脂肪和蛋白质。

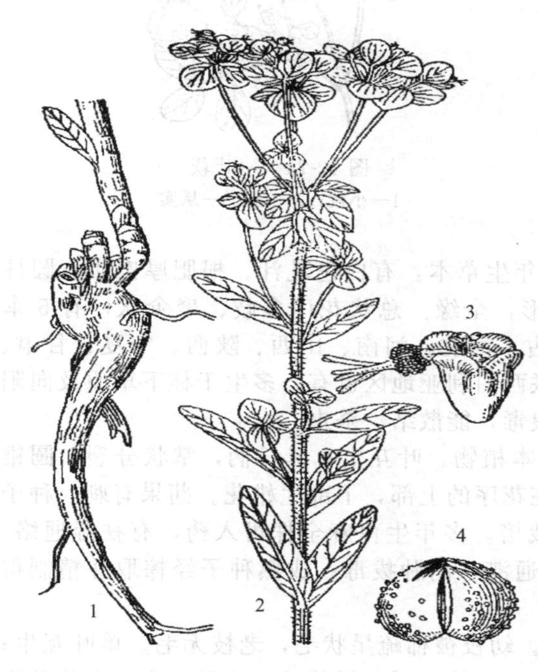

图12-72　大戟

1—根；2—花枝；3—花；4—果实

本科植物显微结构中常含有节乳汁管。

大戟 *Euphorbia pekinensis* Rupr. 多年生草本（图12-72），有白色乳汁。根粗壮，圆锥形。茎直立，上部被白色短柔毛。叶互生，几无柄，长圆状披针形至披针形，全缘。多数杯状聚伞花序排列形成多歧聚伞花序；雄花多数，仅具1雄蕊；雌花仅具雌蕊1枚，子房上位，3心皮，3室，每室胚珠一枚。蒴果三棱状球形，表面具疣状突起。我国大部分地区均有分布。生于山坡路旁、荒地、草丛、林缘及疏林下。根（京大戟）有毒，能泻水逐饮，消肿散结。

铁苋菜 *Acalypha australis* L. 一年生草

本（图 12-73）。叶互生，薄纸质，椭圆形或卵状菱形，基部楔形，叶脉基部 3 出。花单性，雌雄同株，无花瓣；穗状花序腋生；通常雄花序生于花序上端；雄花多数，极小，花萼 4 裂，雄蕊 8；雌花萼片 3，子房 3 室，生于花序下部并且藏于对合的叶状苞片内，苞片展开时肾形，合时如蚌，边缘有锯齿。蒴果钝三棱形。分布于全国各地。生于山坡、沟边、路旁、田野。全草能清热解毒、利水消肿、收敛止血、止痢。

一叶萩 *Securinega suffruticosa*（Pall.）Rehd. 灌木（图 12-74）。单叶互生；叶椭圆形、矩圆形或卵状矩圆形，叶柄短。花小，无花瓣；单性，雌雄异株，3～12 簇生于叶腋；萼片 5，卵形；雄花花盘腺体 5，分离，2 裂，与萼片互生；退化子房小，圆柱形，2 裂，雌花花盘几不分裂；子房 3 室，花柱 3 裂。蒴果三棱状扁球形，红褐色，无毛，三瓣裂。分布东北、华北、华东及河南、陕西、四川。生于山坡或路旁。嫩枝及叶供药用，能活血舒筋、健脾益肾。

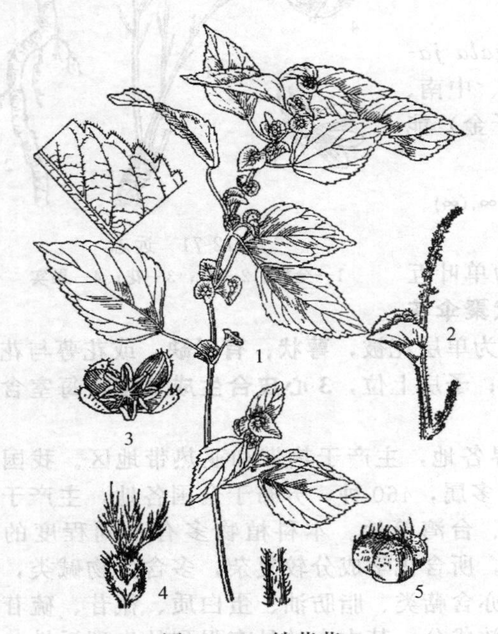

图 12-73 铁苋菜

1—果枝；2—花枝；3—雄花；4—雌花；5—果实

图 12-74 一叶萩

1—小枝；2—花；3—果实

狼毒大戟 *Euphorbia fischeriana* Steud. 多年生草本，有白色乳汁。根肥厚肉质，圆柱形，外皮土褐色。叶互生，披针形或卵状披针形，全缘。总状花序多歧、聚伞状，有 5 伞梗。蒴果。分布于黑龙江、吉林、辽宁、内蒙古、河北、河南、山西、陕西、宁夏、甘肃、山东、江苏、安徽、浙江等省区；蒙古、前苏联西伯利亚地区也有。多生于林下草原及向阳石质山坡草地。全株有毒，根毒性大。根习称狼毒，能散结、杀虫。

蓖麻 *Ricinus communis* L. 一年或多年生草本植物。叶互生，具长柄，掌状分裂。圆锥花序；花单性，无花瓣，雌雄同株，雌花着生在花序的上部，下部生雄花。蒴果有刺。种子椭圆形，有黑、白、棕色斑纹。全国各地均有栽培。多年生蓖麻全株可入药，有祛湿通络、消肿、拔毒之效。成熟种子（蓖麻子），能泻下通滞，消肿拔毒；成熟种子经榨取并精制得到的脂肪油（蓖麻油）可滑肠，润肤。

巴豆 *Croton tiglium* L. 常绿灌木或小乔木。幼枝被稀疏星状毛，老枝无毛。单叶互生；叶片卵形至长圆状卵形，近叶花柄处有 2 腺体，两面均有稀疏星状毛，主脉 3 出。总状花序顶生；花单性，雌雄同株，花序上部着生雄花，下部着生雌花，亦有全为雄花者；花萼 5

裂；花瓣5，反卷；雄蕊多数；雌花常无花瓣。蒴果倒卵形至长圆形，有3钝角。种子长卵形，3枚，淡黄褐色。分布于西南及福建、湖北、湖南、广东、广西等地。生于山野、丘陵地，野生或栽培。其成熟果实（巴豆）外用蚀疮；巴豆仁制霜后（巴豆霜）有大毒，能峻下冷积，逐水退肿，豁痰利咽，外用蚀疮。此外，其根（巴豆树根）、叶（巴豆叶）、种皮（巴豆壳）以及种仁之脂肪油（巴豆油）亦供药用。

余甘子 *Phyllanthus emblica* L. 落叶小乔木或灌木。单叶互生，叶片长方线形或线状长圆形，几近无柄。花簇生于叶腋；花冠黄色；单性，雌雄同株；花萼5～6。果实肉质，球形或扁球形，味酸涩而后回甜。分布于福建、台湾、广东、海南、广西、四川、贵州、云南等地，江西、湖南、浙江等省部分地区也有。生于海拔300～1200m的疏林下或山坡向阳处。成熟果实（余甘子）系藏族习用药材，能清热凉血，消食健胃，生津止咳。

叶下珠 *Phyllanthus urinaria* L. 一年生草本。叶互生，2列，极似羽状复叶；叶片矩圆形，先端尖或钝，基部偏斜，两面无毛，几无柄。花小，白色，单性，雌雄同株，无花瓣；雄花2～3朵簇生于叶腋。果实扁圆形，排列于假复叶下，形似小珠。分布于江苏、浙江、福建、湖南、江西、广东。生于山坡或路旁。全草入药（叶下珠）能清热利尿，明目，解毒消积。

本科常见的药用植物还有：**飞扬草** *Euphorbia hirta* L. 全草入药能清热解毒，利湿止痒，通乳；**红背山麻杆** *Alchornea trewioides*（Benth.）Muell. Arg. 枝、叶煎水，外洗治风疹，其茎皮纤维可作人造棉原料；**黑面神** *Breynia fruticosa*（L.）Hook. f. 枝叶有毒，其叶（黑面叶）能清湿热，化瘀滞；其根（黑面叶根）能祛风，清热，散瘀，消肿；**白背叶** *Mallotus apelta*（Lour.）Muell. Arg. 其根能柔肝活血，健脾化湿，收敛固脱；其叶能消炎止血；**算盘子** *Glochidion puberum*（Linn.）Hutch. 其根、茎、叶、果实均可入药。其根（算盘子根）能清热，利湿，行气，活血，解毒消肿；枝叶（算盘子叶）清热利湿，解毒消肿；果实（算盘子）能清热除湿，解毒利咽，行气活血。**红背桂** *Excoecaria cochinchinensis* Lour. 全株能祛风湿，通经络，活血止痛。**龙脷叶** *Sauropus spatulifolius* Beille 其叶能清热化痰，润肺通便。

21. 冬青科 Aquifoliaceae ♂ $* K_{3\sim6} C_{4\sim5,(4\sim5)} A_{4\sim5}$，♀ $* K_{(3\sim6)} C_{4\sim5,(4\sim5)} \underline{G}_{(3\sim\infty:3\sim\infty)}$

冬青科植物**多为常绿乔木或灌木。单叶互生**。花小，辐射对称，簇生或为聚伞花序；花小，辐射对称；单性，**雌雄异株，或杂性；花萼3～6裂**，常宿存；花瓣常4～5，分离或基部连合；雄蕊与花瓣同数而互生；**子房上位**；3至多枚心皮合生，3至多室，**每室有胚珠1～2。浆果状核果。**

冬青科约3属400种以上，主要分布于热带、亚热带地区。我国只有冬青属1属，约140种，在我国长江以南各省区有分布。本科植物含生物碱、黄酮类、绿原酸、原儿茶酸等成分。

【代表药用植物】

毛冬青 *Ilex pubescens* Hook et. Arm. 常绿灌木。根粗壮。小枝呈四棱形，被短毛。单叶互生，椭圆形或卵状椭圆形，近全缘或常具芒齿，上面无毛或仅中脉被毛，下面被粗毛；叶柄极短，密被毛。雌雄异株；花序簇生；雄花序通常每枝1花，有小苞片2；雌花序每枝1～3花。核果浆果状，球形，红色。生于山坡或灌木丛中。分布于华东、华南等地。根、叶能活血通脉，消肿止痛，清热解毒。

枸骨 *Ilex cornuta* Lindl. 常绿灌木或小乔木（图12-75）。叶互生，革质，硬而厚；类长方形或矩圆状长方形，先端具3枚较大的硬刺齿，顶端1枚常反曲，基部平截或宽楔形，两侧有时各具刺齿1～3枚，边缘稍反卷；长卵圆形叶常无刺齿，叶脉羽状，叶柄较短。花簇生；雌雄异株。核果球形，红色。分布于我国中部和南部各省区。生于山坡、谷地、溪边杂木林及灌丛中。叶、果实和根均可入药。叶（枸骨叶）能清热养阴，益肾，平肝；果实（枸骨子）能益精滋阴，活络；根皮（枸骨根）可祛风止痛。

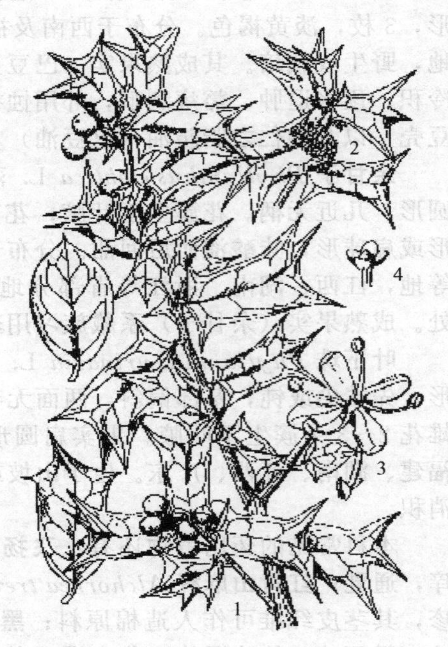

图 12-75　枸骨

1—果枝；2—雄花枝；3—雄花；4—雄花去花瓣和雄蕊后，示退化雄蕊

梅叶冬青 *Ilex asprella* 落叶灌木。叶互生；卵形或倒卵形，叶缘具细锯齿。伞形花序；花冠白色；雄花2～3朵簇生或单生于叶腋，花萼及花瓣4或5；雌花单生于叶腋，花瓣通常为4，基部合生。核果，成熟时黑色。分布于广东、广西、福建、台湾、江西、湖南等地，菲律宾吕宋、琉球等地也有分布。生于丘陵地的灌木丛中和低山的疏林下及村边、路旁的旷地上。根、叶均可入药。根、叶均能清热解毒，此外，根尚可活血，生津。

22. 卫矛科 Celastraceae ⚥ $* K_{(4\sim5)} C_{4\sim5} A_{4\sim5} \underline{G}_{(2\sim5:2\sim5:2)}$

常绿或落叶乔木、灌木或藤本灌木及匍匐小灌木。单叶对生或互生，少为三叶轮生并类似互生；托叶细小，早落或无。花两性或退化为功能性不育的单性花，杂性同株，较少异株；聚伞花序1至多次分枝，具有较小的苞片和小苞片；花4～5数，花部同数或心皮减数，花萼花冠分化明显，极少萼冠相似或花冠退化，花萼基部通常与花盘合生，花萼4～5片，花冠4～5瓣，雄蕊与花瓣同数，着生花盘之上或花盘之下，花药2室或1室，心皮2～5，合生，子房下部常陷入花盘而与之合生或与之融合而无明显界线，或仅基部与花盘相连，大部游离，子房室与心皮同数或退化成不完全室或1室，倒生胚珠，通常每室2～6，少为1。多为蒴果，亦有核果、翅果或浆果；种子多少被肉质具色假种皮包围，稀无假种皮，胚乳肉质丰富。

【代表药用植物】

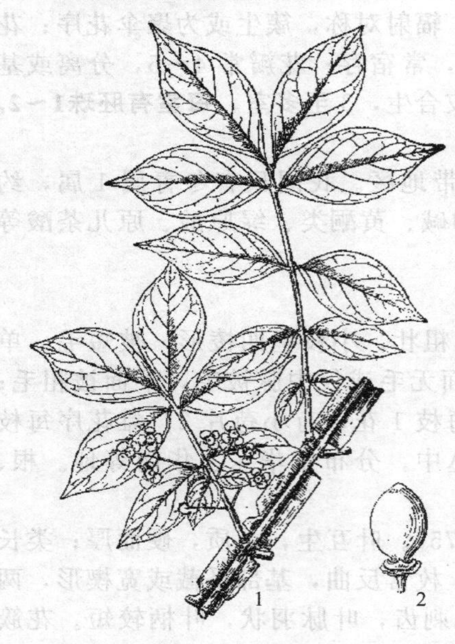

图 12-76　卫矛

1—花枝；2—果实

卫矛 *Euonymus alatus*（Thunb.）Sieb.（图 12-76）灌木，高1～3m；小枝常具2～4列宽阔木栓翅；冬芽圆形，长2mm左右，芽鳞边缘具不整齐细坚齿。叶卵状椭圆形、窄长椭圆形，长2～8cm，宽1～3cm，边缘具细锯齿，两面光滑无毛；叶柄长1～3mm。聚伞花序1～3花；花白绿色，4数；萼片半圆形；花瓣近圆形；雄蕊着生花盘边缘处，花丝极短，开花后稍增长，花药宽阔长方形，2室顶裂。蒴果1～4深裂，裂瓣椭圆状，长7～8mm；种子椭圆状或阔椭圆状，长5～6mm，种皮褐色或浅棕色，假种皮橙红色。长江下游各省至吉林、黑龙江都有分布。山区有野生，生于山间杂木林下、林缘或灌丛中。带栓翅的枝条入药，称“鬼箭羽”，有行血通经、散瘀止痛等功效。用于月经不调，产后瘀血腹痛，跌打损伤肿痛。种子油做工业用油。全株含卫矛醇、糖类等成分。

南蛇藤 *Celastrus orbiculatus* Thunb.（图 12-77）藤本灌木，小枝光滑无毛，灰棕色或棕褐色，具稀而不明显的皮孔；腋芽小，卵状至卵圆状，长1～3mm。

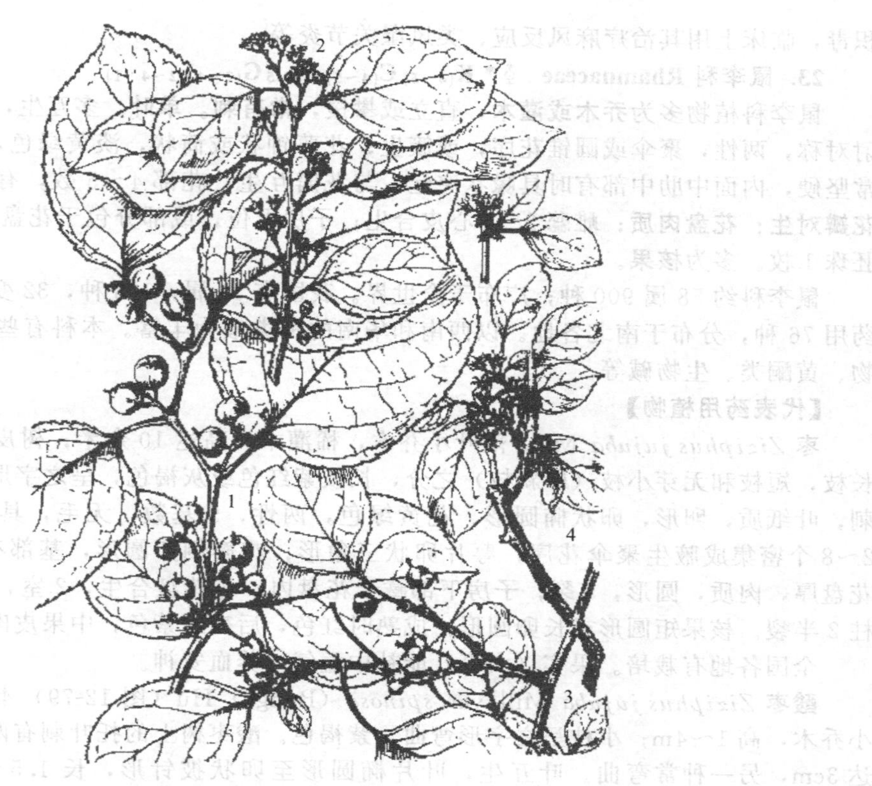

图 12-77　南蛇藤；刺苞南蛇藤

南蛇藤 1—果枝；2—花枝；刺苞南蛇藤　3—果枝；4—花枝

叶通常倒阔卵形，近圆形或长方椭圆形，长 5～13cm，宽 3～9cm，先端圆阔，具有小尖头或短渐尖，基部阔楔形到近钝圆形，边缘具锯齿，两面光滑无毛或叶背脉上具稀疏短柔毛，侧脉 3～5 对；叶柄细长，1～2cm。聚伞花序腋生，小花 1～3 朵；雄花萼片钝三角形；花瓣倒卵椭圆形或长方形，花盘浅杯状，裂片浅，顶端圆钝；退化雌蕊不发达；雌花花冠较雄花窄小，花盘稍深厚，肉质，退化雄蕊极短小；子房近球状，柱头 3 深裂，裂端再 2 浅裂。蒴果近球状。分布东北、河北、山东、山西、河南、陕西、甘肃、江苏、安徽、浙江、江西、湖北、四川。为我国分布最广泛的种之一。生长于海拔 450～2200m 山坡灌丛。以藤茎入药。有祛风除湿、通经止痛、活血解毒的功效。同属**刺苞南蛇藤** *Celastrus flagellaris* Rupr.，以根、茎和果实入药，祛风湿，活血止痛。

雷公藤 *Tripterygium wilfordii* Hook. f.（图 12-78）藤本灌木，高 1～3m，小枝棕红色，具 4～6 细棱，被密毛及细密皮孔。叶椭圆形、倒卵椭圆形、长方椭圆形或卵形，长4～7.5cm，宽 3～4cm，先端急尖或短渐尖，基部阔楔形或圆形，边缘有细锯齿，侧脉 4～7 对，达叶缘后稍上弯；叶柄长 5～8mm，密被锈色毛。圆锥聚伞花序较窄小，长 5～7cm，宽 3～4cm，通常有 3～5 分枝，花序、分枝及小花梗均被毛，花序梗长 1～2cm，小花梗细长达 4mm；花白色，直径 4～5mm；萼片先端急尖；花瓣长方卵形；花盘 5 裂；雄蕊插生花盘外缘，花丝长达 3mm；子房具 3 棱，花柱柱状，柱头稍膨大，3 裂。翅果长圆状，长 1～1.5cm，直径 1～1.2cm，中央果体较大，占全长 1/2～2/3，中央脉及 2 侧脉共 5 条，分离较疏，占翅宽 2/3，小果梗细圆，长达 5mm；种子细柱状，长达 10mm。

产于台湾、福建、江苏、浙江、安徽、湖北、湖南、广西。生长于山地林内阴湿处。朝鲜、日本也有分布。

以根入药。有祛风除湿、通络止痛、消肿止痛、解毒杀虫的功效。用于湿热结节、癌瘤积毒，临床上用其治疗麻风反应、类风湿关节炎等。

23. 鼠李科 Rhamnaceae $⚥ * K_{(4\sim5)}\ C_{(4\sim5)}\ A_{4\sim5}\ \underline{G}_{(2\sim4:2\sim4:1)}$

鼠李科植物多为**乔木或灌木**，直立或攀援，**常有刺**。**单叶**，多互生，托叶小。花小，辐射对称，两性，聚伞或圆锥花序，或簇生；花萼钟状或筒状，淡黄绿色，萼片镊合状排列，常坚硬，内面中肋中部有时具喙状突起，与花瓣互生；花部4～5数，有时花瓣缺；**雄蕊与花瓣对生**；**花盘肉质**；雌蕊2～4心皮合生；子房上位，或部分包于花盘内，2～4室，每室胚珠1枚。多为**核果**。

鼠李科约58属900种；广布于全世界。我国有14属，133种，32变种和1变型，已知药用76种，分布于南北各地。以西南和华南的种类最为丰富。本科有些种类常含蒽醌衍生物、黄酮类、生物碱等。

【代表药用植物】

枣 *Ziziphus jujuba* Mill. 落叶小乔木，稀灌木，高达10余米；树皮褐色或灰褐色；有长枝，短枝和无芽小枝（即新枝）之分，长枝紫红色或灰褐色，呈之字形曲折，具2个托叶刺，叶纸质，卵形，卵状椭圆形。花黄绿色，两性，5基数，无毛，具短总花梗，单生或2～8个密集成腋生聚伞花序，萼片卵状三角形；花瓣倒卵圆形，基部有爪，与雄蕊等长；花盘厚，肉质，圆形，5裂；子房下部藏于花盘内，与花盘合生，2室，每室有1胚珠，花柱2半裂。核果矩圆形或长卵圆形，成熟时红色，后变红紫色，中果皮肉质，厚，味甜。

全国各地有栽培。果实（大枣）能补中益气，养血安神。

酸枣 *Ziziphus jujuba* Mill. var. *spinosa* (Bunge) Hu（图12-79）本变种为落叶灌木或小乔木，高1～4m；小枝呈之字形弯曲，紫褐色。酸枣树上的托叶刺有两种，一种直伸，长达3cm，另一种常弯曲。叶互生，叶片椭圆形至卵状披针形，长1.5～3.5cm，宽0.6～1.2cm，边缘有细锯齿，基部3出脉。花黄绿色，2～3朵簇生于叶腋。核果小，熟时红褐色，近球形或长圆形，长0.7～1.5cm，味酸，核两端钝。分布于长江以北，除黑龙江、吉林、新疆以外的广大地区。生于向阳或干燥的山坡、丘陵、平原。种子（酸枣仁）有镇定安神之功效，主治神经衰弱、失眠等症。

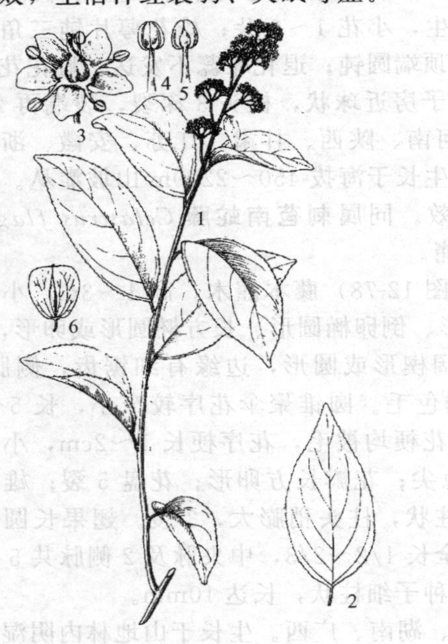

图12-78　雷公藤

1—花枝；2—叶；3—花放大；4，5—雄蕊；6—翅果

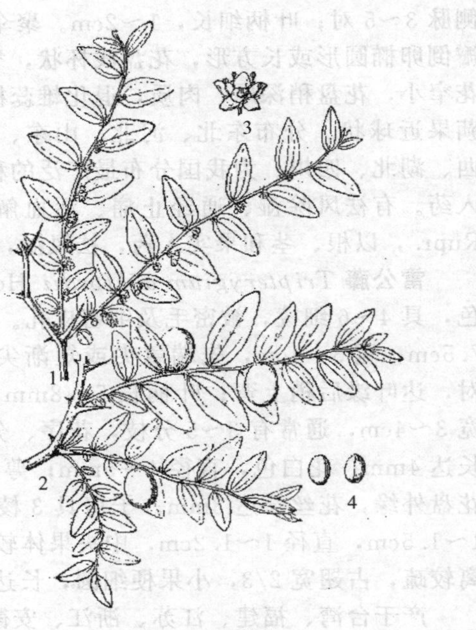

图12-79　酸枣

1—花枝；2—果枝；3—花；4—种子

枳椇 *Hovenia dulcis* Thunb. 高大乔木，高 10～25m；小枝褐色或黑紫色，被棕褐色短柔毛或无毛，有明显白色的皮孔。叶互生，厚纸质至纸质，宽卵形、椭圆状卵形或心形。二歧式聚伞圆锥花序，顶生和腋生，花瓣椭圆状匙形，具短爪；花盘被柔毛；花柱半裂，稀浅裂或深裂。浆果状核果近球形，直径 5～6.5mm，无毛，成熟时黄褐色或棕褐色；果序轴明显膨大；种子暗褐色或黑紫色。分布于甘肃、陕西、河南、安徽、江苏、浙江、江西、福建、广东、广西等省。生于海拔 2100m 以下的开阔地、山坡林缘或疏林中；庭院宅旁常有栽培。果序轴肥厚，可生食、酿酒、熬糖，民间常用以浸制“拐枣酒”，能治风湿。种子为清凉利尿药，能解酒毒，适用于热病消渴、酒醉、烦渴、呕吐、发热等症。

24. 锦葵科 Malvaceae $⚥ * K_{(5),5} C_5 A_{(\infty)} \underline{G}_{(3\sim\infty)}$

锦葵科植物为草本、灌木或乔木。**体内富含纤维，植物体多有黏液细胞。幼枝、叶表面常有星状毛，单叶互生，常具掌状脉**，有托叶。花两性，单生或聚伞花序；**常有副萼**；萼宿存；花瓣 5；**单体雄蕊，花药 1 室，花粉有刺**；子房上位，通常 5 室，**中轴胎座。多为蒴果**，很少浆果状，种子肾形或倒卵形。

锦葵科约有 50 属，约 1000 种，广泛分布于热带至温带。我国有 16 属，计 81 种和 36 变种或变型，产全国各地，以热带和亚热带地区种类较多。已知药用 60 余种。本科有些种类常含黏液质、苷类和生物碱等。

【代表药用植物】

苘麻 *Abutilon theophrasti* Medik.（图 12-80）一年生亚灌木状草本，高达 1～2m，茎枝被柔毛。叶互生，圆心形，长 5～10cm，先端长渐尖，基部心形，边缘具细圆锯齿，两面均密被星状柔毛；叶柄长 3～12cm，被星状细柔毛；托叶早落。花单生于叶腋，花梗长 1～13cm，被柔毛，近顶端具节；花萼杯状，密被短绒毛，裂片 5，卵形，长约 6mm；花黄色，花瓣倒卵形，长约 1cm；雄蕊柱平滑无毛，心皮 15～20，长 1～1.5cm，顶端平截，具长芒 2，排列成轮状，密被软毛。蒴果半球形，分果 15～20，被粗毛，顶端具长芒 2；种子三角状肾形，灰黑色或暗褐色，被星状柔毛。花期 7～8 月。我国除青藏高原不产外，其他各省区均产，常见于路旁、荒地和田野间，东北各地有栽培。种子（苘麻子）能清热利湿。解毒，退翳；全草或叶也作药用，有清热利湿；解毒开窍的功效。

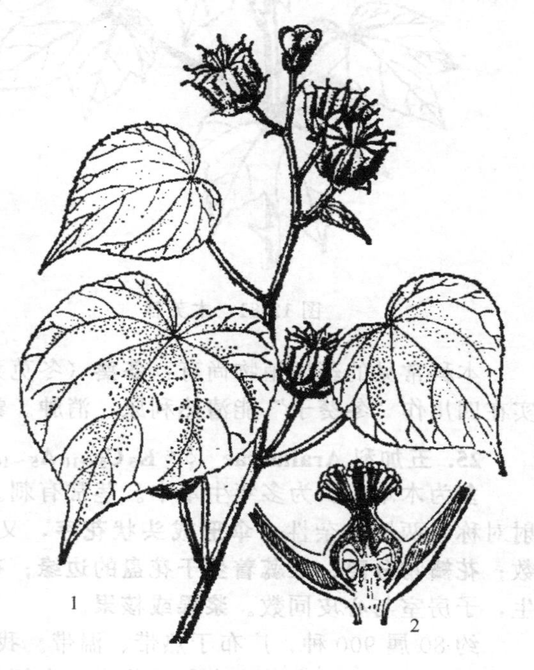

图 12-80 苘麻
1—果枝；2—花的剖面图

木芙蓉 *Hibiscus mutabilis* L.（图 12-81）落叶灌木或小乔木，高 2～5m；小枝、叶柄、花梗和花萼均密被星状毛与直毛相混的细绵毛。叶宽卵形至圆卵形或心形，常 5～7 裂，裂片三角形，先端渐尖，具钝圆锯齿，上面疏被星状细毛和点，下面密被星状细绒毛；主脉 7～11 条；托叶披针形，常早落。花单生于枝端叶腋间，近端具节；小苞片 8，线形，密被星状绵毛，基部合生；萼钟形，长 2.5～3cm，裂片 5，卵形，渐尖头；花初开时白色或淡红色，后变深红色，直径约 8cm，花瓣近圆形，外面被毛；花柱枝疏被毛。蒴果扁球形，直径约 2.5cm，被淡黄色刚毛和绵毛；种子肾形，背面被长柔毛。分布于除东北、西北外的各省区。生于山坡、水边砂质土壤上，多栽培。叶、花、根皮能清热凉血，消肿解毒。外用治痈疮。本种花大色丽，为我国久经栽培的园林观赏植物。

木槿 *Hibiscus syriacus* L.（图 12-82）落叶灌木，高 3～4m，小枝密被黄色星状绒毛。叶菱形至三角状卵形，长 3～10cm，宽 2～4cm，具深浅不同的 3 裂或不裂，先端钝，基部楔形，边缘具不整齐齿缺，下面沿叶脉微被毛或近无毛；叶柄长 5～25mm，上面被星状柔毛；托叶线形，长约 6mm，疏被柔毛。花单生于枝端叶腋间，花梗长 4～14mm，被星状短绒毛；小苞片 6～8，线形，长 6～15mm，宽 1～2mm，密被星状疏绒毛；花萼钟形，长 14～20mm，密被星状短绒毛，裂片 5，三角形；花冠钟形，淡紫色，直径 5～6cm，花瓣倒卵形，长 3.5～4.5cm，外面疏被纤毛和星状长柔毛；雄蕊柱长约 3cm；花柱枝无毛。蒴果卵圆形，直径约 12mm，密被黄色星状绒毛；种子肾形，背部被黄白色长柔毛。花期 7～10 月。在我国南部有野生，各地有栽培。根皮及茎皮（川槿皮）能清热，利湿，解毒，止痒；果实（朝天子）能清肺化痰，解毒止痛。

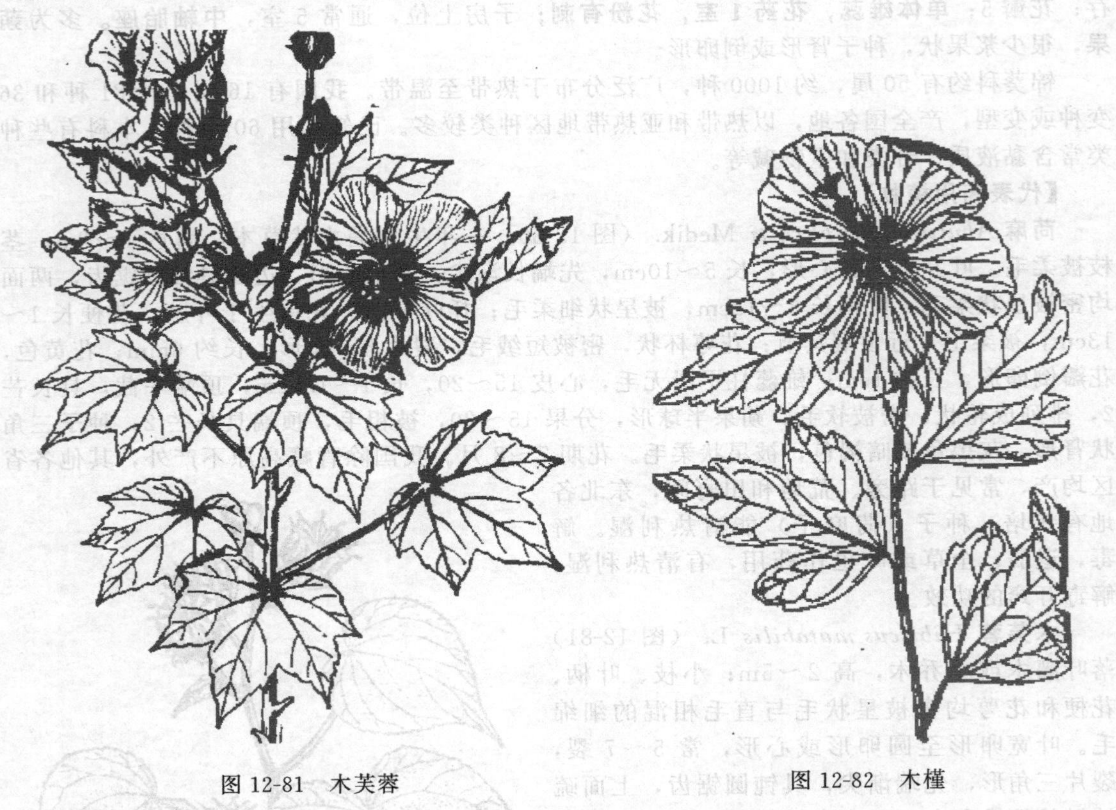

图 12-81　木芙蓉　　　　图 12-82　木槿

本科常见的药用植物尚有：**冬葵**（冬苋菜）*Malva verticillata* L. 全国各地多栽培。果实在四川作“冬葵子”能清热利尿，消肿。蒙古族作“冬葵果”习用。

25. 五加科 Araliaceae ⚥ * $K_5C_{5\sim10}A_{5\sim10}\overline{G}_{(1\sim15:1\sim15:1)}$

多为木本，少为多年生草本。茎常有刺。叶多互生，单叶、羽状或掌状复叶。花小，辐射对称，两性或杂性；**伞形或头状花序，又常合成圆锥状复花序**；萼齿、花瓣、雄蕊常 5 数；**花瓣常分离；雄蕊着生于花盘的边缘；花盘生于子房顶部，子房下位**，心皮 1～15 常合生，子房室与心皮同数。浆果或核果。

约 80 属 900 种，广布于热带、温带。我国有 23 属 160 种，除新疆外，分布几乎遍及全国。已知药用 100 余种。本科植物常含有挥发油、皂苷类。

本科植物在经济上有多方面的用途。有许多种类在医药上有重要经济意义，如人参、三

七、五加、通脱木、楤木、食用土当归等是著名的药材；鹅掌柴、鹅掌藤、白簕、红毛五加、刺五加、无梗五加、黄毛楤木、辽东楤木、虎刺楤木、树参、变叶树参、幌伞枫、短梗幌伞枫、刺通草、罗伞、大参、掌叶梁王茶、刺参、多蕊木、五叶参、常春藤等是民间常用的中草药。

【代表药用植物】

人参 *Panax ginseng* C. A. Meyer（图 12-83）多年生草本。主根圆柱形或纺锤形，上部有横环纹，下面常有分枝及细根，细根上有小疣状突起（珍珠点），顶端根状茎（芦头）上有茎痕（芦碗），其上常生有不定根（艼）。茎单一，复叶轮生茎端，一年生者具 1 枚 3 小叶的复叶，二年生者具 1 枚 5 小叶的复叶，以后逐年增加 1 枚 5 小叶复叶，至六年具 5 枚 5 小叶复叶后不再增加，小叶椭圆形，中央的一片较大。伞形花序单个顶生；花小，淡黄绿色；萼片、花瓣、雄蕊均为 5 数：子房下位，2 室，花柱 2。浆果状核果，扁球形，红色。分布于东北，现多栽培。根能大补元气，复脉固脱，补脾益肺，生津，安神。适用于调整血压、恢复心脏功能、神经衰弱及身体虚弱等症。

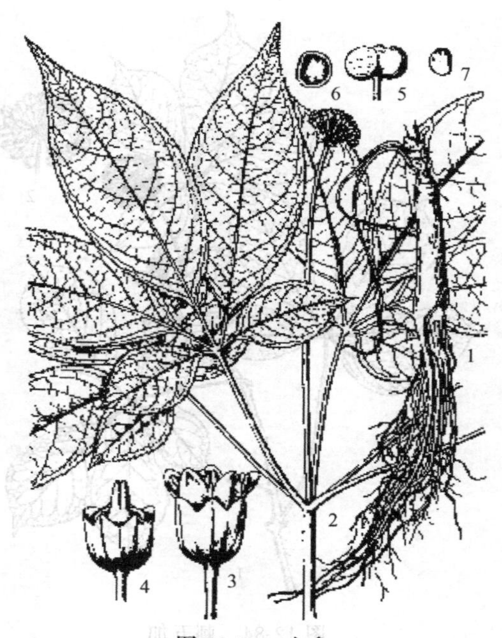

图 12-83　人参

1—根及根茎；2—花枝；3—花；4—花萼、花柱及花盘；5—果实；6—种子；7—胚体

刺五加 *Acanthopanax senticosus*（Rupr. et Maxim.）Harms（图 12-84）灌木，分枝多，1～2 年生的茎枝通常密生刺；刺直而细长，针状，下向，基部不膨大，复叶有小叶 5，叶柄常疏生细刺，小叶片纸质，椭圆状倒卵形或长圆形，上面粗糙，深绿色，脉上有粗毛，下面淡绿色，脉上有短柔毛，边缘有锐利重锯齿。伞形花序单个顶生，或 2～6 个组成稀疏的圆锥花序，有花多数；花黄白色；萼边缘近全缘或有不明显的 5 小齿；花瓣 5，卵形，雄蕊 5，子房 5 室，花柱全部合生成柱状。浆果状核果，球形，有 5 棱，黑色。分布于东北、华北及陕西、四川等地。生于林缘、灌丛中。根及根茎或茎入药。有益气健脾，补肾安神的功效。用于脾肾阳虚，体虚乏力，食欲不振，腰膝酸痛，失眠多梦。

通脱木 *Tetrapanax papyrifera*（Hook）K. Koch 常绿灌木或小乔木，高 1～3.5m，小枝、花序均密生棕黄色星状厚绒毛。茎具大形髓部，白色，中央呈片状横隔。叶大，集生于茎顶，叶片掌状 5～11 裂。伞形花序集成圆锥花序；花瓣、雄蕊常 4 数；子房下位，2 室。果实直径约 4mm，球形，紫黑色。分布于长江以南各地和陕西。茎髓（通草）能清热利尿，通气下乳。

刺楸 *Kalopanax septemlobus*. Bus（Thunb.）Koidz.（图 12-85）落叶乔木，树皮暗灰棕色；散生粗刺；刺基部宽阔扁平，在茁壮枝上的长达 1cm 以上。叶片纸质，在长枝上互生，在短枝上簇生，圆形或近圆形，掌状 5～7 浅裂，边缘有细锯齿，放射状主脉 5～7 条，两面均明显；圆锥花序大，直径 20～30cm；伞形花序直径 1～2.5cm，花白色或淡绿黄色；萼边缘有 5 小齿；花瓣 5，三角状卵形；雄蕊 5；子房 2 室，花盘隆起；花柱合生成柱状，柱头离生。果实球形，蓝黑色；宿存花柱长 2mm。分布北自东北起，南至广东、云南，西自四川西部。多生于阳性森林、灌木林中和林缘，水湿丰富、腐殖质较多的密林，向阳山坡。茎皮（川桐皮）能祛风湿，通络，止痛。根皮为民间草药，有清热祛痰、收敛镇痛之效。

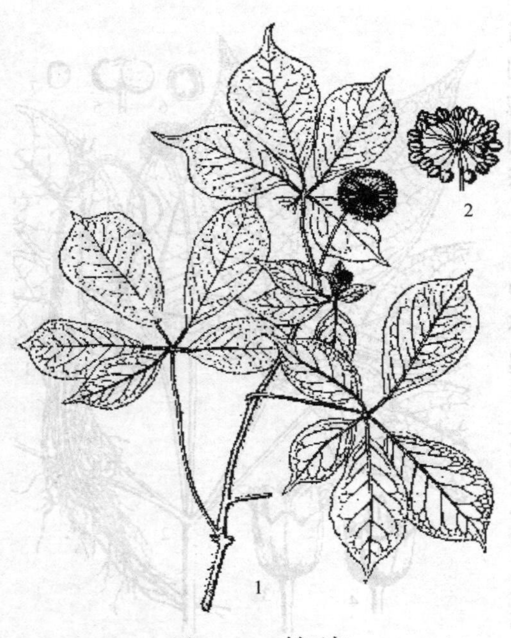

图 12-84　刺五加

1—花枝；2—果序

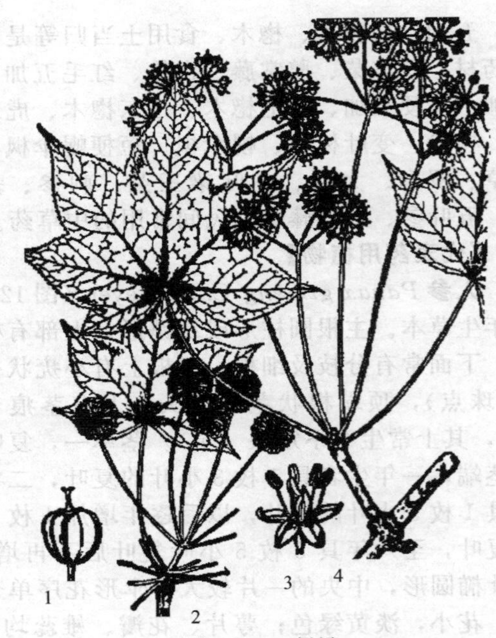

图 12-85　刺楸

1—果；2—果枝；3—花；4—花枝

鸭脚木 *Schefflera octophylla*（Lour.）Harms（图 12-86）又名鹅掌柴，乔木或灌木，小叶片纸质至革质，椭圆形、长圆状椭圆形或倒卵状椭圆形，稀椭圆状披针形，圆锥花序顶生，分枝斜生，有总状排列的伞形花序几个至十几个，伞形花序有花 10～15 朵；小苞片小，宿存；花白色；萼边缘近全缘或有 5～6 小齿；花瓣 5～6，开花时反曲，雄蕊 5～6，比花瓣略长；子房 5～7 室，花柱合生成粗短的柱状；花盘平坦。果实球形，黑色。广布于西藏、云南、广西、广东、浙江、福建和台湾，为热带、亚热带地区常绿阔叶林常见的植物，有时也生于阳坡上，海拔 100～2100m。叶及根皮民间供药用，治疗流感、跌打损伤等症。

本科常见的药用植物尚有：**西洋参** *Panax quinquefolium* L. 原产于北美洲，我国有引种。根能补肺降火，养胃生津。**细柱五加** *Acanthopanax gracilistylus* W. W. Smith 布于南方各省。根皮（五加皮）能祛风湿，补肝肾，强筋骨。**藤五加** *A. giraldii* Harms 分布于西北及四川、湖北等地。茎皮作“红毛五加皮”药用。**三加** *Acanthopanax trifoliatus*（L.）Merr. 又名白簕，灌木，叶有小叶 3，稀 4～5；小叶片纸质，伞形花序 3～10 个，果实扁球形，直径约 5mm，黑色。广布于我国中部和南部，生于村落、山坡路旁、林缘和灌丛中，根、叶或全株（三加）入药。清热解毒，祛风除湿，散瘀止痛。

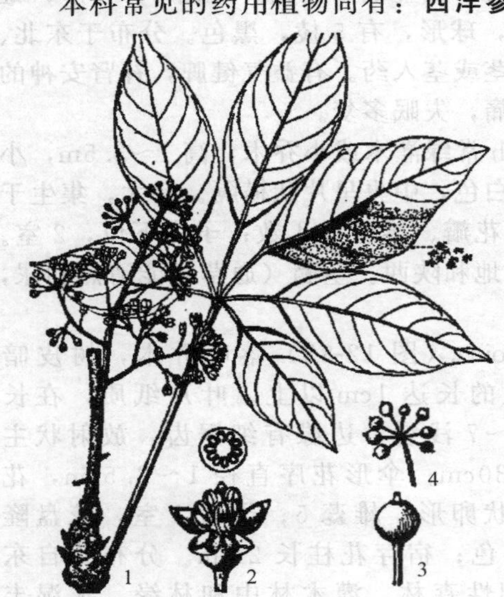

图 12-86　鸭脚木

1—花枝；2—花；3—果；4—果序

26. 伞形科 Umbelliferae　⚥ $* K_{(5),0} C_5 A_5 \overline{G}_{(2:2:1)}$

伞形科植物为草本。**常含挥发油而具香气**。茎常中空，有纵棱。叶互生，**通常是分裂或多裂的复叶，叶柄基部扩大成鞘状**。花小，两性，辐射对称，**复伞形或单伞形花序、或单伞形花序组成头状花序**，

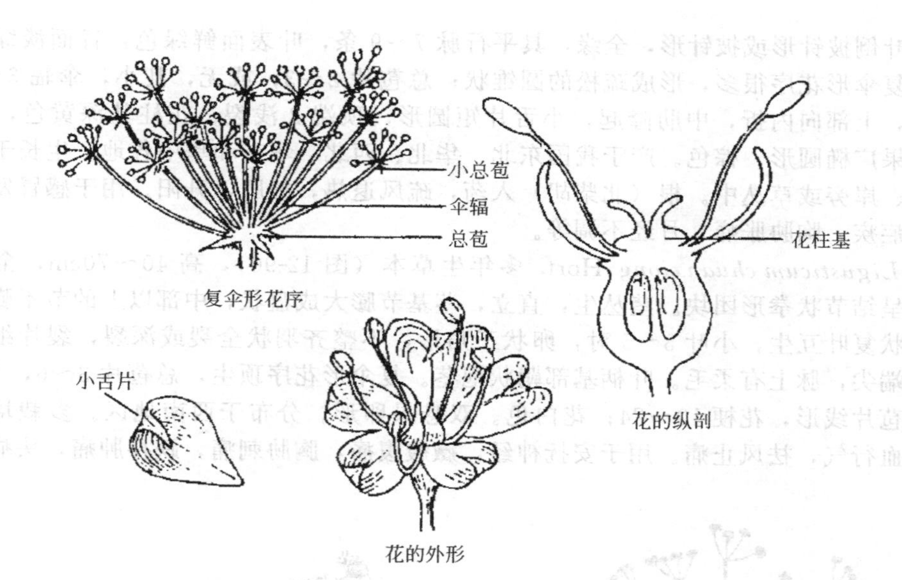

图 12-87　伞形科植物花及花序

各级花序基部常有总苞或小总苞；**花萼 5 齿裂，极小；花瓣 5，先端常内卷；雄蕊 5**，与花瓣互生，着生于上位花盘（花柱基）的周围（图 12-87）；子房下位，2 心皮组成 2 室，每室有一个倒悬的胚珠，花柱 2。**双悬果**。

伞形科约 270 属 2800 种，主要分布在北温带。我国约 95 属 600 种。全国各地均产。已知药用 230 种。本科植物大多数含有挥发油，具芳香气味，少数含生物碱、有毒苦味质等。

【代表药用植物】

当归 *Angelica sinensis*（Oliv.）Diels（图 12-88）多年生草本，高 0.4～1m。根圆柱形，具分枝，有多数肉质须根，黄棕色，有浓郁香气。茎直立，绿白色或带紫色，有纵深沟纹，光滑无毛。叶为二至三回羽状分裂，最终裂片卵形或狭卵形，3 浅裂，有尖齿，叶柄基部膨大成管状的薄膜质鞘，紫色或绿色。复伞形花序，密被细柔毛；伞辐 9～30；总苞片 2，线形，或无；小伞形花序有花 13～36；小总苞片 2～4，线形；花白色，萼齿 5，卵形；花瓣长卵形，花柱短，花柱基圆锥形。双悬果椭圆形至卵形。

主产甘肃东南部，以岷县产量高，质量好，其次为云南、四川、陕西、湖北等省，均为栽培。根为著名中药“当归”，能补血、和血、调经止痛、润肠滑肠；治月经不调、经闭腹痛、癥瘕结聚、崩漏、血虚头痛、眩晕、痿痹、肠燥便秘、赤痢后重、痈疽疮疡、跌打损伤。

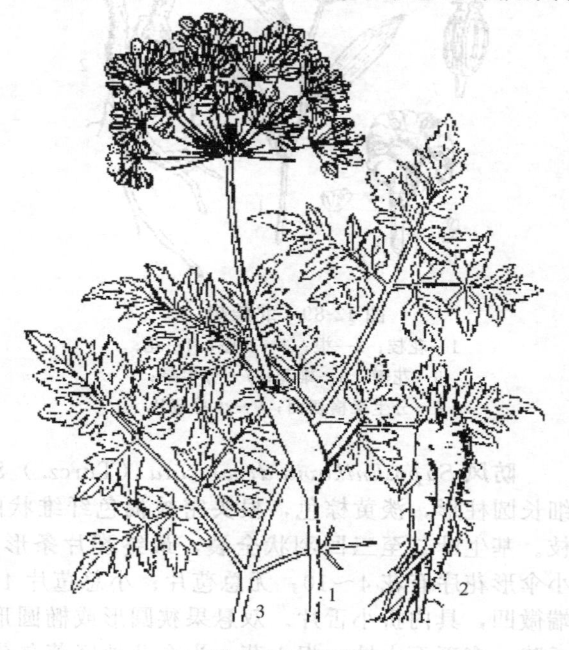

图 12-88　当归

1—果枝；2—根；3—叶

北柴胡 *Bupleurum chinense* DC.（图 12-89）多年生草本，高 50～85cm。主根较粗大，棕褐色，质坚硬。茎单一或数茎，上部多回分枝，微作之字形曲折。基生叶早枯，中部叶倒披针形或披针形，全缘，具平行脉7～9条，叶表面鲜绿色，背面淡绿色，常有白霜；复伞形花序很多，形成疏松的圆锥状；总苞片2～3，或无，甚小，伞辐3～8，花瓣鲜黄色，上部向内折，中肋隆起，小舌片矩圆形，顶端2浅裂；花柱基深黄色，宽于子房。双悬果广椭圆形，棕色。产于我国东北、华北、西北、华东和华中各地。生长于向阳山坡、路边、岸旁或草丛中。根（北柴胡）入药，疏风退热，舒肝，升阳。用于感冒发热、寒热往来、疟疾、胸胁胀痛、月经不调等。

川芎 *Ligusticum chuanxiong* Hort. 多年生草本（图12-90），高40～70cm，全株有香气。根茎呈结节状拳形团块。茎丛生，直立，茎基节膨大成盘状，中部以上的节不膨大。二至三回羽状复叶互生，小叶3～5对，卵状三角形，不整齐羽状全裂或深裂，裂片细小，末端裂片先端尖，脉上有柔毛。叶柄基部鞘状抱茎。复伞形花序顶生，总苞片3～6，伞辐7～20；小总苞片线形，花梗10～24；花白色。双悬果卵形。分布于西南地区。多栽培。根茎入药，活血行气，祛风止痛。用于安抚神经，癥瘕腹痛，胸胁刺痛，跌扑肿痛，头痛，风湿痹痛。

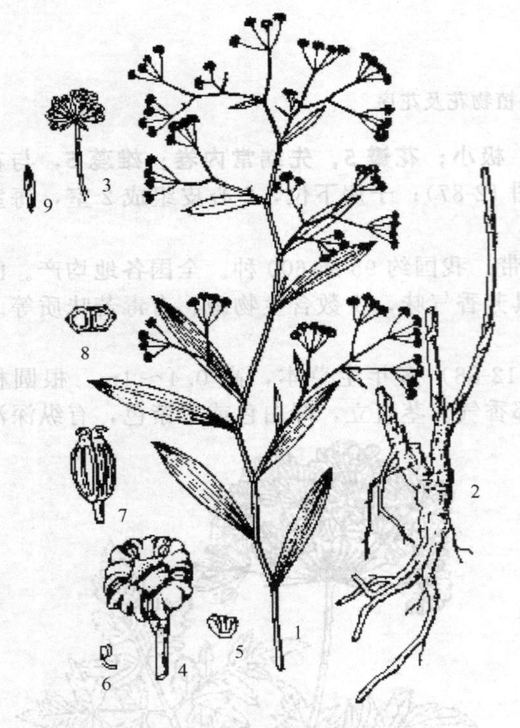

图12-89　北柴胡

1—花枝；2—根；3—花序；4—花；5—花瓣；6—雄蕊；7—分生果；8—分生果横切面；9—小总苞片

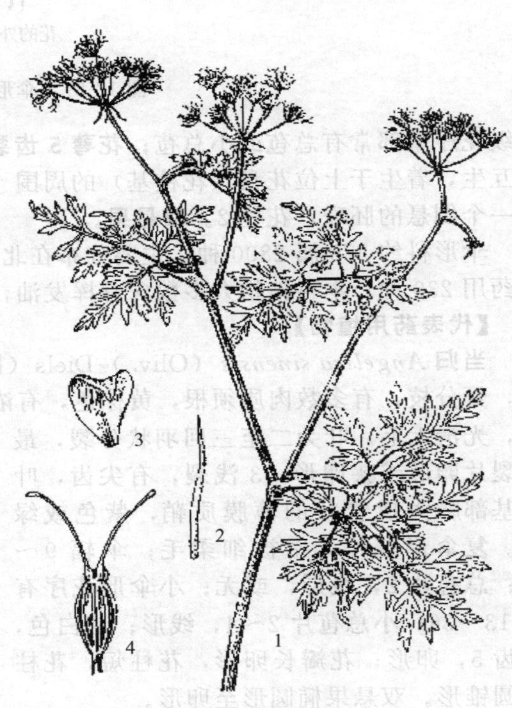

图12-90　川芎

1—果枝；2—总苞片；3—花瓣；4—果实

防风 *Saposhnikovia divaricata* (Turcz.) Schischk.（图12-91）多年生草本，根粗壮，细长圆柱形，淡黄棕色，根头密被褐色纤维状的叶柄残基，并有细密横环纹。茎二叉状分枝。基生叶二至三回羽状全裂，最终裂片条形，有宽叶鞘。复伞形花序多数，伞辐5～7，小伞形花序有花4～10；无总苞片；小总苞片4～6，线形或披针形，花瓣倒卵形，白色，先端微凹，具内折小舌片。双悬果狭圆形或椭圆形。分布于东北、西北等省区。生长于草原、丘陵、多砾石山坡。根入药，为东北地区著名药材之一。有发汗、祛痰、驱风、发表、镇痛的功效，用于治疗感冒、头痛、周身关节痛、神经痛等症。

珊瑚菜 *Glehnia littoralis* Fr. Schmidt ex Miq.（图 12-92）多年生草本，全株被白色柔毛。根细长，圆柱形或纺锤形，长 20～70cm，径 0.5～1.5cm，表面黄白色。茎露于地面部分较短。叶多数基生，厚质，有长柄，叶片轮廓呈圆卵形至长圆状卵形，叶三出式分裂至三出式二回羽状分裂，末回裂片倒卵形至卵圆形，边缘有缺刻状锯齿，叶柄基部逐渐膨大成鞘状。复伞形花序顶生，密生浓密的长柔毛，无总苞片；小总苞片数片，线状披针形，边缘及背部密被柔毛；小伞形花序有花，15～20，花白色；萼齿 5，花瓣白色或带堇色；花柱基短圆锥形。双悬果近圆球形或椭圆形，密被长柔毛及绒毛，果棱有翅。分布于我国辽宁、河北、山东、江苏、浙江、福建、台湾、广东等省。生长于海边沙滩或栽培于肥沃疏松的沙质土壤。根经加工后药用，即商品药材“北沙参”，有清肺、养阴止咳的功效，用于阴虚肺热干咳、虚痨久咳，热病伤津、咽干口渴诸症。

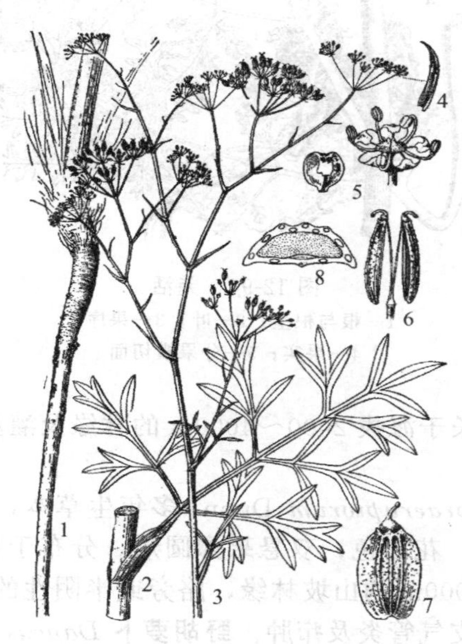

图 12-91　防风

1—茎基及根部；2—叶片；3—果枝；4—小总苞片；5—花及花瓣；6—双悬果；7—分生果；8—分生果横切面

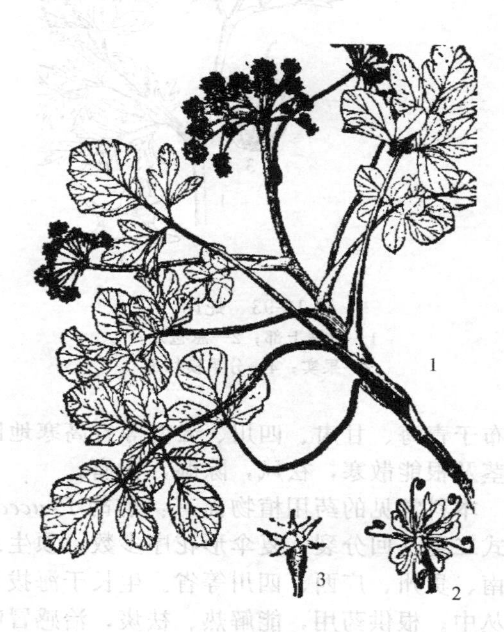

图 12-92　珊瑚菜

1—花枝；2—花；3—雌蕊

蛇床 *Cnidium monnieri*（L.）Cuss.（图 12-93）一年生草本，高 10～60cm。根圆锥状，较细长。茎直立或斜上，多分枝，中空，表面具深条棱，粗糙。叶鞘短宽，边缘膜质，上部叶柄全部鞘状；叶二至三回三出式羽状全裂，末回裂片线形至线状披针形，边缘及脉上粗糙。复伞形花序，总苞片 6～10，线形至线状披针形，边缘膜质，具细睫毛；伞辐 8～20，不等长，小总苞片多数，线形，边缘具细睫毛；小伞形花序具花 15～20，萼齿无；花瓣白色，先端具内折小舌片；花柱基略隆起。双悬果长圆状。分布华东、中南、西南、西北、华北、东北。生于田边、路旁、草地及河边湿地。果实“蛇床子”入药，有燥湿、杀虫止痒、壮阳之效，治皮肤湿疹、阴道滴虫、肾虚阳痿等症。

羌活 *Notopterygium incisum* Ting ex H. T. Chang（图 12-94）多年生草本，高 60～120cm，根茎粗壮，伸长呈竹节状。根颈部有枯萎叶鞘。茎直立，带紫色。叶为三出式三回羽状复叶。复伞形花序，总苞片 3～6，线形，伞辐 7～18（39），小伞形花序花多数，花瓣白色，雄蕊的花丝内弯，花药黄色，花柱 2，很短，花柱基平压稍隆起。双悬果长圆状。

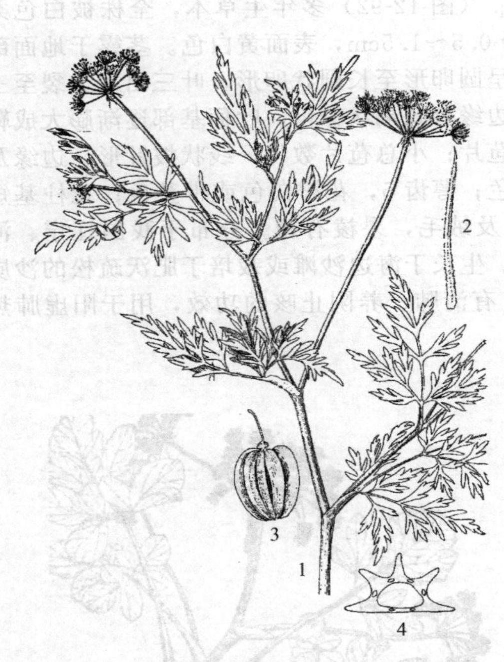

图 12-93　蛇床

1—植株上部；2—总苞片；

3—果实；4—分果横切面

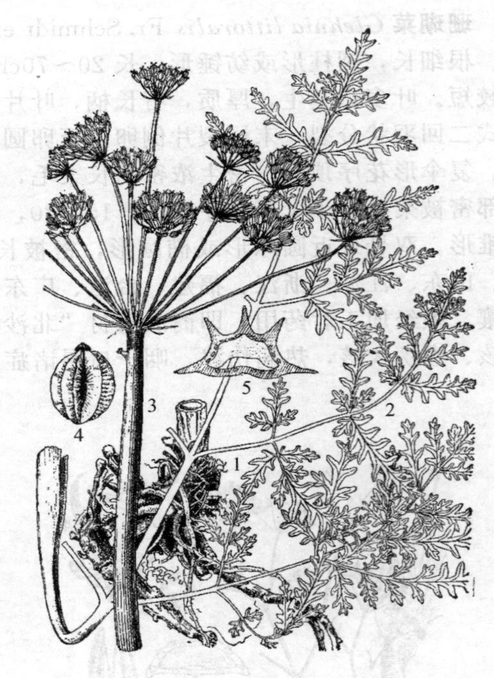

图 12-94　羌活

1—根与根茎；2—叶；3—果序；

4—果实；5—分果横切面

分布于青海、甘肃、四川、云南等省高寒地区。生长于海拔 2000～4000m 的林缘及灌丛内。根茎及根能散寒，祛风，除湿，止痛。

本科常见的药用植物尚有：**前胡** *Peucedanum praeruptorum* Dunn. 多年生草本，叶三出式二至三回分裂，复伞形花序多数，顶生或侧生，花白色；双悬果卵圆形。分布于甘肃、河南、贵州、广西、四川等省。生长于海拔 250～2000m 的山坡林缘，路旁或半阴性的山坡草丛中。根供药用，能解热、祛痰，治感冒咳嗽、支气管炎及疖肿。**野胡萝卜** *Daucus carota* L. 全国各地均产。果实（南鹤虱）有小毒，能杀虫消积。**杭白芷** *Angelica dahurica*（Fisch. ex Hoffm.）Benth. et Hook. f. var. *formosana*（Boiss.）Shan et Yuan 多年生草本，根圆锥形，叶二至三回羽状分裂，复伞形花序密生短柔毛；花瓣黄绿色；双悬果被疏毛。主产浙江，多栽培。根入药，为我国传统药，祛风除湿、通窍止痛、消肿排脓。用于感冒头痛，眉棱骨痛，牙痛，鼻塞，鼻渊，湿盛久泻，妇女白带，痈疽疮疡，毒蛇咬伤。**毛当归** *Angelica pubescens* Maxim. 分布于安徽、浙江、湖北、广西、新疆等省区。根（独活）能祛风除湿，通痹止痛。**藁本** *Ligusticum sinense* Oliv. 多年生草本，根茎发达，具膨大的结节。叶二回三出式羽状全裂；复伞形花序顶生或侧生。分布于湖北、四川、陕西、河南、湖南、江西、浙江等省。生于海拔 1000～2700m 的林下，沟边草丛中。其他省区多有栽培。根茎供药用，为我国传统药，散风寒燥湿，治风寒头痛、寒湿腹痛、泄泻，外用治疥癣、神经性皮炎等皮肤病。**明党参** *Changium smyrnioides* Wolff 分布于长江流域各省。根能润肺化痰，养阴和胃，平肝，解毒。**茴香** *Foeniculum vulgare* Mill. 各地均有栽培。果实（小茴香）能散寒止痛，理气和胃。

合瓣花亚纲 Sympetalae

合瓣花亚纲又称后生花被亚纲。花瓣联合成合瓣花冠，增强了对昆虫传粉的适应性及对雄蕊、雌蕊的保护作用。因此，合瓣花较离瓣花类进化。

27. 杜鹃花科 Ericaceae $⚥ * K_{(4\sim5)} C_{(4\sim5)}, A_{8\sim10,4\sim5} \underline{G}_{(4\sim5:4\sim5:\infty)}\ \overline{G}_{(4\sim5:4\sim5:\infty)}$

灌木或小乔木，**一般常绿**。**单叶互生，常革质**，多为全缘，无托叶。花两性，辐射对称或略不整齐，单生或排成总状、伞形、圆锥等花序；花萼宿存；**花冠合瓣**，常5裂；**雄蕊为花冠裂片的2倍**；**花药顶孔裂**；子房上位或下位，心皮5～4，合生，5～4室，每室胚珠常多数。**多为蒴果**。

杜鹃花科约有50属，1300种，广泛分布于全世界。我国有15属，约757种，分布于全国各地，尤以四川、云南、西藏三省区最为丰富。该科中有不少是著名的观赏植物，如杜鹃花属、树萝卜属、吊钟花属等；已知药用126种。

本科植物含黄酮类、挥发油、生物碱、苷类等，并常含剧毒的杜鹃毒素。

【代表药用植物】

兴安杜鹃（满山红）*Rhododendron dauricum* L.（图12-95）半常绿灌木，小枝具鳞片和柔毛。叶常集生于枝上部，近革质，椭圆形，有鳞片，下面较密，冬季卷成筒状。先叶开花；花冠紫红色或粉红色，宽漏斗状；雄蕊10，外露。蒴果矩圆形。分布于东北、西北及内蒙古等地。生于干燥山坡、山脊或灌木丛中。叶入药，止咳、祛痰、清肺。用于急、慢性气管炎、咳嗽、感冒头痛。根入药可治肠炎、痢疾；花可祛风湿、和血、调经等。

羊踯躅（闹羊花、黄杜鹃）*Rhododendron molle*（Blume）G. Don（图12-96）落叶灌木，高0.5～2m；分枝稀疏，枝条直立，幼时密被灰白色柔毛及疏刚毛。叶纸质，长圆形至长圆状披针形，下面密被灰白色柔毛，沿中脉被黄褐色刚毛，中脉和侧脉凸出；总状伞形花序顶生，花多达13朵，先花后叶或与叶同时开放；花萼裂片小，圆齿状；花冠阔漏斗形，黄色或金黄色，内有深红色斑点，雄蕊5，不等长，长不超过花冠；子房圆锥状，密被灰白色柔毛及疏刚毛，花柱长达6cm。蒴果圆锥状长圆形，具5条纵肋。产于江苏、安徽、浙江、江西、福建等省。生于海拔1000m的山坡草地或丘陵地带的灌丛或山脊杂木林下。根入药，有驱风除湿、化痰止咳、散瘀止痛的功效。

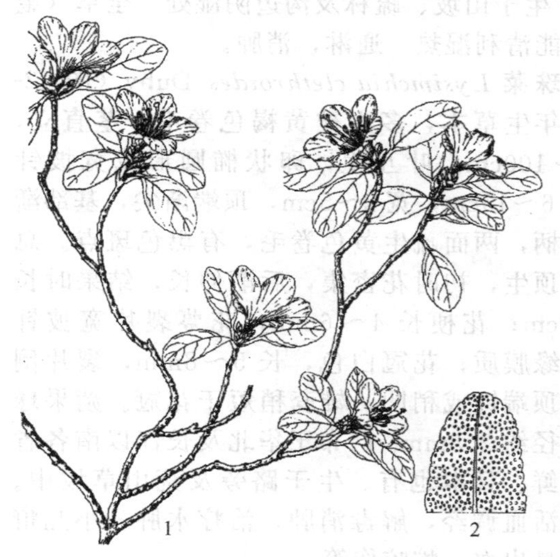

图12-95 兴安杜鹃

1—花枝；2—部分叶下面示鳞片

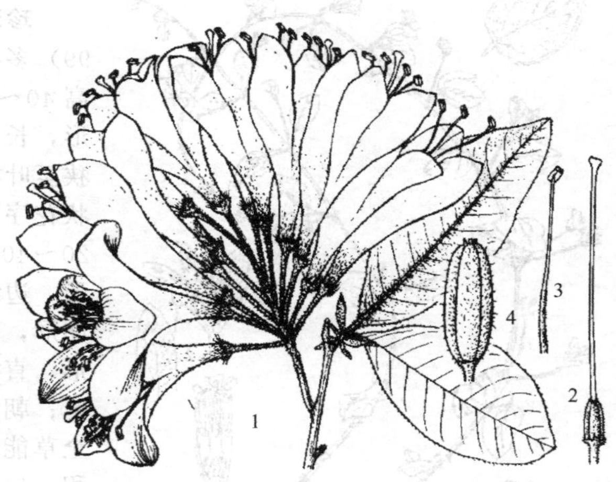

图12-96 羊踯躅

1—花枝；2—雌蕊；3—雄蕊；4—果实

本种为著名的有毒植物之一。《神农本草经》及《植物名实图考》把它列入毒草类，可治疗风湿性关节炎，跌打损伤。民间通常称"闹羊花"。全株有毒，花和果毒性最大。误食令人腹泻，呕吐或痉挛；羊食时往往踯躅而死亡，故此得名。

杜鹃（映山红）*Rhododendron simsii* Planch. 落叶灌木（图12-97）；分枝多而纤细，密

被亮棕褐色扁平糙伏毛。叶革质，上面深绿色，疏被糙伏毛，下面淡白色，密被褐色糙伏毛，花 2～3（～6）朵簇生枝顶；花萼 5 深裂，花冠阔漏斗形，玫瑰色、鲜红色或暗红色，上部裂片具深红色斑点；雄蕊 10，子房卵球形，10 室，密被亮棕褐色糙伏毛。蒴果卵球形，花萼宿存。分布于长江流域至南部各省区。生于海拔 500～1200（～2500）m 的山地疏灌丛或松林下，为我国中南及西南典型的酸性土指示植物。根有毒，能祛风除湿，活血祛瘀，止血；花、叶能清热解毒，化痰止咳，止痒。

图 12-97　杜鹃

1—花枝；2—花剖面；3—雄蕊；4—雌蕊；5—萼片；6—果实

28. 报春花科 Primulaceae $\male\!\!\!\!\female * K_{(5)} C_{(5),0} A_5 \underline{G}_{(5:1:\infty)}$

多为草本，常有腺点。单叶对生、互生、轮生或基生，无托叶。花两性，辐射对称，单生或排成多种花序；**花部 5 基数；花萼宿存**；花冠合瓣；**雄蕊与花冠裂片同数而对生**，着生于花冠管上；子房上位，**1 室，特立中央胎座。蒴果**。

报春花科约 28 属 1000 余种，广布于全世界。我国有 11 属 498 种分布于全国各地，以西南、西北为多。已知药用 100 余种。本科植物含黄酮、皂苷等。

【代表药用植物】

过路黄 *Lysimachia christinae* Hance.（图 12-98）多年生草本。茎匍匐地面，带红色，常生不定根。叶、花萼和花冠均具黑色腺点或条纹。叶对生，心形或阔卵形。花腋生，两朵相对；花冠黄色，先端 5 裂；雄蕊 5，与花冠裂片对生；子房上位，1 室。蒴果球形。分布于长江流域南部各省区，尤以四川为多。生于山坡、疏林及沟边阴湿处。全草（金钱草）能清利湿热，通淋，消肿。

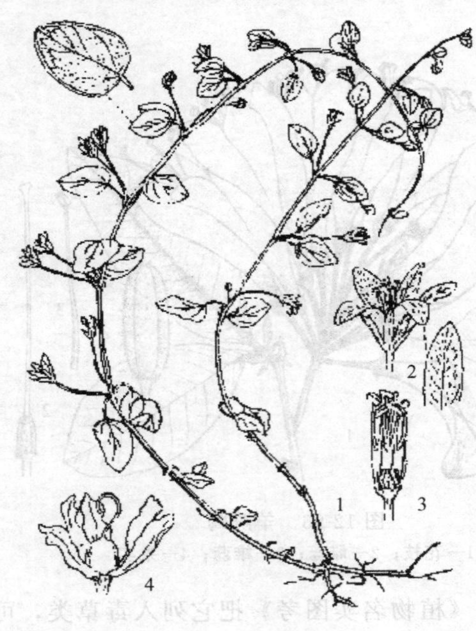

图 12-98　过路黄

1—植株全形；2—花；3—花纵剖，示雄蕊及雌蕊；4—未成熟的果实

珍珠菜 *Lysimchia clethroides* Duby（图 12-99）多年生草本，多少被黄褐色卷毛。茎直立，高 40～100cm。叶互生，卵状椭圆形或宽披针形，长 6～15cm，宽 2～5cm，顶端渐尖，基部渐狭至叶柄，两面疏生黄色卷毛，有黑色斑点。总状花序顶生，初时花密集，后渐伸长，结果时长 20～40cm；花梗长 4～6mm；花萼裂片宽披针形，边缘膜质；花冠白色，长 5～8mm，裂片倒卵形，顶端钝或稍凹；雄蕊稍短于花冠。蒴果球形，直径约 2.5mm。广布于华北及长江以南各省区；朝鲜、日本也有。生于路旁及荒山草坡中。全草能活血调经，解毒消肿，治疗水肿、小儿疳积、口鼻出血、蛇咬伤等。

点地梅 *Androsace umbellata*（Lour.）Merr.（图 12-100）一年或两年生无茎草本，全株被节状的细柔毛。叶通常 10～30 片基生，圆形至心状圆形，边缘具三角状裂齿；花葶直立，通常数条由基部抽出，高 5～12cm；伞形花序有 4～15 朵花；苞片卵形至披针形，花萼 5 深裂，

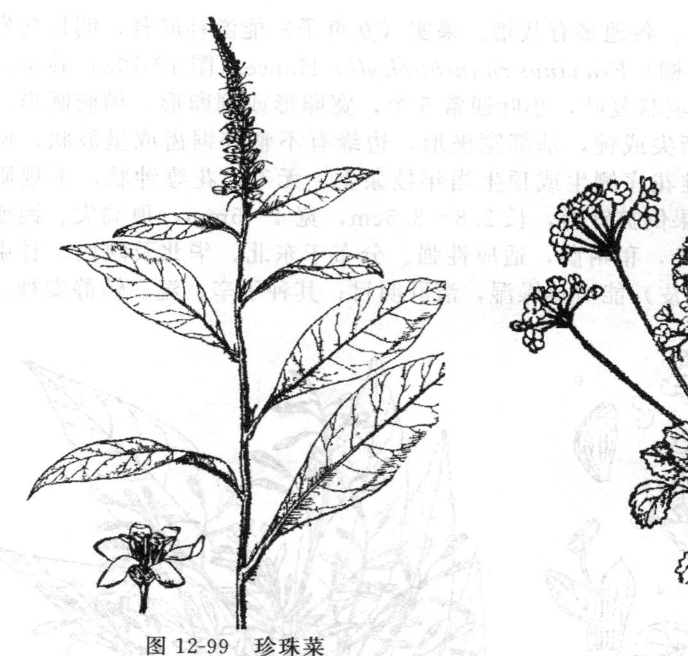

图 12-99 珍珠菜

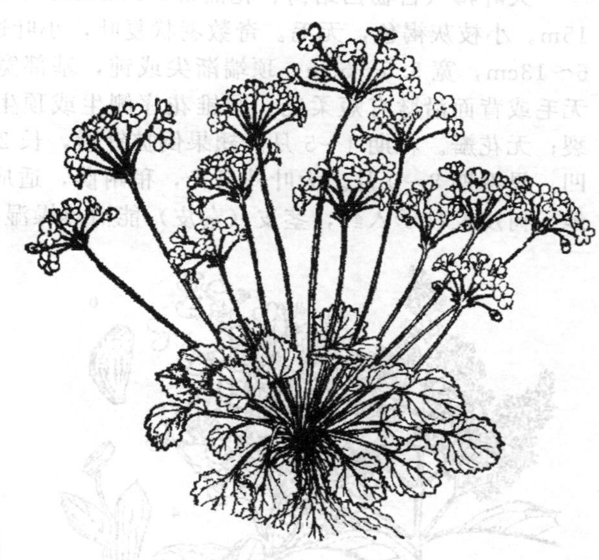

图 12-100 点地梅

裂片卵形，有明显的纵脉 3～6 条；花冠白色，漏斗状，稍长于萼，5 裂，裂片约与花冠筒等长；雄蕊着生于花冠筒中部，子房球形，花柱极短。蒴果近球形，直径约 4mm，顶端 5 瓣裂，裂瓣膜质，白色。广布于我国南北各省区；朝鲜、日本、印度至越南和菲律宾也有。全草（喉咙草）药用，有清凉解毒、消肿止痛之效。

29. 木犀科 Oleaceae ⚥ * $K_{(4)}C_{(4),0}A_2\underline{G}_{(2:2)}$

灌木、乔木或为攀援藤本。叶多对生，单叶、三出复叶或羽状复叶，无托叶。**花两性**，稀单性，**辐射对称**，圆锥花序、聚伞花序顶生或腋生；**花萼、花冠常 4 裂**，花冠合瓣，有时缺；**雄蕊 2**；子房上位，**2 室，每室胚珠 2。蒴果**、核果、浆果或翅果。

木犀科共 29 属 600 种，分布于温带和亚热带地区。我国有 12 属近 200 种，南北各地均有分布。已知药用 80 余种。本科植物常含挥发油、苷类、树脂等。

【代表药用植物】

连翘 *Forsythia suspensa*（Thunb.）Vahl.（图 12-101）落叶灌木。茎直立，枝条下垂，略呈四棱形，髓褐色，中空。单叶或羽状三出复叶，对生，卵形或长椭圆状卵形。早春先叶开花；花 1 至数朵腋生；花萼、花冠均 4 裂，花冠黄色；雄蕊 2，着生在花冠管基部；子房上位，2 室。蒴果木质，狭卵形，先端尖，表面散生瘤点。分布于东北、华北等地区。生于山野荒坡或栽培。果实能清热解毒，消肿散结。

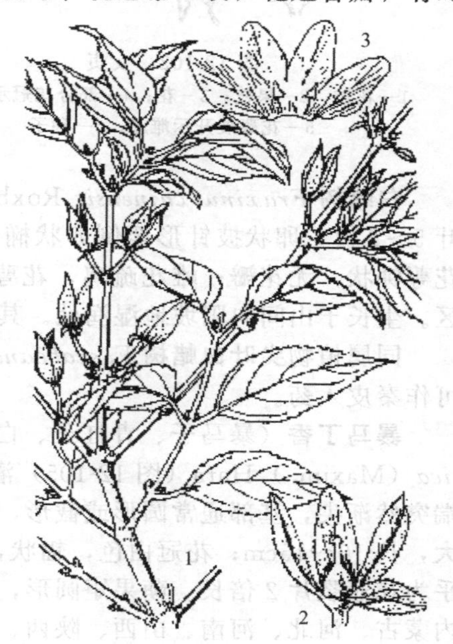

图 12-101 连翘

1—果枝；2—花萼、雄蕊；3—花冠、雄蕊

女贞 *Ligustum lucidum* Ait.（图 12-102）常绿乔木，全株无毛。单叶对生，革质，有光泽，卵形或卵状披针形，全缘。圆锥花序顶生，花近无梗；花萼、花冠均 4 裂，花冠白色；雄蕊 2，子房上位。核果矩圆形，微弯曲，蓝黑色被白粉。分布于长江流域以南各

省区。生于混交林或林缘、谷地。各地多有栽培。果实（女贞子）能滋补肝肾，明目乌发。

大叶梣（苦枥白蜡树、花曲柳）*Fraxinus rhynchophylla* Hance.（图 12-103）乔木，高15m。小枝灰褐色，无毛。奇数羽状复叶，小叶通常 5 个，宽卵形或倒卵形，稀椭圆形，长6～13cm，宽 3.5～5cm，顶端渐尖或钝，基部宽楔形，边缘有不整齐锯齿或呈波状，两面无毛或背面沿脉有短柔毛。圆锥花序侧生或顶生当年枝条上，无毛；花萼钟状，不规则分裂；无花瓣。花期 4～5 月。翅果倒披针形，长 2.8～3.5cm，宽 4～5mm，顶端尖、钝或微凹。果熟期 8～9 月。大叶梣喜光，稍耐荫，适应性强。分布于东北、华北及陕西、甘肃等地。树皮及种子入药，茎皮（秦皮）能清热燥湿，清肝明目；其种子辛、温，镇静安神。

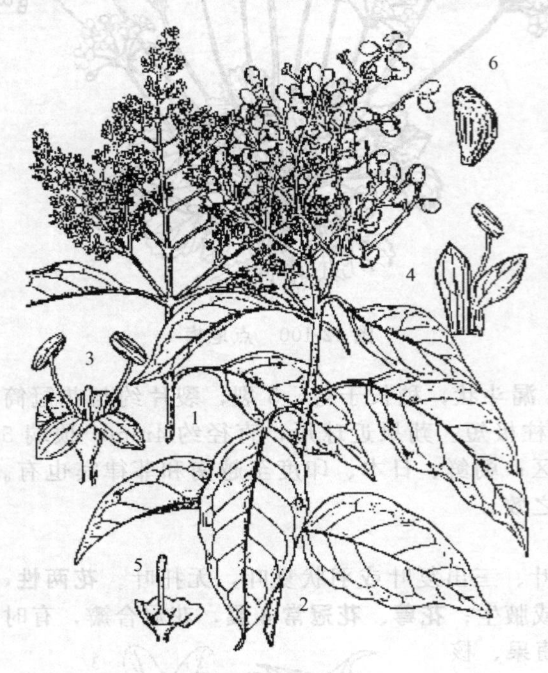

图 12-102　女贞

1—花枝；2—果枝；3—花；4—部分花冠示雄蕊；5—花萼展开示雌蕊；6—种子

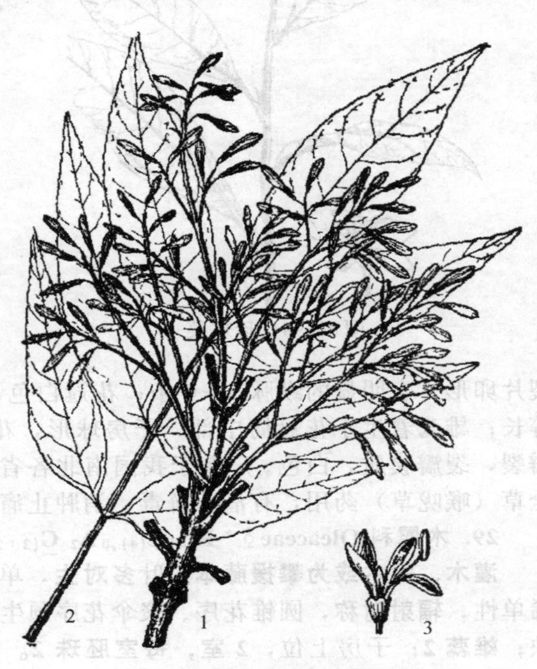

图 12-103　大叶梣

1—果枝；2—叶；3—花

白蜡树 *Fraxinus chinensis* Roxb.（图 12-104）落叶乔木。叶对生，奇数羽状复叶，小叶 5～7 枚，卵状披针形至倒卵状椭圆形，具锯齿。雌雄异株；圆锥花序顶生；雄花密集，花萼钟状，无花瓣；雌花疏离，花萼大，筒状。翅果倒披针形。分布于我国南北大部分省区。生长于山间向阳坡地湿润处。其茎皮也作秦皮入药。

同属植物**尖叶白蜡树** *F. szaboana* Lingelsh. 和**宿柱白蜡树** *F. stylosa* Lingelsh. 的树皮均可作秦皮入药。

暴马丁香（暴马子、青杠子、白丁香）*Syringa reticulata*（Bl.）Hara var. *mandshurica*（Maxim.）Hara（图 12-105）灌木，高可达 8m。叶卵形至宽卵形，膜质或薄纸质，顶端突然渐尖，基部通常圆形或截形，无毛或有疏生短柔毛，下面侧脉隆起，网状。圆锥花序大，长 10～15cm；花冠白色，辐状，直径 4～5mm，筒短，略比萼长；花丝细长，雄蕊几乎为花冠裂片 2 倍长。蒴果矩圆形，长 1～2cm，顶端钝，平滑或有疣状突起。分布于东北、内蒙古、河北、河南、山西、陕西、甘肃；朝鲜、日本、俄罗斯也有。生于山坡混交林中或林缘。树皮、树干及枝条均可药用，具清肺祛痰、止咳平喘、消炎利尿功效。花可制取芳香油，用于治疗咳嗽和身体保健；根作熏香；木材供建筑、器具、细工用材。

图 12-104　白蜡树
1—果枝；2—雄花

图 12-105　暴马丁香
1—花枝；2—花

茉莉 *Jasminum sambac*（Linn.）Aiton 木质藤本或直立灌木，高 0.5～3m；幼枝有柔毛或无毛。单叶对生，膜质或薄纸质，宽卵形或椭圆形，有时近倒卵形，长 3～9cm，顶端骤凸或钝，基部圆钝或微心形，两面无毛，只在下面脉腋内有簇毛；叶柄有柔毛。聚伞花序，通常有 3 朵花，有时多花；花梗有柔毛，长 5～10mm；花白色芳香；花萼有柔毛或无毛，裂片 8～9，条形，约长 5mm，比萼筒长；花冠筒长 5～12mm，裂片矩圆形至近圆形，顶部钝，约和花冠筒等长，有重瓣花类型。分布于云南、贵州、广西、广东；印度也有。生于林中或有栽培。花、叶、根入药，具清热解毒、利湿功效。花可提香精或熏茶。

扭肚藤（猪肚勒）*Jasminum* amplexicaule（图 12-106）缠绕木质藤本，高 1.5～4m；幼枝有毛。单叶对生，膜质，卵形至卵状披针形，长 3～7cm，基部近圆或微心形，两面有柔毛或除下面叶脉外近无毛。密聚伞花序，常生于侧短枝上；花白色，香；花萼有柔毛，裂片 8 枚，线形，长 4～10mm，比萼筒长 2 倍以上；花冠筒长 2～3cm，裂片 8 枚，矩圆状条形，长 10～15mm，锐尖。浆果球状，直径 6～7mm，成熟时黑色。分布于广东、广西、贵州；越南等也有。生于疏林或密林中，或路旁。茎、叶入药，治肠炎、风湿性关节炎等，并治骨折。

30. 龙胆科 Gentianaceae　⚥ $* K_{(4\sim5)} C_{(4\sim5)} A_{4\sim5} \underline{G}_{(2:1:\infty)}$

草本，茎直立或攀援。**单叶对生，全缘，无托叶**。花常两性，辐射对称，聚伞花序；**花萼、花冠常 4～5 裂**，花冠漏斗状或辐射状，多旋转排列；雄蕊 5，着生于花冠管上；**子房上位，心皮 2，合生，1 室，有 2 个侧膜胎座**，胚珠多数。**蒴果**。

龙胆科约 80 属 900 余种，广布于全世界。我国有 19 属 350 多种，全国各地均产，已知药用 100 余种。本科植物常含苷类、生物碱等。

【代表药用植物】

龙胆 *Gentiana scabra* Bge.（图 12-107）多年生草本。根细长，簇生，淡黄色，上部

图 12-106　扭肚藤

图 12-107　龙胆
1—花枝；2—根及根茎

有横环纹，味苦。叶对生，卵状披针形，弧形脉，全缘，无柄。花簇生于茎顶或叶腋；花冠钟形，蓝紫色，5浅裂，裂片间有短三角形褶片；雄蕊5；子房上位，1室。蒴果长圆形。分布于东北及华北等地区。生于草地、灌丛及林缘。根及根状茎能清热燥湿，泻肝胆火。

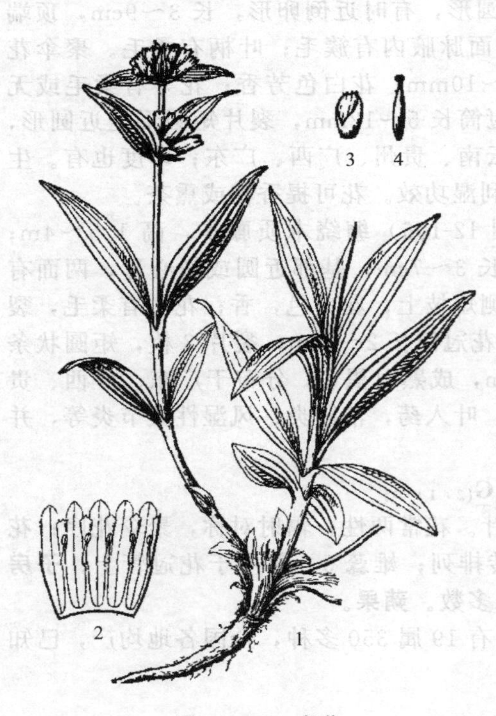

图 12-108　秦艽
1—植物全株；2—花解剖；3—花萼；4—花房

条叶龙胆 *G. manshurica* Kitag. 与上种的主要区别：叶披针形至条形；花冠裂片三角形，先端急尖。分布于黑龙江、江苏、浙江及中南地区。

三花龙胆 *G. triflora* Pall. 与条叶龙胆相似，但叶片条状披针形，花冠裂片先端钝圆。分布于吉林、黑龙江、内蒙古。以上两种的根及根状茎与龙胆同等入药。

秦艽（大叶龙胆、萝卜艽）*G. macrophylla* Pall.（图 12-108）多年生草本。主根粗大，扭曲不直，上部具多数残存的叶基。基生叶丛生，无柄，披针形或矩圆状披针形，主脉5条；茎生叶对生，稍小。花生于茎顶或上部叶腋集成轮伞花序；花萼管一侧开裂；花冠筒状，蓝紫色，先端5裂。蒴果矩圆形。种子无翅。分布于东北、华北、西北以及四川。生于山区草地、溪旁、灌丛中。根能祛风湿，舒筋络，清虚热，利湿退黄。

同属植物**粗茎秦艽** *G. crassicaulis* Duthie ex Burk.、**麻花秦艽** *G. straminea* Maxim.、**小秦艽** *G. dahurica* Fisch.、**天山秦艽** *G. tianschanica* Rupr.、**西藏秦艽** *G. tibetica* King ex Hook. f.、**管花秦艽** *G. siphonantha* Maxim ex Kusnez. 等分布在

不同地区，也作秦艽用。

31. 夹竹桃科 Apocynaceae ⚥ * $K_{(5)}C_{(5)}A_5\underline{G}_{(2:1\sim2:\infty)}$

多木本，少草本。常含乳汁。**单叶对生或轮生，全缘**。花两性，辐射对称，单生或成聚伞花序；**花萼、花冠均5裂**，花冠裂片边缘旋转，**喉部常有副花冠或鳞片或毛状附属体**；雄蕊5，着生在花冠管上；子房上位，心皮2，离生或合生，1～2室，胚珠多数。蓇葖果、浆果、核果或蒴果。**种子一端常被毛**。

夹竹桃科约250属2000余种，多数分布于热带和亚热带地区。我国有46属176种，主要分布于长江以南各省区及台湾等地。已知药用95余种。本科植物主要含强心苷和生物碱。

【代表药用植物】

络石 *Trachelospermum jasminoides* (Lindl.) Lem.（图12-109）赤褐色，节稍膨大，多分枝，具气生根，散生点状皮孔。叶对生，椭圆形至卵状披针形，全缘。聚伞花序腋生；花萼、花冠均5裂，花冠白色，高脚碟状；雄蕊5；子房上位，心皮2，离生。蓇葖果双生，圆柱形。种子顶端具白毛。分布于我国东部和南部。常附生于岩石、墙壁及其他植物体上。带叶藤茎（络石藤）入药，能祛风通络，凉血消肿。

长春花 *Catharanthus roseus* (L.) G. Don（图12-110）多年生草本或半灌木，高达60cm，有水液，全株无毛。叶对生，膜质，倒卵状矩圆形，长3～4cm，宽1.5～2.5cm，顶端圆形。聚伞花序顶生或腋生，有花2～3朵；花冠红色，高脚碟状，花冠裂片5枚，向左覆盖；雄蕊5枚着生于花冠筒中部之上；花盘由2片舌状腺体组成，与心皮互生而比其长。蓇葖果2个，直立；种子无种毛，具颗粒状小瘤凸起。原产非洲东部；在我国西南、中南及华东各省区也有栽培。全草有毒，药用，具抗癌、抗病毒功效。可治高血压、急性白血病、淋巴肿瘤等。

罗布麻 *Apocynum venetum* L.（图12-111）半灌木，高1.5～4m，具乳汁；枝条通常对生，无毛，紫红色或淡红色。叶对生，在分枝处为近对生；叶片椭圆状披针形至卵圆状矩圆

图12-109　络石

1—花枝；2—花；3—除去花冠后，示雄蕊及花盘；4—花冠、雄蕊；5—雄蕊正面观；6—蓇葖果；7—种子

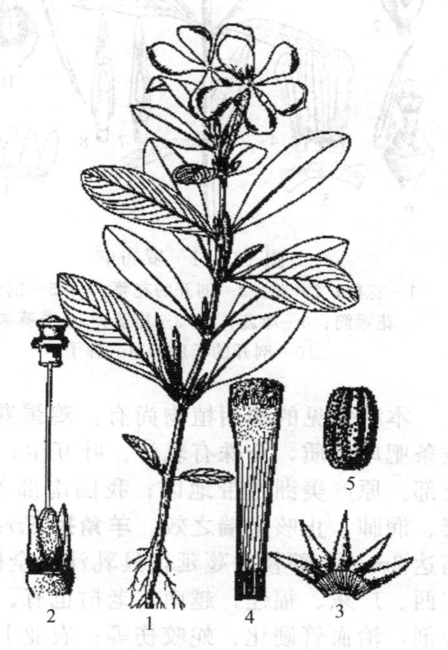

图12-110　长春花

1—花枝；2—雌蕊；3—剖开的花萼；4—花冠筒；5—种子

形，两面无毛，叶缘具细齿。花萼5深裂；花冠紫红色或粉红色，圆筒形钟状，两面具颗粒突起；雄蕊5枚；子房由2离生心皮组成。蓇葖果叉生，下垂，圆筒形；种子细小，顶端具一簇白色种毛。分布于西北、华北、华东、东北各省区。叶药用，具平肝安神、清热利水功效。能治高血压、神经衰弱、脑震荡后遗症、水肿等；根含有生物碱供西药用。

萝芙木 *Rauvolfia verticillata*（Lour.）Baill.（图12-112）灌木，具乳汁，无毛；枝有皮孔。单叶对生或3～5叶轮生，长椭圆状披针形，顶端渐尖，基部楔形；侧脉弧曲上升，每边6～15条。聚伞花序顶生；花白色；花萼5裂；花冠高脚碟状，花冠筒中部膨大，花冠裂片5枚，向左覆盖；雄蕊5枚，着生于花冠筒中部；心皮离生。核果卵形或椭圆形，离生，成熟时为紫黑色。分布于台湾、华南和西南各省区。生于较潮湿的溪边、山沟、坡地、山腰以下疏林下或灌木丛中。根、叶药用，治高血压、胆囊炎、急性黄疸型肝炎、癫痫、疟疾、蛇咬伤、跌打损伤等；植株含利血平等生物碱，为"降压灵"药物原料。

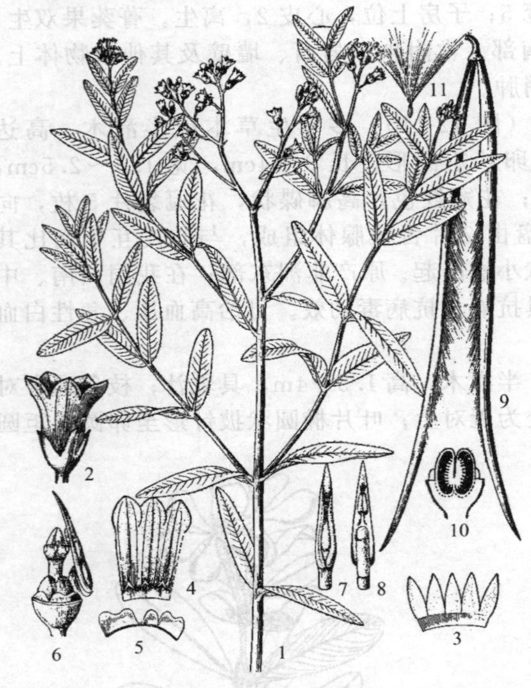

图12-111　罗布麻

1—花枝；2—花；3—剖开的花萼；4，5—剖开的花冠筒；6—雌蕊；7，8—雄蕊；9—蓇葖果；10—剖开的子房；11—种子

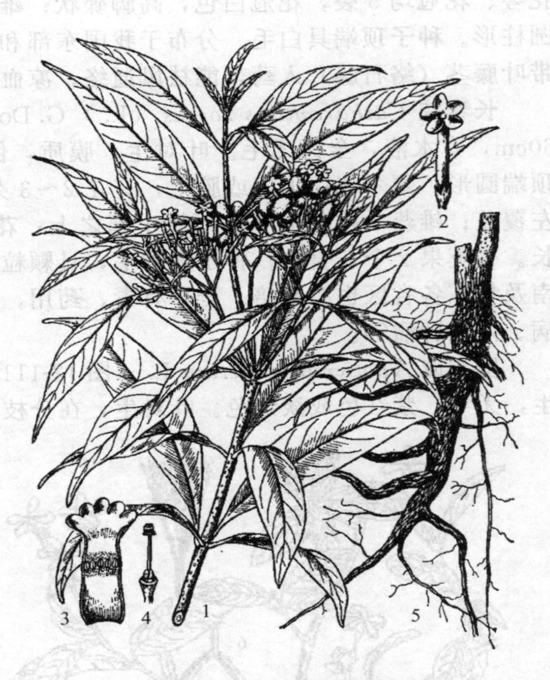

图12-112　萝芙木

1—花枝；2—花；3—花冠展开；4—雌蕊；5—根

本科常见的药用植物尚有：**鸡蛋花** *Plumeria rubra* L. cv. Acutifolia 小乔木，高达5m，枝条肥厚肉质，全株有乳汁。叶互生，厚纸质，矩圆状椭圆形或矩圆状倒卵形，常聚集于枝上部。原产美洲热带地区；我国南部各省区均有栽培。花、树皮药用，有清热、下痢、解毒、润肺、止咳定喘之效。**羊角拗** *Strophanthus divaricatus*（Lour.）Hook. et Arn. 灌木，高达2m，上部枝条蔓延，具乳汁，全株无毛；小枝棕褐色，密被灰白色皮孔。分布于贵州、广西、广东、福建；越南、老挝也有。生丘陵地区疏林或灌木丛中。全株有毒；药用，作强心剂，治血管硬化、蛇咬伤等；农业上用作杀虫剂。

夹竹桃 *Nerium indicum* Mill. 常绿直立大灌木，高达5m，含水液，无毛。叶3～4枚轮生，在枝条下部为对生，窄披针形。原产伊朗，我国各省区均有栽培。叶及茎皮有剧毒，入药煎汤或研末，均宜慎用。能强心利尿，定喘镇痛。用于心力衰竭、喘息咳嗽、癫痫、跌打损伤肿痛等。并可以制杀虫剂，人畜误食可致命。

32. 萝藦科 Asclepiadaceae ⚥ $* K_{(5)} C_{(5)} A_{(5)} \underline{G}_{2:1:\infty}$

草本、灌木或藤本，**有乳汁。单叶对生**，少轮生，全缘，无托叶；叶柄顶端常有腺体。花两性，辐射对称，伞状聚伞花序；萼5裂，内有腺体；**花冠合瓣，5裂；副花冠**由5枚离生或基部合生的裂片或鳞片所组成，生于花冠管上或雄蕊背部或合蕊冠上；雄蕊5，花丝多合生成筒状的**合蕊冠**，花药与雌蕊贴生成**合蕊柱**，花粉常合生成**花粉块**，每花药花粉块2～4，颗粒状，载于匙形的花粉器上；子房上位，心皮2，离生，花柱2，合生；胚珠多数。蓇葖果双生，兽角状，或一个不发育。种子顶端有毛。

萝藦科约180属2000余种，分布于热带、亚热带和少数温带地区。我国产44属约245种，已知药用100余种。多分布于西南及东南部地区。本科植物常含强心苷、生物碱和挥发油等。

【代表药用植物】

杠柳 *Periploca sepium* Bge.（图12-113）落叶蔓生灌木，具乳汁。根有特异香气。枝叶无毛。叶对生，披针形。聚伞花序腋生；花萼5深裂，其内面基部有10个小腺体；花冠紫红色，裂片5，反折，内面被柔毛；副花冠环状，顶端10裂，其中5裂延伸成丝状，其顶端内弯；花粉颗粒状，载于匙形的花粉器上。蓇葖果双生。分布于长江以北及西南各省区。生于平原及低山丘的林缘、山坡。根皮（香加皮）有毒，能祛风湿，强筋骨。

白薇 *Cynanchum atratum* Bge.（图12-114）多年生直立草本，有乳汁。根须状，有香气。叶对生，卵形或卵状长圆形，被白色绒毛。伞状聚伞花序；花深紫色。蓇葖果单生。种子一端有长毛。分布于南北各省区。生于林下草地或荒地草丛中。根及根状茎入药，能清热凉血，利尿通淋，解毒疗疮。

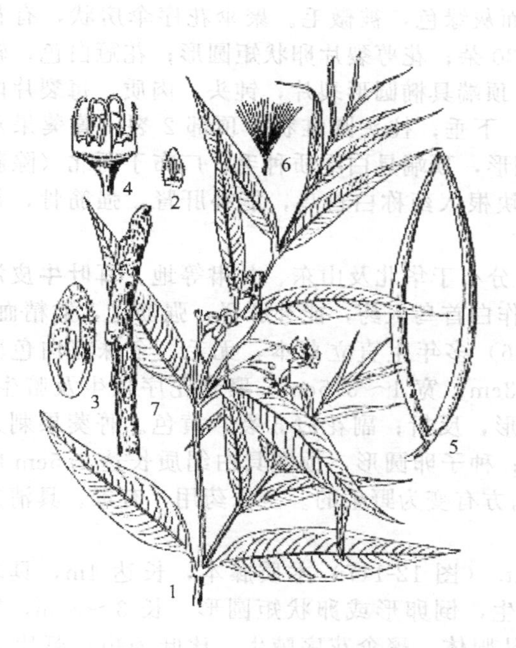

图12-113 杠柳

1—花枝；2—花萼裂片内面，示基部两侧的腺体；3—花冠片内面；4—副花冠及合蕊柱；5—果实；6—种子；7—根皮

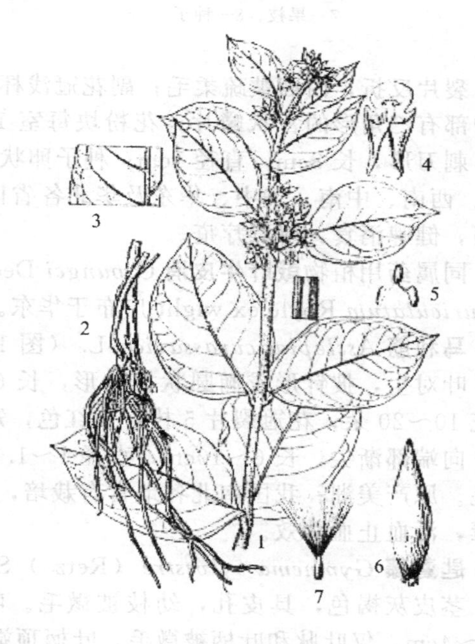

图12-114 白薇

1—花枝；2—根；3—叶背面（部分）；4—剖开的雄蕊；5—花粉块；6—果实；7—种子

蔓生白薇 *C. versicolor* Bge. 与上种的不同特征：茎上部蔓生；花初开时黄绿色，后变为黑紫色，分布区及生境同白薇，根及根状茎药用功效与白薇同。

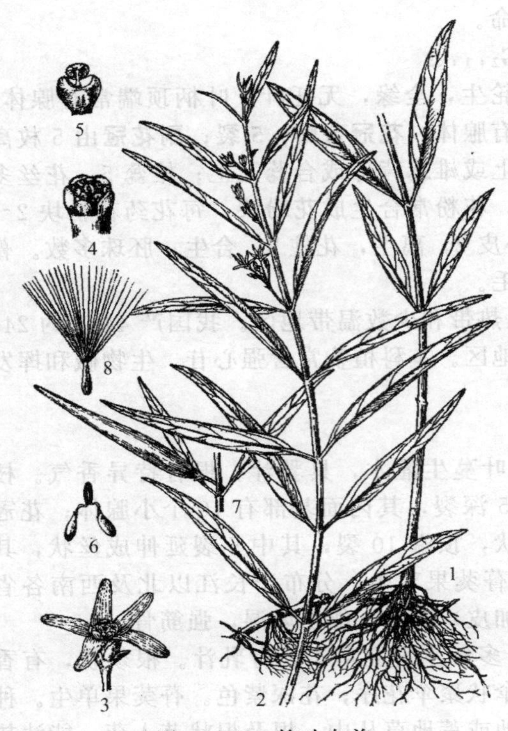

图 12-115 柳叶白前

1，2—植株；3—花；4—合蕊柱和副花冠；5—雄蕊的腹面观；6—花粉器；7—果枝；8—种子

柳叶白前 *Cynanchum stauntonii* (Decne.) Schtr. ex Levl.（图 12-115）直立半灌木，高约1m，分枝或不分枝，无毛。须根纤细，节上丛生。叶对生，纸质，狭披针形，长 6～13cm，宽 3～5mm，两端渐尖；主脉在叶背隆起，侧脉每边约 6 条；叶柄长约 5mm。伞形聚伞花序腋生，小苞片甚多；花萼 5 深裂，腺体不多；花冠紫红色，辐状，内面被长柔毛；副花冠裂片盾状，隆肿，比花药为短；花粉块每室 1 个，矩圆形，下垂，花药顶端薄膜覆盖着柱头；柱头微凸起。蓇葖果单生，长刺刀形，长达 9cm，直径 6mm。分布于安徽、浙江、福建、江西、湖南、广东、广西。根状茎及根（白前）入药，能降气化痰，止咳平喘。

牛皮消 *Cynanchum auriculatum* Royle ex Wight. 蔓性半灌木，具乳汁；茎被微柔毛。根肥厚，呈块状。叶对生，膜质，心形至卵状心形，长 4～12cm，宽 3～10cm，上面深绿色，下面灰绿色，被微毛。聚伞花序伞房状，有花达 30 朵；花萼裂片卵状矩圆形；花冠白色，辐状，裂片反折，内面被疏柔毛；副花冠浅杯状，顶端具椭圆形裂片，钝头，肉质，每裂片内面中部有三角形的舌状鳞片；花粉块每室 1 个，下垂；柱头圆锥状，顶部 2 裂。蓇葖果双生，刺刀形，长 8cm，直径 1cm；种子卵状椭圆形，顶端具白绢质种毛。广布于西北（除新疆）、西南、中南、华中、华东及华北各省区。块根入药称白首乌，能补肝肾，强筋骨，益精血，健脾消食，解毒疗疮。

同属药用植物**戟叶牛皮消** *C. bungei* Decne. 分布于华北及山东、甘肃等地。**耳叶牛皮消** *C. auriculatum* Royle ex wight 广布于华东。同作白首乌入药，能补肝肾，强筋骨，益精血。

马利筋 *Asclepias curassavica* L.（图 12-116）多年生直立草本，无毛，全株有白色乳汁。叶对生，披针形或椭圆状披针形，长 6～13cm；宽 1～3.5cm。聚伞花序顶生及腋生，有花 10～20 朵；花冠裂片 5 枚，紫红色，矩圆形，反折；副花冠 5 裂，黄色。蓇葖果刺刀形，向端部渐尖，长 6～10cm，直径 1～1.5cm；种子卵圆形，顶端具白绢质长达 2.5cm 的种毛。原产美洲；我国南北各地常有栽培，在南方有变为野生的。全株药用，有毒。具清热解毒，活血止血功效。

匙羹藤 *Gymnema sylvestre* (Retz.) Schult.（图 12-117）木质藤本，长达 4m，具乳汁；茎皮灰褐色，具皮孔，幼枝被微毛。叶对生，倒卵形或卵状矩圆形，长 3～8cm，宽 1.5～4cm，仅叶脉和叶柄被微毛，叶柄顶端具丛腺体。聚伞花序腋生，比叶为短；萼片 5，内有 5 枚腺体；花冠绿白色，钟状，裂片 5，向右覆盖；副花冠着生在花冠裂缺下，厚而成硬条带；雄蕊着生于花冠的基部，并与雌蕊合生为合蕊柱，花粉块每室 1 个，矩圆形，直立；柱头伸出花药之外。蓇葖果羊角状，长 5～9cm，宽 2cm，顶端渐尖，基部膨大；种子顶端轮生白绢质种毛。分布于广西、广东、福建、台湾。生于林中或灌木丛中。根入药，具消肿解

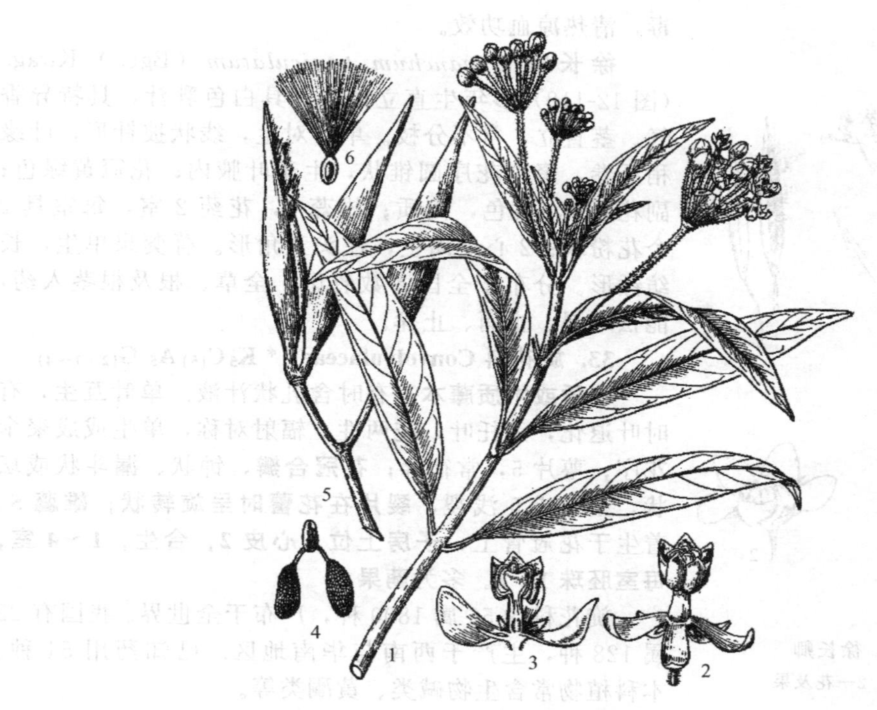

图 12-116 马利筋

1—花枝；2—花；3—花的纵切面；4—花粉；5—果实；6—种子

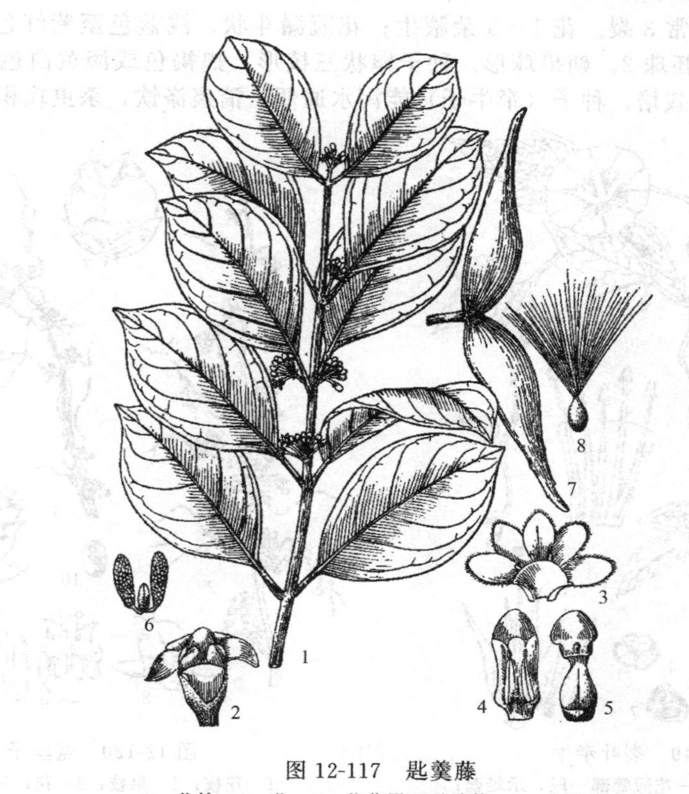

图 12-117 匙羹藤

1—花枝；2—花；3—花萼展开示腺体；4—合蕊柱；
5—雌蕊；6—花粉器；7—果实；8—种子

图 12-118　徐长卿
1—植株全形；2—花及果

毒，清热凉血功效。

徐长卿 *Cynanchum. paniculatum*（Bge.）Kitag.（图 12-118）多年生直立草本，具白色乳汁，具特异香气。茎直立，常不分枝。单叶对生，线状披针形，叶缘稍反卷，聚伞花序圆锥状，生于叶腋内；花冠黄绿色；副花冠 5，黄色，肉质；雄蕊 5，花药 2 室，每室具 2 个花粉块；2 心皮离生，柱头五角形。蓇葖果单生，长纺锤形。分布于全国多数省区。全草、根及根茎入药，能祛风湿、止痛、止痒。

33. 旋花科 Convolvulaceae ⚥ * $K_5C_{(5)}A_5\underline{G}_{(2:1\sim4)}$

草质或木质藤本，有时含乳状汁液。**单叶互生**，有时叶退化，无托叶，花两性，辐射对称，单生或成聚伞花序；萼片 5，常宿存；**花冠合瓣**，钟状、漏斗状或坛状，全缘或 5 浅裂，**裂片在花蕾时呈旋转状；雄蕊 5**，着生于花冠管上；**子房上位，心皮 2，合生，1～4 室，每室胚珠 1～2**。多为蒴果。

旋花科约 56 属 1800 种，广布于全世界。我国有 22 属 128 种，主产于西南与华南地区。已知药用 54 种。本科植物常含生物碱类、黄酮类等。

【代表药用植物】

裂叶牵牛 *Pharbitis nil*（L.）Choisy（图 12-119）一年生缠绕草本，全株被毛。叶互生，近卵状心形，通常 3 裂。花 1～3 朵腋生；花冠漏斗状，浅蓝色至紫红色；雄蕊 5；子房上位，3 室，每室胚珠 2。蒴果球形。种子卵状三棱形，黑褐色或淡黄白色。分布于全国大部分地区，野生或栽培。种子（牵牛子）能泻水通便，消痰涤饮，杀虫攻积。

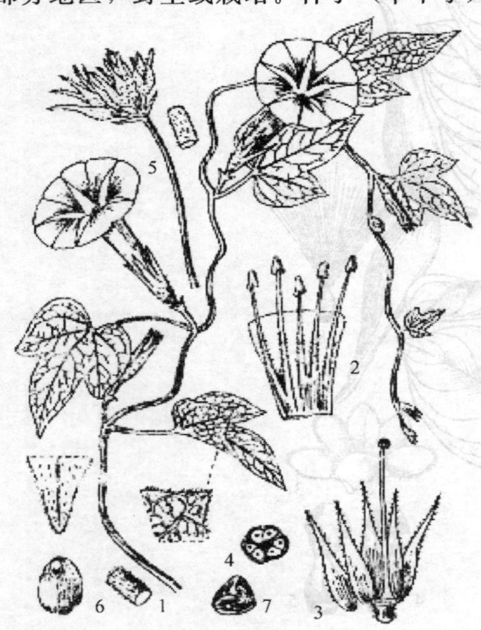

图 12-119　裂叶牵牛
1—植株一部分；2—花冠管部一段，示雄蕊；
3—萼片展开示雌蕊；4—子房横切；5—花序；
6—种子；7—种子的剖面

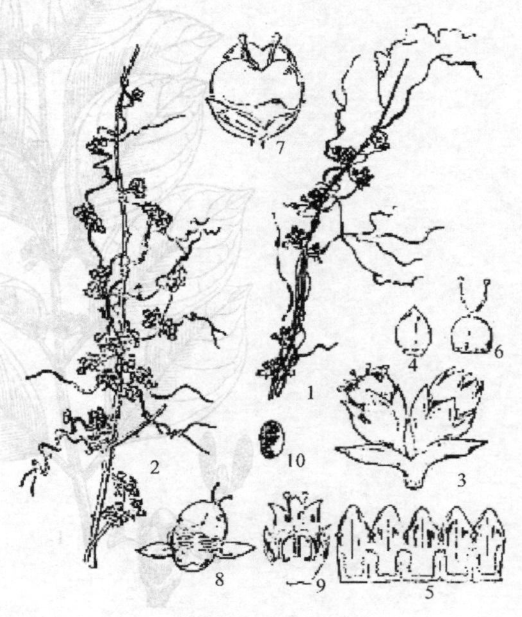

图 12-120　菟丝子
1—花枝；2—果枝；3—花；4—花萼；
5—花冠展开示雄蕊；6—雌蕊；7—果实；
8—果实横切；9—果实纵切；10—种子

圆叶牵牛 *P. purpurea*（L.）Voigt. 与上种的不同特征：叶圆心形。分布区域同裂叶牵牛，种子亦作牵牛子入药。

菟丝子 *Cuscuta chinensis* Lam.（图 12-120）一年生寄生草本。茎细，缠绕，黄色，无叶。花多数，簇生，花梗粗壮；苞片 2，有小苞片；花萼杯状，长约 2mm，5 裂，裂片卵圆形或矩圆形；花冠白色，壶状或钟状，长为花萼的 2 倍，顶端 5 裂，裂片向外反曲；雄蕊 5，花丝短，与花冠裂片互生；鳞片 5，近矩圆形，边缘流苏状；子房 2 室，花柱 2，直立，柱头头状，宿存。蒴果近球形，稍扁，成熟时被花冠全部包住，长约 3mm，盖裂；种子 2～4 个，淡褐色，表面粗糙，长约 1mm。分布于全国大部分地区。寄生于草本植物上。种子入药，能滋补肝肾，固精缩尿，安胎，明目，止泻。

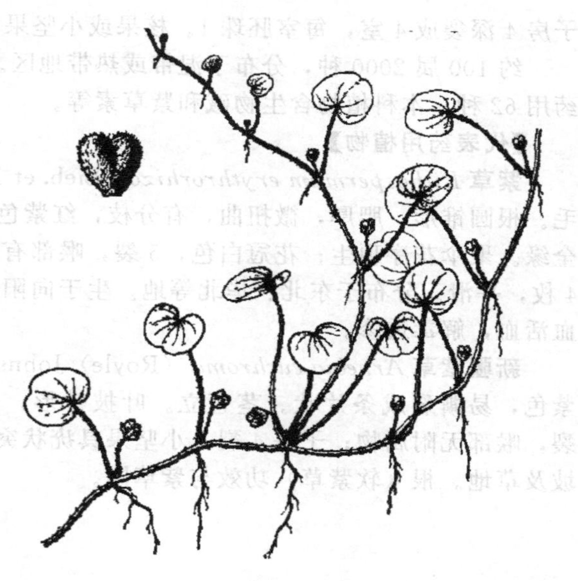
图 12-121　马蹄金

马蹄金（黄疸草）*Dichondra repens* Forst.（图 12-121）多年生草本。茎细长，匍匐地面，被灰色短柔毛，节上生根。叶互生，圆形或肾形，长 5～10mm，宽 8～15mm，顶端钝圆或微凹，全缘，基部心形。花单生叶腋，黄色，形小，花梗短于叶柄；萼片 5，倒卵形，长约 2mm；花冠钟状，5 深裂，裂片矩圆状披针形；雄蕊 5，着生于花冠二裂片间弯缺处，花丝短；子房 2 室，胚珠 2，花柱 2，柱头头状。蒴果近球形，膜质，短于花萼；种子 1～2，外被茸毛。分布于长江以南各省区。多生山坡林边或田边阴湿处。全草入药，清热利湿，解毒消肿。

图 12-122　光叶丁公藤、丁公藤

光叶丁公藤（1～4）1—花枝；2—花外形；3—果实；4—花冠毛被；丁公藤（5，6）5—果枝；6—花外形

丁公藤 *Erycibe obtusifolia* Benth.（图 12-122）木质藤本，嫩枝稍被毛。枝繁叶茂，叶色翠绿。叶卵形至长圆形，侧脉每边 5～8 条，腹面微突起。夏秋季开花，花黄白色，花冠 5 深裂。浆果近球形，无毛。分布于中国广东、海南、广西、云南；越南北部。产于山谷湿润密林中，路旁灌木丛可见。茎和小枝入药，用于风湿关节炎、类风湿关节炎、坐骨神经痛、半身不遂、跌打肿痛。

34. 紫草科 Boraginaceae $\text{☿} * K_{5,(5)} C_{(5)} A_5 \underline{G}_{(2:2\sim4:1\sim2)}$

多为草本，**常被粗毛**。**单叶互生**，通常全缘，无托叶。花两性，辐射对称。**单歧聚伞花序**；萼片 5，花冠管状，5 裂，**喉部常有附属物**；雄蕊 5，生于花冠管上；**子房上位，心皮 2，合生，2 室，每室胚珠 2**，有时子房 4 深裂成 4 室，每室胚珠 1。核果或小坚果。

约 100 属 2000 种，分布于温带或热带地区。我国有 48 属 210 种，全国均有分布，已知药用 62 种。本科植物含生物碱和紫草素等。

【代表药用植物】

紫草 *Lithospermum erythrorhizon* Sieb. et Zucc.（图 12-123）多年生草本，全体被粗毛。根圆锥形，肥厚，微扭曲，有分枝，红紫色。叶互生，无柄，披针形至长圆状披针形，全缘。聚伞花序顶生；花冠白色，5 裂，喉部有 5 枚小鳞片；雄蕊 5；子房 4 深裂。小坚果 4 枚，平滑。分布于东北、华北等地。生于向阳山坡、草地、灌木丛间。根（硬紫草）能凉血活血，解毒透疹。

新疆紫草 *Arnebia euchroma*（Royle）Johnst. 多年生草本，全株被粗毛；根圆锥形，暗紫色，易撕裂成条片状。茎直立。叶披针形，全缘。蝎尾状聚伞花序顶生；花冠紫色，5 裂，喉部无附属物；子房 4 裂。小坚果具疣状突起。分布于西藏、新疆。生于高山多石砾山坡及草地。根（软紫草）功效与紫草同。

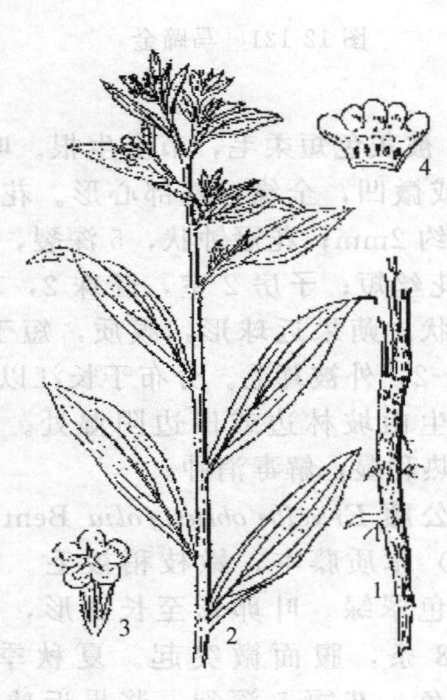

图 12-123　紫草

1—根；2—花枝；3—花；4—花纵剖

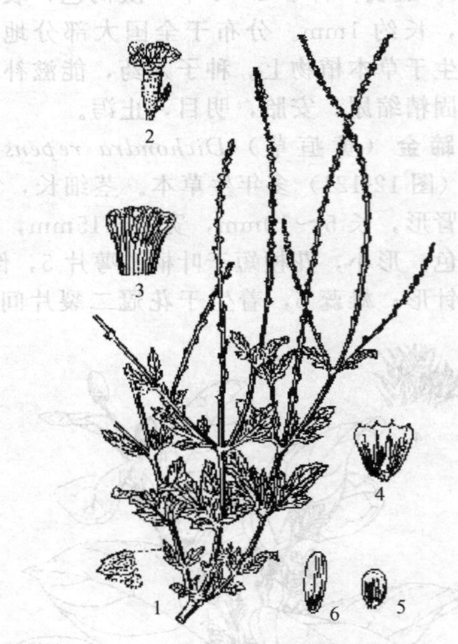

图 12-124　马鞭草

1—开花的植株；2—花；3—花冠剖开，示雄蕊；4—花萼剖开，示雌蕊；5—果实；6—种子

35. 马鞭草科 Verbenaceae $\varphi \uparrow K_{(4\sim5)} C_{(4\sim5)} A_4, \underline{G}_{(2:4:1\sim2)}$

多木本，稀草本，**常具特殊气味。叶多对生**，单叶或复叶。花两性，常两侧对称，穗状、聚伞状、伞房状、圆锥状花序顶生或腋生；花萼、花冠均 4～5 裂，花萼宿存，花冠常偏斜或二唇形；**雄蕊 4，2 强；子房上位**，心皮 2，合生，**全缘或 4 裂**，每室胚珠 1～2，**花柱顶生**。浆果状或蒴果状核果，常分离成 2～4 枚小坚果。

约 80 属 3000 余种，分布于热带和亚热带地区，少数延至温带。我国产 21 属 175 种，已知药用 100 余种。主要分布在长江以南各省区。本科植物含黄酮类、苦味质、生物碱和挥发油等。

【代表药用植物】

马鞭草 *Verbena officinalis* L.（图 12-124）多年生草本。茎四棱形。叶对生，卵圆形、倒卵圆形至矩圆形，基生叶具粗锯齿及缺刻；茎生叶多 3 深裂，裂片边缘具不整齐锯齿，被粗毛。穗状花序细长，花具 1 苞片；花萼、花冠均 5 裂，花冠淡紫色，略二唇形；雄蕊 4，2 强；子房 4 室。果实蒴果状，熟时分裂为 4 枚小坚果。分布于全国各地，生于山脚路旁或村边荒地。全草入药，能活血祛瘀，截疟，解毒，利尿。

本科常见的药用植物尚有：**海州常山**（臭梧桐）*Clerodendrum trichotomum* Thunb. 分布于华北、华东、中南、西南各省区。嫩枝及叶能祛风湿，降血压。**杜虹花** *Callicarpa formosana* Rolfe. 分布于华南、华东及云南等地。叶能收敛止血。**黄荆** *Vitex negundo* L. 我国大部分省区有分布。叶能解表化湿；果能止咳平喘，理气止痛。**蔓荆** *Vitex trifolia* L. 分布于山东、江西、浙江、福建等地。果实（蔓荆子）能疏散风热，清利头目。

36. 唇形科 Labiatae ⚥ $\uparrow K_{(5)} C_{(5)} A_{4,2} \underline{G}_{(2:4:1)}$

多为草本，常含挥发油而有香气。茎四棱形。叶对生，单叶，少复叶。**花两性，两侧对称，轮伞花序**，常呈穗状或总状、圆锥状、头状排列，花萼分裂宿存，**花冠唇形**，少为假单唇形（上唇很短，2 裂，下唇 3 裂，如筋骨草属）或单唇形，**雄蕊通常 4 枚，2 强**或仅 2 枚发育；**子房上位，心皮 2，合生，4 深裂成假 4 室**，每室胚珠 1，花柱常着生在子房 4 个裂隙中央的基部。柱头 2 浅裂（图 12-125）。果实为 **4 枚小坚果**。

约 220 属 3500 种，分布于全世界，我国 99 属 808 种，全国各地均有分布，已知药用 75 属 436 种。本科植物主要特征活性成分为二萜类；另含挥发油、生物碱等。

【代表药用植物】

丹参 *Salvia miltiorrhiza* Bunge（图 12-126）多年生草本。全株密被柔毛及腺毛。根圆柱形，砖红色。茎方形。奇数羽状复叶对生；小叶 3～5，卵圆形或椭圆状卵形。轮伞花序成总状排列；花萼二唇形；花冠紫色，管内有毛环，能育雄蕊 2 枚；子房深 4 裂。小坚果长圆形。分布于全国大部分地区。生于向阳山坡草丛，沟边，林缘。有栽培，根及根茎能活血化瘀，祛瘀生新，养心安神。

同属的**甘肃丹参** *S. przewalskii* Maxim. 、**南丹参** *S. bowleyana* Dunn. 等近 10 种在部分地区也作“丹参”用。

薄荷 *Mentha canadensis* L. ［*M. haplocalyx* Briq.］（图 12-127）多年生草本，有清凉浓香气。具匍匐根状茎。茎四棱。叶对生，叶片卵形或长圆形，两面均有腺鳞及柔毛。轮伞花序腋生；花冠淡紫色或白色，下唇 3 裂片近等大；雄蕊 4，2 强。小坚果椭圆形。全国各地有分布，生于湿地，多栽培。地上部分能疏散风热，清利头目，利咽，透疹。

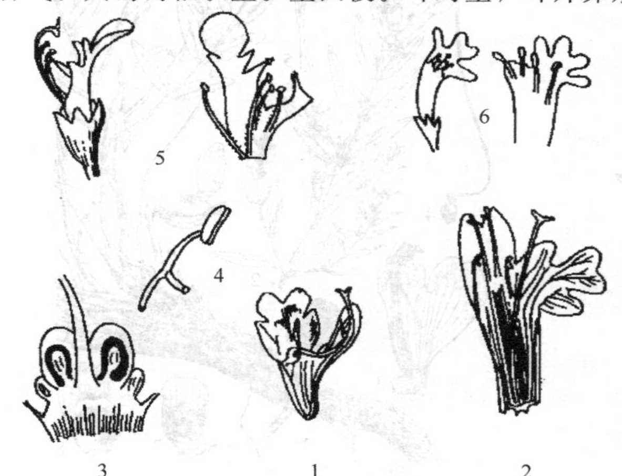

图 12-125　唇形科植物花的解剖

1—花解剖；2—花冠 2/3 式；3—子房基部与花柱纵切；4—雄蕊；5—花冠单唇形；6—花冠假单唇形

益母草 *Leonurus japonicus* Houtt. ［*L. heterophyllus* Sweet.］（图 12-128）一年生或两年生草本。茎纯四棱形。基生叶有长柄，叶片近圆形，边缘 5～9 浅裂，中部叶掌状 3 深裂，柄短；上部叶条形或条状披针形，几无柄。轮伞花序腋生，花冠二唇形，淡红色或紫红色。小坚果长圆状三棱形，灰褐色，有斑点。全国各地均有分布。多生于旷野向阳处。地上部分能活血调经，利尿消肿。果实（茺蔚子）

能清肝明目，活血调经。同属的**细叶益母草** *L. sibiricus* L. 分布于华北、东北。西北的**突厥益母草** *L. turkestanicus* Krecz. et Kupr. 分布在新疆北部，在当地也作益母草用。

黄芩 *Scutellaria baicalensis* Georgi（图 12-129） 多年生草本。根圆锥形，扭曲，棕黄色，

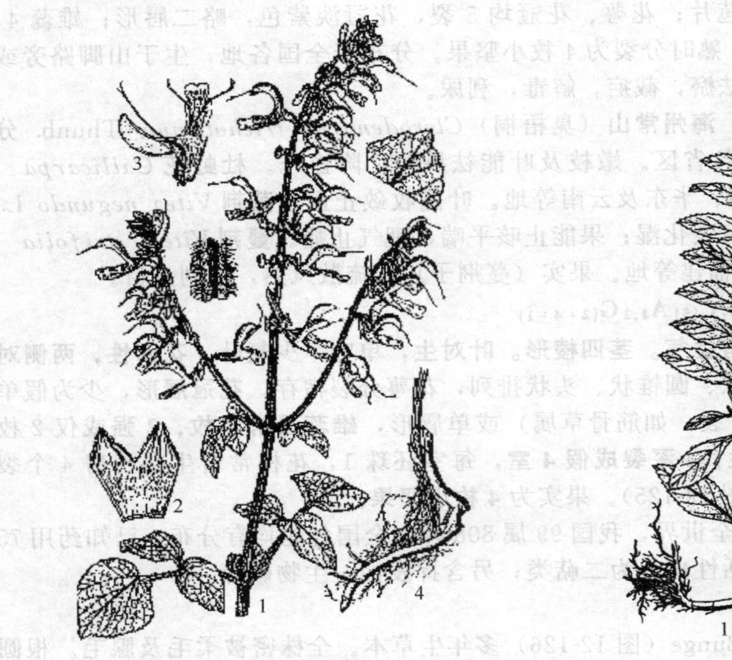

图 12-126 丹参

1—花枝；2—部分展开的花萼；3—花冠展开示雄蕊和雌蕊；4—根

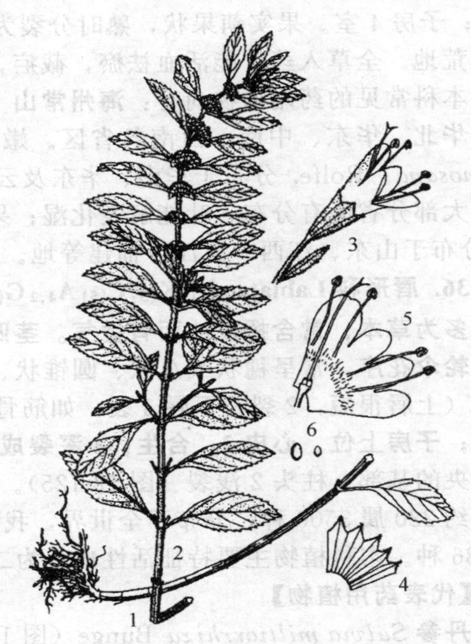

图 12-127 薄荷

1—根；2—茎上部；3—花；4—花萼展开；5—花冠展开示雄蕊；6—果实及种子

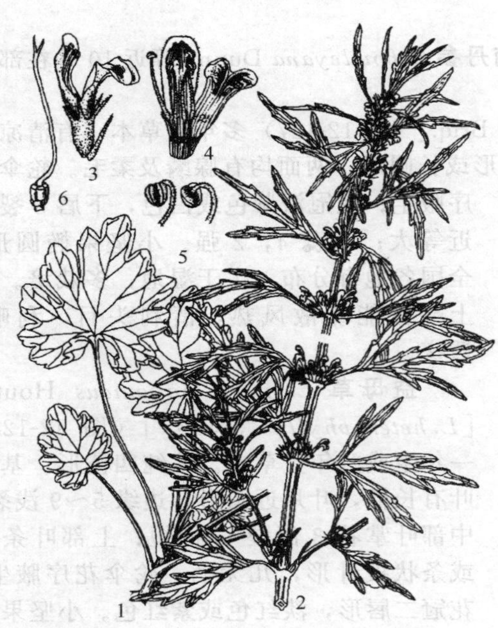

图 12-128 益母草

1—植株下部基生叶；2—花枝；3—花；4—花冠展开示雄蕊；5—雄蕊；6—雌蕊

图 12-129 黄芩

1—根；2—花枝；3—花冠展开；4—雌蕊；5—雄蕊；6—花；7，8—花萼；9—果实

断面黄色。叶披针形，无柄或具短柄。总状花序顶生，花偏向一侧，花萼唇形，上唇有盾片，花冠唇形，蓝紫色；雄蕊 4，2 强。小坚果卵球形。分布于东北、华北等地，有栽培。生于向阳山坡，草原。根能清热燥湿，泻火解毒，止血安胎。同属的**滇黄芩** *S. amoena* C. H. Wright、**粘毛黄芩** *S. viscidula* Bge.、**丽江黄芩** *S. likiangensis Diels*.、**甘肃黄芩** *S. rehderiana* Diels. 等在不同地区也作黄芩药用。

本科常用的药用植物还有：**连钱草**（活血丹）*Glechoma longituba*（Nakai）Kupr. 分布于全国各地。全草有利尿排石、清热解毒作用。**荆芥** *Schizonepeta tenuifolia*（Benth）Briq. 分布于东北、华北及四川、贵州等地。地上部分能解表散风、透疹（生用）；止血（炒炭用）。**紫苏** *Perilla frutescens*（L.）Britt. 产于全国各地，多为栽培。嫩枝及叶（紫苏叶）能解表散寒，行气和胃；茎（紫苏梗）能理气宽中，止痛，安胎；果实（紫苏子）能降气消痰，平喘，润肠。**广藿香** *Pogostemon cablin*（Blanco）Benth. 原产于菲律宾，我国南方有栽培。地上部分能化湿和胃，祛暑解表。**夏枯草** *Prunella vulgaris* L. 分布于我国大部分地区。带花果穗及全草能清火，明目，散结，消肿。

37. 茄科 Solanaceae ⚥* $K_{(5)}\ C_{(5)}\ A_{5,4}\ \underline{G}_{(2:2:\infty)}$

草本、灌木、稀小乔木。**单叶互生**，有时呈大小叶对生状。**花两性，辐射对称**，单生、簇生或为聚伞花序。**花萼常 5 裂，宿存，果期常增大。花冠 5 裂，呈辐状、钟状、漏斗状或高脚碟状**；雄蕊 5，着生在花冠管上，与花冠裂片互生；**子房上位，2 心皮，合生 2 室**，有时假 4 室，**中轴胎座**，胚珠常多数。**浆果或蒴果**。

约 80 属，3000 种，广布于温带及热带地区。我国 26 属 115 种，各地均产。已知药用 25 属 84 种。本科植物化学成分以含多种托品类生物碱、甾体类生物碱和吡啶型生物碱为特征。

【代表药用植物】

宁夏枸杞 *Lycium barbarum* L. 灌木，分枝有棘刺。叶互生或丛生于短枝上，长椭圆状披针形或卵状披针形。花常 2～6 朵簇生于短枝上；花萼杯状，2～3 裂；花冠漏斗状，5 裂，粉红色或淡紫色；雄蕊 5。浆果椭圆形，长 1～2cm，熟时红色。分布于西北、华北，主产宁夏。生于向阳潮润沟岸及山坡。各地有引种。果实（枸杞子）能补肝益肾，益精明目。根皮（地骨皮）能凉血退热。同属**枸杞** *L. chinense* Mill. 与上种的区别：植株较矮小，枝条披散弯曲下垂；花冠管短于裂片，裂片有缘毛。全国大部分地区有分布。功效同宁夏枸杞。

白花曼陀罗 *Datura metel* L.（图 12-130）一年生粗壮草本，全体近无毛。单叶互生，卵形或宽卵形，叶基不对称，全缘或有波状齿。花单生；花萼筒状，顶端 5 裂；花冠白色，漏斗状，具 5 棱，上部 5 裂；雄蕊 5；蒴果斜生，近球形，表面有稀疏短粗刺，成熟时 4 瓣裂。宿存萼筒基部呈浅盘状。我国各地有分布，栽培或野生。花（洋金花）有毒，能平喘止咳、镇痛。

同属的**毛曼陀罗** *D. innoxia* Mill. 全株密被白色腺毛或短柔毛。主产北方地区，其花称北洋金花，作用同洋金花。**曼陀罗** *D. stramonium* L. 花白色或淡紫色，果直立，有刺或无刺。功用与洋金花相似。

莨菪 *Hyoscyamus niger* L. 两年生草本。全体被黏性腺毛和长柔毛，有特殊臭气。基生叶大，丛生；茎生叶互生，卵形，边缘呈波状或羽状浅裂；下部叶有柄；上部叶无柄基部下延，抱茎。花单生于叶腋，在茎顶集成总状花序；花萼筒状钟形，5 浅裂，果时增大成壶状；花冠漏斗状，黄色，5 浅裂，有紫色脉纹。蒴果包于稽萼内，盖裂。种子圆肾形，棕黄色，有细密隆起的网纹。分布于我国北部、西南和华东等地。生于林边、田埂等处。多栽培。种子（天仙子）有毒，能止痉、镇痛、平喘。

本科常见的药用植物尚有：**酸浆** *Physalis alkekengi* L. var. *franchetii*（Mast.）Makino 广布于全国各地。带果实的宿萼（锦灯笼）能清热解毒，利咽，化痰，利尿。**龙葵** *Solanum nigrum* L. 全国各地有分布。全草有小毒，能清热解毒，活血利尿。**华山参** *Physochlaina* *infundibularis* Kuang 分布于陕西、河南、山西。根（热参）有毒，能温中、安神、定喘。

38. 玄参科 Scrophulariaceae ⚥ ↑ $K_{(4\sim5)}C_{(4\sim5)}A_{4,2}\underline{G}_{(2:2:\infty)}$

草本，少灌木或乔木。单叶，多对生，少互生或轮生。**花两性，常两侧对称**。总状、聚伞或圆锥花序；萼常4～5裂，宿存；**花冠4～5裂，通常多少呈二唇形**；雄蕊4，2强，有时2或5；**子房上位，心皮2，2室，中轴胎座**，胚珠多数，**蒴果**，常有宿存的花柱。

约200属3000种以上，广布于全世界。我国60属634种，全国分布，主产西南。已知药用233种。本科植物的化学成分主要含环烯醚萜苷、黄酮类、生物碱等。

【代表药用植物】

玄参 *Scrophularia ningpoensis* Hemsl.（图12-131）多年生草本。根粗大，数条簇生，圆锥形或纺锤形，灰黄褐色。茎方形。下部叶对生，上部叶有时互生；叶片卵形至卵状披针形，边缘有细锯齿。聚伞花序集成疏散圆锥状；花萼5裂；花冠斜壶状，褐紫色，5裂，上唇稍长；雄蕊4，2强，退化雄蕊1，鳞片状，贴在花冠管上。蒴果卵形。分布于华东、中南等地区。生于溪边、丛林及草丛中。根入药，能凉血滋阴、泻火解毒。同属的**北玄参** *S. buergeriana* Miq. 聚伞花序紧缩呈穗状，药冠黄绿色。分布于北方省区。其根也作“玄参”用。

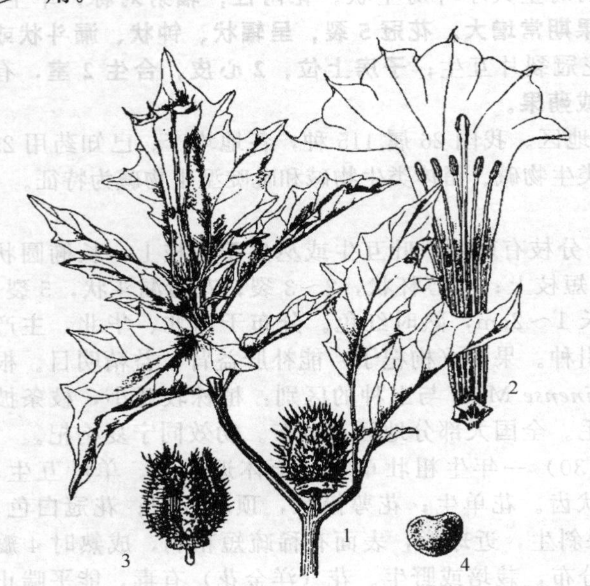

图12-130　白花曼陀罗

1—植株；2—花冠展开示雄蕊、雌蕊；3—果实；4—种子

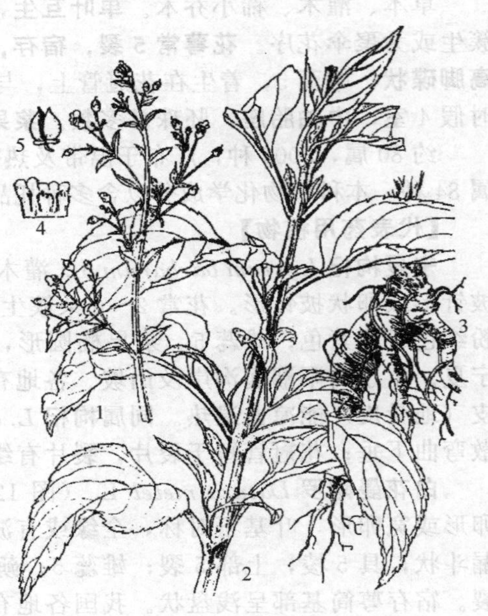

图12-131　玄参

1—花枝；2—植株；3—根；4—花冠展开示雄蕊；5—果实

地黄 *Rehmannia glutinosa* Libosch.（图12-132）多年生草本，全株密被灰白色柔毛及腺毛。根肥大、块状，鲜时橙黄色。叶基生，密集成莲座状，叶片倒卵形或长椭圆形，上面绿色多皱，下面带紫色。总状花序顶生；花冠管稍弯曲，外面紫红色，内面有黄色带紫的条纹，略呈二唇形，上端5浅裂；雄蕊4，2强；子房上位，2室。蒴果卵形。全国多数地区有栽培，主产于河南、浙江、江苏等地。块根入药，鲜地黄能清热生津，凉血止血；生地黄能清热凉血，养阴生津；熟地黄能滋阴补血，益精填髓。

本科常用的药用植物还有：**紫花洋地黄** *Digitalis Purpurea* L. 原产欧洲西部，我国有栽培。叶能兴奋心肌，增加血液输出量。为提取强心苷的重要原料。**阴行草** *Siphonostegia chinensis* Benth. 分布于全国各地。地上部分（北刘寄奴）能清利湿热，凉血祛瘀。**胡黄连** *Picrorhiza scrophulariaflora* Pennell 分布于西藏东部、云南西北部及四川西部。根状茎能除湿热，退骨蒸，消疳热。

39. 茜草科 Rubiaceae ☿ $*K_{(4\sim5)}\ C_{(4\sim5)}\ A_{4\sim5}\ \overline{G}_{(2:2:1\sim\infty)}$

草本或木生，有时攀援状。**单叶对生或轮生**，常全缘；**有托叶**，有时托叶呈叶状。**花两性，辐射对称，聚伞花序排成圆锥状或头状**；花萼4～5裂，有时个别裂片扩大成花瓣状；花冠4～5裂；雄蕊与花冠裂片同数而互生，着生于花冠筒上。**子房下位，2心皮2室**，每室胚珠1至多数。**蒴果，浆果或核果**。

约500属6000多种，广布于热带和亚热带，少数分布于温带。我国有75属477种，主产西南及东南部。已知药用219种。本科活性成分主要有生物碱、环烯醚萜苷和蒽醌类。

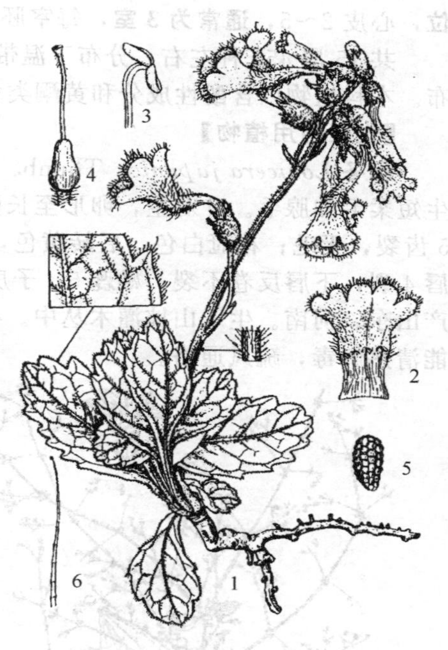

图12-132 地黄

1—植株；2—花冠展开示雄蕊；3—雄蕊；4—雌蕊；5—种子；6—腺毛

【代表药用植物】

栀子 *Gardenia jasminoides* Ellis.（图12-133）常绿灌木。叶对生或三叶轮生，叶片椭圆状倒卵形至倒阔披针形，革质，表面光滑；托叶在叶柄内合生成鞘状。花白色，芳香，单生枝顶；萼筒有棱；花冠高脚碟状；雄蕊无花丝；子房下位，1室。蒴果金黄色，外皮略带革质，具5～8条翅状棱。分布于我国南部和中部。生于山坡杂林中。也有栽培。果实入药，能泻火除烦，清热利湿，凉血解毒。

茜草 *Rubia cordifolia* L.（图12-134）多年生攀援草本。根细圆柱形，丛生，红褐色。茎四棱，棱上有倒生小刺。叶4片，轮生，有长柄，卵状心形；基生脉5条，弧形；下面中脉与叶柄上有倒刺。聚伞花序圆锥状，大而疏松；花萼平截；花冠5裂，淡黄白色；雄蕊5；子房下位，2室。浆果近球形，紫黑色。我国大部分地区有分布。生于灌木丛中。根及根状茎入药，能凉血止血，祛瘀通经。

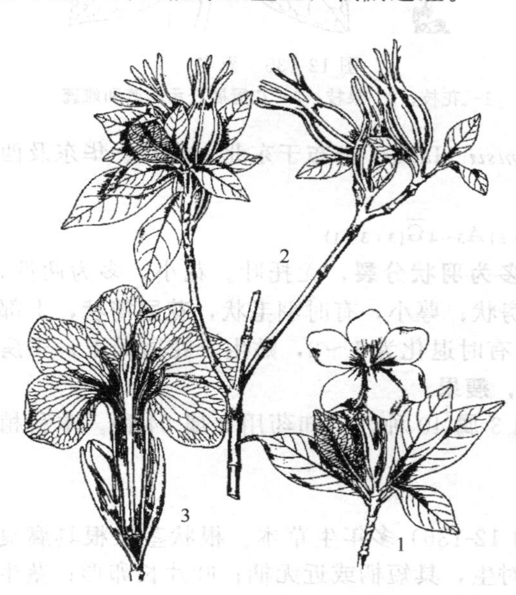

图12-133 栀子

1—花枝；2—果枝；3—花纵切面

本科常用的药用植物还有：**钩藤** *Uncaria rhynchophylla*（Miq.）Jacks. 分布于福建、江西、湖南、广东、广西、贵州、四川。带钩茎枝能清热平肝、息风定惊。**巴戟天** *Morinda officinalis* How分布于华南等地区。根能补肾阳、强筋骨、祛风湿。**鸡矢藤** *Paederia scandens*（Lour.）Merr. 广布于长江流域及南方各省区。地上部分能除湿、消食、止痛、解毒。**白花蛇舌草** *Hedyotis diffusa* Willd. 分布广东、广西、福建、浙江等省区。全草清热解毒，用于治疗蛇咬伤及癌症。

40. 忍冬科 Caprifoliaceae

☿ $*\uparrow K_{(4\sim5)}\ C_{(4\sim5)}\ A_{4\sim5}\ \overline{G}_{(2\sim5:2\sim5:1)}$

灌木，乔木或藤本。**叶对生，多单叶**，少羽状复叶，**常无托叶**。**花两性**，辐射对称或两侧对称，**聚伞花序或再组成各种花序**；花萼4～5裂；**花冠管状，4～5裂，有时二唇形**；雄蕊与花冠裂片同数而互生，贴生花冠上；**子房下**

位，心皮 2～5，**通常为 3 室**，每室胚珠常 1 枚。**浆果，核果或蒴果**。

共 15 属 450 种左右，分布于温带地区。我国 12 属约 259 种，药用 106 种。全国均有分布。本科植物以含酚性成分和黄酮类为特征。

【代表药用植物】

忍冬 *Lonicera japonica* Thunb.（图 12-135）多年生半常绿缠绕藤本。茎中空，幼茎密生短柔毛和腺毛。叶对生，卵形至长卵状椭圆形，两面被短毛。花成对腋生；苞片叶状；萼 5 齿裂，无毛；花冠白色，后转黄色，故有“金银花”之称，芳香，外面有柔毛和腺毛，上唇 4 裂，下唇反卷不裂；雄蕊 5；子房下位。浆果球形，黑色。全国大部分地区有分布，主产山东、河南。生于山坡灌木丛中。有栽培。花蕾（金银花）能清热解毒；茎枝（忍冬藤）能清热解毒，疏风通络。

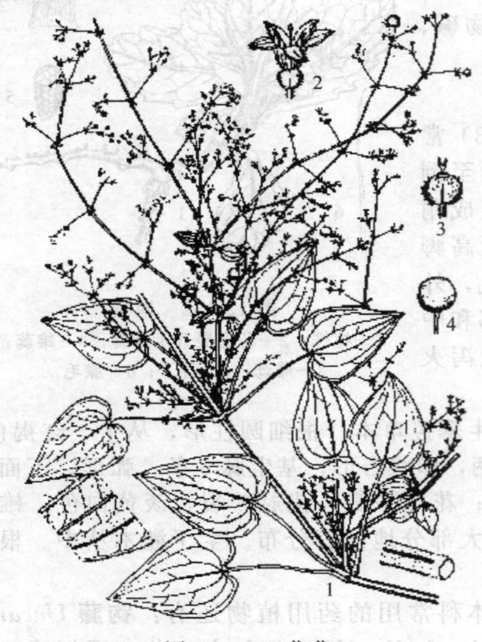

图 12-134　茜草

1—花枝；2—花；3—花萼和雌蕊；4—果实

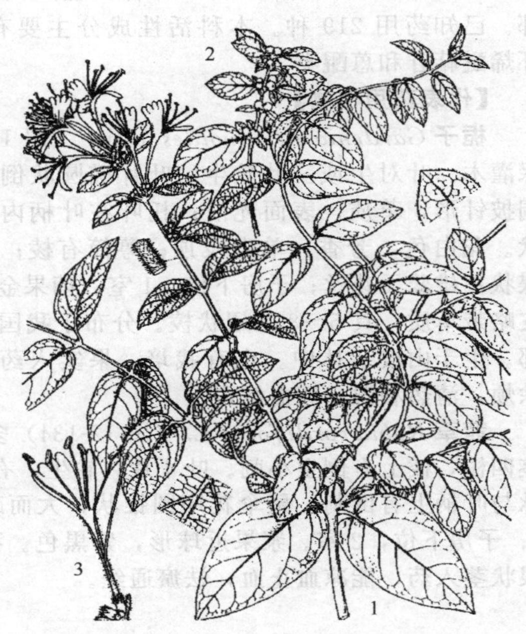

图 12-135　忍冬

1—花枝；2—果枝；3—花冠展开示雄蕊和雌蕊

本科药用植物还有：**接骨木** *Sambucus williamsii* Hance. 分布于东北、华北、华东及西南等地。茎叶能活血祛瘀，祛风除湿，利水消肿。

41. 败酱科 Valerianaceae ⚥ * ↑ $K_{(5\sim15),0}\ C_{(3\sim5)}\ A_{3\sim4}\ \overline{G}_{(3:3:1)}$

多年生草本，**全体具臭气**。**叶对生或基生**，**多为羽状分裂**，无托叶。花小，多为两性，**稍两侧对称**，聚伞花序再排成头状、圆锥状或伞房状；萼小，有时羽毛状，**花冠筒状**，上部 3～5 裂，**基部通常有偏突的囊或距**；**雄蕊 3～4**，有时退化为 1～2，贴生于花冠筒上；**子房下位**，**心皮 3**，**合生**，**3 室**，**仅 1 室发育**，**胚珠 1**，**瘦果**。

共 13 属 400 种，大部分分布于北温带。我国 3 属 40 种。已知药用 3 属 24 种。本科植物常含挥发油、三萜皂苷、生物碱、黄酮类等。

【代表药用植物】

黄花败酱 *Patrinia scabiosaefolia* Fisch.（图 12-136）多年生草本。根状茎及根具腐臭气。基生叶丛生，具长柄，叶片长卵形；茎生叶对生，具短柄或近无柄；叶片长卵形；茎生叶对生；叶片常 4～7 羽状分裂，两面疏被粗毛，花小，黄色，伞房状聚伞花序。瘦果。分布于北方地区。生于山坡、溪边、路旁。全草（败酱草）能清热解毒，消肿排脓，祛瘀止痛。同属的**白花败酱** *P. villosa* Juss. 茎具倒生白花粗毛；茎上部叶多不裂。花白色；瘦果有翅状苞片。主要分布于我国南方地区。全草也作“败酱草”使用。

本科常见的药用植物还有：**甘松** *Nardostachys chinensis* Batal. 分布于云南、四川、甘肃、青海。根及根状茎能理气止痛，解郁醒脾。**缬草** *Valeriana officinalis* L. 分布于东北至西南地区。根状茎及根能安神，理气，止痛。

42. 葫芦科 Cucurbitaceae $\male * K_{(5)}\ C_{(5)}\ A_{(2)+(2)+1}$；$\female * K_{(5)}\ C_{(5)}\ \overline{G}_{(3:1:\infty)}$

草质藤本，常具卷须。单叶互生，常掌状浅裂或深裂。有时为鸟趾状复叶。**花单性，**同株或异株；花萼及花冠裂片5；**雄花具雄蕊5，**多为2对合生，1枚分离，花药常折曲呈S形；**雌花子房下位，心皮3，合生成1室，侧膜胎座。瓠果。**

共113属800多种。分布于热带、亚热带地区。我国约32属155种，各地均有分布或栽培，已知药用21属90种。本科的特征性活性成分为四环三萜葫芦烷，另含活性强烈的蛋白质和氮基酸。

【代表药用植物】

栝楼 *Trichosanthes kirilowii* Maxim.（图12-137）草质藤木，卷须2～3歧。块根粗大，淡棕黄色，断面白色。叶通常近心形，3～5浅裂至深裂，裂片菱状倒卵形，常再分裂，雌雄异株；雄花数朵排成总状花序；雌花单生；花萼裂片条形，全缘；花冠白色，裂片先端细裂成流苏状。瓠果椭圆形，熟时果皮果瓤橙黄色。种子扁平，卵状椭圆形，光滑，近边缘有一圈棱线。分布于华北、西北及江苏、浙江、山东等地。多栽培。成熟果实（瓜蒌）能清热涤痰，宽胸散结，润燥滑肠；种子（瓜蒌子）能润肠通便；根（天花粉）能清热生津，排脓消肿。

图12-136　黄花败酱

1—植株；2—花

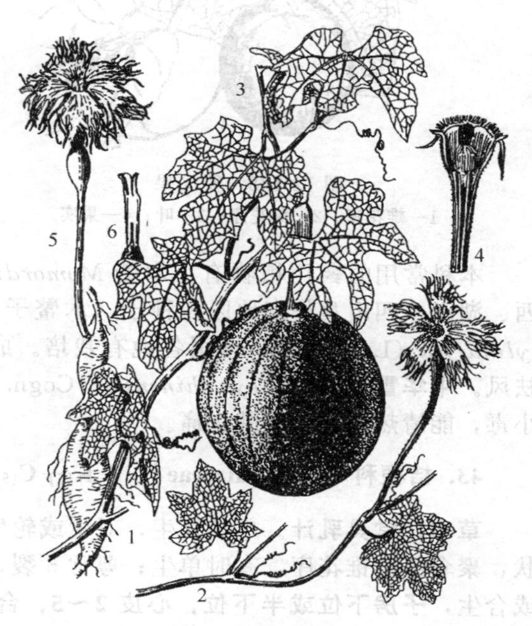

图12-137　栝楼

1—块根；2—雄花枝；3—雌花枝；4—雄花；5—雌花；6—雌蕊

同属的**双边栝楼** *T richosanthes rosthornii* Harms 叶通常5深裂，裂片宽卵状浅心形；种子较大，深棕色。分布于西南、华中、陕西、甘肃等地。功效同栝楼。

罗汉果 *Siraitia grosvenorii* (swingle) C. Jeffrey（图12-138）多年生草质藤本，长2～5m。茎纤细，暗紫色。卷须2分叉几达中部。叶互生，叶片心状卵形，膜质，先端急尖或渐尖，基部耳状心形，全缘，两面均被白色柔毛。花雌雄异株，雄花序总状，雌花花单生；花萼漏斗状，被柔毛，5 裂，花冠橙黄色，5 全裂，先端渐尖，外被白色夹有棕色的柔毛。瓠果圆形或长圆形，被柔毛，具 10 条纵线，种子淡黄色。分布于华南地区，生于海拔 300～500m 的山区。果实味极甜，能清肺镇咳，润肠通便。

绞股蓝 *Gynostemma pentaphyllum*（Thunb.）Makino（图 12-139）多年生草质藤本。茎细弱，多分枝，卷须纤细，2 歧；叶互生，叶片膜质或纸质，鸟足状，具 5～9 小叶。花雌雄异株，雄花为圆锥花序，花萼筒极短，5 裂，裂片三角形；花冠淡绿色，5 深裂，雄蕊 5，连合成柱。雌花为圆锥花序，较雄花小，花萼、花冠均似雄花；子房球形，花柱 3。瓠果球形。广布于长江以南。全草能消炎解毒，止咳祛痰，并有增强免疫的作用。

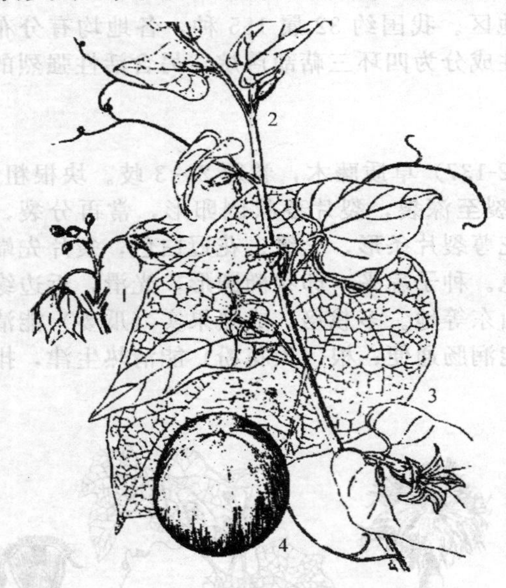

图 12-138　罗汉果

1—雄花序；2—雌花序；3—叶；4—果实

图 12-139　绞股蓝

本科常用的药用植物有：**木鳖** *Momordica cochinchinensis*（Lour.）Spreng. 分布于江西、湖南、四川及华南地区。种子（木鳖子）有毒，能散结消肿，攻毒疗疮。**丝瓜** *Luffa cylindrica*（L.）Roem. 全国各地有栽培。成熟果实内的维管束（丝瓜络）能通络，活血，祛风。**中华雪胆** *Hemsleya chinensis* Cogn. 分布于浙江、湖北、湖南、四川等地。块根有小毒，能清热解毒，消肿止痛。

43. 桔梗科 Campanulaceae ⚥* ↑ $K_{(5)}$ $C_{(5)}$ $A_5\overline{G}_{(2\sim5:2\sim5:\infty)}$；$\overline{G}_{(2\sim5:2\sim5:\infty)}$

草本，常具乳汁。单叶互生，对生或轮生，无托叶。**花两性**，辐射对称或两侧对称，总状、聚伞或圆锥花序，有时单生；萼常 5 裂，宿存；**花冠 5 裂，钟状或管状**，雄蕊 5，分离或合生，**子房下位或半下位，心皮 2～5，合生，2～5 室，柱头常与心皮同数，中轴胎座。蒴果**，少浆果。

共 60 属 2000 余种，主产温带和亚热带。我国 17 属约 170 种，全国分布，以西南地区种类最多。已知药用 13 属 111 种。本科植物多数含有皂苷，多糖，葡萄糖，生物碱。

【代表药用植物】

党参 *Codonopsis pilosula*（Franch.）Nannf.（图 12-140）多年生缠绕草质藤本，具特异臭气，含乳汁。根圆柱形，顶端膨大，具多数芽和瘤状茎痕，向下有横环纹。叶互生，常为卵形，基部近心形，两面有短伏毛；花单生枝顶；花萼 5 齿裂；花冠黄绿色，略带紫晕，阔钟形，先端5裂；雄蕊5；子房半下位，3室，柱头3。蒴果。分布于东北、西北及华北地区。生于林边或灌木丛中。多有栽培，主产山西、甘肃等地。根入药，能补中，益气，生津。

桔梗 *Platycodon grandiflorum*（Jacq.）A. DC.（图12-141）多年生草本，有乳汁，全株光滑无毛。根长圆锥形，肉质，乳白色。单叶互生、对生或轮生；叶片卵状椭圆形，背面灰绿色。花单生或数朵生于枝端集成疏散的总状花序；萼5裂，宿存；花冠阔钟形，深蓝色；雄蕊5，花丝基部变宽；子房下位，5室，花柱5裂。蒴果倒卵圆形，顶部5瓣裂。广布于南北各地。生于山坡草地或林缘。亦有栽培。根入药，能宣肺利咽，祛痰排脓。

图12-140　党参

1—植株；2—根；3—叶尖；4—雄蕊和雌蕊

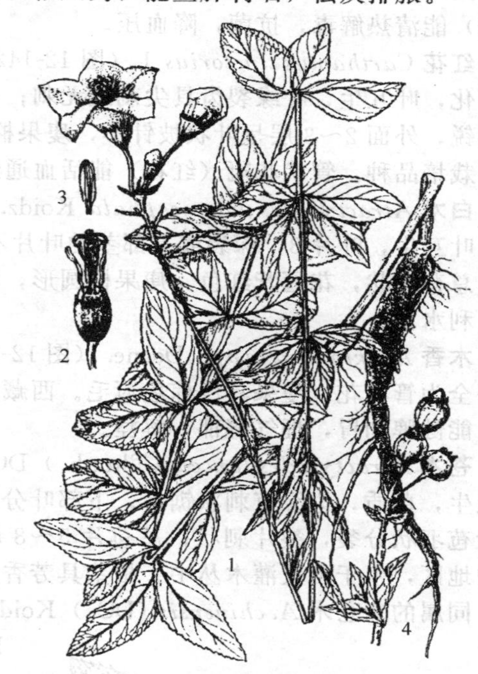

图12-141　桔梗

1—植株；2—雄蕊和雌蕊；3—花药；4—果枝

杏叶沙参 *Adenophora stricta* Miq. 多年生草本，根肥大，圆锥形，叶互生。花冠蓝紫色，花柱与花冠等长。分布于黄河以南大部分省区。根（南沙参）能养阴清肺，润肺化痰，养胃生津。同属的**轮叶沙参** *A. tetraphylla*（Thunb.）Fisch.、**沙参** *A. stricta* Miq. 等大部分种类的根在不同地区也作“南沙参”用。

44. 菊科 Compositae $\male\!\!\!\!\female$ * ↑ $K_{0\sim\infty}C_{(3\sim5)}A_{(4\sim5)}\overline{G}_{(2:1:1)}$

多为草本，有的具乳汁。叶互生，少对生或轮生。花小，两性，少单性或无性，**头状花序通常由1至多层总苞片组成的总苞围绕**；总苞片叶状、鳞片状或针刺；花序中全为管状花或**舌状花**；或外围为舌状花，中央为管状花；**花萼退化成冠毛**，或成**鳞片状**、**刺状或缺如**。花冠合瓣，通常分为管状花、舌状花、假舌状花（先端3齿，单性）。雄蕊5，稀4，花丝分离，花药合生成**聚药雄蕊**，连成管状，花柱从其管中穿过，露出2裂的柱头。**子房下位，心皮2，合生，1室，胚珠1。瘦果。**

约1000属，25000～30000种，广布于全球，主产温带地区。我国230属2300余种，全国均产。已知药用155属778种。本科植物常见的活性成分有倍半萜内酯、黄酮类、生物碱、挥发油、香豆素、三萜皂苷、倍半萜菊糖等。其中最具特征性的为倍半萜内酯和菊糖。

本科常分两个亚科。管状花亚科：头状花序均为管状花或中央管状花、边缘舌状花，植物体无乳汁。舌状花亚科：头状花序均为舌状花，植物体具乳汁。

【代表药用植物】

菊 *Chrysanthemum morifolium*（Ramat.）Tzvel. 多年生草本，基部木质，全株具白色绒毛。叶互生；叶片卵圆形至披针形，边缘有粗大锯齿或成羽状深裂。头状花序总苞片多层，边缘膜质；外围舌状花雌性，多为白色；中央管状花两性，黄色，基部常具膜质托片。瘦果无冠毛。全国各地均有栽培，主产于安徽、浙江、河南等地。头状花序（菊花）能疏风清热，平肝明目。

同属的**野菊** *D. indicum*（L.）Des Moul. 头状花序小，黄色。全国均有野生，花序（野菊花）能清热解毒，抗菌，降血压。

红花 *Carthamus tinctorius* L.（图 12-142）一年生草本。株高 30～80cm，茎直立，基部木质化，叶互生，叶缘裂齿具尖刺或无刺；花序大，头状花序全为管状花，总苞片多列，先端尖锐，外面 2～3 层呈叶状披针形，瘦果椭圆形或倒卵形，无冠毛。全国各地有栽培，有不少栽培品种。管状花冠（红花）能活血通经，散瘀止痛。

白术 *Atractylodes macrocephala* Koidz.（图 12-143）多年生草本。根茎肥大，略呈拳状；叶互生，叶片 3，深裂或上部茎的叶片不分裂，裂片椭圆形，边缘有刺。花序全为管状花；总苞钟状，花冠紫红色。瘦果椭圆形，稍扁，被柔毛。华东、华中地区栽培。根茎能补气，利水。

木香 *Aucklandia lappa* Decne.（图 12-144）多年生草本。主根肥大。叶基部下延成翅。花序全为管状花。瘦果具浅棕色冠毛。西藏南部有分布，云南、四川等地有栽培。根（云木香）能健脾和胃，理气解郁，解痉。

苍术 *Atractylodes lancea*（Thunb.）DC.（图 12-145）多年生草本，根状茎结带状；单叶互生，草质，边缘有刺状锯齿，下部叶分裂，上部叶无柄，一般不分裂。头状花序顶生，叶状苞羽状分裂，裂片刺状；总苞片 5～8 层，全为管状花；瘦果具棕色毛。分布于华东、华中地区，生于山坡灌木丛中。根茎具芳香健胃，祛风除湿作用。

同属的**北苍术** *A. chinensis*（DC.）Koidz. 产于黄河以北；**关苍术** *A. japonica* Koidz. ex Kitam. 产于东北、内蒙古、河北。功效同苍术。

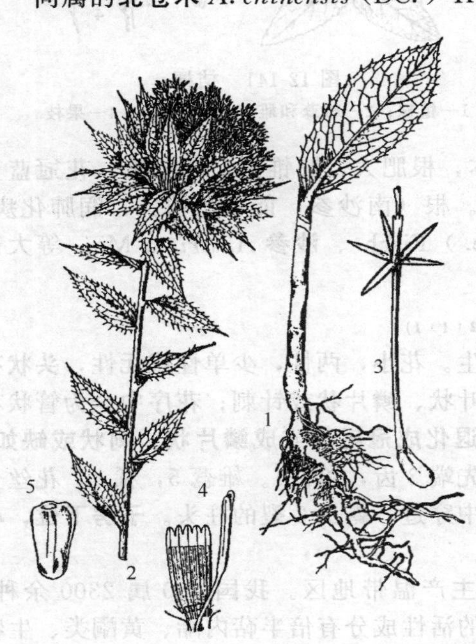

图 12-142 红花

1—根；2—花枝；3—花；4—雄蕊和雌蕊；5—瘦果

茵陈 *Artemisia capillaris* Thunb.（图 12-146）多年生草本。少分枝，幼苗密被白色柔毛，成长后近无毛，老茎基部木质化。叶 1～3 回羽状分裂，裂片线形，密被白色绢毛。头状花序极多数，在枝端排列成复总状；总苞球形；花小，黄绿色。瘦果矩圆形，无毛。同属的**滨蒿** *A. scoparia* Waldst. et Kir. 的全草，又名北茵陈，在北方诸省作茵陈用。**黄花蒿** *A. annua* L. 干燥地上部分称青蒿，能清暑，泄热；茎叶中提取的青蒿素可治疟疾。**艾**（艾蒿）*A. argyi* Levl. et Van. var. *argyi* 叶能驱寒止痛、温经止血、平喘，又常作艾条。

紫菀 *Aster tataricus* L. f. 多年生草本。根状茎粗短，簇生多数细长根。基生叶丛生，开花时渐枯落，叶片椭圆形，茎部渐窄，下延成翼状长柄，向上渐无柄。头状花序排成伞房状，边缘舌状花蓝紫色，中央管状花黄色。分布在东北、西北、华北。根能润肺化痰，止咳。

图 12-143　白术

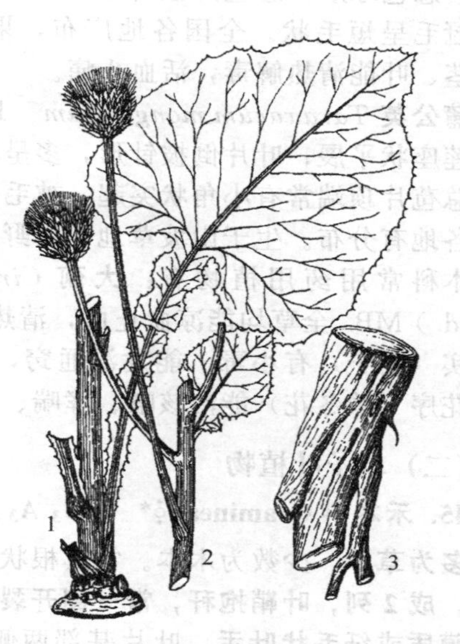

图 12-144　木香
1—茎下部叶；2—花枝；3—根

图 12-145　苍术
1—植株；2—头状花序及总苞片；3—植株上部

图 12-146　茵陈
1—花枝；2—头状花序；3—雌花；4，5—两性花

旋覆花 *Inula japonica* Thunb. 多年生草本。头状花序直径 2.5～4cm。具一轮舌状花，黄色，中央为管状花。全国大部分地区有分布。头状花序能止咳化痰、平喘。

牛蒡 *Arctium lappa* L. 多年生草本。主根肉质。茎带紫色。基生叶丛生，茎生叶互生，宽卵形或心形，上面绿色，下面密被灰白色绒毛，边缘呈波状或有细全锯齿。头状花序丛生茎顶，总苞球形，总苞片披针形，顶端钩状内弯，花全部管状，紫色。瘦果椭圆形，灰黑色，冠毛呈短毛状。全国各地广布，果实（牛蒡子）能疏散风热，宣肺透疹，散结解毒。根、茎、叶能清热解毒，活血止痛。

蒲公英 *Taraxacum mongolicum* Hand.-Mazz. 多年生草本，有乳汁。根圆锥形。叶基生，莲座状平展；叶片倒披针形，多呈不规则大头羽状分裂。花葶中空，顶生一头状花序；外层总苞片顶端常有小角状突起，被毛；全为舌状花，黄色。瘦果顶端具长喙，冠毛白色。全国各地有分布。生于山坡草地、田野。全草入药。能清热解毒，消肿散结，利尿通淋。

本科常用药用植物有：**大蓟** *Cirsium japonicum* DC.、**小蓟**（刺儿菜）*C. setosum*（Willd.）MB. 全草均能凉血止血，清热消肿。**苍耳** *Xanthium sibiricum* Patr. et Widd. 带总苞果实（苍子）有小毒。能发汗通窍，祛风湿，通鼻窍。**款冬** *Tussilago farfara* L. 干燥头状花序（款冬花）能治咳嗽、哮喘、肺痈等。

（二）单子叶植物

45. 禾本科 Gramineae ⚥* $P_{2\sim3}\ A_{3,1\sim6}\ \underline{G}_{(2\sim3:1)}$

多为草本，少数为木本。常具根状茎。**地上茎特称秆**，具明显的节，节间常中空。**单叶互生，成2列，叶鞘抱秆，常一侧开裂**；叶片狭长，具纵向平行脉，叶片与叶鞘连接处内侧常具**膜质或纤毛状叶舌**，叶片基部两侧常具**叶耳**。**花小，通常两性**，极其特化。穗状、总状、圆锥花序由多数小穗集合而成，每小穗有小花1至多朵，排列于小穗轴上，**基部有2苞片称为颖片，下面的为外颖，上面的为内颖；花被退化，而为2苞片所包，此2苞片称为稃片，分别称外稃和内稃**。每朵小花子房基部有很小的透明膜质鳞被称**浆片**（即退化的花被片）2～3片；**雄蕊常3枚，花丝细长**，花药2室；**子房上位**，2～3心皮合生，**1室**，1胚珠，**花柱常2，柱头羽毛状**。**颖果**。种子富含淀粉质胚乳。

约660多属，10000多种，广布全球。我国约228属，1200多种，已知药用84属，174种。分布全国。本科植物具有重要经济价值，是人类粮食主要来源。同时是造纸、制糖、制药的丰富资源。

本科分两个亚科：竹亚科 Bambusoideae（木本）、禾亚科 Agrostidoideae（草本）。

【代表药用植物】

薏苡 *Coix lacryma-jobi* L. var. *ma-yuen*（Roman.）Stapf.（图12-147）一年或多年生草本。叶片条状披针形。总状花序腋生；小穗单性，在总状花序基部生有骨质总苞，雌小穗含有2～3朵雌花；总状花序上部生有多个雄小穗，覆瓦状排列；雄小穗各含2朵雄花。颖果成熟时包于骨质、光滑、灰白球形的总苞内。我国南方各省有野生品，北方有栽培。种仁（薏苡仁）能健脾利湿，清热排脓。

淡竹叶 *Lophatherum gracile* Brongn.（图12-148）多年生草本。须根中部常膨大成纺锤状的块根。秆多少木质化。叶片披针形，平行脉间有明显小横脉。圆锥花序顶生，小穗疏生花轴上；每小穗有花数朵，第一小花为两性花，其余均退化，只有稃片。分布于长江以南各地。生于山坡林下阴湿地。全草入药能清热除烦，利尿，生津止渴。

白茅 *Imperata cylindrica* Beauv. var. *major*（Nees）C. E. Hubb. 分布于全国各地。多生于向阳山坡、荒地。根状茎称白茅根，能清热利尿、凉血止血。花能止血。

芦苇 *Phragmites communis* Trin. 全国各地多有分布。根状茎称芦根，能清肺胃热，生津止渴，除烦止呕。

46. 天南星科 Araceae ♂ $P_0 A_{(1\sim8),(\infty);1\sim8,\infty}$；♀ $P_0\ \underline{G}_{(1\sim\infty:1\sim\infty)}$；⚥* $P_{0,4\sim6} A_{4\sim6} \underline{G}_{(1\sim\infty:1\sim\infty)}$

多年生草本，常具块茎或根状茎；少数为木质藤本。植物体内多含水汁和针状草酸钙结晶。单叶或复叶，**叶柄基部常具膜质鞘；网状脉。肉穗花序，具佛焰苞**；花小，两性或单

图 12-147 薏苡

1—花枝；2—花序；3—雄性小穗；4—雌花及雄性小穗；
5—雌蕊；6—雌花的外颖；7—雌花的内颖；
8—雄花的不孕性小颖；9—雄花的外稃；10—雄花的内稃

图 12-148 淡竹叶

1—花枝；2—小穗

性；单性花雌雄同株（同序）或异株；同序者雌花群在下部，雄花群在上部，雌、雄花群间常有中性花（不孕花）相隔；单性花缺花被，雄蕊 1～8，常愈合成雄蕊柱，或分离；两性花常具花被片 4～6，鳞片状，雄蕊与之同数且对生；雌蕊**子房上位**，由 1 至数心皮组成 1 至数室，每室具 1 至数枚胚珠。**浆果密集于花序轴上**。

约 115 属，2000 种以上，主要分布于热带、亚热带地区，我国引种栽培的共 35 属，200 余种，主产于华南、西南各省区。已知药用 22 属，106 种。本科植物常含有黏液细胞及生物碱、挥发油、皂苷等成分。

【代表药用植物】

天南星 *Arisaema erubescens*（Wall.）Schott.（图 12-149）多年生草本，块茎扁球形。叶基生，有长柄，中部以下具叶鞘；叶片辐射状全裂成小叶片状，裂片 10～24 枚，披针形，顶端延伸成丝状。花茎直立，短于叶柄；佛焰苞顶端细丝状，绿白色；肉穗花序附属体棒状；花单性异株；雄花具雄蕊 4～6，花丝愈合；雌花具 1 雌蕊。浆果红色，聚成玉米穗状。全国大部分地区有分布。生于沟边、林下阴湿处。块茎（天南星）有毒，能燥湿化痰，祛风定惊，消肿散结。

中药天南星原植物还有**东北天南星** *Arisaema amurense* Maxim. 与天南星主要区别点是小叶片 5（幼时 3 片）。佛焰苞绿色或带紫色而有白色条纹。分布于东北、华北。**异叶天南星** *Arisaema heterophyllum* Bl. 叶片鸟足状全裂，裂片 13～21，雌雄同序，雄花在上，雌花在下。分布于辽宁以南除西北外的地区。

半夏 *Pinellia ternate*（Thunb.）Breit.（图 12-150）多年生草本。块茎扁球形。一年生的叶为单生，卵状心形或基部戟形；2～3 年生叶为 3 全裂，裂片椭圆形至披针形，常在叶柄近基部内侧有 1 小珠芽。单性花同株，雄花在花序上部，白色，雌花在下，绿色；花序轴

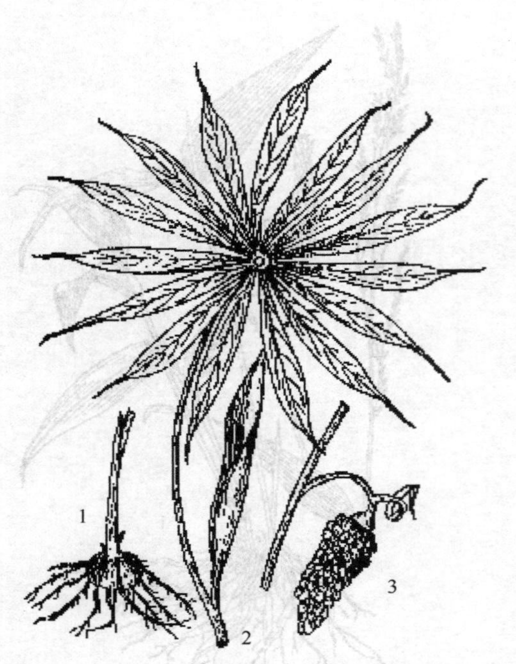

图 12-149 天南星

1—块茎；2—带花植株；3—果序

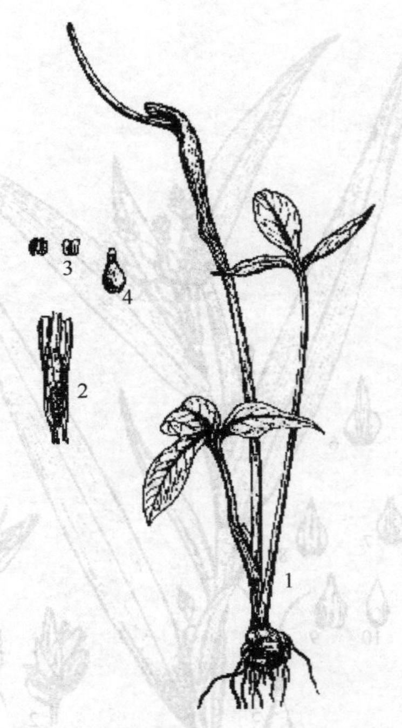

图 12-150 半夏

1—植株；2—花序佛焰苞展开；3—雄蕊；4—雌花横切面

顶端附属体鼠尾状，伸出绿色佛焰苞外。分布于南北各地。生于田野、荒坡、林下。块茎（半夏）有毒，经炮制后入药能燥湿化痰，降逆止呕。

掌叶半夏（虎掌）*Pinellia pedatisecta* Schott. 与半夏主要区别点是块茎较半夏大近1倍，叶呈鸟足状分裂，分布于华北、华中及西南。块茎亦作半夏用。

石菖蒲 *Acorus tatarinowii* Schott. 多年生草本，全体具浓香气味。根状茎平卧。叶基生，狭条形，无明显中脉。花茎扁三棱形，佛焰苞叶状，不包被花序；花序黄绿色；花两性，花被片6，雄蕊6，与花被片对生；浆果倒卵形；子房2～3室。分布于长江流域以南各省。生于山谷溪沟及河边石上。根状茎（石菖蒲）能开窍，豁痰，理气，活血，祛风，散湿。

本科入药的还有**千年健** *Homalomena occulta*（Lour.）Schott. 分布于云南与广西。根茎（千年健）能祛风湿，强筋骨，活血，止痛。**独角莲**（禹白附）*Typhonium giganteum* Engl. 分布于东北、华北、华中、西北、西南。生于林下或阴湿地。块茎（白附子）因主产河南禹县又得名禹白附，有毒，能祛风痰，定惊，止痛。**菖蒲**（水菖蒲）*Acorus calamus* L. 全国均有分布。生于沼泽、湿地，也栽培。根状茎（水菖蒲）能开窍化痰，辟秽杀虫，健脾利湿。

47. 百合科 Liliaceae $\text{⚥} * P_{3+3,(3+3)} A_{3+3} \underline{G}_{(3:3:\infty)}$

百合科为**多年生草本**，具**鳞茎或根状茎**，少数为灌木。单叶，基生或互生，少数对生或轮生，极少数退化成鳞片状，茎扁化成叶状（如天门冬属、假叶树属）。花序总状、穗状或伞形等；花常两性，**辐射对称**；**花被片6，呈花瓣状，2轮排列**，分离或合生；**雄蕊6**；**子房上位，3心皮合生成3室，中轴胎座**，胚珠多数。**蒴果或浆果**。

百合科约230属，约4000种，广布全球，以温带及亚热带地区居多，我国60属，570余种，已知药用46属，358种。分布全国各地，西南地区最为丰富。本科植物化学成分多样，已知有生物碱、强心苷、蒽醌类、黄酮类等化合物。

本科的突出特征：为典型的3数花，雄蕊6，子房上位，3心皮，中轴胎座，3室；常具鳞茎或根状茎。

【代表药用植物】

百合 *Lilium brownii* F. E. ex Miellez var. *viridulum* Baker.（图12-151）多年生草本，鳞茎近球形，白色，见光后变为紫红色，鳞片披针形至阔卵形。叶散生，倒披针形至倒卵形。花单生或成伞形花序，花喇叭状，乳白色，外面稍显紫色，先端向外张开或稍弯曲，蜜腺沟两侧和花被片基部具乳头状突起，蒴果。分布于华北、东南、西北、西南等地区。生于山坡或栽培。肉质鳞片（百合）能养阴润肺，清心安神，亦可供食用。

川贝母（卷叶贝母）*Fritillaria cirrhosa* D. Don. 多年生草本，鳞茎白色，直径0.8～1.5cm，圆锥形；上部叶通常对生，兼有互生和轮生，先端稍卷曲；下部叶对生，披针形至线形，先端卷曲或不卷。花单生于茎顶，钟状，紫色具黄绿色斑纹，或黄绿色具紫色斑纹，下垂。叶状苞片3片，先端卷曲。蒴果。分布于四川、青海、云南、西藏等地。鳞茎是川贝母商品之一"青贝"的主要来源。能清热润肺，止咳化痰。

中药川贝母还有同属植物**暗紫贝母** *F. unibracteata* Hsiao et K. C. Hsia、**甘肃贝母** *F. przewalskii* Maxim.（又名岷贝母）（为产于甘肃地区的川贝母，为植物甘肃贝母的鳞茎）、**梭砂贝母** *F. delavayi* Franch. 的干燥鳞茎，前两者习称"松贝"（近球形，直径0.3～0.9cm）、"青贝"，（扁球形，直径0.4～1.6cm）；后者习称"炉贝"（长圆锥形，直径0.5～2.5cm）。功效同川贝母。

浙贝母（象贝）*F. thunbergii* Miq.（图12-152）草本。鳞茎大，直径1.5～4cm，由2～3枚鳞叶组成。叶对生或轮生，条状披针形，上部叶尖呈卷须状。花顶生及上部腋生，淡黄绿色，内具紫色方格斑纹。分布于浙江、江苏。鳞茎（象贝）能清热化痰，开郁散结。

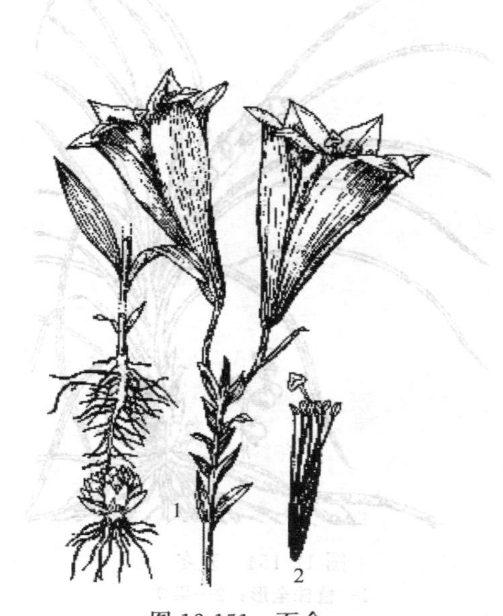

图12-151　百合

1—植株全形；2—去花被的花，示雄蕊、雌蕊

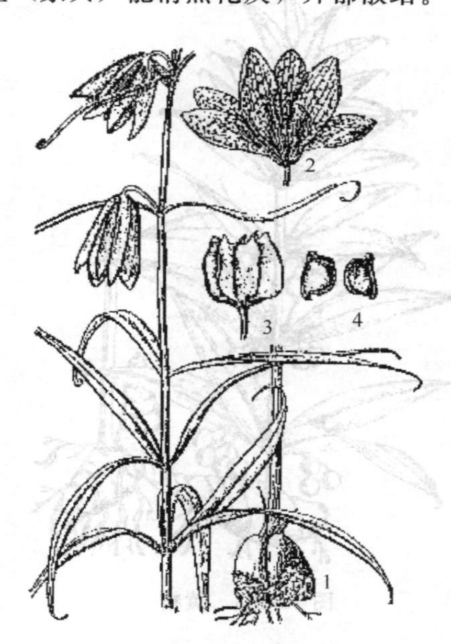

图12-152　浙贝母

1—植株；2—花展开示花被、雄蕊和雌蕊；3—果实；4—种子

伊犁贝母 *F. pallidiflora* Schrenk. 鳞茎圆锥形，较大，直径1～2cm。叶互生、对生或轮生，矩圆状披针形。花单生或总状花序，黄色，内具紫色斑点。分布于新疆。鳞茎（伊贝母）能清热润肺，化痰止咳。

中药伊贝母尚有同属植物**新疆贝母** *F. walujewii* Regel，鳞茎扁球形，直径0.5～1.5cm。

平贝母 *F. ussuriensis* Maxim. 鳞茎呈扁球形，直径 0.6～2cm，叶条形。先端卷须状；基部叶对生或轮生，上部叶对生或互生。花单朵顶生，外面淡褐色，内面紫色，有黄色方格斑纹。分布于东北。鳞茎（平贝母）功效同川贝母。

知母 *Anemarrhena asphodeloides* Bge. 多年生草本，全株无毛，根状茎横走，上面被有黄褐色纤维。叶丛生，条形。总状花序从叶丛中抽出；花 2～3 朵簇生，花淡紫红色或白色；雄蕊 3，子房卵形。蒴果。分布于华北、东北、陕西、内蒙古等地。根茎（知母）能除烦，清热，滋阴。

黄精 *Polygonatum sibiricum* Red.（图 12-153）多年生草本，根状茎近圆锥状，节间的一端分枝处膨大，向另一端渐细。味甜。叶轮生，条状披针形，先端卷曲。花序腋生；具 2～4 朵花；苞片膜质，位于花梗基部；花近白色。浆果球形，黑色。主产于东北及黄河流域各省。根状茎（黄精）能补气养阴、健脾、润肺、益肾；可降血脂及延缓衰老等。

同属作黄精入药的还有**滇黄精** *Polygonatum kingianum* Coll. et. Hemsl. 主产广西、四川、云南、贵州；**多花黄精** *P. cyrtonema* Hua. 主产南方各省。以上两种黄精按形状不同，习称大黄精、姜形黄精。

玉竹 *P. odoratum*（Mill.）Druce 与黄精的区别是：根状茎圆柱状，肥厚。叶互生，椭圆形。花序具花 2～8 朵，花长达 2cm，白色。分布于全国大部分地区。根状茎（玉竹）能养阴润燥，生津止渴。

麦冬 *Ophiopogon japonicus*（L. f.）Ker-Gawl.（图 12-154）多年生常绿草本，须根下端常膨大成块根。叶基生，线形。花序短于叶；总状花序；花小，淡紫色；子房半下位，花柱粗短。分布于我国大多数省区。块根（麦冬）能养阴生津，润肺清心。

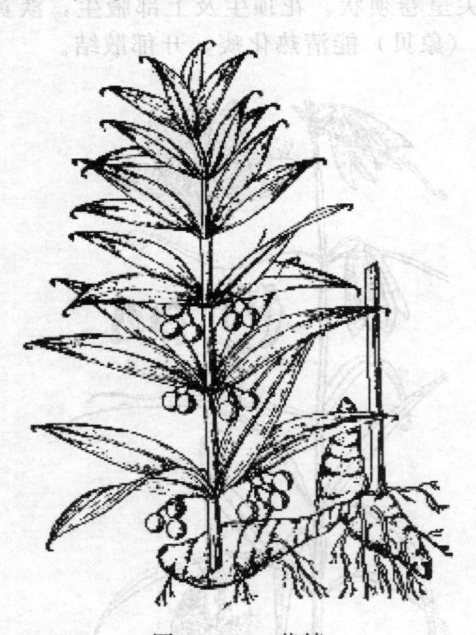
图 12-153　黄精

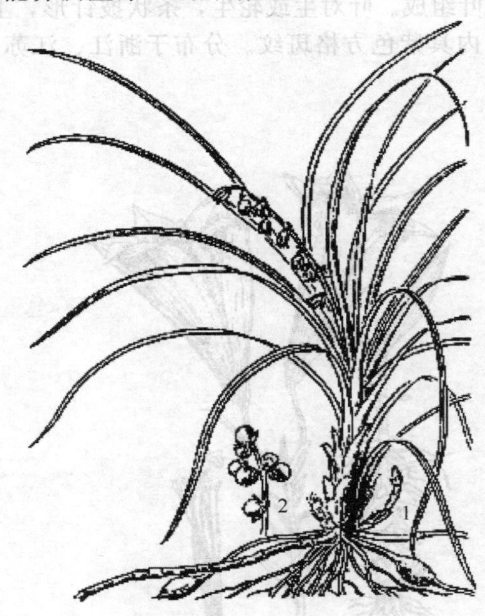

图 12-154　麦冬
1—植株全形；2—果实

天门冬 *Asparagus cochinchinensis*（Lour.）Merr. 具刺攀援的多年生草本。有纺锤状块根。叶状枝通常 3 枚成簇，扁平，略呈镰刀状，中脉明显。花单性异株，小花 2 朵腋生。浆果。分布于全国大部分地区。块根（天冬）能滋阴润燥，清肺生津。

萱草 *Hemerocallis fulva* L. 多年生草本。具粗壮的纺锤形肉质根。叶基生，宽线形，对排成两列，背面有龙骨突起，嫩绿色。花被裂片长圆形，下部合成花被筒，上部开展而反卷，边缘波状，橘红色，每花仅放一天。蒴果。根可入药，清热利尿，凉血止血。

七叶一枝花（蚤体）*Paris polyphylla* Smith. var. *chinensis*（Franch.）Hara（图 12-155）多年生草本，根状茎短而粗壮。叶通常 7 片轮生，有时 5～10 片；叶片倒卵状披针形。花被片 4～7，外轮绿色，内轮黄绿色，狭长条形，长于外轮。子房上位，先端具盘状花柱基，子房 1 室。蒴果。分布于长江流域。根状茎（重楼）有小毒，能清热解毒，散瘀消肿。

芦荟 *Aloe vera* L. var. *chinensis*（Haw.）Berger. 多年生草本。叶近莲座状，条状披针形，肉质，具白色斑点状花纹。总状花序；花被浅黄色，具红斑。我国南方各省区和温室多有栽培。北方亦有栽培（温室）。液汁干燥品（芦荟）能清肝热、杀虫、通便等。

48. 薯蓣科 Dioscoreaceae $♂ * P_{(3+3)} A_{3+3}$；$♀ * P_{3+3} \overline{G}_{(3:3:2)}$

薯蓣科植物为多年生**缠绕草本或木质藤本**，具根状茎或块茎。叶互生，少对生；单叶或掌状复叶，**具网状脉**。**花小，多为单性**，辐射对称，**雌雄异株或同株**，穗状、总状或圆锥花序。雄花：花被片 6，基部结合，雄花具雄蕊 6，两轮，有时内轮退化。雌花：花被与雌花相似，**子房下位，3 心皮合生**，3 室，每室有 2 胚珠。**蒴果有 3 棱形的翅；种子常有翅**。

薯蓣科有 10 属，650 种，广布全球温带与热带地区。我国仅 1 属（薯蓣属），约 60 种，已知药用 37 种。主要化学成分有甾体皂苷、生物碱等。

【代表药用植物】

薯蓣 *Dioscorea opposita* Thunb.（图 12-156）草质缠绕藤本。根状茎直生，类圆柱形或棒状，肉质，具黏液。叶互生，中部以上对生，有时三叶轮生，叶腋常有珠芽（零余子）；叶三角形至三角状卵形，基部耳状膨大，宽心形。花单性异株，穗状花序腋生；花小，白绿色；雄花序直立，雌花序下垂；花被片 6，雄蕊 6；雌花柱头 3。蒴果有 3 棱，呈翅状，表面具白粉；种子扁圆形，有宽翅。分布于全国大部分地区，并多栽培。主产河南、山西。根状茎（山药、怀山药）能补脾养胃，生津益肺，补肾涩精。零余子补虚损，强腰膝。

穿龙薯蓣 *Dioscorea nipponica* Makino.（图 12-157）多年生草质藤本。根状茎横生，圆柱状，外皮黄褐色，常呈片状剥离。叶掌状心形，边缘有不等大的三角状浅齿。雌雄异

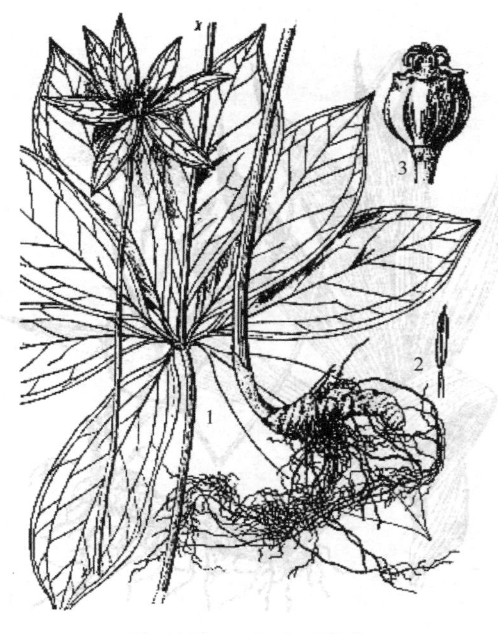

图 12-155 七叶一枝花

1—植株；2—雄蕊；3—雌蕊

图 12-156 薯蓣

1—块茎；2—雄枝；3—雄花序一部分；4—雄蕊；5—雌花；6—果枝

株；雄花无梗。分布于东北、华北、华中、西北、四川。生于林缘及灌木丛中。根茎（穿山龙）能祛风湿，舒筋活血。

黄独 *Dioscorea bulbifera* L. 缠绕草质藤本。块茎扁球形，肉质，外皮棕褐色，表面密生须根。单叶互生，阔心形。分布于我国的东部、南部、西南及中部。块茎（黄山药）有小毒，能解毒消肿，化痰散瘀，凉血止血。

绵萆薢 *Dioscorea septemloba* Thunb. 缠绕草质藤本。根状茎横生，圆柱状，粗大，具细长须根。单叶互生。花单性，雌雄异株；雄花为圆锥花序，腋生，花被基部连合成管，裂片披针形，雄蕊 6；雌花序腋生，为下垂圆锥花序。蒴果三棱形，每棱翅状。种子四周具膜质翅。分布于浙江、江西、湖南及华南。根状茎（绵萆薢）能祛风，利湿。

49. 鸢尾科 Iridaceae ⚥ $* \uparrow P_{(3+3)} A_3 \overline{G}_{(3:3:\infty)}$

鸢尾科植物为多年生草本，有根状茎、块茎或鳞茎。**叶聚生于茎基部，条形或剑形，基部互相抱茎重叠而成套叠叶鞘，排成 2 列**。花两性，辐射对称或两侧对称；花常大而艳丽，**花被片 6，2 轮排列**，呈花瓣状，**通常基部合生成管状；雄蕊 3；子房下位，通常 3 室**，中轴胎座，每室胚珠多数，**花柱上部常 3 裂，有时花瓣状，蒴果**。

鸢尾科约 60 属，800 种，分布于热带、亚热带和温带地区。我国连同引种共 11 属，约 80 种。已知药用 8 属，39 种。本科植物多含有异黄酮、醌类、胡萝卜素等化合物。

【代表药用植物】

射干 *Belamcanda chinensis*（L.）DC.（图 12-158）多年生草本。根状茎横生，断面鲜黄色。叶宽剑形，互生，基部成套褶，二列排列。花被片 6，橘黄色，散生暗红色斑点；雄蕊 3，生于花被片基部；子房下位，3 室。蒴果；种子黑色。全国大部分地区有分布。野生或栽培。根茎（射干）能清热解毒，活血祛瘀，利咽祛痰。

番红花 *Crocus sativus* L. 多年生草本，具球茎。叶基生，条形，基部不具套褶。花从球茎长出，呈白色、蓝色或淡紫色；花柱细长，紫红色，顶端 3 分枝。原产欧洲，我国引种栽

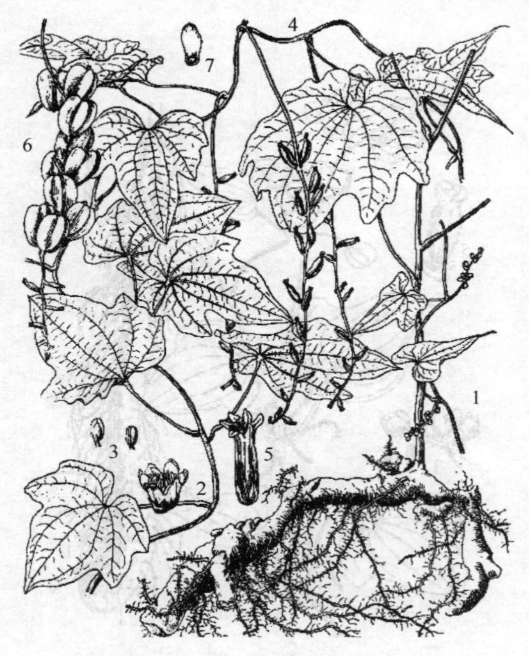

图 12-157　穿龙薯蓣

1—雄株；2—雄花；3—雄蕊；4—雌株及根茎；5—雌花；6—果序；7—种子

图 12-158　射干

1—根状茎；2—叶及花枝

培。花柱及柱头（西红花）能活血化瘀，凉血解毒，解郁安神。

马蔺 *Iris lactea* Pall. var. *chinensis*（Fisch.）Koidz. 多年生草本。根状茎木质，外面残留的老叶鞘呈纤维状。叶条形。花蓝紫色，具淡黄色的网状脉纹和斑点，中脉无附属物。分布于全国。生于山坡草地、灌木丛。花能清热凉血，利尿消肿。种子（马蔺子）能凉血止血，清热利湿。

鸢尾 *Iris tectorum* Maxim. 我国大部分省区有分布。常成片野生。根茎（川射干）能活血祛瘀，祛风除湿，解毒，消积。

50. 姜科 Zingiberaceae $⚥ \uparrow P_{(3+3)} A_1 \overline{G}_{(3:3\sim1)}$

多年生草本，根状茎块状或伸长，**芳香**。茎单生。单叶，基生或茎生；常 2 列；**具叶鞘，鞘端常有叶舌**。花两性，两侧对称，单生或组成穗状、总状、圆锥花序；花被片 6，两轮，外轮萼状，常合生成筒，一侧开裂，顶端又 3 齿裂，内轮花瓣状，上部 3 裂，通常位于后方的 1 片较两侧的大，基部合生；退化的雄蕊 2 或 4，其中外轮 2 枚称侧生退化雄蕊，呈花瓣状、齿状或缺，**内轮的 2 枚合生成唇瓣，显著而美丽**，能育雄蕊 1，**花丝具沟槽**；子房下位，3 心皮合生，中轴胎座，3 室，少为侧膜胎座，1 室，花柱 1，丝状，沿可育雄蕊花丝的沟槽经药室间伸出。通常为**蒴果**，3 瓣裂，少数肉质不开裂而成浆果状。种子有假种皮。

姜科约 50 属，1000 余种，主要分布于热带、亚热带地区。我国 19 属，约 200 种，已知药用 15 属，约 100 种。分布于西南部至东南部。本科植物多含挥发油、黄酮类、甾体皂苷等有效成分。

【代表药用植物】

姜 *Curcuma longa* L.（图 12-159）多年生草本。根状茎肥厚，呈块状或不规则粗指状分枝，断面淡黄色，芳香辛辣。叶披针形。穗状花序从根茎抽出；花黄绿色，唇瓣中裂片，具紫色条纹及浅黄色斑点，与两侧裂片联合成 3 裂片。原产于太平洋群岛，我国广为栽培。根茎鲜品（生姜）能解表散寒，温中止呕，化痰止咳；干品（干姜）能温中散寒，回阳通脉，燥湿消痰；根茎外皮（姜皮）治疗水肿。

姜黄 *Curcuma longa* L.（图 12-160）多年生草本，根状茎断面深黄色至黄红色，芳香，须根先端膨大成淡黄色块根。叶基生，两列，叶片椭圆形，两面均无毛。穗状花序；苞片大，卵形，白色，每苞片内有花数朵；花具小苞片；花冠淡黄色，退化雄蕊花瓣状，唇瓣倒卵形，白色，中部黄色。分布于西藏、四川、云南、福建、台湾，也有栽培。根状茎（姜黄）能破血行气，通经止痛；块根为中药材“郁金”的来源之一，习称“黄丝郁金”能行气化郁，清心解郁，利胆退黄。

图 12-159　姜

1—花序；2—叶枝；3—根茎

温郁金 *Curcuma wenyujin* Y. H. Chen et C. Ling 本种块根断面白色，根茎断面柠檬黄色。穗状花序先叶于根茎处抽出；花冠白色，膜质。主产浙江，为著名的“浙八味”之一。新鲜的根茎切片晒干后称“片姜黄”。根茎煮熟晒干称“温莪术”。块根为“温郁金”。

莪术 *C. aeruginosa* Roxb. 块根断面浅绿色或近白色，根茎断面黄绿色至墨绿色。叶鞘下端常为褐紫色。穗状花序先叶或与叶同时从根茎上抽出。分布于广东、海南、广西、四川、云南、福建等省。主根茎为中药材“莪术”的来源之一，块根为“绿丝郁金”。

砂仁（阳春砂仁）*Amomum villosum* Lour.（图 12-161）多年生草本。叶片长披针形，尾尖，叶舌半圆形，叶鞘上可见凹陷的方格状网纹。穗状花序自根茎上发出，花被片白色，唇瓣圆匙形，白色，中脉黄色而染紫色斑点。蒴果，近圆形，有刺状突起；种子多数，具芳香气味。分布于广东、广西、云南、福建，野生和栽培。果实（砂仁）能化湿开胃，温脾止泻，理气安胎。

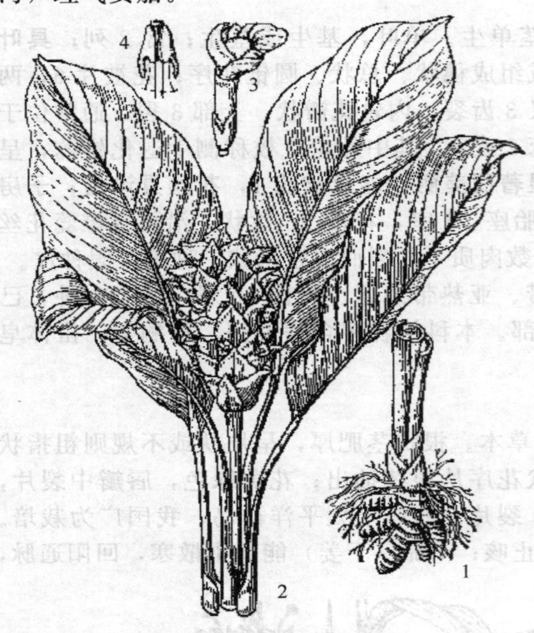

图 12-160 姜黄

1—根茎；2—花及花序；3—花；4—雌蕊与花柱

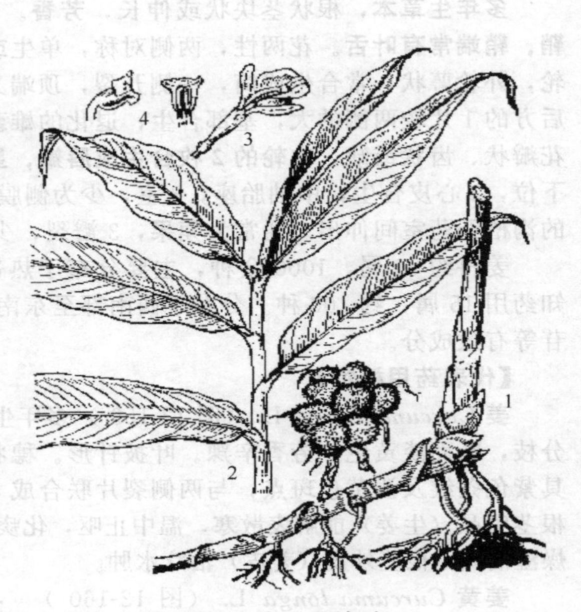

图 12-161 阳春砂

1—植株全形；2—茎叶；3—花；4—花药

同属植物**海南砂仁** *A. longiligulare* T. L. Wu. 分布于海南省。果实与砂仁同等入药。

白豆蔻 *Amomum kravanh* Pirre ex Gagnep. 多年生草本。茎丛生，茎基叶鞘绿色。叶片卵状披针形，尾尖。穗状花序自根状茎发出；总苞片三角形，具明显的方格状网脉，子房下位。蒴果近球形，果皮木质，易开裂成 3 瓣。主产于柬埔寨和泰国，我国海南、云南有少量栽培。种子和果皮能化湿消痞，行气温中，开胃消食。

草果 *Amomum tsao-ko* Crevost et Lemarie. 根状茎似生姜。叶片长椭圆形。花红色。果成熟红色，干后褐色，不裂，长椭圆形，有纵条纹。分布于广西、云南、贵州。栽培或野生。果实（草果）能燥湿温中，除痰截疟。

益智 *Alpinia oxyphylla* Miq. 茎丛生。叶片披针形，叶缘有小刚毛，叶舌两裂被柔毛，总状花序，花白色，子房密被绒毛，果干时纺锤形，果皮上有隆起的维管束条纹。主产于海南和广东西部。果实（益智）能温脾止泻，摄唾，暖肾固精缩尿。

高良姜 *Alpinia officinarum* Hance. 叶片线形。总状花序，花白色，子房密被绒毛。果球形，成熟时红色。分布于广东、广西、海南。根状茎（高良姜）能温胃散寒，消食止痛。

山柰 *Kaempferia galanga* L. 多年生草本。无地上茎。叶 2 枚，几无柄，平卧地面上；圆形或阔卵形，先端急尖或近钝形，基部阔楔形或圆形，质薄，绿色，有时叶缘及尖端有紫色渲染。穗状花序自叶鞘中抽出，子房下位，3 室，花柱细长，基部具二细长棒状附属物，柱头盘状，具缘毛。蒴果。分布于广东、广西、云南、福建。根茎（山柰）能行气温中，消食止痛。

51. 兰科 Orchidaceae $\female\!\!\!\!\!\male \uparrow P_{3+3} A_{1\sim2} \overline{G}_{(3:1:\infty)}$

多年生草本，通常有根状茎或块茎。茎直立、攀援或匍匐状，常于下部膨大成假鳞茎。单叶常互生，基部常有鞘。花单朵或排成总状、穗状、圆锥花序，顶生或侧生于茎上或假鳞茎上；**花两性，两侧对称；花被片 6，2 轮，外轮 3 片称萼片，上方的 1 片称上萼片，下方的 2 片称侧萼片；内轮侧生的 2 片称花瓣，中间的 1 片称唇瓣，常有种种特殊的形态分化和艳丽的色彩**，由于子房的扭转而居于下方（由于子房呈 180°扭转而使唇瓣位于下方）；**雄蕊与雌蕊的花柱合生称合蕊柱**（蕊柱），雄蕊通常 1 枚生于蕊柱顶端，稀具 2 枚生于蕊柱两侧，花药通常 2 室，药室中的花粉粒结合成花粉块；在雄蕊与柱头之间有一舌状突起称**蕊喙**，是柱头的不育部分变成，能育柱头通常位于蕊喙下面，常凹陷，充满黏液。**子房下位，花梗状，3 心皮合生，侧膜胎座，1 室**，胚珠微小，极多数。**蒴果，种子微小，极多数**，无胚乳（图 12-162）。

兰科约 753 属，20000 种，广布全球，主产南美洲与亚洲的热带地区。我国 166 属，1069 种，已知药用 76 属，287 种。南北均产，以云南、海南、台湾种类最丰富。本科植物含有倍半萜类生物碱、酚苷类、吲哚苷、黄酮类、香豆素等有效成分。

【代表药用植物】

天麻 *Gastrodia elata* Bl.（图 12-163）腐生草本，全体不含叶绿素，靠其溶菌酵素消化吸收密环菌而生长。块茎长椭圆形，肥厚，有环节。茎单一，直立，淡黄褐色或带赤色。总状花序顶生；花淡黄色，花被下部合生成壶状，上部歪斜。蒴果。种子极细多，粉尘状。分布于全国大部分省区，主产于西南。块茎（天麻）能平肝息风止痉。

石斛（金钗石斛）*Dendrobium nobile* Lindl.（图 12-164）多年生附生草本。茎丛生，黄绿色，多节，上部较扁平而微弯，具纵沟，下部常收窄成圆柱形，茎干后呈金黄色。叶互生，长椭圆形，无叶柄。总状花序，花大，白色，先端带紫红色，唇瓣卵圆形，近基部有一深紫色斑块。蒴果。分布于长江以南。常附生于树干或岩石上。茎（石斛）能滋阴清热，益胃生津。

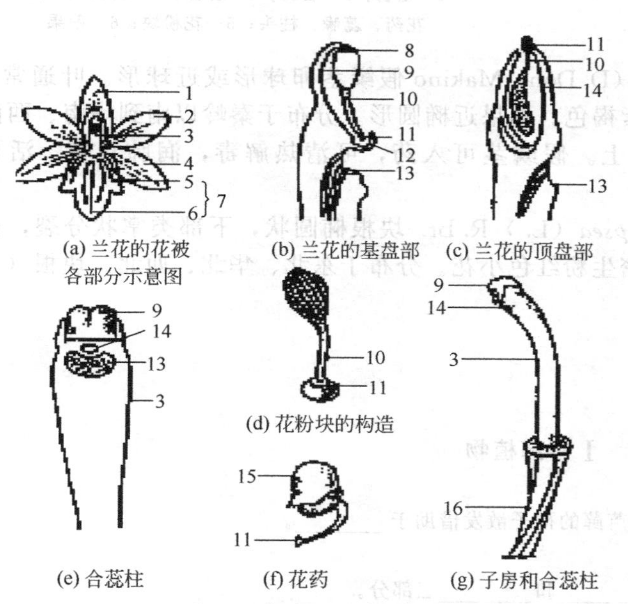
(a) 兰花的花被各部分示意图　(b) 兰花的基盘部　(c) 兰花的顶盘部
(d) 花粉块的构造
(e) 合蕊柱　(f) 花药　(g) 子房和合蕊柱

图 12-162　兰科花的构造

1—中萼片；2—花瓣；3—合蕊柱；4—侧萼片；5—侧裂片；6—中裂片；7—唇瓣；8—花粉团；9—花药；10—花粉块柄；11—黏盘；12—黏囊；13—柱头；14—蕊喙；15—药帽；16—子房

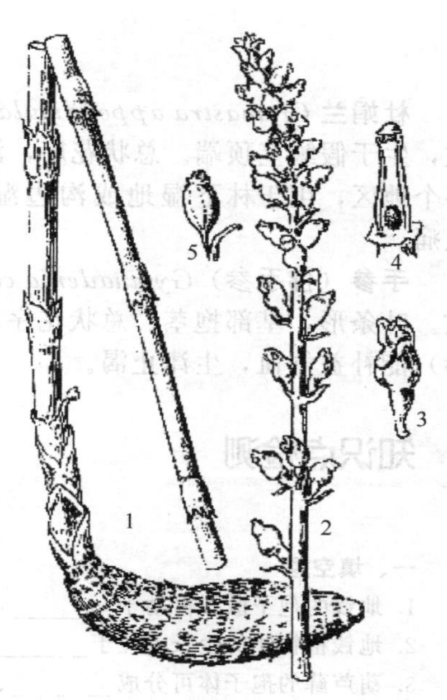
图 12-163　天麻

1—植物下部及块茎；2—花序；3—花；4—蕊柱；5—果实及苞片

白及 *Bletilla striata*（Thunb.）Reichb. f.（图 12-165）多年生草本。块茎短三叉状，具多个同心环痕，断面富黏性。叶披针形，基部鞘状抱茎。总状花序，花淡紫色，唇瓣 3 裂，中裂片顶端微凹，唇瓣有 5 条纵皱褶，合蕊柱顶端着生 1 雄蕊。蒴果圆柱形，有纵棱 6 条。分布于长江流域。块茎（白及）能收敛止血，消肿生肌。

图 12-164　石斛

图 12-165　白及

1—植物；2—唇瓣；3—蕊柱；4—蕊柱顶端的花药、蕊喙、柱头；5—花粉块；6—蒴果

杜娟兰 *Cremastra appendiculata*（D. Don）Makino 假鳞茎卵球形或近球形。叶通常 1 枚，生于假鳞茎顶端。总状花序，淡紫褐色。蒴果近椭圆形。分布于秦岭以南到华南、西南多个地区，生于林下湿地或沟边湿地上。假鳞茎可入药，可清热解毒，润肺止咳，活血止痛。

手参（佛手参）*Gymnadenia conopsea*（L.）R. Br. 块根椭圆状，下部类掌状分裂，肉质。叶条形，基部抱茎。总状花序，密生粉红色小花。分布于东北、华北、西北。块根（手参）能补益气血，生津止渴。

知识点检测

Ⅰ 苔藓植物

一、填空题

1. 地钱的孢子散发借助于________，葫芦藓的孢子散发借助于________。

2. 地钱植物体的生长点位于________。

3. 葫芦藓的孢子体可分成________、________和________三部分。

4. 苔藓植物在其生活史中是以________发达，________劣势，________寄生在________上为显著特征，另一个特征是孢子萌发先形成________。苔藓植物体内由于没有真正的________，受精时离不开________作媒介。

5. 地钱雄生殖托的托盘呈________，雌生殖托的托盘呈________。葫芦藓植株上产生精子器的枝形________，产生颈卵器的枝形如________。

二、选择题

(一) A 型题

1. 苔藓植物的孢子落地后萌发形成（　　）

A. 孢子体　B. 原叶体　C. 原丝体　D. 茎叶体　E. 合子

2. 地钱植物体为（　　）

A. 雌雄异株　B. 雌雄同株　C. 雌雄同序　D. 无性植物　E. 茎叶体

3. 有助于葫芦藓孢子散发的结构是（　　）

A. 蒴帽　B. 蒴齿　C. 蒴柄　D. 基足　E. 弹丝

(二) B 型题

A. 1 个植株　B. 2 个植株　C. 3 个植株　D. 4 个植株　E. 多个植株

4. 每一苔纲植物的原丝体发育成（　　）

5. 每一藓纲植物的原丝体发育成（　　）

(三) X 型题

6. 苔藓植物的主要特征有（　　）

A. 生活史中配子体占优势　B. 植物体具有真正的根、茎、叶分化

C. 孢子体寄生在配子体上　D. 生活在潮湿地区　E. 自养生活

三、名词解释

1. 精子器

2. 原丝体

四、是非题

1. 地钱的精子器和颈卵器生长在同种植物的不同植株上。（　）

2. 地钱的雄生殖托属于孢子体部分。（　）

3. 葫芦藓的孢子体包括孢蒴、蒴柄、基足和蒴帽四部分。（　）

4. 苔藓植物的孢子萌发形成原叶体。（　）

5. 苔藓植物绝大多数是陆生植物，受精过程摆脱了水的束缚。（　）

6. 苔藓植物的孢子体依附在配子体上，供给配子体养料和水分。（　）

7. 苔藓植物一般没有维管组织，输导能力很弱。（　）

8. 苔藓植物是一群小型的多细胞的高等植物。（　）

9. 地钱的气孔无闭合能力。（　）

10. 苔藓植物配子体的形态大体可分为两大类型，即叶状体和拟茎叶体。（　）

11. 苔藓植物的有性生殖器官是颈卵器。（　）

12. 地钱的叶状体腹面（下面）的假根和鳞片具有吸收养分、保存水分和固定植物体的功能。（　）

五、简答题

1. 苔藓植物门植物有哪些特征？

2. 苔藓植物与低等植物比较，发生了哪些变化？

Ⅱ蕨类植物

一、填空题

1. 蕨类植物的叶仅能进行光合作用而不产生孢子囊和孢子的称为________或________。能产生孢子囊和孢子的叶，称为________或________。

2. 蕨类植物和苔藓植物的生活史最大的不同有两点：一是________和________都能独立生活；二是________发达，________弱小，亦能独立生活。

3. 蕨类植物门常分为________、________、________、________和________五个纲，前 4 个纲均为________蕨类，也是一类较原始而古老的蕨类植物，现存的种类甚少。真蕨纲是________蕨类，是地球上最进化的蕨类植物，也是现代最繁茂的蕨类植物。

4. 石松、垂穗石松的入药部位应是________，其药材名为________。

二、选择题

1. 在蕨类植物的生活史中（　）

A. 孢子体发达　B. 孢子体退化

C. 配子体发达　D. 孢子体不能独立生活

E. 配子体不能独立生活

2. 蕨类植物的配子体称（　　）

A. 原丝体　　B. 原叶体　　C. 原植体　　D. 外植体　　E. 颈卵器

3. 蕨类植物的茎多为（　　）

A. 根茎　　B. 块茎　　C. 球茎　　D. 鳞茎　　E. 小块茎

4. 蕨类植物的大型叶幼时（　　）

A. 折叠　　B. 拳卷　　C. 外翻　　D. 退化　　E. 萎缩

5. 真蕨纲植物的叶均为（　　）

A. 大型叶　　B. 小型叶　　C. 能育叶　　D. 不育叶　　E. 营养叶

6. 木贼科植物茎的表面富含（　　）

A. 角质　　B. 黏液　　C. 硅质　　D. 木质　　E. 木栓质

7. 卷柏科植物的叶常（　　）

A. 互生　　B. 基生　　C. 二列对生　　D. 交互对生　　E. 轮生

8. 真蕨亚门植物体上常具鳞片和毛，其作用为（　　）

A. 支持作用　　B. 分泌作用　　C. 吸收作用　　D. 保护作用　　E. 光合作用

9. 下列结构中，不属于蕨类孢子体世代的是（　　）

A. 囊群盖　　B. 孢子囊　　C. 环带　　D. 原叶体　　E. 不育叶

三、名词解释

1. 孢子叶
2. 异形叶
3. 孢子囊
4. 孢子囊群

四、是非题

1. 石松的叶为小型叶，孢子囊生于孢子叶近叶腋处，孢子同型。（　　）
2. 卷柏的孢子无大小之分，为同型孢子。（　　）
3. 卷柏的大孢子囊萌发形成雌配子体，小孢子囊萌发形成雄配子体。（　　）
4. 蕨类植物的茎都为根状茎。（　　）
5. 蕨类植物的孢子萌发形成配子体，即原叶体。（　　）
6. 蕨类植物的有性生殖为卵式生殖。（　　）
7. 在蕨类植物生活史中一般是孢子体占优势，但也有少数种类是配子体占优势。（　　）
8. 从蕨类植物开始才有了真根。（　　）
9. 蕨类植物的有性生殖器官仅为颈卵器。（　　）
10. 蕨类植物的孢子同型或异型。（　　）
11. 蕨类植物既是高等的孢子植物，又是原始的维管植物。（　　）
12. 蕨类植物的精子皆为多鞭毛，受精过程离不开水。（　　）
13. 在蕨类植物的生活史中，只有一个能独立生活的植物体，即孢子体。（　　）
14. 真蕨的孢子囊群着生在营养叶的背面或背面边缘。（　　）

五、简答题

蕨类植物的主要特征？

Ⅲ 裸子植物

一、填空题

1. 裸子植物配子体非常退化，完全________在孢子体上。

2. 裸子植物的韧皮部有筛胞而无________。

3. 银杏叶________形，球花单性，雌雄________。种子核果状，外种皮肉质，中种皮________质，内种皮________质。

4. 马尾松为常绿乔本，在长枝上叶为________状，在短枝上叶为________状。

5. 侧柏为常绿乔木，小枝扁平，________伸展。________互对生，贴生于小枝上。

6. 榧树为常绿乔木，树皮条状纵裂，小枝近对生或轮生。叶________着生，扭曲成2列，坚硬革质，先端有刺状短尖，上面深绿色，无明显________，下面淡绿色，有________粉白色气孔带。

7. 三尖杉为常绿乔木，树皮红褐色，片状脱落，小枝对生，细长稍下垂。叶________着生，排成________列，稍镰状弯曲，中脉在叶面突起，叶背中脉两侧各有________白色气孔带。
8. 草麻黄有________和________之分，小枝对生或轮生，节明显，叶________状。

二、选择题

（一）A 型题

1. 既属于颈卵器植物又属于种子植物的是（　　）
   A. 苔藓植物　B. 蕨类植物　C. 裸子植物　D. 被子植物　E. 藻类植物
2. 裸子植物没有（　　）
   A. 胚珠　B. 颈卵器　C. 孢子叶　D. 雌蕊　E. 心皮
3. 松的叶在短枝上的着生方式为（　　）
   A. 螺旋状排列　B. 簇生　C. 轮生　D. 对生　E. 互生
4. 裸子植物的小孢子叶又可称（　　）
   A. 心皮　B. 花粉囊　C. 花药　D. 雄蕊　E. 花粉管
5. 裸子植物的大孢子叶又可称（　　）
   A. 子房　B. 胚囊　C. 胎座　D. 心皮　E. 胚珠

（二）B 型题

A. 扇形　B. 针形　C. 鳞片状　D. 羽状深裂　E. 条形

6. 三尖杉的叶为（　　）
7. 侧柏的叶为（　　）
8. 银杏的叶为（　　）
9. 苏铁的叶为（　　）
10. 马尾松的叶为（　　）

（三）X 型题

11. 中国特产种，被称“活化石”的裸子植物有（　　）
   A. 银杏　B. 银杉　C. 金钱松　D. 雪松　E. 玫瑰
12. 常见裸子植物叶的形态有（　　）
   A. 针形　B. 条形　C. 鳞片形　D. 阔叶　E. 心形
13. 裸子植物木质部不仅有管胞，还有导管的是（　　）
   A. 银杏科　B. 苏铁科　C. 松科　D. 麻黄科　E. 买麻藤科
14. 属于落叶性的裸子植物有（　　）
   A. 银杏　B. 金钱松　C. 松　D. 侧柏　E. 三尖杉
15. 有类似于花被的盖被（假花被）的裸子植物有（　　）
   A. 银杏科　B. 红豆杉科　C. 柏科　D. 麻黄科　E. 买麻藤科
16. 马尾松入药的部位有（　　）
   A. 树皮　B. 叶　C. 花粉　D. 树脂　E. 松子仁
17. 现代开发银杏入药的部位有（　　）
   A. 果实　B. 叶　C. 种子　D. 根皮　E. 花蕾

三、名词解释

裸子植物

四、是非题

1. 裸子植物中无草本植物。（　　）
2. 裸子植物的叶均为针形或条形。（　　）
3. 银杏的外果皮肉质。（　　）
4. 裸子植物雄配子体由 2 个退化原叶体细胞、1 个管细胞和一个生殖细胞组成。（　　）
5. 裸子植物的颈卵器内有 1 个卵细胞和 1 个腹沟细胞，无颈沟细胞，比蕨类植物的颈卵器更为退化。（　　）
6. 苏铁的叶大，革质，多为一回羽状复叶，螺旋状排列于树干上部。（　　）
7. 银杏的雄球花呈柔荑花序状，雄蕊多数。（　　）
8. 银杏的花粉粒萌发时产生无纤毛的精子。（　　）

9. 松叶针形或条形，在长枝上螺旋状排列，在短枝上簇生。(　　)

10. 松种子通常具单翅。(　　)

11. 柏仅有鳞片状叶。(　　)

12. 侧柏各地常有栽培，为我国特产树种。(　　)

13. 红豆杉叶披针形或针形，螺旋状排列或交互对生。(　　)

14. 三尖杉叶螺旋状着生，排成二列，线形，稍镰状弯曲，中脉在叶面突起，叶背中脉两侧各有1条白色气孔带。(　　)

15. 麻黄科植物为小灌木或亚灌木，小枝对生或轮生，节明显。(　　)

16. 麻黄科叶为鳞片状叶，对生或轮生于节上。(　　)

17. 麻黄雌花具顶端开口的囊状、节质的假花被，包于胚珠外。(　　)

18. 麻黄的果实为浆果。(　　)

19. 麻黄的球花单性异株。(　　)

20. 麻黄分布于东北、内蒙古、海南、广西、陕西等省区。(　　)

五、简答题

1. 裸子植物主要含有哪些化学成分?

2. 松科的主要特征是什么?

3. 柏科的主要特征是什么?

4. 麻黄科的主要特征是什么?

Ⅳ 被子植物

一、填空题

1. 被子植物的________高度发达，________极度退化。

2. 被子植物的胚珠被包藏在由________闭合而形成的________内。

3. 被子植物的输导组织中的木质部内出现了________。韧皮部内出现了________和________。

4. 被子植物的生殖过程中具有独特的________。即：1个________与卵细胞结合，形成合子（受精卵）发育形成胚。另一个________与2个________结合，发育成三倍体的________。

5. 人们对植物进行分类仅局限在形态、习性、用途上，往往用一个或少数几个性状作为分类依据，而未考虑植物的亲缘和演化关系，这种分类系统应是________。而按照能反映自然界植物的亲缘关系和演化发展而建立的分类系统应是________。

6. 目前世界上仍在广泛使用的被子植物分类系统有________、________。而在各级分类系统的安排上，认为比较合理的被子植物分类系统是________、________。

7. 被子植物门分为________纲和________纲，而双子叶植物纲又可分为________亚纲和________亚纲。

8. 双子叶植物的根系为________，维管束在茎内（横切面观）呈________排列，维管束内具________。叶片具________叶脉。花各部基数为________或________，花粉粒常见________孔，种子内具________枚子叶。

9. 单子叶植物的根系为________，维管束在茎内（横切面观）呈________排列，维管束内无________。叶片具________叶脉，花各部基数为________，花粉粒具________孔，种子内具________枚子叶。

双子叶植物纲（离瓣花亚纲）

10. 马兜铃科植物多为多年生草本或藤本，单叶互生，叶片多为________、花两性，花辐射对称或________，单被花，呈________状，顶端________或向一侧扩大，雄蕊的花丝短，分离或与________合生，雌蕊4～6，________生。

11. 马兜铃科的细辛属常为________本，果实为________。

12. 马兜铃科植物常含有________等有效成分，________是本科植物特征性成分。

13. 中药马兜铃的原植物为________和________，青木香为原植物的________，天仙藤为原植物的________。

14. 蓼科植物多为草本，茎节常________，单叶互生，茎节处常具膜质________。花两性，组成________、________或头状花序，常宿存。雄蕊6～9枚，雌蕊2～3心皮合生，子房________室，果为________或________，常包于________内。

15. 蓼科植物体常含有________晶。部分植物的地下部分的根或根状茎常具________。

16. 何首乌为多年生缠绕草本，其入药部位是________和________，其药材名分别为________和________。何首乌块根的断面上出现的云锦花纹应是________。

17. 石竹科植物为多年生草本，茎节常________，单叶________，花单生或________花序，花辐射对称，花瓣4～5枚，常具________。雄蕊为花瓣的________。雌蕊2～5心皮________胎座，果为________，开裂方式为________或________。

18. 毛茛科的主要特征是：草本或藤本，单叶或复叶，互生或基生，花________对称或________对称。单生或组成各种花序，重被或________，雄蕊和心皮多数，________，________排列在花托上。果为________或________。

19. 乌头的栽培种的母根入药，药材名为________，其侧根入药，药材名为________。

20. 芍药植物的栽培种，其刮去栓皮的根入药，药材名为________。而野生种不去栓皮的根入药，药材名为________。

21. 木兰科的主要特征为木本，稀为藤本。单叶互生，常全缘，常具________，花________生，两性，辐射对称，花被片________，雄蕊与雌蕊多数，________、________排列在凸起的花托上，果为________或________。

22. 十字花科的主要特征是：草本，单叶互生。花两性，辐射对称，花序为________，花冠为________，雄蕊6枚，为________，________胎座，具________，果实为________，有长、短之分。

23. 十字花科植物菘蓝的根入药，其药材名为________，叶入药，药材名为________。

24. 蔷薇科植物常分为________、________、________、________四个亚科。

25. 豆科植物常为乔木、灌木或________。多为复叶。具________，花________，雄蕊________，为________雄蕊，雌蕊________组成，子房________位，果为________。

26. 豆科根据花的对称、花瓣排列、雄蕊数目以及连合等情况，将本科分为________亚科、________亚科和________亚科。

27. 五加科多为木本，茎常有刺，叶常为单叶、________复叶或________复叶，伞形花序或集成________。花为5基数，具上位花盘，雄蕊着生于花盘边缘，子房________位，心皮________合生，果为________或核果。

28. 伞形科植物的特征为：草本，茎常________具________。叶互生，分裂或为复叶，叶柄基部扩大呈________状，花小，两性，________花序。雄蕊5枚，子房下位，雌蕊________合生，果为________。

合瓣花亚纲

29. 萝藦科植物的叶柄顶端有丛生的________，花粉结合成________状。

30. 草本，常含挥发性________，茎________形，叶________生，花序为________花序，花两性，花冠________形，雄蕊4枚，为________，________合生，子房上位，子房常________，花柱________生，果为________。上述特征是唇形科的主要特征。

31. 常为草本，________花序，花两性，萼片常变成________或缺，花冠常为________、________，雄蕊5枚，为________，雌蕊由________合生，子房下位，果为________。此类植物应属于菊科。

单子叶植物纲

32. 禾本科的小穗是由________、________、________及数朵________组成。

33. 禾本科的小穗的小花由________、________、________、雄蕊及雌蕊组成。

34. 草本，常具________或根状茎。单叶或复叶，________花序，基部有一大型的________，花小，两性或单性，单性花常无________，果为________，密集生于________上，这是天南星科的主要特征。

35. 百合科植物的主要特征是：草本具________，单叶互生，全缘。花大，花被片________枚，________状，雄蕊________枚，雌蕊________合生，果为________。

36. 兰科植物的主要特征有：花两性，________对称，花被片6枚，2轮，________状，内轮3枚，其中1枚基部有时呈________状，常具有艳丽的颜色，特称为________，子房常________扭状，雄蕊与雌蕊的花柱合生为________，果实为________，种子而多。

二、选择题

（一）A型题

1. 被子植物的主要输水组织是（　　）

A. 管胞　　B. 导管　　C. 筛管　　D. 筛胞　　E. 伴胞

2. 植物体常具托叶鞘的是（　　）

A. Polygala　B. Polygonaceae　C. Polygonum　D. Polypodium　E. Polyporus

3. 蓼科植物的果实常包于宿存的（　　）

A. 花托内　B. 花萼内　C. 花冠内　D. 花被内　E. 花柱内

4. 乌头花中呈盔状的是（　　）

A. 上萼片　B. 侧萼片　C. 中萼片　D. 花瓣　E. 唇瓣

5. 大戟属植物的花序为（　　）

A. 总状花序　B. 单歧聚伞花序　C. 二歧聚伞花序

D. 杯状聚伞花序　E. 轮伞花序

6. 五加科的花序为（　　）

A. 伞形花序　B. 伞房花序　C. 轮伞花序　D. 聚伞花序　E. 复伞形花序

7. 药材"西红花"是植物的（　　）

A. 雄蕊　B. 雌蕊　C. 花柱　D. 柱头　E. 子房

8. *Panax ginseng* C. A. Mey. 的果实为（　　）

A. 核果　B. 浆果状核果　C. 核果状浆果　D. 聚合核果　E. 聚合浆果

9. 伞形科中具有单叶的植物是（　　）

A. 当归　B. 防风　C. 紫花前胡　D. 狭叶柴胡　E. 川芎

10. 天南星和半夏的入药部位是（　　）

A. 根茎　B. 球茎　C. 块茎　D. 鳞茎　E. 小块茎

11. 丹参根的外皮为（　　）

A. 黄色　B. 砖红色　C. 褐色　D. 土黄色　E. 棕色

12. 地黄的入药部位是膨大的（　　）

A. 块根　B. 圆锥根　C. 根茎　D. 块茎　E. 球茎

13. Gramineae 的子房基部有退化的花被称（　　）

A. 外稃　B. 内稃　C. 外颖　D. 内颖　E. 浆片

（二）B 型题

A. 具柔荑花序类植物为最原始类型而木兰目和毛茛目为较进化的类型

B. 木兰目、毛茛目是最原始类型而过分强调木本和草本两个来源

C. 木兰目为最原始类型并设立"超目"

D. 称被子植物门为木兰植物门并取消"超目"

E. 木兰目为较进化的类型

14. 哈钦松系统认为（　　）

15. 恩格勒系统认为（　　）

A. 具有宿存的花柱　B. 基部有宿存花被形成的果托

C. 具有宿存的花萼　D. 埋藏于膨大的花托内

E. 顶部常具有冠毛

16. 铁线莲属植物的果实（　　）

17. 菊科植物的果实（　　）

A. 雄蕊基部有蜜腺　B. 雄蕊着生于花盘基部

C. 雄蕊的花粉粒连合形成花粉块　D. 雄蕊生于花盘周围

E. 雄蕊药隔伸长呈条形

18. 芸香科植物的（　　）

19. 十字花科植物的（　　）

20. 萝藦科植物的（　　）

A. 子房上位下位花　B. 子房上位周位花

C. 子房下位上位花　D. 子房半下位周位花

E. 子房半上位周位花

21. 绣线菊亚科为（　　）

22. 蔷薇亚科为（　　）

23. 苹果亚科为（　　）
24. 梅亚科为（　　）
（三）X型题
25. 被子植物的主要特征为（　　）
A. 具有真正的花　　B. 孢子体高度发达
C. 胚珠包被在子房内　　D. 形成果实
E. 具双受精现象
26. 属于被子植物花的进化性状是（　　）
A. 形成花序　　B. 各部合生　　C. 子房下位　　D. 单性花　　E. 风媒花
27. 双子叶植物的主要特征有（　　）
A. 多直根系　　B. 维管束散生　　C. 具网状脉
D. 花通常为4或5基数　　E. 子叶2枚
28. 植物体常有白色乳汁的科是（　　）
A. 桑科　　B. 蓼科　　C. 大戟科　　D. 桔梗科　　E. 罂粟科
29. 十字花科植物的主要特征有（　　）
A. 多总状花序　　B. 辐状花冠　　C. 四强雄蕊　　D. 侧膜胎座　　E. 角果
30. 豆科蝶形花亚科的主要特征是（　　）
A. 常有托叶　　B. 花两侧对称
C. 旗瓣位于最内方　　D. 二体雄蕊
E. 荚果
31. 伞形科植物的主要特征为（　　）。
A. 常含挥发油　　B. 茎常中空
C. 叶柄基部扩大成鞘状　　D. 子房下位　　E. 双悬果
32. Labiatae的主要特征为（　　）
A. 芳香草本　　B. 茎四棱形　　C. 叶对生　　D. 花柱基生　　E. 4枚小坚果
33. 植物体常含有菊糖的有（　　）
A. 桔梗科　　B. 茄科　　C. 菊科　　D. 玄参科　　E. 锦葵科
34. *Platycodon grandiflorum* (Jacq.) A. DC. 的叶序有（　　）
A. 对生　　B. 轮生　　C. 互生　　D. 簇生　　E. 基生
35. 菊科的头状花序中小花的类型有（　　）
A. 全为舌状花　　B. 全为管状花
C. 全为辐状花　　D. 中央舌状花，周围管状花
E. 中央管状花，周围舌状花
36. Liliaceae的典型特征是（　　）
A. 常含黏液细胞　　B. 单被花　　C. 花被2轮排列
D. 中轴胎座　　E. 含有草酸钙针晶
37. 植物分类检索表的类型有（　　）
A. 定距式　　B. 平行式　　C. 垂直式　　D. 连续平行式　　E. 任意式

三、判断是非题

1. 被子植物木质部的主要组成部分为管胞。（　　）
2. 被子植物具有真正的花，均由花被、雄蕊群和雌蕊群组成。（　　）
3. 桔梗科植物常为子房下位，而百合科植物常为子房上位，所以百合科植物比桔梗科植物原始。（　　）
4. 两性花是进化的性状，而单性花是原始的性状。（　　）
5. 中药学根据功效将中药分为活血化瘀药、解表药等类型，这种分类系统称为自然分类系统。（　　）
6. 林奈根据植物的雄蕊有无、数目及着生情况将植物分为24个纲，这个分类系统称为自然分类系统。（　　）

双子叶植物纲（离瓣花亚纲）

7. 所有的双子叶植物纲均为网状叶脉。（　　）
8. 毛茛科植物如白头翁为3基数花，所以毛茛科属于单子叶植物纲。（　　）

9. 离瓣花亚纲均为重被花而且花瓣分离。（ ）
10. 马兜铃科、蓼科均为单被花。（ ）
11. 马兜铃属植物均含有可导致肾脏损害的马兜铃酸。（ ）
12. 马兜铃科植物均为辐射对称花。（ ）
13. 蓼科植物的果实均为瘦果并具翅。（ ）
14. 蓼科、苋科和商陆科植物均为单被花，它们均有根茎而且根茎中均有异常构造。（ ）
15. 毛茛科、木兰科和罂粟科植物的雄蕊数目均可能为多数。（ ）
16. 毛茛科、木兰科和罂粟科植物均含生物碱。（ ）
17. 毛茛科、木兰科植物均为聚合果。（ ）
18. 毛茛科、木兰科和罂粟科植物均无白色或有色汁液。（ ）
19. 毛茛科、木兰科和罂粟科植物均为离生心皮雌蕊。（ ）
20. 毛茛科和木兰科植物均含有挥发油，有香味。（ ）
21. 木兰科植物的心皮均螺旋状排列于柱状花托上。（ ）
22. 马兜铃科和罂粟科植物的花均为子房上位，果实为蒴果。（ ）
22. 罂粟科和十字花科植物花瓣均为4枚，侧膜胎座，雄蕊6枚。（ ）
23. 蔷薇科和毛茛科的花均为雄蕊多数。（ ）
24. 蔷薇科和毛茛科植物均为离生心皮雌蕊。（ ）
25. 蔷薇科植物均有托叶。（ ）
26. 豆科植物均为两侧对称花，单雌蕊，荚果。（ ）
27. 豆科植物蝶形花亚科为二体雄蕊，单雌蕊，荚果。（ ）
28. 豆科植物的雄蕊均为10枚，单雌蕊，荚果。（ ）
29. 芸香科植物多为单身复叶或复叶，叶互生或对生，常有透明腺点，果实均为柑果。（ ）

合瓣花亚纲

30. 萝藦科大多数植物的花粉粒均为花粉块。（ ）
31. 唇形科植物的子房均可能为四深裂，果为4个小坚果。（ ）
32. 唇形科植物大多为二唇形花冠。（ ）
33. 菊科植物均有白色乳汁。（ ）
34. 菊科植物的花为管状花或舌状花。雄蕊为聚药雄蕊，子房上位，连萼瘦果。（ ）

单子叶植物纲

35. 禾本科植物均为草本，果实为颖果。（ ）
36. 百合科植物大多数为两性花。（ ）
37. 百合科植物均为子房上位。（ ）
38. 百合科植物均为草本植物。（ ）
39. 兰科植物常具叶鞘，全株有芳香或辛辣味。（ ）
40. 兰科植物的雄蕊均为一枚，位于合蕊柱的顶端。（ ）
41. 天麻属为腐生草本植物，叶退化成鳞叶。（ ）

四、简答题

双子叶植物纲与单子叶植物纲的区别。

五、问答题

1. 一般认为叶的演化规律是什么？
2. 一般认为花的演化规律是什么？
3. 离瓣花亚纲和合瓣花亚纲有何主要区别？
4. 简述蓼科植物的主要特征，并列举两种常用的药用植物。
5. 乌头为何科植物？有哪些常用药用植物？
6. 五味子为何科植物？有哪些常用药用植物？药用何部位？
7. 天麻为何科植物？
8. 益母草、黄芩、丹参各为何科植物？写出入药部位。
9. 人参、党参、苦参、丹参、玄参各为何科植物？
10. 简述豆科植物的主要特征，并列举两种常用的药用植物。

第四篇　药用植物野外实习

第十三章　药用植物标本的采集

学习目标

1. 理论知识目标　了解药用植物药源的调查方法、采集工具的作用和用途、采集药用植物的方法、记录方法；培养学生保护药用植物资源的意识。
2. 技能知识目标　学会使用采集工具；掌握采集过程中对植物标本进行记录。

第一节　药用植物药源的调查

一、调查前的准备工作

对药用植物药源调查前，首先应该做好必要的准备工作，准备工作的好坏直接影响到调查工作的质量和成败。首先我们要配备必要的调查工具，调查工具主要包括：标本夹、标本纸、标签、采集箱、采挖镐、枝剪、卷尺、海拔表、GPS定位仪等。另外，还需要进行文献资料的收集，要和当地医药部门联系，了解该地区药用植物的分布情况，对当地已有的药用植物资料和气象、地理、土壤等资料都应尽量收集，要摸清当地药用植物的品种、产量和质量，了解药用植物的生长环境和分布规律，做到胸中有数。根据生活习性、生长环境，药源量有目的地去采集。药用植物的分布规律大致如下。

1. 山岳森林

常见的林木有核桃楸、黄柏、花曲柳等。林下有细辛、升麻、平贝母、木贼等。在背坡阴湿处有贯众等。林边或溪流两岸有五味子、穿地龙、五加及独活等。向阳的悬崖石壁上有卷柏、石韦。石质山坡常有满山红生长。某些较干旱山地有侧柏、文冠果、酸枣等分布。

2. 草原

常见的有甘草、麻黄、知母、柴胡、地榆、防风、黄芩、威灵仙（棉团铁线莲）、狼毒、射干、猪毛菜等。在禾本科（披碱草、老芒麦等）植物上有时可见麦角寄生。

3. 丘陵、干旱地区

常见的有酸枣、苍龙、丹参、漏芦、地丁（米口袋）、角蒿、欧李、远志、玉竹等。有一些蒿子的根部有时可见列当寄生。

4. 田野、道旁、村边

常见的有车前、葶苈、大麻、鬼针草、葎草、地肤、萹蓄、马齿苋、香薷、蒲公英、苍耳、旋覆花等。在豆子地里或溪边蒿子上有时可见菟丝子缠绕寄生。

5. 水中、水边、沼泽地

常见的有香蒲、三棱、芦苇、水菖蒲、山梗菜、芡实、浮萍、水辣蓼、东方蓼、野薄荷等。

此外，人工栽培的还有薏苡、红花、草决明、茴香等。

二、调查的方法与步骤

1. 采集标本必须具有代表性和完整性

采集的标本一定要有药用部位，尽可能具备根、茎、叶、花、果实等。如是雌雄异株，应分别采得。同一株在不同部位或不同生长季节，所生长的叶可能出现不同形状的标本，均应采集，才能准确鉴定。每种药用植物应采三份以上，并做详细记录，进一步压制成符合要求的标本。

2. 研究用标本要选择活性成分含量最高的季节采集

药用植物在不同环境、不同季节所含的化学成分和药理作用也不同，如薯蓣属植物其根茎中薯蓣皂苷的含量一般5月份最高，到10月份以后较低，薄荷在生长初，挥发油中几乎不含薄荷脑，但在开花末期薄荷脑含量急剧增高。所以，有些药材在不同环境地点和不同季节要采集取验材料进行试验对比，才能最后确定最佳的采收时期，保证药材质量和临床疗效。当有些药用植物要进行综合性研究其生物学、化学成分和药理等方面时，数量要根据需要量及当地分布量而定，一般不少于1～2kg，材料要有代表性，采得后应立即干燥以防霉烂、虫蛀。

3. 寻找新药源

我国是蕴藏中草药的伟大宝库，也是寻找新药源的重要源泉，应通过各种途径寻找新药源。常见的新药源的寻找途径有：从临床疗效中寻找；从植物的科、属关系中寻找和从相同的药理作用研究中寻找。

（1）从临床疗效中寻找　例如新发现一些中草药，具有良好的镇痛作用，且无副作用，可作外科手术麻醉药；石蒜科、豆科一些植物，对实验动物某些肿瘤具有一定的疗效；又从一些传统药中发现新用途，如仙鹤草越冬芽对绦虫病有特效，这种“老药”新用，在寻找新药中，也是不可忽视的途径。中草药中蕴藏着极为可贵、具有特殊疗效的药物，如治疗冠心病的丹参、川芎；清热解毒的穿心莲、千里光；治疗烧烫伤的虎杖、红药子、四季青等，都是民间用之有效的中草药。除我国古代医药文献和当前各地应用的中草药外，也要研究国外的医药文献，做到“古为今用”、“洋为中用”，将有关资料综合分析，去粗取精，去伪存真，要特别重视那些临床所证实的具有一定疗效的药用植物，这是寻找新药用植物的重要途径。

（2）从植物的科、属关系中寻找　在研究药用植物的有效成分过程中，证明了某些药用植物科、属与化学成分之间存在着一定的规律，根据一定类别的化学成分，分布在一定的科、属植物中的这一规律，就可指导寻找新的药用植物，如龙胆科植物大多含苦味苷；蓼科植物多含蒽醌苷；治疗肿瘤的秋水仙碱，最初发现在国外的百合科秋水属植物中，近来在我国同科的山慈姑属植物中也找到了秋水仙碱；萝芙木属植物中多含利血平；麻黄属植物多含麻黄碱等。同科、属植物含有相同化学成分的例子很多，这给天然药化工作者带来极有利的条件。

（3）从相同的药理作用研究中寻找　有些不同科的植物，往往也有相同的药理作用。如蓼科大黄属的有些植物含有泻下作用的成分，而大戟科巴豆也有泻下作用；夹竹桃科的黄花夹竹桃，百合科的铃兰，玄参科的洋地黄，毛茛科的冰凉花均含有强心苷，有强心作用，这也证明从相同的药理作用研究中，寻找新药的可能性。

4. 做好调查记录

对药用植物生长地的生态环境要进行详细记录。包括土壤种类（红壤、黄壤、黑土等）、质地（粗细、砂土、壤土、黏土等）；此外还有盐土、碱土等。地形、地势主要包括海拔、坡向、坡度、沟谷、山脊、盆地等。生物条件即指生长分布在一起的有哪些植物，它们生长在乔木林下或灌木丛中，或荒坡草地等，此外动物活动及耕地等情况也应记录。

三、药用植物资源蕴藏量的统计

经过调查研究认为有利用价值的药用植物就应进行蕴藏量的统计，一般用样地统计法，就是选择该地种植物分布有代表性的地段，圈出一定的面积，进行样地内药用植物数量和重量的统计，这种样地要重复几次，求其平均值，由此计算出所调查地区该种药用植物的蕴藏量。

四、药用植物资源调查总结

（1）前言　调查目的、任务、起讫日期、路线和地区等。

（2）调查区的自然环境　地理位置、地貌、气温、日照、降水量、土壤、植被等。

（3）药用植物种类及资源利用情况。

（4）重要药用植物资源的蕴藏量统计。

（5）某些新药用植物的化学成分，药理作用及临床实验情况。

（6）中草药的加工、贮藏保管情况，有效单方、验方的收集。

（7）对本地区药用植物资源的开发利用及保护的意见和建议，如计划采收、充分利用和采、种结合等。

第二节　药用植物的采集用品

常用采集用品如下。

1. 采挖标本工具

采集搞头、小锄或小铲、枝剪、小刀等。用以采挖不同类型的药用植物。

2. 采集箱

系用白铁皮制成50cm×25cm×20cm扁圆柱形的小箱，一面开有长30cm、宽20cm的活动门，并加锁扣，箱的两端备有环扣，以便安背带。采集箱可供野外采集标本或移植鲜活植物时使用，能防止标本因风吹日晒或受压变干、变形。也可用塑料包（袋）替代采集箱。

3. 标本夹及捆夹绳

选用宽约3cm，厚约0.5cm的轻质木板条，按间隔2～2.5cm纵横钉成长约45cm、宽约30cm的网格状夹板，为了方便捆扎，可在夹板的近两端，横向钉两根质地坚硬、长约36cm的木条（各边向外伸出2～3cm以利系绳），如此钉制成的两块夹板就是一副标本夹。捆夹绳可选用结实耐用的旗绳。

4. 吸水纸

通常选用市面上购买的45cm×30cm大小的草纸。没有草纸也可用旧报纸或其他吸湿性较强的纸代替。

5. 采集记录本

采集记录本是野外采集植物标本时记录采集日期、采集号、产地、生境、海拔高度等项目的文字记载，以便鉴定和查阅植物标本时参考。采集记录本的大小以16cm×10cm为宜（图13-1）。

6. 号牌

用于植物标本编号、采集地、采集者及采集时间的简单记录。号牌通常穿有挂线，编号后系于标本上。号牌的大小宜4cm×5cm（图13-2）。

药用植物标本采集记录

采集日期＿＿＿＿＿＿＿＿ 采集号＿＿＿＿＿＿＿＿

产地＿＿＿＿＿＿＿＿＿＿＿＿＿＿＿＿

生境＿＿＿＿＿＿＿＿＿＿＿＿＿＿＿＿

海拔高度＿＿＿＿＿＿＿＿ 性状＿＿＿＿＿＿＿＿

体　高＿＿＿＿＿＿＿＿ 直径＿＿＿＿＿＿＿＿

根(地下茎)＿＿＿＿＿＿＿＿＿＿＿＿＿＿＿＿

茎＿＿＿＿＿＿＿＿＿＿＿＿＿＿＿＿

叶＿＿＿＿＿＿＿＿＿＿＿＿＿＿＿＿

花＿＿＿＿＿＿＿＿＿＿＿＿＿＿＿＿

果实＿＿＿＿＿＿＿＿＿＿＿＿＿＿＿＿

种子＿＿＿＿＿＿＿＿＿＿＿＿＿＿＿＿

土名＿＿＿＿＿＿＿＿ 科名＿＿＿＿＿＿＿＿

学名＿＿＿＿＿＿＿＿＿＿＿＿＿＿＿＿

用途＿＿＿＿＿＿＿＿ 采集者＿＿＿＿＿＿＿＿

附记(汁液、气味)＿＿＿＿＿＿＿＿＿＿＿＿＿＿＿＿

图 13-1　采集记录本式样

7. 其他用品

（1）小型塑料袋（暂存小草及柔弱植物）、广口塑料瓶（用于保存植物分离器官的液体）、小纸袋（装花、果散件和植物碎片）。

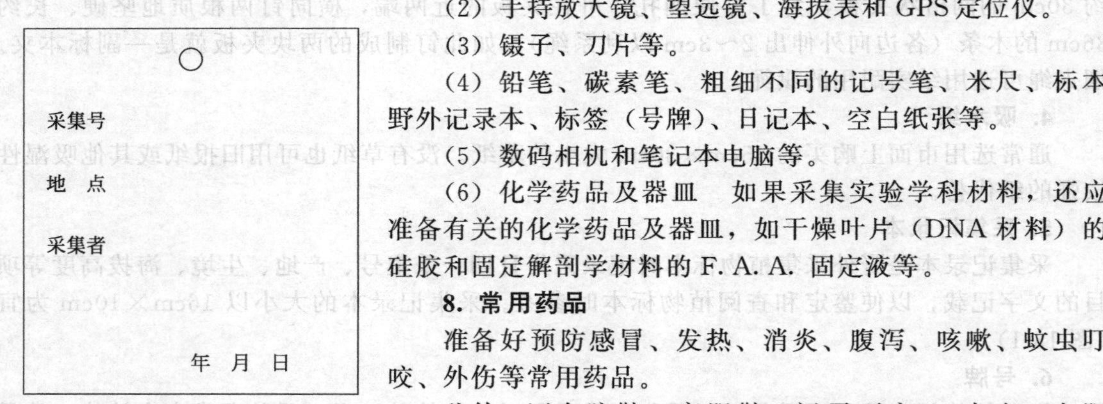

图 13-2　号牌

（2）手持放大镜、望远镜、海拔表和 GPS 定位仪。

（3）镊子、刀片等。

（4）铅笔、碳素笔、粗细不同的记号笔、米尺、标本野外记录本、标签（号牌）、日记本、空白纸张等。

（5）数码相机和笔记本电脑等。

（6）化学药品及器皿　如果采集实验学科材料，还应准备有关的化学药品及器皿，如干燥叶片（DNA 材料）的硅胶和固定解剖学材料的 F. A. A. 固定液等。

8. 常用药品

准备好预防感冒、发热、消炎、腹泻、咳嗽、蚊虫叮咬、外伤等常用药品。

此外，还有胶鞋（高跟鞋、裙子不宜）、水壶、太阳帽等。

第三节 药用植物的采集方法

一、采集标准

1. 典型代表性

选择真正代表该居群的完整植物个体作为标本采集。

2. 标本的完整性

（1）花、果俱全，鳞茎、块茎、球茎尽量挖出，保存尽可能多的信息。

（2）叶的完整性，托叶、基生叶等要采集完整，如异形叶性，慈姑、牡蒿、益母草等，采集基生叶。

（3）雌雄同株、雌雄异株等，要分别采集。

（4）对于枝条，展示尽可能多分枝方式；木本药用植物要选有花和果的枝条，有异形叶的植物要收齐不同形态的叶片。

3. 标本大小

以每份标本长度不超过 40cm 为宜。①株高 40cm 以下的草本整株采集；②更矮小的草本则采集数株，以采集物布满整张台纸为宜；③更高者需要折叠全株或选取代表性的上、中、下三段作同号标本。

4. 标本份数

每株药用植物标本至少采集 2～3 份。下列情况应考虑采集复份（3～5 份）标本：①当标本采集地为采集空白或薄弱地区时；②当采集的标本是用于交换时；③当多份标本才能表现物种的全部特征时；④当遇到珍稀和重要药用植物时。

二、采集记录

1. 标本记录

①采集木本药用植物时，应注意记录植株全形，如山楂、皂荚的大树有枝刺等特征；②采集草本药用植物时，应注意一年生、多年生、土生、附生、石生、常绿、冬枯等习性特征；③采集水生药用植物时，应注意其异形叶的特征；④注意观察花的颜色和气味。

编号挂牌的同时应对标本进行解剖、观察和记载，尽量在当场填好野外记录（最好采用采集记录册）。主要填写的是标本压干后无法反映的内容，如习性、高大植物高度、树皮形态及剥落情况、生长情况（开花期、结果期、果熟期），植物生活时的一些性状如花、果、叶的形态、颜色、气味，叶面有白粉、乳汁会因压制改变，生长环境（产地、海拔高度、立地条件）回来会忘记，都应尽量填好。这些资料对将来鉴定标本、引种栽培都有重要参考价值。同时通过观察、解剖对植物科属种类进行初步判断，填写科名、种名。地方名、药用价值、有毒情况等可向当地群众及老药农学习了解后填上。

进行野外记录和写标签号牌应用铅笔或油性记号笔，因钢笔、圆珠笔等会因久之遇水湿或在消毒时易褪色，多份可用复写纸复写。

2. 标本数据记录

标本数据记录：记录药用植物标本干燥后观察不到的鉴别特征及其生境特征。要求记录准确、简要、完整。标本野外采集记录的内容应大致包括以下各项。

① 基本记录　产地（包括国家、省、县、乡和经纬度），生境（植被类型和土壤类型等），海拔，习性，采集人及采集号，日期（年，月，日）。

② 标本特征记录　除上述基本记录内容外，还应记载药用植物干制后易失去的特征，如花颜色、形状、气味等，加上生态因子（岩石、土壤 pH 值等），土名，药用功效和其他

附属项目（如标本份数等）。认真填写野外记录各数据项。

③ 基本数据记录　包括海拔和经纬度等，切忌用“同上”之类省略写法，以免丢失数据，并用铅笔或永久碳素笔登记。

3. 标本编号

在野外采集时，就要给标本编上采集号，也可把标本带回室内再做编号。编号写成号牌挂在标本上。无论哪种方式，均要确认号牌上的采集人及采集号与标本野外采集记录中的记载一致。采集号以人名和有效数字共同组成，每一采集号应是某个采集人的独立流水号，应从1开始连续采集。

对于那些已切开的药用植物，要用标签明确标明各部分的相互关系和顺序。原则上同一植株上的标本编统一的号，当一份标本较大，分割成多段后，每段也要给予辅助编号，采用从基部向上部的次序编号，若1286号的分为3段，分别是1286a、1286b、1286c。

植物标本采集后，在标本不易脱落的部位上绑上标签，标签上填好采集人、采集号、采集地、日期等。每个采集人（或队、组）的采集号应按顺序连贯编写，不可重号、空号，也不要因时间、地点的改变而另起号。在同时同地所采的同种植物应编为同一号码，若对是否同种有疑问，应分开编号并注明之。同号的标本至少应采两份以上，多则视需要而定。雌雄异株植物应分别编号并标明两号的关系。

三、掌握必备的采集技术

1. 一般药用植物的采集

选择长约35cm左右的两年生、有花或/和有果，且生长正常的枝条进行采集。并做适当的修剪，使之便于干燥并能被装订在一张台纸上。

2. 特殊药用植物的采集

(1) 木本植物　一般不需要挖掘根部和剥取树皮（但对于形态比较特殊如桦木属或有特殊经济价值的种类，可收集一些附于标本上）。采集木本植物时，应当用枝剪或高枝剪斜剪，切勿用手折断，影响标本的美观。

(2) 落叶木本植物　除上述要求外，还应注意采集冬芽和叶、花齐全（先花后叶或先叶后花）的材料。一份完整的落叶木本植物标本应包括冬芽时期、花期和果期三个不同时期的枝条。雌雄异株的植物除花外，其他器官亦有区别，必须采集雌、雄不同株上的花果和各时期的叶、冬芽等，这样的标本具有更丰富的信息，对全面研究物种的形态和分类更为有用。

(3) 矮小草本　要整株植物连根采集；对匍匐草本、藤本，注意主根和不定根，匍匐枝过长时，也可分段采集；具地下茎的草本，要尽可能挖取地下茎部分。

(4) 高大草本　高达1m以上的高大草本，采集时最好也连根挖出。干燥时可将植物体折成“V”形、“N”形或“W”形，让其合乎标本装订到台纸上的要求。也可将植物切成分别带有花果、叶和根的三段压制，然后三者合订为一份标本装订。

(5) 大型叶植物　它们的叶子和花序均很大，采集标本时可采一部分或分段采集，以同一株上的幼小叶加上花果组成一份标本（同时标明叶实际大小）；或把叶、叶柄各自分段取其一部分，再配花果组成一份标本。当花序较大时，可把其他的小花序剪掉，留下一个小花序（同时标明花序实际大小），但要注意必须带上苞片和小苞片。

(6) 花易落植物　某些花易萎蔫和脱落的植物，采集时又会粘在吸水纸上而易被损坏，可先将花器官单独贴在餐巾纸/手纸上，在花未全干之前不要将其打开。

(7) 寄生植物　对于像菟丝子、列当这样的寄生植物应连同寄主一起采集，并记录寄主的名称。

四、按时采集

采集季节与药材质量有密切关系。小蘖中黄连素的含量秋天最高。麻黄中的麻黄素在九月含量最高。天麻在刚出苗或苗枯后采挖质量最好。东北蛔蒿只有在花蕾时，驱虫效力最好，花一开放几乎没有效果；茴香的果实在成熟时采收容易落粒，影响产量及色泽。有谚语道：“当季是药，过季是草。”“春采茵陈夏变蒿，知母、黄芩全年刨，秋天上山采桔梗，及时采取质量高”。因此，一定要不失时机地及时采集。

(1) 全草及地上部分（不带根）　在生长旺盛的花期为好。如冰凉花、铃兰、仙鹤草、白屈菜、野薄荷等。

(2) 茎枝或叶　在生长全盛时期及花期为好。如麻黄、莨菪叶、曼陀罗叶等。

(3) 根和地下茎　以秋末春初为好，这时含的有效成分较多，产量高，质量好。如防风、天南星、玉竹、百合、桔梗、龙胆等。

(4) 花及花粉　花以含苞待放或花盛期为好。如金银花在花蕾时采；红花在花冠由黄变红时采集。松花粉、蒲黄宜在花盛期采收。

(5) 果实和种子　果实宜在成长但未完全成熟时来收。如桑椹等。种子宜在果实成熟，子粒充实后采取。如牛蒡子等。

(6) 树皮和根皮　以春夏之交为好。如黄柏皮、秦皮、五加皮等。

第四节　保护药源

中草药很大部分是野生药用植物，而野生植物的生长特征各有不同，所需的生境也不同，其生长受自然条件限制，加之多年来大量采挖利用，许多种类已面临资源枯竭的危险，因此必须合理的利用和积极的保护，利用和保护药源的原则如下。

一、计划采收

野生药用植物应采取“用、采、留”相结合的采集原则，合理安排，兼顾当前需要与长远利益，尤其对多年生植物。如采取分区轮封采集等。无计划的乱采滥采不仅浪费药源，且会造成水土流失和局部气候改变，而自然环境的变化又直接影响到药用植物的生长、繁殖。对分布零散、资源稀少的常用中草药还应积极开展野生变家种的驯化栽培。

二、合理采挖

每种药用植物均有最适采收期。掌握中草药的生长规律，选其有效成分含量最高的时期采集，有利于提高药材的质量和产量，减少浪费和避免破坏药源。例如：带花全草入药者不要采挖幼苗。叶类药材应分次采，不要一次采光，并尽量选取密集部分以不影响或少影响植物生长发育为原则。一年生植物如需用全草应保留适量植株，留种繁殖，从活植株上采树皮，不要环剥，应分侧剥取，并保留 1/3 左右树皮在树干上以利再生，避免死亡，全剥则应砍大留小。多年生植物如药用其根或根茎（如玉竹、何首乌等），应挖大留小，或把带芽部分（如薯蓣属植物）取下就地栽植保种。

三、采种结合

对以种子繁殖的药用植物，若药用部分是地下部分，宜在秋季种子成熟后采挖，随采随种，以扩大繁殖。采集其他野生药用植物时尽可能随采随播。

四、保护森林

森林是许多药用植物生长的必需条件，一旦失去森林这种生活环境就无法生存，如石斛、石仙桃等。森林一经毁坏，恢复原状是极为困难甚至往往是不可能的。对森林的合理采伐、精心保护，不但能保证农业的水源，防止水土流失，也保护了许多重要的药用植物资源，达到药源常在，永续利用。

第十四章 药用植物腊叶标本的制作

学习目标

1. 理论知识目标 掌握药用植物标本的压制过程、换纸方法、消毒方法、装订方法以及保存方法的理论知识。
2. 技能知识目标 学会药用植物的压制过程、换纸方法、消毒方法、装订方法以及保存方法的操作技术。

第一节 药用植物标本的压制

一、修剪标本

（1）把标本上多余无用或密叠的枝叶疏剪去一部分，免致遮盖花果，留下有代表性的部分（约为 25cm×35cm），大小以适应台纸面积的规格为准。

（2）若叶片太密，可剪去若干叶片，但要保留叶柄以表明叶子着生的位置。

（3）茎或小枝要斜剪，使之露出内部的结构，即茎中空或含髓或实心。

（4）大叶片可从主脉一侧剪去，并折叠起来，或可剪成几部分。

二、压制标本

先取一块一端绑有粗绳的标本夹板作底板，上置草纸四五张，然后放上一个已修剪好的标本，上面铺 2～3 层草纸，然后再放置一个标本，铺 2～3 草纸；如此反复。放完所有标本后在上面多铺几张草纸，再加上另一块标本夹板，用绳捆紧，置通风干燥处。标本摆放时要注意以下原则。

（1）每层标本的首尾位置交替摆放，才能使夹内的标本和草纸平坦而不倾倒。要将叶子散开，尽可能避免重复，至少应有一片叶反转过来以便观察其背面，最好能有幼叶和老叶各一片。

（2）花的正、反面都应向上显示出来。

（3）茎应弯曲以适应台纸的大小，如果弯曲后的茎容易弹出，则可将之夹在开缝纸条内再压好。

（4）放草纸应视标本情况而定，一般 2～3 张，若是多汁难干者多放几张，遇坚硬、粗大部分，如棘刺小核果、块之类可用草纸折叠垫高后再铺纸。

（5）40cm 以下草本连根整株压，很小的可几株一起放。

（6）高大草本（长 40cm 以上）可将其茎适度折叠成“V”形、“N”形或更多折叠后放置（但不可直折，需将折口略微扭转后再折），也可视其形态有代表性的剪成上、中、下三段分别放置，但要挂上同一编号的号牌（号牌上可接顺序注上 a、b、c 等字样）；对叶片巨大者，也可剪去叶的一半或剪去羽状复叶（或羽状裂叶）的叶轴（或中脉）之一侧，但保留顶端，务使标本的任何一部分都不留在草纸外。

（7）额外采集的花可散开放在卫生纸中干燥，如果是筒状花，则将花冠纵向切开；如有额外的果实，可一些纵向切开，另一些横向切开；如个体过大，则可切成片后分开干燥。

三、特殊处理

（1）对果实或地下部分（如鳞茎、块茎等）过大时，可另行烘干、晒干或浸制，但必须给予标本同一编号，为显示其内部构造，亦可将其纵切、横切为厚约1cm的薄片，置标本夹内压平，肉质多汁的花或果亦可剖为两半压干，有关特征另行补充记录。

（2）肉质植物如天南星科、兰科、景天科、马齿苋科等不易压干且有继续生长的可能，可用沸水浸泡0.5～1分钟以杀死外层细胞后压制（沸水中加入少许食盐可能减少褪色）。有些植物的叶干后极易脱落（如大戟科、木棉科、松柏类的某些植物）亦可用此法处理。但花是万万不可浸于沸水的。

（3）肉质多髓心的茎，可破开后先去其髓部，后压其一部分，仙人掌类可切取有花果的一面压，另行补充记录有关特征。

（4）保存肉质花果的方法　用广口玻璃瓶（磨砂口更佳）作标本瓶，浸液用10%福尔马林，材料挂上用铅笔两面写好的号牌（与标本同号），浸入标本瓶，瓶口用白蜡封闭，瓶外另贴标签，另行编号。在标本上台纸后可注明与液浸标本某号同，以便随时取出液浸材料解剖。浸液还可选用30%～50%酒精加少许甘油，或10%福尔马林：50%～70%酒精：水＝1：3：6；封口也可选用凡士林、明胶或1：2的松香-二甲苯溶液。

四、捆扎标本夹

轻跨坐标本夹板一端，用底板上粗绳先缚一端，缚时略加压力，同时在跨坐的另一端以同等压力顺势下压，使标本夹内吸水纸前后端高低一致，接着手按已绑前端，移开身体改用一脚踏住，绑好对角线另一端，换缚另一对角线，最后在标本夹板上方打好活结。

第二节　药用植物标本的换纸

把整理后的植物标本置于放有吸水纸的一扇标本夹板上，然后，在标本上放置2～3张干燥的吸水纸。注意调整由于标本的原因造成的凹凸不平，使标本夹内的全部枝叶花果受到同等的压力。压制时应注意植物体的任何部分不要露出吸水纸外，否则标本干燥时，伸出部分会缩皱，枯后也易折断。当标本重叠到一定高度时，在最上面放5～10张吸水纸，把另一扇标本夹板放在上面，进行对角线捆扎，捆扎后应使绳索在夹板正面呈“X”形。这一步骤的要求是要绑紧，绑紧才会压平，标本夹四角应大致水平，防止高低不均。目的是使标本迅速干燥并且突出展示特征。该步骤是保证标本质量的关键，千万不可马虎，否则就算历尽千辛万苦也难免前功尽弃。

为使标本迅速干燥，在最初几天，要勤换吸水纸，每天应换干燥的吸水纸至少2次，含水量高或者过大过厚的标本，更要勤换。一般吸水纸换到8～10次时，标本基本上干燥了，则可隔天换一次，直至标本全部干燥为止。这时，可以将已干燥的标本取出另放，未干者继续换纸。

第三节　药用植物标本的消毒

一、物理消毒法

1. 紫外线消毒法

紫外线消毒的特点如下。

（1）杀菌高效性　紫外线对细菌、病毒的杀菌作用一般在1秒内完成，而用传统氯气及臭氧方法来消毒，要达到紫外线消毒的效果一般需要20分钟至1小时的时间。

（2）杀菌广谱性　紫外线技术在目前所有的消毒技术中，杀菌的广谱性是非常高的。它几乎可以高效率地消灭所有细菌和病毒。

（3）清洁卫生、安全有效　紫外线消毒属于物理方法，不需要添加任何化学药剂，因此对环境无污染，对人员无伤害。

2. 高压蒸汽消毒法

高压蒸汽消毒法是一种最有效的灭菌方法。在103.4 kPa（1.05 kg/cm^2）蒸汽压下，温度达到121.3℃，维持15～20分钟，可杀死包括芽孢在内的所有微生物。但高压灭菌锅的容积有限，这种方法可用于木质化果实和树皮的消毒。

3. 低温冷冻处理法

通常把干燥的标本放入18℃以下的低温冰箱中，以杀死有害生物。－50℃冰箱一般需要24小时，－30℃冰箱一般需要72小时才能杀死有害生物。如果达不到－30℃，需要至少冰冻1周以上的时间才能达到杀死有害生物的效果。为了防止标本在冰箱中变潮变湿，在放进冰箱之前，要把标本包装在不透气的塑料袋中。

二、化学消毒法

1. 升汞乙醇溶液消毒法

把1%～0.5%的升汞（$HgCl_2$）溶于95%乙醇溶液后置于大搪瓷盘中（忌用金属制品，以免与升汞起化学作用），把标本一一浸入片刻（或用喷雾器直接喷，用毛笔蘸药液轻刷于标本上亦可），用竹筷取出重新压干，可免生霉、虫害。注意升汞有毒，操作时应小心，并带好胶皮手套、戴口罩。

2. 毒气熏杀法

把标本放入密封的消毒室或消毒箱中，将敌敌畏或四氯化碳、二硫化碳混合液置于玻璃器皿内，利用毒气熏杀3天，再取出装订。亦可用二硫化碳固体来熏蒸。注意二硫化碳化出的气体较空气重，应放于标本上方。

第四节　药用植物标本的装订

一、上台纸（装订）

台纸是用于把标本固定在其上面的白纸板，其标准尺寸为40cm×29cm。台纸装订时一定要注意预先留出左上角贴野外记录笺和右下角贴定名签的位置。

上台纸常见方法有以下几种。

1. 胶贴法

取适量树胶（常用阿拉伯胶、中性树胶、树胶或乳胶），加水加热熔化，稍加水杨酸粉末防腐剂，即用毛笔刷于标本背面（为便于解剖观察，花一般不粘），将之贴在台纸上，可用草纸覆上略加压力，经过一夜取出即可。还可在标本紧要处（易脱落或断裂处）用针线补订几针。

2. 线订法

把标本置台纸上，用针线将标本各枝、叶、花等各部分订牢在台纸上，尤其注意对树皮、块根或大的果实要订牢。线结要小，并打在台纸背面。此法简捷，但效果稍差。

3. 纸订法

先把台纸放木板上，标本置台纸上。在枝、叶柄、主脉、花序柄、花柄、果柄等处，用平口木刻刀在台纸上左右各切一块，再从该纵口部穿入具韧性的细白纸条，同时用手在台纸背面轻轻拉紧纸条两端，分开用胶水（糨糊易生虫最好不用）贴牢在台纸背面上。此法美观牢固，但较费工力。

另外，对体积过小的标本（如浮萍等）不必订贴，可放在一个折叠的纸袋（或纸包、信封、小塑料袋）里贴在台纸中央，便于取出观察。

上台纸的方法有多种，各有长短，可酌情灵活选用或结合应用。但装订时均应细心操作尽量使标本牢靠、美观并便于观察。装订时标本上脱落的任何部分（如花、果、叶等）必须及时收起，随手装入纸袋（纸包）中，附贴于原标本台纸上的适当地方，并写上采集人、采集号，以便考察。

上好标本的台纸，用一张对折的薄衬纸包好，以减少磨损。

二、鉴定和编号

标本上了台纸后，就要进行科、属、种的鉴定，主要依据标本的特征及野外采集记录，再查阅有关资料，认真核对后，定出该种标本的拉丁学名，填好定名签（图 14-1）贴于台纸右下角，同时重抄一份该种野外记录笔贴在台纸左上角。

每份标本鉴定完，在收藏入柜前应由标本室人员给予一个标本室号码，并登记于标本室编号簿上。此号码是连续的，凭此号可知标本的总份数。

定　　名　　签

________________________________ 药用植物标本室

标本室编号 ________________________________

采集号 ________________ 采集者 ________________

中文名 ________________ 科　名 ________________

产　地 ________________________________

用　途 ________________________________

鉴定者 ________________ 鉴定日期 ________________

图 14-1　定名签式样

第五节　药用植物标本的保存

定名和编号后的标本，应放入标本柜中保存。标本柜以铁制最好（可防火防蛀），亦有木制的，门双开，内有活板相隔若干格，分置不同类群的标本，柜门要密封，柜内应放有樟脑等杀虫剂，并注意防潮防霉，还可定期适当熏蒸杀虫。

标本应按一定排列顺序入柜，否则标本一多，查找不到则等于无。标本室一经建立，即应制订一完整的固定顺序，否则一遇工作繁重时，导致杂乱无章则难以补救。可据不同情况、不同需要及标本的多少采取不同的排列方式，但一般是按分类系统排列，通常采用恩格勒系统或哈钦松系统进行分科排列，每个科里的属和属内的种则依拉丁学名的起首字母顺序排列，方便查阅。

此外还要注意以下几点。

(1) 拿动标本时，手要轻稳，避免摩擦损坏标本，更不可将标本翻转颠倒，以免标本上有东西脱落。

(2) 标本入柜时不可挤紧。

(3) 对于标本上的花、果不可随意解剖，必须解剖时，应绘一解剖图附于标本上。

(4) 取阅标本后放回时千万不可错放或夹错另种标本，因一经错乱，以后便难以寻找。

(5) 标本用何种药品杀虫应在台纸上注明，用时也要存戒心，以防中毒。

(6) 外寄标本时，包装须层层多垫衬纸，扎捆松紧适度，用木箱装运，并在箱上注明“植物标本，谨防潮湿”等字样。

(7) 标本室内严禁烟火。

知识点检测答案

第一章

一、填空题

1. 一株植物地下部分所有根的总和；2. 胚根；3. 吸收作用，输导、固着、贮藏、繁殖、合成；4. 主根，侧根；5. 贮藏根

二、选择题

（一）1. D　2. B　3. C

（二）4. BCDE　5. BCD

三、略

四、1. ×　2. √　3. √

五、略

第二章

一、

1. 直立茎、缠绕茎、攀援茎、匍匐茎；2. 节间；3. 茎刺、茎卷须、叶状茎、小块茎和小鳞茎；4. 运输、支持作用；5. 爬山虎；6. 根茎、块茎、球茎、鳞茎；7. 有被鳞茎、无被鳞茎

二、

（一）1. B　2. D　3. C　4. B　5. D

（二）6. B　7. C　8. A　9. E　10. A　11. D　12. C　13. A　14. B　15. E　16. D

（三）17. AB　18. ABCD

三、略

四、1. ×　2. √　3. √　4. ×　5. ×　6. √　7. ×　8. √　9. ×　10. √　11. √　12. ×

五、略

第三章

一、1. 光合作用、呼吸作用、蒸腾作用 2. 叶片、叶柄、托叶 3. 形状、叶尖、叶基、叶缘 4. 羽状复叶、掌状复叶、三出复叶 5. 二 6. 互生叶序、对生叶序、轮生叶序、簇生叶序 7. 交互 8. 表皮、叶肉、叶脉 9. 深裂、浅裂、全裂 10. 单叶、复叶

二、（一）1. C　2. B　3. C　4. D　5. C　6. C　7. C　8. A　9. C　10. C　11. B　12. C

（二）13. ABCDE　14. ABC　15. ABCD　16. ABCDE　17. ABCDE

三、略

四、1. √　2. √　3. ×　4. ×　5. √　6. ×　7. √　8. √　9. √

五、略

第四章

一、1. 花柱、柱头、花粉、花托；2. 花梗、花托、花萼、花冠、雄蕊群、雌蕊群；3. 圆柱状、倒三角状、瓶状；4. 离瓣花、合瓣花；5. 落萼、宿存萼；6. 镊合状、旋转状、覆瓦状；7. 二强雄蕊、四强雄蕊、单体雄蕊、二体雄蕊、多体雄蕊、聚药雄蕊；8. 子房、花柱、柱头；9. 腹缝线、背缝线；10. 单雌蕊、复雌蕊、离心皮雌蕊群；11. 子房上位、子房半下位、子房下位；12. 边缘胎座、侧膜胎座、中轴胎座、特立中央胎座；13. 重被花、单被花、无被花；14. 花被、花萼、花冠、雄蕊群、雌蕊群；15. 连合、两侧对称、雄花；16. 单歧聚伞花序、二歧聚伞花序、多歧聚伞花序、轮伞花序；17. 由下向上、由中心向边缘；18. 自花传粉、异花传粉。

二、(一) 1. D 2. C 3. E 4. D 5. B 6. C 7. B 8. B 9. C 10. D 11. D 12. C 13. D

(二) 14. A 15. D 16. B 17. E 18. E 19. C 20. D 21. A 22. B 23. C 24. A 25. C 26. B 27. E 28. D 29. C

(三) 30. ABD 31. AD 32. BCE 33. ABCE 34. BCD 35. BCDE 36. ADE 37. BCE 38. ADE 39. ABDE 40. BCD

三、略

四、1. ×2. √3. ×4. √5. ×6. ×7. ×8. √9. √10. ×11. √12. ×13. ×14. √15. ×16. ×17. ×18. ×19. √。

五、略

六、1. 心皮是具有生殖作用的变态叶。被子植物的雌蕊则由1至多个心皮形成。被子植物在形成雌蕊时，心皮边缘向内卷曲，相邻两个边缘相互愈合，故胚珠被封闭在雌蕊的子房内。裸子植物的1个雌蕊就是1个敞开的心皮，故胚珠裸生于心皮上。

2. (1) 复雌蕊的心皮数主要从腹缝线或背缝线的条数来判断；(2) 复雌蕊柱头或花柱分离，则柱头或花柱数通常与心皮数相等；(3) 复雌蕊柱头合生为一个：①子房室为一室，则心皮数与腹缝线数相等；②子房室为多室，则心皮数通常与子房室数相同。

3. 表示百合花为两性花；辐射对称；花被由6片离生的花被片组成，成两轮排列，每轮3片；雄蕊群由6枚离生的雄蕊组成，成两轮排列，每轮3枚；雌蕊群由1个3心皮合生而成的雌蕊组成，子房上位，3个子房室，每室有多数胚珠。

第五章

一、1. 果皮、种子；2. 外果皮、中果皮、内果皮；3. 单果、聚合果和聚花果；4. 单心皮、合心皮雌蕊；5. 1、5、3；6. 浆果、核果、柑果、瓠果、梨果；7. 3、肉质、下位；8. 2、假隔膜、十字花，9. 1、豆科；10. 禾本、伞形；11. 一朵花中的许多离生心皮雌蕊、一个花序。

二、

(一) 1. C 2. A 3. A 4. B 5. C 6. C 7. B 8. D 9. C

(二) 10. C 11. B 12. D 13. E 14. A 15. C 16. A 17. B 18. B 19. E 20. E 21. C 22. D

(三) 23. ABE 24. CE 25. ACD 26. ACE 27. AD 28. BCE

三、略

四、1. × 2. × 3. √ 4. × 5. × 6. √ 7. × 8. √ 9. × 10. × 11. √ 12. × 13. × 14. √

五、1. 由仅由子房发育形成的果实称为真果。但有些植物除子房外，花的其他部分如花被、花托或花序轴等也一起发育形成果实，这种果实称为假果，如梨、苹果、无花果等。

2. 聚合果：由1朵花中许多离生心皮雌蕊的子房共同形成的果实，每个雌蕊形成1个单果，聚生在同一花托。聚花果：由整个花序发育成的果实。每朵小花长成一个小果，许多小果聚生在花序轴上，形成一个果实，成熟后花序轴基部脱落。

六、1. 一朵花受精后，花的各部分发生了显著变化，花柄形成果柄：花萼脱落或宿存；花冠一般脱落：雄蕊和雌蕊的花柱、柱头枯萎，子房逐渐膨大发育成果实。

2.

果实类型	心皮数	开裂方式	有无假隔膜
蓇葖果	1	一侧开裂	无
荚　果	1	两侧开裂	无
角　果	2	两侧开裂	有
蒴　果	2至多数	瓣裂、盖裂、孔裂、齿裂	无

第六章

一、1. 根、茎、叶、花、果实、种子 2. 合子（受精卵）、受精极核、珠被、珠心、珠柄或胎座 3.

种脐、种脊、合点、种孔、种阜 4. 种皮、胚、胚乳、种皮、胚、有胚乳种子、无胚乳种子

二、

(一) 1. D 2. B 3. C 4. D 5. A 6. C 7. C 8. D 9. B

(二) 10. ACD 11. BCDE 12. ABCD 13. CD 14. ABE

三、略

四、是非题

1. × 2. × 3. × 4. × 5. × 6. √ 7. √ 8. × 9. √

五、略

第七章

一、1. 细胞壁、原生质体、后含物、生理活性物质；2. 细胞核、叶绿体、线粒体；3. 核膜、核液、核仁、染色质；4. 蛋白质和核糖核酸（RNA）；5. 叶绿体、有色体、白色体；6. 叶绿素、叶黄素、胡萝卜素；7. 杆状、针状、颗粒状或不规则；黄色，橙黄色或红色；8. 造粉体、蛋白质体、造油体；9. 单粒淀粉、复粒淀粉、半复粒淀粉；10. 紫红色、溶解；11. 草酸钙结晶、碳酸钙结晶；12. 簇晶、针晶、方晶、砂晶；13. 细胞壁、液泡、质体；14. 胞间层、初生壁、次生壁；15. 纤维素、果胶；16. 木质化、木栓化、角质化、黏液化、矿质化；17. 红色或紫红色、黄色或棕色；18. 红色或橘红色、黄色

二、

(一) 1. E 2. D 3. C 4. A 5. D 6. A 7. A 8. E 9. D 10. C 11. C 12. B 13. D

(二) 14. ACD 15. ABCE 16. AD 17. ACE 18. CDE 19. ACD 20. BCE

三、略

四、1. √ 2. √ 3. × 4. × 5. √ 6. × 7. × 8. × 9. ×

五、略

六、略

第八章

一、1. 分生组织、薄壁组织、保护组织、分泌组织、输导组织、机械组织；2. 顶端分生组织、侧生分生组织、居间分生组织；3. 原生分生组织、初生分生组织、次生分生组织；4. 环纹导管、螺纹导管、梯纹导管、网纹导管、孔纹导管；5. 表皮组织、周皮；6. 初次、次生、木栓层、木栓形成层、栓内层；7. 输导、支持；8. 机械、薄壁、分泌；9. 平轴式气孔、直轴式气孔、不等式气孔、不定式气孔、环式气孔；10. 导管和管胞，筛管和筛胞；11. 纤维、石细胞；12. 形成层、木栓形成层；13. 一、表皮细胞、毛茸、气孔；14. 无限外韧型维管束、有限外韧型维管束、周木型维管束、周韧型维管束、双韧型维管束、辐射型维管束；15. 有限外韧型维管束、无限外韧型维管束、辐射型维管束；16. 间苯三酚、浓盐酸；17. 韧皮部、形成层、木质部

二、

(一) 1. A 2. A 3. C 4. A 5. D 6. C

(二) 7. ABCD 8. BD 9. BCD 10. ABCD 11. ABCDE 12. ABCE 13. ACE 14. ABD 15. ACDE 16. BCD

三、略

四、1. × 2. × 3. × 4. √ 5. √ 6. × 7. √ 8. × 9. √ 10. √

五、略

六、略

第九章

一、1. 根冠、分生区、伸长区、成熟区；2. 表皮、皮层、维管柱；3. 中柱鞘、初生维管束、髓；4. 辐射维管束、由外向内的向心性分化；5. 木射线、韧皮射线、维管射线；6. 分生区、伸长区、成熟区；7. 根毛、气孔、毛茸；8. 表皮、皮层、初生维管束、髓射线 、髓；9. 边材、心材；10. 形成层、木栓形成层、有限外韧；11. 表皮、叶肉、叶脉；12. 少

二、

(一) 1. E 2. C 3. B 4. E 5. C 6. A 7. E 8. A 9. B 10. A 11. A 12. D 13. E 14. A 15. C

（二）16. A　17. B　18. A　19. A　20. B　21. C　22. B　23. D　24. E
（三）25. BC　26. ABD　27. BC　28. ACE　29. ABCDE　30. BD　31. ABE　32. ABC　33. BCDE　34. ADE　35. ACE　36. CE　37. ABCD　38. BD　39. BCDE　40. ACD
三、略
四、1. ×　2. ×　3. ×　4. ×　5. ×　6. ×　7. ×　8. √　9. ×　10. ×　11. ×　12. ×　13. ×　14. ×　15. ×　16. √　17. ×　18. √　19. ×　20. √　21. ×　22. ×　23. ×　24. ×　25. √　26. ×　27. √　28. ×　29. ×　30. √　31. ×　32. √　33. √　34. ×
五、略
六、略

第十章

一、1. 界、门、纲、目、科、属、种；2. 亚种、变种、变型；3. 属名、种加词、定名人；4. 苔藓植物、蕨类植物、种子植物；5. 藻类、菌类、地衣；6. 藻类、菌类、地衣、苔藓、蕨类；7. 蕨类植物、裸子植物、被子植物

二、
（一）1. E　2. A　3. C　4. D
（二）5. B　6. C　7. E
（三）8. ACDE　9. BE　10. ABCE
三、略
四、1. ×　2. ×　3. √
五、1. 低等植物在形态上无根、茎、叶分化，构造上一般无组织分化，生殖器官是单细胞，合子发育时离开母体，不形成胚，故又叫无胚植物。包括藻类、菌类、地衣合。高等植物形态上有根、茎、叶的分化，生殖器官是多细胞，合子在母体内发育形成胚，故又称有胚植物。其中苔藓植物、蕨类植物和裸子植物有颈卵器构造，合称颈卵器植物。包括苔藓、蕨类、种子植物。

2. 藻类、菌类、地衣、苔藓、蕨类用孢子进行繁殖所以叫孢子植物，而裸子植物、被子植物生长到一定阶段就要开花结果、产生种子，并用种子繁殖，所以叫种子植物。

第十一章

一、1. 自养；2. 海蒿子、羊栖菜；3. 有性生殖、无性生殖；4. 淡水或海水；5. 叶绿素和藻蓝素、藻黄素和藻红素；6. 壳状、叶状、枝状；7. 腐生、共生；8. 细菌门、黏菌门和真菌门

二、
（一）1. A　2. D　3. C　4. D　5. C　6. A　7. C　8. A　9. A
（二）10. ABCD　11. CD　12. ABCD
三、略
四、1. √　2. √　3. √　4. √　5. ×
五、略

第十二章

Ⅰ苔藓植物

一、1. 弹丝、蒴齿；2. 分枝前端凹陷处；3. 孢蒴、蒴柄、基足；4. 配子体、孢子体、孢子体、配子体、原丝体、根、水；5. 圆盘状、指状、如一朵小花

二、
（一）1. C　2. A　3. B
（二）4. A　5. E　6. ACDE
三、略
四、1. √　2. ×　3. ×　4. ×　5. ×　6. ×　7. √　8. √　9. ×　10. √　11. ×　12. ×
五、略

Ⅱ蕨类植物

一、1. 营养叶、不育叶、孢子叶、能育叶；2. 孢子体、配子体、孢子体、配子体；3. 松叶蕨纲、石

松纲、水韭纲、木贼纲、真蕨纲、小叶型、大型叶；4. 全草、伸筋草

二、1. A　2. B　3. A　4. B　5. A　6. C　7. D　8. D　9. D

三、略

四、1. √　2. ×　3. ×　4. ×　5. √　6. √　7. √　8. √　9. ×　10. ×　11. √　12. √　13. ×　14. ×

五、略

Ⅲ 裸子植物参考答案

一、1. 寄生；2. 伴胞；3. 扇、异株、骨、纸；4. 鳞片、针；5. 排成一个平面、叶鳞形；6. 螺旋状、中脉、2条；7. 螺旋状、二、1条；8. 木质茎、草质茎、鳞片

二、

（一）1. C　2. D　3. B　4. D　5. D

（二）6. E　7. C　8. A　9. D　10. B

（三）11. ABCD　12. ABC　13. DE　14. AB　15. DE　16. ABCDE　17. BC

三、略

四、1. √　2. ×　3. ×　4. √　5. √　6. √　7. √　8. ×　9. √　10. √

11. ×　12. √　13. √　14. √　15. √　16. √　17. √　18. ×　19. √　20. ×

五、略

Ⅳ 被子植物答案

一、1. 孢子体、配子体；2. 心皮、子房；3. 导管、筛管、伴胞；4. 双受精现象、精子、精子、极核、胚乳；5. 人为分类系统、自然分类系统；6. 恩格勒系统、哈钦松系统、克朗奎斯特系统、塔赫他间；7. 双子叶植物纲、单子叶植物纲、离瓣花、合瓣花；8. 直根系、环状、形成层、网状、4、5、3个萌发、2；9. 须根系、星散、形成层、平行、弧形、3、单个萌发、1；10. 心形、两侧对称、花瓣状、3裂、花柱合；11. 草、蒴果；12. 挥发油、异喹啉类生物碱、马兜铃酸；13. 马兜铃、北马兜铃、根、茎；14. 膨大、托叶鞘、穗状、总状、1、瘦果、小坚果、宿存花被；15. 簇、泻下成分；16. 块根、茎藤、何首乌、首乌藤、异型维管束；17. 膨大、对生、聚伞、爪、倍数、合生、特立中央、蒴果、齿裂、瓣裂；18. 辐射、两侧、单被、分离、常螺旋状、聚合瘦果、蓇葖果；19. 川乌、附子；20. 白芍、赤芍；21. 明显的托叶环(痕)、单、常6～12排成数轮、分离、螺旋状、延长的、聚合蓇葖果、聚合浆果；22. 总状或圆锥花序、十字形、四强雄蕊、侧膜、假隔膜、角果；23. 板蓝根、大青叶；24. 绣线菊亚科、蔷薇亚科、苹果亚科、梅亚科；25. 草本、托叶、蝶形、10枚；两体、上位、荚果；26. 含羞草、云实、蝶形花；27. 羽状、掌状、头状、下、1～15、浆果；28. 中空、纵棱、鞘、复伞形或单伞形、2心皮、双悬果；29. 腺体、块；30. 而有香气、四棱、对、轮伞、唇、2强、心皮2、4深裂成假4室、基、4枚小坚果；31. 头状、冠毛、管状花、舌状花、聚药雄蕊、心皮2、瘦果；32. 小穗轴、外颖、内颖、小花；33. 外稃、内稃、浆片；34. 块茎、肉穗、佛焰苞、花被、浆果、花序轴；35. 鳞茎、块茎或根状茎、6、花瓣、6、3心皮、蒴果或浆果；36. 两侧、花瓣、唇、唇瓣、180°、合蕊柱、蒴果，微小

二、

（一）1. B　2. B　3. D　4. A　5. D　6. A　7. C　8. B　9. D　10. C　11. B　12. A　13. E

（二）14. B　15. A　16. A　17. E　18. B　19. A　20. C　21. A　22. B　23. C　24. A

（三）25. ABCDE　26. ABCDE　27. ACDE　28. CDE　29. ACDE　30. ABDE　31. ABCDE　32. ABCDE　33. AC　34. ABC　35. ABE　36. BCD　37. ABD

三、1. ×　2. ×　3. ×　4. ×　5. ×　6. √　7. ×　8. ×　9. ×　10. √　11. √　12. ×　13. ×　14. ×　15. √　16. √　17. √　18. ×　19. ×　20. ×　21. √　22. ×　23. √　24. ×　25. ×　26. ×　27. √　28. ×　29. ×　30. √　31. √　32. √　33. ×　34. ×　35. ×　36. √　37. √　38. √　39. ×　40. √　41. √

四、略

五、略

附录　被子植物门分科检索表

1. 子叶2个，极稀可为1个或较多；茎具中央髓部；在多年生的木本植物且有年轮；叶片常具网状脉；花常为5出或4出数。次1项，见298页 ………………………… 双子叶植物纲 **Dicotyledoneae**

2. 花无真正的花冠（花被片逐渐变化，呈覆瓦状排列成2层至数层的，也可在此检查）；有或无花萼，有时且可类似花冠。次2项，见279页。

3. 花单性，雌雄同株或异株，其中雄花，或雌花和雄花均可成柔荑花序或类似柔荑状的花序。次3项，见271页。

4. 无花萼，或在雄花中存在。

5. 雌花以花梗着生于椭圆形膜质苞片的中脉上；心皮1 …………… 漆树科 **Anacardiaceae**
（九子不离母属 *Dobinea*）

5. 雌花情形非如上述；心皮2或更多数。

6. 多为木质藤本；叶为全缘单叶，具掌状脉；果实为浆果 ……………… 胡椒科 **Piperaceae**

6. 乔木或灌木；叶可呈各种形式，但常为羽状脉；果实不为浆果。

7. 旱生性植物，有具节的分枝和极退化的叶片，后者在每节上连合成为具齿的鞘状物 …………………………………………………………………… 木麻黄科 **Casuarinaceae**
（木麻黄属 *Casuarina*）

7. 植物体为其他情形者。

8. 果实为具多数种子的蒴果；种子有丝状毛茸 ……………………… 杨柳科 **Salicaceae**

8. 果实为仅具1个种子的小坚果、核果或核果状的坚果。

9. 叶为羽状复叶；雄花有花被 ………………………………………… 胡桃科 **Juglandaceae**

9. 叶为单叶（有时在杨梅科中可为羽状分裂）。

10. 果实为肉质核果；雄花无花被 ……………………………………… 杨梅科 **Myricaceae**

10. 果实为小坚果；雄花有花被 ………………………………………… 桦木科 **Betulaceae**

4. 有花萼，或在雄花中不存在。

11. 子房下位。

12. 叶对生，叶柄基部互相连合 ……………………………………… 金粟兰科 **Chloranthaceae**

12. 叶互生。

13. 叶为羽状复叶 ……………………………………………………… 胡桃科 **Juglandaceae**

13. 叶为单叶。

14. 果实为蒴果 …………………………………………………… 金缕梅科 **Hamamelidaceae**

14. 果实为坚果。

15. 坚果封藏于一个变大呈叶状的总苞中 ……………………………… 桦木科 **Betulaceae**

15. 坚果有一壳斗下托，或封藏在一个多刺的果壳中 ………………… 壳斗科 **Fagaceae**

11. 子房上位。

16. 植物体中具白色乳汁。

17. 子房1室；聚花果 ……………………………………………………… 桑科 **Moraceae**

17. 子房2～3室；蒴果 ………………………………………………… 大戟科 **Euphorbiaceae**

16. 植物体中无乳汁，或在大戟科的重阳木属（*Bischofia*）中具红色汁液。

18. 子房为单心皮所组成；雄蕊的花丝在花蕾中向内屈曲 ……………………… 荨麻科 **Urticaceae**

18. 子房为2枚以上的连合心皮所组成；雄蕊的花丝在花蕾中常直立［在大戟科的重阳木属（*Bischofia*）及巴豆属（*Croton*）中则向前屈曲］。

19. 果实为3个，（稀可2～4个）离果所成的蒴果；雄蕊10至多数，有时少于10

…………………………………………………………………………………………… 大戟科 **Euphorbiaceae**

19. 果实为其他情形；雄蕊少数至数个［大戟科的黄桐树属（*Endospermum*）为6～10］，和花萼裂片同数且对生。

20. 雌雄同株的乔木或灌木。

21. 子房2室；蒴果 …………………………………………………… 金缕梅科 **Hamamelidaceae**

21. 子房1室；坚果或核果 …………………………………………………………… 榆科 **Ulmaceae**

20. 雌雄异株的植物。

22. 草本或草质藤木；叶为掌状分裂或为掌状复叶 ……………………………… 桑科 **Moraceae**

22. 乔木或灌木；叶全缘，或在重阳木属为3小叶所成的复叶 ……… 大戟科 **Euphorbiaceae**

3. 花两性或单性，但并不成为柔荑花序。

23. 子房或子房室内有数个至多数胚珠。次23项，见273页。

24. 寄生性草本，无绿色叶片 …………………………………………………… 大花草科 **Rafflesiaceae**

24. 非寄生性植物，有正常绿叶或叶退化而以绿色茎代行叶的功用。

25. 子房下位或部分下位。

26. 雌雄同株或异株，如为两性花时，则成肉质穗状花序。

27. 草本。

28. 植物体含多量液汁；单叶常不对称 ……………………………… 秋海棠科 **Begoniaceae**
（秋海棠属 *Begonia*）

28. 植物体不含多量液汁；羽状复叶 ………………………………… 四数木科 **Datiscaceae**
（野麻属 *Datisca*）

27. 木本。

29. 花两性，呈肉质穗状花序；叶全缘 ……………………… 金缕梅科 **Hamamelidaceae**
（假马蹄荷属 *Chunia*）

29. 花单性，呈穗状、总状或头状花序；叶缘有锯齿或具裂片。

30. 花呈穗状或总状花序；子房1室 ………………………… 四数木科 **Datiscaceae**
（四数木属 *Tetrameles*）

30. 花呈头状花序；子房2室 ………………………………… 金缕梅科 **Hamamelidaceae**
（枫香树亚科 Liquidambaroideae）

26. 花两性，但不成肉质穗状花序。

31. 子房1室。

32. 无花被；雄蕊着生在子房上 ……………………………………… 三白草科 **Saururaceae**

32. 有花被；雄蕊着生在花被上。

33. 茎肥厚，绿色，常具棘针；叶常退化；花被片和雄蕊都多数；浆果
…………………………………………………………………………… 仙人掌科 **Cactaceae**

33. 茎不呈上述形状；叶正常；花被片和雄蕊皆为五出或四出数，或雄蕊数为前者的2倍；蒴果 ……………………………………………………………… 虎耳草科 **Saxifragaceae**

31. 子房4室或更多室。

34. 乔木；雄蕊为不定数 ……………………………………………… 海桑科 **Sonneratiaceae**

34. 草本或灌木。

35. 雄蕊4 ………………………………………………………………… 柳叶菜科 **Onagraceae**
（丁香蓼属 *Ludwigia*）

35. 雄蕊6或12 ……………………………………………………… 马兜铃科 **Aristolochiaceae**

25. 子房上位。

36. 雄蕊或子房2个，或更多数。次362页，见272页。

37. 草本。

38. 复叶或多或少有些分裂，稀可为单叶［如驴蹄草属（*Caltha*）］，全缘或具齿裂；心皮多数至少数 ……………………………………………………………… 毛茛科 **Ranunculaceae**

38. 单叶，叶缘有锯齿；心皮和花萼裂片同数 …………………… 虎耳草科 **Saxifragaceae**
（扯根菜属 *Penthorum*）

37. 木本。

39. 花的各部为整齐的三出数 …………………………………………………………………… 木通科 **Lardizabalaceae**

39. 花为其他情形。

40. 雄蕊数个至多数，连合成单体 ……………………………………………………………… 梧桐科 **Sterculiaceae**

(苹婆属 Sterculieae)

40. 雄蕊多数，离生。

41. 花两性；无花被 ……………………………………………………………………………… 昆栏树科 **Trochodendraceae**

(昆栏树属 *Trochodendron*)

41. 花雌雄异株，具4个小形萼片 …………………………………………………………… 连香树科 **Cercidiphyllaceae**

(连香树属 *Cercidiphyllum*)

36. 雌蕊或子房单独1个。

42. 雄蕊周位，即着生于萼筒或杯状花托上。

43. 有不育雄蕊，且和8～12能育雄蕊互生 ………………………………………………… 大风子科 **Flacourtiaceae**

(山羊角树属 *Casearia*)

43. 无不育雄蕊。

44. 多汁草本植物；花萼裂片呈覆瓦状排列，呈花瓣状，宿存；蒴果盖裂

……… 番杏科 **Aizoaceae**

(海马齿属 *Sesuvium*)

44. 植物体为其他情形；花萼裂片不呈花瓣状。

45. 叶为双数羽状复叶，互生；花萼裂片呈覆瓦状排列；果实为荚果；常绿乔木

……… 豆科 **Leguminosae**

(云实亚科 Caesalpinoideae)

45. 叶为对生或轮生单叶；花萼裂片呈镊合状排列；非荚果。

46. 雄蕊为不定数；子房10室或更多室；果实浆果状 …………………………… 海桑科 **Sonneratiaceae**

46. 雄蕊4～12(不超过花萼裂片的2倍)；子房1室至数室；果实蒴果状。

47. 花杂性或雌雄异株，微小，呈穗状花序，再呈总状或圆锥状排列

……… 隐翼科 **Crypteroniaceae**

(隐翼属 *Cryptelonia*)

47. 花两性，中型，单生至排列成圆锥花序 ……………………………………………… 千屈菜科 **Lythraceae**

42. 雄蕊下位，即着生于扁平或凸起的花托上。

48. 木本；叶为单叶。次48项，见212页。

49. 乔木或灌木；雄蕊常多数，离生；胚珠生于侧膜胎座或隔膜上 …… 大风子科 **Flacourtiaceae**

49. 木质藤本；雄蕊4或5，基部连合呈杯状或环状；胚珠基生(即位于子房室的基底)

……… 苋科 **Amaranthaceae**

(浆果苋属 *Deeringia*)

48. 草本或亚灌木。

50. 植物体沉没水中，常为一具背腹面呈原叶体状的构造，像苔藓 …… 河苔草科 Podostemaceae

50. 植物体非如上述情形。

51. 子房3～5室。

52. 食虫植物；叶互生；雌雄异株 ……………………………………………………………… 猪笼草科 **Nepenthaceae**

(猪笼草属 *Nepenthes*)

52. 非食虫植物；叶对生或轮生；花两性 …………………………………………………… 番杏科 **Aizoaceae**

(粟米草属 *Mollugo*)

51. 子房1～2室。

53. 叶为复叶或多少有些分裂 …………………………………………………………………… 毛茛科 **Ranunculaceae**

53. 叶为单叶。

54. 侧膜胎座。

55. 花无花被 …………………………………………………………………………………………… 三白草科 **Saururaceae**

55. 花具4离生萼片 ………………………………………………………………………………… 十字花科 **Cruciferae**

54. 特立中央胎座。

56. 花序呈穗状、头状或圆锥状；萼片多少为干膜质 ……………… 苋科 **Amaranthaceae**

56. 花序呈聚伞状；萼片草质 ………………………………………………… 石竹科 **Caryophyllaceae**

23. 子房或其子房室内仅有一至数个胚珠。

57. 叶片中常有透明微点。

58. 叶为羽状复叶 ……………………………………………………………………………… 芸香科 **Rutaceae**

58. 叶为单叶，全缘或有锯齿。

59. 草本植物或有时在金粟兰科为木本植物；花无花被，常呈简单或复合的穗状花序，但在胡椒科齐头绒属（*Zippelia*）则呈疏松总状花序。

60. 子房下位，仅1室有1胚珠；叶对生；叶柄在基部连合 ……… 金粟兰科 **Chloranthaceae**

60. 子房上位；叶如为对生时，叶柄也不在基部连合。

61. 雌蕊由3～6近于离生心皮组成，每心皮各有2～4胚珠………… 三白草科 **Saururaceae**
（三白草属 *Saururus*）

61. 雌蕊由1～4合生心皮组成，仅1室，有1胚珠 ……………………… 胡椒科 **Piperaceae**
（齐头绒属 *Zippelia*，豆瓣绿属 *Peperomia*）

59. 乔木或灌木；花具一层花被；花序有各种类型，但不为穗状。

62. 花萼裂片常3片，呈镊合状排列；子房为1心皮所成，成熟时肉质，常以2瓣裂开；雌雄异株 …………………………………………………………………… 肉豆蔻科 **Myristicaceae**

62. 花萼裂片4～6片，呈覆瓦状排列；子房为2～4合生心皮所成。

63. 花两性；果实仅1室，蒴果状，2～3瓣裂开 ……………………… 大风子科 **Flacourtiaceae**
（山羊角树属 *Casearia*）

63. 花单性，雌雄异株；果实2～4室，肉质或革质，很晚才裂开
……………………………………………………………………………… 大戟科 **Euphorbiaceae**
（白树属 *Gelonium*）

57. 叶片中无透明微点。

64. 雄蕊连为单体，至少在雄花中有这现象，花丝互相连合呈筒状或成一个中柱。

65. 肉质寄生草本植物，具退化呈鳞片状的叶片，无叶绿素 …………… 蛇菰科 **Balanphoraceae**

65. 植物体非寄生性，有绿叶。

66. 雌雄同株，雄花呈球形头状花序，雌花以2个同生于1个有2室而具钩状芒刺的果壳中 …………………………………………………………………………… 菊科 **Compositae**
（苍耳属 *Xanthium*）

66. 花两性，如为单性时，雄花及雌花也无上述情形。

67. 草本植物；花两性。

68. 叶互生 …………………………………………………………………………………… 藜科 **Chenopodiaceae**

68. 叶对生。

69. 花显著，有连成花萼状的总苞 ……………………………………… 紫茉莉科 **Nyctaginaceae**

69. 花微小，无上述情形的总苞 ……………………………………………… 苋科 **Amaranthaceae**

67. 乔木或灌木，稀可为草本；花单性或杂性；叶互生。

70. 萼片呈覆瓦状排列，至少在雄花中如此……………………………… 大戟科 **Euphorbiaceae**

70. 萼片呈镊合状排列。

71. 雌雄异株；花萼常具3裂片；雌蕊为1心皮所组成，成熟时肉质，且常以2瓣裂开 ………………………………………………………………… 肉豆蔻科 **Myristicaceae**

71. 花单性或雄花和两性花同株；花萼具4～5裂片或裂齿；雌蕊由3～6近于离生的心皮所组成，各心皮于成熟时为革质或木质，呈蓇葖果状而不裂开 ……… 梧桐科 **Sterculiaceae**
（苹婆属 Sterculieae）

64. 雄蕊各自分离，有时仅为1个，或花丝成为分枝的簇丛［如大戟科的蓖麻属（*Ricinus*）］。

72. 每朵花有雌蕊2个至多数，近于或完全离生；或花的界限不明显时，则雌蕊多数，呈1个球形头状花序。次72项，见274页。

73. 花托下陷，呈杯状或坛状。

74. 灌木；叶对生；花被片在坛状花托的外侧排列成数层 ……………… 蜡梅科 **Calycanthaceae**

74. 草本或灌木；叶互生；花被片在杯状或坛状花托的边缘排列成一轮 ……………………………………………………………………………… 蔷薇科 **Rosaceae**

73. 花托扁平或隆起，有时可延长。

75. 乔木、灌木或木质藤本。

76. 花有花被 ……………………………………………………………… 木兰科 **Magnoliaceae**

76. 花无花被。

77. 落叶灌木或小乔木；叶呈卵形，具羽状脉和锯齿缘；无托叶；花两性或杂性，在叶腋中丛生；翅果无毛，有柄 …………………………… 昆栏树科 **Trochodendraceae**

（领春木属 *Euptelea*）

77. 落叶乔木，叶广阔，掌状分裂，叶缘有缺刻或大锯齿；有托叶围茎成鞘，易脱落；花单性，雌雄同株，分别聚成球形头状花序；小坚果，围以长柔毛而无柄 …………………………………………………………………………… 悬铃木科 **Platanaceae**

（悬铃木属 *Platanus*）

75. 草本或稀为亚灌木，有时为攀援性。

78. 胚珠倒生或直生。

79. 叶片多少有些分裂或为复叶；无托叶或极微小；有花被（花萼）；胚珠倒生；花单生或呈各种类型的花序 ……………………………………………… 毛茛科 **Ranunculaceae**

79. 叶为全缘单叶；有托叶；无花被；胚珠直生；花呈穗形总状花序 ………………………………………………………………………………… 三白草科 **Saururaceae**

78. 胚珠常弯生，叶为全缘单叶。

80. 直立草本；叶互生，非肉质 ………………………………… 商陆科 **Phytolaccaceae**

80. 平卧草本；叶对生或近轮生，肉质 ……………………………………… 番杏科 **Aizoaceae**

（针晶粟草属 *Gisekia*）

72. 每花仅有1个复合或单雌蕊，心皮有时在成熟后各自分离。

81. 子房下位或半下位。次81项，见275页。

82. 草本。

83. 水生或小型沼泽植物。

84. 花柱2个或更多；叶片（尤其沉没水中的）常呈羽状细裂或为复叶 …………………………………………………………………………… 小二仙草科 **Haloragaceae**

84. 花柱1个，叶为线形全缘单叶 ………………………………………… 杉叶藻科 **Hippuridaceae**

83. 陆生草本。

85. 寄生性肉质草本，无绿叶。

86. 花单性，雌花常无花被；无珠被及种皮 ……………………… 蛇菰科 **Balanophoraceae**

86. 花杂性，有一层花被，两性花有1雄蕊；有珠被及种皮 ………… 锁阳科 **Cynomoriaceae**

（锁阳属 *Cynomorium*）

85. 非寄生性植物，或于百蕊草属（*Thesium*）为半寄生性，但均有绿叶。

87. 叶对生，其形宽广而有锯齿缘 ……………………………………… 金粟兰科 **Chloranthaceae**

87. 叶互生。

88. 平铺草本（限于我国植物），叶片宽，三角形，多少有些肉质 ……………………………………………………………………………… 番杏科 **Aizoaceae**

（番杏属 *Tetragonia*）

88. 直立草本，叶片窄而细长 ……………………………………………… 檀香科 **Santalaceae**

（百蕊草属 *Thesium*）

82. 灌木或乔木。

89. 子房3～10室。

90. 坚果1～2个，同生在一个木质且可裂为4瓣的壳斗里 ……………… 壳斗科 **Fagaceae**

（水青冈属 *Fagus*）

90. 核果，并不生在壳斗里。

91. 雌雄异株，呈顶生的圆锥花序，后者并不为叶状苞片所托 ………… 山茱萸科 **Cornaceae**

（鞘柄木属 *Torricellia*）

91. 花杂性，形成球形的头状花序，后者为2～3白色叶状苞片所托 ……… 珙桐科 **Nyssaceae**

（珙桐属 *Davidia*）

89. 子房1或2室，或在铁青树科的青皮木属（*Schoepfia*）中，子房的基部可为3室。

92. 花柱2个。

93. 蒴果，2瓣裂开 …………………………………………………… 金缕梅科 **Hamamelidaceae**

93. 果实呈核果状，或为蒴果状的瘦果，不裂开 ………………………… 鼠李科 **Rhamnaceae**

92. 花柱1个或无花柱。

94. 叶片下面多少有些具皮屑状或鳞片状的附属物 ……………………… 胡颓子科 **Elaeagnaceae**

94. 叶片下面无皮屑状或鳞片状的附属物。

95. 叶缘有锯齿或圆锯齿，稀可在荨麻科的紫麻属（*Oreocnide*）中有全缘者。

96. 叶对生，具羽状脉；雄花裸露，有雄蕊1～3个

…………………………………………………………………… 金粟兰科 **Chloranthaceae**

96. 叶互生，大都于叶基具三出脉；雄花具花被及雄蕊4个（稀可3或5个）

………………………………………………………………………………… 荨麻科 **Urticaceae**

95. 叶全缘，互生或对生。

97. 植物体寄生在乔木的树干或枝条上；果实呈浆果状 …… 桑寄生科 **Loranthaceae**

97. 植物体大都陆生，或有时可为寄生性；果实呈坚果状或核果状，胚珠1～5个。

98. 花多为单性；胚珠垂悬于基底胎座上 ……………………… 檀香科 **Santalaceae**

98. 花两性或单性；胚珠垂悬于子房室的顶端或中央胎座的顶端。

99. 雄蕊10个，为花萼裂片的2倍数 …………………… 使君子科 **Combretaceae**

（诃子属 *Terminalia*）

99. 雄蕊4或5个，和花萼裂片同数且对生……………… 铁青树科 **Olacaceae**

81. 子房上位，如有花萼时，和它相分离，或在紫茉莉科及胡颓子科中，当果实成熟时，子房为宿存萼筒所包围。

100. 托叶鞘围抱茎的各节；草本，稀可为灌木 ………………………………… 蓼科 **Polygonaceae**

100. 无托叶鞘，在悬铃木科有托叶鞘但易脱落。

101. 草本，或有时在藜科及紫茉莉科中为亚灌木。次101项，见276页。

102. 无花被。

103. 花两性或单性；子房1室，内仅有1个基生胚珠。

104. 叶基生，由3小叶而成；穗状花序在一个细长基生无叶的花梗上

……………………………………………………………………… 小檗科 **Berberidaceae**

（裸花草属 *Achogs*）

104. 叶茎生，单叶；穗状花序顶生或腋生，但常和叶相对生 ……………… 胡椒科 **Piperaceae**

（胡椒属 *Piper*）

103. 花单性；子房3或2室。

105. 水生或微小的沼泽植物，无乳汁；子房2室，每室内含2个胚珠

…………………………………………………………………… 水马齿科 **Callitrichaceae**

（水马齿属 *Callitriche*）

105. 陆生植物；有乳汁；子房3室，每室内仅含1个胚珠 ……………… 大戟科 **Euphorbiaceae**

102. 有花被，当花为单性时，特别是雄花是如此。

106. 花萼呈花瓣状，且呈管状。

107. 花有总苞，有时总苞类似花萼 ……………………………… 紫茉莉科 **Nyctaginaceae**

107. 花无总苞。

108. 胚珠1个，在子房的近顶端处 ………………………………… 瑞香科 **Thymelaeaceae**

108. 胚珠多数，生在特立中央胎座上 ……………………………… 报春花科 **Primulaceae**

（海乳草属 *Glaux*）

106. 花萼非如上述情形。

109. 雄蕊周位，即位于花被上。

110. 叶互生，羽状复叶而有草质的托叶；花无膜质苞片，瘦果 ……… 蔷薇科 **Rosaceae**

（地榆族 Sanguisorbieae）

110. 叶对生，或在蓼科的冰岛蓼属（*Koenigia*）为互生，单叶无草质托叶；花有膜质苞片。

111. 花被片和雄蕊各为5或4个，对生；囊果；托叶膜质 … 石竹科 **Caryophyllaceae**

111. 花被片和雄蕊各为3个，互生；坚果；无托叶 ………………… 蓼科 **Polygonaceae**

（冰岛蓼属 *Koenigia*）

109. 雄蕊下位，即位于子房下。

112. 花柱或其分枝为2或数个，内侧常为柱头面。

113. 子房常为数个至多数心皮连合而成 ……………………… 商陆科 **Phytolaccaceae**

113. 子房常为2或3（或5）心皮连合而成。

114. 子房3室，稀可2或4室 ……………………………… 大戟科 **Euphorbiaceae**

114. 子房1或2室。

115. 叶为掌状复叶或具掌状脉而有宿存托叶 …………………… 桑科 **Moraceae**

（大麻亚科 Cannaboideae）

115. 叶具羽状脉，或稀可为掌状脉而无托叶，也可在藜科中叶退化成鳞片或为肉质而形如圆筒。

116. 花有草质而带绿色或灰绿色的花被及苞片 ……………………… 藜科 **Chenopoldiaceae**

116. 花有干膜质而常有色泽的花被及苞片 ……………………… 苋科 **Amaranthaceae**

112. 花柱1个，常顶端有柱头，也可无花柱。

117. 花两性。

118. 雌蕊为单心皮；花萼由2膜质且宿存的萼片而成；雄蕊2个 ……… 毛茛科 **Ranunculaceae**

（星叶草属 *Circaeaster*）

118. 雌蕊由2合生心皮组成。

119. 萼片2片；雄蕊多数 ………………………………… 罂粟科 **Papaveraceae**

（博落回属 *Macleaya*）

119. 萼片4片；雄蕊2或4 ………………………………… 十字花科 **Cruciferae**

（独行菜属 *Lepidium*）

117. 花单性。

120. 沉没于淡水中的水生植物；叶细裂呈丝状 ……………… 金鱼藻科 **Ceratophyllaceae**

（金鱼藻属 *Ceratophyllum*）

120. 陆生植物；叶为其他情形。

121. 叶含多量水分；托叶连接叶柄的基部；雄花的花被2片；雄蕊多数 ……………………………………………………………… 假牛繁缕科 **Theligonaceae**

（假牛繁缕属 *Theligonum*）

121. 叶不含多量水分；如有托叶时，也不连接叶柄的基部；雄花的花被片和雄蕊均各为4或5个，两者相对生。 ……………………………………… 荨麻科 **Urticaceae**

101. 木本植物或亚灌木。

122. 耐寒旱性的灌木，或在藜科的琐琐属（*Haloxylon*）为乔木；叶微小，细长或呈鳞片状，也可有时（如藜科）为肉质而呈圆筒形或半圆筒形。

123. 雌雄异株或花杂性；花萼为三出数，萼片微呈花瓣状，和雄蕊同数且互生；花柱1，极短，常有6～9放射状且有齿裂的柱头；核果；胚体劲直；常绿而基部偃卧的灌木；叶互生，无托叶 ……………………………………………… 岩高兰科 **Empetraceae**

（岩高兰属 *Empetrum*）

123. 花两性或单性，花萼为五出数，稀可三出或四出数，萼片或花萼裂片草质或革质，和雄蕊同数且对生，或在藜科中雄蕊由于退化而数较少，甚或1个；花柱或花柱分枝2或3个，内侧常为柱头面；胞果或坚果；胚体弯曲如环或弯曲呈螺旋形。

124. 花无膜质苞片；雄蕊下位；叶互生或对生；无托叶；枝条常具关节 ……………………………………………………… 藜科 **Chenopodiaceae**

124. 花有膜质苞片；雄蕊周位；叶对生，基部常互相连合；有膜质托叶；枝条不具关节 …… 石竹科 Caryophyllaceae

122. 不是上述的植物；叶片呈矩圆形或披针形，或宽广至圆形。

125. 果实及子房均为 2 至数室，或在大风子科中为不完全的 2 至数室。

126. 花常为两性。次 126 项，见 217 页。

127. 萼片 4 或 5 片，稀可 3 片，呈覆瓦状排列。

128. 雄蕊 4 个，4 室的蒴果 …… 木兰科 Magnoliaceae

(水青树属 *Tetracentron*)

128. 雄蕊多数，浆果状的核果 …… 大风子科 Flacourtiaceae

127. 萼片多 5 片，呈镊合状排列。

129. 雄蕊为不定数；具刺的蒴果 …… 杜英科 Elaeocarpaceae

(猴欢喜属 *Sloanea*)

129. 雄蕊和萼片同数；核果或坚果。

130. 雄蕊和萼片对生，各为 3～6 …… 铁青树科 Olacaceae

130. 雄蕊和萼片互生，各为 4 或 5 …… 鼠李科 Rhamnaceae

126. 花单性（雌雄同株或异株）或杂性。

131. 果实各种；种子无胚乳或有少量胚乳。

132. 雄蕊常 8 个；果实呈坚果状或为有翅的蒴果；羽状复叶或单叶 …… 无患子科 Sapindaceae

132. 雄蕊 5 或 4 个，且和萼片互生；核果有 2～4 个小核；单叶 …… 鼠李科 Rhamnaceae

(鼠李属 *Rhamnus*)

131. 果实多呈蒴果状，无翅；种子常有胚乳。

133. 果实为具 2 室的蒴果，有木质或革质的外种皮及角质的内果皮 …… 金缕梅科 Hamamelidaceae

133. 果实纵为蒴果时，也不像上述情形。

134. 胚珠具腹脊；果实有各种类型，但多为胞间裂开的蒴果 …… 大戟科 Euphorbiaceae

134. 胚珠具背脊；果实为胞背裂开的蒴果，或有时呈核果状 …… 黄杨科 Buxaceae

125. 果实及子房均为 1 或 2 室，稀可在无患子科的荔枝属（*Litchi*）及韶子属（*Nephelium*）中为 3 室，或在卫矛科的十齿花属（*Dipentodon*）及铁青树科的铁青树属（*Olax*）中，子房的下部为 3 室，而上部为 1 室。

135. 花萼具显著的萼筒，且常呈花瓣状。

136. 叶无毛或下面有柔毛；萼筒整个脱落 …… 瑞香科 Thymelaeaceae

136. 叶下面具银白色或棕色的鳞片；萼筒或其下部永久宿存，当果实成熟时，变为肉质而紧密包着子房 …… 胡颓子科 Elaeagnaceae

135. 花萼不像上述情形，或无花被。

137. 花药以 2 或 4 舌瓣裂开 …… 樟科 Lauraceae

137. 花药不以舌瓣裂开。

138. 叶对生。

139. 果实为有双翅或呈圆形的翅果 …… 槭树科 Aceraceae

139. 果实为有单翅而呈细长形兼矩圆形的翅果 …… 木樨科 Oleaceae

138. 叶互生。

140. 叶为羽状复叶。

141. 叶为二回羽状复叶，或退化仅具叶状柄［特称为叶状叶柄（phyl*l*odia）］ …… 豆科 Leguminosae

(金合欢属 *Acacia*)

141. 叶为一回羽状复叶。

142. 小叶边缘有锯齿；果实有翅 …… 马尾树科 Rhoipteleaceae

(马尾树属 *Rhoiptelea*)

142. 小叶全缘；果实无翅。

143. 花两性或杂性 …………………………………………………… 无患子科 **Sapindaceae**

143. 雌雄异株 ……………………………………………………… 漆树科 **Anacardiaceae**

（黄连木属 *Pistacia*）

140. 叶为单叶。

144. 花均无花被。

145. 多为木质藤本；叶全缘；花两性或杂性，呈紧密的穗状花序 ………………… 胡椒科 **Piperaceae**

（胡椒属 *Piper*）

145. 乔木；叶缘有锯齿或缺刻；花单性。

146. 叶宽广，具掌状脉及掌状分裂，叶缘具缺刻或大锯齿；有托叶，围茎成鞘，但易脱落；雌雄同株，雌花和雄花分别呈球形的头状花序；雌蕊为单心皮而成；小坚果为倒圆锥形而有棱角，无翅也无梗，但围以长柔毛 …………………………………………… 悬铃木科 **Platanaceae**

（悬铃木属 *Platanus*）

146. 叶呈椭圆形至卵形，具羽状脉及锯齿缘；无托叶；雌雄异株，雄花聚成疏松有苞片的簇丛，雌花单生于苞片的腋内；雌蕊为2心皮而成；小坚果扁平，具翅且有柄，但无毛 ……………………………………………………………………… 杜仲科 **Eucommiaceae**

（杜仲属 *Eucommia*）

144. 花常有花萼，尤其在雄花。

147. 植物体内有乳汁 ………………………………………………………………… 桑科 **Moraceae**

147. 植物体内无乳汁。

148. 花柱或其分枝2或数个，但在大戟科的核实树属（*Drypetes*）中则柱头几无柄，呈盾状或肾形。

149. 雌雄异株或有时为同株；叶全缘或具波状齿。

150. 矮小灌木或亚灌木；果实干燥，包藏于具有长柔毛而互相连合呈双角状的2苞片中；胚体弯曲如环 …………………………………………………………… 藜科 **Chenopodiaceae**

（优若藜属 *Eurotia*）

150. 乔木或灌木；果实呈核果状，常为1室含1种子，不包藏于苞片内；胚体劲直 ……………………………………………………………………… 大戟科 **Euphorbiaceae**

149. 花两性或单性；叶缘多有锯齿或具齿裂，稀可全缘。

151. 雄蕊多数 …………………………………………………………… 大风子科 **Flacourtiaceae**

151. 雄蕊10个或较少。

152. 子房2室，每室有1个至数个胚珠；果实为木质蒴果 …… 金缕梅科 **Hamamelidaceae**

152. 子房1室，仅含1胚珠；果实不是木质蒴果 ………………………… 榆科 **Ulmaceae**

148. 花柱1个，也可有时（如荨麻属）不存，而柱头呈画笔状。

153. 叶缘有锯齿；子房为1心皮而成。

154. 花两性 ………………………………………………………………… 山龙眼科 **Proteaceae**

154. 雌雄异株或同株。

155. 花生于当年新枝上；雄蕊多数 ……………………………………… 蔷薇科 **Rosaceae**

（假桐李属 *Maddenia*）

155. 花生于老枝上；雄蕊和萼片同数 ………………………………… 荨麻科 **Urticaceae**

153. 叶全缘或边缘有锯齿；子房为2个以上连合心皮所成。

156. 果实呈核果状或坚果状，内有1种子；无托叶。

157. 子房具2或2个以上胚珠；果实于成熟后由萼筒包围 ………… 铁青树科 **Olacaceae**

157. 子房仅具1个胚珠；果实和花萼相分离，或仅果实基部由花萼衬托之 ………………………………………………………………………… 山柚仔科 **Opiliaceae**

156. 果实呈蒴果状或浆果状，内含1个至数个种子。

158. 花下位，雌雄异株，稀可杂性，雄蕊多数；果实呈浆果状；无托叶 ………………………………………………………………… 大风子科 **Flacourtiaceae**

（柞木属 *Xylosma*）

158. 花周位，两性；雄蕊5～12个；果实呈蒴果状；有托叶，但易脱落。

159. 花为腋生的簇丛或头状花序；萼片4～6片 ………………………………… 大风子科 Flacourtiaceae
（山羊角树属 *Casearia*）

159. 花为腋生的伞形花序；萼片10～14片 ………………………………………… 卫矛科 Celastraceae
（十齿花属 *Dipentodon*）

2. 花具花萼也具花冠，或有两层以上的花被片，有时花冠可为蜜腺叶所代替。

160. 花冠常为离生的花瓣所组成。次160项，见234页。

161. 成熟雄蕊（或单体雄蕊的花药）多在10个以上，通常多数，或其数超过花瓣的2倍。次161项，见283页。

162. 花萼和1个或更多的雌蕊多少有些互相愈合，即子房下位或半下位。次162项，见280页。

163. 水生草本植物；子房多室 ………………………………………………… 睡莲科 Nymphaeaceae

163. 陆生植物；子房1至数室，心皮为1至数个，或在海桑科中为多室。

164. 植物体具肥厚的肉质茎，多有刺，常无真正叶片 ………………… 仙人掌科 Cactaceae

164. 植物体为普通形态，不呈仙人掌状，有真正的叶片。

165. 草本植物或稀可为亚灌木。

166. 花单性。

167. 雌雄同株；花鲜艳，多呈腋生聚伞花序；子房2～4室
……………………………………………………………………………… 秋海棠科 Begoniaceae
（秋海棠属 *Begonia*）

167. 雌雄异株；花小而不显著，呈腋生穗状或总状花序 …… 四数木科 Datiscaceae

166. 花常两性。

168. 叶基生或茎生，呈心形，或在阿柏麻属（*Apama*）为长形，不为肉质；花为三出数 ……………………………………………………… 马兜铃科 Aristolochiaceae
（细辛族 *Asareae*）

168. 叶茎生，不呈心形，多少有些肉质，或为圆柱形；花不是三出数。

169. 花萼裂片常为5，叶状；蒴果5室或更多室，在顶端呈放射状裂开
……………………………………………………………………………… 番杏科 Aizoaceae

169. 花萼裂片2；蒴果1室，盖裂 ……………………………… 马齿苋科 Portulacaceae
（马齿苋属 *Portulaca*）

165. 乔木或灌木［但在虎耳草科的银梅草属（*Deinanthe*）及草绣球属（*Cardiandra*）为亚灌木，黄山梅属（*Kirengeshoma*）为多年生高大草本］，有时以气生小根而攀援。

170. 叶通常对生［虎耳草科的草绣球属（*Cardiandra*）例外］，或在石榴科的石榴属（*Punico*）中有时可互生。次170项，见220页。

171. 叶缘常有锯齿或全缘；花序［除山梅花属（*Philadelpheae*）外］常有不孕的边缘花
……………………………………………………………………………… 虎耳草科 Saxifragaceae

171. 叶全缘；花序无不孕花。

172. 叶为脱落性；花萼呈朱红色 ………………………………………… 石榴科 Punicaceae
（石榴属 *Punica*）

172. 叶为常绿性；花萼不呈朱红色。

173. 叶片中有腺体微点；胚珠常多数 ……………………………… 桃金娘科 Myrtaceae

173. 叶片中无微点。

174. 胚珠在每子房室中为多数 …………………………………… 海桑科 Sonneratiaceae

174. 胚珠在每子房室中仅2个，稀可较多 ……………………… 红树科 Rhizophoraceae

170. 叶互生。

175. 花瓣呈细长形兼长方形，最后向外翻转 ………………………………… 八角枫科 Alangiaceae
（八角枫属 *Alangium*）

175. 花瓣不呈细长形，或纵为细长形时，也不向外翻转。

176. 叶无托叶。

177. 叶全缘；果实肉质或木质 …………………………………………………… 玉蕊科 **Lecythidaceae**

（玉蕊属 *Barringtonia*）

177. 叶缘多少有些锯齿或齿裂；果实呈核果状，其形歪斜 …………… 山矾科 **Symplocaceae**

（山矾属 *Symplocos*）

176. 叶有托叶。

178. 花瓣呈旋转状排列；花药隔向上延伸；花萼裂片中2个或更多个在果实上变大而呈翅状 ………………………………………………………………………… 龙脑香科 **Dipterocarpaceae**

178. 花瓣呈覆瓦状或旋转状排列［如蔷薇科的火棘属（*Pyracantha*）］；花药隔并不向上延伸；花萼裂片也无上述变大情形。

179. 子房1室，内具2～6侧膜胎座，各有1个至多数胚珠；果实为革质蒴果，自顶端以2～6片裂开 ………………………………………………………… 大风子科 **Flacourtiaceae**

（天料木属 *Homalium*）

179. 子房2～5室，内具中轴胎座，或其心皮在腹面互相分离而具边缘胎座。

180. 花呈伞房、圆锥、伞形或总状等花序，稀可单生；子房2～5室，或心皮2～5个，下位，每室或每心皮有胚珠1～2个，稀可有时为3～10个，或为多数；果实为肉质或木质假果；种子无翅 ……………………………………………… 蔷薇科 **Rosaceae**

（梨亚科 Pomoideae）

180. 花呈头状或肉穗花序；子房2室，半下位，每室有胚珠2～6个；果为木质蒴果；种子有或无翅 ………………………………………………… 金缕梅科 **Hamamelidaceae**

（马蹄荷亚科 Bucklandioideae）

162. 花萼和1个或更多的雌蕊互相分离，即子房上位。

181. 花为周位花。

182. 萼片和花瓣相似，覆瓦状排列成数层，着生于坛状花托的外侧 ……… 蜡梅科 **Calycanthaceae**

（夏蜡梅属 *Calycanthus*）

182. 萼片和花瓣有分化，在萼筒或花托的边缘排列成2层。

183. 叶对生或轮生，有时上部者可互生，但均为全缘单叶；花瓣常于蕾中呈皱折状。

184. 花瓣无爪，形小，或细长；浆果 ………………………………… 海桑科 **Sonneratiaceae**

184. 花瓣有细爪，边缘具腐蚀状的波纹或具流苏；蒴果 ……………… 千屈菜科 **Lythraceae**

183. 叶互生，单叶或复叶；花瓣不呈皱折状。

185. 花瓣宿存；雄蕊的下部连成一管 …………………………………… 亚麻科 **Linaceae**

（黏木属 *Ixonanthes*）

185. 花瓣脱落性；雄蕊互相分离。

186. 草本植物，具二出数的花朵；萼片2片，早落性；花瓣4个…… 罂粟科 **Papaveraceae**

（花菱草属 *Eschscholzia*）

186. 木本或草本植物，具五出或四出数的花朵。

187. 花瓣呈镊合状排列；果实为荚果；叶多为二回羽状复叶；有时叶片退化，而叶柄发育为叶状柄；心皮1个 ……………………………………………… 豆科 **Leguminosae**

（含羞草亚科 Mimosoideae）

187. 花瓣呈覆瓦状排列；果实为核果、蓇葖果或瘦果；叶为单叶或复叶；心皮1个至多数 ………………………………………………………………… 蔷薇科 **Rosaceae**

181. 花为下位花，或至少在果实时花托扁平或隆起。

188. 雌蕊少数至多数，互相分离或微有连合。

189. 水生植物。

190. 叶片呈盾状，全缘 ……………………………………………… 睡莲科 **Nymphaeaceae**

190. 叶片不呈盾状，多少有些分裂或为复叶 ………………………… 毛茛科 **Ranunculaceae**

189. 陆生植物。

191. 茎为攀援性。次191项，见281页。

192. 草质藤本。

193. 花显著，为两性花 ……………………………………………………… 毛茛科 **Ranunculaceae**

193. 花小形，为单性，雌雄异株 …………………………………… 防己科 **Menispermaceae**
192. 木质藤本或为蔓生灌木。
194. 叶对生，复叶由3小叶组成，或顶端小叶形成卷须 ……………… 毛茛科 **Ranunculaceae**
(锡兰莲属 *Naravelia*)
194. 叶互生，单叶。
195. 花单性。
196. 心皮多数，结果时聚生成一个球状的肉质体或散布于极延长的花托上
………………………………………………………………………………………… 木兰科 **Magnoliaceae**
(五味子亚科 Schisandroideae)
196. 心皮3～6，果为核果或核果状 …………………………………… 防己科 **Menispermaceae**
195. 花两性或杂性；心皮数个，果为蓇葖果 …………………………… 五桠果科 **Dilleniaceae**
(锡叶藤属 *Tetracera*)
191. 茎直立，不为攀援性。
197. 雄蕊的花丝连成单体 ………………………………………………………………… 锦葵科 **Malvaceae**
197. 雄蕊的花丝互相分离。
198. 草本植物，稀可为亚灌木；叶片多少有些分裂或为复叶。
199. 叶无托叶，种子有胚乳 …………………………………………………… 毛茛科 **Ranunculaceae**
199. 叶多有托叶，种子无胚乳 ………………………………………………… 蔷薇科 **Rosaceae**
198. 木本植物；叶片全缘或边缘有锯齿，也稀有分裂者。
200. 萼片及花瓣均为镊合状排列；胚乳具嚼痕 ……………………… 番荔枝科 **Annonaceae**
200. 萼片及花瓣均为覆瓦状排列；胚乳无嚼痕。
201. 萼片及花瓣相同，三出数，排列成3层或多层，均可脱落
…………………………………………………………………………………… 木兰科 **Magnoliaceae**
201. 萼片及花瓣甚有分化，多为五出数，排列成2层，萼片宿存。
202. 心皮3个至多数；花柱互相分离；胚珠为不定数
……………………………………………………………………………… 五桠果科 **Dilleniaceae**
202. 心皮3～10个；花柱完全合生；胚珠单生 ……………………… 金莲木科 **Ochnaceae**
(金莲木属 *Ochna*)
188. 雌蕊1个，但花柱或柱头为1至多数。
203. 叶片中具透明微点。
204. 叶互生，羽状复叶或退化为仅有1顶生小叶 …………………………… 芸香科 **Rutaceae**
204. 叶对生，单叶 ………………………………………………………………………… 藤黄科 **Guttiferae**
203. 叶片中无透明微点。
205. 子房单纯，具1子房室。
206. 乔木或灌木；花瓣呈镊合状排列；果实为荚果 ……………………………… 豆科 **Leguminosae**
(含羞草亚科 Mimosoideae)
206. 草本植物；花瓣呈覆瓦状排列；果实不是荚果。
207. 花为五出数；蓇葖果 ……………………………………………………… 毛茛科 **Ranunculaceae**
207. 花为三出数；浆果 ………………………………………………………… 小檗科 **Berberidaceae**
205. 子房为复合性。
208. 子房1室，或在马齿苋科的土人参属（*Talinum*）中子房基部为3室。次208项，见282页。
209. 特立中央胎座。
210. 草本；叶互生或对生；子房的基部3室，有多数胚珠 ……………… 马齿苋科 **Portulacaceae**
(土人参属 *Talinum*)
210. 灌木；叶对生；子房1室，内有成为3对的6个胚珠 ………………… 红树科 **Rhizophoraceae**
(秋茄树属 *Kandelia*)
209. 侧膜胎座。
211. 灌木或小乔木（在半日花科中常为亚灌木或草本植物），子房柄不存在或极短；果实为蒴果或浆果。次212项，见282页。

212. 叶对生；萼片不相等，外面2片较小，或有时退化，内面3片呈旋转状排列
…………………………………………………………………………………… 半日花科 **Cistaceae**
(半日花属 *Helianthemum*)

212. 叶常互生，萼片相等，呈覆瓦状或镊合状排列。

213. 植物体内含有色泽的汁液；叶具掌状脉，全缘；萼片5片，互相分离，基部有腺体；种皮肉质，红色 …………………………………………………… 红木科 **Bixaceae**
(红木属 *Bixa*)

213. 植物体内不含有色泽的汁液；叶具羽状脉或掌状脉；叶缘有锯齿或全缘；萼片3～8片，离生或合生；种皮坚硬，干燥 ………………………… 大风子科 **Flacourtiaceae**

211. 草本植物，如为木本植物时，则具有显著的子房柄；果实为浆果或核果。

214. 植物体内含乳汁；萼片2～3 ……………………………………… 罂粟科 **Papaveraceae**

214. 植物体内不含乳汁；萼片4～8。

215. 叶为单叶或掌状复叶；花瓣完整；长角果
…………………………………………………………………………… 白花菜科 **Capparidaceae**

215. 叶为单叶，或为羽状复叶或分裂；花瓣具缺刻或细裂；蒴果仅于顶端裂开
…………………………………………………………………………… 木樨草科 **Resedaceae**

208. 子房2室至多室，或为不完全的2至多室。

216. 草本植物，具多少有些呈花瓣状的萼片。

217. 水生植物；花瓣为多数雄蕊或鳞片状的蜜腺叶所代替 ………………… 睡莲科 **Nymphaeaceae**
(萍蓬草属 *Nuphar*)

217. 陆生植物；花瓣不为蜜腺叶所代替。

218. 一年生草本植物；叶呈羽状细裂；花两性 ……………………… 毛茛科 **Ranunculaceae**
(黑种草属 *Nigella*)

218. 多年生草本植物；叶全缘而呈掌状分裂；雌雄同株 ……………… 大戟科 **Euphorbiaceae**
(麻疯树属 *Jatropha*)

216. 木本植物，或陆生草本植物，常不具呈花瓣状的萼片。

219. 萼片于蕾内呈镊合状排列。

220. 雄蕊互相分离或连成数束。

221. 花药1室或数室；叶为掌状复叶或单叶，全缘，具羽状脉……… 木棉科 **Bombacaceae**

221. 花药2室；叶为单叶，叶缘有锯齿或全缘。

222. 花药以顶端2孔裂开 ……………………………………………… 杜英科 **Elaeocarpaceae**

222. 花药纵长裂开 ……………………………………………………… 椴树科 **Tiliaceae**

220. 雄蕊连为单体，至少内层者如此，并且多少有些连成管状。

223. 花单性；萼片2或3片 ………………………………………………… 大戟科 **Euphorbiaceae**
(油桐属 *Aleurites*)

223. 花常两性；萼片多5片，稀可较少。

224. 花药2室或更多室。

225. 无副萼；多有不育雄蕊；花药2室；叶为单叶或掌状分裂 ……… 梧桐科 **Sterculiaceae**

225. 有副萼；无不育雄蕊；花药数室；叶为单叶，全缘且具羽状脉 …… 木棉科 **Bombacaceae**
(榴莲属 *Durio*)

224. 花药1室。

226. 花粉粒表面平滑；叶为掌状复叶 ……………………………………… 木棉科 **Bombacaceae**
(木棉属 *Gossampinus*)

226. 花粉粒表面有刺；叶有各种情形 ……………………………………… 锦葵科 **Malvaceae**

219. 萼片于蕾内呈覆瓦状或旋转状排列，或有时［如大戟科的巴豆属（*Croton*）］近于呈镊合状排列。

227. 雌雄同株或稀可异株；果实为蒴果，由2～4个各自裂为2片的离果所成
…………………………………………………………………………… 大戟科 **Euphorbiaceae**

227. 花常两性，或在猕猴桃科的猕猴桃属（*Actinidia*）中为杂性或雌雄异株；果实为其他情形。

228. 萼片在果实时增大且呈翅状；雄蕊具伸长的花药隔 …………… 龙脑香科 **Dipterocarpaceae**

228. 萼片及雄蕊两者不为上述情形。

229. 雄蕊排列成2层，外层10个和花瓣对生，内层5个和萼片对生 …… 蒺藜科 Zygophyllaceae（骆驼蓬属 *Peganum*）

229. 雄蕊的排列为其他情形。

230. 食虫的草本植物；叶基生，呈管状，其上再具有小叶片 ……… 瓶子草科 Sarraceniaceae

230. 不是食虫植物；叶茎生或基生，但不呈管状。

231. 植物体呈耐寒旱状；叶为全缘单叶。

232. 叶对生或上部者互生；萼片5片，互不相等，外面2片较小或有时退化，内面3片较大，呈旋转状排列，宿存；花瓣早落 ……………………………… 半日花科 Cistaceae

232. 叶互生；萼片5片，大小相等；花瓣宿存；在内侧基部各有2舌状物 …………………………………………………………………………… 柽柳科 Tamaricaceae（琵琶柴属 *Reaumuria*）

231. 植物体不是耐寒旱状；叶常互生；萼片2～5片，彼此相等；呈覆瓦状或稀可呈镊合状排列。

233. 草本或木本植物；花为四出数，或其萼片多为2片且早落。

234. 植物体内含乳汁；无或有极短子房柄；种子有丰富胚乳…… 罂粟科 Papaveraceae

234. 植物体内不含乳汁；有细长的子房柄；种子无或有少量胚乳 ………………………………………………………………… 白花菜科 Capparidaceae

233. 木本植物；花常为五出数，萼片宿存或脱落。

235. 果实为具5个棱角的蒴果，分成5个骨质各含1或2个种子的心皮后，再各沿其缝线而2瓣裂开 ………………………………………………… 蔷薇科 Rosaceae（白鹃梅属 *Exochorda*）

235. 果实不为蒴果，如为蒴果时则为胞背裂开。

236. 蔓生或攀援的灌木；雄蕊互相分离；子房5室或更多室；浆果，常可食 ………………………………………………………………… 猕猴桃科 Actinidiaceae

236. 直立乔木或灌木；雄蕊至少在外层者连为单体，或连成3～5束而着生于花瓣的基部；子房3～5室。

237. 花药能转动，以顶端孔裂开；浆果；胚乳颇丰富…………… 猕猴桃科 Actinidiaceae（水冬哥属 *Saurauia*）

237. 花药能或不能转动，常纵长裂开；果实有各种情形；胚乳通常量微小 …… 山茶科 Theaceae

161. 成熟雄蕊10个或较少，如多于10个时，其数并不超过花瓣的2倍。

238. 成熟雄蕊和花瓣同数，且和它对生。次238项，见284页。

239. 雌蕊3个至多数，离生。

240. 直立草本或亚灌木；花两性，五出数 ……………………………… 蔷薇科 Rosaceae（地蔷薇属 *Chamaerhodos*）

240. 木质或草质藤本；花单性，常为三出数。

241. 叶常为单叶；花小型；核果；心皮3～6个，呈星状排列，各含1胚珠 …………………………………………………………………… 防己科 Menispermaceae

241. 叶为掌状复叶或由3小叶组成；花中型；浆果；心皮3个至多数，呈轮状或螺旋状排列，各含1个或多数胚珠 ……………………………… 木通科 Lardizabalaceae

239. 雌蕊1个。

242. 子房2至数室。次242项，见284页。

243. 花萼裂齿不明显或微小；以卷须缠绕其他灌木或草本植物 ………………………………………………………………………… 葡萄科 Vitaceae

243. 花萼具4～5裂片；乔木、灌木或草本植物，有时虽也可为缠绕性，但无卷须。

244. 雄蕊连成单体。

245. 叶为单叶；每个子房室内含胚珠2～6个［或在可可树亚族（*Theobromineae*）中为多数］……………………………………………………… 梧桐科 Sterculiaceae

245. 叶为掌状复叶；每个子房室内含胚珠多数 ………………… 木棉科 Bombacaceae

（吉贝属 *Ceiba*）

244. 雄蕊互相分离，或稀可在其下部连成一个管。

246. 叶无托叶；萼片各不相等；呈覆瓦状排列；花瓣不相等，在内层的2片常很小 …………………………………………… 清风藤科 **Sabiaceae**

246. 叶常有托叶；萼片同大，呈镊合状排列；花瓣均大小同形。

247. 叶为单叶 …………………………………………… 鼠李科 **Rhamnaceae**

247. 叶为1～3回羽状复叶 …………………………………………… 葡萄科 **Vitaceae**

（火筒树属 *Leea*）

242. 子房1室［在马齿苋科的土人参属（*Talinum*）及铁青树科的铁青树属（*Olax*）中则子房的下部多少有些成为3室］。

248. 子房下位或半下位。

249. 叶互生，边缘常有锯齿；蒴果 …………………………………………… 大风子科 **Flacourtiaceae**

（天料木属 *Homalium*）

249. 叶多对生或轮生，全缘；浆果或核果 …………………………………………… 桑寄生科 **Loranthaceae**

248. 子房上位。

250. 花药以舌瓣裂开 …………………………………………… 小檗科 **Berberidaceae**

250. 花药不以舌瓣裂开。

251. 缠绕草本；胚珠1个；叶肥厚，肉质 …………………………………………… 落葵科 **Basellaceae**

（落葵属 *Basella*）

251. 直立草本，或有时为木本；胚珠1个至多数。

252. 雄蕊连成单体；胚珠2个 …………………………………………… 梧桐科 **Sterculiaceae**

（蛇婆子属 *Waltheria*）

252. 雄蕊互相分离，胚珠1个至多数。

253. 花瓣6～9片；雌蕊单纯 …………………………………………… 小檗科 **Berberidaceae**

253. 花瓣4～8片；雌蕊复合。

254. 常为草本；花萼有2个分离萼片。

255. 花瓣4片；侧膜胎座 …………………………………………… 罂粟科 **Papaveraceae**

（角茴香属 *Hypecoum*）

255. 花瓣常5片；基底胎座 …………………………………………… 马齿苋科 **Portulacaceae**

254. 乔木或灌木，常蔓生；花萼呈倒圆锥形或杯状。

256. 通常雌雄同株；花萼裂片4～5；花瓣呈覆瓦状排列；无不育雄蕊；胚珠有2层珠被 …………………………………………… 紫金牛科 **Myrsinaceae**

（信筒子属 *Embelia*）

256. 花两性；花萼于开花时微小，而具不明显的齿裂；花瓣多为镊合状排列；有不育雄蕊（有时代以蜜腺）；胚珠无珠被。

257. 花萼于果时增大；子房的下部为3室，上部为1室，内含3个胚珠 …………………………………………… 铁青树科 **Olacaceae**

（铁青树属 *Olax*）

257. 花萼于果时不增大；子房1室，内仅含1个胚珠 …………………………………………… 山柚仔科 **Opiliaceae**

238. 成熟雄蕊和花瓣不同数，如同数时则雄蕊和花瓣互生。

258. 雌雄异株；雄蕊8个，不相同，其中5个较长，有伸出花外的花丝，且和花瓣互生，另3个则较短而藏于花内；灌木或灌木状草本；互生或对生单叶；心皮单生；雌花无花被，无梗，贴生于宽圆形的叶状苞片上 …………………………………………… 漆树科 **Anacardiaceae**

（九子不离母属 *Dobinea*）

258. 花两性或单性，即使为雌雄异株时，其雄花中也无上述情形的雄蕊。

259. 花萼或其筒部和子房多少有些相连合。次259项，见286页。

260. 每个子房室内含胚珠或种子2个至多数。次260项，见285页。

261. 花药以顶端孔裂开；草本或木本植物；叶对生或轮生，大都于叶片基部具3～9脉 …………………………………………… 野牡丹科 **Melastomaceae**

261. 花药纵长裂开。
262. 草本或亚灌木；有时为攀援性。
263. 具卷须的攀援草本；花单性 …………………………………… 葫芦科 Cucurbitaceae
263. 无卷须的植物；花常两性。
264. 萼片或花萼裂片 2 片；植物体多少肉质而多水分 ……… 马齿苋科 Portulacaceae
(马齿苋属 *Portulaca*)
264. 萼片或花萼裂片 4～5 片；植物体常不为肉质。
265. 花萼裂片呈覆瓦状或镊合状排列；花柱 2 个或更多；种子具胚乳
……………………………………………………… 虎耳草科 Saxifragaceae
265. 花萼裂片呈镊合状排列；花柱 1 个，具 2～4 裂，或为 1 个呈头状的柱头；种子无胚乳 …………………………………… 柳叶菜科 Onagraceae
262. 乔木或灌木，有时具攀援性。
266. 叶互生。
267. 花数朵至多数，呈头状花序；常绿乔木；叶革质，全缘或具浅裂
…………………………………………………… 金缕梅科 Hamamelidaceae
267. 花呈总状或圆锥花序。
268. 灌木；叶为掌状分裂，基部具 3～5 脉；子房 1 室，有多数胚珠；浆果
……………………………………………………… 虎耳草科 Saxifragaceae
(茶藨子属 *Ribes*)
268. 乔木或灌木；叶缘有锯齿或细锯齿，有时全缘，具羽状脉；子房 3～5 室，每室内含 2 个至数个胚珠，或在山茉莉属（*Huodendron*）为多数；干燥或木质核果，或蒴果，有时具棱角或有翅 …………………………………… 野茉莉科 Styracaceae
266. 叶常对生［使君子科的榄李树属（*Lumnitzera*）例外，同科的风车子属（*Combretum*）也可有时为互生，或互生和对生共存于一枝上］。
269. 胚珠多数，除冠盖藤属（*Pileostegia*）自子房室顶端垂悬外，均位于侧膜或中轴胎座上；浆果或蒴果；叶缘有锯齿或为全缘，但均无托叶；种子含胚乳……… 虎耳草科 Saxifragaceae
269. 胚珠 2 个至数个，近于自房室顶端垂悬；叶全缘或有圆锯齿；果实多不裂开，内有种子 1 个至数个。
270. 乔木或灌木，常为蔓生，无托叶，不为形成海岸林的组成分子［榄李树属（*Lumnitzera*）例外］；种子无胚乳，落地后始萌芽 ………………………… 使君子科 Combretaceae
270. 常绿灌木或小乔木，具托叶；多为形成海岸林的主要组成分子，种子常有胚乳，在落地前即萌芽（胎生）……………………………………………… 红树科 Rhizophoraceae
260. 每个子房室内仅含胚珠或种子 1 个。
271. 果实裂开为 2 个干燥的离果，并共同悬于一果梗上；花序常为伞形花序［在变豆菜属（*Sanicula*）及鸭儿芹属（*Cryptotaenia*）中为不规则的花序，在刺芫荽属（*Eryngium*）中，则为头状花序］ ……………………………………………………… 伞形科 Umbelliferae
271. 果实不裂开或裂开而不是上述情形的；花序可为各种形式。
272. 草本植物。
273. 花柱或柱头 2～4 个；种子具胚乳；果实为小坚果或核果，具棱角或有翅
…………………………………………………………… 小二仙草科 Haloragaceae
273. 花柱 1 个，具有 1 个头状或呈 2 裂的柱头；种子无胚乳。
274. 陆生草本植物，具对生叶；花为二出数；果实为一个具钩状刺毛的坚果
……………………………………………………… 柳叶菜科 Onagraceae
(露珠草属 *Circaea*)
274. 水生草本植物，有聚生而漂浮在水面的叶片；花为四出数；果实为具 2～4 刺的坚果（栽培种果实可无显著的刺） …………………………… 菱科 Trapaceae
(菱属 *Trapa*)
272. 木本植物。
275. 果实干燥或为蒴果状。

276. 子房 2 室；花柱 2 个 …………………………………………………………………… 金缕梅科 **Hamamelidaceae**

276. 子房 1 室；花柱 1 个。

277. 花序伞房状或圆锥状 ……………………………………………………………… 莲叶桐科 **Hernandiaceae**

277. 花序头状 ………………………………………………………………………………… 珙桐科 **Nyssaceae**

（旱莲木属 *Camptotheca*）

275. 果实呈核果状或浆果状。

278. 叶互生或对生；花瓣呈镊合状排列；花序有各种形式，但稀为伞形或头状，有时且可生于叶片上。

279. 花瓣 3～5 片，呈卵形至披针形；花药短 ………………………………… 山茱萸科 **Cornaceae**

279. 花瓣 4～10 片，狭窄并向外翻转；花药细长 ……………………………… 八角枫科 **Alangiaceae**

（八角枫属 *Alangium*）

278. 叶互生；花瓣呈覆瓦状或镊合状排列；花序常为伞形或呈头状。

280. 子房 1 室；花柱 1 个；花杂性兼雌雄异株，雌花单生或以少数朵至数朵聚生，雌花多数，腋生为有花梗的簇丛 ……………………………………………………………… 珙桐科 **Nyssaceae**

（蓝果树属 *Nyssa*）

280. 子房 2 室或更多室；花柱 2～5 个；如子房为 1 室而具 1 个花柱时［例如马蹄参属（*Diplopanax*）］，则花为两性，形成顶生类似穗状的花序 ……………………… 五加科 **Araliaceae**

259. 花萼和子房相分离。

281. 叶片中有透明微点。

282. 花整齐，稀可两侧对称；果实不为荚果 ………………………………………… 芸香科 **Rutaceae**

282. 花整齐或不整齐；果实为荚果 …………………………………………………… 豆科 **Leguminosae**

281. 叶片中无透明微点。

283. 雌蕊 2 个或更多，互相分离或仅有局部的连合；也可子房分离而花柱连合成 1 个。次 283 项，见 287 页。

284. 多水分的草本，具肉质的茎及叶 …………………………………………… 景天科 **Crassulaceae**

284. 植物体为其他情形。

285. 花为周位花。

286. 花的各部分呈螺旋状排列，萼片逐渐变为花瓣；雄蕊 5 或 6 个；雌蕊多数 …………………………………………………………………………………… 蜡梅科 **Calycanthaceae**

（蜡梅属 *Chimonanthus*）

286. 花的各部分呈轮状排列，萼片和花瓣甚有分化。

287. 雌蕊 2～4 个，各有多数胚珠；种子有胚乳；无托叶 ……… 虎耳草科 **Saxifragaceae**

287. 雌蕊 2 个至多数，各有 1 个至数个胚珠；种子无胚乳；有或无托叶 …………………………………………………………………………………… 蔷薇科 **Rosaceae**

285. 花为下位花，或在悬铃木科中微呈周位。

288. 草本或亚灌木。

289. 各子房的花柱互相分离。

290. 叶常互生或基生，多少有些分裂；花瓣脱落性，较萼片为大，或于天葵属（*Semiaquilegia*）稍小；呈花瓣状的萼片 …………………… 毛茛科 **Ranunculaceae**

290. 叶对生或轮生，为全缘单叶；花瓣宿存性，较萼片小 ……… 马桑科 **Coriariaceae**

（马桑属 *Coriaria*）

289. 各子房合具 1 个共同的花柱或柱头；叶为羽状复叶；花为五出数；花萼宿存；花中有和花瓣互生的腺体；雄蕊 10 个 …………………………… 牻牛儿苗科 **Geraniaceae**

（熏倒牛属 *Biebersteinia*）

288. 乔木、灌木或木本的攀援植物。

291. 叶为单叶。次 291 项，见 287 页。

292. 叶对生或轮生 …………………………………………………………………… 马桑科 **Coriariaceae**

（马桑属 *Coriaria*）

292. 叶互生。

293. 叶为脱落性，具掌状脉；叶柄基部扩张呈帽状以覆盖腋芽 …………………………………………………………………… 悬铃木科 **Platanaceae**
（悬铃木属 *Platanus*）

293. 叶为常绿性或脱落性，具羽状脉。

294. 雌蕊 7 个至多数（稀可少至 5 个）；直立或缠绕性灌木；花两性或单性 …………………………………………………………………… 木兰科 **Magnoliaceae**

294. 雌蕊 4～6 个；乔木或灌木；花两性。

295. 子房 5 或 6 个，以 1 个共同的花柱而连合，各子房均可熟为核果 …………………………………………………………………… 金莲木科 **Ochnaceae**
（赛金莲木属 *Gomphia*）

295. 子房 4～6 个，各具 1 花柱，仅有 1 个子房可成熟为核果 …………………………………………………………………… 漆树科 **Anacardiaceae**
（山檨仔属 *Buchanania*）

291. 叶为复叶。

296. 叶对生 …………………………………………………… 省沽油科 **Staphyleaceae**

296. 叶互生。

297. 木质藤本；叶为掌状复叶或三出复叶 ……………………… 木通科 **Lardizabalaceae**

297. 乔木或灌木（有时在牛栓藤科中有缠绕性者）；叶为羽状复叶。

298. 果实为 1 个含多数种子的浆果，状似猫屎 ………………… 木通科 **Lardizabalaceae**
（猫儿屎属 *Decaisnea*）

298. 果实为其他情形。

299. 果实为蓇葖果 ………………………………………… 牛栓藤科 **Connaraceae**

299. 果实为离果，或在臭椿属（*Ailanthus*）中为翅果 ………… 苦木科 **Simaroubaceae**

283. 雌蕊 1 个，或至少其子房为 1 个。

300. 雌蕊或子房确是单纯的，仅 1 室。

301. 果实为核果或浆果。

302. 花为三出数，稀可二出数；花药以舌瓣裂开 ……………………… 樟科 **Lauraceae**

302. 花为五出或四出数；花药纵长裂开。

303. 落叶具刺灌木；雄蕊 10 个，周位，均可发育 ………………………… 蔷薇科 **Rosaceae**
（扁核木属 *Prinsepia*）

303. 常绿乔木；雄蕊 1～5 个，下位，常仅其中 1 或 2 个可发育 ……… 漆树科 **Anacardiaceae**
（杜果属 *Mangifera*）

301. 果实为蓇葖果或荚果。

304. 果实为蓇葖果。

305. 落叶灌木；叶为单叶；蓇葖果内含 2 个至数个种子 ……………… 蔷薇科 **Rosaceae**
（绣线菊亚科 Spiraeoideae）

305. 常为木质藤本；叶多为单数复叶或具 3 片小叶；有时因退化而只有 1 片小叶；蓇葖果内仅含 1 个种子 ………………………………………… 牛栓藤科 **Connaraceae**

304. 果实为荚果 ……………………………………………………………… 豆科 **Leguminosae**

300. 雌蕊或子房并非单纯者，有 1 个以上的子房室或花柱、柱头、胎座等部分。

306. 子房 1 室或因有 1 个假隔膜的发育而成 2 室，有时下部 2～5 室，上部 1 室。次 306 项，见 289 页。

307. 花下位，花瓣 4 片，稀可更多。次 307 项，见 288 页。

308. 萼片 2 片 ………………………………………………………… 罂粟科 **Papaveraceae**

308. 萼片 4～8 片。

309. 子房柄常细长，呈线状 ………………………………………… 白花菜科 **Capparidaceae**

309. 子房柄极短或不存在。

310. 子房为 2 个心皮连合组成，常具 2 子房室及 1 个假隔膜 ……… 十字花科 **Cruciferae**

310. 子房为 3～6 个心皮连合组成，仅 1 个子房室。

311. 叶对生，微小，为耐寒旱性；花为辐射对称；花瓣完整，具瓣爪，其内侧有舌状的鳞片附属物 …………………………………………………………………………… 瓣鳞花科 **Frankeniaceae**
(瓣鳞花属 *Frankenia*)

311. 叶互生，显著，非为耐寒旱性；花为两侧对称；花瓣常分裂，但其内侧并无鳞片状的附属物 …………………………………………………………………………… 木樨草科 **Resedaceae**

307. 花周位或下位，花瓣 3～5 片，稀可 2 片或更多。

312. 每个子房室内仅有胚珠 1 个。

313. 乔木，或稀为灌木；叶常为羽状复叶。

314. 叶常为羽状复叶，具托叶及小托叶 …………………………………… 省沽油科 **Staphyleaceae**
(银鹊树属 *Tapiscia*)

314. 叶为羽状复叶或单叶，无托叶及小托叶 …………………………………… 漆树科 **Anacardiaceae**

313. 木本或草本；叶为单叶。

315. 通常均为木本，稀可在樟科的无根藤属（*Cassytha*）则为缠绕性寄生草本；叶常互生，无膜质托叶。

316. 乔木或灌木；无托叶；花为三出或二出数，萼片和花瓣同形，稀可花瓣较大；花药以舌瓣裂开；浆果或核果 …………………………………………………………………… 樟科 **Lauraceae**

316. 蔓生性灌木，茎为合轴型，具钩状的分枝；托叶小而早落；花为五出数，萼片和花瓣不同形，前者于结实时增大呈翅状；花药纵长裂开；坚果
…………………………………………………………………………… 钩枝藤科 **Ancistrocladaceae**
(钩枝藤属 *Ancistrocladus*)

315. 草本或亚灌木；叶互生或对生，具膜质托叶 …………………………………… 蓼科 **Polygonaceae**

312. 每个子房室内有胚珠 2 个至多数。

317. 乔木、灌木或木质藤本。次 317 项，见 289 页。

318. 花瓣及雄蕊均着生于花萼上 …………………………………………… 千屈菜科 **Lythraceae**

318. 花瓣及雄蕊均着生于花托上（或于西番莲科中雄蕊着生于子房柄上）。

319. 核果或翅果，仅有 1 个种子。

320. 花萼具显著的 4 或 5 裂片或裂齿，微小而不能长大 ……………… 茶茱萸科 **Icacinaceae**

320. 花萼呈截平头或具不明显的萼齿，微小，但能在果实上增大 …… 铁青树科 **Olacaceae**
(铁青树属 *Olax*)

319. 蒴果或浆果，内有 2 个至多数种子。

321. 花两侧对称。

322. 叶为 2～3 回羽状复叶；雄蕊 5 个 ………………………………… 辣木科 **Moringaceae**
(辣木属 *Moringa*)

322. 叶为全缘的单叶；雄蕊 8 个 ………………………………………… 远志科 **Polygalaceac**

321. 花辐射对称；叶为单叶或掌状分裂。

323. 花瓣具有直立而常彼此衔接的瓣爪 ……………………………… 海桐花科 **Pittosporaceae**
(海桐花属 *Pittosporum*)

323. 花瓣不具细长的瓣爪。

324. 植物体为耐寒旱性，有鳞片状或细长形的叶片；花无小苞片…… 柽柳科 **Tamaricaceae**

324. 植物体为非耐寒旱性，具有较宽大的叶片。

325. 花两性。

326. 花萼和花瓣不甚分化，且前者较大 ……………………… 大风子科 **Flacourtiaceae**
(红子木属 *Erythrospermum*)

326. 花萼和花瓣有很大分化，前者很小 ………………………………… 堇菜科 **Violaceae**
(雷诺木属 *Rinorea*)

325. 雌雄异株或花杂性。

327. 乔木；花的每一个花瓣基部各具位于内方的一个鳞片；无子房柄
…………………………………………………………………………… 大风子科 **Flacourtiaceae**
(大风子属 *Hydnocarpus*)

327. 多为具卷须而攀援的灌木；花常具一个为5鳞片所成的副冠，各鳞片和萼片相对生；有子房柄 ………………………………………………………………………………… 西番莲科 **Passifloraceae**
(蒴莲属 *Adenia*)

317. 草本或亚灌木。
328. 胎座位于子房室的中央或基底。
329. 花瓣着生于花萼的喉部 ……………………………………………………… 千屈菜科 **Lythraceae**
329. 花瓣着生于花托上。
330. 萼片2片；叶互生，稀可对生 ……………………………………………… 马齿苋科 **Portulacaceae**
330. 萼片5或4片；叶对生 ……………………………………………………… 石竹科 **Caryophyllaceae**
328. 胎座为侧膜胎座。
331. 食虫植物，具生有腺体刚毛的叶片 ………………………………………… 茅膏菜科 **Droseraceae**
331. 为非食虫植物，也无生有腺体毛茸的叶片。
332. 花两侧对称。
333. 花有一个位于前方的距状物；蒴果3瓣裂开 ……………………………… 堇菜科 **Violaceae**
333. 花有一个位于后方的大型花盘；蒴果仅于顶端裂开 …………… 木樨草科 **Resedaceae**
332. 花整齐或近于整齐。
334. 植物体为耐寒旱性；花瓣内侧各有1舌状的鳞片 ……………… 瓣鳞花科 **Frankeniaceae**
(瓣鳞花属 *Frankenia*)
334. 植物体为非耐寒旱性；花瓣内侧无鳞片的舌状附属物。
335. 花中有副冠及子房柄 ………………………………………………… 西番莲科 **Passifloraceae**
(西番莲属 *Passiflora*)
335. 花中无副冠及子房柄 ………………………………………………… 虎耳草科 **Saxifragaceae**

306. 子房2室或更多室。
336. 花瓣形状彼此极不相等。
337. 每个子房室内有数个至多数胚珠。
338. 子房2室 ………………………………………………………………………… 虎耳草科 **Saxifragaceae**
338. 子房5室 ………………………………………………………………………… 凤仙花科 **Balsaminaceae**
337. 每子房室内仅有1个胚珠。
339. 子房3室；雄蕊离生；叶盾状，叶缘具棱角或波纹 ……………… 旱金莲科 **Tropaeolaceae**
(旱金莲属 *Tropaeolum*)
339. 子房2室（稀可1或3室）；雄蕊连合为一个单体；叶不呈盾状，全缘 ………………………………………………………………………………… 远志科 **Polygalaceae**
336. 花瓣形状彼此相等或微有不等，且有时花也可为两侧对称。
340. 雄蕊数和花瓣数既不相等，也不是它的倍数。次340项，见290页。
341. 叶对生。次341项，见231页。
342. 雄蕊4～10个，常8个。次342项，见231页。
343. 蒴果 ………………………………………………………………………… 七叶树科 **Hippocastanaceae**
343. 翅果 ………………………………………………………………………… 槭树科 **Aceraceae**
342. 雄蕊2或3个，稀也可4或5个。
344. 萼片及花瓣均为五出数；雄蕊多为3个 ………………………… 翅子藤科 **Hippocrateaceae**
344. 萼片及花瓣常均为四出数；雄蕊2个，稀可3个 ………………… 木樨科 **Oleaceae**
341. 叶互生。
345. 叶为单叶，多全缘，或在油桐属（*Aleurites*）中可具3～7裂片；花单性 ………………………………………………………………………………… 大戟科 **Euphorbiaceae**
345. 叶为单叶或复叶；花两性或杂性。
346. 萼片为镊合状排列；雄蕊连成单体 ………………………………… 梧桐科 **Sterculiaceae**
346. 萼片为覆瓦状排列；雄蕊离生。
347. 子房4或5室，每个子房室内有8～12个胚珠；种子具翅 ………… 楝科 **Meliaceae**
(香椿属 *Toona*)

347. 子房常3室，每个子房室内有1个至数个胚珠；种子无翅。
348. 花小型或中型，下位，萼片互相分离或微有连合 ………… 无患子科 **Sapindaceae**
348. 花大型，美丽，周位，萼片互相连合，呈一个钟形的花萼
……………………………………………………………… 钟萼木科 **Bretschneideraceae**
(钟萼木属 *Bretschneidera*)

340. 雄蕊数和花瓣数相等，或是它的倍数。
349. 每个子房室内有胚珠或种子3个至多数。次349项，见291页。
350. 叶为复叶。
351. 雄蕊连合成为单体 ……………………………………………… 酢浆草科 **Oxalidaceae**
351. 雄蕊彼此相互分离。
352. 叶互生。
353. 叶为2～3回的三出叶，或为掌状叶 ………………………… 虎耳草科 **Saxifragaceae**
(落新妇亚族 *Astilbinae*)
353. 叶为1回羽状复叶 ……………………………………………… 楝科 **Meliaceae**
(香椿属 *Toona*)
352. 叶对生。
354. 叶为双数羽状复叶 …………………………………………… 蒺藜科 **Zygophyllaceae**
354. 叶为单数羽状复叶 ………………………………………… 省沽油科 **Staphyleaceae**
350. 叶为单叶。
355. 草本或亚灌木。
356. 花周位；花托多少有些中空。
357. 雄蕊着生于杯状花托的边缘 ……………………………… 虎耳草科 **Saxifragaceae**
357. 雄蕊着生于杯状或管状花萼（或即花托）的内侧 ………… 千屈菜科 **Lythraceae**
356. 花下位；花托常扁平。
358. 叶对生或轮生，常全缘。
359. 水生或沼泽草本，有时［例如田繁缕属（*Bergia*）］为亚灌木；有托叶
…………………………………………………………………… 沟繁缕科 **Elatinaceae**
359. 陆生草本；无托叶 ………………………………………… 石竹科 **Caryophyllaceae**
358. 叶互生或基生；稀可对生，边缘有锯齿，或叶退化为无绿色组织的鳞片。
360. 草本或亚灌木：有托叶；萼片呈镊合状排列，脱落性 ………… 椴树科 **Tiliaceae**
(黄麻属 *Corchorus*，田麻属 *Corchoropsis*)
360. 多年生常绿草本，或为死物寄生植物而无绿色组织；无托叶；萼片呈覆瓦状排列，宿存性 ……………………………………………………… 鹿蹄草科 **Pyrolaceae**
355. 木本植物。
361. 花瓣常有彼此衔接或其边缘互相依附的柄状瓣爪 ……………… 海桐花科 **Pittosporaceae**
(海桐花属 *Pittosporum*)
361. 花瓣无瓣爪，或仅具互相分离的细长柄状瓣爪。
362. 花托空凹；萼片呈镊合状或覆瓦状排列。
363. 叶互生，边缘有锯齿，常绿性 ………………………………… 虎耳草科 **Saxifragaceae**
(鼠刺属 *Itea*)
363. 叶对生或互生，全缘，脱落性。
364. 子房2～6室，仅具1个花柱；胚珠多数，着生于中轴胎座上 …… 千屈菜科 **Lythraceae**
364. 子房2室，具2个花柱；胚珠数个，垂悬于中轴胎座上 … 金缕梅科 **Hamamelidaceae**
(双花木属 *Disanthus*)
362. 花托扁平或微凸起；萼片呈覆瓦状或于杜英科中呈镊合状排列。
365. 花为四出数；果实呈浆果状或核果状；花药纵长裂开或顶端舌瓣裂开。
366. 穗状花序腋生于当年新枝上；花瓣先端具齿裂 ………………… 杜英科 **Elaeocarpaceae**
(杜英属 *Elaeocarpus*)
366. 穗状花序腋生于昔年老枝上；花瓣完整 ………………………… 旌节花科 **Stachyuraceae**

（旌节花属 *Stachyurus*）

365. 花为五出数；果实呈蒴果状；花药顶端孔裂。

367. 花粉粒单纯；子房 3 室 ………………………………………………………… 山柳科 **Clethraceae**

（山柳属 *Clethra*）

367. 花粉粒复合，成为四合体；子房 5 室 ……………………………………… 杜鹃花科 **Ericaceae**

349. 每个子房室内有胚珠或种子 1 或 2 个。

368. 草本植物，有时基部呈灌木状。

369. 花单性、杂性，或雌雄异株。

370. 具卷须的藤本；叶为二回三出复叶 ……………………………………… 无患子科 **Sapindaceae**

（倒地铃属 *Cardiospermum*）

370. 直立草本或亚灌木；叶为单叶 ………………………………………… 大戟科 **Euphorbiaceae**

369. 花两性。

371. 萼片呈镊合状排列；果实有刺 ……………………………………………… 椴树科 **Tiliaceae**

（刺蒴麻属 *Triumfetta*）

371. 萼片呈覆瓦状排列；果实无刺。

372. 雄蕊彼此分离；花柱互相连合 ………………………………………… 牻牛儿苗科 **Geraniaceae**

372. 雄蕊互相连合；花柱彼此分离 ……………………………………………… 亚麻科 **Linaceae**

368. 木本植物。

373. 叶肉质，通常仅为 1 对小叶所组成的复叶 ……………………………… 蒺藜科 **Zygophyllaceae**

373. 叶为其他情形。

374. 叶对生；果实为 1、2 或 3 个翅果所组成。

375. 花瓣细裂或具齿裂；每个果实有 3 个翅果 ……………………………… 金虎尾科 **Malpighiaceae**

375. 花瓣全缘；每个果实具 2 个或连合为 1 个的翅果 ………………………… 槭树科 **Aceraceae**

374. 叶互生，如为对生时，则果实不为翅果。

376. 叶为复叶，或稀可为单叶而有具翅的果实。

377. 雄蕊连为单体。次 377 项，见 233 页。

378. 萼片及花瓣均为三出数；花药 6 个，花丝生于雄蕊管的口部

……………………………………………………………………………………… 橄榄科 **Burseraceae**

378. 萼片及花瓣均为四出至六出数；花药 8～12 个，无花丝，直接着生于雄蕊管的喉部或裂齿之间 ……………………………………………………………………… 楝科 **Meliaceae**

377. 雄蕊各自分离。

379. 叶为单叶；果实为一具 3 翅而其内仅有 1 个种子的小坚果 ………………… 卫矛科 **Celastraceae**

（雷公藤属 *Tripterygium*）

379. 叶为复叶；果实无翅。

380. 花柱 3～5 个；叶常互生，脱落性 ………………………………………… 漆树科 **Anacardiaceae**

380. 花柱 1 个；叶互生或对生。

381. 叶为羽状复叶，互生，常绿性或脱落性；果实有各种类型 ……… 无患子科 **Sapindaceae**

381. 叶为掌状复叶，对生，脱落性；果实为蒴果 ……………………… 七叶树科 **Hippocastanaceae**

376. 叶为单叶；果实无翅。

382. 雄蕊连成单体，或如为 2 轮时，至少其内轮者如此，有时其花药无花丝［例如大戟科的三宝木属（*Trigonostemon*）］。

383. 花单性；萼片或花萼裂片 2～6 片，呈镊合状或覆瓦状排列 ………… 大戟科 **Euphorbiaceae**

383. 花两性；萼片 5 片，呈覆瓦状排列。

384. 果实呈蒴果状；子房 3～5 室，各室均可成熟 ……………………………… 亚麻科 **Linaceae**

384. 果实呈核果状；子房 3 室，大都其中的 2 室为不孕性，仅另 1 室可成熟，而有 1 或 2 个胚珠 ……………………………………………………………… 古柯科 **Erythroxylaceae**

（古柯属 *Erythroxylum*）

382. 雄蕊各自分离，有时在毒鼠子科中可和花瓣相连合而形成一个管状物。

385. 果呈蒴果状。

386. 叶互生或稀可对生；花下位。

387. 叶脱落性或常绿性；花单性或两性；子房3室，稀可2或4室，有时可多至15室［例如算盘子属（*Glochidion*）］ ………………………………………… 大戟科 **Euphorbiaceae**

387. 叶常绿性；花两性；子房5室 ………………………………………… 五列木科 **Pentaphylacaceae**（五列木属 *Pentaphylax*）

386. 叶对生或互生；花周位 ………………………………………… 卫矛科 **Celastraceae**

385. 果呈核果状，有时木质化，或呈浆果状。

388. 种子无胚乳，胚体肥大而多肉质。

389. 雄蕊10个 ………………………………………… 蒺藜科 **Zygophyllaceae**

389. 雄蕊4或5个。

390. 叶互生；花瓣5片，各2裂或成两部分 ………………………… 毒鼠子科 **Dichapetalaceae**（毒鼠子属 *Dichapetalum*）

390. 叶对生；花瓣4片，均完整 ………………………………………… 刺茉莉科 **Salvadoraceae**（刺茉莉属 *Azima*）

388. 种子有胚乳，胚体有时很小。

391. 植物体为耐寒旱性；花单性，三出或二出数 ………………………… 岩高兰科 **Empetraceae**（岩高兰属 *Empetrum*）

391. 植物体为普通形状；花两性或单性，五出或四出数。

392. 花瓣呈镊合状排列。

393. 雄蕊和花瓣同数 ………………………………………… 茶茱萸科 **Icacinaceae**

393. 雄蕊为花瓣的倍数。

394. 枝条无刺，而有对生的叶片 ………………………………… 红树科 **Rhizophoraceae**（红树族 Gynotrocheae）

394. 枝条有刺，而有互生的叶片 ………………………………… 铁青树科 **Olacaceae**（海檀木属 *Ximenia*）

392. 花瓣呈覆瓦状排列，或在大戟科的小束花属（*Microdesmis*）中为扭转兼覆瓦状排列。

395. 花单性，雌雄异株；花瓣小于萼片 ………………………………… 大戟科 **Euphorbiaceae**（小盘木属 *Microdesmis*）

395. 花两性或单性；花瓣常较大于萼片。

396. 落叶攀援灌木；雄蕊10个；子房5室，每室内有胚珠2个 ……… 猕猴桃科 **Actinidiaceae**（藤山柳属 *Clematoclethra*）

396. 多为常绿乔木或灌木；雄蕊4或5个。

397. 花下位，雌雄异株或杂性，无花盘 ………………………………… 冬青科 **Aquifoliaceae**（冬青属 *Ilex*）

397. 花周位，两性或杂性；有花盘 ………………………………… 卫矛科 **Celastraceae**（异卫矛亚科 Cassinioideae）

160. 花冠为多少有些连合的花瓣所组成。

398. 成熟雄蕊或单体雄蕊的花药数多于花冠裂片。次398项，见293页。

399. 心皮1个至数个，互相分离或大致分离。

400. 叶为单叶或有时可为羽状分裂，对生，肉质 ………………………… 景天科 **Crassulaceae**

400. 叶为二回羽状复叶，互生，不呈肉质 ………………………………… 豆科 **Leguminosae**（含羞草亚科 Mimosoideae）

399. 心皮2个或更多，连合成一复合性子房。

401. 雌雄同株或异株，有时为杂性。

402. 子房1室；无分枝而呈棕榈状的小乔木 ………………………… 番木瓜科 **Caricaceae**（番木瓜属 *Carica*）

402. 子房2室至多室；具分枝的乔木或灌木。

403. 雄蕊连成单体，或至少内层者如此；蒴果 ………………………… 大戟科 **Euphorbiaceae**（麻疯树科 Jatropha）

403. 雄蕊各自分离；浆果 …………………………………………………………… 柿树科 Ebenaceae

401. 花两性。

404. 花瓣连成一盖状物，或花萼裂片及花瓣均可合成为 1 或 2 层的盖状物。

405. 叶为单叶，具有透明微点 ………………………………………………………… 桃金娘科 Myrtaceae

405. 叶为掌状复叶，无透明微点 ……………………………………………………… 五加科 Araliaceae

（多蕊木属 *Tupidanthus*）

404. 花瓣及花萼裂片均不连成盖状物。

406. 每个子房室中有 3 个至多数胚珠。

407. 雄蕊 5～10 个或其数不超过花冠裂片的 2 倍，稀可在野茉莉科的银钟花属（*Halesia*），其数可达 16 个，而为花冠裂片的 4 倍。

408. 雄蕊连成单体或其花丝于基部互相连合；花药纵裂；花粉粒单生。

409. 叶为复叶；子房上位；花柱 5 个 ………………………………… 酢浆草科 Oxalidaceae

409. 叶为单叶；子房下位或半下位；花柱 1 个；乔木或灌木，常有星状毛 ……………………………………………………………………………… 野茉莉科 Styracaceae

408. 雄蕊各自分离；花药顶端孔裂；花粉粒为四合型 …………… 杜鹃花科 Ericaceae

407. 雄蕊为不定数。

410. 萼片和花瓣常各为多数，而无显著的区分；子房下位；植物体肉质；绿色，常具棘针，而其叶退化 …………………………………………………………… 仙人掌科 Cactaceae

410. 萼片和花瓣常各为 5 片，而有显著的区分；子房上位。

411. 萼片呈镊合状排列；雄蕊连成单体 ………………………………… 锦葵科 Malvaceae

411. 萼片呈显著的覆瓦状排列。

412. 雄蕊连成 5 束，且每束着生于 1 花瓣的基部；花药顶端孔裂开；浆果 …………………………………………………………………………………… 猕猴桃科 Actinidiaceae

（水冬哥属 *Saurauia*）

412. 雄蕊的基部连成单体；花药纵长裂开；蒴果 ………………………… 山茶科 Theaceae

（紫茎木属 *Stewartia*）

406. 每个子房室中常仅有 1 或 2 个胚珠。

413. 花萼中的 2 片或更多片于结实时能长大成翅状 ……………………… 龙脑香科 Dipterocarpaceae

413. 花萼裂片无上述变大的情形。

414. 植物体常有星状毛茸 ………………………………………………… 野茉莉科 Styracaceae

414. 植物体无星状毛茸。

415. 子房下位或半下位；果实歪斜 …………………………………… 山矾科 Symplocaceae

（山矾属 *Symplocos*）

415. 子房上位。

416. 雄蕊相互连合为单体；果实成熟时分裂为离果 ……………………… 锦葵科 Malvaceae

416. 雄蕊各自分离；果实不是离果。

417. 子房 1 或 2 室；蒴果 ……………………………………………… 瑞香科 Thymelaeaceae

（沉香属 *Aquilaria*）

417. 子房 6～8 室；浆果 ……………………………………………… 山榄科 Sapotaceae

（紫荆木属 *Madhuca*）

398. 成熟雄蕊并不多于花冠裂片或有时因花丝的分裂则可过之。

418. 雄蕊和花冠裂片为同数且对生。次 418 项，见 294 页。

419. 植物体内有乳汁 ……………………………………………………… 山榄科 Sapotaceae

419. 植物体内不含乳汁。

420. 果实内有数个至多数种子。

421. 乔木或灌木；果实呈浆果状或核果状 ……………………………… 紫金牛科 Myrsinaceae

421. 草本；果实呈蒴果状 …………………………………………………… 报春花科 Primulaceae

420. 果实内仅有 1 个种子。

422. 子房下位或半下位。

423. 乔木或攀援性灌木；叶互生 ………………………………………… 铁青树科 **Olacaceae**

423. 常为半寄生性灌木；叶对生 ………………………………………… 桑寄生科 **Loranthaceae**

422. 子房上位。

424. 花两性。

425. 攀援性草本；萼片 2；果为肉质宿存花萼所包围 ………………… 落葵科 **Basellaceae**

（落葵属 *Basella*）

425. 直立草本或亚灌木，有时为攀援性；萼片或萼裂片 5；果为蒴果或瘦果，不为花萼所包围 ………………………………………… 蓝雪科 **Plumbaginaceae**

424. 花单性，雌雄异株；攀援性灌木。

426. 雄蕊连合成单体；雌蕊单纯性 ………………………… 防己科 **Menispermaceae**

（锡生藤亚族 *Cissampelos*）

426. 雄蕊各自分离；雌蕊复合性 ……………………………… 茶茱萸科 **Icacinaceae**

（微花藤属 *Iodes*）

418. 雄蕊和花冠裂片为同数且互生，或雄蕊数较花冠裂片为少。

427. 子房下位。次 427 项，见 295 页。

428. 植物体常卷须而攀援或蔓生；胚珠及种子皆水平生长于侧膜胎座上 … 葫芦科 **Cucurbitaceae**

428. 植物体直立，如攀援时也无卷须；胚珠及种子并不水平生长。

429. 雄蕊互相连合。

430. 花整齐或两侧对称，呈头状花序，或在苍耳属（*Xanthium*）中，雌花序为一个仅含 2 朵花的果壳，其外生有钩状刺毛；子房 1 室，内仅有 1 个胚珠 ……… 菊科 **Compositae**

430. 花多两侧对称，单生或呈总状或伞房花序；子房 2 或 3 室，内有多数胚珠。

431. 花冠裂片呈镊合状排列；雄蕊 5 个，具分离的花丝及连合的花药 ………………………………………… 桔梗科 **Campanulaceae**

（半边莲亚科 Lobelioideae）

431. 花冠裂片呈覆瓦状排列；雄蕊 2 个，具连合的花丝及分离的花药 ………………………………………… 花柱草科 **Stylidiaceae**

（花柱草属 *Stylidium*）

429. 雄蕊各自分离。

432. 雄蕊和花冠相分离或近于分离。

433. 花药顶端孔裂开；花粉粒连合成四合体；灌木或亚灌木 ……… 杜鹃花科 **Ericaceae**

（乌饭树亚科 Vaccinioideae）

433. 花药纵长裂开，花粉粒单纯；多为草本。

434. 花冠整齐；子房 2～5 室，内有多数胚珠 ……………………… 桔梗科 **Campanulaceae**

434. 花冠不整齐；子房 1～2 室，每个子房室内仅有 1～2 个胚珠 ………………………………………… 草海桐科 **Goodeniaceae**

432. 雄蕊着生于花冠上。

435. 雄蕊 4 或 5 个，和花冠裂片同数。

436. 叶互生；每个子房室内有多数胚珠 ………………………… 桔梗科 **Campanulaceae**

436. 叶对生或轮生；每个子房室内有 1 个至多数胚珠。

437. 叶轮生，如为对生时，则有托叶存在 ……………………… 茜草科 **Rubiaceae**

437. 叶对生，无托叶或稀可有明显的托叶。

438. 花序多为聚伞花序 ………………………………………… 忍冬科 **Caprifoliaceae**

438. 花序为头状花序 …………………………………………… 川续断科 **Dipsacaceae**

435. 雄蕊 1～4 个，其数较花冠裂片为少。

439. 子房 1 室。

440. 胚珠多数，生于侧膜胎座上 ……………………………… 苦苣苔科 **Gesneriaceae**

440. 胚珠 1 个，垂悬于子房的顶端 …………………………… 川续断科 **Dipsacaceae**

439. 子房 2 室或更多室，具中轴胎座。

441. 子房 2～4 室，所有的子房室均可成熟；水生草本 ………… 胡麻科 **Pedaliaceae**

（茶菱属 *Trapella*）

441. 子房3或4室，仅其中1或2室可成熟。

442. 落叶或常绿的灌木；叶片常全缘或边缘有锯齿 ………… 忍冬科 **Caprifoliaceae**

442. 陆生草本；叶片常有很多的分裂 ………………… 败酱科 **Valerianaceae**

427. 子房上位。

443. 子房深裂为2～4部分；花柱或数花柱均自子房裂片之间伸出。

444. 花冠两侧对称或稀可整齐；叶对生 ……………………………………… 唇形科 **Labiatae**

444. 花冠整齐；叶互生。

445. 花柱2个；多年生匍匐性小草本；叶片呈圆肾形 ……………… 旋花科 **Convolvulaceae**

（马蹄金属 *Dichondra*）

445. 花柱1个 …………………………………………………………… 紫草科 **Boraginaceae**

443. 子房完整或微有分割，或为2个分离的心皮所组成；花柱自子房的顶端伸出。

446. 雄蕊的花丝分裂。

447. 雄蕊2个，各分为3裂 ……………………………………………… 罂粟科 **Papaveraceae**

（紫堇亚科 Fumarioideae）

447. 雄蕊5个，各分为2裂 …………………………………………… 五福花科 **Adoxaceae**

（五福花属 *Adoxa*）

446. 雄蕊的花丝单纯。

448. 花冠不整齐，常多少有些呈两唇状。次448项，见296页。

449. 成熟雄蕊5个。

450. 雄蕊和花冠离生 ………………………………………………… 杜鹃花科 **Ericaceae**

450. 雄蕊着生于花冠上 ……………………………………………… 紫草科 **Boraginaceae**

449. 成熟雄蕊2或4个，退化雄蕊有时也可存在。

451. 每个子房室内仅含1或2个胚珠（如为后一种情形时，也可在次451项检索之）。

452. 叶对生或轮生；雄蕊4个，稀可2个；胚珠直立，稀可垂悬。

453. 子房2～4室，共有2个或更多的胚珠 ……………………… 马鞭草科 **Verbenaceae**

453. 子房1室，仅含1个胚珠 …………………………………… 透骨草科 **Phrymaceae**

（透骨草属 *Phryma*）

452. 叶互生或基生；雄蕊2或4个，胚珠垂悬；子房2室，每子房室内仅有1个胚珠
…………………………………………………………………………… 玄参科 **Scrophulariaceae**

451. 每子房室内有2个至多数胚珠。

454. 子房1室具侧膜胎座或中央胎座（有时可因侧膜胎座的深入而为2室）。

455. 草本或木本植物，不为寄生性，也非食虫性。

456. 多为乔木或木质藤本；叶为单叶或复叶，对生或轮生，稀可互生，种子有翅，但无胚乳 ……………………………………………………… 紫葳科 **Bignoniaceae**

456. 多为草本；叶为单叶，基生或对生；种子无翅，有或无胚乳
…………………………………………………………………… 苦苣苔科 **Gesneriaceae**

455. 草本植物，为寄生性或食虫性。

457. 植物体寄生于其他植物的根部，而无绿叶存在；雄蕊4个；侧膜胎座
………………………………………………………………………… 列当科 **Orobanchaceae**

457. 植物体为食虫性，有绿叶存在；雄蕊2个；特立中央胎座；多为水生或沼泽植物，且有具距的花冠 ………………………………… 狸藻科 **Lentibulariaceae**

454. 子房2～4室，具中轴胎座，或于角胡麻科中为子房1室而具侧膜胎座。

458. 植物体常具分泌黏液的腺体毛茸；种子无胚乳或具一薄层胚乳。

459. 子房最后成为4室；蒴果的果皮质薄而不延伸为长喙；油料植物
……………………………………………………………………………… 胡麻科 **Pedaliaceae**

（胡麻属 *Sesamum*）

459. 子房1室，蒴果的内皮坚硬而呈木质，延伸为钩状长喙；栽培花卉
…………………………………………………………………………… 角胡麻科 **Martyniaceae**

（角胡麻属 *Pooboscidea*）

458. 植物体不具上述的毛茸；子房2室。

460. 叶对生；种子无胚乳，位于胎座的钩状突起上 ………… 爵床科 **Acanthaceae**

460. 叶互生或对生；种子有胚乳，位于中轴胎座上。

461. 花冠裂片具深缺刻；成熟雄蕊2个 ………………………………………………… 茄科 **Solanaceae**

（蝴蝶花属 *Schizanthus*）

461. 花冠裂片全缘或仅其先端具一个凹陷；成熟雄蕊2或4个

……………………………………………………………………………… 玄参科 **Scrophulariaceae**

448. 花冠整齐，或近于整齐。

462. 雄蕊数较花冠裂片为少。

463. 子房2～4室，每个室内仅含1或2个胚珠。

464. 雄蕊2个 ………………………………………………………………………… 木樨科 **Oleaceae**

464. 雄蕊4个。

465. 叶互生，有透明腺体微点存在 ………………………………………… 苦槛蓝科 **Myoporaceae**

465. 叶对生，无透明微点存在 ………………………………………………… 马鞭草科 **Verbenaceae**

463. 子房1或2室，每个室内有数个至多数胚珠。

466. 雄蕊2个；每子房室内有4～10个胚珠垂悬于室的顶端 ………………… 木樨科 **Oleaceae**

（连翘属 *Forsythia*）

466. 雄蕊2或4个；每子房室内有多数胚珠着生于中轴或侧膜胎座上。

467. 子房1室，内具分歧的侧膜胎座，或因胎座深入而使子房成2室

………………………………………………………………………………… 苦苣苔科 **Gesneriaceae**

467. 子房为完全的2室，内具中轴胎座。

468. 花冠于蕾中常折叠；子房2心皮的位置偏斜 ………………………… 茄科 **Solanaceae**

468. 花冠于蕾中不折叠，而呈覆瓦状排列；子房的2心皮位于前后方

………………………………………………………………………… 玄参科 **Scrophulariaceae**

462. 雄蕊和花冠裂片同数。

469. 子房2个，或为1个而成熟后呈双角状。

470. 雄蕊各自分离；花粉粒也彼此分离 ………………………………… 夹竹桃科 **Apocynaceae**

470. 雄蕊互相连合；花粉粒连成花粉块 ………………………………… 萝藦科 **Asclepiadaceae**

469. 子房1个，不呈双角状。

471. 子房1室或因两侧膜胎座的深入而成2室。次471项，见297页。

472. 子房为1心皮所成。

473. 花显著，呈漏斗形而簇生；果实为1瘦果，有棱或有翅 ………… 紫茉莉科 **Nyctaginaceae**

（紫茉莉属 *Mirabilis*）

473. 花小型而形成球形的头状花序；果实为1荚果，成熟后则裂为仅含1种子的节荚

……………………………………………………………………………………… 豆科 **Leguminosae**

（含羞草属 *Mimosa*）

472. 子房为2个以上连合心皮所成。

474. 乔木或攀援性灌木，稀可为攀援性草木，而体内具有乳汁[例如心翼果属（*Cardiopteris*）]；果实呈核果状（但心翼果属则为干燥的翅果），内有1个种子

…………………………………………………………………………… 茶茱萸科 **Icacinaceae**

474. 草本或亚灌木，或于旋花科的麻辣仔藤属（*Erycibe*）中为攀援灌木；果实呈蒴果状（或于麻辣仔藤属中呈浆果状），内有2个或更多的种子。

475. 花冠裂片呈覆瓦状排列。次475项，见297页。

476. 叶茎生，羽状分裂或为羽状复叶（限于我国植物如此）

…………………………………………………………………… 田基麻科 **Hydrophyllaceae**

（水叶属 *Hydrophylleae*）

476. 叶基生，单叶，边缘具齿裂 ………………………………………… 苦苣苔科 **Gesneriaceae**

（苦苣苔属 *Conandron*，黔苣苔属 *Tengia*）

475. 花冠裂片常呈旋转状或内折的镊合状排列。
477. 攀援性灌木；果实呈浆果状，内有少数种子……………… 旋花科 Convolvulaceae
(麻辣仔藤属 *Erycibe*)
477. 直立陆生或漂浮水面的草本；果实呈蒴果状，内有少数至多数种子
…………………………………………………………………………… 龙胆科 Gentianaceae
471. 子房2～10室。
478. 无绿叶而为缠绕性的寄生植物 ……………………………… 旋花科 Convolvulaceae
(菟丝子亚科 Cuscutoideae)
478. 不是上述的无叶寄生植物。
479. 叶常对生，在两叶之间有托叶所成的连接线或附属物 ………………… 马钱科 Loganiaceae
479. 叶常互生，或有时基生，如为对生时，其两叶之间也无托叶所成的连系物，有时其叶也可轮生。
480. 雄蕊和花冠离生或近于离生。
481. 灌木或亚灌木；花药顶端孔裂；花粉粒为四合体；子房常5室 …… 杜鹃花科 Ericaceae
481. 一年或多年生草本，常为缠绕性；花药纵长裂开；花粉粒单纯；子房常3～5室
…………………………………………………………………………… 桔梗科 Campanulaceae
480. 雄蕊着生于花冠的筒部。
482. 雄蕊4个，稀可在冬青科为5个或更多。
483. 无主茎的草本，具由少数至多数花朵所形成的穗状花序生于一个基生花葶上
…………………………………………………………………………… 车前科 Plantaginaceae
(车前属 *Plantago*)
483. 乔木、灌木或具有主茎的草木。
484. 叶互生，多常绿 ……………………………………………………… 冬青科 Aquifoliaceae
(冬青属 *Ilex*)
484. 叶对生或轮生。
485. 子房2室，每个室内有多数胚珠 ……………………………… 玄参科 Scrophulariaceae
485. 子房2室至多室，每个室内有1或2个胚珠 ……………… 马鞭草科 Verbenaceae
482. 雄蕊常5个，稀可更多。
486. 每个子房室内仅有1或2个胚珠。
487. 子房2或3室；胚珠自子房室近顶端垂悬；木本植物；叶全缘。
488. 每花瓣2裂或2分；花柱1个；子房无柄，2或3室，每个室内各有2个胚珠；核果；有托叶 ……………………………………………………… 毒鼠子科 Dichapetalaceae
(毒鼠子属 *Dichapetalum*)
488. 每个花瓣均完整；花柱2个；子房具柄，2室，每室内仅有1个胚珠；翅果；无托叶 ……………………………………………………………… 茶茱萸科 Icacinaceae
487. 子房1～4室；胚珠在子房室基底或中轴的基部直立或上举；无托叶；花柱1个，稀可2个，有时在紫草科的破布木属（*Cordia*）中其先端可成两次的2分。
489. 果实为核果；花冠有明显的裂片，并在蕾中呈覆瓦状或旋转状排列；叶全缘或有锯齿；通常均为直立木本或草本，多粗壮或具刺毛 ……… 紫草科 Boraginaceae
489. 果实为蒴果；花瓣完整或具裂片；叶全缘或具裂片，但无锯齿缘。
490. 通常为缠绕性，稀可为直立草本，或为半木质的攀援植物至大型木质藤本［例如盾苞藤属（*Neuropeltis*)］；萼片多互相分离；花冠常完整而几无裂片，于蕾中呈旋转状排列，也可有时深裂而其裂片呈内折的镊合状排列（例如盾苞藤属）
…………………………………………………………………… 旋花科 Convolvulaceae
490. 通常均为直立草木；萼片连合呈钟形或筒状；花冠有明显的裂片，惟于蕾中也成旋转状排列
…………………………………………………………………… 花荵科 Polemoniaceae
486. 每子房室内有多数胚珠，或在花荵科中有时为1至数个；多无托叶。

491. 高山区生长的耐寒旱性低矮多年生草本或丛生亚灌木；叶多小型，常绿，紧密排列成覆瓦状或莲座式；花无花盘；花单生至聚集成几为头状花序；花冠裂片呈覆瓦状排列；子房3室；花柱1个；柱头3裂；蒴果室背开裂 …………………………………………… 岩梅科 **Diapensiaceae**

491. 草本或木本，不为耐寒旱性；叶常为大型或中型，脱落性，疏松排列而各自展开；花多有位于子房下方的花盘。

492. 花冠不于蕾中折叠，其裂片呈旋转状排列，或在田基麻科中为覆瓦状排列。

493. 叶为单叶，或在花葱属（*Polemonium*）为羽状分裂或为羽状复叶；子房3室（稀可2室）；花柱1个；柱头3裂；蒴果多室背开裂 …………………………… 花葱科 **Polemoniaceae**

493. 叶为单叶，且在田基麻属（*Hydrolea*）为全缘；子房2室；花柱2个；柱头呈头状；蒴果室间开裂 …………………………………………………………… 田基麻科 **Hydrophyllaceae**

（田基麻族 *Hydrolieae*）

492. 花冠裂片呈镊合状或覆瓦状排列，或其花冠于蕾中折叠，且成旋转状排列；花萼常宿存；子房2室；或在茄科中为假3室至假5室；花柱1个；柱头完整或2裂。

494. 花冠多于蕾中折叠，其裂片呈覆瓦状排列；或在曼陀罗属（*Datura*）呈旋转状排列，稀可在枸杞属（*Lycium*）和颠茄属（*Atropa*）等属中，并不于蕾中折叠，而呈覆瓦状排列，雄蕊的花丝无毛；浆果，或为纵裂或横裂的蒴果 ………………………… 茄科 **Solanaceae**

494. 花冠不于蕾中折叠，其裂片呈覆瓦状排列；雄蕊的花丝具毛茸（尤以后方的3个如此）。

495. 室间开裂的蒴果 ………………………………………………… 玄参科 **Scrophulariaceae**

（毛蕊花属 *Verbascum*）

495. 浆果，有刺灌木 …………………………………………………………… 茄科 **Solanaceae**

（枸杞属 *Lycium*）

1. 子叶1个；茎无中央髓部，也无呈年轮状的生长；叶多具平行叶脉；花为三出数，有时为四出数，但极少为五出数 …………………………………………… 单子叶植物纲 **Monocotyledoneae**

496. 木本植物，或其叶于芽中呈折叠状。

497. 灌木或乔木；叶细长或呈剑状，在芽中不呈折叠状 ……………… 露兜树科 **Pandanaceae**

497. 木本或草本；叶甚宽，常为羽状或扇形的分裂，在芽中呈折叠状而有强韧的平行脉或射出脉。

498. 植物体多甚高大，呈棕榈状，具简单或分枝少的主干；花为圆锥或穗状花序，托以佛焰状苞片 ………………………………………………………………… 棕榈科 **Palmae**

498. 植物体常为无主茎的多年生草本，具常深裂为2片的叶片；花为紧密的穗状花序

………………………………………………………………… 环花科 **Cyclanthaceae**

（巴拿马草属 *Carludovica*）

496. 草本植物或稀可为木质茎，但其叶于芽中从不呈折叠状。

499. 无花被或在眼子菜科中很小。次499项，见299页。

500. 花包藏于或附托以呈覆瓦状排列的壳状鳞片（特称为颖）中，由多花至1花形成小穗（自形态学观点而言，此小穗实即简单的穗状花序）。次500项，见241页。

501. 秆多少有些呈三棱形，实心；茎生叶呈三行排列；叶鞘封闭；花药以基底附着花丝；果实为瘦果或囊果 ……………………………………………………… 莎草科 **Cyperaceae**

501. 秆常呈圆筒形；中空；茎生叶呈两行排列；叶鞘常在一侧纵裂开；花药以其中部附着花丝；果实通常为颖果 ……………………………………………………… 禾本科 **Gramineae**

500. 花虽有时排列为具总苞的头状花序，但并不包藏于呈壳状的鳞片中。

502. 植物体微小，无真正的叶片，仅具无茎而漂浮水面或沉没水中的叶状体 … 浮萍科 **Lemnaceae**

502. 植物体常具茎，也具叶，其叶有时可呈鳞片状。

503. 水生植物，具沉没水中或漂浮水面的叶片。次503项，见299页。

504. 花单性，不排列成穗状花序。

505. 叶互生；花呈球形的头状花序 …………………………………… 黑三棱科 **Sparganiaceae**

（黑三棱属 *Sparganium*）

505. 叶多对生或轮生；花单生，或在叶腋间形成聚伞花序。

506. 多年生草本；雌蕊为1个或更多而互相分离的心皮所成；胚珠自子房室顶端垂悬

…………………………………………………………… 眼子菜科 **Potamogetonaceae**

（角果藻族 Zannichellieae）

506. 一年生草本；雌蕊1个，具2～4柱头；胚珠直立于子房室的基底 ………………………………………………… 茨藻科 **Najadaceae**

（茨藻属 *Najas*）

504. 花两性或单性，排列成简单或分歧的穗状花序。

507. 花排列于一个扁平穗轴的一侧。

508. 海水植物；穗状花序不分歧，但其为雌雄同株或异株的单性花；雄蕊1个，具无花丝而为1室的花药；雌蕊1个，具2柱头；胚珠1个，垂悬于子房室的顶端 ………………………………………… 眼子菜科 **Potamogetonaceae**

（大叶藻属 *Zostera*）

508. 淡水植物；穗状花序常分为两歧而具两性花；雄蕊6个或更多，具极细长的花丝和2室的花药；雌蕊为3～6个离生心皮所成；胚珠在每个室内有2个或更多，基生 ………………………………………… 水蕹科 **Aponogetonaceae**

（水蕹属 *Aponogeton*）

507. 花排列于穗轴的周围，多为两性花；胚珠常仅1个 ………眼子菜科 **Potamogetonaceae**

503. 陆生或沼泽植物，常有位于空气中的叶片。

509. 叶有柄，全缘或有各种形状的分裂，具网状脉；花形成一个肉穗花序，后者常有一个大型而常具色彩的佛焰苞片 ……………………………… 天南星科 **Araceae**

509. 叶无柄，呈细长形、剑形或退化为鳞片状，其叶片常具平行脉。

510. 花形成紧密的穗状花序，或在帚灯草科为疏松的圆锥花序。

511. 陆生或沼泽植物；花序为由位于苞腋间的小穗所组成的疏散圆锥花序；雌雄异株；叶多呈鞘状…………………………………… 帚灯草科 **Restionaceae**

（薄果草属 *Leptocarpus*）

511. 水生或沼泽植物；花序为紧密的穗状花序。

512. 穗状花序位于一个呈二菱形的基生花葶的一侧，而另一侧则延伸为叶状的佛焰苞片；花两性 ……………………………… 天南星科 **Araceae**

（石菖蒲属 *Acorus*）

512. 穗状花序位于一个圆柱形花梗的顶端，形如蜡烛而无佛焰苞；雌雄同株 ……………………………………………… 香蒲科 **Typhaceae**

510. 花序有各种形式。

513. 花单性，呈头状花序。

514. 头状花序单生于基生无叶的花葶顶端；叶狭窄，呈禾草状，有时叶为膜质 ……………………………………… 谷精草科 **Eriocaulaceae**

（谷精草属 *Eriocaulon*）

514. 头状花序散生于具叶的主茎或枝条的上部，雄性者在上，雌性者在下；叶细长，呈扁三棱形，直立或漂浮水面，基部呈鞘状 ……………… 黑三棱科 **Sparganiaceae**

（黑三棱属 *Sparganium*）

513. 花常两性。

515. 花序呈穗状或头状，包藏于2个互生的叶状苞片中；无花被；叶小，细长形或呈丝状；雄蕊1或2个；子房上位，1～3室，每个子房室内仅有1个垂悬胚珠 ……………………………………… 刺鳞草科 **Centrolepidaceae**

515. 花序不包藏于叶状的苞片中；有花被。

516. 子房3～6个，至少在成熟时互相分离 ………………… 水麦冬科 **Juncaginaceae**

（水麦冬属 *Triglochin*）

516. 子房1个，由3心皮连合所组成 ………………………… 灯心草科 **Juncaceae**

499. 有花被，常显著，且呈花瓣状。

517. 雌蕊3个至多数，互相分离。

518. 死物寄生性植物，具呈鳞片状而无绿色叶片。

519. 花两性，具2层花被片；心皮3个，各有多数胚珠 …………………… 百合科 **Liliaceae**

(无叶莲属 *Petrosavia*)

519. 花单性或稀可杂性，具一层花被片；心皮数个，各仅有1个胚珠 ………………………………………………………… 霉草科 **Triuridaceae**

(喜阴草属 *Sciaphila*)

518. 不是死物寄生性植物，常为水生或沼泽植物，具有发育正常的绿叶。

520. 花被裂片彼此相同；叶细长，基部具鞘 …………………… 水麦冬科 **Juncaginaceae**

(芝菜属 *Scheuchzeria*)

520. 花被裂片分化为萼片和花瓣2轮。

521. 叶（限于我国植物）呈细长形，直立；花单生或呈伞形花序；蓇葖果 ………………………………………………………… 花蔺科 **Butomaceae**

(花蔺属 *Butomus*)

521. 叶呈细长兼披针形至卵圆形，常为箭镞状而具长柄；花常轮生，呈总状或圆锥花序；瘦果 ………………………………………………………… 泽泻科 **Alismataceae**

517. 雌蕊1个，复合性或于百合科的岩菖蒲属（*Tofieldia*）中其心皮近于分离。

522. 子房上位，或花被和子房相分离。

523. 花两侧对称；雄蕊1个，位于前方，即着生于远轴的1个花被片的基部 ………………………………………………………… 田葱科 **Philydraceae**

(田葱属 *Philydrum*)

523. 花辐射对称，稀可两侧对称；雄蕊3个或更多。

524. 花被分化为花萼和花冠2轮，后者于百合科的重楼族中，有时为细长形或线形的花瓣所组成，稀可缺如。次524项，见243页。

525. 花形成紧密而具鳞片的头状花序；雄蕊3个；子房1室 ……… 黄眼草科 **Xyridaceae**

(黄眼草属 *Xyris*)

525. 花不形成头状花序；雄蕊数在3个以上。

526. 叶互生，基部具鞘，平行脉；花为腋生或顶生的聚伞花序；雄蕊6个，或因退化而数较少 ………………………………………… 鸭跖草科 **Commelinaceae**

526. 叶以3个或更多个生于茎的顶端而成一轮，网状脉而于基部具3～5脉；花单独顶生；雄蕊6个、8个或10个 ………………………………… 百合科 **Liliaceae**

(重楼族 *Parideae*)

524. 花被裂片彼此相同或近于相同，或于百合科的白丝草属（*Chinographis*）中则极不相同，又在同科的油点草属（*Tricynis*）中其外层3个花被裂片的基部呈囊状。

527. 花小型，花被裂片绿色或棕色。

528. 花位于一个穗形总状花序上；蒴果自一个宿存的中轴上裂为3～6瓣，每个果瓣内仅有1个种子 ………………………………………………… 水麦冬科 **Juncaginaceae**

(水麦冬属 *Triglochin*)

528. 花位于各种形式的花序上；蒴果室背开裂为3瓣，内有多数至3个种子 ………………………………………………………… 灯心草科 **Juncaceae**

527. 花大型或中型，或有时为小型，花被裂片多少有些具鲜明的色彩。

529. 叶（限于我国植物）的顶端变为卷须，并有闭合的叶鞘；胚珠在每室内仅为1个；花排列为顶生的圆锥花序 ………………………………… 须叶藤科 **Flagellariaceae**

(须叶藤属 *Flagellaria*)

529. 叶的顶端不变为卷须；胚珠在每子房室内为多数，稀可仅为1个或2个。

530. 直立或漂浮的水生植物；雄蕊6个，彼此不相同，或有时有不育者 ………………………………………………………… 雨久花科 **Pontederiaceae**

530. 陆生植物；雄蕊6个、4个或2个，彼此相同。

531. 花为四出数，叶（限于我国植物）对生或轮生，具有显著纵脉及密生的横脉 ………………………………………………………… 百部科 **Stemonaceae**

(百部属 *Stemona*)

531. 花为三出或四出数；叶常基生或互生 ……………………… 百合科 **Liliaceae**

522. 子房下位，或花被多少有些和子房相愈合。

532. 花两侧对称或为不对称形。次 532 项，见 301 页。

533. 花被片均呈花瓣状；雄蕊和花柱多少有些互相连合 …………………………… 兰科 **Orchidaceae**

533. 花被片并不是均呈花瓣状，其外层者形如萼片；雄蕊和花柱相分离。

534. 后方的 1 个雄蕊常为不育性，其余 5 个则均发育而具有花药。

535. 叶和苞片排列成螺旋状；花常因退化而为单性；浆果；花管呈管状，其一侧不久即裂开 …………………………… 芭蕉科 **Musaceae**（芭蕉属 *Musa*）

535. 叶和苞片排列成 2 行；花两性，蒴果。

536. 萼片互相分离或至多可和花冠相连合；居中的 1 个花瓣并不成为唇瓣 …………………………… 芭蕉科 **Musaceae**（鹤望兰属 *Strelitzia*）

536. 萼片互相连合呈管状；居中（位于远轴方向）的 1 花瓣为大型而成唇瓣 …………………………… 芭蕉科 **Musaceae**（兰花蕉属 *Orchidantha*）

534. 后方的 1 个雄蕊发育而具有花药，其余 5 个则退化，或变形为花瓣状。

537. 花药 2 室；萼片互相连合为一个萼筒，有时呈佛焰苞状 …………………………… 姜科 **Zingiberaceae**

537. 花药 1 室；萼片互相分离或至多彼此相衔接。

538. 子房 3 室，每个子房室内有多数胚珠位于中轴胎座上；各不育雄蕊呈花瓣状，互相于基部简短连合 …………………………… 美人蕉科 **Cannaceae**（美人蕉属 *Canna*）

538. 子房 3 室或因退化而成 1 室，每个子房室内仅含 1 个基生胚珠；各不育雄蕊也呈花瓣状，但多少有些互相连合 …………………………… 竹芋科 **Marantaceae**

532. 花常辐射对称，也即花整齐或近于整齐。

539. 水生草本，植物体部分或全部沉没水中 …………………………… 水鳖科 **Hydrocharitaceae**

539. 陆生草木。

540. 植物体为攀援性；叶片宽广，具网状脉（还有数主脉）和叶柄 …………………………… 薯蓣科 **Dioscoreaceae**

540. 植物体不为攀援性；叶具平行脉。

541. 雄蕊 3 个。

542. 叶 2 行排列，两侧扁平而无背腹面之分，由下向上重叠跨覆；雄蕊和花被的外层裂片相对生 …………………………… 鸢尾科 **Iridaceae**

542. 叶不为 2 行排列；茎生叶呈鳞片状；雄蕊和花被的内层裂片相对生 …………………………… 水玉簪科 **Burmanniaceae**

541. 雄蕊 6 个。

543. 果实为浆果或蒴果，而花被残留物多少和它相合生，或果实为聚花果；花被的内层裂片各于其基部有 2 个舌状物；叶呈带形，边缘有刺齿或全缘 …………………………… 凤梨科 **Bromeliaceae**

543. 果实为蒴果或浆果，仅为 1 朵花所成；花被裂片无附属物。

544. 子房 1 室，内有多数胚珠位于侧膜胎座上；花序为伞形，具长丝状的总苞片 …………………………… 药翡薯科 **Taccaceae**

544. 子房 3 室，内有多数至少数胚珠位于中轴胎座上。

545. 子房部分下位 …………………………… 百合科 **Liliaceae**（肺筋草属 *Aletris*，沿阶草属 *Ophiopogon*，球子草属 *Peliosanthes*）

545. 子房完全下位 …………………………… 石蒜科 **Amaryllidaceae**

全国医药高职高专教材可供书目

	书　名	书　号	主　编	主　审	定　价
1	化学制药技术(第二版)	15947	陶　杰	李健雄	32.00
2	生物与化学制药设备	7330	路振山	苏怀德	29.00
3	实用药理基础	5884	张　虹	苏怀德	35.00
4	实用药物化学	5806	王质明	张　雪	32.00
5	实用药物商品知识(第二版)	07508	杨群华	陈一岳	45.00
6	无机化学	5826	许　虹	李文希	25.00
7	现代仪器分析技术	5883	郭景文	林瑞超	28.00
8	中药炮制技术(第二版)	15936	李松涛	孙秀梅	35.00
9	药材商品鉴定技术(第二版)	16324	林　静	李　峰	48.00
10	药品生物检定技术(第二版)	09258	李榆梅	张晓光	28.00
11	药品市场营销学	5897	严　振	林建宁	28.00
12	药品质量管理技术	7151	负亚明	刘铁城	29.00
13	药品质量检测技术综合实训教程	6926	张　虹	苏　勤	30.00
14	中药制药技术综合实训教程	6927	蔡翠芳	朱树民　张能荣	27.00
15	药品营销综合实训教程	6925	周晓明　邱秀荣	张李锁	23.00
16	药物制剂技术	7331	张　劲	刘立津	45.00
17	药物制剂设备(上册)	7208	谢淑俊	路振山	27.00
18	药物制剂设备(下册)	7209	谢淑俊	刘立津	36.00
19	药学微生物基础技术(修订版)	5827	李榆梅	刘德容	28.00
20	药学信息检索技术	8063	周淑琴	苏怀德	20.00
21	药用基础化学(第二版)	15089	戴静波	许莉勇	38.00
22	药用有机化学	7968	陈任宏	伍焜贤	33.00
23	药用植物学(第二版)	15992	徐世义　堐榜琴		39.00
24	医药会计基础与实务(第二版)	08577	邱秀荣	李端生	25.00
25	有机化学	5795	田厚伦	史达清	38.00
26	中药材GAP概论	5880	王书林	苏怀德　刘先齐	45.00
27	中药材GAP技术	5885	王书林	苏怀德　刘先齐	60.00
28	中药化学实用技术	5800	杨　红	裴妙荣	23.00
29	中药制剂技术(第二版)	16409	张　杰	金兆祥	36.00
30	中医药基础	5886	王满恩	高学敏　钟赣生	40.00
31	实用经济法教程	8355	王静波	潘嘉玮	29.00
32	健身体育	7942	尹士优	张安民	36.00
33	医院与药店药品管理技能	9063	杜明华	张雪	21.00
34	医药药品经营与管理	9141	孙丽冰	杨自亮	19.00
35	药物新剂型与新技术	9111	刘素梅	王质明	21.00
36	药物制剂知识与技能教材	9075	刘一	王质明	34.00
37	现代中药制剂检验技术	6085	梁延寿	屠鹏飞	32.00
38	生物制药综合应用技术	07294	李榆梅	张虹	19.00
39	药物制剂设备	15963	路振山	王竟阳	39.80